"十四五"国家重点出版物出版规划项目

第二次青藏高原综合科学考察研究丛书

西藏拉萨地块
二叠纪地层及生物群

张以春 沈树忠 徐海鹏 乔枫 袁东勋 琚琦 著

科学出版社

北京

内 容 简 介

　　本书系中国科学院南京地质古生物研究所和南京大学自 2017 年起联合开展的"第二次青藏高原综合科学考察研究"之"深时特提斯生物与环境演变"专题专著,亦系青藏高原地层古生物研究之集成成果之一,由参与青藏高原研究的人员共同编著。本书聚焦拉萨地块的二叠纪地层与古生物研究,共分 6 章,主要包括拉萨地块多个区域二叠纪地层、生物群组合及它们的古生物地理和古地理意义。本书的特点是以科考获取的大量第一手化石材料为基础,通过生物地层和年代地层对比、生物群的特点,建立了拉萨地块的古生物地理的演变模式,阐明拉萨地块的古生物地理区系演化及其与相邻构造单元的异同点。本书能够为青藏高原地层古生物研究、深时古地理重建和沉积矿产的时空分布等提供重要的理论支撑。

　　全书内容系统全面、资料严谨翔实、结构逻辑严密,极大地推动了青藏高原地层古生物的深入研究。本书可供地学专业的科研、教学等相关人员参考使用。

图书在版编目(CIP)数据

西藏拉萨地块二叠纪地层及生物群 / 张以春等著 . —北京:科学出版社,2023.11

(第二次青藏高原综合科学考察研究丛书)

ISBN 978-7-03-077066-0

Ⅰ.①西… Ⅱ.①张… Ⅲ.①二叠纪–区域地层–拉萨 ②二叠纪–古生物–生物群–拉萨 Ⅳ.①P535.275.1 ②Q911.727.51

中国国家版本馆CIP数据核字(2023)第219119号

责任编辑:孟美岑 郑欣虹 / 责任校对:郝甜甜
责任印制:肖 兴 / 封面设计:吴霞暖

科学出版社 出版

北京东黄城根北街16号
邮政编码:100717
http://www.sciencep.com

北京汇瑞嘉合文化发展有限公司 印刷
科学出版社发行 各地新华书店经销

*

2023年11月第 一 版 开本:787×1092 1/16
2023年11月第一次印刷 印张:26 1/4
字数:622 000

定价:368.00元

(如有印装质量问题,我社负责调换)

"第二次青藏高原综合科学考察研究丛书"
指导委员会

第二次青藏高原综合科学考察队
南京地层古生物考察分队人员名单

姓名	职务	工作单位
张以春	分队长	中国科学院南京地质古生物研究所， 现代古生物学和地层学国家重点实验室
沈树忠	分队长	南京大学地球科学与工程学院， 内生金属矿床成矿机制研究国家重点实验室， 关键地球物质循环前沿科学中心
张　华	副分队长	中国科学院南京地质古生物研究所， 现代古生物学和地层学国家重点实验室
罗　茂	队员	中国科学院南京地质古生物研究所， 现代古生物学和地层学国家重点实验室
郄文昆	队员	中国科学院南京地质古生物研究所， 现代古生物学和地层学国家重点实验室
郑全锋	队员	中国科学院南京地质古生物研究所， 现代古生物学和地层学国家重点实验室
袁东勋	队员	中国矿业大学资源与地球科学学院
陈吉涛	队员	中国科学院南京地质古生物研究所， 现代古生物学和地层学国家重点实验室
张予杰	队员	中国地质调查局成都地质调查中心

徐海鹏　　　队员　　　　　南京大学地球科学与工程学院，
　　　　　　　　　　　　　内生金属矿床成矿机制研究国家重点实验室，
　　　　　　　　　　　　　关键地球物质循环前沿科学中心

乔　枫　　　队员　　　　　中国科学院南京地质古生物研究所，
　　　　　　　　　　　　　现代古生物学和地层学国家重点实验室

琚　琦　　　队员　　　　　中国科学院南京地质古生物研究所，
　　　　　　　　　　　　　现代古生物学和地层学国家重点实验室

高　彪　　　队员　　　　　中国科学院南京地质古生物研究所，
　　　　　　　　　　　　　现代古生物学和地层学国家重点实验室

侯章帅　　　队员　　　　　南京大学地球科学与工程学院，
　　　　　　　　　　　　　内生金属矿床成矿机制研究国家重点实验室，
　　　　　　　　　　　　　关键地球物质循环前沿科学中心

蔡垚峰　　　队员　　　　　中国科学院南京地质古生物研究所，
　　　　　　　　　　　　　现代古生物学和地层学国家重点实验室

丛书序一

    青藏高原是地球上最年轻、海拔最高、面积最大的高原，西起帕米尔高原和兴都库什、东到横断山脉、北起昆仑山和祁连山、南至喜马拉雅山区，高原面海拔4500米上下，是地球上最独特的地质–地理单元，是开展地球演化、圈层相互作用及人地关系研究的天然实验室。

    鉴于青藏高原区位的特殊性和重要性，新中国成立以来，在我国重大科技规划中，青藏高原持续被列为重点关注区域。《1956—1967年科学技术发展远景规划》《1963—1972年科学技术发展规划》《1978—1985年全国科学技术发展规划纲要》等规划中都列入针对青藏高原的相关任务。1971年，周恩来总理主持召开全国科学技术工作会议，制订了基础研究八年科技发展规划（1972—1980年），青藏高原科学考察是五个核心内容之一，从而拉开了第一次大规模青藏高原综合科学考察研究的序幕。经过近20年的不懈努力，第一次青藏综合科考全面完成了250多万平方千米的考察，产出了近100部专著和论文集，成果荣获了1987年国家自然科学奖一等奖，在推动区域经济建设和社会发展、巩固国防边防和国家西部大开发战略的实施中发挥了不可替代的作用。

    自第一次青藏综合科考开展以来的近50年，青藏高原自然与社会环境发生了重大变化，气候变暖幅度是同期全球平均值的两倍，青藏高原生态环境和水循环格局发生了显著变化，如冰川退缩、冻土退化、冰湖溃决、冰崩、草地退化、泥石流频发，严重影响了人类生存环境和经济社会的发展。青藏高原还是"一带一路"环境变化的核心驱动区，将对"一带一路"沿线20多个国家和30多亿人口的生存与发展带来影响。

    2017年8月19日，第二次青藏高原综合科学考察研究启动，习近平总书记发来贺信，指出"青藏高原是世界屋脊、亚洲水塔，是地球第三极，是我国重要的生态安全屏障、战略资源储备基地，是中华民族特色文化的重要保护地"，要求第二次青藏高原综合科学考察研究要"聚焦水、生态、人类活动，着力解决青藏高原资源环境承载力、灾害风险、绿色发展途径等方面的问题，为守护好世界上最后一方净土、建设美丽的青藏高原作出新贡献，让青藏高原各族群众生活更加幸福安康"。习近平总书记的贺信传达了党中央对青藏高原可持续发展和建设国家生态保护屏障的战略方针。

第二次青藏综合科考将围绕青藏高原地球系统变化及其影响这一关键科学问题，开展西风－季风协同作用及其影响、亚洲水塔动态变化与影响、生态系统与生态安全、生态安全屏障功能与优化体系、生物多样性保护与可持续利用、人类活动与生存环境安全、高原生长与演化、资源能源现状与远景评估、地质环境与灾害、区域绿色发展途径等 10 大科学问题的研究，以服务国家战略需求和区域可持续发展。

"第二次青藏高原综合科学考察研究丛书"将系统展示科考成果，从多角度综合反映过去 50 年来青藏高原环境变化的过程、机制及其对人类社会的影响。相信第二次青藏综合科考将继续发扬老一辈科学家艰苦奋斗、团结奋进、勇攀高峰的精神，不忘初心，砥砺前行，为守护好世界上最后一方净土、建设美丽的青藏高原作出新的更大贡献！

孙鸿烈

第一次青藏科考队队长

丛书序二

  青藏高原及其周边山地作为地球第三极矗立在北半球，同南极和北极一样既是全球变化的发动机，又是全球变化的放大器。2000年前人们就认识到青藏高原北缘昆仑山的重要性，公元18世纪人们就发现珠穆朗玛峰的存在，19世纪以来，人们对青藏高原的科考水平不断从一个高度推向另一个高度。随着人类远足能力的不断加强，逐梦三极的科考日益频繁。虽然青藏高原科考长期以来一直在通过不同的方式在不同的地区进行着，但对于整个青藏高原的综合科考迄今只有两次。第一次是20世纪70年代开始的第一次青藏科考。这次科考在地学与生物学等科学领域取得了一系列重大成果，奠定了青藏高原科学研究的基础，为推动社会发展、国防安全和西部大开发提供了重要科学依据。第二次是刚刚开始的第二次青藏科考。第二次青藏科考最初是从区域发展和国家需求层面提出来的，后来成为科学家的共同行动。中国科学院的A类先导专项率先支持启动了第二次青藏科考。刚刚启动的国家专项支持，使得第二次青藏科考有了广度和深度的提升。

  习近平总书记高度关怀第二次青藏科考，在2017年8月19日第二次青藏科考启动之际，专门给科考队发来贺信，作出重要指示，以高屋建瓴的战略胸怀和俯瞰全球的国际视野，深刻阐述了青藏高原环境变化研究的重要性，要求第二次青藏科考队聚焦水、生态、人类活动，揭示青藏高原环境变化机理，为生态屏障优化和亚洲水塔安全、美丽青藏高原建设作出贡献。殷切期望广大科考人员发扬老一辈科学家艰苦奋斗、团结奋进、勇攀高峰的精神，为守护好世界上最后一方净土顽强拼搏。这充分体现了习近平生态文明思想和绿色发展理念，是第二次青藏科考的基本遵循。

  第二次青藏科考的目标是阐明过去环境变化规律，预估未来变化与影响，服务区域经济社会高质量发展，引领国际青藏高原研究，促进全球生态环境保护。为此，第二次青藏科考组织了10大任务和60多个专题,在亚洲水塔区、喜马拉雅区、横断山高山峡谷区、祁连山-阿尔金区、天山-帕米尔区等5大综合考察研究区的19个关键区,开展综合科学考察研究,强化野外观测研究体系布局、科考数据集成、新技术融合和灾害预警体系建设,产出科学考察研究报告、国际科学前沿文章、服务国家需求评估和咨询报告、科学传播产品四大体系的科考成果。

两次青藏综合科考有其相同的地方。表现在两次科考都具有学科齐全的特点,两次科考都有全国不同部门科学家广泛参与,两次科考都是国家专项支持。两次青藏综合科考也有其不同的地方。第一,两次科考的目标不一样:第一次科考是以科学发现为目标;第二次科考是以摸清变化和影响为目标。第二,两次科考的基础不一样:第一次青藏科考时青藏高原交通整体落后、技术手段普遍缺乏;第二次青藏科考时青藏高原交通四通八达,新技术、新手段、新方法日新月异。第三,两次科考的理念不一样:第一次科考的理念是不同学科考察研究的平行推进;第二次科考的理念是实现多学科交叉与融合和地球系统多圈层作用考察研究新突破。

"第二次青藏高原综合科学考察研究丛书"是第二次青藏科考成果四大产出体系的重要组成部分,是系统阐述青藏高原环境变化过程与机理、评估环境变化影响、提出科学应对方案的综合文库。希望丛书的出版能全方位展示青藏高原科学考察研究的新成果和地球系统科学研究的新进展,能为推动青藏高原环境保护和可持续发展、推进国家生态文明建设、促进全球生态环境保护做出应有的贡献。

姚檀栋

第二次青藏科考队队长

前　言

　　青藏高原是特提斯构造域的核心部分，它的形成和演化记录了错综复杂的特提斯构造域的演化过程。在深时复杂的古地理演化过程中，青藏高原上保存了海量的生物化石资源和各类地层。对这些地层和化石的研究有利于阐明青藏高原地质历史时期的生物群面貌，揭示古生物地理的变化形式，为青藏高原古地理重建添砖加瓦。这也将为青藏高原未来资源勘探提供重要参考。

　　本书分为6章，主要内容如下：

　　第1章介绍青藏高原拉萨地块二叠纪地层古生物科考的目标及内容，以及关键区域等，由张以春编写。

　　第2章介绍拉萨地块的地层展布及每个考察剖面的地层情况，由张以春编写。

　　第3章介绍拉萨地块不同二叠系剖面中牙形类、䗴类、小有孔虫类及腕足类化石的生物地层和年代地层划分，主要由张以春、徐海鹏、袁东勋、沈树忠编写。

　　第4章阐述拉萨地块同相邻地块二叠纪地层层序的对比，主要由张以春、沈树忠编写。

　　第5章阐述拉萨地块的古生物地理与古地理演化，主要由张以春和沈树忠编写。

　　第6章是系统古生物部分，主要描述了拉萨地块二叠纪的有孔虫、腕足类、牙形类化石。张以春、乔枫、琚琦负责有孔虫的系统古生物研究；徐海鹏、沈树忠负责腕足类的系统古生物研究；袁东勋负责牙形类的系统古生物研究。

　　本书是中国科学院南京地质古生物研究所、南京大学许许多多科研人员长期奋战在藏北高海拔地区的辛苦劳动成果。除本书的各位撰稿人外，参加野外科考工作的还有中国科学院南京地质古生物研究所张华、郑全锋、陈吉涛、郤文昆、罗茂、梁昆、陈炜、蔡垚峰、侯章帅等。部分科考工作和研究材料是在中国地质调查局成都地质调查中心张予杰、朱同兴、张磊等的共同协助下完成的，在此对他们辛勤的付出表示衷心感谢！同时也要感谢藏族司机米玛、罗布等长久以来在藏北野外科考中给予的大力协助。另外，特别感谢第二次青藏高原综合科学考察研究办公室、中国科学院青藏高原研究所任务组丁林院士等众多科研人员、西藏自治区人民政府和地方各级人民政府及相关机构给予的大力协助。在此谨致谢意！对于书中的缺点、不足，敬请读者批评指正。

本书的研究材料是作者所在考察队在青藏高原多年来的考察中采集的，相关研究得到了第二次青藏高原综合科学考察研究（2019QZKK0706）、国家自然科学基金重大研究计划重点项目（91855205）、中国科学院战略性先导科技专项（B 类）（XDB26000000）的联合资助。

作　者

2022 年 3 月

摘　　要

拉萨地块北以班公湖-怒江缝合带与南羌塘地块为界，南以雅鲁藏布江缝合带与印度板块北缘的特提斯喜马拉雅带为界。二叠纪时，其古地理演变过程涉及班公湖-怒江洋（中特提斯洋）和新特提斯洋的发育和演化，对阐明特提斯构造域系统动力学机制具有极其重要的地位。

本书在详细测制西藏噶尔县狮泉河、措勤县-仲巴县北部、申扎县、林周县和墨竹工卡县等地区十余个地层剖面或点位并大量采集二叠纪化石群的基础上，通过对䗴类、小有孔虫、腕足类、牙形类化石的系统古生物学研究，建立了拉萨地块不同地区的生物地层和年代地层框架。

通过拉萨地块自西向东的地层对比，确定在二叠纪时拉萨地块整体是一个非常稳定的地块，二叠系由乌拉尔统（下二叠统）的冰海相沉积向瓜德鲁普统（中二叠统）的碳酸盐岩相过渡，至乐平统（上二叠统），部分地区的碳酸盐岩沉积相变为木纠错组的白云岩沉积。从古生物地理区系的角度看，拉萨地块在乌拉尔世时以冷水腕足动物群为主，与冈瓦纳大陆边缘的动物群可以比较；至空谷晚期时，整个拉萨地块仍然以凉水动物群为主；暖水的䗴类和复体珊瑚在拉萨地块从瓜德鲁普世才开始出现。

二叠纪动物群、地层层序和古生物地理的对比表明拉萨地块与喀喇昆仑地块、南帕米尔地块、南羌塘地块、保山地块和印度地块北缘的特提斯喜马拉雅带在瓜德鲁普世—乐平世沉积类型和动物群特点方面有明显的不同。古生物地理区系研究表明拉萨地块至少从瓜德鲁普世开始已经独立于冈瓦纳大陆和其他地块，其北侧的班公湖-怒江洋和南侧的新特提斯洋此时已打开并形成一定的规模，因此拥有具特色的暖水动物群。在二叠纪早期，南帕米尔、南羌塘和保山地块从冈瓦纳大陆北缘裂解的速度都明显快于拉萨地块。拉萨地块二叠纪稳定的地层序列和分布与腾冲地块和缅甸掸邦高原西侧的伊洛瓦底地块有较大的相似性，并且其拥有相似的瓜德鲁普世动物群。因此，拉萨地块很可能与腾冲地块、伊洛瓦底地块有一致的古地理演变过程。但存在的问题是云南腾冲地块的研究还存在较大的不确定性，尤其是晚古生代大冰期结束后的地层时代及动物群面貌，值得将来进一步开展工作。

目　录

第1章　引言 ·· 1

1.1　拉萨地块二叠纪地层古生物科考的目标及内容 ···················· 2

1.1.1　拉萨地块二叠纪地层的研究历史及现状 ···························· 2

1.1.2　地层古生物专题科考的必要性 ··· 2

1.1.3　地层古生物专题科考的内容及目标 ··································· 3

1.2　拉萨地块二叠纪地层古生物科考的关键区域 ······················· 3

第2章　拉萨地块区域地层概况 ······································· 5

2.1　噶尔县狮泉河地区 ··· 8

2.2　措勤县 – 仲巴县北部地区 ·· 11

2.3　申扎县 ·· 20

2.4　林周县 ·· 26

2.5　墨竹工卡县 ··· 28

第3章　生物地层和年代地层 ··· 31

3.1　生物地层划分与对比 ··· 32

3.1.1　噶尔县狮泉河地区 ··· 32

3.1.2　措勤县 – 仲巴县北部地区 ·· 34

3.1.3　申扎县 ·· 42

3.1.4　林周县和墨竹工卡县 ·· 53

3.2　年代地层 ·· 55

3.2.1　永珠群上部和拉嘎组 ·· 55

3.2.2　昂杰组 ·· 55

3.2.3　下拉组下段 ··· 57

3.2.4　下拉组中段 ··· 57

3.2.5　下拉组上段 ··· 58

3.2.6　洛巴堆组下段 ·· 59

    3.2.7　洛巴堆组上段 ···59

    3.2.8　木纠错组 ···59

第 4 章　拉萨地块二叠纪地层与邻区的对比 ·····················**61**

  4.1　拉萨地块二叠纪地层层序演变特征 ····················62

  4.2　拉萨地块与特提斯喜马拉雅带的对比 ················63

  4.3　拉萨地块与南羌塘地块的对比 ························65

  4.4　拉萨地块与保山地块对比 ····························66

  4.5　拉萨地块与腾冲地块对比 ····························67

  4.6　拉萨地块与喀喇昆仑地块的对比 ····················67

  4.7　拉萨地块与南帕米尔地块的对比 ····················68

  4.8　小结 ···69

第 5 章　拉萨地块的古生物地理与古地理演化 ···············**71**

  5.1　拉萨地块的古生物地理演化特征 ····················72

  5.2　拉萨地块的古生物地理与邻区的对比 ················75

    5.2.1　拉萨地块与喜马拉雅地区古生物地理对比 ·······75

    5.2.2　拉萨地块与南羌塘地块古生物地理对比 ·········76

    5.2.3　拉萨地块与保山地块古生物地理对比 ···········78

    5.2.4　拉萨地块与腾冲地块古生物地理对比 ···········78

    5.2.5　拉萨地块与喀喇昆仑地块古生物地理对比 ·······79

    5.2.6　拉萨地块与东南帕米尔古生物地理对比 ·········79

  5.3　拉萨地块二叠纪的古地理演化 ························80

    5.3.1　班公湖–怒江洋的打开时间约束 ···············80

    5.3.2　新特提斯洋的打开时间约束 ···················81

    5.3.3　拉萨地块瓜德鲁普世时的古地理位置约束 ·······82

第 6 章　系统古生物描述 ···································**85**

  6.1　有孔虫 ···86

  有孔虫动物门 Foraminifera d'Orbigny, 1826 ················86

    纺锤虫纲 Fusulinata Fursenko, 1958 ····················86

    假砂盘虫目 Pseudoammodiscida Conil and Lys in Conil and Pirlet, 1970 ······86

    毛盘虫超科 Lasiodiscoidea Reitlinger in Vdovenko et al., 1993 ·······86

    毛盘虫科 Lasiodiscidae Reitlinger, 1956 ···············86

    毛盘虫属 *Lasiodiscus* Reichel, 1946 ·················86

    毛轮虫属 *Lasiotrochus* Reichel, 1946 ················87

瘤虫超科 Tuberitinoidea Gaillot and Vachard, 2007 ··············88

瘤虫科 Tuberitinidae Miklukho-Maklay, 1958··············88

瘤虫属 *Tuberitina* Galloway and Harlton, 1928 ··············88

内卷虫目 Endothyrida Fursenko, 1958 ··············89

内卷虫超科 Endothyroidea Brady, 1884 ··············89

内卷虫科 Endothyridae Brady, 1884··············89

内卷虫亚科 Endothyrinae Brady, 1884··············89

新内卷虫属 *Neoendothyra* Reitlinger, 1965··············89

类内卷虫亚科 Endothyranopsinae Reitlinger, 1958··············91

类内卷虫属 *Endothyranopsis* Cummings, 1955 ··············91

古串珠虫超科 Palaeotextularoidea Galloway, 1933 ··············92

古串珠虫科 Palaeotextulariidae Galloway, 1933 ··············92

古串珠虫属 *Palaeotextularia* Schubert, 1921 ··············92

梯状虫属 *Climacammina* Brady, 1873 ··············94

筛串虫属 *Cribrogenerina* Schubert, 1908 ··············96

德克虫属 *Deckerella* Cushman and Waters, 1928··············97

四排虫超科 Tetrataxoidea Galloway, 1933 ··············101

四排虫科 Tetrataxidae Galloway, 1933 ··············101

四排虫属 *Tetrataxis* Ehrenberg, 1854 ··············101

双列砂虫超科 Biseriamminoidea Chernysheva, 1941 ··············102

球瓣虫科 Globivalvulinidae Reitlinger, 1950 ··············102

球瓣虫亚科 Globivalvulininae Reitlinger, 1950··············102

球瓣虫属 *Globivalvulina* Schubert, 1921 ··············102

拟球瓣虫属 *Paraglobivalvulina* Reitlinger, 1965 ··············104

达格玛虫亚科 Dagmaritinae Bozorgnia, 1973 ··············105

达格玛虫属 *Dagmarita* Reitlinger, 1965 ··············105

蜓目 Fusulinida Fursenko, 1958 ··············107

纺锤蜓超科 Fusulinoidea Möeller, 1878 ··············107

小泽蜓科 Ozawainellidae Thompson and Foster, 1937 ··············107

小泽蜓亚科 Ozawainellinae Thompson and Foster, 1937 ··············107

小陈氏蜓属 *Chenella* Miklukho-Maklay, 1959··············107

拉且尔蜓属 *Reichelina* Erk, 1941 ··············110

史塔夫蜓科 Staffellidae Miklukho-Maklay, 1949··············111

史塔夫蜓亚科 Staffellinae Miklukho-Maklay, 1949 ·················· 111

南京蜓属 *Nankinella* Lee, 1934 ································· 111

史塔夫蜓属 *Staffella* Ozawa, 1925 ························· 117

苏伯特蜓科 Schubertellidae Skinner, 1931 ····················· 118

苏伯特蜓亚科 Schubertellinae Skinner, 1931 ················ 118

杨铨蜓属 *Yangchienia* Lee, 1934 ························· 118

苏伯特蜓属 *Schubertella* Staff and Wedekind, 1910 ·········· 120

新小纺锤蜓属 *Neofusulinella* Deprat, 1912 ·············· 121

布尔顿蜓亚科 Boultoniinae Skinner and Wilde, 1954 ········· 123

喇叭蜓属 *Codonofusiella* Dunbar and Skinner, 1937 ········· 123

希瓦格蜓科 Schwagerinidae Dunbar and Henbest, 1930 ········· 127

朱森蜓亚科 Chusenellinae Kahler and Kahler, 1966 ········· 127

朱森蜓属 *Chusenella* Hsü, 1942 ························· 127

皱壁朱森蜓属 *Rugosochusenella* Skinner and Wilde, 1965 ···· 134

皱希瓦格蜓属 *Rugososchwagerina* Miklukho-Maklay,

1956 ·· 136

小新寨蜓亚属 *Rugososchwagerina* (*Xiaoxinzhaiella*)

Shi, Yang and Jin, 2005 ·························· 136

费伯克蜓超科 Verbeekinacea Staff and Wedekind, 1910 ·······137

费伯克蜓科 Verbeekinidae Staff and Wedekind, 1910 ············137

卡勒蜓亚科 Kahlerininae Leven, 1963 ························· 137

卡勒蜓属 *Kahlerina* Kochansky-Devidé and Ramovš, 1955 ····137

米斯蜓亚科 Misellininae Miklukho-Maklay, 1958 emend.

Sheng, 1963 ··· 142

假桶蜓属 *Pseudodoliolina* Yabe and Hanzawa, 1932 ········· 142

费伯克蜓亚科 Verbeekininae Staff and Wedekind, 1910 ········· 143

费伯克蜓属 *Verbeekina* Staff, 1909 ····················· 143

新希瓦格蜓科 Neoschwagerinidae Dunbar and Condra, 1927 ······· 144

新希瓦格蜓亚科 Neoschwagerininae Dunbar and Condra, 1927 ····144

新希瓦格蜓属 *Neoschwagerina* Yabe, 1903 ············· 144

矢部蜓属 *Yabeina* Deprat, 1914 ························· 149

鳞蜓属 *Lepidolina* Lee, 1934 ························· 151

小粟虫纲 Miliolata Lankester, 1885 ························· 152

小粟虫目 Miliolida Delage and Herouard, 1896 ································152

盘角虫超科 Cornuspiroidea Schultze, 1854 ·····························152

贝赛虫科 Baisalinidae Loeblich and Tappan, 1986 ·················152

贝赛虫属 *Baisalina* Reitlinger, 1965 ·································152

盘角虫科 Cornuspiridae Schultze, 1854 ·······························153

盘角虫亚科 Cornuspirinae Schultze, 1854 ·······················153

盘角虫属 *Cornuspira* Schultze, 1854 ·······················153

线球虫亚科 Agathammininae Ciarapica, Cirilli and Zaninetti in

Ciarapica et al., 1987 ···154

线球虫属 *Agathammina* Neumayr, 1887 ·················154

隔板线球虫属 *Septagathammina* Lin, 1984 ···········157

半金线虫科 Hemigordiidae Reitlinger in Vdovenko et al., 1993 ·······157

半金线虫亚科 Hemigordiinae Reitlinger in Vdovenko et al.,

1993 ···157

半金线虫属 *Hemigordius* Schubert, 1908 ···············157

米德虫属 *Midiella* Pronina, 1988 ·························160

新盘虫科 Neodiscidae Lin in Feng et al., 1984 ························164

新盘虫属 *Neodiscus* Miklukho-Maklay, 1953 ············164

巨厚线虫属 *Megacrassispirella* Zhang in Zhang et al.,

2016 ···167

多盘虫属 *Multidiscus* Miklukho-Maklay, 1953 ·········168

类半结虫科 Hemigordiopsidae Nikitina, 1969 emend. Gaillot and

Vachard, 2007 ···170

类半结虫属 *Hemigordiopsis* Reichel, 1945 ···············170

莱赛特虫属 *Lysites* Reitlinger in Vdovenko et al., 1993 ·······172

掸邦虫属 *Shanita* Brönnimann, Whittaker and Zaninetti,

1978 ···174

球米德虫属 *Glomomidiellopsis* Gaillot and Vachard, 2007 ····174

节房虫纲 Nodosariata Mikhalevich, 1993 ·····························177

朗格虫目 Lagenida Delage and Herouard, 1896 ·····················177

仿扁豆虫超科 Robuloidoidea Reiss, 1963 ···························177

塞兹兰虫科 Syzraniidae Vachard in Vachard and Montenat, 1981 ····177

塞兹兰虫属 *Syzrania* Reitlinger, 1950 ··························177

原始节房虫科 Protonodosariidae Mamet and Pinard, 1992 emend.
Gaillot and Vachard, 2007 ┄┄┄┄┄┄┄┄┄┄┄┄┄┄177
  原始节房虫亚科 Protonodosariinae Gaillot and Vachard, 2007┄┄177
    原始节房虫属 *Protonodosaria* Gerke, 1959 emend. Sellier
    de Civrieux and Dessauvagie, 1965 ┄┄┄┄┄┄┄┄177
    拟节房虫属 *Nodosinelloides* Mamet and Pinard, 1992┄┄┄┄178
    两极虫属 *Polarisella* Mamet and Pinard, 1992┄┄┄┄┄┄┄187
    陶伊虫属 *Tauridia* Sellier de Civrieux and Dessauvagie, 1965
    emend. Gaillot and Vachard, 2007 ┄┄┄┄┄┄┄┄┄188
  朗格虫亚科 Langellinae Gaillot and Vachard, 2007┄┄┄┄┄┄┄188
    朗格虫属 *Langella* Sellier de Civrieux and Dessauvagie, 1965
    ┄┄┄┄┄┄┄┄┄┄┄┄┄┄┄┄┄┄┄┄┄188
    假朗格虫属 *Pseudolangella* Sellier de Civrieux and
    Dessauvagie, 1965┄┄┄┄┄┄┄┄┄┄┄┄┄┄192
    假橡果虫属 *Pseudoglandulina* Cushman, 1929┄┄┄┄┄196
盖尼茨虫科 Geinitzinidae Bozorgnia, 1973┄┄┄┄┄┄┄┄┄┄197
  盖尼茨虫属 *Geinitzina* Spandel, 1901 ┄┄┄┄┄┄┄┄┄┄197
  假三刺孔虫属 *Pseudotristix* Miklukho-Maklay, 1960┄┄┄┄205
叶状虫科 Frondinidae Gaillot and Vachard, 2007┄┄┄┄┄┄┄207
  叶状虫属 *Frondina* de Civrieux and Dessauvagie, 1965
  emend. Gaillot and Vachard, 2007 ┄┄┄┄┄┄┄┄┄207
  鱼形叶状虫属 *Ichthyofrondina* Vachard in Vachard and
  Ferriere, 1991 ┄┄┄┄┄┄┄┄┄┄┄┄┄┄┄┄208
科兰尼虫科 Colaniellidae Fursenko in Rauser-Chernousova
and Fursenko, 1959 ┄┄┄┄┄┄┄┄┄┄┄┄┄┄┄┄210
  科兰尼虫属 *Colaniella* Likharev, 1939┄┄┄┄┄┄┄┄┄┄210
节房虫超科 Nodosarioidea Ehrenberg, 1838 ┄┄┄┄┄┄┄┄┄┄210
  节房虫科 Nodosariidae Mamet and Pinard, 1992 emend. Gaillot
  and Vachard, 2007 ┄┄┄┄┄┄┄┄┄┄┄┄┄┄┄┄210
    节房虫属 *Nodosaria* Lamarck, 1812 ┄┄┄┄┄┄┄┄┄┄210
厚壁虫科 Pachyphloiidae Loeblich and Tappan, 1984┄┄┄┄┄┄212
  厚壁虫属 *Pachyphloia* Lange, 1925┄┄┄┄┄┄┄┄┄┄┄212
  强壮厚壁虫属 *Robustopachyphloia* Lin, 1980┄┄┄┄┄┄┄223

宽叶虫科 Ichthyolariidae Loeblich and Tappan, 1986 ·················224

宽叶虫属 *Ichthyolaria* Wedekind, 1937 emend. Sellier

de Civrieux and Dessauvagie, 1965 ·················224

叶形节房虫属 *Frondinodosaria* Sellier de Civrieux and

Dessauvagie, 1965 ·················225

6.2　牙形类 ···226

牙形动物纲 Conodonta Eichenberg, 1930 ·····················226

奥泽克刺目 Ozarkodinida Dzik, 1976 ·····························226

舟刺科 Gondolellidae Lindstrom, 1970 ····························226

克拉克刺属 *Clarkina* Kozur, 1989 ·····························226

中舟刺属 *Mesogondolella* Kozur, 1988 ·····················228

斯威特刺科 Sweetognathidae Ritter, 1986 ·····················230

伊朗颚刺属 *Irangnathus* Kozur, Mostler and Rahimi-Yazd,

1975 ·················230

弗亚洛夫刺科 Vjalovognathidae Shen, Yuan and Henderson, 2016 ····230

弗亚洛夫刺属 *Vjalovognathus* Kozur, 1977 ·················230

6.3　腕足类 ···231

腕足动物门 Brachiopoda Duméril, 1806 ·······················231

小嘴贝亚门 Rhynchoneliformea Williams et al., 1996 ·········231

扭月贝纲 Strophomenata Williams et al., 1996 ···············231

长身贝目 Productida Sarytcheva and Sokolskaya, 1959 ·······231

戟贝亚目 Chonetoidea Muir-Wood, 1955 ·······················231

戟贝超科 Chonetidina Bronn, 1862 ·····························231

皱戟贝科 Rugosochonetidae Muir-Wood, 1962 ···············231

皱戟贝亚科 Rugosochonetinae Muir-Wood, 1962 ···········231

微戟贝属 *Chonetinella* Ramsbottom, 1952 ···············231

长身贝亚目 Productidina Waagen, 1883 ·······················232

长身贝超科 Productoidea Gray, 1840 ·························232

小长身贝科 Productellidae Schuchert, 1929 ·················232

欧尔通贝亚科 Overtoniinae Muir-Wood and Cooper 1960 ·········232

线刺贝族 Costispiniferini Muir-Wood and Cooper 1960 ·········232

棘耳贝属 *Echinauris* Muir-Wood and Cooper, 1960 ·········232

新轮皱贝属 *Neoplicatifera* Jin et al., 1974 ················233

围脊贝亚科 Marginiferinae Stehli, 1954 ·················233

围脊贝族 Marginiferini Stehli, 1954 ·················233

刺围脊贝属 *Spinomarginifera* Huang, 1932 ·················233

少刺贝族 Paucispiniferini Muir-Wood and Cooper, 1960 ·················235

粗肋贝属 *Costiferina* Muir-Wood and Cooper, 1960 ·················235

网围脊贝属 *Retimarginifera* Waterhouse, 1970 ·················235

长身贝科 Productidae Gray, 1840 ·················236

光秃长身贝亚科 Leioproductinae Muir-Wood and Cooper, 1960 ····236

瘤褶贝族 Tyloplectini Termier and Termier, 1970 ·················236

假古长身贝属 *Pseudoantiquatonia* Zhan and Wu, 1982 ······236

轮刺贝超科 Echinoconchoidea Stehli, 1954 ·················237

轮刺贝科 Echinoconchidae Stehli, 1954 ·················237

轮刺贝亚科 Echinoconchinae Stehli, 1954 ·················237

卡拉万贝族 Karavankinini Ramovs, 1969 ·················237

卡拉万贝属 *Karavankina* Ramovs, 1969 ·················237

线纹长身贝超科 Linoproductoidea Stehli, 1954 ·················237

线纹长身贝科 Linoproductidae Stehli, 1954 ·················237

线纹长身贝亚科 Linoproductinae Stehli, 1954 ·················237

线纹长身贝属 *Linoproductus* Chao, 1927 ·················237

旁多贝属 *Bandoproductus* Jin and Sun, 1981 ·················239

小山贝科 Monticuliferidae Muir-Wood and Cooper, 1960 ·················240

耳刺贝亚科 Auriculispininae Waterhouse in Waterhouse and

Briggs, 1986 ·················240

瘤线贝属 *Costatumulus* Waterhouse, 1983b ·················240

蕉叶贝亚目 Lyttoniidina Williams in Kaesler et al., 2000 ·················241

蕉叶贝超科 Lyttonioidea Waagen, 1883 ·················241

蕉叶贝科 Lyttoniidae Waagen, 1883 ·················241

蕉叶贝亚科 Lyttoniinae Waagen, 1883 ·················241

蕉叶贝属 *Leptodus* Kayser, 1883 ·················241

线纹欧姆贝亚科 Linoldhamininae Xu et al., 2005 ·················241

线纹欧姆贝属 *Linoldhamina* Xu et al., 2005 ·················241

直形贝目 Orthotetida Waagen, 1884 ·················242

直形贝亚目 Orthotetidina Waagen, 1884 ·················242

直形贝超科 Orthotetoidea Waagen, 1884·············242

米克贝科 Meekellidae Stehli, 1954·············242

米克贝亚科 Meekellinae Stehli, 1954·············242

米克贝属 *Meekella* White and John, 1867 ·············242

小嘴贝目 Rhynchonellida Kuhn, 1949 ·············243

狭体贝超科 Stenoscismatoidea Oehlert, 1887·············243

狭体贝科 Stenoscismatidae Oehlert, 1887 ·············243

狭体贝亚科 Stenoscismatinae Oehlert, 1887·············243

狭体贝属 *Stenoscisma* Conrad, 1839 ·············243

韦勒贝超科 Wellerelloidea Licharew, 1956 ·············244

异嘴贝科 Allorhynchidae Cooper and Grant, 1976 ·············244

拟穿孔贝属 *Terebratuloidea* Waagen, 1883·············244

无窗贝目 Athyridida Boucot, Johnson and Staton, 1964 ·············244

无窗贝亚目 Athyrididina Boucot, Johnson and Staton, 1964·············244

无窗贝超科 Athyridoidea Davidson, 1881 ·············244

无窗贝科 Athyrididae Davidson, 1881·············244

携螺贝亚科 Spirigerellinae Grunt in Ruzhencev and Sarycheva,
1965·············244

似无窗贝属 *Juxathyris* Liang, 1990·············244

菜采贝超科 Retzioidea Waagen, 1883 ·············245

新莱采贝科 Neoretziidae Dagys, 1972·············245

胡斯台贝亚科 Hustediinae Grunt, 1986·············245

胡斯台贝属 *Hustedia* Hall and Clarke, 1893 ·············245

石燕贝目 Spiriferida Waagen, 1883 ·············246

石燕贝亚目 Spiriferidina Waagen, 1883·············246

马丁贝超科 Martinioidea Waagen, 1883·············246

英格拉尔贝科 Ingelarellidae Campbell, 1959·············246

英格拉尔贝亚科 Ingelarellinae Campbell, 1959·············246

似马丁贝属 *Martiniopsis* Waagen, 1883·············246

石燕贝超科 Spiriferoidea King, 1846·············246

分喙石燕科 Choristitidae Waterhouse, 1968·············246

血管石燕亚科 Angiospiriferinae Legrand-Blain, 1985 ·············246

准腕孔贝属 *Brachythyrina* Frederiks, 1929·············246

唐山贝亚科 Tangshanellinae Carter in Carter et al., 1994 ··············248

阿尔法新石燕属 *Alphaneospirifer* Gatinaud, 1949 ··············248

三角贝科 Trigonotretidae Schuchert, 1893 ··············248

新石燕亚科 Neospiriferinae Waterhouse, 1968 ··············248

新石燕属 *Neospirifer* Fredericks, 1924 ··············248

三角贝亚科 Trigonotretinae Schuchert, 1893 ··············249

槽褶贝属 *Sulciplica* Waterhouse, 1968 ··············249

小石燕科 Spiriferellidae Waterhouse, 1968 ··············250

小石燕属 *Spiriferella* Tschernyschew, 1902 ··············250

翼小石燕属 *Alispiriferella* Waterhouse and Waddington, 1982 ··············251

窗孔贝亚目 Delthyridina Ivanova, 1972 ··············252

网格贝超科 Reticularioidea Waagen, 1883 ··············252

爱莉贝科 Elythidae Fredericks, 1924 ··············252

纹窗贝亚科 Phricodothyridinae Caster, 1939 ··············252

二叠纹窗贝属 *Permophricodothyris* Pavlova, 1965 ··············252

野石燕亚科 Toryniferinae Carter in Carter et al., 1994 ··············253

螺松贝属 *Spirelytha* Fredericks, 1924 ··············253

准石燕目 Spiriferinida Ivanova, 1972 ··············254

准石燕亚目 Spiriferinidina Ivanova, 1972 ··············254

疹石燕超科 Pennospiriferinoidea Dagys, 1972 ··············254

准小石燕科 Spiriferellinidae Ivanova, 1972 ··············254

准小石燕属 *Spiriferellina* Fredericks, 1924 ··············254

穿孔贝目 Terebratulida Waagen, 1883 ··············254

穿孔贝亚目 Terebratulidina Waagen, 1883 ··············254

两板贝超科 Dielasmatoidea Schuchert, 1913 ··············254

两板贝科 Dielasmatidae Schuchert, 1913 ··············254

两板贝亚科 Dielasmatinae Schuchert, 1913 ··············254

两板贝属 *Dielasma* King, 1859 ··············254

参考文献 ··············**255**

图版和图版说明 ··············**299**

第 1 章

引　言

青藏高原被誉为地球的"第三极"，是特提斯构造域最核心、最复杂的地区，它是由多个块体和代表大洋的多条构造缝合线组成的复杂地质体（Yin and Harrison, 2000；Pan et al., 2012；Zhu et al., 2013）。这些地块由北向南分别由北羌塘地块、南羌塘地块、拉萨地块和特提斯喜马拉雅带（印度板块北缘）组成。其中，拉萨地块是青藏高原最重要、争议最多的地块，它位于班公湖 - 怒江缝合带以南以及雅鲁藏布江缝合带以北。近年来，青藏高原深时古地理重建是学术界关注的焦点，它一方面对于了解特提斯地球动力学至关重要；另一方面也对未来青藏高原的资源、油气勘探有重要的理论价值。其中晚古生代时期古地理重建的难点在于如何理解冈瓦纳大陆北缘裂解的时间、形式和过程，以及各个不同地块之间的古地理关系，这是与地球动力学息息相关的重大科学问题，而拉萨地块是解决这个关键科学问题的重中之重，原因在于它涉及班公湖 - 怒江洋和新特提斯洋的打开时间及打开模式，因此对拉萨地块的地层古生物考察和研究具有重要的科学意义。

1.1 拉萨地块二叠纪地层古生物科考的目标及内容

1.1.1 拉萨地块二叠纪地层的研究历史及现状

西藏拉萨地块二叠纪地层的研究可以追溯到 20 世纪 50 年代，李璞（1955）首先报道了西藏东部旁多宗一带的旁多群和洛巴堆组的地层面貌。70~80 年代，西藏区域地质调查队和中国科学院青藏高原科考队在西藏申扎一带研究了该地的二叠纪地层和各门类动物群（林宝玉，1983；夏代祥，1983；章炳高，1986）。而在西藏东部的林周一带，中国科学院青藏高原综合科学考察队（1984）报道了乌鲁龙组和洛巴堆组的地层序列和动物群。90 年代开始，科学家陆续开展了西藏阿里地区的科学考察，郭铁鹰等（1991）报道了狮泉河一带的二叠纪地层，划分了下部的那子夺波组和上部的羊尾山组。

2000 年前后，中国地质调查局开展了青藏高原 1：25 万区域地质调查工作，在拉萨地块上揭示了广泛分布的二叠纪地层。随后的工作中，拉萨地块的各个地区都发现较多新的二叠纪动物群（纪占胜等，2007a, 2007b；姚建新等，2007；詹立培等，2007；郑有业等，2007；Zhang et al., 2010b, 2016, 2019；张予杰等，2014a, 2014b；Yuan et al., 2016；琚琦等，2019；Qiao et al., 2019；Xu et al., 2019）。这为拉萨地块的地层划分与对比及古生物地理研究提供了重要参考资料。

1.1.2 地层古生物专题科考的必要性

随着地层和古生物资料的积累，西藏拉萨地块地层的划分与对比已取得重要进展，但仍然存在很多不足之处，主要表现在三个方面。第一，很多不同学者关于青藏高原的研究呈现分散式，因此存在同物异名的现象，即同一套地层在不同地区被命名为不同的岩石地层名称，这给区域对比带来了困难。第二，化石是远古生命的记录，尤其是青藏高原地区，拉萨地块对二叠纪时古环境和古地理的变动异常敏感，这些事件的信息都被化石记录下来，因此，对拉萨地块化石的科考对于人们了解远古的生物多样性、生物与环境的相互作用有重要意义。第三，拉萨地块的古地理演化一直是学术界高度关注的焦点。二叠纪冈瓦纳大陆北缘的印度板块和西澳大利亚板块都存在明显的古生物地理经向差异（Haig et al., 2017），即它们都不是平行于纬度带分布的。因此，考察拉萨地块东西向不同二叠纪地层剖面，用生物地层和年代地层建立起它们的对比关系，分析它们东西向是否存在明显的古生物地理差异，这将有利于推断拉萨地块的古地理演化及其与其他地块的古地理关系。

1.1.3　地层古生物专题科考的内容及目标

地层古生物专题科考的主要内容包括两个方面。第一方面是高精度的地层测量，详细记录每个岩层段的岩性变化和沉积特征；第二方面是各门类化石的采集，采集的宏体化石包括腕足类、珊瑚和少量腹足类等，微体化石包括蜓类、小有孔虫及牙形类等。

本书涉及的科考点全部位于拉萨地块上，因此科考的重点内容是考察拉萨地块上关键层段的地层和沉积变化是否相同，古生物地理变化趋势是否一致，这是前期地层古生物研究中不够重视的内容。考察的目标是建立整个拉萨地块二叠纪岩石地层、生物地层和古生物地理的变化。

1.2　拉萨地块二叠纪地层古生物科考的关键区域

考虑到拉萨地块上前期工作的研究基础集中在西藏申扎北部永珠一带。因此，为了解拉萨地块二叠纪地层的横向对比及古生物地理变化趋势，本书中的科考涉及拉萨地块的西部、中部和东部的多个剖面（图 1.1），包括阿里地区的噶尔县狮泉河羊尾山剖面和左左乡剖面，仲巴县扎布耶茶卡（简称扎布耶）一——六号剖面，措勤县夏东剖面、阿多嘎布一号、二号剖面、扎日南木错二号剖面，申扎县木纠错地区 3 个剖面，林周县洛巴堆组 3 个剖面以及墨竹工卡县德仲村观测剖面等。

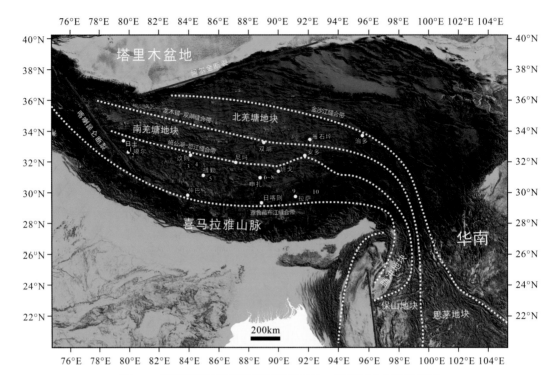

图 1.1　青藏高原构造划分图及拉萨地块二叠系研究剖面位置图

1. 噶尔县狮泉河羊尾山剖面；2. 噶尔县左左乡剖面；3. 仲巴县扎布耶茶卡一——六号剖面；4. 措勤县夏东剖面、阿多嘎布一号剖面和阿多嘎布二号剖面；5. 措勤县扎日南木错二号剖面；6. 申扎县木纠错剖面；7. 申扎县木纠错西北采样点；8. 申扎县木纠错短剖面；9. 林周县洛巴堆剖面；10. 墨竹工卡县德仲村洛巴堆组观测剖面

第 2 章

拉萨地块区域地层概况

西藏拉萨地块位于西藏中部，北面以班公湖 - 怒江缝合带为界与南羌塘地块接壤，南面以雅鲁藏布江缝合带为界与特提斯喜马拉雅带接壤（Yin and Harrison, 2000）。其内部又以北面的狮泉河 - 纳木错蛇绿混杂岩带和南面的洛巴堆 - 米拉山断裂为界由北向南分为北拉萨、中拉萨和南拉萨微地块（Zhu et al., 2013）。

中拉萨地块保存了古生代最连续的地层记录，尤其是申扎地区，古生代地层最完整，自下而上出露了下古生界、上古生界和中古生界（中国科学院青藏高原综合科学考察队，1984）。上古生界包括泥盆系达尔东组和查果罗玛组、石炭系 - 乌拉尔统永珠群，乌拉尔统拉嘎组和昂杰组，瓜德鲁普统—乐平统下拉组和木纠错组（夏代祥，1983；程立人等，2002；Zhang et al., 2013a）。其中二叠系是拉萨地块上古生界最发育的层段（Zhang et al., 2013a）。

对拉萨地块二叠系的研究可以追溯到 20 世纪 50 年代，李璞（1955）最早识别了拉萨北部林子宗至念青唐古拉山之间的晚古生代地层，把石炭 - 二叠系划分为旁多系和洛巴堆层。但在 70~80 年代以后的很长时间内，拉萨地块的二叠系研究主要在西藏申扎地区开展。例如，西藏地质局综合普查大队（1980）根据申扎北部永珠一带的考察工作，把石炭 - 二叠系划分为永珠群、昂杰组和下拉组。林宝玉（1981, 1983）在这一地层划分的基础上，又把下拉组底部紫红色的灰岩划分出来，命名为日阿组。张正贵等（1985）根据申扎永珠地区的剖面在下拉组中划分出石块地下段和石块地上段，而下拉组之上的地层划入卓布组，但后期在申扎地区的工作中普遍采用昂杰组和下拉组的划分方案（郑春子等，2005）。但关于二叠系下界是在永珠群还是昂杰组中则存在较大的争议（纪占胜等，2007a；詹立培等，2007；姚建新等，2007）。在申扎木纠错一带，程立人等（2002）发现了位于下拉组之上的白云质灰岩、白云岩地层，命名为木纠错组。由于申扎地区的二叠系研究历史较长，划分较为复杂，它们的研究历史和划分方案见表 2.1。

拉萨地块狮泉河羊尾山一带出露了较多的二叠纪地层。其中下部以砂岩和板岩为主的地层被称为那子夺波组，上部以灰岩为主的地层称为羊尾山组（郭铁鹰等，1991）。但后来在清理西藏岩石地层单位时，那子夺波组被认为是昂杰组的同义名，而羊尾山组被认为是吞龙共巴组的同义名（西藏自治区地质矿产局，1997），在后来的研究中，学者仍然用申扎地区的昂杰组和下拉组来代表狮泉河一带的二叠系（郑有业等，2007；纪占胜等，2007b）。

措勤 - 仲巴北部一带也是近年来二叠系研究的重点区。其岩石地层划分基本与申扎地区类似，稍有区别的是在该地区白云岩相的木纠错组分布局限，很多地区下拉组的时代可以延伸至二叠纪末期（Qiao et al., 2019；Xu et al., 2019），或者该套地层被称为桑穷组抑或文布当桑组（Wu et al., 2014）。

林周县一带的二叠系自下而上被划分为旁多群、乌鲁龙组和洛巴堆组（中国科学院青藏高原综合科学考察队，1984）。其中，旁多群以冰海相沉积为代表（纪占胜等，2005）；乌鲁龙组相当于申扎地区的昂杰组，主要由灰岩和砂岩组成（饶靖国等，1988）；洛巴堆组相当于下拉组，其中含有丰富的䗴类化石（王玉净等，1981）。

表 2.1　西藏申扎地区二叠系研究沿革

统	阶	年代/Ma	西藏地质局综合普查大队, 1980	杨式溥和范影年, 1982	夏代祥, 1983	林宝玉, 1983	张正贵等, 1985	夏凤生等, 1986	饶靖国等, 1988	郑春子等, 2005	郑春子等, 2005	姚建新等, 2007	Zhang et al., 2013a	本书
乐平统	长兴阶	251.902								木纠错组	木纠错组		木纠错组	
乐平统	吴家坪阶	254.14												木纠错组
瓜德鲁普统	卡匹敦阶	259.51				下拉组	卓布组		卓布组					
瓜德鲁普统	沃德阶	264.28	下拉组	下拉组	下拉组		下拉组	下拉组	下拉组	下拉组	下拉组	下拉组	下拉组	下拉组
瓜德鲁普统	罗德阶	266.9				日阿组								
乌拉尔统	空谷阶	273.01	昂杰组	朗玛日阿组	昂杰组	昂杰组	朗玛日阿组	昂杰组	石块地组	昂杰组	昂杰组	昂杰组	昂杰组	昂杰组
乌拉尔统	亚丁斯克阶	283.5		昂杰组	永珠群上组	拉嘎组	昂杰组		朗玛日阿组					
乌拉尔统	萨克马尔阶	290.1	永珠群							拉嘎组	拉嘎组	拉嘎组	拉嘎组	拉嘎组
乌拉尔统	阿瑟尔阶	293.52			永珠群下组	永珠公社组						永珠群	永珠群	永珠群

本书的工作区域包括噶尔县狮泉河地区、措勤县 - 仲巴县北部、申扎县、林周县和墨竹工卡县。

2.1 噶尔县狮泉河地区

狮泉河地区位于拉萨地块的西部，行政区属于西藏阿里地区噶尔县。区内的二叠纪地层广泛分布在噶尔县东北的羊尾山—左左乡一带。二叠纪地层与上覆下、中三叠统淌那勒组呈整合接触（图 2.1）。

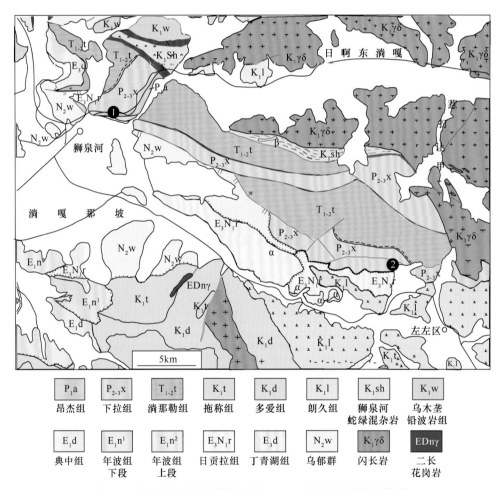

图 2.1 狮泉河地区地质简图（据 1 : 25 万狮泉河幅地质图）

1. 狮泉河剖面；2. 左左乡剖面

郭铁鹰等在《西藏阿里地质》一书中研究了狮泉河羊尾山剖面，并把该剖面划分为下部的那子夺波组和上部的羊尾山组（郭铁鹰等，1991）。作者实地考察后，发现那子夺波组主要是由粉砂岩、砂岩和砾岩组成的不等厚韵律层组成（图 2.2A~C）。该套岩性组合和拉萨地块其他地区的拉嘎组较相似，故本书认为狮泉河地区的那子夺波组就是拉嘎组。但是它与拉萨地块其他地区的区别在于剖面中未找到冰海相杂砾岩，剖面中砾岩主要是河道相砾岩，且砾石的磨圆度非常好（图 2.2C）。因那子夺波组未找到化石，故仅作观测。昂杰组主要由薄层状砂岩和薄层状灰岩互层产出，断层较发育，故测量剖面上仅测得少量地层。上覆下拉组下部主要为紫红色灰岩段，含较多生物碎屑。往上碳酸盐岩中逐渐夹有较多的燧石结核和燧石条带（图 2.2D），燧石风化面呈褐色，可以观测到它并非生物成因，很可能是热液成因燧石条带。在羊尾山剖面上，由于山顶的断层垮塌，地层重复较多，未测得下拉组中上部地层。而在左左乡郎久电站一带，可见到下拉组中上部地层主要为中厚层状碳酸盐岩，含较多生物碎屑，而硅质结核明显变少，与下拉组下部的硅质条带差异明显。

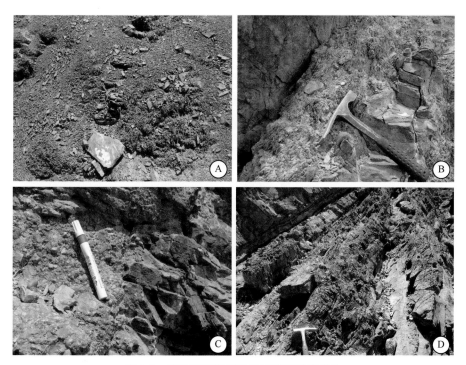

图 2.2　噶尔县狮泉河地区剖面二叠系露头

A. 拉嘎组薄层粉砂岩；B. 拉嘎组粉砂岩与砂岩接触；C. 拉嘎组砾岩与砂岩接触面；
D. 下拉组下部的中层状灰岩和薄层状硅质条带互层

该地区实测 2 条剖面，分别是狮泉河羊尾山剖面和左左乡剖面。

1. 噶尔县狮泉河羊尾山剖面（剖面起点：32°31′03.3″N，80°07′40.9″E）

下拉组：中层状灰岩与中薄层状硅质岩互层状产出。

————————————断层————————————

下拉组（>108.94m）

第 6 层：灰色厚层状生物碎屑泥晶灰岩，燧石条带极其发育。向上灰岩层变为中层状，
最上部燧石条带和灰岩呈互层状产出。　　　　　　　　　　　　　　　74.16m

9

第5层：深灰色中厚层状生屑泥晶灰岩，风化面呈灰褐色，新鲜面呈灰色。岩层中燧
石结核和燧石条带十分发育，与灰岩层呈互层产出。牙形类化石有：西西里
中舟刺 *Mesogondolella siciliensis*。 22.99m

第4层：深灰色中厚层状生物碎屑灰岩，岩层中有较多的燧石条带沿层分布。岩层穿
插有较多的方解石脉体。 11.79m

──────────整合──────────

昂杰组（>152.3m）

第3层：深灰色泥晶灰岩夹薄层页岩，两者呈不等厚互层状产出。灰岩中有较多的生物
碎屑，主要有海百合茎和苔藓虫。牙形类化石有：*Mesogondolella siciliensis*。 106.5m

第2层：紫灰色中层状砂质灰岩，含较多的苔藓虫和海百合茎。风化面呈灰色，新鲜
面呈紫灰色。 18.6m

第1层：灰色中层状亮晶颗粒灰岩。风化面呈黄灰色，新鲜面呈灰色。含牙形类化石
有：*Mesogondolella siciliensis* 和爱达荷中舟刺可疑种 *M. idahoensis*?。 27.2m

2. 噶尔县狮泉河左左乡剖面（剖面起点：32°24′22″N，80°22′52″E）

该剖面纵向上岩性变化不大，都是以中厚层状灰岩为主，并夹有燧石结核和
燧石条带。剖面下部的单层厚度稍大，方解石脉体发育，岩层受到重结晶作用明显
（图2.3A）。沿剖面向上，单层厚度逐渐减薄，硅质条带和结核有所增加（图2.3B）。
因剖面顶部有小断层错断，故野外仅测得93m。因地层下部重结晶相对严重，在野外
未发现有化石。从剖面50m处开始，地层中可见丰富的蜓类和小有孔虫动物群。蜓类
化石有：长安桥小陈氏蜓 *Chenella changanchiaoensis*、铜陵小陈氏蜓 *C. tonglingica*、左
左卡勒蜓（新种）*Kahlerina zuozuoensis* sp. nov.、中拉且尔蜓 *Reichelina media*；小有孔
虫化石有：梯状虫未定种 *Climacammina* sp.、盘角虫未定种1 *Cornuspira* sp. 1、*C.* sp. 2、
恰那赫奇达格玛虫 *Dagmarita chanakchiensis*、柔德克虫相似种 *Deckerella* cf. *tenuissima*、
斯潘德尔盖尼茨虫平亚种 *Geinitzina spandeli plana*、盖尼茨虫未定种1 *G.* sp. 1、广西
类内卷虫 *Endothyranopsis guangxiensis*、泡状球瓣虫 *Globivalvulina bulloides*、弱毛
盘虫 *Lasiodiscus tenuis*、塔托恩西斯毛轮虫 *Lasiotrochus tatoiensis*、小新内卷虫相似种

图2.3 噶尔县左左乡剖面二叠系下拉组露头

A. 剖面下部中厚层灰岩；B. 剖面中上部厚层灰岩向薄层灰岩转变

Neoendothyra cf. *parva*、锐拟节房虫 *Nodosinelloides acera*、美丽拟节房虫 *N. bella*、奇异拟节房虫 *N. mirabilis*、内恰杰夫拟节房虫 *N. netchajewi*、拟节房虫未定种 1 *N.* sp. 1、卵形厚壁虫 *Pachyphloia ovata*、矛形厚壁虫 *P. lanceolata*、厚壁虫未定种 1 *P.* sp. 1、美丽塞兹兰虫 *Syzrania bella*、马贾夫瘤虫 *Tuberitina maljavkini*、特殊状球米德虫 *Glomomidiellopsis specialisaeformis*、半金线虫未定种 *Hemigordius* sp.、拉且尔米德虫 *Midiella reicheli*、多盘虫未定种 1 *Multidiscus* sp. 1、多盘虫未定种 2 *M.* sp. 2、精细假朗格虫 *Pseudolangella delicata*、脆弱假朗格虫 *P. fragilis*、假朗格虫未定种 1 *P.* sp. 1、假朗格虫未定种 2 *P.* sp. 2。

2.2　措勤县－仲巴县北部地区

这一地区位于拉萨地块的中西部，区内二叠纪－三叠纪地层发育良好。区内存在的地层和区域上基本一致，其二叠纪地层主要由拉嘎组冰海相杂砾岩、昂杰组碎屑岩夹灰岩和下拉组的灰岩组成，其中下拉组（原称桑秀组）可延到二叠纪最末期（陈清华等，1998；朱利东等，2004）。作者课题组近年来初步研究了措勤县阿多嘎布一带的二叠纪地层，证实了瓜德鲁普统下拉组中含有丰富的䗴类及小有孔虫动物群，且下拉组灰岩可直接延至乐平世末期（Qiao et al., 2019；Xu et al., 2019；Zhang et al., 2019）。值得指出的是，该地区存在一套含植物群的陆相地层，被称为敌布错组（周幼云等，2002），该组的典型命名地位于措勤县江让乡西部敌布错的北缘。建组时，因为其不整合于"下拉组"灰岩之上，所以其时代被认定为瓜德鲁普世—乐平世（周幼云等，2002）。但后来的研究证实，其下伏的"下拉组"中含有晚三叠世的牙形类高舟刺 *Epigondolella*，因此，敌布错组的时代属于中生代而非二叠纪（纪占胜等，2006）。阿多嘎布剖面的研究进一步证实下拉组海相地层可延伸至二叠纪最末期（Qiao et al., 2019）。

本科考分队考察了仲巴县北部扎布耶一带、措勤县北部夏东村一带和阿多嘎布一带、措勤县扎日南木错南部的二叠纪地层。因乌拉尔统碎屑岩中未找到化石，在野外仅作观测。描述和研究的化石主要采自于瓜德鲁普统下拉组中。

扎布耶一带共测量了 6 条剖面（图 2.4），主要测量的层位属于下拉组中部。

1. 仲巴县扎布耶一号剖面（剖面起点：31°32′11″N，84°5′44″E）

上接仲巴县扎布耶六号剖面。

下拉组

第 3 层：中薄层状灰岩夹大量燧石结核和团块。小有孔虫化石有：*Lasiodiscus tenuis*、巨盖尼茨虫 *Geinitzina gigantea*、类半结虫未定种 *Hemigordiopsis* sp.、二叠叶状虫 *Frondina permica*、*Pseudolangella* sp.、古串珠虫未定种 *Palaeotextularia* sp.、四排虫未定种 1 *Tetrataxis* sp. 1、帕帝斯节房虫相似种 *Nodosaria* cf. *partisana*、原始节房虫未定种 1 *Protonodosaria* sp. 1。　　　　　　　　　　6.1m

第 2 层：薄层钙质砂岩。　　　　　　　　　　10m

图 2.4　仲巴县北部扎布耶地区剖面位置图（底图据 Google Earth）

1. 扎布耶一号剖面；2. 扎布耶二号剖面；3. 扎布耶三号剖面；4. 扎布耶四号剖面；5. 扎布耶五号剖面；6. 扎布耶六号剖面

第 1 层：紫红色薄层灰岩，含大量海百合茎化石。下部没有露头出露，推测是页岩。小
有孔虫化石有：*Geinitzina gigantea*、*Pseudolangella* sp.、穿孔朗格虫 *Langella*
perforata、结实假三刺孔虫相似种 *Pseudotristix* cf. *solida*、*Palaeotextularia* sp.、
叶形节房虫未定种 1 *Frondinodosaria* sp. 1。　　　　　　　　　　　　　　　5.2m

2. 仲巴县扎布耶二号剖面（剖面起点：31°32′8″N，84°5′49″E）

下拉组

第 5 层：极薄层钙质砂岩，局部含有腕足类碎片。　　　　　　　　　　　　　　10m

第 4 层：中层状灰岩夹薄层状钙质砂岩，灰岩中含有硅质结核和硅质条带。　　　　10m

第 3 层：浅灰色极薄层钙质砂岩，含有腕足类化石碎片。小有孔虫化石有：*Cornuspira*
sp. 2、假朗格虫未定种 4 *Pseudolangella* sp. 4、后石炭盖尼茨虫 *Geinitzina*
postcarbonica、穿孔朗格虫朗格亚种 *Langella perforata langei*、*Glomomidiellopsis*
specialisaeformis、二叠半金线虫贝特皮亚种 *Hemigordius permicus beitepicus*、
曲形米德虫 *Midiella sigmoidalis*、拟节房虫未定种 2 *Nodosinelloides* sp. 2。　　9.8m

第 2 层：灰褐色灰岩。 1.8m

第 1 层：淡紫色生物碎屑灰岩，含丰富的海百合茎化石。单层厚度约 15~20cm。小有孔虫化石有：*Cornuspira* sp. 2、*Frondina permica*、宽叶虫未定种 *Ichthyolaria* sp.、*Geinitzina postcarbonica*、锐盖尼茨虫相似种 *G*. cf. *acuta*、盖尼茨虫未定种 2 *G*. sp. 2、*Pseudolangella delicata*、*Langella perforata langei*、原始节房虫未定种 2 *Protonodosaria* sp. 2、叶形节房虫未定种 2 *Frondinodosaria* sp. 2、肥胖拟节房虫 *Nodosinelloides obesa*、阿坎撒拟节房虫相似种 *N*. cf. *acantha*、拟节房虫未定种 3 *N*. sp. 3。 3.4m

3. 仲巴县扎布耶三号剖面（观测点：31°39′13.67″N，84°2′22.51″E）

该剖面为观测剖面，位于扎布耶四号和五号剖面的西北方向。岩层不清楚，灰岩较破碎。仅在局部位置采得少量灰白色灰岩样品。蜓类化石有：似里菲尔塔朱森蜓 *Chusenella quasireferta*、卡勒蜓未定种 1 *Kahlerina* sp. 1、马驹拉新希瓦格蜓 *Neoschwagerina majulensis*；小有孔虫有：球形类半结虫 *Hemigordiopsis renzi*、厚壁虫未定种 2 *Pachyphloia* sp. 2、小线球虫 *Agathammina pusilla*、德克虫未定种 1 *Deckerella* sp. 1。笔者曾报道了该点附近下拉组中的蜓类化石希瓦格蜓状朱森蜓 *Chusenella schwagerinaeformis*、网格状新希瓦格蜓 *Neoschwagerina craticulifera*、挤杨铨蜓 *Yangchienia compressa* 和小有孔虫化石亚圆类半结虫 *Hemigordiopsis subglobosa*、隔板线球虫未定种 *Septagathammina* sp.、阿莫斯撣邦虫 *Shanita amosi*、索廷蒂撣邦虫 *S. thawtinti*（Zhang et al., 2019）。这两个点的化石面貌总体较相似，当前化石点的层位可能略低。

4. 仲巴县扎布耶四号剖面（剖面起点：31°36′20.91″N，84°5′33.29″E）（琚琦等，2019）

下拉组

顶部未测。

第 4 层：青灰色中层状灰岩，含丰富的海百合茎和有孔虫。 54.5m

第 3 层：灰白色中层状粉晶灰岩，重结晶严重，含有较多的苔藓虫。 8m

第 2 层：浅灰色中层状灰岩，含有丰富的复体珊瑚、小有孔虫和蜓类。蜓类化石有：厚壁卡勒蜓 *Kahlerina pachytheca*、*Chusenella schwagerinaeformis*、*C*. sp.、短新希瓦格蜓 *Neoschwagerina brevis*、*N. craticulifera*。 17.5m

第 1 层：灰白色中层状灰岩，含大量蜓类化石及小有孔虫化石。蜓类化石有：美国费伯克蜓 *Verbeekina americana*、薄壁费伯克蜓 *V. tenuispira*、薄壁卡勒蜓 *Kahlerina tenuitheca*、*K. pachytheca*、少圈南京蜓 *Nankinella rarivoluta*、托勃勒氏杨铨蜓 *Yangchienia tobleri*、短极朱森蜓 *Chusenella brevipola*、*C. schwagerinaeformis*、陈氏新希瓦格蜓 *Neoschwagerina cheni*、柯兰妮氏新希瓦格蜓 *N. colaniae*、*N. craticulifera*、*N. brevis*。 19.5m

5. 仲巴县扎布耶五号剖面（剖面起点：31°36′22″N，84°5′31″E）（琚琦等，2019）

该剖面位于四号剖面之下，含有丰富的蟆类及小有孔虫动物群。蟆类化石有：*Verbeekina americana*、*V. tenuispira*、*Kahlerina tenuitheca*、扁平南京蟆 *Nankinella complanata*、*N. rarivoluta*、海登氏杨铨蟆 *Yangchienia haydeni*、*Y. tobleri*、短朱森蟆相似种 *Chusenella* cf. *brevis*、*C. brevipola*、*Neoschwagerina cheni*、*N. colaniae*、*N. craticulifera*、*N. brevis*。

6. 仲巴县扎布耶六号剖面（剖面起点：31°32′12.94″N，84°5′44.28″E）

下拉组

上部地层重结晶严重，未测。

第 6 层：灰白色中薄层灰岩（图 2.5B），硅质层逐渐消失。蟆类化石有：*Chusenella quasireferta*、微小卡勒蟆 *Kahlerina minima*；小有孔虫化石有：棒形德克虫相似种 *Deckerella* cf. *clavata*、*Lasiodiscus tenuis*、*Nodosinelloides netchajewi*。 5m

第 5 层：薄层灰岩夹有中厚层灰岩，含燧石结核。蟆类化石有：*Neoschwagerina majulensis*、汤姆逊氏杨铨蟆 *Yangchienia thompsoni*；小有孔虫化石有：*Lasiodiscus tenuis*、拉且尔新内卷虫 *Neoendothyra reicheli*、锥状朗格虫 *Langella conica*。 10.5m

第 4 层：中层状灰岩夹燧石条带。蟆类化石有：*Nankinella rarivoluta*、*Neoschwagerina majulensis*、*Yangchienia thompsoni*；小有孔虫化石有：*Dagmarita chanakchiensis*、*Globivalvulina bulloides*、*Lasiodiscus tenuis*、*Lasiotrochus tatoiensis*、*Neoendothyra reicheli*、*Langella conica*、奇异拟节房虫高加索亚种 *Nodosinelloides mirabilis caucasica*。 11.5m

第 3 层：极薄层灰岩和燧石条带互层。蟆类化石有：*Kahlerina minima*、*Neoschwagerina majulensis*；小有孔虫化石有：*Dagmarita chanakchiensis*、*Lasiotrochus tatoiensis*、苏门答腊古串珠虫 *Palaeotextularia sumatrensis*、切尔丁彻夫假三刺孔虫相似种 *Pseudotristix* cf. *tcherdynzevi*、*Nodosinelloides netchajewi*、促库劳厚壁虫 *Pachyphloia cukurlöyi*、双凹莱赛特虫 *Lysites biconcavus*。 9m

第 2 层：青灰色厚层灰岩与薄层生物碎屑灰岩不等厚互层产出，厚层灰岩含生物碎屑少，薄层灰岩含生物碎屑多。蟆类化石有：*Chenella changanchiaoensis*、*Chusenella quasireferta*、卢氏喇叭蟆 *Codonofusiella lui*、弱小喇叭蟆 *C. nana*、*Kahlerina minima*、*Nankinella rarivoluta*、葛利普氏费伯克蟆相似种 *Verbeekina* cf. *grabaui*、西西里卡勒蟆 *Kahlerina siciliana*、*Neoschwagerina majulensis*、*Yangchienia thompsoni*、底普拉新希瓦格蟆 *Neoschwagerina deprati*、*Yangchienia* cf. *tobleri*；小有孔虫化石有：*Deckerella* cf. *clavata*、*Globivalvulina bulloides*、冯德施米特球瓣虫 *G. vonderschmitti*、*Lasiodiscus tenuis*、*Lasiotrochus tatoiensis*、*Neoendothyra reicheli*、*Palaeotextularia sumatrensis*、整齐四排虫 *Tetrataxis concinna*、四排虫未定种 3 *T.* sp. 3、*Geinitzina gigantea*、*G. spandeli plana*、

Langella conica、仲巴朗格虫（新种）*L. zhongbaensis* sp. nov.、长假橡果虫相似种 *Pseudoglandulina* cf. *longa*、假橡果虫未定种 *P.* sp.、*Pseudotristix* cf. *tcherdynzevi*、扎氏米德虫 *Midiella zaninettiae*、阿帕多盘虫 *Multidiscus arpaensis*、*Nodosinelloides mirabilis caucasica*、*N. netchajewi*、大厚壁虫相似种 *Pachyphloia* cf. *magna*、*P. cukurlöyi*、多隔壁厚壁虫 *P. multiseptata*、*Septagathammina* sp.、庞菲利思斯陶伊虫相似种 *Tauridia* cf. *pamphyliensis*、*Glomomidiellopsis specialisaeformis*、新盘虫未定种 *Neodiscus* sp.、*Shanita amosi*、*Lysites biconcavus*、巴东多盘虫 *Multidiscus padangensis*。　　　110.5m

第 1 层：青灰色灰岩和燧石条带互层产出。灰岩中含较多生物碎屑。40m 以上，硅质层逐渐变厚，且局部有褶曲，局部硅质岩与灰岩接触面呈弯曲状（图 2.5A）。蟆类化石有：*Chenella changanchiaoensis*、小陈氏蟆未定种 *C.* sp.、*Kahlerina minima*、*K. pachytheca*、*K. siciliana*、*Codonofusiella lui*、*C. nana*、*Nankinella rarivoluta*、后展长苏伯特蟆 *Schubertella postelongata*、*Verbeekina* cf. *grabaui*、*Neoschwagerina majulensis*、*N. deprati*、简单新希瓦格蟆 *N. simplex*、*Yangchienia thompsoni*、扎布耶假桶蟆 *Pseudodoliolina zhabuyensis*、*Yangchienia* cf. *tobleri*；小有孔虫化石有：*Dagmarita chanakchiensis*、*D.* cf. *clavata*、*Globivalvulina bulloides*、*G. vonderschmitti*、*Lasiodiscus tenuis*、*Lasiotrochus tatoiensis*、*Neoendothyra reicheli*、*Palaeotextularia sumatrensis*、*Tetrataxis concinna*、*T.* sp. 2、*Tuberitina maljavkini*、*Geinitzina gigantea*、*G.* cf. *acuta*、盖尼茨虫未定种 3 *G.* sp. 3、*G. spandeli plana*、盖尼茨虫未定种 4 *G.* sp. 4、*Langella conica*、*L. zhongbaensis*、*Pseudotristix* cf. *tcherdynzevi*、线球虫未定种 *Agathammina* sp.、*Frondina permica*、*Midiella zaninettiae*、*Nodosaria* cf. *partisana*、*N.* sp.、*Nodosinelloides acera*、*N. mirabilis caucasica*、*N. netchajewi*、*Pachyphloia* cf. *magna*、*P. cukurlöyi*、*P. multiseptata*、*Septagathammina* sp.、*Glomomidiellopsis specialisaeformis*、*Neodiscus* sp.、*Shanita amosi*、*Lysites biconcavus*、*Multidiscus padangensis*。　　　49.5m

图 2.5　扎布耶六号剖面野外露头

A. 剖面下部中厚层灰岩和硅质条带不等厚互层，两者接触面不平整；B. 剖面上部青灰色薄层灰岩

7. 措勤县扎日南木错二号剖面（剖面起点：30°43′47″N，85°48′43″E）

该剖面位于措勤县扎日南木错湖的南岸，属于一个独立的小山头，测量厚度31m。地层是灰黑色中层状灰岩，含少量珊瑚化石和大量蜓类化石。其中蜓类动物群非常单调，95%以上都是亚球形的申扎小新寨蜓 *Rugososchwagerina (Xiaoxinzhaiella) xanzensis*，并且它分布不均一，呈团块状密集分布的格局（图2.6），而不密集的部分蜓类则很少。除此之外，还有少量的小有孔虫化石，如弱假朗格虫 *Pseudolangella imbecilla*、*Pachyphloia multiseptata* 和盖福厚壁虫相似种 *P.* cf. *gefoensis*。

图 2.6 措勤县扎日南木错二号剖面的蜓类呈团块状分布

8. 措勤县夏东剖面（剖面起点：31°31′59.21″N，84°33′50.85″E）

该剖面位于措勤县夏东村西北阿多嘎布（图2.7），地层总体较厚，但断层发育，因此该剖面测量过程中平移了两次。笔者初步研究了该剖面3~7层的有孔虫动物群，但很多未详细进行系统古生物研究（Zhang et al., 2019），因此在本书将系统研究这些动物群。该剖面的层序如下。

下拉组顶部

第7层：灰色中层状含燧石结核（条带）生屑泥晶灰岩。新鲜面灰色—深灰色，中层状构造。地层中含有非常丰富的蜓类化石，其在外观上呈灰黑色粒状（图2.8D），主要有：*Chenella changanchiaoensis*、*Kahlerina minima*；小有孔虫化石有：单体厚壁虫 *Pachyphloia solita*。 29.72m

第6层：灰色厚层状含燧石条带生屑泥晶灰岩。新鲜面呈灰色，燧石结核条带状顺层分布，地层中还有丰富的复体珊瑚（图2.8C）。蜓类化石有：*Chenella changanchiaoensis*、措勤朱森蜓 *Chusenella tsochenensis*、乌鲁龙朱森蜓 *C. urulungensis*、*Nankinella complanata*、*N. rarivoluta*、*Kahlerina minima*、

计劳德氏新小纺锤蜓相似种 *Neofusulinella* cf. *giraudi*；小有孔虫化石
有：节房虫未定种 *Nodosaria* sp.、*Pachyphloia multiseptata*、拟卵形厚壁
虫 *P. paraovata*、*P. solita*、*Hemigordiopsis subglobosa*、掌状鱼形叶状虫
Ichthyofrondina palmata、*Nodosinelloides* sp. 6。　　　　　　　　53.29m

第 5 层：灰色中—厚层状生屑灰岩层。新鲜面呈黑灰色，中层状单层厚度在 30cm
左右，厚层状单层厚度达 1m 以上。生物碎屑主要为珊瑚和有孔虫。蜓类
化石有：*Chenella changanchiaoensis*、*Chusenella urulungensis*、*Nankinella
rarivoluta*、申扎南京蜓 *N. xainzaensis*、*Kahlerina minima*、*Neoschwagerina
cheni*、垭子史塔夫蜓 *Staffella yaziensis*；小有孔虫化石有：美丽贝赛虫
Baisalina pulchra、*Syzrania bella*、*Frondinodosaria* sp. 1、旋卷半金线虫
Hemigordius spirollinoformis、*Nodosaria* cf. *partisana*、*N.* sp.、*Pachyphloia*

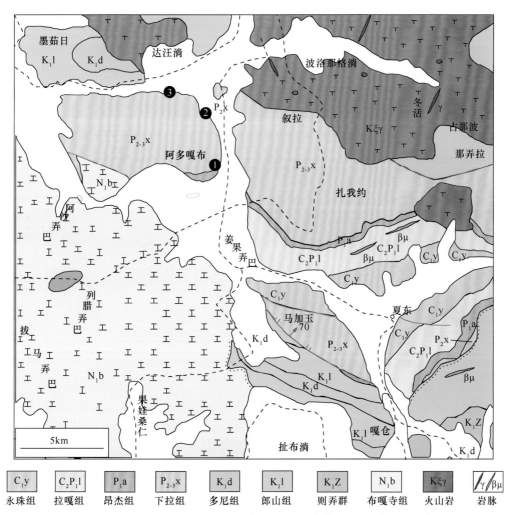

图 2.7　措勤县夏东村一带地质图（据 1∶25 万《措勤县幅》地质图）

1. 夏东剖面；2. 阿多嘎布一号剖面；3. 阿多嘎布二号剖面

multiseptata、*P. paraovata*、*P. solita*、宽鱼形叶状虫相似种 *Ichthyofrondina* cf. *latilimbata*、*I. palmata*、*Midiella reicheli*、拟节房虫未定种 5 *Nodosinelloides* sp. 5、拟节房虫未定种 6 *N.* sp. 6。 35.98m

————————————平移————————————

第 4 层：深灰色中层状含硅质结核内碎屑生屑灰岩，该层上部地层中含有很多硅质结核（图 2.8B）。䗴类化石有：*Chenella changanchiaoensis*、椭圆朱森䗴 *Chusenella ellipsoidalis*、*C. urulungensis*、*Nankinella rarivoluta*、*N. xainzaensis*、*Kahlerina minima*、*Neoschwagerina cheni*；小有孔虫化石有：*Agathammina pusilla*、瓦恰德线球虫 *A. vachardi*、*Baisalina pulchra*、*Dagmarita chanakchiensis*、*Frondinodosaria* sp. 1、*Nodosaria* cf. *partisana*、*N.* sp.、*Nodosinelloides* sp. 4、*Pachyphloia paraovata*、*Ichthyofrondina palmata*、*Lysites biconcavus*、*Midiella reicheli*。 41.4m

第 3 层：深灰色中层状含生屑泥晶灰岩，地层中含丰富的珊瑚、䗴类和海百合化石。珊瑚分为笛管珊瑚和皱纹珊瑚类。䗴类化石有：*Chenella changanchiaoensis*、*Chusenella ellipsoidalis*、*Nankinella xainzaensis*、*Staffella yaziensis*、*Neoschwagerina cheni*；小有孔虫化石有：*Agathammina pusilla*、*Dagmarita chanakchiensis*、*Hemigordius spirollinoformis*、下拉山巨厚线虫 *Megacrassispirella xarlashanensis*、*Nodosaria* sp.、*Pachyphloia paraovata*、

图 2.8 措勤县夏东剖面下拉组露头

A. 第 1 层亮晶灰岩；B. 第 4 层含硅质结核内碎屑生屑灰岩；C. 第 6 层复体珊瑚；D. 第 7 层䗴灰岩

Ichthyofrondina palmata、*Midiella reicheli*。 36.65m

──────────────── 平移 ────────────────

第 2 层：深灰色中层状含生屑泥晶灰岩，中层状构造，含生屑泥晶结构。化石主要
有䗴类、小有孔虫、珊瑚和腕足类。䗴类化石有：拟湖南南京䗴 *Nankinella quasihunanensis*、*N. xainzaensis*、*Chenella changanchiaoensis*；小有孔虫
化石有：*Globivalvulina vonderschmitti*、*Lasiodiscus tenuis*、*Neoendothyra reicheli*、窄古串珠虫长亚种 *Palaeotextularia angusta elongata*、*Tuberitina maljavkini*、*Agathammina pusilla*、*A. vachardi*、*Hemigordius spirollinoformis*、*Nodosaria* sp.、*Pachyphloia multiseptata*、*P. paraovata*、*P. solita*、*Midiella reicheli*、拟节房虫未定种 4 *Nodosinelloides* sp. 4。 48.25m

第 1 层：浅灰色中层状含海百合茎亮晶灰岩（图 2.8A），岩层重结晶严重，局部
地层呈浅粉红色。其中，中上部是浅灰色夹紫红色中—厚层含海百合茎
亮晶灰岩。小有孔虫化石有：*Lasiodiscus tenuis*、*Neoendothyra reicheli*、
Palaeotextularia angusta elongata、*Tetrataxis* sp.、*Tuberitina maljavkini*、
Pachyphloia paraovata。 179.91m

9. 措勤县阿多嘎布一号剖面（剖面起点：31°34′1.46″N，84°33′7.05″E）

该剖面位于夏东剖面的北缘（图 2.7）。共测量 290m，基本是中层状灰岩，含有少
量有孔虫和腕足类化石。Xu 等（2019）已经描述了这个剖面的腕足类化石并讨论了其
古生物地理意义。本书仅列出这些化石以便综合讨论。该剖面的地层层序如下。

下拉组中上部

上覆为白云岩，无化石，未测量剖面。

第 5 层：灰白色中层状灰岩，含大量造礁型海绵类生物化石。腕足类化石有：新戟贝侬
塔贝未定种 *Neochonetes (Nongtaia)* sp.、纤纹细戟贝 *Tenuichonetes tenuilirata*、
扬子瘤褶贝 *Tyloplecta yangtzeensis*、伸腰岩刺围脊贝 *Spinomarginifera chengyaoyanensis*、微戟贝未定种 *Chonetinella* sp.、瓮安海登贝 *Haydenella wenganensis*、微小阿柯斯贝 *Acosarina minuta*、圆凸线纹长身贝 *Linoproductus cora*、直形贝未定属未定种 Orthotetoidea gen. et sp. indet.、二叠纹窗贝未定种
Permophricodothyris sp.、贵州似无窗贝 *Juxathyris guizhouensis*、膨胀阿拉克斯
贝相似种 *Araxathyris* cf. *dilatatus*、狭体贝未定种 *Stenoscisma* sp.、多褶拟准石
燕 *Paraspiriferina multiplicata*、三褶背孔贝 *Notothyris triplicata*、截切两板贝
Dielasma truncatum、美丽纹窗贝 *Phricodothyris formilla*。 100m

第 4 层：青灰色中厚层状灰岩，含少量燧石结核。 23m

第 3 层：中厚层灰岩，含少量燧石结核且燧石结核越来越少，而生物碎屑明显增加。 22m

──────────────── 平移 ────────────────

第 2 层：中厚层含燧石结核和燧石条带灰岩，含很多海绵化石。 130m

第 1 层：灰白色中层状灰岩。 15m

10. 措勤县阿多嘎布二号剖面（剖面起点：31°34′34″N，84°31′38″E）

该剖面位于阿多嘎布一号剖面的西北缘（图2.7），层位上属于下拉组的顶部，上与下三叠统白云岩整合接触。Qiao等（2019）已经描述了该剖面的有孔虫化石，本书仅列出剖面层序供综合讨论。该剖面的地层层序如下。

下三叠统

以上未测。

第7层：白云质灰岩，局部含丰富的鲕粒。 5.7m

第6层：灰黄色中薄层钙质砂岩，局部含鲕粒灰岩。小有孔虫化石有：花藻虫未定种
Floritheca sp.。 3.8m

——————————————整合——————————————

下拉组

第5层：青灰色中层状灰岩，方解石脉体较发育。 6.8m

第4层：青灰色钙质灰岩。蜓类化石有：长兴拉且尔蜓 *Reichelina changhsingensis*、球蜓
未定种 *Sphaerulina* sp.；小有孔虫化石有：拟球瓣虫未定种 *Paraglobivalvulina*
sp.、德克鲁后隔虫 *Retroseptellina decrouezae*、*Climacammina* sp. 1、*C.* sp. 2、
Neodiscus sp.、*Agathammina* sp.、半科兰尼虫 *Colaniella parva*、矮小科兰尼虫
C. nana、筒状科兰尼虫 *C. cylindrica*、朗格虫未定种 *Langella* sp.、*Geinitzina*
sp.、鱼形叶状虫未定种 *Ichthyofrondina* sp.、*Nodosinelloides mirabilis caucasica*、
N. sp.、*Pachyphloia* sp.、*Deckerella* sp.。 7.2m

第3层：灰黄色石英砂岩，砂岩中有交错层理。 13.8m

第2层：纹层状钙质砂岩或砂质灰岩，含化石较少。 11.2m

第1层：青灰色中厚层状灰岩，含少量燧石结核，并穿插有较多方解石脉体。蜓
类化石有：*Reichelina changhsingensis*、*Sphaerulina* sp.；小有孔虫化石有：
Paraglobivalvulina sp.、*Retroseptellina decrouezae*、*Climacammina* sp. 1、*C.* sp.
2、*Neodiscus* sp.、*Agathammina* sp.、*Colaniella parva*、*C. nana*、*C. cylindrica*、
Lancella sp.、*Geinitzina* sp.、*Ichthyofrondina* sp.、*Nodosinelloides mirabilis
caucasica*、*N.* sp.、*Pachyphloia* sp.。 11m

2.3 申扎县

申扎县是拉萨地块二叠系最发育的地区，也是研究历史最长、研究程度最高的地区之一。西藏地质局综合普查大队（1980）最早完整地报道了申扎县北部永珠一带的晚古生代地层，并把石炭 - 二叠系自下而上划分为永珠群、昂杰组和下拉组。值得指出的是，原下拉组下部的紫红色灰岩段曾被划分为日阿组（林宝玉，1983），但后经研究发现紫红色灰岩段厚度不均一，层较薄，故仍归于下拉组中（Zhang et al., 2013a）。杨

式溥和范影年（1982）将申扎地区的石炭纪地层划分为昂杰组和郎玛日阿组，但因提出的时间晚于西藏地质局综合普查大队，故学者普遍采用西藏地质局综合普查大队的地层划分方案。在申扎地区，原下拉组的地层被划分为石块地下段及上段，下拉组上部被称为卓布组（张正贵等，1985）。这套地层划分方案主要依据生物地层而定，但难以应用在野外工作中，故仍统称为下拉组。该地区的地层划分对比方案可参考表 2.1。

永珠群在区域上主要由薄层状黑色页岩、粉砂岩、细砂岩等组成，砂岩中含有交错层理。永珠群上部地层中夹有较多的灰岩透镜体或夹层，其中含有丰富的腕足类和牙形类化石，但化石指示的时代有较大的差异（纪占胜等，2007b；詹立培等，2007）。

拉嘎组在区域上主要是以冰海相杂砾岩为代表，有落石结构，其中落石以砂岩、花岗岩为主（图 2.9A、B）。该组含化石较少，准确确定时间较困难，但普遍认为它是乌拉尔世晚期（Jin, 2002；Zhang et al., 2013a）。

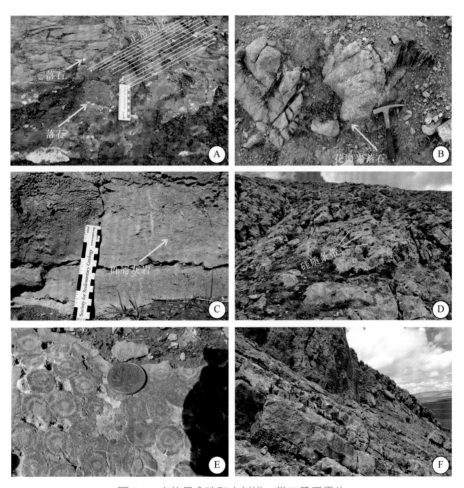

图 2.9 申扎县永珠和木纠错一带二叠系露头

A. 永珠地区冰筏相落石结构；B. 木纠错剖面拉嘎组中的花岗岩落石；C. 木纠错剖面昂杰组底部砾屑灰岩；
D. 下拉组底部灰岩中的硅质条带；E. 下拉组中部的复体珊瑚；F. 下拉组上部中厚层微晶灰岩

昂杰组以一套中厚层灰岩的出现为代表，灰岩中含有大量苔藓虫和少量腕足类化石，生物碎屑密集排布，指示水动力条件较强（图2.9C）。其上部由薄层状页岩和泥岩组成，局部夹有砂岩的夹层，砂岩中发育交错层理。其中申扎一带的昂杰组底部的灰岩中含有牙形类新曲颚刺 *Neostreptognathodus*，其时代可能为乌拉尔世空谷期（郑春子等，2005）。

昂杰组上覆地层是全部由灰岩组成的下拉组。其中下部是由紫红色含海百合茎灰岩，并含有较多的硅质条带（有学者称为日阿组）（图2.9D）。该部分地层中未报道有䗴类化石，以冷水型腕足类为主，并含有牙形类尼科尔弗亚洛夫刺 *Vjalovognathus nicolli*、*Mesogondolella idahoensis*、*M. siciliensis*，时代是乌拉尔世空谷晚期（Yuan et al., 2016）。下拉组中部的地层中生物群面貌发生了较大的变化，出现了很多复体珊瑚（图2.9E）（赵嘉明和吴望始，1986；Fan et al., 2003）、䗴类（王玉净等，1981；朱秀芳，1982b；张正贵等，1985；王玉净和周建平，1986；程立人等，2005b；黄浩等，2007；Zhang et al., 2010b）、小有孔虫化石（王克良，1982；Zhang et al., 2016）。这些动物群的出现表明下拉组中部沉积时是温暖浅海环境。下拉组的上部地层只在申扎县东南的木纠错一带出露（图2.9F），前期的研究证实下拉组上部可以延伸到乐平世吴家坪期（Yuan et al., 2014；张予杰等，2014a）。

木纠错组整合于下拉组之上，含有珊瑚印度卫根珊瑚厚隔壁变种 *Waagenophyllum indicum* var. *crassiseptatum* 和 *Liangshanophyllum streptoseptatum*，时代属于吴家坪期（程立人等，2002）。

前人所做的工作大部分集中在申扎县以北的永珠一带，而在木纠错一带做的工作相对偏少。作者和成都地调中心的专家多次在该地区进行科考，也发表了一些初步研究成果（张予杰等，2014a；Yuan et al., 2014；Yuan et al., 2016；Zhang et al., 2016）。本书将系统研究保存在二叠纪地层中的腕足类、牙形类、䗴类和小有孔虫动物群。并针对前期未研究的剖面进行详细研究。在该地区，本书共研究了4个剖面（图2.10）。

1. 申扎县木纠错剖面（起点位置：30°55′23.17″N，89°12′48.04″E）

下拉组

未见顶

第89层：灰黑色中层状灰泥支撑的含砂级生物颗粒的砂屑灰岩与厚层状含粉砂级生物颗粒的泥（粉）屑灰岩互层。该层下部含有䗴类：苏伯特䗴状喇叭䗴 *Codonofusiella schubertelloides*；小有孔虫化石有：*Agathammina pusilla*、类内卷虫未定种 *Endothyranopsis* sp.、申扎球米德虫 *Glomomidiellopsis xanzaensis*、施伦伯杰半金线虫 *Hemigordius schlumbergeri*、*Ichthyofrondina palmata*、*Nodosinelloides netchajewi*、*N. obesa*、*Pachyphloia paraovata*、*Midiella reicheli*。 225.77m

第88层：深灰色中层状含燧石团块（或条带）灰泥支撑的含石英砂或少量生物颗粒的泥（粉）屑灰岩。 69.76m

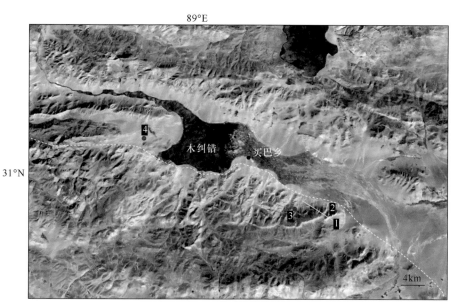

图 2.10 申扎县木纠错一带二叠系剖面位置图（底图据 Google Earth）

1. 木纠错剖面；2. 木纠错西木纠错组二号短剖面；3. 木纠错西下拉组短剖面；4. 木纠错西北采样点

第 87 层：灰黑色中薄层状微晶 - 粉晶胶结的砂级生物颗粒支撑的有孔虫、介壳类砂屑灰岩，向上逐渐过渡为灰泥支撑的含少量生物颗粒的泥屑灰岩。蜓类有：*Nankinella quasihunanensis*、*N.* sp. 4、弯曲朱森蜓 *Chusenella curvativa*、*C. schwagerinaeformis*；小有孔虫有：湖南厚壁虫 *Pachyphloia hunanica*、*P. lanceolata*、*P. ovata*、厚壁虫未定种 3 *P.* sp. 3、*Palaeotextularia angusta elongata*、*Paraglobivalvulina* sp.、*Agathammina pusilla*、*A. vachardi*、*Frondina permica*、*Geinitzina postcarbonica*、斯潘德尔盖尼茨虫 *G. spandeli*、*Ichthyofrondina palmata*、脉状朗格虫 *Langella venosa*、朗格虫未定种 1 *L.* sp. 1、*Hemigordiopsis subglobosa*、连县新盘虫 *Neodiscus lianxanensis*。 65.65m

第 86 层：深灰色中层状泥屑填隙的砂级生物颗粒支撑的含石英砂的有孔虫、苔藓虫、棘皮类、腕足类砂屑灰岩，下部含丰富的复体珊瑚。蜓类有：*Chenella tonglingica*、卡勒蜓未定种 2 *Kahlerina* sp. 2、*Nankinella quasihunanensis*、*N. xainzaensis*、南江南京蜓 *N. nanjiangensis*、*N.* sp. 4、皱壁朱森蜓未定种 1 *Rugosochusenella* sp. 1、皱壁朱森蜓未定种 2 *R.* sp. 2、*Chusenella curvativa*、*C. quasireferta*、*C. schwagerinaeformis*；小有孔虫有：*Climacammina* cf. *tenuis*、二叠筛串虫可疑种 *Cribrogenerina permica?*、*Dagmarita chanakchiensis*、中间德克虫 *Deckerella media*、*Midiella sigmoidalis*、*M. zaninettiae*、*Neoendothyra* cf. *reicheli*、*Pachyphloia hunanica*、似强壮厚壁虫 *P. robustaformis*、*Palaeotextularia angusta elongata*、*Paraglobivalvulina* sp.、*Pseudolangella fragilis*、*Frondina permica*、*Geinitzina postcarbonica*、*G. spandeli*、*Hemigordius schlumbergeri*、强壮厚壁虫未定种 1 *Robustopachyphloia* sp. 1、*Megacrassispirella xarlashanensis*、*Multidiscus padangensis*、*Neodiscus lianxanensis*。 104.94m

——84、85 层野外测量是连续测制，但再次野外验证时发现，它与 83 层和 86 层均是断层接触，而 83 层和 86 层是整合接触，因此把 84、85 层作为木纠错西木纠错组二号短剖面——

第 83 层：浅灰色中层状、块状粉晶胶结的砂级生物颗粒支撑的棘皮类、苔藓虫砂屑灰岩。中下部灰岩中发育珊瑚点礁灰岩，复体珊瑚极为发育，向上含大量的腹足类和腕足类碎片。蜓类主要有：湖南南京蜓 *Nankinella hunanensis*、*Chusenella schwagerinaeformis*；小有孔虫有：*Pachyphloia hunanica*、*Agathammina vachardi*。 56.03m

————————平移————————

第 82 层：灰色泥屑填隙的砂级生物颗粒支撑的棘皮类、苔藓虫砂屑灰岩。含珊瑚、腕足、腹足及苔藓虫化石。 25.45m

第 81 层：紫灰色中厚层状微晶胶结的砂级生物颗粒支撑的棘皮类、有孔虫砂屑灰岩。含丰富的复体珊瑚化石。 8.39m

第 80 层：灰色中厚层状假亮晶胶结的砂级生物颗粒支撑的含内碎屑、苔藓虫、棘皮类砂屑灰岩。蜓类有：*Chusenella schwagerinaeformis*；小有孔虫有：矛形厚壁虫 *Pachyphloia lanceolata*。 36.93m

第 79 层：灰色厚层块状砂级生物颗粒支撑的棘皮类砂屑灰岩。间夹生物碎屑灰岩，生物以苔藓虫为主，灰岩重结晶较严重。 90.29m

第 78 层：灰白色或紫红色中薄层状含亮晶胶结物的生物颗粒支撑的苔藓虫、棘皮类、腕足砂屑灰岩。含小型无鳞板单体珊瑚及少量腕足类。地层越往上硅质结核和硅质条带越多。 35.5m

————————整合————————

昂杰组
第 77 层：灰黑色薄层状泥岩、页岩夹钙质粉细砂岩以及灰岩透镜体。在砂岩夹层中可见交错层理。 86.82m

第 76 层：浅灰色中薄层状 - 厚层状苔藓虫、海百合茎砂屑灰岩。灰岩重结晶较严重。生物碎屑以大量的苔藓虫和海百合茎为主，并含有少量腕足类化石。 9.47m

————————整合————————

拉嘎组
第 75 层：灰绿色中薄层状粉细砂岩夹浅灰色中薄层状粉砂岩。在粉砂岩层中夹有中砾岩透镜体。 28.76m

第 74 层：灰黑色页岩夹细砂岩、复成分砾岩透镜体。砾石成分以各类中细砂岩为主，其次为花岗岩及灰岩、硅质岩等，砾径大小不均。 53.84m

第 73 层：灰绿色中层状细粒长石石英砂岩，含少量孢粉化石。 8.15m

第 72 层：灰黑色泥页岩，本层中夹若干个含砾细砂岩透镜体。 58.34m

第 71 层：灰绿色中厚层状砾质砂岩与灰绿色中层状细砂岩，呈透镜体状产出。下部
　　　　　为灰绿色厚层状砾质砂岩；上部细砂岩中发育正粒序层理。　　　　　　　1.77m

第 70 层：灰黑色泥页岩。　　　　　　　　　　　　　　　　　　　　　　　　　9.11m

第 69 层：灰绿色中层状含砾粗砂岩、中粒砂岩构成若干个沉积韵律。砾石成分相对
　　　　　复杂，见有砂岩、花岗岩、石英及其他岩块，磨圆及分选均差。　　　　5.47m

第 68 层：灰绿色含砾粉砂岩。砾石成分复杂，有一定的磨圆。　　　　　　　　　5.62m

第 67 层：灰黑色薄层状泥页岩，岩石呈薄片状，可见粉砂与泥分层分布，为水平层
　　　　　理。本层间可见透镜状长石石英砂岩，砂岩中发育板状交错层理。　　 14.85m

第 66 层：灰黑色块状含砾粉砂岩，风化面呈黑灰色，层理极不发育（块状），粉砂
　　　　　岩中无层理无沉积构造。　　　　　　　　　　　　　　　　　　　　　3.26m

第 65 层：灰绿色中层状含细砾中粗砂岩。底部见砾岩透镜体，向上发育交错层理
　　　　　（中型）的含细砾中粗砂岩。　　　　　　　　　　　　　　　　　　　1.6m

第 64 层：灰绿色中层状细砂岩与粉砂质泥岩构成韵律，细砂岩中发育小型交错层
　　　　　理，粉砂质泥岩中无层理。　　　　　　　　　　　　　　　　　　　　3.47m

第 63 层：灰白色中层状含砾粗砂岩。砾石主要是灰岩、砂岩和火山岩，磨圆一般，
　　　　　呈棱角状。　　　　　　　　　　　　　　　　　　　　　　　　　　　0.69m

———————————————————整合———————————————————

永珠群

第 62 层：灰白色、灰绿色中—厚层状中粒长石石英砂岩，发育楔状交错层理。　　8.86m

第 61 层：灰黑色粉砂岩，底部是厚不足 2m 的灰白色中细粒石英砂岩。　　　 32.15m

第 60 层：灰紫色中薄层状生物碎屑含砾粗砂岩，向上过渡为粉砂质泥岩。粗粒钙质
　　　　　砂岩中含大量腕足类化石。　　　　　　　　　　　　　　　　　　　　8.89m

2. 申扎县木纠错西下拉组短剖面（位置：30°56′19.63″N，89°9′27.31″E）

　　该剖面出露在一个很小的山头上，与木纠错剖面顶部呈断层接触，其层位与木纠
错组 89 层的中上部相当，是一套中厚层的生物碎屑灰岩，单层厚 10~20cm。其中采
了三个层位的有孔虫样品。䗴类主要有：广西喇叭䗴 *Codonofusiella kwangsiana*；小
有孔虫主要有：*Agathammina pusilla*、*Cornuspira* sp. 2、德克虫未定种 2 *Deckerella*
sp. 2、查普曼盖尼茨虫长亚种相似种 *Geinitzina* cf. *chapmani longa*、遗迹状盖尼茨
虫 *Geinitzina ichnousa*、球瓣虫未定种 *Globivalvulina* sp.、*Midiella sigmoidalis*、米德
虫未定种 *M.* sp.、希瓦格厚壁虫相似种 *Pachyphloia* cf. *schwageri*、*P. cukurlöyi*、似
长方形古串珠虫 *Palaeotextularia quasioblonga*、纯洁假朗格虫 *Pseudolangella costa*、
P. imbecilla、强壮厚壁虫未定种 2 *Robustopachyphloia* sp. 2、*Frondinodosaria* sp. 1、
Glomomidiellopsis xanzaensis、*Midiella sigmoidalis*、*M. zaninettiae*、*Nodosinelloides
bella*、*N. mirabilis caucasica*、*N. obesa*、拟节房虫未定种 8 *N.* sp. 8、强壮厚壁虫未定种 3
Robustopachyphloia sp. 3。

3. 申扎县木纠错西木纠错组二号短剖面（起点位置：30°56′6.8″N，89°12′14.24″E）

木纠错组

未见顶

85 层：深灰色中层状生物碎屑灰岩，局部白云岩化。可见生物包括横板珊瑚、腕
足类、海百合茎等。该层中下部含有蜓类 *Nankinella rarivoluta*；小有孔虫
有：*Agathammina pusilla*、盖尼茨虫未定种 5 *Geinitzina* sp. 5、朗格虫未定种
2 *Langella* sp. 2、*Midiella reicheli*、秀新盘虫 *Neodiscus scitus*、*Pachyphloia
lanceolata*、*P. multiseptata*、*P. ovata*。该层的中上部含有牙形类梁山克拉克
刺 *Clarkina liangshanensis*。　　　　　　　　　　　　　　　　　126.35m

84 层：灰色厚层状灰质白云岩，风化面上刀砍纹比较发育。　　　　　　　30.88m

─────────────断层─────────────

83~86 层：下拉组灰岩。

4. 申扎县木纠错西北采样点

该采样点位于买巴乡通往申扎县的路边不远处，岩性为灰黑色生物碎屑灰岩，
灰岩中产蜓类：*Chusenella schwagerinaeformis*、*Nankinella xainzaensis*；小有孔虫：
Agathammina pusilla、*A. vachardi*、阿里梯状虫相似种 *Climacammina* cf. *ngariensis*、
Cornuspira sp. 2、*Globivalvulina* sp.、*Hemigordiopsis subglobosa*、*Ichthyofrondina
palmata*、*Midiella sigmoidalis*、圆新盘虫 *Neodiscus orbicus*、*Nodosinelloides* cf.
acantha、虱厚壁虫相似种 *Pachyphloia* cf. *pedicula*、新内卷虫未定种 *Neoendothyra* sp.、
Pseudolangella imbecilla。

2.4　林周县

林周县的二叠系集中在西部的洛巴堆村一带和其北面旁多乡的乌鲁龙曲一带。科
考分队近年来分别考察了乌鲁龙曲和洛巴堆村一带的剖面（图 2.11）。该地区山势较
陡、断层发育，因此一些地层仅作观测。该地区的二叠系自下而上分为旁多群、乌鲁
龙组和洛巴堆组（中国科学院青藏高原综合科学考察队，1984）。旁多群在乌鲁龙曲
一带较发育，地层较厚，岩性主要是灰黑色板岩、砂岩，地层中含有较多的冰筏坠石，
坠石大小不一，坠石上有冰川作用的擦痕（图 2.12A）。该套地层之上是乌鲁龙组，它
的下部是中薄层生物碎屑灰岩，含较多苔藓虫化石，乌鲁龙组上部是灰黑色薄层砂岩
（图 2.12B）。洛巴堆组整合于乌鲁龙组之上，在乌鲁龙剖面上可观察到接触面平整。而
在林周县洛巴堆村附近，仅见到洛巴堆组的灰岩沉积，未找到它与下伏地层的接触关
系。洛巴堆组主要由中厚层微晶灰岩组成，地层中上部还有安山岩夹层（图 2.12C、
D）。本书仅对 3 条测量的短剖面做系统研究。

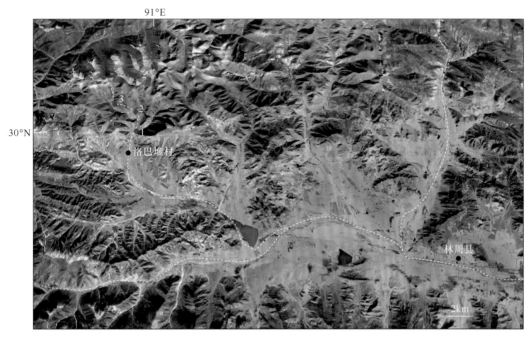

图 2.11　林周县洛巴堆地区剖面位置图

1. 洛巴堆一号剖面；2. 洛巴堆二号剖面；3. 洛巴堆三号剖面

图 2.12　西藏林周县二叠系露头

A. 乌鲁龙曲一带旁多群中的冰海相落石；B. 乌鲁龙曲北乌拉尔统乌鲁龙组；C. 洛巴堆村洛巴堆组中的火山岩；
D. 洛巴堆村洛巴堆一号剖面远观

1. 林周县洛巴堆一号剖面（起点位置：30°0′0.89″N，90°59′26.38″E）

洛巴堆组

以上覆盖

第 5 层：中薄层状灰岩。   12m

第 4 层：中厚层状灰岩。含有䗴类：遴信矢部䗴（新种）*Yabeina linxinensis* sp. nov.；含小有孔虫：拟节房虫未定种 7 *Nodosinelloides* sp. 7、厚壁虫未定种 4 *Pachyphloia* sp. 4、*Hemigordiopsis subglobosa*。   24m

第 3 层：青灰色中薄层纹层状灰岩。   11m

第 2 层：青灰色中厚层状灰岩，单层厚约 30cm。含有䗴类化石：*Yabeina linxinensis* sp. nov.；含小有孔虫：*Pachyphloia* sp. 4。   18m

第 1 层：灰白色中厚层状灰岩，下部为安山岩，安山岩之下仍为重结晶灰岩。灰岩单层厚 30~50cm。含有䗴类：武穴朱森䗴 *Chusenella wuhsuehensis*、*Kahlerina pachytheca*、多隔壁鳞䗴 *Lepidolina multiseptata*、*Yabeina linxinensis* sp. nov.；含小有孔虫：*Hemigordiopsis subglobosa*。   7m

2. 林周县洛巴堆二号剖面（起点位置：30°0′58.49″N，90°59′25.16″E）

洛巴堆组

覆盖

第 3 层：青灰色中层状灰岩。   8m

第 2 层：青灰色火山岩。   3m

第 1 层：灰白色中层状砂质灰岩，水动力条件强，局部有砾屑灰岩。   9m

下伏为残坡积。

3. 林周县洛巴堆三号剖面（起点位置：30°1′23.77″N，90°58′11.71″E）

洛巴堆组

上覆   至山顶是层状安山岩。

第 2 层：青灰色中厚层状灰岩，单层灰岩厚 50~80cm。含小有孔虫：*Globivalvulina bulloides*、厚壁虫未定种 5 *Pachyphloia* sp. 5、两极虫未定种 *Polarisella* sp.。   67m

第 1 层：青灰色中层状灰岩，该灰岩出露于安山岩之上。   14m

2.5 墨竹工卡县

　　墨竹工卡县的石炭 - 二叠系在门巴区一带分布最广，但区内断层发育，很多地层中有中生代花岗岩侵入。区内出露了石炭 - 二叠系来姑组（相当于原旁多群）和二叠系洛巴堆组。南京地层古生物科考分队考察了门巴乡以北德仲村北沟中的二叠系

（图 2.13）。该地区的二叠系主要由灰白色碳酸盐岩组成，重结晶严重，多数为亮晶灰岩。多数地层呈块状，产状不明显。沿沟采得 3 个层位的样品。

图 2.13　西藏墨竹工卡县门巴区德仲村踏勘位置图
1. 第一采样点；2. 第二采样点；3. 第三采样点

第一采样点中含小有孔虫：*Nodosinelloides acera*、*Pachyphloia solita*。

第二采样点中含小有孔虫：假精致科兰尼虫相似种 *Colaniella* cf. *pseudolepida*。

第三采样点中含小有孔虫：*Agathammina pusilla*、*Globivalvulina bulloides*、*Glomomidiellopsis specialisaeformis*、卡尔宽叶虫相似种 *Ichthyolaria* cf. *calvezi*、*Pachyphloia solita*、厚壁虫未定种 6 *Pachyphloia* sp. 6。

第 3 章

生物地层和年代地层

拉萨地块乌拉尔世早期的地层以冰海相杂砾岩为主，发育大量冰海相砾岩沉积。其中化石以腕足类为主，而其他生物则比较少。冰期结束以后，昂杰组和下拉组下部产有少量牙形类；下拉组中部产有丰富的䗴类、小有孔虫和腕足类；下拉组上部产有丰富的小有孔虫、少量䗴类和牙形类。本章将分别讨论拉萨地区不同地区（噶尔县狮泉河地区、措勤县-仲巴县北部地区、申扎县和林周县）各门类化石的生物地层及其年代地层意义。

3.1 生物地层划分与对比

3.1.1 噶尔县狮泉河地区

1. 牙形类

狮泉河地区的牙形类主要采自于狮泉河一带的昂杰组和下拉组中，而在左左乡剖面中未采得牙形类化石。本次采集的牙形类主要来自于羊尾山剖面。尽管采样密度非常高，但采到的牙形类主要集中在昂杰组的下部和下拉组的下部。牙形类有：*Mesogondolella siciliensis*、*M. idahoensis*、中舟刺未定种 *M.* sp.，可统称为 *Mesogondolella siciliensis-M. idahoensis* 组合带（图 3.1）。

该组合带与前人在该地区采到的牙形类非常相似，都是以 *Mesogondolella siciliensis* 和 *M. idahoensis* 为主（纪占胜等，2007a；郑有业等，2007）。但在羊尾山剖面南面朗久电站一带的与昂杰组相似的层位中含有 *Vjalovognathus* 动物群，而在羊尾山一带的地层中未找到该分子。这可能是这两地的环境有差别所致。在这个动物群中，*Mesogondolella idahoensis* 带最早见于美国 Idaho 东南地区 Phosphoria 组的下部（Youngquist et al., 1951），后来被认为是下二叠统最上部的一个化石带（Jin et al., 1997）。该带另一个常见分子是 *Mesogondolella siciliensis*（Bender and Stoppel, 1965；Kozur, 1975, 1995）。*Mesogondolella siciliensis-M. idahoensis* 组合最常见于西藏申扎县木纠错一带下拉组底部和缅甸掸邦高原南部的帕安（Hpa-an）地区（Yuan et al., 2016, 2020），它们应属于空谷阶上部同一层位的动物群。

2. 䗴类

羊尾山剖面上的下拉组硅质岩发育，郭铁鹰等（1991）曾报道该组的中上部含有䗴类小泽假桶䗴 *Pseudodoliolina ozawai* 和 *Neoschwagerina* sp.。但此次工作中未在该剖面上发现䗴类化石。

在左左乡所测的短剖面上，䗴类主要见于剖面的上部含燧石条带灰岩中，并且分异度较低，仅见 3 个属 4 个种，分别是 *Kahlerina zuozuoensis* sp. nov.、*Reichelina media*、*Chenella changanchiaoensis* 和 *C. tonglingica*，可称为 *Kahlerina-Reichelina* 组合带（图 3.2）。该组合带的特征是缺少蜂巢层的䗴类分子，但动物群中含有丰富的卡勒

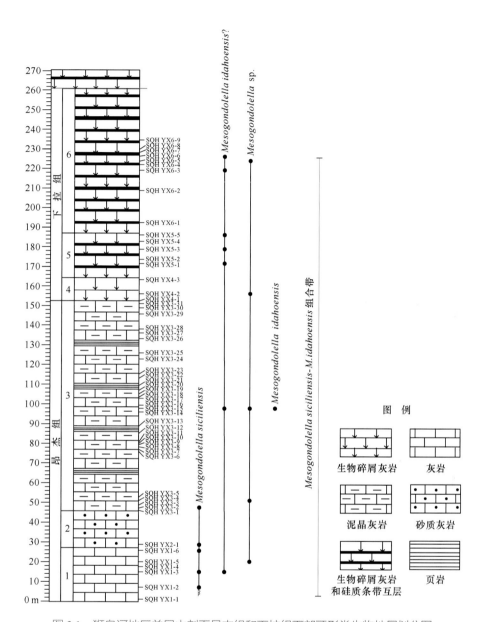

图 3.1　狮泉河地区羊尾山剖面昂杰组和下拉组下部牙形类生物地层划分图

蜓 *Kahlerina* 和小陈氏蜓 *Chenella*，这组合带相当于瓜德鲁普世末期北美 Altuda 组上部的小型蜓类带（Yang and Yancey, 2000；Nestell and Nestell, 2006）。它也相当于日本海山大型蜓类消失至 *Codonofusiella-Reichelina* 带出现之间的缺失层位（Ota and Isozaki, 2006）。因为该组合中缺失含蜂巢层的大型蜓类，所以它的层位高于郭铁鹰等（1991）报道的蜓类层位。

3. 小有孔虫

小有孔虫主要见于左左乡剖面上部的灰岩中，丰度较高，共计 19 属 31 种。其中

拟节房虫 *Nodosinelloides*、假朗格虫 *Pseudolangella* 和厚壁虫 *Pachyphloia* 含有较高的
分异度和丰度，*Lasiodiscus tenuis* 和 *Endothyranopsis guangxiensis* 的丰度也较高，个别
的种只有零星标本，如 *Dagmarita chanakchiensis* 和 *Lasiotrochus tatoiensis*。该小有孔虫
动物群可以称为 *Nodosinelloides-Pseudolangella* 组合（图 3.2）。从其组成可以看出，动
物群中以钙质透明壳的有孔虫为主，其次是钙质微粒壳的有孔虫，而似瓷质壳体有孔
虫相对较少。

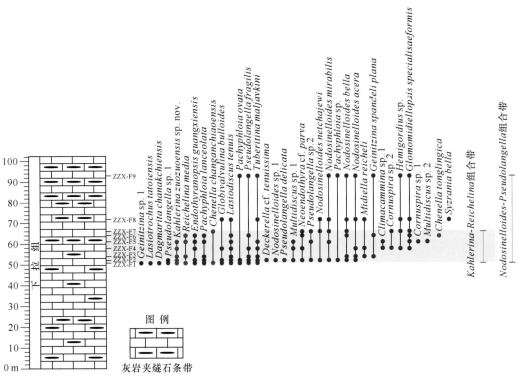

图 3.2　噶尔县左左乡剖面下拉组中上部蟠类和小有孔虫生物地层划分图
红点代表蟠类，蓝点代表小有孔虫，下同

3.1.2　措勤县－仲巴县北部地区

1. 蟠类

该地区的蟠类化石见于扎布耶、夏东和扎日南木错以南的地区。

在扎布耶六号剖面上，蟠类化石较丰富，在所采的样品中，几乎每层都有蟠类
化石。其中发育最丰富的属于剖面的中部（20~90m 的层段）。依据蟠类化石的地层
分布情况，可分为两个组合带，分别是下部的 *Neoschwagerina majulensis-Kahlerina
pachytheca* 组合带和上部的 *Chusenella quasireferta-Codonofusiella nana* 组合带（图 3.3）。
Neoschwagerina majulensis-Kahlerina pachytheca 组合带中含有较多的 *Neoschwagerina
majulensis*、*N. deprati*、*Chenella changanchiaoensis*、*Kahlerina pachytheca*、*K. minima*、

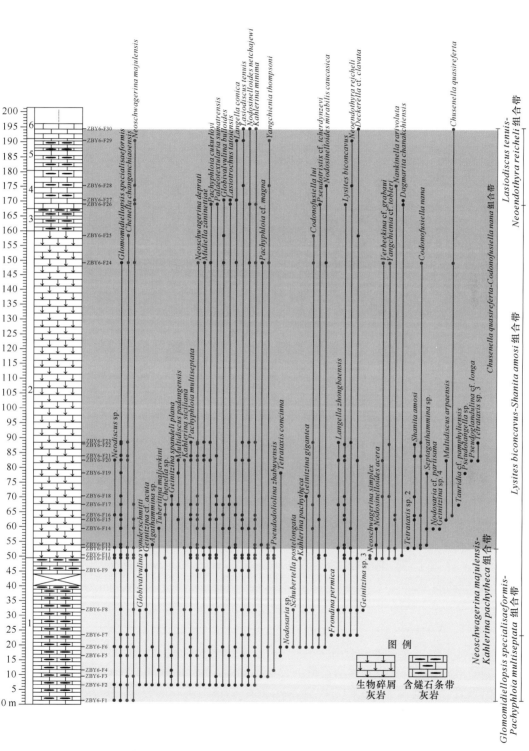

图 3.3　仲巴县扎布耶六号剖面下拉组䗴类和小有孔虫生物地层划分图

K. siciliana、*Pseudodoliolina zhabuyensis*、*Schubertella postelongata*。该带的顶部出现了 *Neoschwagerina simplex*、*Verbeekina* cf. *grabaui*、*Yangchienia* cf. *tobleri*、*Nankinella rarivoluta*。上部的 *Chusenella quasireferta-Codonofusiella nana* 组合带与下部的 *Neoschwagerina majulensis-Kahlerina pachycheca* 组合带大部分种都较相似，但区别是 *Kahlerina pachytheca*、*Schubertella postelongata*、*Neoschwagerina simplex* 在上面的带中消失了，而出现了 *Codonofusiella nana* 和 *Chusenella quasireferta*。扎布耶六号剖面的两个化石带中没有发现矢部𥽦 *Yabeina*、鳞𥽦 *Lepidolina* 等高级新希瓦格𥽦分子，但新希瓦格𥽦 *Neoschwagerina* 中较高级的种有 *Neoschwagerina majulensis*，该种在林周县的洛巴堆组中和 *Neoschwagerina margaritae*、*Lepidolina multiseptata* 共生，并且动物群含有丰富的 *Kahlerina* 和 *Codonofusiella*。但当前的动物群中含有较多的 *Yangchienia*，因此这两个组合带可以和贵州的 *Afghanella schencki* 延限亚带及 *Yabeina gubleri* 延限亚带相当（肖伟民等，1986）。当前动物群大致和保山地块沙子坡组中的 *Yangchienia-Nankinella* 组合相当（Huang et al., 2017），区别在于当前动物群中含有较多的 *Neoschwagerina*、卡勒𥽦 *Kahlerina* 和喇叭𥽦 *Codonofusiella*。在东南帕米尔地区，*Neoschwagerina margaritae* 亚带中含有较多的 *Neoschwagerina* 及少量假桶𥽦 *Pseudodoliolina* 和 *Kahlerina*（Leven, 1967），大致可以和当前的两个𥽦类组合带相比。

扎布耶四号和五号剖面距离六号剖面较近，其动物群的组成也较相似，主要可见 *Yangchienia haydeni*、*Y. tobleri*、*Nankinella complanata*、*N. rarivoluta*、*Kahlerina tenuitheca*、*K. pachytheca*、*Neoschwagerina brevis*、*N. colaniae*、*N. craticulifera*、*Chusenella brevipola*、*C.* cf. *brevis*、*C. schwagerinaeformis*、*C.* sp.、*Verbeekina americana* 和 *V. tenuispira*（琚琦等，2019）。该𥽦类动物群基本可以和扎布耶六号剖面的 *Neoschwagerina majulensis-Kahlerina pachytheca* 组合带及 *Chusenella quasireferta-Codonofusiella nana* 组合带相对比。

夏东剖面的𥽦类从第2层开始出现，第3~7层最繁盛。自下而上可分为两个组合带，分别是下部的 *Chenella changanchiaoensis-Neoschwagerina cheni* 组合带和上部的 *Nankinella-Chusenella* 组合带（图3.4）。下部的 *Chenella changanchiaoensis-Neoschwagerina cheni* 组合带以 *Chenella changanchiaoensis* 的始现为下界，*Neoschwagerina cheni* 的末现为上界。除了这两个种外，还有 *Nankinella xainzaensis*、*N. rarivoluta*、*Chusenella ellipsoidalis*、*C. urulungensis* 和 *Kahlerina minima*。上部的 *Nankinella-Chusenella* 组合带中 *Neoschwagerina* 消失了，𥽦类主要为 *Nankinella* 和 *Chusenella*，如 *Nankinella xainzaensis*、*N. rarivoluta*、*N. complanata*、*Chusenella urulungensis*、*C. tsochenensis*，其余的小型𥽦类有：*Chenella changanchiaoensis*、*Staffella yaziensis*、*Neofusulinella* cf. *giraudi* 和 *Kahlerina minima*。从总体动物群的分布来看，*Nankinella* 和 *Chusenella* 在两个带中都非常发育，区别在于下部的带中有 *Neoschwagerina cheni* 的分子。因 *Neoschwagerina cheni* 和扎布耶六号剖面上的 *Neoschwagerina majulensis* 在发育进化程度上相似，而当前 *Chenella changanchiaoensis-Neoschwagerina cheni* 组合带的上部也出现了 *Kahlerina* 的分子，同样 *Chenella changanchiaoensis* 也较多。因此，夏东剖面的 *Chenella changanchiaoensis-Neoschwagerina cheni* 组合带可以和扎布耶六号剖面的两个𥽦类组合

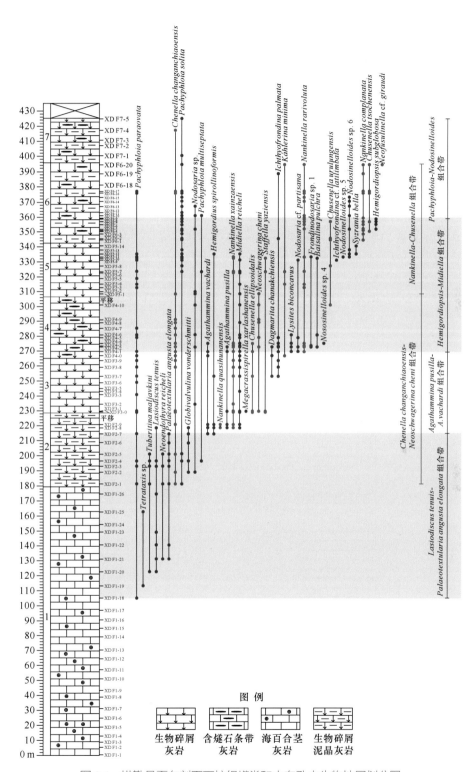

图 3.4　措勤县夏东剖面下拉组蜓类和小有孔虫生物地层划分图

带对比，即夏东剖面的 *Nankinella-Chusenella* 组合带高于扎布耶六号剖面鎓类化石的层位。*Nankinella-Chusenella* 组合可以和申扎县下拉地区下拉组（朱秀芳，1982b；张正贵等，1985；王玉净和周建平，1986；黄浩等，2007）、木纠错地区下拉组的中上部（Zhang et al., 2010b）及腾冲北部地区（Shi et al., 2017）对比。

阿多嘎布二号剖面上，地层整体层位属于下拉组顶部。其中鎓类分异度非常低，仅有 *Reichelina changhsingensis* 和 *Sphaerulina* sp.（Qiao et al., 2019），可称为 *Reichelina changhsingensis* 带。它的特色是地层中缺少古鎓 *Palaeofusulina* 动物群，因此与特提斯低纬度区的动物群相比，差异明显（Qiao et al., 2019）。

措勤县扎日南木错南岸的扎日南木错二号剖面上，鎓类只有一个种 *Rugososchwagerina (Xiaoxinzhaiella) xanzensis*，并且在岩石表面呈富集状产出（图 2.6）。因此可称为 *Rugososchwagerina (Xiaoxinzhaiella) xanzensis* 富集带（图 3.5）。*Rugososchwagerina (Xiaoxinzhaiella) xanzensis* 可见于保山地块的沙子坡组中（史宇坤等，2005），与其相似

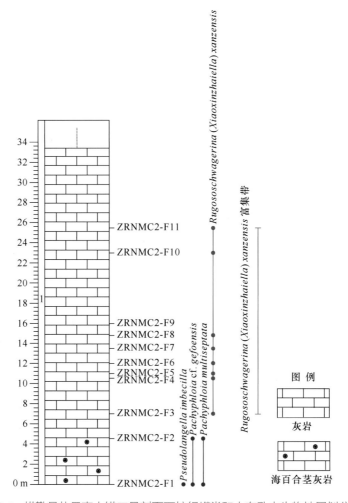

图 3.5　措勤县扎日南木错二号剖面下拉组鎓类和小有孔虫生物地层划分图

的种 *Rugososchwagerina* (*Xiaoxinzhaiella*) *subrotunda* 见于 *Yangchienia-Nankinella* 组合带
（Huang et al., 2017）。*Rugososchwagerina* (*Xiaoxinzhaiella*) *xanzensis* 还见于伊朗 Abadeh
地区 Surmaq 组的第一段，相当于 *Afghanella schencki* 带（Kobayashi and Ishii, 2003a）。
由此可见，它的层位低于夏东剖面的 *Nankinella-Chusenella* 组合带，大致相当于扎布耶
六号剖面的 *Neoschwagerina majulensis-Kahlerina pachytheca* 组合带。

2. 小有孔虫

相比䗴类来说，小有孔虫在措勤盆地的所有剖面中都发育良好，并且其分异度较
高，尤其在扎布耶六号剖面、夏东剖面、扎布耶二号剖面上更发育。

扎布耶六号剖面上，根据小有孔虫在剖面的分布状况，自下而上可分为三个组
合带，分别是：*Glomomidiellopsis specialisaeformis-Pachyphloia multiseptata* 组合带、
Lysites biconcavus-Shanita amosi 组 合 带 和 *Lasiodiscus tenuis-Neoendothyra reicheli* 组 合
带（图 3.3）。*Glomomidiellopsis specialisaeformis-Pachyphloia multiseptata* 组合带
中含有较多似瓷质的有孔虫，如 *Glomomidiellopsis specialisaeformis*、*Neodiscus* sp.、
Agathammina sp.、*Multidiscus padangensis*、*Midiella zaninettiae*；还有一些钙质透明壳的
有孔虫，如 *Pachyphloia multiseptata*、*P. cukurlöyi*、*P.* cf. *magna*、*Geinitzina spandeli plana*、
Nodosinelloides netchajewi。少量的钙质微粒壳的有孔虫包括 *Globivalvulina vonderschmitti*、
Tuberitina maljavkini。从中部的 *Lysites biconcavus-Shanita amosi* 组合带开始，出现
了较多新类群的小有孔虫，如 *Lysites biconcavus*、*Langella zhongbaensis* sp. nov.、
Neoendothyra reicheli 和 *Deckerella* cf. *clavata*，该带的中部出现了 *Shanita amosi* 和
Dagmarita chanakchiensis。该带中还有一些特有种，如四排虫未定种 2 *Tetrataxis* sp.
2、*Septagathammina* sp.、*Nodosaria* cf. *partisana*、*Multidiscus arpaensis*、*Tauridia* cf.
pamphyliensis、*Pseudolangella* sp.、*Pseudoglandulina* cf. *longa* 等。最 上 部 的 *Lasiodiscus
tenuis-Neoendothyra reicheli* 组合带中的小有孔虫都是从下部 *Lysites biconcavus-Shanita
amosi* 组合带延续而来，但在该带中 *Lysites biconcavus* 和 *Shanita amosi* 消失了，其
他的小有孔虫包括 *Globivalvulina bulloides*、*Lasiotrochus tatoiensis*、*Langella conica*、
Lasiodiscus tenuis、*Nodosinelloides netchajewi*、*N. mirabilis caucasica*、*Neoendothyra
reicheli*、*Deckerella* cf. *clavata* 和 *Dagmarita chanakchiensis*。

夏东剖面的小有孔虫延限比䗴类长，但分异度不高。自下而上可分为 *Lasiodiscus
tenuis-Palaeotextularia angusta elongata* 组 合 带、*Agathammina pusilla-A. vachardi* 组 合
带、*Hemigordiopsis-Midiella* 组合带和 *Pachyphloia-Nodosinelloides* 组合带（图 3.4）。
Lasiodiscus tenuis-Palaeotextularia angusta elongata 组 合 带 中 以 *Lasiodiscus tenuis* 和
Palaeotextularia angusta elongata 丰度最高，故以此两种作为组合带的名称。其次还
含有较多的 *Neoendothyra reicheli* 和 *Globivalvulina vonderschmitti*，而 *Tetrataxis* sp. 和
Pachyphloia paraovata 仅有少量标本。*Agathammina pusilla-A. vachardi* 组合带与下面
组合带的区别在于该组合带中出现了较多的似瓷质壳体的有孔虫，如 *Agathammina
pusilla*、*A. vachardi*、*Hemigordius spirollinoformis*、*Midiella reicheli*、下拉山巨厚线虫

Megacrassispirella xarlashanensis。其中 *Agathammina pusilla* 和 *A. vachardi* 在该带最为集中，除这两个种外，该组合带中还有大量的 *Hemigordius spirollinoformis* 和 *Midiella reicheli*。该带的上部出现了 *Dagmarita chanakchiensis* 和 *Ichthyofrondina palmata*。*Hemigordiopsis-Midiella* 组合带在 *Agathammina pusilla-A. vachardi* 组合带之上，从该带开始，出现了较多的大型似瓷质的壳体，如 *Lysites biconcavus*、*Hemigordiopsis subglobosa*，除此以外，*Midiella reicheli* 仍然占有很高的丰度。该组合带中还有较多的钙质透明壳的有孔虫，如 *Nodosaria* cf. *partisana*、*Frondinodosaria* sp. 1、*Nodosinelloides* spp.、*Ichthyofrondina palmata* 和 *I.* cf. *latilimbata*。该带之上，随着 *Hemigordiopsis*、英赛特虫 *Lysites*、*Midiella* 的消失，有孔虫以钙质透明壳为主，可见 *Pachyphloia paraovata*、*P. multiseptata*、*P. solita*、*Ichthyofrondina palmata* 和 *Nodosinelloides* sp. 6，可称为 *Pachyphloia-Nodosinelloides* 组合带。

扎布耶一号剖面的小有孔虫见于四个层位，其中以第二层和第三层上的分异度最大，以 *Geinitzina gigantea* 和 *Pseudolangella* sp. 丰度最大，故命名为 *Geinitzina gigantea-Pseudolangella* 组合带（图3.6）。该组合带中还有 *Hemigordiopsis* sp.、*Pseudotristix* cf. *solida*、*Langella perforata*、*Frondinodosaria* sp. 1、*Palaeotextularia* sp.、*Frondina permica*、*Nodosaria* cf. *partisana*、*Lasiodiscus tenuis*、*Protonodosaria* sp. 1、*Tetrataxis* sp. 1，但这些种的丰度都不高。

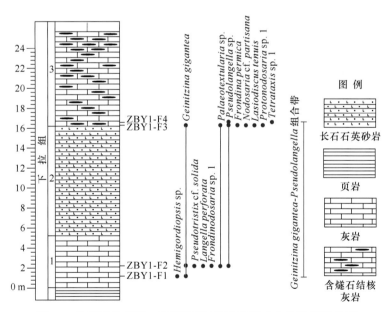

图3.6　仲巴县扎布耶一号剖面下拉组小有孔虫生物地层划分图

扎布耶二号剖面的小有孔虫仅采了两个层位的样品，化石以 *Geinitzina postcarbonica* 和 *Hemigordius permicus beitepicus* 为主，故称为 *Geinitzina postcarbonica-Hemigordius permicus beitepicus* 组合带（图3.7）。该组合中的小有孔虫以钙质透明壳类群为主，这与扎布耶一号剖面较相似，但不同的是，动物群中含有相对较多似瓷质壳

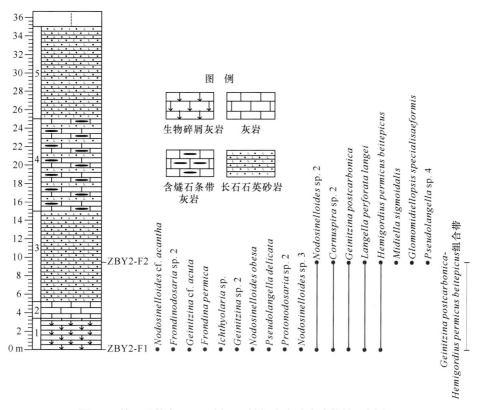

图 3.7　仲巴县扎布耶二号剖面下拉组小有孔虫生物地层划分图

的小有孔虫，如 *Hemigordius*、*Cornuspira*、*Midiella*、*Glomomidiellopsis* 等。

扎日南木错二号剖面的上部层位以蟆类 *Rugososchwagerina* (*Xiaoxinzhaiella*) 为主，未发现小有孔虫化石。最下面两个层位中小有孔虫只有三个种，分别是 *Pachyphloia multiseptata*、*P.* cf. *gefoensis*、*Pseudolangella imbecilla*（图 3.5），因此，不宜建立化石带。

小有孔虫一般延限较长，受生态影响较大，很多生物带很难具有对比意义。但值得提出的是，在该地区的诸多剖面上，都有 *Lysites*、*Hemigordiopsis*、掸邦虫 *Shanita* 等物种特别发育的层段。例如，在扎布耶六号剖面上，剖面的中部是 *Lysites biconcavus-Shanita amosi* 组合带；在夏东剖面上，剖面的中上部是 *Hemigordiopsis-Midiella* 组合带，它大致可以和扎布耶六号剖面的 *Lysites biconcavus-Shanita amosi* 组合带相对比，虽然 *Hemigordiopsis-Midiella* 组合带中没有 *Shanita*，但含有和 *Shanita* 密切共生的分子 *Lysites biconcavus*、*Midiella reicheli*、*Hemigordiopsis subglobosa*。这些大型的小有孔虫 *Hemigordiopsis-Shanita* 组合在华南地区不存在，主要分布于基墨里地块区和冈瓦纳大陆北缘部分地区（Nestell and Pronina, 1997；Ueno, 2003；Jin and Yang, 2004）。扎布耶二号剖面上的 *Geinitzina postcarbonica-Hemigordius permicus beitepicus* 组合带中上层位含有 *Glomomidiellopsis specialisaeformis*，该种出现于扎布耶六号剖面的底部。因此，从层位上来看，扎布耶二号剖面上的 *Geinitzina postcarbonica-Hemigordius permicus beitepicus* 组合带低于扎布耶六号剖面的 *Glomomidiellopsis specialisaeformis-Pachyphloia multiseptata* 带。

阿多嘎布二号剖面上，小有孔虫动物群较繁盛，以科兰尼虫 *Colaniella* 动物群为主，含有 *Colaniella parva*、*C. nana*、*C. cylindrica*，可称为 *Colaniella parva* 带。其余的小有孔虫包括 *Deckerella*、*Climacammina*、*Langella*、*Geinitzina*、*Ichthyofrondina*、*Nodosinelloides*、*Pachyphloia* 和 *Floritheca*（Qiao et al., 2019）。

3. 腕足类

措勤县 - 仲巴县北部地区的腕足类化石研究不多，近年来的研究证实在阿多嘎布剖面的中上部含有丰富的乐平世的腕足类化石，以 *Spinomarginifera chengyaoyanensis* 为主，其他特有的种有 *Tenuichonetes tenuilirata*、*Haydenella wenganensis*、*Tyloplecta yangtzeensis*、*Linoproductus cora*、*Juxathyris guizhouensis*、*Araxathyris* cf. *dilatatus*、*Phricodothyris formilla*、*Paraspiriferina multiplicata*、*Acosarina minuta*、*Permophricodothyris* sp.。这个腕足动物群可以和华南相同时代的腕足动物群对比，显示出明显暖水型动物群的特色（Xu et al., 2019）。

3.1.3 申扎县

1. 牙形类

申扎县木纠错剖面的牙形类见于下拉组底部的紫红色灰岩段（原称日阿组）。牙形类动物群主要由 *Vjalovognathus nicolli*、*Mesogondolella idahoensis*、*M. siciliensis* 和欣德刺未定种 *Hindeodus* sp. 组成，可称为 *Vjalovognathus nicolli-Mesogondolella idahoensis* 组合带。该带相当于狮泉河左左乡剖面的 *Mesogondolella siciliensis-M. idahoensis* 组合带。*Vjalovognathus* 和 *Mesogondolella* 共生的情况目前仅在西藏的拉萨地块和缅甸掸邦高原南部可见，与其他地区相比较为特殊（Yuan et al., 2020）。

2. 腕足类

申扎县木纠错剖面含有丰富的腕足类化石，主要见于永珠群和下拉组。经鉴定，整个腕足动物群包括29属36种，含1个相似种和12个未定种。根据木纠错剖面永珠群—下拉组腕足动物化石延限图（图3.8，图3.9），木纠错剖面二叠纪腕足动物群可以分为四个组合带，即永珠群上部60层的旁多贝 *Bandoproductus* 组合带、下拉组底部78层翼小石燕 *Alispiriferella*- 网围脊贝 *Retimarginifera* 组合带、下拉组中部81~86层长刺棘耳贝 *Echinauris opuntia*- 新轮皱贝 *Neoplicatifera* 组合带和下拉组上部87~89层乐平刺围脊贝 *Spinomarginifera lopingensis*- 反曲微戟贝 *Chonetinella cymatilis* 组合带。这四个组合带区分性良好，穿越组合带的分子极少。

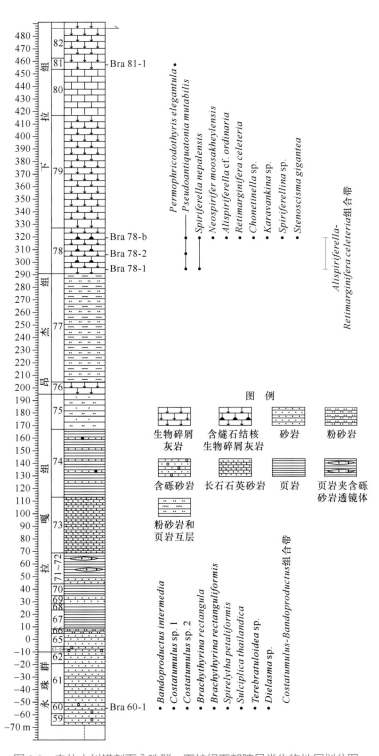

图 3.8　申扎木纠错剖面永珠群—下拉组下部腕足类生物地层划分图

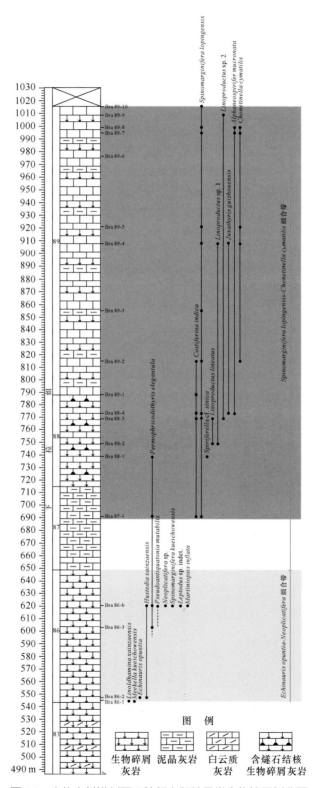

图 3.9　申扎木纠错剖面下拉组上部腕足类生物地层划分图

1）*Bandoproductus* 组合带

该组合带见于永珠群的顶部 60 层中（图 3.8），所包含的特征腕足分子有：中等旁多贝 *Bandoproductus intermedia*、瘤线贝未定种 1 *Costatumulus* sp. 1、*C.* sp. 2、直角准腕孔贝 *Brachythyrina rectangula*、泰国槽褶贝 *Sulciplica thailandica* 和瓣状螺松贝 *Spirelytha petaliformis*；此外还有拟穿孔贝未定种 *Terebratuloidea* sp.、矩形准腕孔贝 *Brachythyrina rectanguliformis* 和两板贝未定种 *Dielasma* sp.。

Bandoproductus 属由金玉玕和孙东立（1981）根据西藏拉萨林周县旁多群中的标本而建立。在澳大利亚悉尼盆地曾报道过该属内的多个分子，时代皆为乌拉尔世早期（Briggs，1998）。另外，该属还在保山地块丁家寨组下部（Shen et al.，2000b）、Sibumasu 地块 Singa 组（Shi et al.，2002）和 Kaeng Krachan 群（Waterhouse，1982）以及喀喇昆仑地块的 Gircha 组（Angiolini et al.，2005a）中有发现，时代也基本一致，皆为阿瑟尔期—萨克马尔期早期。

Costatumulus 的模式种产自东澳大利亚的 Tiverton 组和 Elvinia 组中，时代为萨克马尔期—亚丁斯克期（Waterhouse，1983b；Waterhouse and Briggs，1986）。

Brachythyrina rectangula 分布较广，曾报道于我国华南贵州王家坝灰岩（Chao，1929）、我国新疆柯坪康克林组（王成文和杨式溥，1998）、我国西藏改则玛米雪山组（刘发和王卫东，1990），以及南乌拉尔地区 Schwagerinen-Kalk 组（Tschernyschew，1902）、泰国南部 Kaeng Krachan 群 Ko Yao Noi 组（Waterhouse，1981）中，总体来看时代较为一致，多属石炭纪末期—二叠纪早期。

Spirelytha petaliformis 过去广泛报道于基墨里地块中，包括东南帕米尔地区的 Tashkazyk 组（Grunt and Dmitriev，1973）、喀喇昆仑地块 Gircha 组（Angiolini，1995；Angiolini et al.，2005a），Sibumasu 地块马来西亚地区（Shi et al.，1997，2002），以及滇西保山地块丁家寨组中部和下部（Shen et al.，2000b），时代为阿瑟尔期—萨克马尔期。*Terebratuloidea* 和 *Dielasma* 都是广泛分布的长延限分子，时代意义较差。

总体来看，本组合带内腕足化石时代大多限定在乌拉尔世早期，其中最为优势的 *Costatumulus*、*Brachythyrina rectangula*、弗莱德里克螺松贝 *Spirelytha fredericksi*、*Bandoproductus* 都曾产出于萨克马尔阶中，故整个组合带的时代暂定萨克马尔期为宜。另外，本组合带可以与产自申扎县德日昂玛—下拉剖面永珠群上部的巨大三角贝 *Trigonotreta magnifica-Bandoproductus intermedia* 组合带相对比，其时代被归于萨克马尔晚期（詹立培等，2007）。

2）*Alispiriferella*- 隐藏网围脊贝 *Retimarginifera celeteria* 组合带

该组合见于下拉组底部紫红色灰岩段（第 78 层）（图 3.8）。本组合带所包含的特征分子有：普通翼小石燕相似种 *Alispiriferella* cf. *ordinaria*、*Retimarginifera celeteria*、尼泊尔小石燕 *Spiriferella nepalensis*、大狭体贝 *Stenoscisma gigantea*、漠沙海新石燕 *Neospirifer moosakheylensis*。多变假古长身贝 *Pseudoantiquatonia mutabilis* 丰度亦较大。此外还有准小石燕未定种 *Spiriferellina* sp.、*Chonetinella* sp.、卡拉万贝未定种 *Karavankina* sp. 等。

Spiriferella nepalensis 以往仅报道于尼泊尔 Senja 组与喜马拉雅地区色龙群中（丁培榛，1962；Legrand-Blain, 1976；Shen et al., 2003b），时代为乐平世。张正贵等（1985）与夏凤生等（1986）在下拉山剖面识别出的曲布小石燕 *Spiriferella qubuensis* 应为同种标本。

Alispiriferella 以往仅报道于北方大区和日本，如 *A. ordinaria* 和格丹翼小石燕 *A. gydanensis* 报道于西伯利亚与加拿大北部萨克马尔阶—空谷阶（Abramov and Grigorieva, 1988；Shi and Waterhouse, 1996；Waterhouse and Waddington, 1982）；*A. lita* 报道于西伯利亚亚丁斯克阶—瓜德鲁普统（Ustritsky and Tschernjak, 1963；Licharew and Kotljar, 1978），日本瓜德鲁普统—吴家坪阶（Yanagida, 1963；Tazawa, 1979, 2001），蒙古国瓜德鲁普统 Lugin-Gol 组（Pavlova et al., 1991；Manankov, 1999）；中华翼小石燕 *A. sinensis* 和内蒙古翼小石燕 *A. neimongolensis* 报道于我国内蒙古罗德阶哲斯组（王成文和张松梅，2003）。

Retimarginifera 广泛报道于冈瓦纳大陆西澳大利亚地区、Sibumasu 地块、喜马拉雅地区、喀喇昆仑地区、中阿富汗的空谷阶—瓜德鲁普统地层（如 Termier et al., 1974；Grant, 1976；Archbold, 1984；Leman, 1994）。*R. celeteria* 报道于泰国南部与马来西亚沃德期地层（Grant, 1976；Sone, 2006）以及南羌塘地块萨克马尔期木实热不卡群中部（孙东立，1991）。

Stenoscisma gigantea 报道于帝汶岛瓜德鲁普统—吴家坪阶 Bitauni-Basleo 组（Broili, 1916；Hamlet, 1928）、喜马拉雅地区乐平统白定浦组和色龙群（张守信和金玉玕，1976；Shen et al., 2000a；陈俊兵等，2002）、外来块体的瓜德鲁普统地层（Diener, 1897）、柬埔寨西部卡匹敦阶 Sisophon 灰岩 C 段（Ishii et al., 1969；张守信和金玉玕，1976），阿富汗南帕米尔瓜德鲁普统（Termier et al., 1974）。

Neospirifer moosakheylensis 报道于喜马拉雅地区乐平统色龙群（Diener, 1897），尼泊尔乐平统 Senja 组 Pija 粉砂岩段（Waterhouse, 1978），外来灰岩块体瓜德鲁普统上部曲虾灰岩（Shen et al., 2003c），帝汶岛瓜德鲁普统—吴家坪阶 Bitauni-Basleo 组（Broili, 1916；Hamlet, 1928），巴基斯坦盐岭瓜德鲁普统上部 Wargal 组（Reed, 1944），我国内蒙古东部与东北瓜德鲁普统（李莉和谷峰，1976；李莉等，1980）。

Pseudoantiquatonia mutabilis 报道于下拉剖面瓜德鲁普统下拉组（詹立培和吴让荣，1982），保山罗德阶—沃德阶永德组顶部至沙子坡组底部（方润森和范健才，1994；Shi and Shen, 2001）。

Spiriferellina sp.、*Chonetinella* sp.、*Karavankina* sp. 延限很长，分布亦广，缺少地层意义，并且不是本组合带的主要分子，故暂不讨论。

总体来看，本组合带分子多产自乌拉尔世晚期至瓜德鲁普世早期地层中。詹立培和吴让荣（1982）曾根据申扎县日阿组（现下拉组底部）中的腕足动物群建立粗肋贝属 *Costiferina Stenoscisma gigantea* 组合带，与本组合带层位一致，其时代属于亚丁斯克期—瓜德鲁普世早期。而根据近期在下拉组底部报道的空谷期晚期 *Mesogondolella idahoensis-Vjalovognathus nicolli* 牙形动物群，则将同层位腕足类组合带的时代进一步限定在空谷期晚期。

3）*Echinauris opuntia-Neoplicatifera* 组合带

该组合见于下拉组的中部（81~86 层）（图 3.9），其上部与蜓类生物带 *Nankinella-Chusenella* 组合相当。本组合带所包含的特征分子有：*Echinauris opuntia*、*Neoplicatifera* sp.、贵州刺围脊贝 *Spinomarginifera kueichowensis*、贵州米克贝 *Meekella kueichowensis*、申扎胡斯台贝 *Hustedia xainzaensis*、申扎线纹欧姆贝 *Linoldhamina xainzaensis*；此外还有优美二叠纹窗贝 *Permophricodothyris elegantula*、隆凸似马丁贝 *Martiniopsis inflata*、*Pseudoantiquatonia mutabilis*、蕉叶贝未定种 *Leptodus* sp. 等。

Echinauris opuntia 报道于巴基斯坦盐岭吴家坪阶 Wargal-Chhidru 组（Reed, 1944）、帝汶岛瓜德鲁普统—吴家坪阶 Bitauni-Basleo 组（Broili, 1916；Hamlet, 1928）、喜马拉雅地区乐平统色龙群（张守信和金玉玕, 1976；Shen et al., 2000a, 2003b）、北伊朗长兴阶 Nesen 组（Angiolini and Carabelli, 2010）和华南卡匹敦阶茅口组（Shen and Shi, 2009）。

Neoplicatifera 广泛报道于华南亚丁斯克阶—吴家坪阶中（如 Huang, 1933；金玉玕和胡世忠, 1978；胡世忠, 1983；梁文平, 1990；曾勇等, 1995），亦报道于下拉剖面瓜德鲁普统下拉组（詹立培和吴让荣, 1982）、羌塘西部亚丁斯克阶—萨克马尔阶财那哈组（孙东立, 1991）、马来半岛卡匹敦阶（Campi et al., 2005）、塔里木空谷阶（Chen and Shi, 2006）。

Meekella kueichowensis 广泛报道于华南乐平统（Huang, 1933；金玉玕, 1974；杨德骊等, 1977；佟正祥, 1978；廖卓庭, 1980；曾勇等, 1995；Chen et al., 2005；Shen and Shi, 2007），亦报道于空谷阶（杨德骊, 1984）和卡匹敦阶（梁文平, 1990）。此外，该种还报道于泰国北部长兴阶 Huai Tak 组中（Waterhouse, 1983a）。

Hustedia xainzaensis 报道于下拉剖面瓜德鲁普统下拉组（詹立培和吴让荣, 1982）与雅江缝合带灰岩外来块体卡匹敦阶（Shen et al., 2003c）。

Linoldhamina xainzaensis 仅报道于木纠错剖面瓜德鲁普统下拉组（Xu et al., 2005）。

Spinomarginifera kueichowensis 广泛报道于华南沃德阶—乐平统（金玉玕, 1974；冯儒林和江宗龙, 1978；廖卓庭, 1980, 1987；沈树忠等, 1992；沈树忠和何锡麟, 1994；曾勇等, 1995），亦见于泰国长兴阶 Huai Thak 组（Waterhouse, 1983a；Shi et al., 1996）。

Leptodus 报道于空谷阶—乐平统的暖水动物群中，为重要的指相分子。

Permophricodothyris elegantula 报道于华南卡匹敦阶—乐平统（冯儒林和江宗龙, 1978；廖卓庭和孟逢源, 1986；梁文平, 1990；沈树忠等, 1992；沈树忠和何锡麟, 1994），除华南外，还包括西藏雅江带灰岩外来灰岩块体瓜德鲁普世晚期曲虾灰岩（Shen et al., 2003c）、西藏申扎下拉剖面瓜德鲁普统下拉组（张正贵等, 1985）、思茅地块吴家坪阶龙潭组（Shen et al., 2002）和巴基斯坦盐岭吴家坪阶 Wargal 组（Reed, 1944）。

Martiniopsis inflata 报道于华南空谷阶—瓜德鲁普统（佟正祥, 1978），尼泊尔乐平统 Senja 组 Pija 段（Waterhouse, 1978），巴基斯坦盐岭地区吴家坪阶 Wargal 组（Reed, 1944）和外高加索卡匹敦阶 Khachik 组（Ruzhentsev and Sarycheva, 1965）。

总体来看，本组合带分子基本都产自瓜德鲁普统，部分分子可以上延至乐平统吴家坪阶，极少数分子可下延至乌拉尔统上部。而且组合带的命名分子 *Echinauris opuntia* 的时代限定在卡匹敦期—吴家坪期，因此整个组合带的时代应归入瓜德鲁普世中晚期（即沃德期—卡匹敦期）。同层位产出的 *Pseudoantiquatonia mutabilis*- 薄弱新轮皱贝 *Neoplicatifera pusilla* 腕足组合带同样被归为茅口期晚期（对应国际标准的瓜德鲁普世晚期）（Shi and Shen, 2001）。

4）*Spinomarginifera lopingensis-Chonetinella cymatilis* 组合带

该组合见于下拉组的中上部（87~89 层）（图 3.9）。所包含的特征分子有：*Spinomarginifera lopingensis*、*Chonetinella cymatilis*、细丝线纹长身贝 *Linoproductus lineatus*、印度粗肋贝 *Costiferina indica*、*Juxathyris guizhouensis*、尖翼阿尔法新石燕 *Alphaneospirifer mucronata*；此外还有 *Permophricodothyris elegantula*、中国小石燕相似种 *Spiriferella* cf. *sinica*、线纹长身贝未定种 *Linoproductus* sp. 1、*L.* sp. 2 等。

Spinomarginifera lopingensis 广泛报道于华南卡匹敦阶—乐平统（Chao, 1928；冯儒林和江宗龙，1978；赵金科等，1981；廖卓庭，1980, 1987；曾勇等，1995；Chen et al., 2005；Li and Shen, 2008；Shen and Zhang, 2008），亦报道于思茅地块吴家坪阶龙潭组（Shen et al., 2002）、昌都地块与松潘 - 甘孜地块空谷阶—吴家坪阶（金玉玕和孙东立，1981；He et al., 2008）及外高加索沃德阶—卡匹敦阶（Ruzhentsev and Sarycheva, 1965）。

Chonetinella cymatilis 仅报道于泰国南部瓜德鲁普统 Ratburi 灰岩中（Grant, 1976）。

Linoproductus lineatus 广泛报道于冈瓦纳大陆北缘巴基斯坦盐岭、克什米尔地区、尼泊尔地区卡匹敦阶—乐平统（Bion and Middlemiss, 1928；Nakazawa et al., 1975；Leman, 1994；Campi et al., 2005），此外亦报道于 Sibumasu 地块瓜德鲁普统（Roemer, 1880；Waagen, 1884；Reed, 1944；Waterhouse, 1966）、奇底宗外来灰岩块体（Diener, 1897）、我国华南空谷阶—瓜德鲁普统（冯儒林和江宗龙，1978；金玉玕和方润森，1985；曾勇等，1995）、我国塔里木上石炭统—阿瑟尔阶（王成文和杨式溥，1998；Chen and Shi, 2000）、我国东北与俄罗斯远东空谷阶—瓜德鲁普统（Chao, 1927；李莉和谷峰，1976；Licharew and Kotljar, 1978；李莉等，1980）、希腊瓜德鲁普统（Angiolini et al., 2005b）和伊朗瓜德鲁普统—吴家坪阶（Fantini, 1965；Kotlyar et al., 2004）。*Linoproductus* sp. 2 扁平的腹壳和伸展的耳翼与 Shen 等（2002）描述的 *Linoproductus* sp. 非常相似。

Costiferina indica 广泛报道于冈瓦纳大陆北缘巴基斯坦盐岭、克什米尔地区、尼泊尔地区卡匹敦阶—乐平统（Waagen, 1884；Diener, 1915；Bion and Middlemiss, 1928；Reed, 1944；Nakazawa et al., 1975），也报道于我国喜马拉雅地区乐平统色龙群（张守信和金玉玕，1976；Shen et al., 2003b），下拉剖面瓜德鲁普统下拉组（张正贵等，1985；夏凤生等，1986；詹立培和吴让荣，1982）。

Juxathyris guizhouensis 广泛报道于我国华南乐平统（廖卓庭，1980, 1987；杨德骊，1984；沈树忠等，1992；沈树忠和何锡麟，1994；Xu and Grant, 1994；曾勇等，1995；Shen and Zhang, 2008）。此外亦报道于希腊吴家坪阶 Episkopi 灰岩（Shen and

Clapham, 2009）。

Alphaneospirifer mucronata 报道于我国华南卡匹敦阶冷坞组中（梁文平，1990）。

Spiriferella sinica 报道于我国喜马拉雅地区乐平统色龙群（张守信和金玉玕，1976；Shen et al., 2001b），以及下拉剖面瓜德鲁普统下拉组（夏凤生等，1986）。

总体来看，本组合带分子大多报道于乐平统，部分分子在瓜德鲁普统上部也有发现。*Spinomarginifera lopingensis* 作为典型的华南乐平统的标志化石，也是本组合带最为丰富的属种，几乎占据组合带内腕足化石数量的一半，因此，整个组合带的时代应属乐平世。鉴于在本组合带顶部第 89 层中上部报道有牙形类 *Clarkina liangshanensis*、长大克拉克刺相似种 *C.* cf. *longicuspidata*、东方克拉克刺 *C. orientalis* 组合（Yuan et al., 2014），明确指示时代为吴家坪期晚期，故本组合带时代可进一步确定在吴家坪期。

3. 蜓类

申扎县木纠错剖面蜓类特别繁盛。Zhang 等（2010b）曾描述过木纠错以西剖面的一些蜓类化石并讨论它的古生物地理意义。该文献研究的剖面属于重测剖面，蜓类主要见于第 83、第 86 和第 87 层，主要有 *Nankinella hunanensis*、*N. nanjiangensis*、*N. minor*、*N. quasihunanensis*、*Chusenella schwagerinaeformis*、*C. quasireferta*、*C. curvativa*、*Rugosochusenella* sp. 1、*R.* sp. 2、*Kahlerina* sp. 2 和 *Chenella tonglingica*。该蜓类动物群以 *Nankinella* 和 *Chusenella* 两属占绝大多数，丰度和分异度都最大，可称为 *Nankinella-Chusenella* 组合带（图 3.10）。在木纠错西北采样点上采得的蜓类中可见 *Nankinella xainzaensis* 和 *Chusenella schwagerinaeformis* 这两个种，同样它们属于 *Nankinella-Chusenella* 组合带。如前所述，该组合带可以和措勤县夏东剖面下拉组中部的蜓类化石带和腾冲北部的同名组合带相对比。该组合带是拉萨地块和腾冲地区特有的蜓类组合。

木纠错剖面第 89 层的蜓类化石带中仅有一个蜓类分子 *Codonofusiella schubertelloides*，该种丰度较高，故称为 *Codonofusiella schubertelloides* 带（图 3.10）。在木纠错西剖面上，可以看到动物群中蜓类仅有 *Codonofusiella kwangsiana* 一种，可称为 *Codonofusiella kwangsiana* 带（图 3.11），野外判断西短剖面的层位略高于木纠错第 89 层的层位，因此，*Codonofusiella kwangsiana* 带略高于 *C. schubertelloides* 带。尽管如此，*Codonofusiella schubertelloides* 带和 *Codonofusiella kwangsiana* 带都是吴家坪期的特色生物带，大致相当于华南地区吴家坪组中广泛分布的 *Codonofusiella* 带（盛金章，1963；芮琳等，1984）。

在木纠错组的底部白云岩的灰岩段中，产出的蜓类仅有一种 *Nankinella rarivoluta*，且该种丰度非常高，部分层位发育较密集，因此称为 *Nankinella rarivoluta* 富集带（图 3.12）。从层位上来看，*Nankinella rarivoluta* 富集带高于下拉组中的 *Codonofusiella schubertelloides* 带和 *Codonofusiella kwangsiana* 带，因 *Nankinella rarivoluta* 本身就很特殊，因此，它不易和其他地区的生物带对比，可能是该地特有的一个生物带。

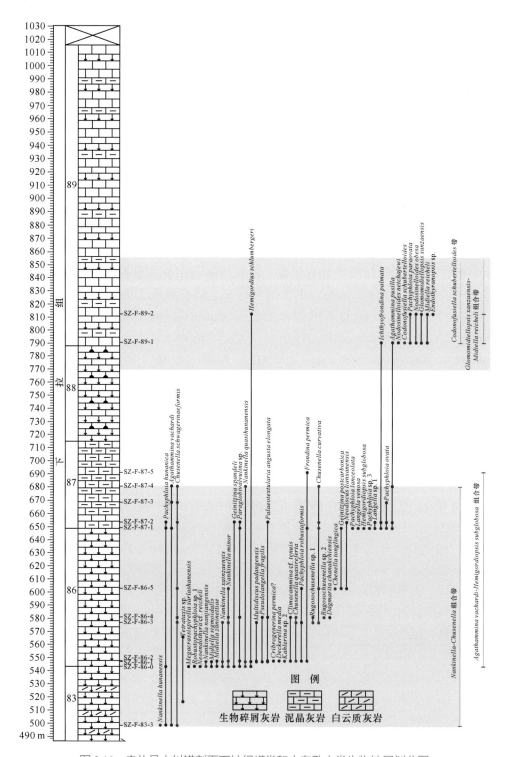

图 3.10　申扎县木纠错剖面下拉组䗴类和小有孔虫类生物地层划分图

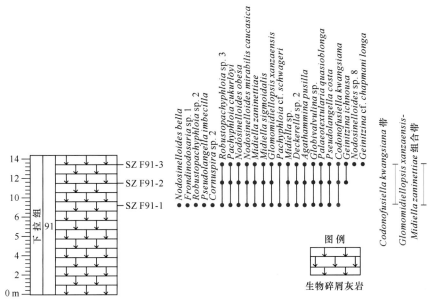

图 3.11　申扎县木纠错西短剖面下拉组䗴类和小有孔虫生物地层划分图

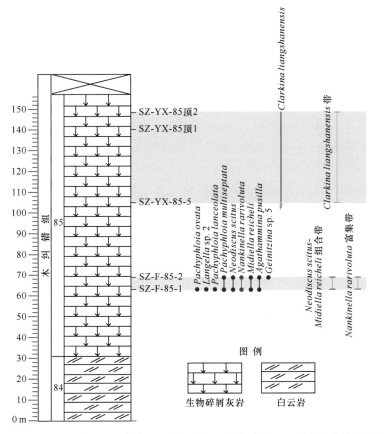

图 3.12　申扎县木纠错西木纠错二号剖面䗴类、小有孔虫和牙形类生物地层划分图

4. 小有孔虫

小有孔虫在申扎县的下拉组和木纠错组下部也十分发育。其中在木纠错剖面的第 86~89 层分异度最高。木纠错剖面的第 83 层上仅有少量小有孔虫，如 *Pachyphloia hunanica*、*Agathammina vachardi* 和 *Tetrataxis* sp.。从第 86 层开始，小有孔虫丰度和分异度明显增加，以似瓷质壳有孔虫为主，主要有 *Agathammina vachardi*、*A. pusilla*、*Midiella sigmoidalis*、*M. zaninettiae*、*Megacrassispirella xarlashanensis*、*Multidiscus padangensis*、*Neodiscus lianxanensis*、*Hemigordiopsis subglobosa*；其次是钙质透明壳的小有孔虫，如 *Pachyphloia hunanica*、*P. robustaformis*、*P. lanceolata*、*P.* sp. 3、*P. ovata*、*Robustopachyphloia* sp. 1、*Geinitzina spandeli*、*G. postcarbonica*、*Pseudolangella fragilis*、*Frondina permica*、*Langella venosa*、*L.* sp. 1、*Ichthyofrondina palmata*；小有孔虫中还有少量钙质微粒壳的种：*Tetrataxis* sp.、*Paraglobivalvulina* sp.、*Palaeotextularia angusta elongata*、*Cribrogenerina permica*?、*Deckerella media*、*Climacammina* cf. *tenuis*、*Dagmarita chanakchiensis*。该动物群可称为 *Agathammina vachardi-Hemigordiopsis subglobosa* 组合带（图 3.10）。在木纠错西北采样点上采得的小有孔虫有：*Agathammina pusilla*、*A. vachardi*、*Climacammina* cf. *ngariensis*、*Cornuspira* sp. 2、*Globivalvulina* sp.、*Hemigordiopsis subglobosa*、*Ichthyofrondina palmata*、*Midiella sigmoidalis*、*Neodiscus orbicus*、*Nodosinelloides* cf. *acantha*、*Pachyphloia* cf. *pedicula*、*Neoendothyra* sp. 和 *Pseudolangella imbecilla*。这些小有孔虫和木纠错剖面上的小有孔虫非常相似，故亦可称为 *Agathammina vachardi-Hemigordiopsis subglobosa* 组合带。值得指出的是，Zhang 等（2016）曾报道了木纠错剖面附近的一个 *Shanita* 的标本，说明 *Shanita* 分子在木纠错地区是发育的。本次在木纠错剖面中虽然没有发现 *Shanita* 的分子，但是有 *Hemigordiopsis subglobosa*、*Midiella zaninettiae* 等分子，因此木纠错剖面的 *Agathammina vachardi-Hemigordiopsis subglobosa* 组合带大致和措勤县夏东剖面的 *Hemigordius-Midiella* 组合带相当，与仲巴扎布耶六号剖面的 *Lysites biconcavus-Shanita amosi* 组合带大致相当或略高。

木纠错剖面第 89 层的小有孔虫中，除了 *Hemigordius schlumbergeri*、*Agathammina pusilla* 是从下部延续而来，多数种属于新生类型，如 *Nodosinelloides netchajewi*、*N. obesa*、*Ichthyofrondina palmata*、*Glomomidiellopsis xanzaensis*、*Midiella reicheli* 和 *Endothyranopsis* sp.，可称为 *Glomomidiellopsis xanzaensis-Midiella reicheli* 组合带（图 3.10）。该动物群大致可以和土耳其 Taurus 带中的有孔虫组合 3 相对比（Altiner, 1984）。因为该组合中也以 *Hemigordius* 为主，与华南广西来宾地区合山组中吴家坪期的 *Hemigordius-Multidiscus-Paraglobivalvulina* 组合相对比，虽然时代相近，但在动物群组成方面差异非常大，因为后者双列虫科、节房虫类较多（王克良，2002a），而当前组合中小粟虫类较多。

木纠错西短剖面上的小有孔虫中，小有孔虫属的组成大致和木纠错剖面第 89 层中的相似，但在种的组成上差异明显，主要有：*Nodosinelloides bella*、*N. obesa*、

N. mirabilis caucasica、*N.* sp. 8、*Frondinodosaria* sp. 1、*Robustopachyphloia* sp. 2、*R.* sp. 3、*Pseudolangella imbecilla*、*Pachyphloia cukurlöyi*、*P.* cf. *schwageri*、*Midiella zaninettiae*、*M. sigmoidalis*、*M.* sp.、*Glomomidiellopsis xanzaensis*、*Deckerella* sp. 2、*Agathammina pusilla*、*Globivalvulina* sp.、*Pseudolangella costa*、*Geinitzina ichnousa*、*G.* cf. *chapmani longa*，可称为 *Glomomidiellopsis xanzaensis-Midiella zaninettiae* 组合带（图 3.11）。该组合带高于木纠错剖面第 89 层中的 *Glomomidiellopsis xanzaensis-Midiella reicheli* 组合带。

木纠错组中的小有孔虫可见于木纠错二号短剖面中，其中仅少数层位含小有孔虫，并且其分异度也远不及下伏下拉组顶部。小有孔虫主要由钙质透明壳的和似瓷质壳的类群组成。钙质透明壳小有孔虫有：*Pachyphloia ovata*、*P. lanceolata*、*P. multiseptata*、*Langella* sp. 2、*Geinitzina* sp. 5。似瓷质壳的小有孔虫有：*Neodiscus scitus*、*Midiella reicheli*、*Agathammina pusilla*。以丰度为标准，该组合带可称为 *Neodiscus scitus-Midiella reicheli* 组合带（图 3.12）。

3.1.4　林周县和墨竹工卡县

1. 蟹类

蟹类在该地区主要见于洛巴堆一号剖面的洛巴堆组中，以 *Yabeina linxinensis* sp. nov. 占比最大，其次是 *Lepidolina multiseptata*。除此之外，还含有少量的 *Chusenella wuhsuehensis* 和极少量的 *Kahlerina pachytheca*，因此该动物群可称为 *Yabeina-Lepidolina* 组合带（图 3.13）。值得指出的是，*Yabeina* 和 *Lepidolina* 广泛分布于特提斯区的我国华

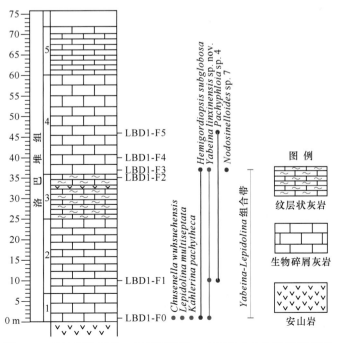

图 3.13　林周县洛巴堆一号剖面蟹类、小有孔虫生物地层划分图

53

南和日本等地，而在拉萨地块上不甚发育，仅在林周县等地可见到该类䗴类分子。它大致可以和我国华南贵州地区的 *Yabeina gubleri* 延限亚带（肖伟民等，1986）、日本 Akasaka 灰岩中的 *Yabeina igoi* 带和 *Y. globosa* 带（Zaw, 1999）相当。它与低纬度区相近生物带的区别是当前生物带分异度很低，仅由四属四种组成。

2. 小有孔虫

小有孔虫和䗴类一样，分异度非常低，在洛巴堆一号剖面上，小有孔虫仅有三个种：*Hemigordiopsis subglobosa*、*Pachyphloia* sp. 4、*Nodosinelloides* sp. 7（图 3.13）；在洛巴堆三号剖面上，小有孔虫仅在剖面中部的样品中发现，而其他的层位上没有发现小有孔虫。剖面中部的小有孔虫有 *Globivalvulina bulloides*、*Pachyphloia* sp. 5 和 *Polarisella* sp.（图 3.14）。因这两个剖面上的小有孔虫分异度非常低，故不容易建立生物带。但洛巴堆一号剖面上的 *Hemigordiopsis subglobosa* 在申扎县木纠错剖面的 *Agathammina vachardi-Hemigordiopsis subglobosa* 组合带中、措勤县夏东剖面 *Hemigordius-Midiella* 组合带的顶部都有出现，因此它们的层位大致可以对比。洛巴堆三号剖面上的小有孔虫都比较常见，不易判断其层位与对比，从野外情况可以判断，

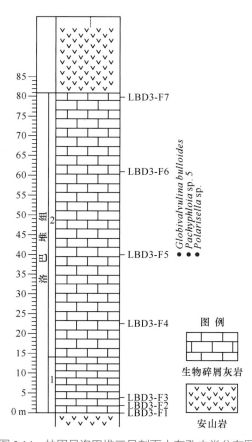

图 3.14 林周县洛巴堆三号剖面小有孔虫类分布图

其层位高于一号剖面的小有孔虫层位。

在墨竹工卡县德荣村仅采获三件小有孔虫样品，第一采样点的样品中仅有两个种，即 *Nodosinelloides acera* 和 *Pachyphloia solita*；第二采样点中仅有一个种，即 *Colaniella* cf. *pseudolepida*；第三采样点中的小有孔虫分异度最高，主要有 *Agathammina pusilla*、*Globivalvulina bulloides*、*Glomomidiellopsis specialisaeformis*、*Ichthyolaria* cf. *calvezi*、*Pachyphloia solita* 和 *P.* sp. 6。第二采样点小有孔虫中的 *Colaniella* cf. *pseudolepida* 生物地层意义最重要，它与巴基斯坦盐岭地区 Wargal 组中的 Kalabagh 灰岩层中的原始 *Colaniella* 动物群相似（Okimura, 1988）。第三采样点的动物群组合和申扎县木纠错剖面中下拉组上部的 *Glomomidiellopsis xanzaensis-Midiella reicheli* 组合带较相似，区别仅仅在于当前动物群中缺少 *Midiella* 等似瓷质壳小有孔虫。

3.2　年代地层

拉萨地块四个主要地区上的不同二叠系层位都含有大量不同门类的化石，这些化石对于限定地层的时代提供了有效的约束（图 3.15）。

3.2.1　永珠群上部和拉嘎组

永珠群上部以细碎屑岩并夹有灰岩透镜体为主。其中所含的腕足类化石可以为其时代提供有效约束。如上所述，灰岩透镜体中含有腕足类 *Bandoproductus* 组合，其中的优势分子，如 *Costatumulus*、*Brachythyrina rectangula*、*Spirelytha fredericksi*、*Bandoproductus* 都广泛产出于萨克马尔阶，所以永珠群上部的时代应当为乌拉尔世萨克马尔期。拉嘎组中无化石，其时代由下部的永珠群和上部的昂杰组来限定。其时代可能为萨克马尔晚期—亚丁斯克期。

3.2.2　昂杰组

昂杰组以灰岩和细砂岩为主，地层中缺少蜓类化石，但普遍含有牙形类，如郑春子等（2005）曾在西藏申扎县下拉山一带的昂杰组下部发现 *Neostreptognathodus* 属的分子。*Neostreptognathodus* 为空谷阶的标志化石分子之一，但是少量 *Neostreptognathodus* 的物种也可以出现于亚丁斯克阶的上部和瓜德鲁普统的下部（Chernykh et al., 2020）。然而，本次在狮泉河地区羊尾山一带的牙形类化石中发现了 *Mesogondolella siciliensis-M. idahoensis* 组合，*Mesogondolella idahoensis* 带最早见于美国 Idaho 东南地区 Phosphoria 组的下部，被认为是乌拉尔统最上部的一个化石带，时代是空谷期中晚期（Jin et al., 1997）。因此，可以判定昂杰组的时代属于乌拉尔世空谷期。

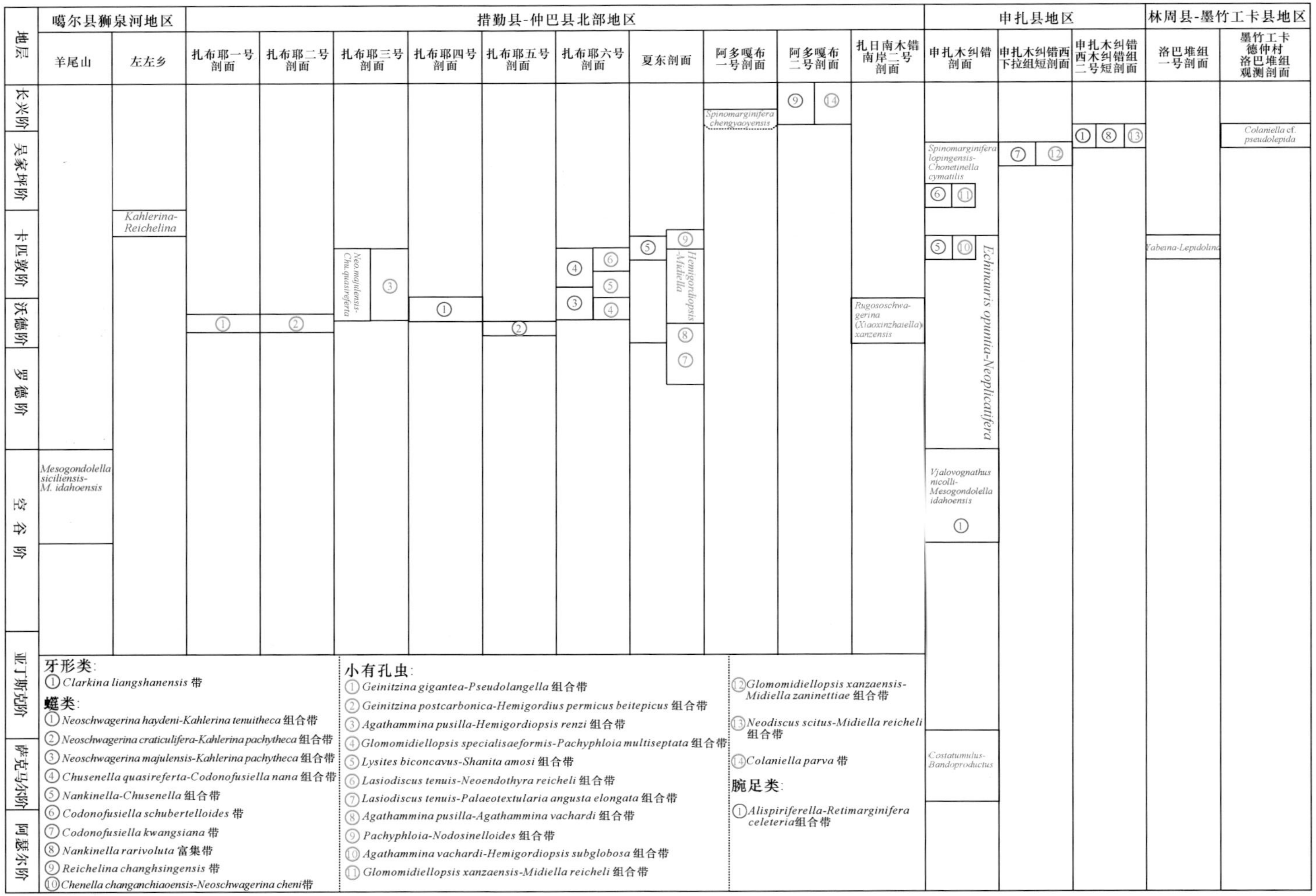

地层分区（自左至右）： 嘎尔县狮泉河地区 | 措勤县-仲巴县北部地区 | 申扎县地区 | 林周县-墨竹工卡县地区

剖面（措勤县-仲巴县北部地区）：扎布那一号剖面、扎布那二号剖面、扎布那三号剖面、扎布那四号剖面、扎布那五号剖面、扎布那六号剖面、夏东剖面、阿多嘎布一号剖面、阿多嘎布二号剖面、扎日南木错二号剖面

剖面（申扎县地区）：申扎木纠错剖面、申扎木纠错下拉组短剖面、申扎木纠错西下拉组短剖面、申扎木纠错西木纠错组二号短剖面

剖面（林周县-墨竹工卡县地区）：洛巴堆组一号剖面、墨竹工卡德仲村洛巴堆组观测剖面

嘎尔县狮泉河地区：羊尾山、左左乡

主要分类单元（斜体）：
Colaniella cf. *pseudolepida*；*Yabeina-Lepidolina*；*Spiromargentina lepingensis-Chonatella cyrnalis*；*Echinauris opuntia-Neoplicatifera*；*Vjalovognathus nicolli / Mesogondolella idahoensis*；*Castainulus-Bamleyodischus*；*Pseudoschwagerina (Xiaoxochuedia) xanzensis*；*Spiromargentina changyoyuensi*；*Hemigordiopsis-Midiella*；*Neo.majulensis-Chu.quasireferta*；*Kahlerina-Reichelina*；*Mesogondolella siciliensis-M.idahoensis*；*Clarkina liangshanensis* 带

小有孔虫：
①*Geinitzina gigantea-Pseudolangella* 组合带
②*Geinitzina postcarbonica-Hemigordius permicus betepicus* 组合带
③*Agathammina pusilla-Hemigordiopsis renzi* 组合带
④*Glomomidiellopsis specialisaeformis-Pachyphloia multiseptata* 组合带
⑤*Lysites biconcavus-Shanita amosi* 组合带
⑥*Lasiodiscus tenuis-Neoendothyra reicheli* 组合带
⑦*Lasiodiscus tenuis-Palaeotextularia angusta elongata* 组合带
⑧*Agathammina pusilla-Nodosinelloides* 组合带
⑨*Pachyphloia-Nodosinelloides* 组合带
⑩*Agathammina vachardi-Hemigordiopsis subglobosa* 组合带
⑪*Glomomidiellopsis xanzaensis-Midiella reicheli* 组合带

牙形类：
①*Clarkina liangshanensis* 带

蜓类：
①*Neoschwagerina haydeni-Kahlerina tenuitheca* 组合带
②*Neoschwagerina craticulifera-Kahlerina pachytheca* 组合带
③*Neoschwagerina magulensis-Kahlerina pachytheca nana* 组合带
④*Chusenella quasireferta-Codonofusiella nana* 组合带
⑤*Nankinella-Chusenella* 带
⑥*Codonofusiella schubertelloides* 组合带
⑦*Codonofusiella kwangsiana* 带
⑧*Nankinella rarivoluta* 富集带
⑨*Reichelina changhsingensis* 带
⑩*Chenella changanchiaoensis-Neoschwagerina cheni* 带

①*Glomomidiellopsis xanzaensis-Midiella zaninettiae* 组合带
②*Neodiscus scitus-Midiella reicheli* 组合带
③*Colaniella parva* 带

腕足类：
①*Alispiriferella-Retimarginifera celeteria* 组合带

地层（阶，自左至右）：长兴阶 | 吴家坪阶 | 卡匹敦阶 | 沃德阶 | 罗德阶 | 空谷阶 | 亚丁斯克阶 | 萨克马尔阶 | 阿瑟尔阶

图 3.15　拉萨地块二叠纪生物地层对比表

3.2.3　下拉组下段

下拉组可分为三个段。下部以紫红色薄层灰岩为主，含大量海百合茎和苔藓虫。地层中同样不含有䗴类化石，但有丰富的牙形类化石。在申扎县木纠错地区，牙形类可称为 *Vjalovognathus nicolli-Mesogondolella idahoensis* 组合带。同样，在狮泉河地区的下拉组底部，牙形类同样是以 *Mesogondolella idahoensis*?、*M*. sp. 为主，其层位与木纠错地区下拉组的底部层位相当。*Vjalovognathus* 的古地理意义很明显，但是精确的地层意义缺乏详细研究，与其共生的 *Mesogondolella idahoensis* 和 *M. siciliensis* 具有全球对比意义，这个组合的时代相当于空谷期晚期（Yuan et al., 2016）。

3.2.4　下拉组中段

下拉组从中段开始，紫红色灰岩段逐渐消失，取而代之的是中层状青灰色或灰白色灰岩，其中各类型䗴类分子和复体珊瑚开始出现，这为地层的时代提供了充分的依据。

扎布耶地区二叠纪地层分布较广泛，扎布耶六号剖面是该地区相对较长且䗴类较丰富的剖面。其中䗴类可分为下部的 *Neoschwagerina majulensis-Kahlerina pachytheca* 组合带和上部的 *Chusenella quasireferta-Codonofusiella nana* 组合带。这两个组合带的特色是 *Neoschwagerina* 有三个种，即 *Neoschwagerina majulensis*、*N. brevis* 和 *N. simplex*，其中缺少华南常见的 *Yabeina* 和 *Lepidolina*，而且对于相对较发育的 *Neoschwagerina majulensis*，仅有外圈发育第二旋向副隔壁，这种情况和扎布耶四号剖面、扎布耶五号剖面中的动物群较相似。但值得指出的是，扎布耶六号剖面中含有丰富的 *Chenella changanchiaoensis*、*Codonofusiella nana*、*C. lui*。其中 *Chenella changanchiaoensis* 最常见于华南的茅口组上部和丁家山组（如盛金章，1962；盛金章和王云慧，1962）。*Codonofusiella nana* 也广泛见于瓜德鲁普统上部和乐平统下部层位（Erk, 1941；Montenat et al., 1976；Lys et al., 1978）。*Codonofusiella lui* 产出的层位和 *C. nana* 相似（Rozovskaya, 1965；Leven, 1967；张以春，2010）。虽然 *Codonofusiella* 的两个种所处时期都有延伸至乐平世的可能，但它们和大量 *Neoschwagerina*、*Chusenella* 共生，因此，其时代应是瓜德鲁普世晚期（沃德晚期—卡匹敦期）。扎布耶一号剖面和扎布耶二号剖面中未发现䗴类化石，但在野外判断，其层位略低于扎布耶六号剖面。同样，这两个剖面中的小有孔虫 *Geinitzina gigantea*、*Lasiodiscus tenuis*、*Hemigordiopsis* sp. 等在扎布耶六号剖面中常见。因此，扎布耶一号剖面和扎布耶二号剖面中的下拉组时代可能也是瓜德鲁普世沃德期。扎布耶四号剖面和扎布耶五号剖面位于扎布耶六号剖面以北，距离较远，无法直接在野外判断其层位。但通过䗴类动物群可以看出扎布耶四号剖面和扎布耶五号剖面中有一些䗴类分子和扎布耶六号剖面中的相似，如 *Kahlerina pachycheca*、*Nankinella rarivoluta* 等，但缺少了较高层位的小型䗴类分子，因此，其层位略低，时代约为瓜德鲁普世沃德期（琚琦等，2019）。扎布耶三号剖面上的蜓类分子有 *Chusenella quasireferta*、*Neoschwagerina majulensis*，还有少量 *Kahlerina*，因此该动物群的组成和扎布耶六号剖面上的基本一致，其时代为瓜德鲁普世晚期。

夏东剖面位于扎布耶地区的北面，接近改则县与措勤县交界处。该地区断层较发育，因此，剖面由三段地层连接而成。地层的下部都以小有孔虫为主，未见蜓类。蜓类从第 2 层的底部开始发育，以 *Chenella changanchiaoensis* 为主，往上的层位中出现了 *Nankinella quasihunanensis*、*N. xainzaensis* 和 *Neoschwagerina cheni*。因其缺乏 *Yabeina* 和 *Lepidolina*，但出现了 *Chenella changanchiaoensis*，所以其时代可能为沃德期—卡匹敦期。其上部随着 *Neoschwagerina* 消失，其蜓类动物群主要由 *Nankinella* 和 *Chusenella* 组成，属于拉萨地块特色的 *Nankinella-Chusenella* 动物群。该动物群的时代属于瓜德鲁普世晚期（卡匹敦期）。

申扎县木纠错剖面的蜓类同样见于下拉组的中部，和夏东剖面较相似，动物群主要由 *Nankinella* 和 *Chusenella* 两属组成，如 *Nankinella nanjiangensis*、*N. xainzaensis*、*N. minor*、*Chusenella schwagerinaeformis*，同样属于 *Nankinella-Chusenella* 组合。该动物群可以和申扎县下拉地区下拉组中上部的 *Nankinella-Chusenella* 组合对比（朱秀芳，1982b；张正贵等，1985；王玉净和周建平，1986；黄浩等，2007）。但当前动物群还含有少量的 *Kahlerina* 分子，更加说明 *Nankinella-Chusenella* 组合的时代属于瓜德鲁普世晚期。

扎日南木错一带下拉组的中部产出特殊蜓类 *Rugososchwagerina* (*Xiaoxinzhaiella*) *xanzensis*，该种出露于我国申扎县一带的下拉组中上部（王玉净等，1981）、我国云南保山地区沙子坡组（史宇坤等，2005）、伊朗 Sanandaj-Sirjan 构造带中的 Surmaq 组（Kobayashi and Ishii, 2003b；Leven, 2009；Leven and Gorgij, 2011a）、伊朗 Zagros 带中的 Dalan 组（Davydov and Arefifard, 2013），其时代大致相当于瓜德鲁普世沃德期。

左左乡一带下拉组中上部以灰白色灰岩为主，其中动物群以小有孔虫类为主，蜓类只见三个种，分别为 *Kahlerina zuozuoensis* sp. nov.、*Reichelina media*、*Chenella changanchiaoensis*。如前所述，*Chenella changanchiaoensis* 广泛出露于措勤县和仲巴县扎布耶地区的下拉组中上部，但值得注意的是，当前的蜓类动物群中缺少新希瓦格蜓类及希瓦格蜓类的分子，所以它的层位应相当于瓜德鲁普世末期大型蜓类消失的层位，可以与日本 Akasaka 海山的 Barren interval 相对比（Ota and Isozaki, 2006），其时代相当于卡匹敦末期。

3.2.5 下拉组上段

下拉组上段的地层以中厚层灰岩为主，主要见于措勤县阿多嘎布及申扎县木纠错一带。

在阿多嘎布一带，下拉组呈中层状灰岩，并含有燧石结核。在阿多嘎布一号剖面上，可见到丰富的腕足类化石，以 *Spinomarginifera chengyaoyanensis* 为主，该种常见于华南的长兴组中（Huang, 1932 ；沈树忠等，1992 ；Liao, 1980）。同样，另外丰度较大的 *Haydenella wenganensis* 也常见于我国华南和日本上二叠统中（Tazawa et al., 2015）。该地区下拉组的顶部主要是青灰色中层状灰岩，夹有数层砂岩，灰岩中有较多的有孔虫，蜓类主要有 *Reichelina changhsingensis*，小有孔虫主要有 *Colaniella parva*、*C. nana*、*C. cylindrica*，其所处时代是乐平世长兴期（Qiao et al., 2019）。

在申扎县木纠错一带，下拉组上部的地层为青灰色中厚层状灰岩。灰岩中含有大量的小型蜓类，主要是 *Codonofusiella schubertelloides*，该种常见于华南的吴家坪组中（盛金章，1956, 1963 ；贵州地层古生物工作队，1978 ；芮琳，1979），所处时代为乐平世吴家坪期。该时代得到了牙形类化石的证实，因为在这个生物带的上部（第 89 层的顶部）发现了牙形类 *Clarkina liangshanensis*，时代同样是吴家坪晚期。同样，该剖面下拉组的上部还含有丰富的腕足类化石 *Spinomarginifera lopingensis*，该种也是华南瓜德鲁普统顶部和乐平统的标准分子（廖卓庭，1980, 1987 ；赵金科等，1981 ；Shen and Zhang, 2008 ；Shen and Shi, 2009）。在木纠错西的短剖面上，岩性同样是青灰色中厚层灰岩，蜓类只有一个种，即 *Codonofusiella kwangsiana*，该种同样广泛见于华南的吴家坪组或特提斯低纬度区相同时代的地层中（盛金章，1963 ；贵州地层古生物工作队，1978 ；侯鸿飞等，1979 ；芮琳，1979 ；张遴信，1982 ；李家骧，1989 ；Leven, 1998），其时代同样属于乐平世吴家坪期。

3.2.6　洛巴堆组下段

洛巴堆组下段以灰岩为主，其中夹有多层安山岩或玄武岩。蜓类主要有 *Lepidolina multiseptata*、*Yabeina linxinensis* sp. nov.、*Kahlerina pachytheca*、*Chusenella wuhsuehensis*。其中 *Lepidolina* 和 *Yabeina* 最有时代意义，*Lepidolina multiseptata* 最常见于华南及邻区瓜德鲁普统上部的层位中（盛金章，1963 ；Choi, 1973 ；Ueno, 1996），所处时代相当于卡匹敦期早中期（Leven, 2004 ；Zhang and Wang, 2018）。

3.2.7　洛巴堆组上段

洛巴堆组上段的地层属本书中新发现的化石层位，位于墨竹工卡县德荣村附近。地层中化石比较单调，主要由 *Colaniella* 和 *Pachyphloia* 这两个属组成。其中 *Colaniella pseudolepida* 原产于巴基斯坦盐岭地区 Wargal 组的上部，所处时代属于吴家坪晚期（Okimura, 1988）。因此，本书首次证明洛巴堆组上段的时代和下拉组上段的时代一致，同样可以延伸到乐平世。

3.2.8　木纠错组

木纠错组是指覆盖在下拉组之上的岩石地层单位，以白云岩和白云质灰岩为主。因其中含有珊瑚 *Waagenophyllum indicum crassiseptatum*、*Liangshanophyllum streptoseptatum*、*Lobatophyllum zakangense*，其底部的时代被认为是吴家坪期（程立人等，2002）。本次工作中在木纠错二号剖面上发现了木纠错组下段的白云岩段之上是生物碎屑灰岩，生物碎屑灰岩中含有牙形类 *Clarkina liangshanensis*，该牙形类是吴家坪期中、晚期的带化石（Mei and Wardlaw, 1996；Shen et al., 2013b；Yuan et al., 2014）。考虑到在木纠错地区，下拉组的顶界实际上相当于 *Clarkina liangshanensis* 带（Yuan et al., 2014）。因此，可以判定木纠错地区木纠错组底界的形成时代是吴家坪晚期。其顶界在申扎地区不易确定，但在纳木错一带，可以确定其上部形成时已进入早三叠世（武桂春等，2017）。

第 4 章

拉萨地块二叠纪地层与邻区的对比

拉萨地块西至狮泉河，东至八宿以东，是青藏高原上一个重要的地块。该地块二叠纪地层分布于中拉萨和北拉萨地区，而南拉萨地区由于冈底斯火山岩大面积分布（Ji et al., 2009；Zhu et al., 2013），二叠纪地层的分布特别局限。因此，本章研究的范围西至狮泉河，东至墨竹工卡一带的二叠系可以代表拉萨地块的二叠系。分析拉萨地块在二叠纪时期的地层和沉积变化，并将其与相邻地块的进行对比有利于发现它们在横向上的古地理对比关系。

4.1 拉萨地块二叠纪地层层序演变特征

拉萨地块自西向东的二叠纪地层非常稳定，主要由四个岩性段组成。最下部的称为拉嘎组，以冰海相沉积为主，主要见于申扎县北部永珠地区、东部木纠错地区以及林周县北部旁多地区。在申扎县，冰海相地层中普遍含有花岗岩的砾石，其常呈落石刺穿层理（图 2.9B）。在林周县旁多地区，冰海相沉积发育良好，不仅可以看到棱角状的砾石呈落石状态保存在基质中，而且可以观察到砾石表面有冰川的擦痕（图 2.12A）。这些现象表明拉萨地块在乌拉尔世受冈瓦纳大陆北缘冰川直接影响，值得关注的是，在狮泉河地区的拉嘎组中，并未见到冰海相沉积，取而代之的是薄层的碎屑岩、砾岩和中厚层砂岩（图 2.2A~C）。由此可见，在拉萨地块上，晚古生代大冰川对不同地区的影响可能有差异。据现有资料来看，晚古生代大冰川影响最大、冰海相沉积最厚的地区是拉萨地块东部的林周地区。

拉嘎组之上的地层是昂杰组或乌鲁龙组。其底部以一套生物碎屑灰岩为主，在不同地区都有出露，且厚度在几米至十几米不等。稍有不同的是，在狮泉河一带，昂杰组中普遍灰岩较多，砂岩层明显比措勤、申扎地区薄，这可能显示该地区的沉积环境与其他地区稍有不同。在本次工作中，未在昂杰组底部的灰岩中发现有价值的化石。但根据前人的研究（郑春子等，2005），在申扎下拉山一带的昂杰组中发现的牙形类 *Neostreptognathodus* 属指示该组底部的时代可能是乌拉尔世晚期空谷期。

昂杰组或乌鲁龙组上部的碎屑岩之上普遍整合覆盖较厚的碳酸盐岩地层，在申扎、措勤、狮泉河一带称为下拉组，在林周一带称为洛巴堆组。下拉组一般可以分为三个岩性段，下段主要为紫红色生物碎屑灰岩，含有大量单体无鳞板珊瑚化石、苔藓虫化石和海百合茎化石，相当于前人所称的日阿组（林宝玉，1981）。该段地层普遍含有丰富的牙形类化石，并且都以 *Mesogondolella idahoensis*、*Vjalovognathus nicolli* 为主，时代为空谷晚期（Yuan et al., 2016；郑有业等，2007）。下拉组下部的主要特征还有，在很多剖面上硅质结核和硅质条带非常发育，在狮泉河地区最明显（图 2.3D）。下拉组的中段以中层状碳酸盐岩为主，含有丰富的复体珊瑚化石、蜓类化石、小有孔虫化石。根据蜓类化石的生物地层信息，目前为止能够确定的是，蜓类化石的最低层位是沃德阶，以 *Neoschwagerina cheni* 等为主，见于夏东剖面和扎布耶四号剖面和扎布耶五号剖面。其上层位的蜓类在申扎地区和措勤地区主要是以 *Nankinella-Chusenella* 组合为特征，其时代相当于卡匹敦期（Zhang et al., 2010b, 2019）。相同时代的蜓类化

石在林周一带以 *Yabeina* 和 *Lepidoliolina* 为主（图 3.13）。尽管下拉组整体是以灰岩为主的地层，但此次考察中在扎布耶茶卡以北的地层中发现，瓜德鲁普统仍有诸多砂岩的夹层，这指示可能局部存在相变。在狮泉河地区，下拉组中部硅质条带略比下部层位少，生物碎屑增多。之前在狮泉河一带的下拉组（原羊尾山组）中报道过蟆类化石（*Pseudodoliolina ozawai*、*Neoschwagerina* sp.）和复体珊瑚化石（梁定益等，1991）。但本次考察中并未发现这些化石，而在左左乡一带发现了丰富的小型蟆类化石（*Kahlerina*、*Reichelina* 等），其层位明显高于之前报道的在羊尾山中的蟆类化石层位，也普遍高于在拉萨见到的 *Nankinella-Chusenella* 组合的层位。下拉组上段主要是中厚层状灰岩，见于申扎县木纠错一带、措勤县北部阿多嘎布一带。其中在木纠错一带，下拉组上部的灰岩中含有蟆类 *Codonofusiella* 以及牙形类 *Clarkina liangshanensis*，这些都表明在木纠错一带，下拉组的灰岩形成时代可以延伸至乐平世吴家坪期，而非前人认为的只限于瓜德鲁普世。在措勤县北部阿多嘎布一带，下拉组的上部同样以中层状碳酸盐岩为主，下拉组的顶部形成时代可以到达二叠纪最末期。该段地层中含有砂岩夹层，并且含有丰富的 *Colaniella* 有孔虫动物群（Qiao et al., 2019）。在拉萨地块西部的左左乡一带，下拉组的顶部含有牙形类长兴克拉克刺 *Clarkina changxingensis*、亚脊克拉克刺 *C. subcarinata* 和煤山克拉克刺 *C. meishanensis*，同样指示下拉组的灰岩形成时代可以延伸至二叠纪末期（纪占胜等，2007a）。但值得指出的是，在林周一带，洛巴堆组一直被认为是瓜德鲁普世的沉积地层（朱秀芳，1982a；中国科学院青藏高原综合科学考察队，1984）。此次考察中，在墨竹工卡县德仲村一带采到的有孔虫化石中发现了 *Colaniella* 分子，这表明洛巴堆组同样可延伸至乐平统。

在拉萨地块的某些地区，如申扎县木纠错地区，在下拉组白云岩之上整合覆盖一套巨厚的白云岩、白云质灰岩相地层，被称为木纠错组（程立人等，2002）。如上节所述，在木纠错地区，木纠错组从吴家坪晚期开始沉积，上界形成时代可至早三叠世。除在木纠错一带发育以外，该组还在申扎县以东的纳木错一带及申扎以西的措迈乡一带出露（武桂春等，2017；Wu et al., 2020）。

总之，拉萨地块自西向东的二叠纪地层都可以很好地进行对比。二叠系主要是永珠组砂岩—拉嘎组冰碛岩—昂杰组砂岩夹灰岩—下拉组灰岩—木纠错组白云岩（局部）的转变，一方面表明了拉萨地块从乌拉尔世冰期结束转变为冰后期的碳酸盐岩沉积；另一方面，拉萨地块东西向地层非常一致，体现了拉萨地块的稳定性。

4.2　拉萨地块与特提斯喜马拉雅带的对比

喜马拉雅地区属于印度板块北缘的一部分，它与拉萨地块之间以雅鲁藏布江缝合带为界（Yin and Harrison, 2000）。二叠系在喜马拉雅地区可分为三个不同的沉积类型，由南向北分别是聂拉木—定日一带、仲巴—康马一带和雅江缝合带中的灰岩外来体（尹集祥和郭师曾，1976；中国科学院青藏高原综合科学考察队，1984；Shen et al., 2003a）。

聂拉木—定日一带的二叠系分为基龙组、色龙群或者基龙组、曲布组和曲布日嘎组。基龙组一般以冰海相杂砾岩、石英砂岩、砂岩为主，含有冰筏作用的痕迹，根据腕足化石的证据，普遍认为其时代为乌拉尔世萨克马尔期（金玉玕，1979；尹集祥和郭师曾，1976）。基龙组与其上的地层接触关系一直不清。在色龙等地，曾有研究指出下三叠统康沙热组中混入很多乌拉尔世和瓜德鲁普世的牙形类化石，认为色龙地区有瓜德鲁普统下部地层的存在（Wang et al., 2017）。但后来的研究证实，该地区的牙形类化石鉴定可能有误，并不存在瓜德鲁普统（Yuan et al., 2018）。因此，整个色龙群的形成时代是乐平世。相当的地层在定日一带被称为曲布组和曲布日嘎组。曲布组主要是灰黑色页岩，含 *Glossopteris* 植物群（徐仁，1975；尹集祥和郭师曾，1976），由于缺乏海相地层的制约，其形成时代一直有较大的争议。曲布日嘎组整合于曲布组之上，含较多生物碎屑灰岩夹层，其中含有较多的腕足类化石，时代为乐平世（尹集祥和郭师曾，1976；Shen et al., 2001a, 2003b；Xu et al., 2018）。

仲巴—康马一带也广泛分布二叠系，但与珠穆朗玛峰北缘的二叠系相比，变质异常严重。该套地层在康马一带被称为康马组和白定浦组（章炳高，1974）。其中康马组以板岩为主，白定浦组是浅灰色大理岩。在仲巴一带也广泛分布一套变质的二叠纪地层，原被称为曲嘎组。但近年来由于在该组中发现了不同时代、不同岩性、不同变形构造的地层，因此该组被拆解为下 - 中奥陶统紫曲浦群、泥盆系马攸木群、下石炭统—乌拉尔统岗珠淌组、乌拉尔统—瓜德鲁普统仲巴组以及瓜德鲁普统—乐平统卡扎勒组（李祥辉等，2014）。其中仲巴组以浅红、肉红色白云岩为主，卡扎勒组以灰黑色钙质板岩夹中薄层结晶灰岩为主。因为这套地层化石变质较强，时代意义较强的牙形类化石和蜓类化石较欠缺，所以该套地层的时代一直控制不佳。然而在仲巴县附近，原被称为巨日浦组的地层中含有很多腕足类化石，指示其形成时代是瓜德鲁普世卡匹敦期—乐平世吴家坪期（Shi et al., 2003）。

雅江缝合带中的蛇绿混杂岩中分布着大小不一的灰岩块体，被称为外来块体（李文忠和沈树忠，2005）。原来认为其主要散落在三叠纪地层中，但后来的研究证实，这些灰岩块体和雅鲁藏布江中的蛇绿混杂岩紧密共生（Cai et al., 2012）。这些灰岩块体主要分布于阿里地区普兰一带、仲巴以南地区、拉孜修康一带等。其中在西部的块体中（如姜叶玛灰岩中）一般含丰富的蜓类、小有孔虫、腕足类和珊瑚化石，其形成时代为瓜德鲁普世至乐平世（王全海等，1988；Zhang et al., 2009；Wang and Ueno, 2009；Shen et al., 2010；Wang et al., 2019；张以春和王玥，2019）。但东部拉孜一带的灰岩块体中的化石一般以混生的动物群为主，对蜓类化石报道较少（Shen et al., 2003c）。

总之，喜马拉雅地区的二叠系主要分为以上三种不同的沉积类型，它们可能自南向北存在明显的相变（Shen et al., 2003a）。但相比之下，拉萨地块都与它们不一样，其典型的特征是瓜德鲁普统和乐平统是较显著的碳酸盐岩台地相沉积。然而，在聂拉木—定日一带目前还未有明确的瓜德鲁普统存在的证据。仲巴—康马一带的瓜德鲁普统主要由板岩和大理岩组成，其原岩也应该是砂岩和灰岩的沉积地层。因此，它和拉萨地块下拉组稳定的碳酸盐岩地层差异显著。雅江缝合带蛇绿混杂岩中的灰岩外来块体都以瓜德鲁普统和乐平统的灰岩为主，从主体岩性上来看，它和拉萨地块较为相似。但细微观察可以看到它们之间的差异性：①拉萨地块下拉组底部多个剖面有较厚的燧石条带和燧石结核，这样的地层在灰岩外来块体中没有；②姜叶玛地区的灰岩外来块体中的二叠系与三叠系界线处是一紫红色地层过渡，这种现象在拉萨地块所有地区都没有；③灰岩外来块体在朗错湖北一带以紫红色灰岩为主，含有较多的瓜德鲁普世菊石类化石（盛怀斌，1984，1988），但在拉萨地块整个地块上都缺失这种地层和动物群。

综上所述，从地层层序上来看，拉萨地块瓜德鲁普统和乐平统无法和喜马拉雅地区的任何地层类型进行对比。它们属于不同的沉积体系。

4.3 拉萨地块与南羌塘地块的对比

南羌塘地块与拉萨地块之间以班公湖-怒江缝合带为界。南羌塘地块的二叠纪地层主要分布于地块西部多玛乡一带以及羌塘盆地中央隆起带一线。因为南羌塘地区构造异常复杂，沉积多变，所以有学者把整个南羌塘称为增生楔（Pan et al., 2012）。但作者多次考察南羌塘的西部和中部，发现它们虽然地层差异性较大，但动物群有较高的相似性，因此更可能代表同一个地块的不同沉积相（张以春等，2019）。

在南羌塘地块西部多玛乡一带的二叠纪地层原称为窝尔巴错群，后被拆分为擦蒙组、展金组、曲地组和吞龙共巴组（梁定益等，1983）。擦蒙组和展金组都以冰海相杂砾岩为主，可见广泛的落石结构，两者界线不易区分。但在野外可以见到擦蒙组基质较细，多为粉细砂岩，而展金组粗砂岩明显较多，并且发育广泛的滑塌构造和包卷层理，显示斜坡的沉积环境（张以春等，2019）。而曲地组是一套以灰白色石英砂岩、长石石英砂岩为主的地层（梁定益等，1983）。从展金组转变到曲地组代表区域的抬升或海平面的降低（张以春等，2019）。曲地组在区域上变化较大，某些地区含有的䗴类指示其时代为乌拉尔世亚丁斯克期（聂泽同和宋志敏，1983b）。吞龙共巴组整合在曲地组之上，主要由中薄层灰黑色生物碎屑灰岩组成，其中含有较丰富的䗴类化石。䗴类以拟纺锤䗴 *Parafusulina*、单通道䗴 *Monodiexodina* 等为主，时代相当于空谷期（聂泽同和宋志敏，1983c）。吞龙共巴组之上在清水河、结则茶卡一带都是以吉普日阿群为主，两者接触处有一明显的不整合面，不整合面之下发育底砾岩（张以春等，2019）。吉普日阿群的时代被认为是乐平世（梁定益等，1983）。而传统上认为的龙格组中，含有丰富的瓜德鲁普世晚期的䗴类化石（梁定益等，1983；聂泽同和宋志敏，1983a）。但据作者在龙格组层型剖面的观察，该组与相邻地层皆为断层接触。因此，它的来源目前尚不清楚。但可以确定的是，在南羌塘地块很大一部分区域内，地层上明显缺失瓜德鲁普统。

然而在南羌塘地块的中部先遣乡—双湖县一带，乌拉尔统都是以含冰海相沉积为主，变质较严重，更难区分擦蒙组和展金组的区别。相当于曲地组的地层在尼玛县荣玛乡一带以一套浊积岩为主，其中含有䗴类假纺锤䗴 *Pseudofusulina* 等分子，时代相当于亚丁斯克期（Zhang et al., 2012a, 2013b）。该套地层在区域上与其他地层呈断层接触关系，在双湖县措折强玛乡一带是以鲁谷组为代表的地层，岩性主要是玄武岩和灰红色生物碎屑灰岩互层，灰岩中含有丰富的䗴类动物群及腕足类动物群（Zhang et al., 2012b, 2014；Shen et al., 2016），其时代相当于空谷晚期。相似的地层在先遣乡一带被称为财那哈组（张遴信，1991）。其上的地层主要见于先遣乡一带，被称为先遣组或者鲁谷组，其中含有丰富的䗴类化石（程立人等，2005a；张遴信，1991），时代相当于瓜德鲁普世。乐平统主要分布在西部多玛地区至窝尔巴错一带，岩性主要是灰岩和少量砂岩，含有丰富的䗴类化石（吴瑞忠和蓝伯龙，1990）。

由此可见整个南羌塘地块的地层明显属于活动型。其西部多玛地区与东部双湖地区属于不同的沉积环境。例如，在日土县多玛地区，吞龙共巴组和吉普日阿群之间具明显的不整合面，缺失瓜德鲁普统。曾有文献报道该地区存在中二叠统龙格组（梁定益等，1983），但据作者等实地考察，发现该组的灰岩与周边地层都是断层接触，它的实际来源值得进一步研究。值得指出的是，至少从先遣乡往东一带，瓜德鲁普统广泛出露（孙东立和徐均涛，1991）。另外，羌塘盆地中部的鲁谷组下部含丰富的玄武岩夹层，然而在日土县多玛地区，地层中基本不含有玄武岩夹层。因此，南羌塘地块东西向的差异性异常显著。虽然目前并不清楚南羌塘不同沉积相变化的原因，但已明确的是它和拉萨地块的整体稳定性完全不同。如上所述，拉萨地块瓜德鲁普统普遍存在，而且地层中的玄武岩夹层极少，因此，南羌塘地块和拉萨地块在瓜德鲁普统地层层序上截然不同（张以春等，2019）。

4.4 拉萨地块与保山地块对比

保山地块位于昌宁-孟连缝合带以西、高黎贡山以东。保山地块的乌拉尔统以丁家寨组为主，属地冰海相沉积，它不整合于下石炭统之上（王向东等，2000；Jin, 2002）。根据丁家寨组顶部灰岩中含有的䗴类化石和牙形类化石的约束，其时代为乌拉尔世萨克马尔期或亚丁斯克期（Ueno et al., 2002；Shi et al., 2011）。丁家寨组之上为卧牛寺组玄武岩，Li 等（2020）的年代学研究证实其时代为 295 ± 2.9Ma。丁家寨组之上在保山地块北部是丙麻组，以凝灰质角砾岩和紫红色页岩组成的地层层序为主，顶部含植物化石，属于陆相地层（王向东等，2000）。丙麻组之上的地层以大凹子组为代表，主要是一套海相碳酸盐岩沉积，下部主要是深灰色生物碎屑灰岩，上部逐步过渡到白云质灰岩和白云岩（王向东等，2000；Jin, 2002）。与大凹子组相似的层位在保山地块南部称为沙子坡组。这些地层中含有的䗴类化石都指示其时代属于瓜德鲁普世（Ueno, 2001；Huang et al., 2009, 2015, 2017）。大凹子和沙子坡组上部以白云质灰岩或白云岩为主，含有丰富的小有孔虫 *Shanita-Hemigordiopsis* 组合（Yang et al., 2004；黄浩等，2005）。

拉萨地块与保山地块的二叠纪地层对比，差异性比较大。区别在于保山地块丁家寨组之上普遍含有玄武岩的卧牛寺组，但这套乌拉尔世的玄武岩在整个拉萨地块都未出现；另外，保山地块的丙麻组是陆相地层，含植物碎片，但在整个拉萨地块，冰期结束后的地层都是稳定的海相地层，两者差异性明显。

4.5 拉萨地块与腾冲地块对比

腾冲地块位于保山地块以西,中间以高黎贡山为界。由于大面积火山岩的出露,石炭 - 二叠纪地层在腾冲地块上分布较局限,研究程度最高的是腾冲地块北部的空树河地区、中部的大东厂一带以及南部的双河沿一带。尽管腾冲地块南北两地岩石地层名称稍有不同,但岩性变化差异性不大。其中,石炭 - 二叠纪地层称为勐洪群,后被解体为自治组和空树河组(Jin, 1994)。其中自治组主要是中 - 细粒砂岩;而空树河组下部主要是冰碛岩和含砾泥岩,上部主要是黑色细粒砂岩(Jin, 2002)。空树河组之上的地层被称为大东厂组,其中下部地层原称为观音山组,有文献报道该组中含有蜓类格子蜓 *Cancellina*、*Nankinella* 和 *Parafusulina* 分子(方润森和范健才,1994)。然而,在图版中仅列出了 *Nankinella* 的图片。但是,在腾冲地块北部的空树河剖面上,大东厂组底部的蜓类研究揭示其时代相当于萨克马尔期。这明显和 *Cancellina* 的时代不一致。因此,该段地层的时代仍有争议,有待未来进一步的研究证实。大东厂组的中上部含有蜓类 *Nankinella-Chusenella* 组合,时代相当于瓜德鲁普世(Shi et al., 2017)。

拉萨地块与腾冲地块的二叠纪地层有较大的相似性。空树河组下段的冰海相沉积和拉萨地块的拉嘎组相似;空树河组上段的黑色页岩段和昂杰组相似。而大东厂组底部(原观音桥组)含有丰富的苔藓虫化石,同样下拉组底部的紫红色生物碎屑灰岩也含有丰富的苔藓虫。但目前大东厂组底部的时代仍有争议,这有待将来进一步研究。

4.6 拉萨地块与喀喇昆仑地块的对比

喀喇昆仑地块北部与东南帕米尔相连,南边与 Kohistan 弧和 Ladakh 地块相连。二叠纪地层主要出露在喀喇昆仑地块的北部。二叠系最下部称为 Gircha 组,该组在喀喇昆仑地块上广泛分布,主要由页岩和砂岩组成。该组中上部的地层中含有腕足动物群,指示其时代为乌拉尔世阿瑟尔期(Gaetani et al., 1995;Angiolini et al., 2005a)。但其之上的地层在喀喇昆仑地区则差异性较大。在巴罗吉勒(Baroghil)地区,Gircha组之上是 Lashkargaz 组,该组主要由页岩、砂岩和灰岩组成,时代跨度较大,上部含有较多的蜓类化石,如 *Parafusulina*、小斯肯奴蜓 *Skinnerella*、*Misellina* 等,其时代约为空谷晚期;而下部的时代大致相当于萨克马尔期(Gaetani et al., 1995)。与 Lashkargaz 组等时的地层在喀喇昆仑东部被称为 Lupghar 组和 Panjshah 组,Lupghar 组下部是页岩和砂岩,上部是灰岩和白云岩,灰岩中含有较多的蜓类,如平假纺锤蜓 *Pseudofusulina plena*、普沙尔蒂假纺锤蜓相似种 *P. cf. psharti*、卡拉佩托维假纺锤蜓相似种 *P. cf. karapetovi*、丘米斯库拉假纺锤蜓相似种 *P. cf. tumidiscula* 等,时代为萨克马尔期(Gaetani et al., 1995)。Panjshah 组主要是灰绿色钙质页岩,含有少量灰岩夹层,中部含灰岩夹层稍多,但顶部主要是黑色钙质砂岩,其时代相当于 Kubergandian 期至 Murgabian 期(相当于空谷期晚期至沃德期早期)(Gaetani et al., 1990)。在 Baroghil 地区，Lashkargaz 组之上的地层被称为 Gharil 组，厚 12~17m，主要由砾岩和赤铁矿化的砂岩组成。Ailak 组整合于 Gharil 组之上，主要是由较厚的白云质灰岩、白云岩组成，局部地区含有 *Paraglobivalvulina* sp.、*Dagmarita chanakchiensis*、*Langella* sp. 等，时代可能是瓜德鲁普世—乐平世（Gaetani et al., 1995）。在喀喇昆仑地块东部的 Shimshal 地区，Panjshah 组之上的地层被称为 Kundil 组（Gaetani et al., 1990）。该组以薄层状灰岩为主，含有较多硅质条带及结核，其中上部含有 10m 左右的杂砾岩段，可能是重力流沉积。该组的时代为瓜德鲁普世（Gaetani et al., 1995）。在 Chapursan 地区，Kundil 组之上还有 Wirokhun 组，该组以薄层状黑色页岩、钙质砂岩为主，中部夹有硅质条带灰岩，时代相当于乐平世（Gaetani et al., 1995）。

拉萨地块与喀喇昆仑地区的二叠系相比，两者差别非常明显。首先，拉萨地块地层整体表现出稳定性，是从冰海相沉积到碳酸盐岩的稳定过渡；但在喀喇昆仑地区，Gircha 组以陆相地层为主，并且 Gircha 组之上的地层在区域上很不稳定，很多地方缺失了 Lashkargaz 组或 Lupghar 组的砂岩和页岩段地层。其次，在 Baroghil 地区，Gharil 组以砾岩和赤铁矿化的砂岩为主，这套地层在整个拉萨地块都不发育。最后，Baroghil 地区的瓜德鲁普统—乐平统以白云岩地层为主，而喀喇昆仑东部的 Chapursan 和 Shimshal 地区相同层位的地层由灰岩和硅质条带层组成，并且可能含有重力流的沉积，这种横向上的不同沉积相变化以及不稳定的层序在拉萨地块并未出现。因此，从乌拉尔统到乐平统，喀喇昆仑地区的地层层序无法与拉萨地块进行对比，两者差别迥异。

4.7 拉萨地块与南帕米尔地块的对比

南帕米尔位于喀喇昆仑地块的北部，两者之间的界线较模糊，一般认为是以 Tirich-Kilik 缝合带或者 Tirich 界线带为界（Angiolini et al., 2015；Chapman et al., 2018）。它的北部以 Rushan-Pshart 缝合带为界与中帕米尔相连（Angiolini et al., 2015）。南帕米尔内部一般分为东南帕米尔和西南帕米尔，二叠纪地层主要分布于东南帕米尔地区（Leven, 1967；Angiolini et al., 2015）。

东南帕米尔地区的二叠系主要分为 Bazar Dara 群、Shindy 组、Kochusu 灰岩段、Kubergandy 组、Gan 组 和 Takhtabulak 组（Angiolini et al., 2015）。Bazar Dara 群可分为 Uruzbulak 组和 Tashkazyk 组。Uruzbulak 组主要由黑色泥岩和粉砂岩组成；而 Takhtabulak 组主要由砂岩、粉砂岩和黑色页岩组成，顶部的砂岩含有化石。该组顶部含有牙形类畸形中舟刺 *Mesogondolella monstra*、曲颚刺未定种 *Streptognathodus* sp.、布卡拉曼加斯威特刺 *Sweetognathus bucaramangus* 等，时代为萨克马尔早期（Angiolini et al., 2015）。Takhtabulak 组之上不整合覆盖了 Kochusu 灰岩段，该套地层主要是 12~60m 厚的砂质灰岩，含有蜓类希普顿氏单通道蜓 *Monodiexodina shiptoni*、松希瓦格蜓未定种 *Chalaroschwagerina* sp. 和达尔瓦兹蜓未定种 *Darvasites* sp.（Gaetani and Leven, 2014）。该套地层之上就是由枕状玄武岩组成的 Shindy 组。Kochusu 灰岩段和 Shindy 组的形成时代相当于空谷早中期（Angiolini et al., 2015）。Shindy 组之上的 Kubergandy 组主要由

生物碎屑灰岩组成，其中含有丰富的䗴类化石，被归入 *Misellina ovalis-Armenina* 带和 *Cancellina cutalensis* 带（Chediya et al., 1986），其时代仍为空谷期。Kubergandy 组之上是 Gan 组，主要是由硅质生物碎屑灰岩组成。该组下部的䗴类化石指示其形成时代是中二叠世（Chediya et al., 1986），但该组上部含有较多的小型䗴类化石，被认为已延入吴家坪期（Angiolini et al., 2015）。该组中含有浊积岩沉积，故其沉积环境可能是一斜坡（Angiolini et al., 2015）。二叠系最上部的地层属于 Takhtabulak 组，主要由火山碎屑岩、页岩和砾岩组成，时代为吴家坪期—长兴期（Angiolini et al., 2015）。

拉萨地块的二叠系与东南帕米尔地区的相比，两者差异性很大，具体表现在如下方面：① Bazar Dara 群顶部与 Kochusu 灰岩段及 Shindy 组之间有一缺失，这个缺失的层位在拉萨地块表现不明显；②在东南帕米尔普遍出现空谷期的枕状玄武岩 Shindy 组，但在拉萨地块上，从西部狮泉河至东部申扎地区基本没有玄武岩产出。即使在林周地区洛巴堆组中有少量火山岩的夹层，但这些火山岩的时代是瓜德鲁普世晚期（Zhu et al., 2009），它和 Shindy 组明显不同。③东南帕米尔地区的乐平统主要是由火山碎屑岩、页岩和砾岩组成，而拉萨地块的乐平统是稳定的海相碳酸盐或局部白云岩地层，两者之间差异明显。因此，从二叠纪地层层序上来看，东南帕米尔不是拉萨地块的西延。

4.8　小结

综上所述，拉萨地块和其他相邻地块二叠系层序的对比提供了重要信息（图 4.1）。首先，拉萨地块二叠系这种稳定的变化与南侧的特提斯喜马拉雅带及北面的南羌塘地块差别迥异。对于特提斯喜马拉雅带来讲，乌拉尔统的基龙组与乐平统的色龙群之间的地层未见有报道，很可能是缺失的，但拉萨地块是连续沉积的稳定地层。对于南羌塘地块来说，南羌塘西部的东汝乡一带在乌拉尔统上部的吞龙共巴组与乐平统之间普遍存在不整合面；而南羌塘地块中部的瓜德鲁普统都是以玄武岩和灰岩的组合为代表。显然整个南羌塘的二叠系表现为东西向的差异（张以春等，2019）。这种东西向的差异在拉萨地块上并不存在，拉萨地块的二叠系表现为整体的一致性变化，它和南羌塘的变化显然不同。因此，从二叠纪地层变化的角度来说，拉萨地块和特提斯喜马拉雅带及南羌塘在瓜德鲁普世—乐平世相连接的可能性不大。它应该处于一个相对独立的位置。

值得指出的是，拉萨地块的这种地层格局的变化向西无法和喀喇昆仑断裂以西的喀喇昆仑地块、南帕米尔地块相比。喀喇昆仑地块的地层同样在横向上存在差异，而且瓜德鲁普统和乐平统都是以粉砂岩和灰岩互层产出为主，这种情况与拉萨地块不同。同样，南帕米尔地区普遍存在空谷期的玄武岩，它在整个拉萨地块都见不到。所以拉萨地块的西端可能就位于狮泉河一带，喀喇昆仑断裂可能并没有切断拉萨地块。

在横向上，和拉萨地块的二叠纪地层相似的只有云南西部的腾冲地块，因为这两个地块都是表现为冰海相沉积到碳酸盐岩及白云岩的稳定过渡，而且拉萨地块向东经过喜马拉雅东构造结直接延伸到腾冲地块，两者没有明显界线，但目前的不确定性在于没有准确的年代地层对比。这值得将来进一步研究。

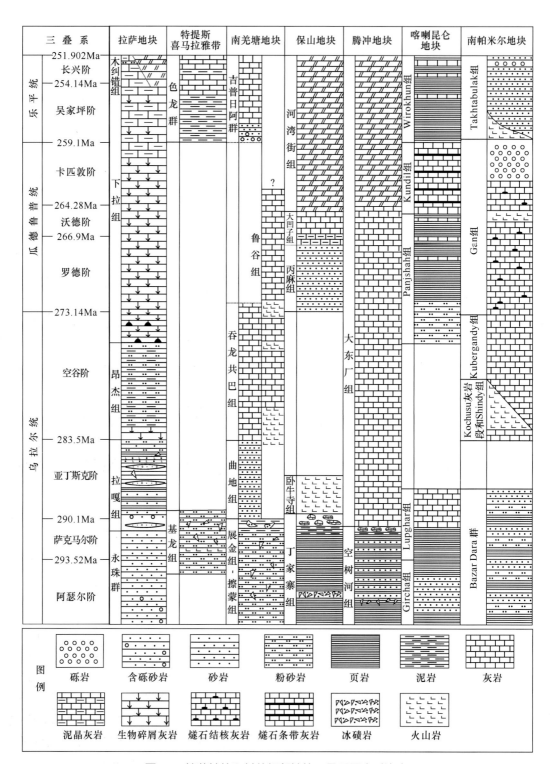

图 4.1　拉萨地块和其他相邻地块二叠系层序对比表

第 5 章

拉萨地块的古生物地理与古地理演化

古生物地理学是研究地史时期生物时空分布及其演变史的科学。古生物地理的形成受温度 - 纬度、地理隔离、洋流等因素影响（殷洪福，1988）。西藏拉萨地块也受这些因素影响。首先，拉萨地块来源于冈瓦纳大陆北缘，它和赤道区有一定的纬度差，不同气候带条件影响下有利于形成不同的古生物地理区系；其次，这些裂解出来的小块体一般都是浅海相或者隆升的环境，它们都可以作为隔离的重要因素，促使一些特殊动物群不能跨越某些地块而造成古生物地理的明显分区；再者，基墨里陆块的裂解使南侧可能形成新的洋盆，洋流可能会穿越这些新的洋盆从而给邻近的地块带来相似的动物群。这些因素都促使拉萨地块有很特殊的古生物地理特性。

以往拉萨地块二叠纪地层的研究多数集中在西藏中部申扎、林周一带，其他地区只有零星研究。所以在早期的古生物地理研究中，识别出了拉萨地块古生物地理同喜马拉雅地区显著的古生物地理差异性，但它同南羌塘地块及相邻其他地区的古生物地理差异性并不明显（Shi et al., 1995；Ueno, 2003；Shen and Shi, 2004；Shen et al., 2009）。本书针对整个拉萨地块的动物群进行了详细研究，这有利于从宏观上判断古生物地理的亲缘性。

5.1 拉萨地块的古生物地理演化特征

整个拉萨地块的乌拉尔统下部以碎屑岩为主，偶尔会有生物灰岩的夹层，这种环境指示当时的沉积环境是浅海环境，海平面较低。通常在冰海相沉积之下的永珠群中产出的化石以腕足类为主。例如，在申扎县永珠地区，詹立培等（2007）在永珠群中上部划分出了三个腕足类组合带，分别是西藏带铰贝 *Taeniothaerus xizangensis*- 申扎刺马丁贝 *Spinomartinia xainzaensis* 组合带、尖翼基墨里贝 *Cimmeriella mucronata*-卓越带铰贝 *Taeniothaerus excellens* 组合带和 *Trigonotreta magnifica-Bandoproductus intermedia* 组合带。这三个腕足组合带的时代为乌拉尔世早中期（詹立培等，2007；Shen, 2018）。在这三个组合中，冷水型动物群的属（如带铰贝 *Taeniothaerus*、刺马丁贝 *Spinomartinia*、梭石燕 *Fusispirifer*、基墨里贝 *Cimmeriella*、三角贝 *Trigonotreta* 和 *Bandoproductus*）极为繁盛，而且基本没有暖水型腕足类的发现，指示典型的冈瓦纳型腕足动物群特征。本书新建的产自永珠群上部的 *Bandoproductus* 组合带显示出类似的特征，其中，*Costatumulus* 和 *Bandoproductus* 都是典型的冈瓦纳型分子，大量报道于澳大利亚等地；螺松贝 *Spirelytha* 则是呈两极分布，在南半球冈瓦纳大区和北半球北方大区都有报道。另一个类似的冈瓦纳型的 *Bandoproductus* 动物群报道于旁多群（金玉玕和孙东立，1981），其时代与拉嘎组一致，大致为萨克马尔晚期。这些腕足类在古生物地理上属于南过渡带（Shen et al., 2013a）。值得指出的是，这些腕足类主要产于冰海相沉积层位之下，这种冷水型腕足的大量繁盛以及暖水动物群的缺失表明了冈瓦纳大陆北缘的冷水环境。

冰川的消融与以大量落石结构为代表的冰筏相地层有关，很多地区都发育与冰川作用相关的沉积（图 2.9A, B；图 2.12A），这种冰海相沉积在拉萨地块广泛分布（Zhang et al., 2013a），这表明冈瓦纳大陆北缘冰川正在消融。而这段地层中岩性较复杂，生物较少。

冰海相沉积消失后，申扎县岩石以砂页岩为主，偶尔可见碳酸盐透镜体或薄的灰岩夹层，产丰富的苔藓虫化石。昂杰组中根据前人关于牙形类的研究，其底部的时代可能属于空谷期（郑春子等，2005）。该组合中产有腕足类巨大管盖贝 *Aulosteges ingens*- 那格玛疹曲贝 *Punctocyrtella nagmargensis* 组合（詹立培等，2007），该组合完全由冷水型分子组成，包括 *Trigonotreta*、管盖贝 *Aulosteges* 和扭面贝 *Strophalosia*，仍然代表了冷水环境。

下拉组下部的紫红色灰岩中产有丰富的牙形类和腕足类化石。牙形类以 *Vjalovognathus nicolli-Mesogondolella idahoensis* 组合带为特征，该组合带在拉萨地块是普遍存在的，时代为空谷晚期（郑有业等，2007；Yuan et al., 2016）。不仅在拉萨有这个组合，最近作者团队在缅甸 Hpa-an 一带也发现了此类牙形类组合（Yuan et al., 2020）。一般认为牙形类属于游泳的动物群，这些活动能力强的动物群能展示古生物地理特征，这可能表明当时下拉组下部在沉积时，水体还是偏凉性的，和典型的热带、亚热带动物群不一致。这样的环境与底栖生物腕足类一致。在申扎县永珠地区的下拉组底部的紫红色灰岩中（原称为日阿组）含有腕足类 *Costiferina-Stenoscisma gigantea* 组合，其面貌与下伏昂杰组类似，其中旋卷粗肋贝 *Costiferina spiralis*、东方美边贝 *Calliomarginatia orientalis* 和萨特尔小石燕 *Spiriferella salteri* 一般都分布在冈瓦纳大陆周缘地区（如巴基斯坦盐岭、特提斯喜马拉雅地区和西帝汶岛等），亲冈瓦纳的属种占到了约 60%。而本书在同层位新建的 *Alispiriferella-Retimarginifera* 组合带也显示了典型的冈瓦纳型冷水腕足动物群面貌，包括两极分布的 *Spiriferella* 和 *Alispiriferella*，以及冈瓦纳特征属 *Retimarginifera* 等。该动物群与西澳地区空谷期地层中产出的 *Retimarginifera*、小石燕 *Spiriferella*、新石燕 *Neospirifer*、*Costiferina*、*Stenoscisma* 等属可以进行很好的对比（Archbold et al., 1993）。除此以外，该层段还产出单体无鳞板珊瑚 *Lytvolasma-Ufimia* 组合（Wang et al., 2003）。蟆类的缺失及凉水动物群的繁盛指示拉萨地块在空谷晚期的古生物地理面貌仍然以凉水动物群为主。

下拉组的中部生物群的面貌发生了较大的改变。生物群发生转变的时期可能是瓜德鲁普世沃德期。首先，蟆类动物群在拉萨地块的各个地区都出现了，包括西部的狮泉河一带、中部的措勤县、仲巴县和申扎县一带，以及东部的林周县一带。在狮泉河朗久电站一带，新发现较多的小型蟆类组合 *Kahlerina-Reichelina* 组合；在扎布耶六号剖面上，下拉组中部的蟆类分为两个组合，分别是下部的 *Neoschwagerina majulensis-Kahlerina pachytheca* 组合和上部的 *Chusenella quasireferta-Codonofusiella nana* 组合（图 3.3）；扎布耶四号剖面和扎布耶五号剖面上也有大量分布在特提斯大区的蟆类，如 *Yangchienia*、*Chusenella*、*Nankinella*、*Kahlerina*、费伯克蟆 *Verbeekina*、*Neoschwagerina* 等（琚琦等，2019）；扎布耶三号剖面上，也含有蟆类分子 *Neoschwagerina majulensis-Chusenella quasireferta* 组合。在扎布耶以北的措勤县夏东剖面，蟆类的分异度同样较高，下部以 *Chenella changanchiaoensis-Neoschwagerina cheni* 组合带为代表，上部以

Nankinella-Chusenella 组合带为特征（图 3.4）。措勤县东部的扎日南木错南岸，下拉组中含有丰富的 *Rugososchwagerina (Xiaoxinzhaiella) xanzensis*（图 3.5）。在申扎县木纠错地区，下拉组中部的䗴类以 *Nankinella-Chusenella* 组合为特征，含有大量 *Nankinella* 和 *Chusenella* 的种（图 3.10）。同样的䗴类组合见于申扎县北下拉一带（朱秀芳，1982b；张正贵等，1985；黄浩等，2007）。在拉萨地块林周县，洛巴堆组中同样含有丰富的䗴类 *Lepidolina*、*Chusenella*、*Yabeina*、*Kahlerina* 等（图 3.13）。由此可见，在整个拉萨地块，下拉组的中部都不约而同出现了特提斯型的䗴类化石，指示其温暖浅海的沉积环境。值得指出的是，在拉萨地块的措勤县夏东一带、申扎县下拉一带和木纠错一带都有特殊的 *Nankinella-Chusenella* 䗴类组合。除了䗴之外，小有孔虫也展示出较高的分异度，下拉组中部的小有孔虫常见的是壳体为瓷质的类型，如 *Hemigordiopsis*、*Shanita*、*Hemigordius*、*Agathammina*、*Neodiscus* 等。尤其是 *Shanita* 分子，在扎布耶六号剖面上广泛出露。除此以外，近年来该属也发现于拉萨地块的措勤县地区及申扎县（Zhang et al., 2016, 2019）。它常和 *Hemigordiopsis*、*Lysites* 共生，被称为 *Shanita-Hemigordiopsis* 组合，是基墨里生物区的代表性组合（Ueno, 2003；Jin and Yang, 2004）。除了䗴类和小有孔虫外，拉萨地块瓜德鲁普世的腕足动物群的面貌也发生了显著的变化。詹立培和吴让荣（1982）报道了申扎县下拉一带下拉组中部的 *Pseudoantiquatonia mutabilis-Neoplicatifera pusilla* 动物群，其中亲华夏区的属占 40% 左右，而亲冈瓦纳的属下降至仅占 10%。该动物群中的优势种如 *Neoplicatifera pusilla*、美丽蕉叶贝 *Leptodus nobilis*、*Permophricodothyris elegantula* 和微小海登贝 *Haydenella minuta* 都是常见的暖水型分子。除此之外，本书新建的瓜德鲁普世中晚期 *Echinauris opuntia-Neoplicatifera* 组合带中还含有 *Meekella kueichowensis*、*Spinomarginifera kueichowensis*、*Echinauris opuntia* 等华夏型分子（图 3.9）。而相比较而言，下伏地层中的腕足动物群却几乎没有任何暖水型属种的发现。当然，瓜德鲁普世腕足动物群中也含有少量典型的冈瓦纳型分子，如澳大利亚与新西兰瓜德鲁普世常见的英格拉贝 *Ingelarella* 等。总体而言该时期腕足动物群呈现出以暖水分子为主的混生动物群面貌。

进入乐平世以后，下拉组上部及顶部的动物群仍然以小有孔虫、牙形类和腕足类为主。从有孔虫来看，申扎县木纠错剖面下拉组上部以 *Codonofusiella*、*Agathammina*、*Ichthyofrondina*、*Pachyphloia*、*Midiella*、*Glomomidiellopsis* 等为主（图 3.10）；在木纠错西短剖面上，下拉组上部有孔虫分异度更高一些，主要由 *Codonofusiella*、*Pachyphloia*、*Robustopachyphloia*、*Midiella*、*Deckerella*、*Agathammina*、*Globivalvulina*、*Palaeotextularia*、*Pseudolangella*、*Geinitzina* 等组成（图 3.11）；在申扎县木纠错组底部的白云质灰岩中同样产出较多的䗴类及小有孔虫化石，主要有 *Nankinella*、*Agathammina*、*Pachyphloia*、*Langella*、*Neodiscus* 等（图 3.12）。同样，在墨竹工卡县洛巴堆组的上部也发现了 *Colaniella*、*Pachyphloia* 的有孔虫分子。这些有孔虫化石都是乐平世吴家坪期常见的类型。从牙形类上来看，在木纠错地区下拉组上部和木纠错组底部都有 *Clarkina liangshanensis* 分子，这个种广泛分布于华南吴家坪晚期的地层。拉萨地块吴家坪期的腕足动物群之前未有报道，从本书在木纠错剖面下拉组上部建立的 *Spinomarginifera lopingensis-Chonetinella cymatilis* 组合带来看，该动物群无疑是一套华夏暖水型动物群。组合带内似无窗贝 *Juxathyris*、阿尔法新石燕 *Alphaneospirifer*、*Permophricodothyris elegantula* 均为典型的华夏暖水型分子，占据整个动物群数量一半的 *Spinomarginifera lopingensis* 是卡匹敦期至乐平世古赤道地区的标志化石。虽然也有极少量冈瓦纳冷水型分子 *Costiferina indica* 的出现，但还是无法影响优势分子所指示的暖水动物群面貌。拉萨地块长兴期的地层见于措勤县北部阿多嘎布一带，其中腕足类动物群主要由刺围脊贝 *Spinomarginifera*、海登贝 *Haydenella*、德比贝 *Derbyia*、细戟贝 *Tenuichonetes* 等组成，呈现明显的暖水特色（Xu et al., 2019）。该区下拉组的顶部含丰富的 *Reichelina*、*Colaniella* 等分子，但缺少在华南常见的 *Palaeofusulina* 蜓类，这说明到了长兴期以后，即使腕足类等已全然呈现华夏型特色，但有孔虫与典型的华南仍有少许差异性（Qiao et al., 2019）。

　　总之，拉萨地块古生物地理变化在东西向呈现一致变化的特征。即乌拉尔世早期，该地块为冷水动物群占主导，即使到了空谷晚期时，在下拉组的底部仍以冷水动物群占主导。到了下拉组中部时，生物地理面貌出现了根本性的改变，从拉萨地块西部的狮泉河地区，到中部的措勤县、仲巴县北部和申扎县，再到东部的林周县，下拉组中部不约而同地出现了蜓类化石。这表明海水温度的上升使得喜欢暖水的蜓类可以生存了。但值得指出的是，拉萨地块上在申扎县和扎布耶地区的下拉组中部生物群都由 *Shanita-Hemigordiopsis* 小有孔虫组合组成，该组合是典型的基墨里生物区的特色组合（Ueno, 2003；Jin and Yang, 2004；Yang et al., 2004）。因此，这表明拉萨地块在瓜德鲁普世时虽然有大量暖水动物群的出现，但与华南的生物地理区系仍有明显的差异性。到了乐平世时，拉萨地块上的暖水动物群越来越多，而冷水型的腕足类越来越少，这表明拉萨地块在乐平世时，生物地理区系逐渐和华夏生物区接近（Xu et al., 2019）。

5.2　拉萨地块的古生物地理与邻区的对比

　　上述系统古生物地理变化的研究证实了拉萨地块整体古生物地理变化的稳定性，因此拉萨地块与其他地块古生物地理的对比将有利于了解不同地块之间古生物地理的差异性。

5.2.1　拉萨地块与喜马拉雅地区古生物地理对比

　　拉萨地块和喜马拉雅地区的相似点在于两者乌拉尔统下部都是以冰海相沉积为主，在基龙组和拉嘎组中都含有冰海杂砾岩（尹集祥和郭师曾，1976；夏代祥，1983）。乌拉尔世腕足类古生物地理的研究也无法揭示拉萨地块同喜马拉雅地区的差异性（Shen et al., 2013a）。

　　瓜德鲁普世古生物地理的对比相对较困难，原因在于定日 - 聂拉木一带至今没有确定的瓜德鲁普统地层出露。而在喜马拉雅北段的仲巴地区可能存在瓜德鲁普统地层，但地层中并没有暖水的蜓类分子、复体珊瑚等出现，取而代之的是少量偏凉水的腕足

动物群扁体长身贝 *Compressoproductus*、四螺贝 *Quadrospira*、*Spiriferella*、*Costiferina*、*Stenoscisma* 等以及极少量的暖水型腕足类全形贝 *Enteletes* 分子（Shi et al., 2003）。显然，这个腕足动物群和拉萨地块瓜德鲁普世的腕足动物群差异性较大。值得指出的是，在雅江缝合带的混杂岩中的灰岩外来体中，古生物地理面貌却截然不同。首先是蟠类动物群有较高的分异度，有很多特提斯暖水分子（王玉净等，1981；Zhang et al., 2009；张以春，2010；张以春和王玥，2019）。这个动物群的面貌和喜马拉雅的聂拉木、定日、康马、仲巴等地都有根本的差别。外来块体瓜德鲁普世的动物群和拉萨地块相比差异性很小，有较高的亲缘性，但稍许的差异性在于灰岩体中缺失了 *Nankinella-Chusenella* 蟠类组合和高级的蟠类分子（如 *Yabeina*、*Lepidolina*、苏门答腊蟠 *Sumatrina* 等）。

乐平世，特提斯喜马拉雅地区的古生物地理变化不明显，仍然是以偏凉水的动物群为主，在色龙群或者曲布日嘎组中的腕足类化石都是冷水型占主导，并且地层中不含有蟠类、复体珊瑚等暖水动物群（Shen et al., 2000a, 2001a, 2001b；Xu et al., 2018）。但同样，雅江缝合带灰岩外来体中乐平世的动物群显然和聂拉木、定日等地的同期动物群不同，因为含有丰富的暖水有孔虫化石和复体珊瑚化石（Shen et al., 2010；Wang et al., 2019；2010）。外来体中这些动物群同拉萨地块相比也非常相似，从古生物地理角度不易区分两者的差异。

总之，拉萨地块和特提斯喜马拉雅地区的聂拉木、定日、康马、仲巴等地相比，除了乌拉尔世早期在冰期环境下动物群相似外，冰期结束之后的古生物地理面貌截然不同。拉萨地块逐步由冷水动物群向暖水动物群过渡，而喜马拉雅地区南部则一直保持偏凉水的环境，直到二叠纪末全球大升温才给喜马拉雅带来暖水动物群（Ke et al., 2016）。然而，雅江带中的灰岩外来体与喜马拉雅地区南部有显著的古生物地理差异性，却和拉萨地块有较大的相似度。

5.2.2 拉萨地块与南羌塘地块古生物地理对比

同拉萨地块一致，在乌拉尔世时，南羌塘地块同样是以冰海相沉积和冷水动物群为主，在展金组中含典型冈瓦纳大陆北缘的宽铰蛤 *Eurydesma* 双壳类动物群（Bai et al., 2020）。从曲地组开始，地层中就出现了蟠类动物群，其中含有较多的始拟纺锤蟠 *Eoparafusulina*、*Pseudofusulina*、帕米尔蟠 *Pamirina* 等分子，其时代大约相当于亚丁斯克期（聂泽同和宋志敏，1983b）。同样，在南羌塘地块的中部的荣玛乡冈塘错一带以及角木日一带，相同时代的地层中也含有丰富的 *Pseudofusulina*、*Chalaroschwagerina* 蟠类动物群（Zhang et al., 2013b），这一类动物群被称为 Kalaktash 蟠类动物群，它广泛分布于冈瓦纳大陆北缘，是属于晚古生代大冰期结束之后最先出现的蟠类动物群（Leven, 1993a；Leven and Gorgij, 2011a, b）。但值得注意的是，在整个拉萨地块上并不存在这类蟠类动物群，因为在昂杰组的底部或者拉嘎组的顶部，基本以冷水的腕足类为主，并不含蟠类。由此可见，亚丁斯克阶的动物群在古生物地理上就同拉萨地块有明显差异性。

　　空谷期时，这种差异性变得更大。首先在南羌塘地块西部就出现了很多特提斯型的䗴类动物群 *Parafusulina* 等，虽然动物群中也有一些两极分布的䗴类分子，如 *Monodiexodina*，但该动物群的主体面貌是偏向特提斯型的（聂泽同和宋志敏，1983c）。同时，在多玛乡一带吞龙共巴组上部及革吉县木实热不卡地区相似的层位上，有丰富的块状珊瑚镇安珊瑚 *Zhenganophyllum*、托马斯珊瑚 *Thomasiphyllum*、轮环珊瑚 *Verticophyllia*、西藏珊瑚 *Tibetophyllum* 等（何心一和翁发，1983；赵嘉明，1991）。同样，在南羌塘地块中部双湖县措折强玛乡一带，在鲁谷组的底部，含有丰富的空谷晚期特提斯型的暖水䗴类动物群，如 *Cancellina*、*Parafusulina*、*Nankinella* 等（Zhang et al., 2012b, 2014）。同样，鲁谷组底部还含有丰富的腕足类动物群似刺瘤维地长身贝 *Vediproductus punctatiformis*、峨眉山二叠隐石燕 *Permocryptospirifer omeishanensis*、规则拟轮皱贝 *Paraplicatifera regularis* 等，这些腕足类化石展示了特提斯暖水的性质，和䗴类展示的古生物地理面貌一致（Shen et al., 2016）。但相比之下，拉萨地块此时的古生物地理面貌却完全不同。首先在空谷期的昂杰组和下拉组底部，地层中并没有复体珊瑚和暖水的䗴类出现，而是以丰富的苔藓虫和海百合茎为主，显示水体较凉的特点。更重要的，该段地层在申扎县的木纠错地区、拉萨地块西部的狮泉河地区都含有牙形类 *Mesogondolella-Vjalovognathus* 动物群，属于混生的牙形动物群（Yuan et al., 2016；郑有业等，2007），但这类牙形动物群在整个南羌塘地块都未发现。因此，可以看出，在空谷期时，南羌塘地块和拉萨地块的古生物地理面貌差异性较显著。

　　瓜德鲁普世时，拉萨地块的古生物地理面貌发生了较大的变化。如本书中所列，拉萨地块从西向东，在狮泉河地区左左乡、仲巴县北部扎布耶一带、措勤县夏东一带、申扎县木纠错一带、林周县洛巴堆一带下拉组或者洛巴堆组中上部同时出现了很多䗴类动物群化石。这种面貌相比于下拉组底部发生了较明显的变化。但从古生物地理上来说，其仍然属于基墨里生物区，其中最典型的是在木纠错、扎布耶一带都有特征的小有孔虫 *Shanita-Hemigordiopsis* 组合，这是低纬度区所没有的有孔虫类型（Zhang et al., 2016, 2019）。在本书的扎布耶六号剖面上，同样有大量的 *Shanita* 分子，这说明 *Shanita* 在拉萨地块是广泛分布的。但这个分子并不能说明它和南羌塘地块的差异性，因为在南羌塘西部瓜德鲁普统龙格组中同样含有 *Shanita-Hemigordiopsis* 有孔虫组合（聂泽同和宋志敏，1985）。即使南羌塘和拉萨地块在瓜德鲁普世同属于基墨里生物区（Zhang et al., 2013a），但两者瓜德鲁普世的䗴类动物群却有不同之处，因为南羌塘地块瓜德鲁普世含有始复通道䗴 *Eopolydiexodina* 䗴类动物群，该动物群广泛分布于保山地块和缅甸东部掸邦高原（程立人等，2005a；Zhang et al., 2020）。但在本书研究的多个瓜德鲁普统的剖面上，却见不到该动物群。相反，拉萨地块在措勤县夏东一带、申扎县永珠一带和木纠错一带都含有丰富的 *Nankinella-Chusenella* 䗴类组合（朱秀芳，1982b；王玉净和周建平，1986；黄浩等，2007；Zhang et al., 2010b, 2019）。这个 *Nankinella-Chusenella* 䗴类组合至今也未在南羌塘地块发现过。因此可以看出，在瓜德鲁普世南羌塘地块和拉萨地块之间还是有一定程度古生物地理的差异性。

　　乐平世时，南羌塘的研究程度不高，因为有乐平统沉积记录的地区都在南羌塘地块的西部。少量资料显示，其乐平统的地层中有䗴类 *Palaeofusulina*（吴瑞忠和蓝伯龙，1990），这说明南羌塘此时已进入热带区域，和华南可能位于同一生物地理区系内。但此时，拉萨地块的乐平统地层中虽然腕足类已经和华南无明显差异性（Xu et al.，2019），但有孔虫动物群中仍然缺少华南最常见的 *Palaeofusulina* 䗴类分子，这说明当时拉萨地块还未真正和华南动物群相似（Qiao et al., 2019）。

5.2.3 拉萨地块与保山地块古生物地理对比

保山地块乌拉尔统地层中以冰海杂砾岩的丁家寨组为主，其中含有冷水的腕足类组合清水沟旁多贝 *Bandoproductus qingshuigouensis*- 半优美围脊贝 *Marginifera semigratiosa* 组合和澳大利亚疹曲贝 *Punctocyrtella australis*- 阿富汗疹石燕 *Punctospirifer afghanus* 组合以及东山坡小卡丽莎贝 *Callytharrella dongshanpoensis* 组合（Shen et al.，2000b）。同样，拉萨地块乌拉尔统地层中的腕足类化石也呈现冷水的特色。但保山地块与拉萨地块不同的是，保山地块丁家寨组的顶部含有 Kalaktash 类型的䗴类化石，主要有 *Eoparafusulina*、*Pseudofusulina* 等，其时代为萨克马尔晚期至亚丁斯克早期（Ueno et al.，2002；Shi et al.，2011）。但在拉萨地块的拉嘎组上部和昂杰组下部，并没有䗴类化石出现，这表明两个地块在冰期结束之后就已经有古生物地理差异了。

保山地块瓜德鲁普统开始也都是以碳酸盐岩为主的沙子坡组和大凹子组，其中含有丰富的䗴类化石。值得提出的是，沙子坡组和大凹子组中都含有特色的䗴类分子 *Eopolydiexodina* 和金章䗴 *Jinzhangia*（Ueno，2001；Huang et al.，2009, 2017），这些动物群和缅甸掸邦高原相似，但和拉萨地块迥然不同（Zhang et al.，2020）。而这些动物群却和南羌塘地块有一定的相似性（Zhang et al.，2020）。这表明保山地块和拉萨地块在瓜德鲁普世的古生物地理上是有差异性的。

保山地块乐平统地层都以白云岩为主，化石稀少，因此无法和拉萨地块进行对比。

5.2.4 拉萨地块与腾冲地块古生物地理对比

相比保山地块来说，腾冲地块的研究程度相对较弱。如前所述，大东厂组底部（原观音山组）的地层时代存在争议，一方面认为它含有䗴类 *Parafusulina*、*Cancellina* 等（方润森和范健才，1994）；而另一方面研究却发现了较多的 *Eoparafusulina*、*Monodiexodina* 等（Shi et al.，2008），这两个动物群的时代明显不同，因此，这一段的生物地层需要将来进一步开展工作。但无论是上述哪一个䗴类组合，在拉萨地块都不含有这些䗴类。然而，在观音山组的地层中，腕足类是由 *Costiferina*- 似瓦刚贝 *Waagenites* 组合组成，这些腕足类分子广泛分布于巴基斯坦、藏南等区，属于冈瓦纳大陆特有的类型（方润森，1995）。由此可见，腾冲地区大东厂组的底部的古生物地理面貌仍是以凉水动物群为主。

在大东厂组的中部，䗴类动物群的时代属于瓜德鲁普世，其中比较特色的是，动

物群主要由 *Chusenella* 和 *Nankinella* 组成（Shi et al., 2017），这一点和拉萨地块措勤县、申扎县的同期蜓类组合非常相似。

腾冲地块上大东厂组上部或双河沿组上部都是白云岩，因此，化石稀少，时代不清。其与拉萨地块无法进行古生物地理的对比。

5.2.5　拉萨地块与喀喇昆仑地块古生物地理对比

喀喇昆仑地区乌拉尔统地层以 Gircha 组为代表（Gaetani et al., 1995）。该组不整合覆盖于石炭系不同层位之上，含有腕足类化石格恰旁多贝 *Bandoproductus girchensis*、江西贝未定种 *Kiangsiella* sp.、里昂三角贝 *Trigonotreta lyonsensis*、拉尔吉三角贝 *Trigonotreta larghii*、*Spirelytha petaliformis*、*Punctospirifer afghanus*、*Dielasma* sp. 等，时代相当于阿瑟尔期（Angiolini et al., 2005a）。这些腕足类动物群和冈瓦纳大陆北缘的诸多陆块一致，如喜马拉雅地块、印度北缘等（Angiolini et al., 2005a；Shen et al., 2013a）。因此，乌拉尔世早期时，喀喇昆仑地块和拉萨地块之间并无实质性古生物地理差异性。

乌拉尔世中晚期时，在喀喇昆仑地块北部的 Lashakrgaz 组的下部出现了很多蜓类化石，主要有 *Pseudofusulina*、*Chalaroschwagerina*、*Pamirina*、假内卷蜓 *Pseudoendothyra* 等，时代为乌拉尔世亚丁斯克期（Gaetani et al., 1995；Leven, 2010）。同样，在喀喇昆仑东部的 Shaksgam Valley 中，在 Shaksgam 组的底部，含有孔虫 *Hemigordiellina* sp.、*Climacammina* sp.、*Pachyphloia* sp. 等，时代可能为萨克马尔期—亚丁斯克期（Gaetani and Leven, 2014）。乌拉尔世中晚期的这些蜓类和小有孔虫和南羌塘地块西部较为相似，但在整个拉萨地块上，并不含有这个时代的蜓类和小有孔虫，两者差异性明显。

乌拉尔世最晚期空谷期时，喀喇昆仑北部和东部都出现了很多特提斯型的蜓类化石，如 *Misellina*、*Parafusulina* 等（Gaetani et al., 1995；Gaetani and Leven, 2014）。同样，这些蜓类动物群广泛见于南羌塘的鲁谷组中，而在整个拉萨地块并未见及。

喀喇昆仑地块中乐平世动物群研究程度不高。据有限的报道可知，瓜德鲁普世地层中的蜓类以蓝栖蜓 *Lantschichites*、布尔顿蜓 *Boultonia*、日本美浓蜓 *Minojapanella* 等为主，更高的层位上可能有 *Kahlerina*、顿巴蜓 *Dunbarula*、*Codonofusiella* 等分子（Gaetani et al., 1995；Leven, 2010）。但至今未见拉萨地块特有的 *Nankinella-Chusenella* 组合报道。因此，它与拉萨地块之间古生物地理上可能仍有差异性。

5.2.6　拉萨地块与东南帕米尔古生物地理对比

东南帕米尔地块上乌拉尔统以 Bazar Dara 群为主，该组上部含有一些腕足类，如 *Costatumulus*、二叠戟贝 *Permochonetes*、网格长身贝 *Reticulatia*、*Spirelytha*、似鸟喙贝 *Tomiopsis*、*Trigonotreta*（Angiolini et al., 2015）。而其上部的 Kochusu 组中含有蜓类 *Monodiexodina shiptoni*、*Chalaroschwagerina*、*Darvasites* 等（Gaetani and Leven, 2014），

时代为亚丁斯克期。如上所述，该䗴类在南羌塘常见，但在整个拉萨地块都无该时期䗴类报道。

至乌拉尔世晚期空谷期时，Kunbergandy 组中含有丰富的䗴类 *Pseudofusulina*、*Misellina*、*Cancellina*、*Parafusulina* 等分子（Leven, 1967），展现出明显的特提斯暖水类型，和南羌塘的较相似，但这些䗴类在拉萨地块却没有。因此，两者差异性较明显。

瓜德鲁普统 Gan 组中含有䗴类 *Neoschwagerina*、*Yangchienia*、*Yabeina* 等，这些分子展现出较显著的暖水性特征（Leven, 1967）。同样，在东南帕米尔的诸多地区，并未报道拉萨地块特有的 *Nankinella-Chusenella* 动物群，两者不太一样。

乐平世时，在东南帕米尔局部剖面上，在 Ganskaya 组的顶部含有䗴类 *Codonofusiella*、*Reichelina*、*Palaeofusulina*、*Colaniella* 等（Leven, 1967）。*Palaeofusulina* 的出现表明此时东南帕米尔已进入低纬度地区，和拉萨地块仍有古生物地理差异性。

5.3 拉萨地块二叠纪的古地理演化

拉萨地块是青藏高原上一个重要的地块，对于它二叠纪古地理演化认识一方面有利于判定班公湖 - 怒江洋和新特提斯洋的打开时间，另一方面也有利于约束拉萨地块的来源。

5.3.1 班公湖 - 怒江洋的打开时间约束

在班公湖 - 怒江洋的打开时间上，有诸多的学术争论。部分学者认为它是早侏罗世以后打开的（Baxter et al., 2009），还有学者认为班公湖 - 怒江洋是青藏高原上最大的一个洋盆，从早古生代早期就已经存在了（Pan et al., 2012）。本书中对拉萨地块的地层和古生物地理的研究可以为班公湖 - 怒江洋的打开时间提供有效的约束。首先，从地层方面来说，南羌塘地块的二叠系有非常明显的相变，西部多玛乡至东汝乡一带普遍存在吉普日阿群与下伏吞龙共巴组的不整合面，可能缺失瓜德鲁普统地层。南羌塘的中部却广泛分布瓜德鲁普统地层。奇怪的是，地层中含有较多的玄武岩夹层（孙东立和徐均涛，1991；Zhang et al., 2012b, 2014）。并且南羌塘地块中部一直未有乐平统地层的报道。相比之下，从西部的狮泉河至东部的墨竹工卡，整个拉萨地块都表现为从乌拉尔统的冰海杂砾岩向瓜德鲁普统、乐平统碳酸盐岩的过渡。因此，从二叠纪地层角度来说，拉萨地块同南羌塘的两种二叠纪地层系统都不一致。另外，从古生物地理上来说，南羌塘地块从乌拉尔世亚丁斯克期就出现了大量的䗴类 *Eoparafusulina*、*Pseudofusulina*、*Pamirina* 等（聂泽同和宋志敏，1983b；Zhang et al., 2013b）。至空谷期时，南羌塘地块的西部和中部同时出现了大量特提斯暖水型的䗴类化石，主要有 *Parafusulina*、*Cancellina* 等（聂泽同和宋志敏，1983c；Zhang et al., 2012b, 2014），也出现了较多暖水的腕足类化石（Shen et al., 2016）。这些动物群面貌和拉萨地块差异非常明显，因为拉萨地块上在空谷晚期时并没有䗴类，而是广泛分布凉水型牙形动物群

（Yuan et al., 2016 ；郑有业等，2007）。如前所述，南羌塘地块同拉萨地块在瓜德鲁普世—乐平世的动物群古生物地理上仍然有差异性。从二叠纪地层和古生物地理的差异上来看，南羌塘地块和拉萨地块在冰期结束以后就存在明显的差异性了，即班公湖 - 怒江洋的打开时间是在乌拉尔世早期。

5.3.2　新特提斯洋的打开时间约束

新特提斯洋的打开时间同样是学术界关注的重大科学问题，一般来说，有两种截然不同的观点。一种观点认为新特提斯洋打开的时间在乌拉尔世晚期（Shen and Shi, 2004 ；Shen et al., 2009 ；Zhang et al., 2010b, 2013a ；Cai et al., 2016）；而另一种观点认为新特提斯洋的打开时间是在晚三叠世（Metcalfe, 2013 ；Jin et al., 2015 ；Wang et al., 2016）。近年来在雅鲁藏布江缝合带中发现的最老的放射虫是中三叠世安尼期的属种，如 *Triassistephanidium laticorne*、*Oertlispongus inaequispinosus*、*Falcispongus calcaneum*、*Annulotriassocampe campanilis*（Chen et al., 2019）。这个重要的发现表明至少在中三叠世安尼期时，已有深海沉积。本书对拉萨地块从西至东的详细二叠纪地层和古生物地理的研究同样可以约束新特提斯洋的打开时间。

乌拉尔世时，拉萨地块的拉嘎组同喜马拉雅地区的基龙组都含有冷海杂砾岩和冷水腕足动物群，两者之间从古生物地理上无法区分。但冰期结束后的地层序列有显著差异，在空谷早期时，拉萨地块上整体都有昂杰组最底部的含丰富苔藓虫和海百合茎的灰岩，厚度为 1~10m，在林周地区被称为乌鲁龙组。但该套特征的沉积地层在喜马拉雅地区并未见到。虽然在聂拉木 - 定日等地未必有这个时间段的沉积地层，但在可能有这段地层的仲巴地区也未见这套地层存在（李祥辉等，2014）。

瓜德鲁普世时，拉萨地块与喜马拉雅地区地层和古生物地理方面差异更大。从地层方面来说，在拉萨地块上，从下拉组或洛巴堆组开始，瓜德鲁普世的地层都是以碳酸盐岩为主。拉萨地块整体保持一致。但在喜马拉雅地区，仲巴地区和康马地区的瓜德鲁普统以板岩和大理岩为主（梁定益和王为平，1983 ；李祥辉等，2014）。从古生物地理上来看，拉萨地块上从拉萨地块西部阿里地区的狮泉河至东部林周地区以及八宿地区，瓜德鲁普世普遍含有复体珊瑚和蜓类动物群，指示其环境已非常温暖；但在喜马拉雅地区，即使在最北缘的仲巴地区，其动物群也含有相当比重的冷水动物群（Shi et al., 2003）。因此，它们之间古生物地理差异性已然非常明显，属于不同生物地理区的生物。

乐平世时，拉萨地块与特提斯喜马拉雅带之间的差异性更加明显。从有孔虫动物群来看，除了没有 *Palaeofusulina* 属外，其他属种已与华南无明显差别，如阿多嘎布一带和洛巴堆一带发现的 *Colaniella*、*Reichelina* 等种属都是华南较常见的类型。同样，拉萨地块长兴期的腕足类动物群基本属于特提斯暖水群分子（孙东立等，1981 ；Xu et al., 2019）。相比之下，藏南色龙一带的乐平统色龙群和定日一带的乐平统曲布日嘎组中的腕足动物群都以冷水动物群为主，并且不含有暖水的蜓类和复体珊瑚（Shen et

2000a, 2001a, 2001b, 2003b；Xu et al., 2018）。

由此可见，拉萨地块与藏南在晚古生代大冰期结束以后的古生物地理变化具有明显差异性。拉萨地块是持续由冷水动物群向暖水动物群转变，而喜马拉雅地区整个二叠纪都表现为冷水动物群特色，仅在二叠纪最末期的全球大升温的背景下，才短暂打破古生物地理的平衡，到早三叠世开始，藏南地区冈瓦纳大陆北缘的特色又显现了。值得指出的是，在雅鲁藏布江缝合带的混杂岩中，断断续续分布着大小不一的混杂岩体，被称为外来体（Shen et al., 2003a；李文忠和沈树忠，2005；Jin et al., 2015）。从阿里普兰地区的姜叶玛灰岩体来看，其中的瓜德鲁普世—乐平世的䗴类、小有孔虫和珊瑚古生物地理面貌和藏南地区差异明显，而和拉萨地块有更近的亲缘性（Zhang et al., 2009；张以春和王玥，2019；Wang et al., 2019）。另外，很多灰岩体都有玄武岩夹层却未见陆源碎屑。因此，有很大的可能性是这些灰岩外来体来源于新特提斯洋中的海山，即此时新特提斯洋已形成一定的规模了。因此，目前虽然在雅鲁藏布江缝合带中未见有比中三叠世更老的放射虫记录，但诸多间接的证据说明，至少在瓜德鲁普世以前，新特提斯洋已经打开了。

5.3.3　拉萨地块瓜德鲁普世时的古地理位置约束

拉萨地块是从印度北缘裂解还是从西澳大利亚北缘裂解长期以来存在较大的争论（Fan et al., 2017；Zhu et al., 2011；Meng et al., 2019）。本书对拉萨地块整体的二叠系研究有利于认识拉萨地块的来源和古地理位置。拉萨地块从西部狮泉河至东部的林周县 - 八宿县地区，二叠纪地层和古生物地理总体保持非常稳定的变化。在地层层序上，拉萨地块整体表现为晚古生代大冰期结束以后从冰海相沉积到碎屑岩再到碳酸盐岩的稳定变化。古生物地理上表现为乌拉尔世的冷水动物群变为瓜德鲁普世的混生动物群和乐平世的暖水动物群。

值得指出的是，拉萨地块横向上向西无法与喀喇昆仑以及南帕米尔进行对比。喀喇昆仑地区在横向上地层变化很大。即便如此，在喀喇昆仑地块的中段和东段，在乌拉尔世萨克马尔晚期至空谷早期，都存在丰富的䗴类动物群（Gaetani et al., 1995；Gaetani and Leven, 2014），但这些动物群在拉萨地块上都不存在。同样，在南帕米尔地区，乌拉尔世广泛存在空谷期玄武岩的夹层，但这些玄武岩夹层在拉萨地块并不存在。在空谷期的 Kubergandy 组中含有非常丰富的特提斯暖水类型的䗴类动物群（Leven, 1967），它所呈现的动物群面貌和拉萨地块截然不同。因此，拉萨地块稳定的地层序列及动物群变化序列和喀喇昆仑断裂西侧的喀喇昆仑地块及南帕米尔地块截然不同，它们在二叠纪时无法连接在一起，并且，从古生物地理变化模式判断，拉萨地块的古地理位置在喀喇昆仑、南帕米尔之南。

拉萨地块东面在二叠纪地层序列上与之相似的只有腾冲地块，因为腾冲地块的地层序列也表现为冰期至冰期结束之后稳定的地层过渡。另外，拉萨地块与腾冲地块含有非常相似的瓜德鲁普世 *Nankinella-Chusenella* 动物群（Zhang et al., 2010b, 2019；

Shi et al., 2017)。两者不一致的地方在于冰期地层向冰后期地层转变的层位和动物群方面可能存在争议，但腾冲地块研究程度相对较低，有待更多的工作确定它和拉萨地块的详细对比关系。值得指出的是，近年来在缅甸的工作揭示在缅甸南部 Hpa-an 一带含有特色的 *Vjalovognathus-Mesogondolella* 牙形动物群（Yuan et al., 2020），该动物群和拉萨地块相同时代的动物群非常相似。因此，极有可能拉萨地块通过腾冲地块和缅甸掸邦高原西侧的伊洛瓦底地块相连，即班公湖 - 怒江缝合带是从掸邦高原内部穿过的。

综合二叠纪地层和古生物地理信息，拉萨地块的古地理可以综述如下（图 5-1）。

（1）乌拉尔世早期时，冈瓦纳大陆北缘发育冰川沉积，冈瓦纳大陆北缘的陆块（如拉萨地块、南羌塘地块、保山地块、腾冲地块等）都发育冰海相沉积，此时的生物群以腕足类为主，并且都是以冷水动物群为主。这意味着这些地块可能在乌拉尔世早期都位于和冈瓦纳大陆北缘不远处。此时，无论是班公湖 - 怒江洋还是新特提斯洋可能都未开启。

（2）乌拉尔世中晚期时，冈瓦纳大陆北缘发生裂解作用，在克什米尔、南羌塘、保山地块上都发育亚丁斯克期的板内玄武岩和基性岩墙群，与之相应的是在南帕米尔、南羌塘地块上空谷期时都有暖水的𮎝类、复体珊瑚和腕足类等化石发现，表明了全球的升温及这些块体的快速向赤道漂移。但此时拉萨地块的古生物地理整体变化比较缓慢，在空谷期地层中都不含有𮎝类，并且地层中以凉水型的牙形类化石为主。因此，拉萨地块和这些地块之间的差异性表明此时班公湖 - 怒江洋已经打开了。

（3）瓜德鲁普世以后，拉萨地块也发现了丰富的暖水动物群（包括𮎝类、复体珊瑚等）。这些动物群和南羌塘地块及保山地块之间还有明显的差异性，表明班公湖 - 怒江洋仍然是一个古生物地理界线。值得指出的是，拉萨地块整体从冷水动物群转变为混生的动物群，这和喜马拉雅地区的古生物地理有明显的差异性，因为后者几乎未发生古生物地理的变化。因此，可见此时新特提斯洋已经打开了。所以在瓜德鲁普世—乐平世时，班公湖 - 怒江洋和新特提斯洋都已经形成，两者之间被拉萨地块 - 腾冲地块隔离。

这样的古地理格局可以和其他学科相互认证。大量证据表明南羌塘地块 - 保山地块在中晚三叠世就和北方的北羌塘 - 思茅地块发生碰撞导致古特提斯洋的闭合（Zhai et al., 2011；Zhao et al., 2015b；Zhao et al., 2018），碰撞的位置在北半球中低纬度区（Song et al., 2015；Zhao et al., 2015a）。此时，拉萨地块位于南半球中纬度区（Zhou et al., 2016）。可以看出，中晚三叠世时，班公湖 - 怒江洋是一个非常宽广的洋盆。班公湖 - 怒江洋的闭合至少要到晚侏罗世或早白垩世（Fan et al., 2015a, 2015b；Li et al., 2020；Ma et al., 2017）。因此，结合拉萨地块二叠纪古生物地理的变化趋势可以看出，南羌塘地块和保山地块等最先从冈瓦纳大陆北缘裂解，裂解后快速向北漂移，而拉萨地块虽然在瓜德鲁普世以前也从冈瓦纳大陆北缘裂解，但其漂移的速度明显较慢，因此，在拉萨地块上，古生物地理面貌在瓜德鲁普世—乐平世时仍然和北面的诸多地块有明显的差异性。

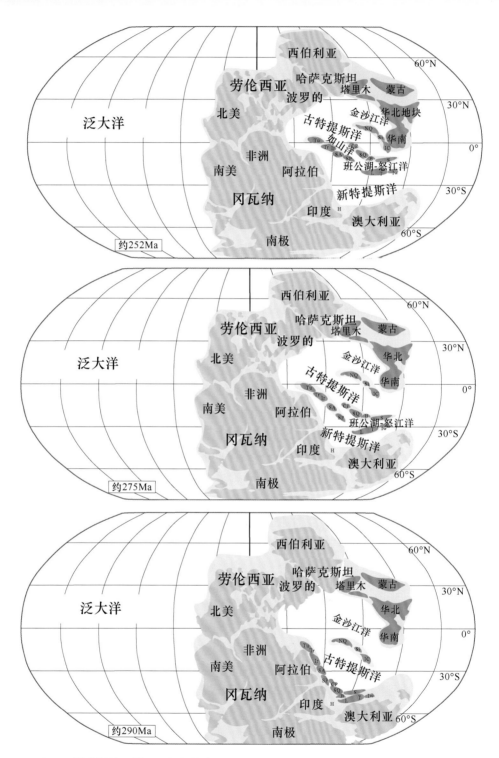

图 5.1 拉萨地块及基墨里相邻地块二叠纪古地理重建图（据 Huang et al., 2018 修改）

B. 保山地块；CP. 中帕米尔；H. 喜马拉雅；IC. 印支地块；Ir. 中伊朗；Iw. 伊洛瓦底地块；L. 拉萨地块；NQ. 北羌塘地块；
S. 滇缅马地块；SA. 南阿富汗；Si. 思茅地块；SP. 南帕米尔；SQ. 南羌塘地块；T. 腾冲地块；Tr. 外高加索；Tu. 土耳其

第6章

系统古生物描述

6.1　有孔虫

有孔虫动物门 **Foraminifera d'Orbigny, 1826**
　纺锤虫纲 **Fusulinata Fursenko, 1958**
　　假砂盘虫目 **Pseudoammodiscida Conil and Lys in Conil and Pirlet, 1970**
　　　毛盘虫超科 **Lasiodiscoidea Reitlinger in Vdovenko et al., 1993**
　　　　毛盘虫科 **Lasiodiscidae Reitlinger, 1956**

毛盘虫属 *Lasiodiscus* Reichel, 1946

模式种　颗粒毛盘虫 *Lasiodiscus granifer* Reichel, 1946。

属征　壳体呈盘形，由初房及管状第二房室组成，其一侧具厚的透明放射状的结节，另一侧由管状小房室组成，这些小房室沿壳体的旋缝合线的开口连接。壳壁钙质，无壁孔，暗色细粒状。

弱毛盘虫 *Lasiodiscus tenuis* Reichel, 1946

（图版 1，图 16~38；图版 3，图 1~3；图版 9，图 13~29）

1946 *Lasiodiscus tenuis* Reichel, p. 530, pl. XIX, fig. 3.
1954 *Lasiodiscus tenuis*, Miklukho-Maklay, p. 15, pl. I, fig. 3.
1978 *Lasiodiscus tenuis*, Lys et al., pl. 8, fig. 18.
1990 *Lasiodiscus tenuis*，林甲兴等，208 页，图版 23，图 20。
2011 *Lasiodiscus tenuis*, Vachard and Moix, pl. 2, fig. 7.

描述　壳体呈盘状，脐部强烈内凹。壳体由初房及管状第二房室组成，第二房室呈平旋状包卷，少量标本中轴略弯曲。第二房室由内圈至外圈逐渐变大。成熟壳体一般包卷 9~12 圈，壳径 0.342~0.512mm，壳厚 0.056~0.118mm。壳壁黑色，暗色细粒状。壳体在包卷过程中一侧形成薄的透明纤维状结节，另一侧由沿旋缝合线排列的管状小房室组成。初房球形，外径 0.012~0.024mm。

度量　见表 6.1。

讨论与比较　当前种部分标本从外形上看形似始弱毛盘虫 *Eolasiodiscus* 属，但部分标本中可明显看到从壳体早期就发育沿旋缝合线排列的管状小房室，所以归入 *Lasiodiscus* 属。在 *Lasiodiscus* 中，它以微弱发育的小房室以及较多的壳圈数可归入 *Lasiodiscus tenuis* Reichel 种。它与 *Lasiodiscus sellieri* Dessauvagie 在外形方面也较相似，区别在于后者壳圈少，壳圈扩张速度明显较快。

产地与层位　西藏阿里地区噶尔县左左乡剖面，下拉组中上部；西藏仲巴县扎布耶一号剖面，下拉组中部；西藏仲巴县扎布耶六号剖面，下拉组中部；西藏措勤县夏东剖面，下拉组中部。

表 6.1　*Lasiodiscus tenuis* Reichel 度量表

图版	壳圈	壳径 /mm	壳厚 /mm	初房外径 /mm	图版	壳圈	壳径 /mm	壳厚 /mm	初房外径 /mm
1-16	—	0.372	—	—	1-38	—	0.248	0.072	—
1-17	>9	0.356	—	—	3-1	>6	0.502	0.124	—
1-18	>10	0.426	—	—	3-2	10	0.420	0.084	—
1-19	—	0.452	0.114	—	3-3	>10	0.472	0.110	—
1-20	>7	0.512	0.082	—	9-13	8	0.346	0.098	0.012
1-21	>8	0.464	0.118	—	9-14	8	0.310	0.104	0.016
1-22	>7	0.472	0.090	—	9-15	>6	0.344	0.054	—
1-23	>7	0.434	0.082	—	9-16	8	0.410	0.062	0.016
1-24	>8	0.372	—	—	9-17	>6	0.278	0.058	—
1-25	12	0.470	0.088	0.014	9-18	7	0.332	0.078	—
1-26	>8	0.488	0.088	—	9-19	9	0.342	0.056	—
1-27	9	0.458	0.072	0.024	9-20	9	0.366	0.070	—
1-28	>6	0.350	0.076	—	9-21	7	0.328	0.056	—
1-29	—	0.412	—	—	9-22	7	0.308	0.056	—
1-30	7	0.374	0.094	0.012	9-23	>6	0.446	0.084	—
1-31	8	0.322	0.066	—	9-24	9	0.370	0.078	—
1-32	—	0.294	0.066	—	9-25	>6	0.360	0.062	—
1-33	—	0.364	0.062	—	9-26	>8	0.418	0.084	—
1-34	9	0.384	0.068	—	9-27	9	0.422	0.084	—
1-35	—	0.350	0.068	—	9-28	>8	0.478	—	—
1-36	—	0.318	—	—	9-29	>8	0.410	0.064	—
1-37	7	0.258	0.070	—					

毛轮虫属 *Lasiotrochus* Reichel, 1946

模式种　塔托恩西斯毛轮虫 *Lasiotrochus tatoiensis* Reichel, 1946。

属征　壳体呈锥形, 由初房及管状第二房室组成, 管状第二房室呈螺旋状排列。壳壁暗色细粒状。

讨论与比较　该属和 *Lasiodiscus* 非常相似, 区别在于当前的属都呈锥形, 并且内侧的管状小房室连续紧密。

塔托恩西斯毛轮虫 *Lasiotrochus tatoiensis* Reichel, 1946

（图版 1, 图 39; 图版 9, 图 42~51）

1946 *Lasiotrochus tatoiensis* Reichel, p. 531, pl. XIX, fig. 5.

1987 *Lasiotrochus tatoiensis*, Panzanelli-Fratoni et al., pl. VIII, figs. 1~3.

1988 *Lasiotrochus tatoiensis*, Martini and Zaninetti, pl. II, fig. 1.

1991 *Lasiotrochus tatoiensis*, Fluegel et al., pl. 43, fig. 1.

1996 *Lasiotrochus tatoiensis*, Leven and Okay, pl. 10, fig. 34.

描述　壳体呈漏斗状, 由初房及管状第二房室组成, 壳体弯曲, 弯曲角度 49.7°~

68.6°，平均 60.2°。管状第二房室由内圈至外圈逐渐变大。一般有至少 8~9 个壳圈。单个壳径 0.226~0.498mm。壳壁黑色，暗色细粒状。壳体在包卷过程中一侧形成薄的透明纤维状结节，另一侧由沿旋缝合线排列的管状小房室组成。初房球形，外径平均 0.024mm。

度量 见表 6.2。

讨论与比较 当前标本因高度的弯曲和发育良好的管状小房室等特点，可以归为 *Lasiotrochus*。在 *Lasiotrochus* 属中，和 *Lasiotrochus tatoiensis* Reichel 在个体大小和弯曲角度方面最相似，可归于该种。

产地与层位 西藏阿里地区噶尔县左左乡剖面，下拉组中上部；西藏仲巴县扎布耶六号剖面，下拉组中部。

表 6.2 *Lasiotrochus tatoiensis* Reichel 度量表

图版	壳圈	壳径 /mm	弯曲角度 / (°)	初房外径 / mm	图版	壳圈	壳径 /mm	弯曲角度 / (°)	初房外径 / mm
1-39	>9	0.356	61.9	—	9-47	>8	0.258	49.7	—
9-42	>6	0.378	64.1	—	9-48	>7	0.260	67.8	—
9-43	—	0.455	—	—	9-49	—	0.356	—	—
9-44	>6	0.338	50.0	—	9-50	—	—	—	—
9-45	—	0.498	—	—	9-51	>7	0.282	68.6	—
9-46	7	0.226	59.4	0.024					

瘤虫超科 Tuberitinoidea Gaillot and Vachard, 2007
瘤虫科 Tuberitinidae Miklukho-Maklay, 1958

瘤虫属 *Tuberitina* Galloway and Harlton, 1928

模式种 球根状瘤虫 *Tuberitina bulbacea* Galloway and Harlton, 1928。

属征 壳体附着生长，单体或群体。个体呈半球形至椭圆形，具底部基板，壳壁钙质，较厚，具细壁孔。

马贾夫瘤虫 *Tuberitina maljavkini* Suleimanov, 1948
（图版 1，图 5~15；图版 9，图 36~41）

1948 *Tuberitina maljavkini* Suleimanov, p. 244, fig. 1.
1970 *Tuberitina maljavkini*, Rich, p. 1061, pl. 144, figs. 1~30.
2002a *Tuberitina maljavkini*，王克良，135 页，图版 1，图 1。

描述 壳体由 1~2 个房室组成。有时一个房室直接覆盖在基座上，有时基座可连接小房室和大房室。大房室在正切面上高一般大于 0.2mm，基底宽为 0.144~0.448mm。壳壁钙质，呈黑色，具密集分布的微孔，壳壁厚 0.010~0.028mm。

度量 见表 6.3。

讨论与比较 当前标本在房室数和大小方面与 *Tuberitina maljavkini* Suleimanov 最

为相似，故归入该种。它与微小瘤虫 *Tuberitina minima* Suleimanov 在壳形上较相似，区别在于后者个体非常小，因此容易区分。当前种与巨大瘤虫 *Tuberitina collosa* Reitlinger 在房室大小方面相似，但后者房室呈椭球形，并且很多标本有 3 个房室丛生，在当前种中并未见到 3 个房室，因此它们是不同的种。

产地与层位　西藏阿里地区噶尔县左左乡剖面，下拉组中上部；西藏仲巴县扎布耶六号剖面，下拉组中部；西藏措勤县夏东剖面，下拉组中部。

表 6.3　*Tuberitina maljavkini* Suleimanov 度量表

图版	壳高 /mm	基底宽 /mm	壳壁厚 /mm	图版	壳高 /mm	基底宽 /mm	壳壁厚 /mm
1-5	0.270	—	0.014	1-14	0.118	—	0.012
1-6	0.226	0.246	0.016	1-15	0.144	0.228	0.012
1-7	0.092	0.144	0.010	9-36	0.150	0.312	0.024
1-8	0.100	0.232	0.008	9-37	0.188	0.194	0.020
1-9	0.186	0.448	0.028	9-38	0.140	0.258	0.016
1-10	0.224	0.224	0.012	9-39	0.134	0.366	0.012
1-11	0.194	0.220	0.014	9-40	0.250	—	0.020
1-12	0.204	0.292	0.026	9-41	0.206	—	0.014
1-13	0.164	0.284	0.014				

内卷虫目 Endothyrida Fursenko, 1958

内卷虫超科 Endothyroidea Brady, 1884

内卷虫科 Endothyridae Brady, 1884

内卷虫亚科 Endothyrinae Brady, 1884

新内卷虫属 *Neoendothyra* Reitlinger, 1965

模式种　拉且尔新内卷虫 *Neoendothyra reicheli* Reitlinger, 1965。

属征　壳体呈透镜状，各壳圈平旋或稍扭壳，包卷，最后壳圈仅见 5~6 个房室，壳口圆孔状，位于口面基部，壳壁钙质暗色细粒状，次生沉积物非常发育，充满壳体两侧脐部和房室底部。

小新内卷虫相似种 *Neoendothyra* cf. *parva* (Lange, 1925)

（图版 1，图 52，57~62）

1925 *Nummulostegina parva*? Lange, p. 272, pl. IV, fig. 79a.
1965 *Neoendothyra parva* (Lange), Reitlinger, pl. I, fig. 1.
1965 *Neoendothyra* sp. 1, Reitlinger, pl. I, figs. 2~3.
1973 *Neoendothyra parva*, Bozorgnia, p. 95, pl. XXXIX, figs. 1, 2, 5.
1976 *Neoendothyra parva*, Montenat et al., pl. XVII, fig. 4.
1981 *Neoendothyra parva*, Okimura and Ishii, p. 20, pl. 1, fig. 14.

描述　壳体呈凸镜形，壳缘尖锐，脐部凸出。壳体有 2~3 圈，壳径 0.480~0.624mm，壳厚 0.290~0.374mm。壳壁由黑色线状层和一层微孔的疏松层组成，壳壁厚 0.014~0.028mm。脐部有轻微次生沉积物。初房呈球形，外径 0.040~0.046mm。

度量　见表6.4。

讨论与比较　当前种的特征是壳缘尖锐、脐部凸出，因此可归入 *Neoendothyra parva* (Lange)，与模式标本相比，当前种个体稍大。当前种与 *Neoendothyra reicheli* Retlinger 的区别在于后者脐部较平，两者容易区分。

产地与层位　西藏阿里地区噶尔县左左乡剖面，下拉组中上部。

表 6.4　*Neoendothyra* cf. *parva* (Lange) 度量表

图版	壳圈	壳径/mm	壳厚/mm	壳壁厚/mm	初房外径/mm	图版	壳圈	壳径/mm	壳厚/mm	壳壁厚/mm	初房外径/mm
1-52	3	—	—	0.020	0.040	1-60	2	0.584	0.326	0.024	—
1-57	3	0.576	0.336	0.016	—	1-61	2.5	0.616	0.374	0.014	—
1-58	2	0.508	0.302	0.016	—	1-62	2.5	0.624	0.368	0.028	—
1-59	2	0.480	0.290	0.018	0.046						

拉且尔新内卷虫 *Neoendothyra reicheli* Reitlinger, 1965

（图版9，图 59~68；图版 19，图 18）

1965 *Neoendothyra reicheli* Reitlinger, p. 61, pl. I, figs. 6~9.

1973 *Neoendothyra reicheli*, Bozorgnia, p. 93, pl. XXXVIII, figs. 2, 4~9；pl. XXXIX, figs. 3, 4.

1978 *Neoendothyra reicheli*, Lys et al., pl. 7, fig. 12.

1996 *Neoendothyra reicheli*, Leven and Okay, pl. 9, figs. 32~34.

1998 *Neoendothyra reicheli*, Pinard and Mamet, p. 75, fig. 13.

2001 *Neoendothyra reicheli*, de Bono et al., pl. 1, fig. 16.

描述　壳体呈盘形，壳缘尖圆，脐部平或微凹，壳体平旋。壳体有 2.5~3 圈，壳径 0.430~0.706mm，壳厚 0.220~0.416mm。壳壁由黑色线状层和一层微孔的疏松层组成，壳壁厚 0.010~0.024mm。脐部有轻微次生沉积物，相对较发育。初房呈球形，外径 0.024~0.070mm。

度量　见表6.5。

讨论与比较　当前种与阿帕尼新内卷虫扁平亚种 *Neoendothyra apenninica compressa* de Castro 的区别在于后者次生沉积物较淡。它与二叠新内卷虫 *Neoendothyra permica* (Lin) 的区别在于后者壳体脐部强烈内凹，且壳圈较多，壳体相对较大。

表 6.5　*Neoendothyra reicheli* Reitlinger 度量表

图版	壳圈	壳径/mm	壳厚/mm	壳壁厚/mm	初房外径/mm	图版	壳圈	壳径/mm	壳厚/mm	壳壁厚/mm	初房外径/mm
9-59	3	0.614	0.292	0.022	0.036	9-65	2.5	0.668	0.416	0.020	0.070
9-60	2.5	0.430	0.238	0.012	0.052	9-66	3	0.556	0.272	0.014	0.054
9-61	2.5	0.564	0.220	0.010	0.024	9-67	3	0.646	0.312	0.020	0.068
9-62	3	0.462	0.252	0.016	0.036	9-68	2.5	0.502	0.234	0.020	0.052
9-63	3	0.664	0.302	0.018	—	19-18	3	0.642	0.336	0.018	0.056
9-64	3	0.706	0.378	0.024	0.054						

产地与层位 西藏仲巴县扎布耶六号剖面，下拉组中部；西藏申扎县木纠错剖面，下拉组中部；西藏措勤县夏东剖面，下拉组中部。

新内卷虫未定种 *Neoendothyra* sp.

(图版 27，图 29)

描述 壳体呈凸镜形，壳缘尖圆，脐部强烈凸出，壳体平旋。壳体有 3.5 圈，壳径 0.660mm，壳厚 0.428mm。壳壁由黑色线状层和一层微孔的疏松层组成，壳壁厚 0.034mm。次生沉积物较发育，发育于脐部两侧。初房呈球形，外径 0.036mm。

讨论与比较 当前种的特征是壳体脐部强烈凸出。*Neoendothyra parva* (Lange) 的脐部也凸出，但凸出程度不如当前种明显，且当前种个体较大。当前只有一个标本，因此，不定种。

产地与层位 西藏申扎木纠错西北采样点，下拉组。

类内卷虫亚科 Endothyranopsinae Reitlinger, 1958

类内卷虫属 *Endothyranopsis* Cummings, 1955

模式种 加厚包裹虫 *Involutina crassa* Brady, 1870。

属征 壳亚球形，平旋内卷，两侧的脐部内凹。壳壁细粒状，穿有细孔，有时具次生沉积物。房室低而宽。缝合线微凹。壳面光滑。壳口低，开于口面内缘的基部。

广西类内卷虫 *Endothyranopsis guangxiensis* Lin, 1978

(图版 1，图 48~51，53~56)

1978 *Endothyranopsis guangxiensis* Lin，林甲兴，34 页，图版 7，图 1~3。

描述 壳体呈盘形，壳缘宽圆，脐部内凹。第一圈与外圈的旋转中轴略呈角度相交。壳体 2~3 圈，壳径 0.260~0.394mm，壳厚 0.146~0.254mm。壳壁单层，黑色粒状，壳壁厚 0.01~0.020mm。初房呈球形，外径 0.042~0.056mm。

度量 见表 6.6。

表 6.6 *Endothyranopsis guangxiensis* Lin 度量表

图版	壳圈	壳径 /mm	壳厚 /mm	壳壁厚 /mm	初房外径 /mm	图版	壳圈	壳径 /mm	壳厚 /mm	壳壁厚 /mm	初房外径 /mm
1-48	3	0.348	0.166	0.016	—	1-53	2	0.298	0.168	0.010	—
1-49	3	0.394	0.168	0.016	—	1-54	3	0.290	0.172	0.016	0.056
1-50	2.5	—	—	0.020	0.048	1-55	3	0.374	0.182	0.014	—
1-51	3	0.500	0.254	0.018	—	1-56	2	0.260	0.146	0.010	0.042

讨论与比较 当前标本壳壁单层状，次生沉积物发育弱，且壳缘宽圆，是 *Endothyranopsis* 属的特征。在 *Endothyranopsis* 属，它们在壳形和个体大小方面最接近 *Endothyranopsis guangxiensis* Lin，因此归入该种。它和凸镜形类内卷虫 *Endothyranopsis lenticulata* Ueno 的区别在于后者壳体更呈透镜形，且沿脐部发育少量次生沉积物，两

者可以区分。

产地与层位　西藏阿里地区噶尔县左左乡剖面，下拉组中上部。

类内卷虫未定种 *Endothyranopsis* sp.
（图版 30，图 34）

描述　壳体呈盘形，壳体平旋，第一圈壳圈包卷紧，第二圈包卷快速放开。壳缘呈圆形，脐部内凹。壳体 2 圈，壳径 0.412mm，壳厚 0.252mm。壳壁单层，黑色粒状，壳壁厚 0.016mm。初房呈球形，外径 0.044mm。

讨论与比较　当前种的特色是壳圈放大特别快，它在壳形上和圆突状类内卷虫小型亚种 *Endothyranopsis umbonata parva* Fomina 最为相似，区别在于当前种放大的速度较快，因此在相同壳圈的情况下，当前种个体明显较大。因为只获得一个标本，故暂且不定种。

产地与层位　西藏申扎木纠错剖面，下拉组上部。

古串珠虫超科 Palaeotextularoidea Galloway, 1933
古串珠虫科 Palaeotextulariidae Galloway, 1933

古串珠虫属 *Palaeotextularia* Schubert, 1921

模式种　似串珠虫式串珠虫 *Textularia textulariformis* Schellwien, 1898。

属征　壳长。双列式房室。壳壁为双层式钙质，即暗色粒状外层及纤维状透明内层。缘内口孔弧形，位于口面基部。

苏门答腊古串珠虫 *Palaeotextularia sumatrensis* (Lange, 1925)
（图版 9，图 52~57）

1925 *Textularia sumatrensis* Lange, p. 236, pl. 2, fig. 35.

1986 *Palaeotextularia sumatrensis*, Fontaine, pl. 3, fig. 6.

2000 *Palaeotextularia sumatrensis*, Kiessling and Flugel, pl. 8, fig. 3.

2002a *Palaeotextularia sumatrensis*，王克良，150 页，图版 3，图 3，4。

描述　壳体宽楔状，房室双列式，有 6~8 对交错生长的房室。壳高 0.940~1.628，壳宽 0.520~1.00mm。最大一个标本有 8 个房室，壳高 1.628mm，壳宽 1.00mm。随着壳体生长，房室高度均匀增长。壳壁 2 层，由黑色粒状外层和透明放射状内层组成，壳壁厚 0.028~0.040mm。隔壁呈弯钩状，末端明显加厚。隔壁厚 0.028~0.052mm。初房球状，外径 0.092mm。

度量　见表 6.7。

讨论与比较　当前种和多布多尔朱博瓦古串珠虫 *Palaeotextularia dobroljubovae* Rauser-Chernoussova and Reitlinger 在壳形上相似，区别在于后者的隔壁末端未呈弯钩状。它与西方古串珠虫 *Palaeotextularia occidentalis* Morozova 在壳形和隔壁的形态方面相似，但区别在于后者的隔壁相对较短，两隔壁间还有一定的距离，并且个体相对较小，可以区分。

产地与层位　西藏仲巴县扎布耶六号剖面，下拉组中部。

表 6.7　*Palaeotextularia sumatrensis* (Lange) 度量表

图版	房室对数	壳高 /mm	壳宽 /mm	壳壁厚 /mm	隔壁厚 /mm	初房外径 /mm
9-52	5	0.940	0.520	0.040	0.048	0.092
9-53	6	0.984	0.560	0.032	0.032	—
9-54	7	1.116	0.760	0.036	0.036	—
9-55	6	1.252	0.656	0.028	0.032	—
9-56	7	1.184	0.612	0.040	0.028	—
9-57	8	1.628	1.00	0.036	0.052	—

窄古串珠虫长亚种 *Palaeotextularia angusta elongata* (Reitlinger, 1950)
（图版 19，图 7~11）

1950 *Textularia angusta* var. *elongata*, Reitlinger, p. 50, pl. IX, fig. 29；pl. X, fig. 2.
1987 *Palaeotextularia angusta elongata* (Reitlinger)，郑洪，图版 I，图 22。
1990 *Palaeotextularia angusta elongata*，林甲兴等，131 页，图版 4，图 29。

描述　壳体呈尖锥形，房室双列式，有 5~7 对交错生长的房室。壳高 0.688~0.960mm，壳宽 0.420~0.576mm。随着壳体生长，房室高度均匀增长。壳壁 2 层，由黑色粒状外层和透明放射状内层组成，壳壁厚 0.032~0.036mm。隔壁呈弯钩状，末端明显加厚。两侧的隔壁在壳体生长过程中交错生长，长度略相等。隔壁厚 0.020~0.036mm。初房球状，外径 0.06mm。

度量　见表 6.8。

讨论与比较　当前标本在壳体大小、壳形、隔壁发育形态上和 *Palaeotextularia angusta elongata* (Reitlinger) 最为相似，故归入该种。它和 *Palaeotextularia sumatrensis* (Lange) 在隔壁形态上较相似，但后者壳体呈宽楔状，容易区别于当前种。

产地与层位　西藏申扎县木纠错剖面，下拉组中部；西藏措勤县夏东剖面，下拉组中部。

表 6.8　*Palaeotextularia angusta elongata* (Reitlinger) 度量表

图版	房室对数	壳高 /mm	壳宽 /mm	壳壁厚 /mm	隔壁厚 /mm	初房外径 /mm
19-7	7	0.924	0.420	0.032	0.020	—
19-8	7	0.960	0.484	0.032	0.032	0.06
19-9	6	0.888	0.576	0.032	0.036	—
19-10	6	0.824	0.460	0.032	0.032	—
19-11	5	0.688	0.444	0.036	0.032	—

似长方形古串珠虫 *Palaeotextularia quasioblonga* Xia and Zhang, 1984
（图版 32，图 27~33）

1984 *Palaeotextularia quasioblonga* Xia and Zhang，夏国英和张志存，24 页，图版 3，图 13，14。

描述　壳体在纵切面上呈窄楔形，房室双列式交错排列，有 6~8 对交错生长的房室。壳高 1.064~1.312mm，壳宽 0.424~0.608mm。早期 3~4 对房室高度逐渐增高，但后期几个房室高度保持稳定。壳壁 2 层，由黑色粒状外层和透明放射状内层组成，壳壁厚 0.020~0.044mm。隔壁呈弧状穿起，交错式排列。隔壁厚 0.016~0.040mm。初房球状，外径 0.088mm。

度量　见表 6.9。

讨论与比较　当前标本在壳形、大小和隔壁形态方面和 *Palaeotextularia quasioblonga* Xia and Zhang 最为相似，故归入该种。与模式标本相比，当前标本的房室稍多，因此个体也相应较大。它和 *Palaeotextularia angusta elongata* (Reitlinger) 在壳形上相似，区别在于当前种隔壁重叠部分较长，并且隔壁末端不加厚。它与马家沟古串珠虫 *Palaeotextularia majiagouensis* Xia and Zhang 在壳形方面也较相似，但后者隔壁相差相对较远且不重叠，可以和当前种区别。

产地与层位　西藏申扎县木纠错西短剖面，下拉组上部。

表 6.9　*Palaeotextularia quasioblonga* Xia and Zhang 度量表

图版	房室对数	壳高 /mm	壳宽 /mm	壳壁厚 /mm	隔壁厚 /mm	初房外径 /mm
32-27	6	1.152	0.608	0.040	0.032	—
32-28	7	1.064	0.424	0.028	0.016	—
32-29	6	1.228	0.448	0.028	0.028	—
32-30	8	1.312	0.544	0.044	0.024	—
32-31	8	1.208	0.548	0.036	0.032	—
32-32	7	1.260	0.528	0.020	0.040	—
32-33	7	1.160	0.588	0.044	0.036	0.088

古串珠虫未定种 *Palaeotextularia* sp.

（图版 3，图 23，24）

描述　两个切面均为斜切面，可能为一个种的不同发育阶段。切面可见房室呈双列式交错排列。一个标本可能属于壳体的早期阶段，可见到 5 对房室，壳高 0.532mm，壳宽 0.464mm；另一个标本可能属于壳体的晚期阶段，可见到 4 个房室，壳高 0.904mm，壳宽 0.688mm，切面上可见到该标本在宽度上增长较快。壳体晚期壳壁 2 层，由黑色粒状外层和透明放射状内层组成，壳壁厚 0.028~0.032mm。隔壁呈弧状穿起，交错式排列。隔壁厚 0.024~0.028mm。初房未见。

讨论与比较　当前两个标本都是斜切面，仅能判断壳体在宽度上生长较快，但无法判断壳体整体生长状态，因此无法定种。

产地与层位　西藏仲巴县扎布耶一号剖面，下拉组中部。

梯状虫属 *Climacammina* Brady, 1873

模式种　古老串珠虫 *Textularia antiqua* Brady, 1871。

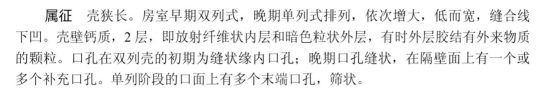

属征　壳狭长。房室早期双列式，晚期单列式排列，依次增大，低而宽，缝合线下凹。壳壁钙质，2 层，即放射纤维状内层和暗色粒状外层，有时外层胶结有外来物质的颗粒。口孔在双列壳的初期为缝状缘内口孔；晚期口孔缝状，在隔壁面上有一个或多个补充口孔。单列阶段的口面上有多个末端口孔，筛状。

柔梯状虫相似种 *Climacammina* cf. *tenuis* Lin, 1978

（图版 19，图 1~3）

1978 *Climacammina tenuis* Lin，林甲兴，20 页，图版 3，图 9。

1984 *Climacammina tenuis*，夏国英和张志存，122 页，图版 2，图 20。

1990 *Climacammina tenuis*，林甲兴等，144 页，图版 7，图 11~13。

2007 *Climacammina tenuis*, Gaillot and Vachard, pl. 10, fig. 2.

描述　壳体纵切面呈细柱状，早期双列式房室多于 4 对，晚期直列式房室有 6~8 个，直列式房室壳体宽度增长不大。壳高 1.576~2.140mm，直列式房室最大壳宽 0.672~0.804mm。壳壁 2 层，由黑色粒状外层和透明纤维状内层组成，壳壁厚 0.028~0.036mm。隔壁呈轻微弧状，同样由黑色粒状层和纤维状层组成，隔壁厚 0.084~0.108mm。口孔较多，外圈至少可见 4 个口孔，且口孔较宽。初房未见。

度量　见表 6.10。

讨论与比较　当前标本的特点是早期双列式房室和晚期直列式房室都比较多，且壳壁和隔壁相对较薄，与 *Climacammina tenuis* Lin 最为相似。它与 *Climacammina tenuis* Lin 的模式标本的区别是后者房室较多，直列式壳体随着生长，房室逐渐变宽。当前种与帕顿梯状虫 *Climacammina padunensis* Ganelina 在壳形方面也相似，区别在于后者壳体相对较小，且双列式壳体部分两边隔壁距离较远。

产地与层位　西藏申扎县木纠错剖面，下拉组中部。

表 6.10　*Climacammina* cf. *tenuis* Lin 度量表

图版	早期双列房室对数	晚期单列房室数	壳高 /mm	壳宽 /mm	壳壁厚 /mm	隔壁厚 /mm	初房外径 /mm
19-1	>5	8	2.140	0.804	0.036	0.108	—
19-2	>2	6	1.576	0.672	0.028	0.084	—
19-3	>4	3	1.168	0.528	0.028	0.044	—

阿里梯状虫相似种 *Climacammina* cf. *ngariensis* Song, 1990

（图版 27，图 25，26）

1990 *Climacammina ngariensis* Song，宋志敏，57 页，图版 5，图 26，27。

描述　壳体纵切面呈锥状，早期双列式房室多于 6 对，晚期直列式房室有 2 个，直列式房室壳体宽度增长明显并使壳体整体呈锥状。壳高 0.696~1.888mm，直列式房室最大壳宽 0.420~0.916mm。壳壁 2 层，由黑色粒状外层和透明纤维状内层组成，壳壁厚 0.024~0.032mm。隔壁呈轻微弧状，同样由黑色粒状层和纤维状层组成，厚 0.024mm。

壳体晚期口孔较多。初房未知。

度量 见表 6.11。

讨论与比较 当前标本的特征是壳体较大，双列式剖分长，直列式部分壳体呈锥状，因此可归入 *Climacammina ngariensis* Song。它与似瓣状梯状虫 *Climacammina valvulinoides* Lange 在壳形方面相似，区别在于后者壳体较大，且直列式房室较多。它与 *Climacammina tenuis* Lin 的区别在于后者房室较窄，且壳壁较薄。

产地与层位 西藏申扎县木纠错西北采样点，下拉组。

表 6.11 *Climacammina* cf. *ngariensis* Song 度量表

图版	早期双列房室对数	晚期单列房室数	壳高 /mm	壳宽 /mm	壳壁厚 /mm	隔壁厚 /mm	初房外径 /mm
27-25	6	0	0.696	0.420	0.024	0.024	—
27-26	8	2	1.888	0.916	0.032	0.024	—

梯状虫未定种 *Climacammina* sp.

（图版 1，图 46，47）

描述 壳体纵切面呈粗锥状，早期双列式房室多于 3 对，晚期直列式房室有 2~4 个，直列式房室壳宽增长明显并使壳体整体呈粗锥状。壳高 0.744~1.024mm，直列式房室最大壳宽 0.472~0.624mm。壳壁 2 层，由黑色粒状外层和透明纤维状内层组成，壳壁厚 0.048~0.064mm。隔壁呈弧状，厚 0.044~0.052mm。由于切片的原因，未见到晚期的口孔。初房未见。

度量 见表 6.12。

讨论与比较 当前种的早期房室呈双列式，晚期是单列式，而且随着壳体的生长，壳体的宽度逐渐增大，因此该种属于 *Climacammina* 属。但由于当前的切面不正，无法定种。

产地与层位 西藏阿里地区噶尔县左左乡剖面，下拉组中上部。

表 6.12 *Climacammina* sp. 度量表

图版	早期双列房室对数	晚期单列房室数	壳高 /mm	壳宽 /mm	壳壁厚 /mm	隔壁厚 /mm	初房外径 /mm
1-46	4	2	1.024	0.624	0.064	0.052	—
1-47	>3	4	0.744	0.472	0.048	0.044	—

筛串虫属 *Cribrogenerina* Schubert, 1908

模式种 苏门答腊双列虫 *Bigenerina sumatrana* Volz, 1904。

属征 壳长，单列式直线形。房室低而宽。壳壁钙质，由暗色粒状外层及纤维状透明内层组成。末端筛状口孔。

讨论与比较 本属与小德克虫 *Deckerellina* 的区别为后者除具口面基部缘内口孔外，口面上还具一新月形口孔。它和德克虫 *Deckerella* 的区别为后者壳体晚期单列。它

和 *Palaeotextularia* 的区别为后者均为口面基部缘内口孔，而本属除最后 1~2 房室末端为筛状口孔外，均为口面基部缘内口孔。

二叠筛串虫可疑种 *Cribrogenerina permica*? Lange, 1925

（图版 19，图 12~14）

1925 *Cribrogenerina permica* Lange, p. 249, pl. 2, fig. 51.
1978 *Cribrogenerina permica*，林甲兴，24 页，图版 4，图 10。
1982 *Cribrogenerina permica*，郝诒纯和林甲兴，图版 III，图 16。
1984 *Cribrogenerina permica*，夏国英和张志存，30 页，图版 5，图 1~4。
1984 *Cribrogenerina permica*，林甲兴，123 页，图版 2，图 37。
1985 *Cribrogenerina permica*，聂泽同和宋志敏，图版 I，图 25，26。
1989 *Cribrogenerina permica*, Igo et al., fig. 2.18.
1990 *Cribrogenerina permica*，林甲兴等，151 页，图版 8，图 22~24。
1990 *Cribrogenerina permica*，林雪山，图版 II，图 7。
2002a *Cribrogenerina permica*，王克良，图版 4，图 13。
2008 *Cribrogenerina permica*, Filimonova, pl. II, fig. 29.

描述　壳体纵切面呈粗锥状，单列式房室排列。最大的壳体可见 10 个房室，壳高 4.008mm，壳宽 1.836mm。壳壁 2 层，由黑色粒状外层和透明纤维状内层组成，壳壁厚 0.084~0.140mm。隔壁呈宽弧状，厚 0.132~0.204mm。初房球形，外径 0.288mm。

度量　见表 6.13。

讨论与比较　当前标本在壳形上和 *Cribrogenerina permica* Lange 非常相似，与模式标本的区别在于当前标本房室稍多，因此个体也偏大。它与广西筛串虫 *Cribrogenerina guangxiensis* Lin 在房室发育方面相似，区别在于后者房室较小，并且房室在晚期宽度增长较慢。

产地与层位　西藏申扎木纠错剖面，下拉组中部。

表 6.13　*Cribrogenerina permica*? Lange 度量表

图版	房室数	壳高 /mm	壳宽 /mm	壳壁厚 /mm	隔壁厚 /mm	初房外径 /mm
19-12	10	4.008	1.836	0.140	0.204	—
19-13	5	2.032	1.076	0.104	0.156	—
19-14	5	1.808	0.968	0.084	0.132	0.288

德克虫属 *Deckerella* Cushman and Waters, 1928

模式种　棒形德克虫 *Deckerella clavata* Cushman and Waters, 1928。

属征　壳早期双列，缘内口孔缝状；晚期单列，口面上具两个缝状口孔。壳壁二层，外层暗色细粒状，内层放射纤维状。

讨论与比较　本属与 *Climacammina* 的区别为本属晚期房室的壳口为双孔状。

柔德克虫相似种 *Deckerella* cf. *tenuissima* Reitlinger, 1950

（图版 1，图 44）

1950 *Deckerella tenuissima* Reitlinger, p. 68, pl. XII, figs. 9~11.

1971 *Deckerella tenuissima*, Lys and de Lapparent, p. 98, pl. IX, fig. 1；pl. XIV, fig. 2.

1978 *Deckerella tenuissima*，林甲兴，25 页，图版 4，图 16。

1982 *Deckerella tenuissima*，郝诒纯和林甲兴，图版 III，图 14。

1982 *Deckerella* cf. *tenuissima*，王克良，6 页，图版 I，图 12。

1987 *Deckerella tenuissima*，杨遵仪等，图版 2，图 30。

1987 *Deckerella tenuissima*，郑洪，图版 II，图 15~18。

1990 *Deckerella tenuissima*，林甲兴等，136 页，图版 5，图 37~39。

1990 *Deckerella tenuissima*，林雪山，图版 II，图 22，23。

2011 *Deckerella tenuissima*，张矛等，图版 I，图 7，8。

描述　仅有一个标本，纵切面呈柱状。早期房室不清楚，可以看出房室与房室之间的叠覆关系。晚期房室呈柱状。可见 6 个房室，壳高 1mm，壳宽 0.256mm。壳壁 2 层，由黑色粒状外层和透明放射状内层组成，壳壁厚 0.024mm。隔壁较平，厚 0.048mm。由于切片的原因在中部只见到一个宽的口孔。隔壁呈弧状穹起，交错式排列。隔壁厚 0.048mm。初房未见。

讨论与比较　当前标本的早期壳体部分未保存，但从晚期壳体及房室的发育情况看，它与 *Deckerella tenuissima* Reitlinger 最为相似，可归入该种。它在壳形上和巴什基尔德克虫 *Deckerella bashkirica* Morozova 也较相似，但后者隔壁的末端呈弯钩状，在当前标本上未见，可以区分。

产地与层位　西藏阿里地区噶尔县左左乡剖面，下拉组中上部。

棒形德克虫相似种 *Deckerella* cf. *clavata* Cushman and Waters, 1928

（图版 9，图 1，2，58）

1928 *Deckerella clavata* Cushman and Waters, p. 130, pl. 19, figs. 1, 2, 5.

1930 *Deckerella clavata*, Galloway and Ryniker, p. 22, pl. IV, figs. 15a, b.

1978 *Deckerella clavata*，林甲兴，24 页，图版 4，图 13。

1984 *Deckerella clavata*，夏国英和张志存，33 页，图版 6，图 7。

1990 *Deckerella clavata*，林雪山，图版 II，图 20。

1997 *Deckerella clavata*, Groves and Wahlman, figs. 6.19, 6.20.

1997 *Deckerella clavata*，施贵军和杨湘宁，图版 II，图 19。

2000 *Deckerella* ex gr. *clavata*, Groves, pl. 1, figs. 25~32.

2002 *Deckerella clavata*，张祖辉和洪祖寅，379 页，图版 II，图 7。

描述　壳体分为两个部分，早期房室交错生长，呈宽楔状；晚期房室直列生长，呈柱形。从双列式房室向单列式房室转变时，壳体宽度变窄。早期房室有 4~5 对，晚期房室有 4 个。壳高 1.668~1.928mm，壳宽 0.792~0.888mm。壳壁 2 层，由黑色粒状外层和透明放射状内层组成，黑色层较厚，放射状层相对较薄，壳壁厚 0.056~0.076mm。隔壁较平，厚 0.076~0.132mm。口孔可见 2 个，初房呈球形，外径 0.068mm。

度量　见表 6.14。

讨论与比较　当前标本的特征是双列式部分房室和单列式部分房室高度近相等，并且在壳体大小和壳形方面和 *Deckerella clavata* Cushman and Waters 最为相似，故归入该种。它和 *Deckerella tenuissima* Reitlinger 的区别在于后者壳体细长，并且双列式部分壳体较短。它与纤细德克虫 *Deckerella gracilis* Reitlinger 在壳形方面相似，区别在于后者个体较小，且直列式部分房室较少。

产地与层位　西藏仲巴县扎布耶六号剖面，下拉组中部。

表 6.14　*Deckerella* cf. *clavata* Cushman and Waters 度量表

图版	早期双列房室对数	晚期单列房室数	壳高 /mm	壳宽 /mm	壳壁厚 /mm	隔壁厚 /mm	初房外径 /mm
9-1	4	4	1.928	0.792	0.076	0.132	—
9-2	4	4	1.668	0.888	0.064	0.104	—
9-58	5	4	1.868	0.820	0.056	0.076	0.068

中间德克虫 *Deckerella media* Morozova, 1949

（图版 19，图 4~6）

1949 *Deckerella media* Morozova, p. 271, fig. 13.
1978 *Deckerella media*，林甲兴，24 页，图版 4，图 14。
1984 *Deckerella media*，夏国英和张志存，35 页，图版 6，图 15。
1990 *Deckerella media*，林雪山，图版 II，图 21。
2002a *Deckerella media*，王克良，152 页，图版 4，图 17。

描述　壳体分为两个部分，早期房室交错生长，呈宽楔状；晚期房室直列生长，呈柱形。从双列式房室向单列式房室转变时，壳体宽度保持不变。早期房室有 3~5 对，晚期房室 5 个。壳高 1.568~2.096mm，壳宽 0.516~0.676mm。壳壁 2 层，由黑色粒状外层和透明放射状内层组成，黑色层较厚，由于重结晶作用，透明放射状层不甚清楚，仅在黑色粒状外层相邻处可见。壳壁厚 0.044~0.048mm。隔壁稍上扬，其中隔壁末端向内轻微弯曲呈钩状且明显加厚，隔壁厚 0.076~0.144mm。口孔可见 2 个，初房呈球形，外径 0.104mm。

度量　见表 6.15。

讨论与比较　当前标本在壳体大小、隔壁形态等方面和 *Deckerella media* Morozova 最相似，故归入该种。它和 *Deckerella clavata* Cushman and Waters 在个体大小方面相似，但当前种从双列房室变为单列房室时壳体宽度保持不变，并且当前种的隔壁末端呈弯钩状，可以与后者区分。

产地与层位　西藏申扎县木纠错剖面，下拉组中部。

表 6.15 *Deckerella media* Morozova 度量表

图版	早期双列房室对数	晚期单列房室数	壳高 /mm	壳宽 /mm	壳壁厚 /mm	隔壁厚 /mm	初房外径 /mm
19-4	3	5	1.568	0.524	0.044	0.076	0.104
19-5	>3	5	2.096	0.676	0.048	0.144	—
19-6	5	5	2.000	0.516	0.048	0.096	—

德克虫未定种 1 *Deckerella* sp. 1

（图版 5，图 13）

描述　该切面是一个斜切面，可以看到壳体的下部房室较小，可能只是切到了双列式房室的一边。晚期的壳体呈单列式，有 3 个房室，房室较高。壳长 1.132mm，壳宽 0.476mm。壳壁 2 层，由黑色粒状外层和透明放射状内层组成，壳壁厚 0.032mm。隔壁呈弧形，厚 0.076mm。口孔在外圈隔壁上可见，有 2 个。初房未见。

讨论与比较　当前标本因为最外面的房室可见 2 个口孔而非筛状口孔，故归入 *Deckerella* 属中，但当前切面是一个斜切面，无法鉴定到种。

产地与层位　西藏仲巴县扎布耶三号剖面，下拉组中部。

德克虫未定种 2 *Deckerella* sp. 2

（图版 32，图 24~26）

描述　壳体分为两个部分，早期房室交错生长，但由于切片的原因，仅在部分标本可见到切得的另一侧房室的一小部分。壳体生长过程中房室的宽度逐渐增大，最外圈 3 个房室壳体宽度保持恒定。早期房室 6~8 个，晚期房室 4~5 个。壳高 0.944~1.956mm，壳宽 0.408~0.640mm。壳壁 2 层，由黑色粒状外层和透明放射状内层组成，壳壁厚 0.032~0.060mm。隔壁呈轻微弧状，厚 0.060~0.080mm。晚期房室可见口孔可见 2 个，初房呈球形，外径 0.040~0.060mm。

度量　见表 6.16。

讨论与比较　当前种的特征是早期房室壳体较窄，而晚期较宽，这种现象和阿蒂德克虫 *Deckerella artiensis* Morozova 较相似，区别在于后者壳体房室间的缝合线非常清楚，但当前种缝合线基本不可见。

产地与层位　西藏申扎县木纠错西短剖面，下拉组上部。

表 6.16 *Deckerella* sp. 2 度量表

图版	早期双列房室对数	晚期单列房室数	壳高 /mm	壳宽 /mm	壳壁厚 /mm	隔壁厚 /mm	初房外径 /mm
32-24	8	4	1.956	0.640	0.060	0.080	0.06
32-25	5	5	1.196	0.544	0.040	0.072	—
32-26	6	5	0.944	0.408	0.032	0.060	0.04

四排虫超科 Tetrataxoidea Galloway, 1933
四排虫科 Tetrataxidae Galloway, 1933

四排虫属 *Tetrataxis* Ehrenberg, 1854

模式种　锥形四排虫 *Tetrataxis conica* Ehrenberg, 1854。

属征　壳螺旋式，背侧可见壳体所有宽而低的房室；腹侧仅见最终壳圈的几个（常为 4 个）房室。脐宽而内凹。壳壁钙质，2 层，即暗色细粒状外层及纤维放射状内层。口孔狭长，开于脐部。

整齐四排虫 *Tetrataxis concinna* Nie and Song, 1985
（图版 9，图 30，32，33）

1985 *Tetrataxis concinna*，聂泽同和宋志敏，208 页，图片 I，图 13。

描述　壳体纵切面呈锥形，一个相对较正的切面顶角是 81.9°，其余 2 个标本的顶角分别是 60.8° 和 65.6°。单侧可见 5~6 个房室，壳高 0.656~0.724mm，壳宽 0.760~1.284mm。壳壁由暗色粒状外层及纤维状透明内层组成。隔壁呈弧形弯曲。早期隔壁较长，与对侧的隔壁呈角度相交，晚期的隔壁短，相互分开。壳缘较直，初房呈椭球形。

度量　见表 6.17。

讨论与比较　当前标本在壳体大小、顶角度数、隔壁形态方面与 *Tetrataxis concinna* Nie and Song 最为接近，故归入该种。它在壳形上与精美四排虫 *Tetrataxis lepidus* Wang 也较相似，区别在于后者房室较多，且个体较大。

产地与层位　西藏仲巴县扎布耶六号剖面，下拉组中部。

表 6.17　*Tetrataxis concinna* Nie and Song 度量表

图版	单侧房室数	壳高 /mm	壳径 /mm	顶角 /（°）
9-30	5	0.688	1.284	81.9
9-32	6	0.656	0.868	65.6
9-33	6	0.724	0.760	60.8

四排虫未定种 1 *Tetrataxis* sp. 1
（图版 3，图 25）

描述　仅有一个标本，壳体纵切面呈锥形，切面顶角是 48.6°。单侧可见 6 个房室，壳高 0.9mm，壳径 0.804mm。壳壁由暗色粒状外层及纤维状透明内层组成。隔壁呈弧形弯曲。壳缘稍拱起。初房呈椭球形。

讨论与比较　当前标本仅保存了一个切面，且这个切面不确定研究的是否是沿中线的切面，因此不宜定种。它与 *Tetrataxis concinna* Nie and Song 的某线切面较相似，但当前标本壳体较高，明显较大，因此它们不属于同一种。

产地与层位　西藏仲巴县扎布耶一号剖面，下拉组中部。

四排虫未定种 2 *Tetrataxis* sp. 2
（图版 9，图 31）

描述　仅有一个标本，壳体纵切面呈伞形，切面顶角是 123.8°。单侧仅可见 3 个房室，壳高 0.336mm，壳径 1.208mm。壳壁由暗色粒状外层及纤维状透明内层组成。隔壁呈弧形弯曲。壳缘稍拱起。初房未见。

讨论与比较　当前标本的特色是顶角非常大，壳体很张开，很明显与同剖面的 *Tetrataxis concinna* Nie and Song 不是同一种。它在形态上与平四排虫 *Tetrataxis paraplana* Lin 很相似，但后者单侧房室较多，且隔壁较平直，可以区分。它在形态上与平隔壁四排虫 *Tetrataxis planiseptata* Wang 也较相似，但后者壳径很小，可以区分。因当前仅有一个切面，所以不宜定种。

产地与层位　西藏仲巴县扎布耶六号剖面，下拉组中部。

四排虫未定种 3 *Tetrataxis* sp. 3
（图版 9，图 34，35）

描述　壳体纵切面呈锥形，切面顶角是 65.2°~68.1°。单侧仅可见 6 个房室，壳高 0.656~0.660mm，壳径 0.796~0.808mm。壳壁由暗色粒状外层及纤维状透明内层组成。隔壁较平，两侧相互接触。

度量　见表 6.18。

讨论与比较　当前标本的特点是隔壁较平，因此，它与动物群中的 *Tetrataxis concinna* Nie and Song 不一致，属于另一个种。它与似锥形四排虫 *Tetrataxis paraconica* Reitlinger 在壳形上相似，区别在于后者壳体明显较大，且顶角稍大。因不确定当前标本的切面是否是沿中线切开，所以不宜定种。

产地与层位　西藏仲巴县扎布耶六号剖面，下拉组中部。

表 6.18　***Tetrataxis* sp. 3 度量表**

图版	单侧房室数	壳高 /mm	壳径 /mm	顶角 /（°）
9-34	6	0.656	0.808	68.1
9-35	6	0.660	0.796	65.2

双列砂虫超科 Biseriamminoidea Chernysheva, 1941
球瓣虫科 Globivalvulinidae Reitlinger, 1950
球瓣虫亚科 Globivalvulininae Reitlinger, 1950

球瓣虫属 *Globivalvulina* Schubert, 1921

模式种　泡状瓣虫 *Valvulina bulloides* Brady, 1876。

属征　壳近球形至半球形。房室双列，交错生长，并围绕同一轴平旋，有时略螺旋。1~2 圈。腹面常由最后两房室的口孔面组成，平或微凹；背面凸。口孔缝状，位于口面基部，时而弯曲，有时被瓣状凸起覆盖。壳壁钙质细粒，常分化为暗色细粒状外层及透明纤维状内层，在隔壁上纤维状内层更发育。

泡状球瓣虫 *Globivalvulina bulloides* (Brady, 1876)

（图版 1，图 40~43；图版 9，图 6~9；图版 29，图 16；图版 35，图 6）

1876 *Valvulina bulloides* Brady, p. 89, pl. 4, figs. 12~15.

1978 *Globivalvulina bulloides* (Brady)，林甲兴，27 页，图版 5，图 3。

1981 *Globivalvulina bulloides*，赵金科等，图版 II，图 4，5。

1984 *Globivalvulina bulloides*，林甲兴，126 页，图版 3，图 12~14。

1986 *Globivalvulina bulloides*，郑洪，图版 V，图 40。

1990 *Globivalvulina bulloides*，林甲兴等，162 页，图版 11，图 5~10。

描述　壳体亚球状，平旋，房室双列式旋卷。单侧可见 5~6 个房室。早期房室宽度增长慢，晚期 2 个房室包卷放开，房室比较高，最后一个房室部分覆盖前一个房室，缝合线下凹。壳高 0.312~0.712mm，壳宽 0.408~0.576mm。壳壁似由致密层和一层较厚的疏松层组成，壳壁厚 0.020~0.040mm。最后两个房室膨胀拱起。初房球形，外径 0.040~0.056mm。

度量　见表 6.19。

讨论与比较　当前标本在个体大小和壳形及房室形态方面和 *Globivalvulina bulloides* (Brady) 最相似，可归入该种。它与圆形球瓣虫 *Globivalvulina globosa* Wang 在壳形方面相似，区别在于后者更圆，且缝合线不甚清楚。它与新滩球瓣虫 *Globivalvulina xintanensis* Lin 的区别在于后者壳壁有明显的纤维状层，且壳壁厚度大。

产地与层位　西藏阿里地区噶尔县左左乡剖面，下拉组中上部；西藏仲巴县扎布耶六号剖面，下拉组中部；西藏林周县洛巴堆三号剖面，洛巴堆组中部；西藏墨竹工卡县德仲村剖面，洛巴堆组。

表 6.19　*Globivalvulina bulloides* (Brady) 度量表

图版	房室对数	壳高/mm	壳厚/mm	壳壁厚/mm	初房外径/mm	图版	房室对数	壳高/mm	壳厚/mm	壳壁厚/mm	初房外径/mm
1-40	>2.5	0.660	0.484	0.024	—	9-7	—	0.532	0.576	0.024	—
1-41	>2.5	0.492	0.408	0.036	—	9-8	>3	0.528	0.496	0.032	—
1-42	5	0.312	—	0.020	—	9-9	>4	0.596	0.496	0.040	0.056
1-43	5	0.352	—	0.020	—	29-16	—	0.668	—	0.040	—
9-6	6	0.568	—	0.032	0.040	35-6	—	0.712	—	0.032	—

冯德施米特球瓣虫 *Globivalvulina vonderschmitti* Reichel, 1946

（图版 9，图 10~12；图版 32，图 13~15）

1946 *Globivalvulina vonderschmitti* Reichel, p. 556, text-figs. 37a~e.

1973 *Globivalvulina vonderschmitti*, Bozorgnia, p. 145, pl. XLII, fig. 5.

1978 *Globivalvulina vonderschmitti*, Lys and Marcoux, fig. 1.6.

1978 *Globivalvulina vonderschmitti*, Lys et al., pl. 7, fig. 19.

1981 *Globivalvulina vonderschmitti*, Zaninetti et al., pl. 8, figs. 1~10, 13, 14, 18~21.

2001 *Globivalvulina* gr. *vonderschmitti*, de Bono et al., pl. 1, figs. 11~15.

2005 *Globivalvulina vonderschmitti*, Vachard et al., p. 153, pl. 3.2.

描述　壳体球形，平旋，房室双列式旋卷。壳圈包卷约 1.5 圈，单侧可见 5~6 个房室。前 3 个房室包卷较紧，从第 4 个房室开始，房室高度逐渐增高。最后 2 个房室高度最大。房室之间的缝合线清楚。壳高 0.604~0.936mm，壳宽 0.38mm。壳壁由致密层和一层较厚的纤维放射状层组成，壳壁厚 0.020~0.060mm。初房球形，外径 0.056mm。

度量　见表 6.20。

讨论与比较　当前标本的特征是最后 2 个房室较大，壳壁较厚，可归入 *Globivalvulina vonderschmitti* Reichel 种中。该种与 *Globivalvulina bulloides* (Brady) 在壳形方面较相似，区别在于当前种明显壳体较大，壳壁较厚。

产地与层位　西藏仲巴县扎布耶六号剖面，下拉组中部；西藏措勤县夏东剖面，下拉组中部；西藏申扎县木纠错西短剖面，下拉组上部。

表 6.20　*Globivalvulina vonderschmitti* Reichel 度量表

图版	房室对数	壳高 / mm	壳宽 / mm	壳壁厚 / mm	初房外径 / mm	图版	房室对数	壳高 / mm	壳宽 / mm	壳壁厚 / mm	初房外径 / mm
9-10	5	0.604	—	0.024	—	32-13	4	0.496	0.38	0.028	—
9-11	5	0.692	—	0.028	0.056	32-14	5	0.728	—	0.020	—
9-12	—	0.936	—	0.060	—	32-15	6	0.804	—	0.048	0.056

球瓣虫未定种 *Globivalvulina* sp.

（图版 27，图 16，17；图版 32，图 10~12）

描述　壳体椭球形，纵切面呈扁圆形。房室双列式旋卷。壳圈包卷约 1.5 圈，单侧最多可见 5 个房室。前 2 个房室包卷较紧，从第 3 个房室开始，房室逐渐增高。从纵切面上可以看到，最后一个房室宽度增长明显，覆盖前期的房室。房室之间的缝合线清楚。壳高 0.352~0.552mm，壳厚 0.472~0.700mm。壳壁由致密层和一层较厚的纤维放射状层组成，壳壁厚 0.020~0.04mm。初房球形，外径 0.044~0.052mm。

度量　见表 6.21。

讨论与比较　当前标本的典型特征是壳体最后一个房室壳体宽度增长较快，使整个壳体呈椭球形。这一特征在 *Globivalvulina* 属中不常见，但因为没有特别好的切面，暂不定种。

产地与层位　西藏申扎县木纠错西北采样点，下拉组；西藏申扎县木纠错西短剖面，下拉组上部。

表 6.21　*Globivalvulina* sp. 度量表

图版	房室对数	壳高 / mm	壳厚 / mm	壳壁厚 / mm	初房外径 / mm	图版	房室对数	壳高 / mm	壳厚 / mm	壳壁厚 / mm	初房外径 / mm
27-16	—	0.552	0.700	0.040	—	32-11	—	0.352	0.472	0.024	—
27-17	—	0.448	—	0.020	—	32-12	5	0.404	—	0.020	0.044
32-10	>2	0.380	0.528	0.032	0.052						

拟球瓣虫属 *Paraglobivalvulina* Reitlinger, 1965

模式种　奇异拟球瓣虫 *Paraglobivalvulina mira* Reitlinger, 1965。

属征 壳体构造特征与 *Globivalvulina* 属很相似，具有双列旋卷排列的圆形房室，但后期房室增长很快，并在各相邻房室之间的隔壁发育有特殊的补充隔壁构造。壳壁暗色细粒状。

拟球瓣虫未定种 *Paraglobivalvulina* sp.

（图版 19，图 19~23）

描述 壳体球形，纵切面呈圆形。房室双列式旋卷。壳圈包卷 1 圈以上，单侧最多可见 4 个房室。最后一个房室较大，覆盖之前的房室。隔壁呈弧形。房室之间的缝合线不清楚。壳高 0.736~0.948mm，壳厚 0.736~0.788mm。壳壁由致密层和较厚的纤维放射状层组成，壳壁厚 0.028~0.044mm。初房球形，外径 0.092mm。

度量 见表 6.22。

讨论与比较 当前种在壳形上和奇异拟球瓣虫 *Paraglobivalvulina mira* Reitlinger 较相似，区别在于后者壳圈包卷规则，且个体稍大。它与纤细拟球瓣虫 *Paraglobivalvulina gracilis* Zaninetti and Altiner 的区别在于后者隔壁弯曲程大，且隔壁末端可见到弯钩状。

产地与层位 西藏申扎县木纠错剖面，下拉组中部。

表 6.22 *Paraglobivalvulina* sp. 度量表

图版	房室对数	壳高/mm	壳厚/mm	壳壁厚/mm	初房外径/mm	图版	房室对数	壳高/mm	壳厚/mm	壳壁厚/mm	初房外径/mm
19-19	>4	0.912	0.788	0.036	—	19-22	—	0.852	0.736	0.028	0.092
19-20	—	0.736	—	0.044	—	19-23	—	0.908	—	0.032	
19-21	—	0.948	—	0.032	—						

达格玛虫亚科 Dagmaritinae Bozorgnia, 1973

达格玛虫属 *Dagmarita* Reitlinger, 1965

模式种 恰那赫奇达格玛虫 *Dagmarita chanakchiensis* Reitlinger, 1965。

属征 壳体双列，最初 3 个房室或多或少地呈 globivalvulinid 式旋卷。房室呈半球形或半椭圆形。壳壁薄，多由暗色细粒层一层组成；壳侧有刺状突出。壳口简单，位于口面基部。

讨论与比较 本属和 *Textularia* 壳形相似，但后者缺乏隔壁补充小房室及缝合线补充口孔。

恰那赫奇达格玛虫 *Dagmarita chanakchiensis* Reitlinger, 1965

（图版 1，图 45；图版 9，图 3~5；图版 16，图 7~9；图版 19，图 15~17）

1965 *Dagmarita chanakchiensis* Reitlinger, p. 63, pl. 1, figs. 10~12.

1973 *Dagmarita chanakchiensis*, Bozorgnia, p. 144, pl. 39, figs. 6~8.

1979 *Dagmarita chanakchiensis*, Rosen, pl. 1, fig. 1.

1981 *Dagmarita* sp. cf. *D. chanakchiensis*, Okimura and Ishii, p. 20, pl. 1, figs. 9~11.

1981 *Dagmarita chanakchiensis*, Zaninetti et al., p. 6, pl. 2, figs. 11, 12, 15, 18.

1981 *Dagmarita chanakchiensis*，赵金科等，图版 1，图 19。

1984 *Dagmarita chanakchiensis*, Altiner, pl. 1, figs. 6, 7.

1984 *Dagmarita chanakchiensis*，芮琳等，图版 1，图 2，3。

1986 *Dagmarita chanakchiensis*, Fontaine et al., pl. 22, figs. 1, 2；pl. 23, fig. 15B.

1988 *Dagmarita chanakchiensis*, Fontaine and Suteethorn, pl. 2, fig. 1；pl. 7, fig. 1.

1988 *Dagmarita chanakchiensis*, Okimura, figs. 3.1, 3.2.

1988 *Dagmarita chanakchiensis*, Noe, pl. 1, figs. 6, 7.

1988 *Dagmarita chanakchiensis*, Vachard and Razgallah, pl. 1, figs. 25, 26.

1989 *Dagmarita chanakchiensis*, Köylüoglu and Altiner, pl. 6, figs. 10, 11, 13.

1995 *Dagmarita* cf. *chanakchiensis*，罗辉，30 页，图版 6，图 11~13。

1995 *Dagmarita chanakchiensis*, Bérczi-Makk et al., pl. 9, figs. 1~3.

1996 *Dagmarita chanakchiensis*, Leven and Okay, pl. 8, fig. 20；pl. 9, fig. 31.

1997 *Dagmarita chanakchiensis*, Ueno and Igo, pl. 4, figs. 19~20.

1999 *Dagmarita chanakchiensis*, Kobayashi, fig. 1.13.

2000 *Dagmarita chanakchiensis*, Mertmann and Sarfraz, fig. 7.10.

2002b *Dagmarita* cf. *chanakchiensis*，王克良，122 页，图版 III，图 6。

2003 *Dagmarita chanakchiensis*, Ünal et al., pl. 1, figs. 3.4.

2004 *Dagmarita chanakchiensis*, Kobayashi, figs. 7.5~7.8, 7.10~7.12.

2006b *Dagmarita chanakchiensis*, Kobayashi, pl. 3, fig. 17.

2006a *Dagmarita chanakchiensis*, Kobayashi, pl. 2, fig. 28.

2007 *Dagmarita chanakchiensis*, Gaillot and Vachard, p. 64, pl. 7, figs. 10~12；pl. 15, fig. 4；pl. 19, figs. 4, 5；pl. 29, fig. 6；pl. 31, fig. 7；pl. 34, fig. 7；pl. 38, figs. 10, 11, 15, 16；pl. 45, fig. 4；pl. 46, figs. 1~7.

2009 *Dagmarita* cf. *chanakchiensis*, Kobayashi et al., figs. 4.29, 4.30.

2009 *Dagmarita chanakchiensis*, Ueno and Tsutsumi, fig. 9.28.

2010 *Dagmarita chanakchiensis*, Angiolini et al., figs. 4.5, 4.6.

2010 *Dagmarita chanakchiensis*, Ueno et al., fig. 5.28.

2010 *Dagmarita chanakchiensis*, Wang et al., fig. 5.20~5.22.

描述　壳体纵切面呈尖锥形，由两排房室交错生长而成。纵切面上，房室向下倾斜，呈长方形；侧纵切面的房室呈矩形。房室在生长过程中宽度逐渐增大，一般有 8~9 对房室，最多可达 11 对，最大房室高 0.056~0.114mm。壳长 0.424~0.880mm，壳宽 0.202~0.302mm。壳壁暗色细粒状，厚 0.014~0.032mm。隔壁斜向下，外部伸出呈尖刺状。隔壁厚 0.014~0.030mm。初房球状，外径 0.028mm。

度量　见表 6.23。

讨论与比较　当前种在壳形上和狭长达格玛虫 *Dagmarita elongata* Lin 较相似，区别在于后者的隔壁呈弯弧状，且隔壁刺状突起相对较弱。它和莲塘达格玛虫 *Dagmarita liantanensis* Hao and Lin 在壳形上也较相似，但后者隔壁弯曲较明显，且壳体后期宽度较大，可以和当前种区分。

产地与层位　西藏阿里地区噶尔县左左乡剖面，下拉组中上部；西藏仲巴县扎布耶六号剖面，下拉组中部；措勤县夏东剖面，下拉组中部；西藏申扎县木纠错剖面，下拉组中部。

表 6.23　*Dagmarita chanakchiensis* Reitlinger 度量表

图版	房室对数	壳长 /mm	壳宽 /mm	壳壁厚 /mm	隔壁厚 /mm	最大房室高 /mm	初房外径 /mm
1-45	8	0.476	—	0.016	0.014	0.068	—
9-3	5	0.598	—	0.020	0.030	0.090	—
9-4	6	0.480	—	0.032	0.020	0.100	—
9-5	5	0.424	—	0.020	0.016	0.092	0.028
16-7	7	0.534	0.230	0.016	0.014	0.092	—
16-8	>6	0.506	0.202	0.016	0.026	0.070	—
16-9	9	0.540	—	0.032	0.024	0.114	—
19-15	11	0.726	0.302	0.014	0.020	0.056	—
19-16	8	0.680	—	0.022	0.020	0.106	—
19-17	11	0.880	—	0.018	0.030	0.090	—

蜓目 Fusulinida Fursenko, 1958

纺锤蜓超科 Fusulinoidea Möeller, 1878

小泽蜓科 Ozawainellidae Thompson and Foster, 1937

小泽蜓亚科 Ozawainellinae Thompson and Foster, 1937

小陈氏蜓属 *Chenella* Miklukho-Maklay, 1959

模式种　贵池圆球蜓 *Orobias kueichihensis* Chen, 1934。

属征　壳小，凸镜状。类似始史塔夫蜓属 *Eostaffelloides*，末圈的房室高度迅速增大，外圈旋壁具透明层。

长安桥小陈氏蜓 *Chenella changanchiaoensis* (Sheng and Wang, 1962)

（图版 1，图 77，79；图版 6，图 1~13；图版 14，图 5~8）

1962 *Reichelina changanchiaoensis*? Sheng and Wang，盛金章和王云慧，178 页，图版 1，图 5~7。

1962 *Reichelina changanchiaoensis*?，盛金章，314 页，图版 1，图 1~5。

1982 *Chenella changanchiaoensis* (Sheng and Wang)，安徽省地质局区域地质调查队，26 页，图版 II，图 1。

1982 *Chenella changanchiaoensis*，地质部南京地质矿产研究所，13 页，图版 2，图 11~12。

1990 *Chenella changanchiaoensis*，朱彤，41 页，图版 1，图 5~9。

1990 *Chenella changanchiaoensis*，张祖辉和洪祖寅，图版 1，图 16~18。

2003b *Chenella changanchiaoensis*，Kobayashi and Ishii，311 页，图版 1，图 2~4。

2011a *Chenella changanchiaoensis*，Leven and Gorgij, pl. XXXI, fig. 3.

描述　壳体微小，凸镜形，壳缘尖圆，脐部微凹。成熟壳体有 5 圈，壳长 0.34~0.58mm，壳宽 0.78~1.06mm，轴率 0.35~0.68，19 个标本的平均轴率是 0.53。部分壳体重结晶，旋壁较模糊。但个体较大的标本中可见旋壁由致密层和透明层组成，最外圈透明层不清楚，类似原始层，最外圈旋壁最厚可达 0.032mm。隔壁平。无旋脊。初房球形，外径平均 0.05mm。

度量　见表 6.24。

讨论与比较 当前标本以相似的壳形和大小可归入 *Chenella changanchiaoensis* (Sheng and Wang)，它和贵池小陈氏螳 *Chenella kueichihensis* (Chen) 的区别在于后者壳圈少而个体大，壳体更细长。它和矛头小陈氏螳 *Chenella lanceolata* Wang 的区别在于后者在最外圈的壳形上壳缘呈锥状突出，而当前种不具备该特征。

产地与层位 西藏阿里地区噶尔县左左乡剖面，下拉组中上部；西藏仲巴县扎布耶六号剖面，下拉组中部；西藏措勤县夏东剖面，下拉组中部。

表 6.24 *Chenella changanchiaoensis* (Sheng and Wang) 度量表

图版	壳圈	壳长/mm	壳宽/mm	轴率	初房外径/mm	壳圈宽度/mm				
						1	2	3	4	5
1-77	3	0.31	0.57	0.54	0.06	0.14	0.27	0.57	—	—
1-79	3	0.33	0.62	0.53	0.04	0.15	0.28	0.62	—	—
6-1	5	0.42	0.87	0.48	0.02	0.06	0.14	0.27	0.50	0.87
6-2	3	0.17	0.41	0.42	0.06	0.12	0.22	0.41	—	—
6-3	3	0.19	0.31	0.62	0.04	0.10	0.20	0.31	—	—
6-4	4	0.20	0.44	0.47	—	0.07	0.16	0.26	0.44	—
6-5	4	0.27	0.43	0.62	0.05	0.11	0.18	0.28	0.43	—
6-6	5	0.34	0.78	0.44	0.03	0.07	0.13	0.24	0.44	0.78
6-7	4	0.25	0.45	0.55	—	0.06	0.11	0.27	0.45	—
6-8	4	0.14	0.30	0.48	—	—	0.08	0.17	0.30	—
6-9	3.5	0.38	0.56	0.68	0.06	0.13	0.25	0.38	0.56(1/2)	—
6-10	3.5	0.25	0.37	0.68	—	0.07	0.16	0.29	0.37(1/2)	—
6-11	3.5	0.25	0.42	0.59	0.04	0.10	0.21	0.33	0.42(1/2)	—
6-12	3	0.21	0.48	0.45	0.07	0.14	0.28	0.48	—	—
6-13	5	0.58	1.06	0.55	—	0.13	0.26	0.40	0.66	1.06
14-5	4	0.31	0.62	0.50	0.07	0.16	0.28	0.47	0.62	—
14-6	4	0.29	0.57	0.51	0.06	0.13	0.24	0.36	0.57	—
14-7	3	0.17	0.49	0.35	—	0.08	0.20	0.49	—	—
14-8	4	0.22	0.41	0.54	0.03	0.10	0.17	0.27	0.41	—

铜陵小陈氏螳 *Chenella tonglingica* Zhang, 1982

（图版 1，图 78；图版 23，图 1）

1982 *Chenella tonglingica* Zhang，地质部南京地质矿产研究所，13 页，图版 2，图 14。
1982 *Chenella tonglingica*，安徽省地质局区域地质调查队，26 页，图版 II，图 2。

描述 壳体微小，凸镜形，内部壳圈壳缘尖圆，外部壳圈壳缘宽圆，脐部微凹，内部 2 圈包卷较紧，从第 3 圈开始，壳体扩张较快，最后一圈扩张最快。成熟壳体有 4 圈，壳长 0.27~0.33mm，壳宽 0.78~0.88mm，轴率 0.35~0.37。旋壁由致密层和透明层组成，部分旋壁重结晶，透明层不清晰。最外圈旋壁最厚可达 0.02mm。隔壁平。无旋脊。初房未见。

度量　见表 6.25。

讨论与比较　当前标本因具有壳体细长、轴率较小、最后一圈生长迅速的特征可归入 *Chenella tonglingica* Zhang 中。当前种和 *Chenella changanchiaoensis* (Sheng and Wang) 的区别在于当前种轴率很小，最外圈扩张明显。当前种和舒兰小陈氏蟆 *Chenella shulanensis* Sun 的区别在于后者内圈和外圈的中轴明显不一致，呈一定角度相交。

产地与层位　西藏阿里地区噶尔县左左乡剖面，下拉组中上部；西藏申扎县木纠错剖面，下拉组中部。

表 6.25　***Chenella tonglingica* Zhang 度量表**

图版	壳圈	壳长 /mm	壳宽 /mm	轴率	初房外径 /mm	壳圈宽度 /mm			
						1	2	3	4
1-78	4	0.27	0.78	0.35	—	—	0.18	0.42	0.78
23-1	4	0.33	0.88	0.37	—	—	0.18	0.49	0.88

小陈氏蟆未定种 *Chenella* sp.

（图版 6，图 14~16）

描述　壳体微小，壳形呈哑铃状，内部壳圈壳缘尖圆，最外部壳圈壳缘宽圆，最外圈壳圈脐部明显内凹，内部 2 圈包卷较紧，从第 3 圈开始，壳体扩张明显变快，最后一圈壳圈长度增长不明显，但壳体扩展迅速，宽度异常变大。成熟壳体有 4 圈，壳长 0.38mm，壳宽 1.09mm，轴率 0.35。旋壁由致密层、透明层和内疏松层组成，部分旋壁重结晶，透明层不清晰。最外圈旋壁最厚可达 0.016mm。隔壁平。无旋脊。初房球形，外径 0.04~0.08mm。

度量　见表 6.26。

讨论与比较　当前种最典型的特征是前 3 圈壳圈的增长模式和大部分 *Chenella* 种类似，区别在于最后一个壳圈宽度增长快于长度，壳体快速扩张，而脐部强烈内凹，这种特征在 *Chenella* 中还未见及。它的壳形也和假卡勒蟆 *Pseudokahlerina* 属中的种较类似，但是 *Pseudokahlerina* 的种内部壳圈壳缘也呈宽圆状，更重要的是旋壁中没有透明层构造，这和当前种差异较大。综合考虑当前种归于 *Chenella* 较为适宜，但是它可能是一新的类型，但目前标本较少，暂不定新种。

产地与层位　西藏仲巴县扎布耶六号剖面，下拉组中部。

表 6.26　***Chenella* sp. 度量表**

图版	壳圈	长度 /mm	宽度 /mm	轴率	初房外径 /mm	壳圈宽度 /mm			
						1	2	3	4
6-14	2	0.17	0.42	0.41	0.04	0.18	0.42	—	—
6-15	3	0.22	0.45	0.49	—	0.11	0.22	0.45	—
6-16	4	0.38	1.09	0.35	0.08	0.26	0.46	0.95	1.09

拉且尔螳属 *Reichelina* Erk, 1941

模式种　筛壁拉且尔螳 *Reichelina cribroseptata* Erk, 1941。

属征　壳微小，分三部分，最初 1~2 圈近乎盘形，壳缘较圆；其后 1~2 圈呈盘形，具有锋锐的壳缘；最后半圈或一圈不包卷，其房室排成一直列。不包卷部分的长度可达包卷部分的 2~2.5 倍。旋壁由致密层及透明层组成。隔壁不褶皱。旋脊小，向脐部延伸。通道单一，裂隙状。

中拉且尔螳 *Reichelina media* Miklukho-Maklay, 1954

（图版 1，图 80~88）

1954 *Reichelina media* Miklukho-Maklay, p. 76, pl. XIV, figs. 12-15；pl. XV, fig. 2.

1956 *Reichelina media*，盛金章，181 页，图版 1，图 11~17。

1963 *Reichelina media*，盛金章，27 页，图版 1，图 1~9。

1978 *Reichelina media*，刘朝安等，14 页，图版 1，图 12。

1978 *Reichelina media*，西南地质科学研究所，22 页，图版 3，图 29~30。

1979 *Reichelina media*，孙秀芳，图版 1，图 5，7。

1979 *Reichelina media*，芮琳，图版 1，图 6。

1982 *Reichelina media*，地质部南京地质矿产研究所，10 页，图版 1，图 29。

1984 *Reichelina media*，盛金章和芮琳，33 页，图版 I，图 3~5。

1986 *Reichelina media*，宋志敏，4 页，图版 I，图 8~10，16。

1989 *Reichelina media*，李家骧，31 页，图版 2，图 2。

1991 *Reichelina media*, Vachard and Ferriere, p. 211, pl. 2, figs. 6~9.

1993 *Reichelina media*, Baghbani, pl. 6, figs. 13, 14.

1996 *Reichelina media*, Davydov et al., p. 223, pl. 2, fig. 4.

1996 *Reichelina media*, Leven and Okay, pl. 9, fig. 18.

2000 *Reichelina media*, Ota et al., pl. 6, figs. 6~9.

2001 *Reichelina media*, Pronina-Nestell and Nestell, p. 217, pl. 7, figs. 1~3, 5, 7, 8.

2003 *Reichelina media*, Kobayashi, fig. 4O.

2004 *Reichelina media*, Orlov-Labkovsky, p. 394, pl. 1, figs. 6, 7.

2009 *Reichelina media*, Leven, p. 96, pl. XXXVI, fig. 18.

2012b *Reichelina media*, Kobayashi, pl. 10, figs. 1~8.

2013 *Reichelina media*, Kobayashi, p. 164, pl. 9, figs. 1~6.

描述　壳体微小，盘形至凸镜形，壳圈壳缘尖圆，最外部壳圈放松快，不包卷。成熟壳体有 3~4 圈，壳长 0.11~0.20mm，壳宽 0.22~0.35mm，轴率 0.35~0.65，平均 0.49。一个保存好的切面显示其不包卷的部分是包卷部分壳宽的 2 倍左右。旋壁由致密层和内外疏松层构成，较薄，厚约 0.008mm。隔壁平。旋脊小。初房球形，外径 0.03~0.05mm。

度量　见表 6.27。

讨论与比较　当前标本以较小的个体、尖圆的壳缘、相似的轴率可归于 *Reichelina media* Miklukho-Maklay。它与简单拉且尔螳 *Reichelina simplex* Sheng 的壳形较相似，但后者两极相对较圆，轴率偏小，可以与当前种区别。当前种在壳圈数目和大小方面与微小拉且尔蟆 *Reichelina minuta* Erk 也较相似，但后者两极和壳缘都非常尖，而且轴率偏小，壳体不包卷部分不显著，较易和当前种区分。

产地与层位 西藏阿里地区噶尔县左左乡剖面，下拉组中上部。

表 6.27 *Reichelina media* Miklukho-Maklay 度量表

图版	壳圈	壳长 /mm	壳宽 /mm	轴率	初房外径 /mm	壳圈宽度 /mm			
						1	2	3	4
1-80	3.5	—	0.22	—	0.03	0.06	0.13	0.20	0.22(1/2)
1-81	4	0.22	0.35	0.63	—	0.08	0.17	0.29	0.35
1-82	3	0.14	0.26	0.54	0.03	0.09	0.17	0.26	—
1-83	4	0.12	0.35	0.35	—	0.04	0.10	0.18	0.35
1-84	3	0.11	0.28	0.41	0.05	0.11	0.20	0.28	—
1-85	3	0.20	0.30	0.65	0.04	0.08	0.16	0.30	—
1-87	3	0.16	0.90	0.38	—	0.04	0.15	0.90	—
1-88	3	0.11	0.23	0.49	0.03	0.07	0.14	0.23	—

史塔夫蟆科 Staffellidae Miklukho-Maklay, 1949
史塔夫蟆亚科 Staffellinae Miklukho-Maklay, 1949

南京蟆属 *Nankinella* Lee, 1934

模式种 盘形南京蟆 *Nankinella discoides* (Lee, 1931)。

属征 壳体透镜状，有 8~14 圈，完全绕旋。壳缘锋锐，脐部凸出，偶尔壳缘钝圆，脐部凹下。似由致密层，透明层及内疏松层组成，外疏松层缺失。隔壁平。旋脊小。通道新月状。

讨论与比较 该属与 *Staffella* 相比，后者壳体更小，壳形呈球状，旋脊更发育。

南江南京蟆 *Nankinella nanjiangensis* Chang and Wang, 1974
（图版 24，图 1~12）

1974 *Nankinella nanjiangensis* Chang and Wang，张遴信和王玉净，289 页，图版 150，图 1。

1978 *Nankinella nanjiangensis*，刘朝安等，72 页，图版 16，图 17。

1982b *Nankinella nanjiangensis*，朱秀芳，113 页，图版 I，图 4（部分）。

1986 *Nankinella obesa* Rui，王玉净和周建平，147 页，图版 III，图 1~3，8。

1998 *Nankinella nanjiangensis*，周铁明，图版 2，图 16~17。

2010b *Nankinella nanjiangensis*, Zhang et al.，pl. 2，figs. 16~17.

描述 壳体小至中等大小，凸镜形，内圈壳缘尖，外圈宽圆。壳体有 8~10.5 圈，壳长 2.62~3.48mm，壳宽 4.30~5.60mm，轴率 0.55~0.70（平均 0.62）。旋壁重结晶严重，局部可见清晰的透明层结构，外圈旋壁厚 0.03~0.04mm。旋脊微弱，个别标本可见其分布在通道两侧。初房球形，外径 0.10~0.19mm。

度量 见表 6.28。

讨论与比较 当前种在外形上和 *Nankinella xainzaensis* Chu 最为相似，两者的区别在于当前种外圈的壳缘较尖圆，并且中部虽有轻微凸出，但程度远不及 *N. xainzaensis*。

产地与层位 西藏申扎县木纠错剖面，下拉组中部。

表 6.28 *Nankinella nanjiangensis* Chang and Wang 度量表

图版	壳圈	壳长/mm	壳宽/mm	轴率	初房外径/mm	壳圈宽度/mm										
						1	2	3	4	5	6	7	8	9	10	11
24-1	10.5	3.35	5.60	0.60	—	—	0.84	1.52	2.05	2.51	3.16	3.68	4.33	4.71	5.39	5.6(1/2)
24-2	9	2.66	4.85	0.55	—	0.53	0.87	1.24	1.77	2.49	3.08	3.72	4.36	4.85	—	—
24-3	9.5	2.96	5.27	0.61	0.19	0.47	0.80	1.22	1.77	2.56	3.23	3.82	4.37	4.89	5.27(1/2)	—
24-4	9	3.23	5.55	0.58	—	—	0.78	1.41	2.07	2.72	3.47	4.23	5.02	5.55	—	—
24-5	9	2.78	4.59	0.61	—	—	0.79	1.37	1.83	2.35	2.96	3.58	4.20	4.59	—	—
24-6	10	3.19	4.80	0.66	0.13	0.32	0.57	1.13	1.57	2.13	2.81	3.30	4.01	4.52	4.80	—
24-7	9	2.79	4.58	0.61	—			1.81	2.34	2.90	3.46	4.08	4.58			
24-8	9	2.62	4.80	0.55	—				2.21	2.66	3.33	3.85	4.29	4.80		
24-9	8	2.91	4.30	0.68	0.10	0.40	0.86	1.35	1.94	2.49	2.92	3.61	4.30	—		
24-10	10	3.48	4.98	0.70	—	0.58	1.09	1.55	2.14	2.64	3.27	4.10	4.40	4.69	4.98	
24-11	9	3.01	4.88	0.62	—	—		1.44	2.01	2.71	3.13	3.73	4.34	4.88		
24-12	—	3.10	4.92	0.63	—											

拟湖南南京𧈭 *Nankinella quasihunanensis* Sheng, 1963

(图版 23，图 4~10)

1963 *Nankinella quasihunanensis* Sheng，盛金章，32 页，图版 3，图 7-15。

1978 *Nankinella quasihunanensis*，刘朝安等，72 页，图版 17，图 6。

1981 *Nankinella quasihunanensis*，王玉净等，55 页，图版 IX，图 9，15。

1982b *Nankinella quasihunanensis*，朱秀芳，115 页，图版 II，图 1~2。

1985 *Nankinella quasihunanensis*, Pasini, pl. 60, figs. 5~9。

1986 *Nankinella quasihunanensis*，王玉净和周建平，图版 IV，图 1~4。

1986 *Nankinella quasihunanensis*，肖伟民等，195 页，图版 29，图 17~19。

1988 *Nankinella quasihunanensis*，张遴信等，121 页，图版 28，图 8；图版 29，图 15。

1989 *Nankinella quasihunanensis*，李家骧，73 页，图版 28，图 11。

2010b *Nankinella quasihunanensis*, Zhang et al., p. 961, figs. 5.3~5.5。

描述 壳体较小，凸镜形，两极强烈内凹，壳缘较尖。壳体有 6~8 圈；壳长 1.87~2.60mm；壳宽 3.37~4.62mm；轴率 0.48~0.57，平均 0.53。旋壁由致密层、透明层和内疏松层组成，外圈旋壁厚约 0.04mm。旋脊较小，分布于侧坡上，重结晶不甚明显。初房未见。

度量 见表 6.29。

讨论与比较 当前种以较小的壳形和强烈内凹的两极，易于和属内其他种相区别。

产地与层位 西藏申扎县木纠错剖面，下拉组中部；西藏措勤县夏东剖面，下拉组中部。

表 6.29 *Nankinella quasihunanensis* Sheng 度量表

图版	壳圈	壳长/mm	壳宽/mm	轴率	初房外径/mm	壳圈宽度/mm							
						1	2	3	4	5	6	7	8
23-4	7.5	2.03	3.57	0.54	—	—	0.86	1.35	1.8	2.3	2.76	3.26	3.57(1/2)
23-5	8	2.24	4.54	0.49	—	0.63	1.00	1.36	1.98	2.63	3.15	3.68	4.54
23-6	8	2.60	4.62	0.56	—	—	—	1.29	1.90	2.61	3.33	3.9	4.62
23-7	8	2.22	4.61	0.48	—	—	—	1.32	2.06	—	3.11	3.94	4.61
23-8	8	1.99	3.60	0.55	—	—	0.88	1.15	1.55	2.09	2.73	3.12	3.60
23-9	6	1.87	3.37	0.55	—	—	1.08	1.64	2.1	2.56	3.37	—	—
23-10	7.5	1.99	3.63	0.57	—	—	1.04	1.50	1.95	2.42	3.03	3.36	3.63(1/2)

申扎南京䗴 *Nankinella xainzaensis* Chu, 1982

（图版 15，图 1~5；图版 23，图 14~19；图版 27，图 3）

1981 *Nankinella inflata* (Colani)，王玉净等，55 页，图版 XI，图 2，9。

1982b *Nankinella xainzaensis* Chu，朱秀芳，114 页，图版 I，图 12~15。

1982b *Nankinella nanjiangensis* Chang and Wang，朱秀芳，113 页，图版 1，图 1，2，3，5。

2010b *Nankinella xainzaensis*, Zhang et al., p. 961, pl. 4, figs. 7-25；pl. 5, figs. 1, 2.

描述　壳体中等大小，凸镜形，两极凸出，壳缘较尖。成熟壳体有 10~12 圈，壳长 3.01~3.90mm，壳宽 4.29~5.97mm，轴率 0.58~0.79，平均 0.69。旋壁可见致密层和透明层，矿化严重，外圈旋壁厚 0.04~0.05mm。旋脊微小，分布于侧坡上。隔壁平直，局部在隔壁底部可见少数列孔构造。初房球形，外径 0.08~0.11mm。

度量　见表 6.30。

表 6.30 *Nankinella xainzaensis* Chu 度量表

图版	壳圈	壳长/mm	壳宽/mm	轴率	初房外径/mm	壳圈宽度/mm											
						1	2	3	4	5	6	7	8	9	10	11	12
15-1	8	2.59	3.37	0.77	—	—	0.79	1.15	1.59	2.08	2.47	2.88	3.37	—	—	—	—
15-2	10.5	3.09	5.00	0.58	—	0.44	0.83	1.17	1.55	1.96	2.50	3.20	3.85	4.32	4.74	5.00 (1/2)	—
15-3	11.5	3.69	5.44	0.68	0.08	0.36	0.59	0.90	1.29	1.60	2.13	2.79	3.41	4.06	4.55	5.14	5.44 (1/2)
15-4	11.5	3.90	5.97	0.67	0.11	0.41	0.67	1.08	1.67	2.15	2.79	3.45	4.10	4.69	5.33	5.78	5.97 (1/2)
15-5	10	3.15	4.98	0.63	0.08	0.30	0.51	0.91	1.36	1.95	2.58	3.24	3.89	4.49	4.98	—	—
23-14	10	3.54	4.50	0.79	—	0.26	0.72	1.27	1.86	2.27	2.80	3.28	3.72	4.21	4.50	—	—
23-15	—	3.59	5.03	0.71	—												
23-16	9	3.48	5.02	0.69	—	0.20	0.44	0.79	1.89	2.50	3.13	3.74	4.45	5.02	—	—	—
23-17	9	3.34	4.93	0.68	—	—	0.90	1.53	2.10	2.73	3.37	3.94	4.54	4.93	—	—	—
23-18	10	3.01	4.29	0.70	—	0.34	0.61	0.89	1.38	1.89	2.24	2.79	3.25	3.72	4.29	—	—
23-19	9.5	3.29	4.72	0.72	—	—	0.66	1.10	1.53	2.06	2.81	3.49	3.98	4.54	4.72 (1/2)	—	—
27-3	—	1.34	1.89	0.71	—												

讨论与比较 当前标本的特征是两极突出，壳体相对较大，壳缘较尖，因此可归入 *Nankinella xainzaensis* Chu。与模式标本相比，当前标本壳圈稍多、壳体略大、轴率较大。当前种在壳形和大小上和圆形南京蜓 *Nankinella orbicularia* Lee 很相似，区别在于当前种壳圈包卷紧、壳圈多。它和紧卷南京蜓 *Nankinella compacta* Sheng 在壳形方面也较相似，但后者壳体明显较小，壳圈包卷紧，最外圈壳缘尖圆。

产地与层位 西藏申扎县木纠错剖面，下拉组中部；西藏申扎县木纠错西北采样点，下拉组；措勤县夏东剖面，下拉组中部。

湖南南京蜓 *Nankinella hunanensis* (Chen, 1956)

（图版 23，图 11~13）

1956 *Ozawainella hunanensis* Chen，陈旭，1 页，图版 I，图 1~3。

1958a *Nankinella hunanensis*，盛金章，269 页，图版 III，图 10。

1975 *Nankinella hunanensis*, Toriyama, p. 105, pl. 21, figs. 1~8.

1977 *Nankinella hunanensis*，林甲兴等，14 页，图版 2，图 13。

1978 *Nankinella hunanensis*，刘朝安等，71 页，图版 16，图 7。

1979 *Nankinella hunanensis*, Toriyama and Kanmera, p. 87, pl. XIV, figs. 6~11.

1982b *Nankinella hunanensis*，朱秀芳，113 页，图版 I，图 6~11。

1982 *Nankinella hunanensis*，张遴信，140 页，图版 XXV，图 23，24。

1982 *Nankinella hunanensis*，王云慧等，95 页，图版 24，图 6。

1984 *Nankinella hunanensis*，周祖仁，118 页，图版 I，图 11，12。

1985 *Nankinella hunanensis*，张正贵等，图版 1，图 7。

1986 *Nankinella hunanensis*，王建华和唐毅，图版 III，图 13。

1986 *Nankinella hunanensis*，王玉净和周建平，147 页，图版 III，图 4~7。

1987 *Nankinella hunanensis*，张遴信和李万英，404 页，图版 III，图 1。

1988 *Nankinella hunanensis*，张遴信等，120 页，图版 29，图 17，18。

1988 *Nankinella hunanensis*，张正华等，图版 VII，图 14。

1989 *Nankinella hunanensis*，李家骧，73 页，图版 28，图 7。

1991 *Nankinella hunanensis*，郑元泰和林甲兴，175 页，图版 21，图 16。

1996 *Nankinella hunanensis*，曾学鲁等，169 页，图版 3，图 23。

1997 *Nankinella hunanensis*, Leven, p. 58, pl. I, figs. 5~7.

1998 *Nankinella hunanensis*，张祖辉和洪祖寅，208 页，图版 II，图 9，10。

1998 *Nankinella hunanensis*，周铁明，图版 I，图 14。

2007 *Nankinella hunanensis*，黄浩等，图版 2，图 22。

2008 *Nankinella hunanensis*, Leven and Gorgij, pl. 1, fig. 1.

2013 *Nankinella hunanensis*, Davydov et al., pl. 13, fig. 1.

2013 *Nankinella hunanensis*, Vachard and Moix, pl. 12, fig. 10.

描述 壳体较小，凸镜形，两极平或微凸，壳缘较圆。壳长 1.45~1.71mm，壳宽 2.61~3.19mm，轴率 0.54~0.59。旋壁矿化严重，局部可见透明层。外圈旋壁厚 0.03~0.04mm。旋脊微小，分布于侧坡上。隔壁平直。初房未见。

度量 见表 6.31。

讨论与比较　当前种和动物群中 *Nankinella quasihunanensis* Sheng 的区别在于当前种的两极不内凹。它和 *Nankinella xainzaensis* Chu 的区别在于个体小，两极相对较平。

产地与层位　西藏申扎县木纠错剖面，下拉组中部。

表 6.31　*Nankinella hunanensis* (Chen) 度量表

图版	壳圈	壳长 / mm	壳宽 / mm	轴率	初房外径 / mm	壳圈宽度 /mm								
						1	2	3	4	5	6	7	8	9
23-11	—	1.53	2.61	0.59	—									
23-12	—	1.45	2.70	0.54	—									
23-13	—	1.71	3.19	0.54	—									

扁平南京䗴 *Nankinella complanata* Wang, Sheng and Zhang, 1981

（图版 14，图 16~23）

1981 *Nankinella complanata* Wang, Sheng and Zhang，王玉净等，图版 2，图 9，15。

描述　壳体中等大小，凸镜形至长柱形，两极微凹，内圈壳缘尖，外圈宽圆。壳体有 7~10 圈，壳长 2.23~2.88mm，壳宽 3.86~4.40mm，轴率 0.55~0.69，平均 0.62。旋壁由致密层、透明层和内疏松层组成。外圈旋壁厚 0.03~0.04mm。旋脊微小，分布于侧坡上。隔壁平直，局部底部有列孔。初房未见。

度量　见表 6.32。

讨论与比较　当前种最典型的特征是内圈的壳缘较尖，而外圈的壳缘宽圆，易于和其他种区别。

产地与层位　西藏申扎县木纠错剖面，下拉组中部。

表 6.32　*Nankinella complanata* Wang, Sheng and Zhang 度量表

图版	壳圈	壳长 / mm	壳宽 / mm	轴率	初房外径 / mm	壳圈宽度 /mm									
						1	2	3	4	5	6	7	8	9	10
14-16	10	2.48	4.18	0.59	—	0.37	0.82	1.18	1.61	1.93	2.41	2.84	3.17	3.62	4.18
14-17	8.5	2.23	3.98	0.55	—	0.58	1.02	1.48	2.01	2.47	2.83	3.28	3.75	3.98(1/2)	—
14-18	9.5	2.46	4.36	0.55	—	0.53	0.87	1.27	1.68	2.06	2.56	3.03	3.50	4.04	4.36(1/2)
14-19	10	2.68	3.86	0.69	—	0.29	0.57	0.97	1.30	1.67	2.16	2.53	3.01	3.48	3.87
14-20	10	2.54	4.15	0.61	—	0.27	0.43	0.83	1.21	1.72	2.18	2.71	3.18	3.70	4.15
14-21	7	2.78	4.36	0.64	—	0.58	1.08	1.55	2.10	2.64	3.23	3.78	4.36		
14-22	10	2.88	4.40	0.65	—	0.49	0.69	1.07	1.39	1.86	2.32	2.84	3.32	3.81	4.40
14-23	—	2.87	4.15	0.69	—	0.60	1.09	1.51	1.95	2.39	2.79	3.22	3.71	4.15	—

少圈南京䗴 *Nankinella rarivoluta* Wang, Sheng and Zhang, 1981

（图版 6，图 36~40；图版 14，图 27~33；图版 34，图 14~16）

1981 *Nankinella rarivoluta* Wang, Sheng and Zhang，王玉净等，56 页，图版 V，图 9~12。

1986 *Nankinella rarivoluta*，王玉净和周建平，图版 IV，图 6，7，9。

1986 *Nankinella rarivoluta*，宋志敏，图 6，图版 I，图 17。

1990 *Nankinella rarivoluta*，聂泽同和宋志敏，图版 3，图 4，5，9。

1998 *Nankinella rarivoluta*, Leven，图版 1，图 14，15。

描述 壳体较小，凸镜形，两极微凹，壳缘尖锐。成熟壳体有 4~4.5 圈，壳长 0.44~0.91mm，壳宽 0.87~1.73mm，轴率 0.43~0.64，平均 0.52。旋壁重结晶严重，个别标本可见致密层、透明层和内疏松层。外圈旋壁厚约 0.03mm。旋脊弱小，分布于侧坡上。隔壁平直。初房圆，外径 0.04~0.10mm，平均 0.062mm。

度量 见表 6.33。

讨论与比较 当前标本的特征是壳圈较少，个体较小，易于与动物群中的其他 *Nankinella* 种相区别。它和 *Nankinella rarivoluta* Wang, Sheng and Zhang 在壳形和个体大小上最为相似，与产于西藏拉赛拉的模式标本相比，当前标本的个体更小，且两极膨胀相对较弱。

产地与层位 西藏仲巴县扎布耶六号剖面，下拉组中部；西藏措勤县夏东剖面，下拉组中部；西藏申扎县木纠错西木纠错组二号短剖面，下拉组上部。

表 6.33 *Nankinella rarivoluta* Wang, Sheng and Zhang 度量表

图版	壳圈	壳长 /mm	壳宽 /mm	轴率	初房外径 /mm	壳圈宽度 /mm				
						1	2	3	4	5
6-36	3	0.45	0.92	0.49	0.10	0.29	0.54	0.92	—	—
6-37	3	0.47	0.80	0.59	—	0.29	0.54	0.80	—	—
6-38	2.5	0.45	0.62	0.60	0.04	0.27	0.47	0.62(1/2)	—	—
6-39	4.5	0.91	1.73	0.44	0.08	0.23	0.50	0.94	1.50	1.73(1/2)
6-40	4	0.73	1.14	0.64	—	0.39	0.72	0.97	1.14	—
14-27	4	0.44	0.87	0.50	—	0.22	0.44	0.65	0.87	—
14-28	4.5	0.54	1.08	0.53	—	0.19	0.36	0.56	0.86	1.08(1/2)
14-29	4	0.56	1.14	0.49	—	—	0.31	0.7	1.14	—
14-30	4.5	0.58	1.13	0.04	0.28	0.46	0.71	1.06	1.13(1/2)	
14-31	4	0.46	0.94	0.49	—	—	0.38	0.59	0.94	—
14-32	4.5	0.68	1.22	0.52	—	0.35	0.66	1.04	1.22(1/2)	
14-33	4.5	0.59	1.18	0.47	0.05	0.39	0.62	0.98	1.18(1/2)	
34-14	—	0.80	1.49	0.54	—	—	—	—	—	—
34-15	—	0.35	0.61	0.57	—	—	—	—	—	—
34-16	4.5	1.10	1.71	0.59	0.05	0.21	0.43	0.86	1.50	1.71

小南京蟏 *Nankinella minor* Sheng, 1955

（图版 25，图 1~15）

1955 *Nankinella minor* Sheng，盛金章，291 页，图版 1，图 7。

1956 *Nankinella minor*，盛金章，182 页，图版 I，图 18~19。

1979 *Nankinella minor*，孙秀芳，图版 1，图 15。

1982 *Nankinella minor*，地质部南京地质矿产研究所，96 页，图版 25，图 8。

1998 *Nankinella minor*，周铁明，图版 I，图 12。
1999 *Nankinella minor*, Wang et al., 59 页，图版 1，图 9。
2007 *Nankinella minor*, Leven et al., pl. 1, fig. 4.

描述　壳体小，凸镜形，壳缘在内部壳圈较尖，外部壳圈浑圆。成熟壳体有 6~7 圈，壳长 0.98~1.78mm，壳宽 1.66~2.46mm，轴率 0.60~0.74（平均 0.58）。旋壁可见致密层、透明层和内疏松层。外圈旋壁厚约 0.04mm。旋脊弱小。隔壁平直。初房圆，外径 0.06mm。

度量　见表 6.34。

讨论与比较　当前种的特征是壳圈较少，个体小，它和 *Nankinella* 动物群的大部分种相比，个体明显较小。它和 *Nankinella rarivoluta* Wang, Sheng and Zhang 的区别在于当前种壳圈稍多，壳缘浑圆，易区分。

产地与层位　西藏申扎县木纠错剖面，下拉组中部。

表 6.34　*Nankinella minor* Sheng 度量表

图版	壳圈	壳长 /mm	壳宽 /mm	轴率	初房外径 /mm	壳圈宽度 /mm						
						1	2	3	4	5	6	7
25-1	5	1.27	2.24	0.57	—	—	0.53	1.32	1.86	2.24	—	—
25-2	4	0.75	1.34	0.56	—	0.26	0.52	0.93	1.34	—	—	—
25-3	4	0.65	1.15	0.57	—	0.22	0.4	0.72	1.15	—	—	—
25-4	4	0.86	1.42	0.61	—	—	1.12	1.42	—	—	—	—
25-5	6	1.00	1.66	0.60	—	—	0.47	0.75	1.00	1.31	1.66	—
25-6	5	1.44	2.34	0.62	—	—	0.47	1.10	1.63	2.34	—	—
25-7	4.5	1.22	1.88	0.58	—	0.45	0.78	1.16	1.66	1.88(1/2)	—	—
25-8	6	1.10	1.75	0.63	—	0.31	0.56	0.92	1.20	1.51	1.75	—
25-9	7	1.56	2.46	0.63	—	0.31	0.58	0.83	1.18	1.61	2.06	2.46
25-10	6	0.98	1.47	0.67	—	—	0.40	0.60	0.87	1.14	1.47	—
25-11	5	0.91	1.39	0.65	—	—	0.46	0.73	1.05	1.39	—	—
25-12	6	1.78	2.42	0.74	—	0.36	0.84	1.17	1.55	1.94	2.42	—
25-13	4	0.54	0.92	0.59	0.06	0.23	0.42	0.67	0.92	—	—	—
25-14	4	0.44	0.77	0.57	—	0.17	0.29	0.49	0.77	—	—	—
25-15	—	1.13	2.00	0.57	—	—	—	—	—	—	—	—

史塔夫蟆属 *Staffella* Ozawa, 1925

模式种　球形小纺锤蟆 *Fusulinella sphaerica* Moeller, 1878。

属征　壳小，亚球形至球形，壳缘宽圆，脐部微凹或平圆，中轴之长多短于壳宽。旋壁由致密层、较宽透明层及内外疏松层组成。隔壁平直。旋脊较低。通道低而宽。

讨论与比较　这个属在外形上和始费伯克蟆属 *Eoverbeekina* 十分接近，但后者在外圈上具有拟旋脊，很易区别。它与 *Nankinella* 属的区别是壳近球形、壳缘钝圆。

垭子史塔夫鑝 *Staffella yaziensis* Wang and Sun, 1973

（图版 15，图 10~13）

1973 *Staffella yaziensis* Wang and Sun，王国莲和孙秀芳，154 页，图版 III，图 2，3。
2007 *Staffella yaziensis*, Gaillot and Vachard, pl. 8, fig. 9；pl. 28, fig. 7；pl. 31, fig. 10.

描述　壳体较小，亚球形，壳缘浑圆。成熟壳体有 4~5 圈，壳长 1.23~2.00mm，壳宽 1.36~2.43mm，轴率 0.83~0.96（平均 0.89）。旋壁重结晶严重，近通道重结晶程度低的可见到致密层和透明层。隔壁平直。旋壁厚 0.032~0.044mm。旋脊中等，亦重结晶，分布于侧坡上。通道直，通道角 15.3°~19.6°。初房未见。

度量　见表 6.35。

讨论与比较　当前标本都是近亚球形的个体，因此属于 *Staffella* 而非 *Nankinella*。在 *Staffella* 属中，以相似的壳形和轴率、相近的旋壁厚度等特点，可以归入 *Staffella yaziensis* Wang and Sun。与产于陕西镇安垭子组中的模式标本相比，当前标本个体稍大。该种和亥玛那史塔夫鑝 *Staffella haymanaensis* Ciry 在个体大小和壳形方面较相似，但后者内部壳圈呈小泽鑝状，并且旋壁非常薄，壳体更呈球形，可以区分。

产地与层位　西藏措勤县夏东剖面，下拉组中部。

表 6.35　*Staffella yaziensis* Wang and Sun **度量表**

图版	壳圈	壳长 /mm	壳宽 /mm	轴率	初房外径 /mm	壳圈宽度 /mm				
						1	2	3	4	5
15-10	5	1.23	1.36	0.91	—	0.34	0.58	0.84	1.21	1.36
15-11	5	2.00	2.43	0.83	—	0.66	0.97	1.24	1.70	2.43
15-12	4	1.50	1.68	0.89	—	0.61	0.98	1.28	1.68	—
15-13	4	1.66	1.73	0.96	—	0.59	0.96	1.27	1.73	—

苏伯特鑝科 Schubertellidae Skinner, 1931
苏伯特鑝亚科 Schubertellinae Skinner, 1931

杨铨鑝属 *Yangchienia* Lee, 1934

模式种　不均杨铨鑝 *Yangchienia iniqua* Lee, 1934。

属征　壳小，椭圆形或纺锤形。壳圈包卷紧。内 3 圈内卷虫式，其中轴与外圈的中轴正交。旋壁由致密层及透明层组成，无疏松层。隔壁平。旋脊大，自通道延伸至两极。通道近长方形。初房小。

讨论与比较　该属与微纺锤鑝 *Fusiella* 最为相似，但前者旋壁发育透明层，且具有大的旋脊。另外，该属与 *Schubertella* 相比，壳圈数目更多，旋脊更大。

汤姆逊氏杨铨鑝 *Yangchienia thompsoni* Skinner and Wilde, 1966

（图版 7，图 21~27）

1966 *Yangchienia thompsoni* Skinner and Wilde, p. 7, pl. 4, figs. 11, 12；pl. 5, figs. 1~10；pl. 6, figs. 1~4.
1975 *Yangchienia thompsoni*, Toriyama, p. 11, pl. 1, figs. 17, 18.

1975 *Yangchienia thompsoni*，盛金章和孙大德，11 页，图版 12，图 9，10。

1979 *Yangchienia thompsoni*, Toriyama and Kanmera, p. 36, pl. IV, figs. 15~22.

1983a *Yangchienia thompsoni*，聂泽同和宋志敏，图版 VI，图 4。

1987 *Yangchienia thompsoni*, Panzanelli-Fratoni et al., p. 300. pl. III, figs. 12, 13.

1989 *Yangchienia thompsoni*, Kotlyar et al., pl. V, figs. 1, 5.

1996 *Yangchienia thompsoni*, Leven and Okay, pl. 7, fig. 13.

1997 *Yangchienia thompsoni*, Leven, p. 61, pl. 3, fig. 10.

2010 *Yangchienia thompsoni*，张以春，图版 I，图 26~28。

2011a *Yangchienia thompsoni*, Leven and Gorgij, pl. XXIX, fig. 1.

描述　壳体小，粗纺锤形，两极尖，侧坡直或微凹。壳体一般 7~9 圈，最大的个体可达 11 圈。壳长 1.98~3.51mm，壳宽 1.13~2.19mm，轴率 1.53~1.76（平均 1.62）。旋壁由致密层和透明层组成，局部可见不连续的内疏松层。旋壁厚约 0.02mm。旋脊较大，位于通道两侧并向侧坡逐步减小。通道清楚，通道角 12°~15°。隔壁平直。初房圆，外径 0.07~0.13mm。

度量　见表 6.36。

讨论与比较　当前标本以较多的壳圈以及相似的旋脊可归于 *Yangchienia thompsoni* Skinner and Wilde 中。它和海登氏杨铨蟆 *Yangchienia haydeni* Thompson 的区别在于当前种壳圈多，个体较大。它和膨胀杨铨蟆 *Yangchienia tumida* Wang, Sheng and Zhang 在壳形方面相似，但后者壳体包卷很紧，而且壳圈较多，可以区分。

产地与层位　西藏仲巴县扎布耶六号剖面，下拉组中部。

表 6.36　*Yangchienia thompsoni* Skinner and Wilde 度量表

图版	壳圈	壳长 /mm	壳宽 /mm	轴率	初房外径 /mm	壳圈宽度 /mm										
						1	2	3	4	5	6	7	8	9	10	11
7-21	8	2.11	1.38	1.53	0.12	0.18	0.27	0.40	0.55	0.77	0.98	1.25	1.38	—	—	—
7-22	7	1.98	1.13	1.76	0.11	0.21	0.27	0.39	0.55	0.73	0.92	1.13	—	—	—	—
7-23	6	2.66	1.75	1.53	—	—	0.51	0.73	0.98	1.29	1.75	—	—	—	—	—
7-24	8	3.51	2.19	1.60	—	0.44	0.65	0.91	1.15	1.38	1.74	2.04	2.19	—	—	—
7-25	11	2.91	1.77	1.64	0.07	0.15	0.18	0.26	0.36	0.49	0.65	0.84	1.06	1.30	1.55	1.77
7-26	9	2.68	1.61	1.67	—	0.18	0.30	0.40	0.55	0.74	0.96	1.20	1.39	1.61	—	—
7-27	8	2.53	1.59	1.59	0.13	0.22	0.33	0.45	0.62	0.82	1.02	1.29	1.59	—	—	—

托勃勒氏杨铨蟆相似种 *Yangchienia* cf. *tobleri* Thompson, 1935

（图版 8，图 25，26）

1929 *Fusulinella* sp., Ozawa and Tobler, p. 47, pl. V, fig. 3.

1935 *Yangchienia tobleri* Thompson, p. 516, pl. XVII, figs. 1, 2, 7.

1957 *Yangchienia tobleri*, Miklukho-Maklay, p. 103, pl. II, figs. 1, 3.

1963 *Yangchienia tobleri*，盛金章，38 页，图版 5，图 1~9。

1967 *Yangchienia tobleri*, Leven, 129 页，pl. II，figs. 5~6。

1971 *Yangchienia tobleri*, Lys and de Lapparent, p. 112, pl. XII, fig. 1; pl. XXII, fig. 2.

1975 *Yangchienia tobleri*, Toriyama, p. 9, pl. I, figs. 13~16.

1977 *Yangchienia tobleri*，林甲兴等，36 页，图版 7，图 8。

1985 *Yangchienia tobleri*，杨振东，图版 I，图 4。

1989 *Yangchienia tobleri*，李家骧，58 页，图版 4，图 4。

1989 *Yangchienia tobleri*, Köylüoglu and Altiner, pl. V, fig. 3.

1989 *Yangchienia* cf. *tobleri*, Kotlyar et al., pl. X, fig. 10.

1997 *Yangchienia tobleri*, Leven, p. 61, pl. 3, fig. 14.

2005a *Yangchienia tobleri*，程立人等，153 页，图版 II，图 8。

2009 *Yangchienia tobleri*, Zhang et al., pl. 1, figs. 15, 16.

描述　壳体小，粗纺锤形，两极尖，侧坡直或微凹。壳体有 9~10.5 圈；壳长 1.96~2.44mm，宽 1.17~1.82mm，轴率 1.34~1.68，平均 1.51。旋壁由致密层、透明层和内疏松层组成。旋壁厚约 0.02mm。旋脊发育，从通道沿侧坡呈渐缓分布。通道清楚，通道角 11° 左右。隔壁平直。初房未见。

度量　见表 6.37。

讨论与比较　当前标本以宽缓分布的旋脊可以和 *Yangchienia haydeni* Thompson 以及 *Y. thompsoni* Skinner and Wilde 相区别。这种分布的旋脊和 *Y. tobleri* Thompson 较相似，但与其模式标本相比，轴率较小，壳体相对较短。

产地与层位　西藏仲巴县扎布耶六号剖面，下拉组中部。

表 6.37　*Yangchienia* cf. *tobleri* Thompson 度量表

图版	壳圈	壳长/mm	壳宽/mm	轴率	初房外径/mm	壳圈宽度/mm										
						1	2	3	4	5	6	7	8	9	10	11
8-25	10.5	2.44	1.82	1.34	—	0.13	0.23	0.36	0.50	0.62	0.83	1.02	1.26	1.49	1.73	1.82(1/2)
8-26	9	1.96	1.17	1.68	—	0.08	0.15	0.24	0.34	0.44	0.58	0.70	0.89	1.17	—	—

苏伯特蜓属 *Schubertella* Staff and Wedekind, 1910

模式种　过渡苏伯特蜓 *Schubertella transitoria* Staff and Wedekind, 1910。

属征　壳小，粗纺锤形至纺锤形，两极钝圆。最初 1~2 圈的中轴与外圈的中轴呈 90° 相交。旋壁由致密层一层构成。隔壁平直至微皱。旋脊发达，每圈都有。

讨论与比较　关于该属的旋壁构造，Staff 和 Wedekind（1910）认为其仅由一层黑色而致密之层构成，Lee 和 Chen（1930）证明了这一点。Thompson（1937）将此属分为始苏伯特蜓 *Eoschubertella* 和 *Schubertella* 两亚属，指出 *Schubertella* 亚属的旋壁由致密层和透明层二层构成。盛金章等（1958b）认为这一属的旋壁构造是由"致密层及其下一较不致密层组成，而非单一的致密层构成"。该属和新小纺锤蜓 *Neofusulinella* 属在外形上相似，二者旋壁构造也相同，大致区别在于后者壳体很大，最初 1~2 圈的中轴与外圈的中轴在一条直线上，没有角度相交。同时它的旋壁略厚，旋脊也比较显著。

后展长苏伯特䗴 *Schubertella postelongata* Zhang, 1996
（图版 6，图 29）

1958b *Schubertella elongata* Sheng，盛金章，21 页，图版 II，图 25。
1990 *Schubertella elongata*，何锡麟等，129 页，图版 III，图 18。
1996 *Schubertella postelongata* Zhang，张遴信，206 页，图版 22，图 29。

描述　壳体微小，纺锤形，两极尖，侧坡微凹。壳体有 3 圈，壳长 0.48mm，壳宽 0.214mm，轴率 2.24。第 1~3 圈的宽度分别为 0.09mm、0.15mm、0.214mm。内部壳圈呈内卷虫状，与外部壳圈直交。旋壁由致密层和一不致密层组成。旋壁厚 0.01~0.02mm。旋脊发育，呈三角状分布于通道两侧。通道角约 15°。隔壁平直。初房未见。

讨论与比较　当前标本在壳形和个体大小方面和盛金章（1958b）描述的展长苏伯特䗴 *Schubertella elongata* 比较接近。但由于该种名被 Kireeva 优先占用，故张遴信 1996 年建议以 *Schubertella postelongata* 种名替换盛金章（1958b）的 *Schubertella elongata* 一名。故把当前标本归入 *Schubertella postelongata* 一种中。当前种与 *Schubertella transitoria* Staff and Wedekind 在壳形方面相似，但当前种壳体稍细长，轴率较大。

产地与层位　西藏仲巴县扎布耶六号剖面，下拉组中部。

新小纺锤䗴属 *Neofusulinella* Deprat, 1912

模式种　兰登新小纺锤䗴 *Neofusulinella lantenoisi* Deprat, 1913。
属征　壳小到中等，粗纺锤形。旋壁由致密层及透明层组成。隔壁在中部平，两极微皱。隔壁孔发育。旋脊大，通道单一。

讨论与比较　此属与 *Schubertella* 属的区别是，旋壁构造不同，壳体大，隔壁孔发育。周祖仁等（2000）曾认为 *Neofusulinella* 的模式种 *Neofusulinella lantenoisi* Deprat 在云南保山被发现。但仔细研究他们展示的图版可以观察到这些标本矿化较明显、内圈包卷呈史塔夫型壳体，与外圈近直交，且个体较大。这种特征和同产于保山地区沙子坡组和大凹子组中的 *Jinzhangia* 非常相似（Ueno, 2001）。因此，此种归入 *Jinzhangia* 更合适。

计劳德氏新小纺锤䗴相似种 *Neofusulinella cf. giraudi* Deprat, 1915
（图版 15，图 6）

1915 *Neofusulinella giraudi* Deprat, p. 11, pl. I, figs. 6~11.
1924 *Neofusulinalle praecursor* var. *pusilla* Colani, p. 104, pl. XXIX, figs. 22, 23, 27.
1927 *Neofusulinella giraudi*, Ozawa, p. 150, pl. XXXVIII, figs. 3~6, 9, 16c；pl. XXXIX, figs. 4~6.
1957 *Schubertella giraudi* (Deprat), Kobayashi, p. 263, pl. I, figs. 1~5.
1963 *Schubertella giraudi*, Kanmera, p. 88, pl. 12, figs. 8~12.
1963 *Schubertella giraudi*，盛金章，34 页，图版 4，图 1~9。
1967 *Schubertella giraudi*, Kalmykova, p. 164, pl. II, figs. 1~6.
1974 *Schubertella giraudi*，中国科学院南京地质古生物研究所，289 页，图版 150，图 5。
1977 *Schubertella giraudi*，林甲兴等，32 页，图版 6，图 19。

1978 *Schubertella giraudi*，刘朝安等，19 页，图版 2，图 2。

1978 *Schubertella giraudi*，西南地质科学研究所，31 页，图版 5，图 6~7。

1979 *Schubertella giraudi*，林甲兴等，图版 1，图 12，13。

1981 *Schubertella giraudi*，王玉净等，19 页，图版 XV，图 3，4。

1982 *Schubertella giraudi*，张遴信，145 页，图版 2，图 32-33，40~41。

1985 *Neofusulinella giraudi*，杨振东，图版 I，图 1。

1986 *Schubertella giraudi*，王建华和唐毅，图版 I，图 6，8。

1986 *Schubertella giraudi*，肖伟民等，73 页，图版 1，图 3，10，13，15，24，25。

1986 *Schubertella giraudi*, Chediya et al., pl. II, fig. 5.

1988 *Schubertella giraudi*，孙巧缡和张遴信，图版 II，图 10。

1988 *Schubertella giraudi*，张遴信等，23 页，图版 1，图 23。

1989 *Schubertella giraudi*，李家骧，38 页，图版 2，图 11，12。

1991 *Schubertella giraudi*，张遴信，45 页，图版 1，图 15。

1992 *Schubertella giraudi*, Leven et al., p. 65, pl. I, figs. 15, 16.

1996 *Schubertella giraudi*，曾学鲁等，165 页，图版 2，图 2~3。

1996 *Neofusulinella giraudi*, Igo, p. 628, pl. 11, figs. 1~4.

1997 *Schubertella giraudi*, Leven, p. 59, pl. 1, figs. 9~11.

1998 *Schubertella giraudi*，张遴信，图版 9，图 11。

1998 *Schubertella giraudi*, Leven, pl. 2, fig. 22.

1999 *Schubertella giraudi*，杨湘宁等，图版 I，图 8。

2005 *Schubertella giraudi*, Kobayashi, pl. 5, figs. 6~11.

2006 *Neofusulinella* cf. *giraudi*, Ueno et al., p. 57, pl. 3, figs. 10~17.

2008 *Neofusulinella giraudi*, Leven and Gorgij, pl. 1, fig. 3.

2009 *Neofusulinella giraudi*, Kobayashi and Furutani, p. 32, pl. 1, figs. 23~52.

2011a *Neofusulinella giraudi*, Leven and Gorgij, pl. XXVII, fig. 2.

2011 *Neofusulinella giraudi*, Kobayashi, p. 464, pl. V, figs. 1~34.

2012b *Neofusulinella giraudi*, Zhang et al., p. 146, figs. 5F~L.

2014 *Neofusulinella giraudi*, Gaetani and Leven, pl. 1, fig. 12.

2014 *Neofusulinella giraudi*, Zhang et al., pl. I, figs. 15~19.

描述　仅见一个轴切面，壳体微小，粗纺锤形，两极钝圆，侧坡直并且较陡。内圈的旋转方向与外圈呈大角度相交。壳体共有 4 圈，壳长 0.84mm，壳宽 0.52mm，轴率 1.62。第 1~4 圈的壳圈宽度分别是 0.20mm，0.27mm，0.4mm 和 0.52mm。旋壁由致密层和透明层组成。旋壁厚约 0.024mm。旋脊发育，最外圈较突出。通道清楚，通道角 29° 左右。隔壁平直。初房球形，外径约 0.07mm。

讨论与比较　当前标本在壳形上和很多 *Schubertella* 中的种相似，但旋壁中有明显的透明层，因此属于 *Neofusulinella* 无疑。在 *Neofusulinella* 属中，当前标本与 *Neofusulinella giraudi* Deprat 在壳形和个体大小以及旋脊发育情况都较相似，因此归于该种中。它在壳形上和前走新小纺锤蜓 *Neofusulinella praecursor* Deprat 相似，但当前种壳体上要小得多，容易区分。

产地与层位　西藏措勤县夏东剖面，下拉组中部。

布尔顿螆亚科 Boultoniinae Skinner and Wilde, 1954

喇叭螆属 *Codonofusiella* Dunbar and Skinner, 1937

模式种　奇异喇叭螆 *Codonofusiella paradoxica* Dunbar and Skinner, 1937。

属征　壳微小，末圈不包卷。包卷部分纺锤形，最初 1~2 圈为内卷虫式，末圈向一个方向展开，形成喇叭形的壳体。旋壁由致密层及透明层组成。隔壁全面强烈褶皱。旋脊很小。通道单一。

讨论与比较　本属与 *Fusiella* 在壳形、内部壳圈为内卷虫式包卷、旋壁为两层式等方面很相似，但可从其强烈的隔壁褶皱和极小的旋脊方面与 *Fusiella* 区分。本属包卷部分的轴切面与古螆属 *Palaeofusulina* 的幼年壳体很像，但后者不作内卷虫式，壳圈包卷较松，可以区分。

卢氏喇叭螆 *Codonofusiella lui* Sheng, 1956

（图版 6，图 20~26）

1956 *Codonofusiella lui* Sheng, 盛金章，185 页，图版 3，图 1~14。
1963 *Codonofusiella lui*，盛金章，47 页，图版 7，图 1~8。
1965 *Codonofusiella lui*, Rozovskaya, pl. 3, figs. 11, 12.
1967 *Codonofusiella lui*, Leven, p. 133, pl. III, fig. 5.
1974 *Codonofusiella lui*，中国科学院南京地质古生物研究所，296 页，图版 153，图 11。
1977 *Codonofusiella lui*，林甲兴等，39 页，图版 8，图 11。
1978 *Codonofusiella lui*，丁启秀，281 页，图版 101，图 10~11。
1978 *Codonofusiella lui*，刘朝安等，26 页，图版 3，图 21。
1978 *Codonofusiella lui*，西南地质科学研究所，34 页，图版 6，图 1~3。
1978 *Codonofusiella lui*, Lys et al., pl. 8, figs. 25, 26.
1979 *Codonofusiella lui*，芮琳，图版 2，图 16，17。
1982 *Codonofusiella lui*，张遴信，149 页，图版 35，图 21，24，27。
1984 *Codonofusiella lui*，林甲兴，157 页，图版 9，图 26。
1984 *Codonofusiella lui*，湖北省区域地质测量队，24 页，图版 2，图 2，6。
2010 *Codonofusiella lui*，张以春，图版 I，图 1~11。

描述　壳体小，纺锤形至长纺锤，两极钝圆，侧坡缓平。成熟壳体有 4~4.5 圈，壳长 1.25~2.49mm，壳宽 0.46~0.86mm，轴率 2.72~3.68。内部壳圈和外部壳圈的旋转方向呈直角相交。旋壁由致密层、透明层组成。旋壁很薄。旋脊不发育。隔壁褶皱强烈，褶曲两边近似平行。通道直，通道角 10°~15°。初房圆，外径 0.03~0.05mm。

度量　见表 6.38。

讨论与比较　当前标本以相对较大的壳体和较细长的壳形可归于 *Codonofusiella lui* Sheng。它在壳形和大小上和秭归喇叭螆 *Codonofusiella ziguiensis* Lin 较相似，区别在于后者壳圈包卷很紧，并且两极较尖，容易区分。当前种还和微小蓝栖螆 *Lantschichites minima* (Chen) 较相似，但后者壳体轴率大，壳体更加细长，而且个体更加大。除此以外，*Lantschichites minima* (Chen) 的隔壁褶皱相对宽圆，可以区分。

产地与层位 西藏仲巴县扎布耶六号剖面，下拉组中部。

表 6.38 Codonofusiella lui Sheng 度量表

图版	壳圈	壳长 /mm	壳宽 /mm	轴率	初房外径 /mm	壳圈宽度 /mm				
						1	2	3	4	5
6-20	3.5	1.04	0.32	3.25	0.03	0.06	0.12	0.22	0.32(1/2)	—
6-21	3	1.01	0.47	2.17	0.03	0.12	0.18	0.47	—	—
6-22	4.5	2.49	0.86	2.90	—	0.16	0.24	0.31	0.39	0.86(1/2)
6-23	4	1.71	0.47	3.68	0.05	0.15	0.19	0.30	0.47	—
6-24	4	1.25	0.46	2.72		0.10	0.17	0.30	0.46	—
6-25	3	0.94	0.30	3.12		0.14	0.19	0.30	—	—
6-26	2	—	0.34	—		0.10	0.34	—	—	—

弱小喇叭䗴 Codonofusiella nana Erk, 1941

（图版 6，图 30~35）

1941 *Codonofusiella nana* Erk, p. 248，pl. XIII，figs. 7~13.

1954 *Codonofusiella nana*, Miklukho-Maklay, p. 78, pl. XIV, fig. 5.

1971 *Codonofusiella nana*, Lys and de Lapparent, p. 113, pl. XVIII, fig. 1；pl. XXII, fig. 3.

1976 *Codonofusiella nana*, Montenat et al., pl. XVII, fig. 16.

1978 *Codonofusiella nana*, Lys et al., pl. 7, fig. 7；pl. 8, figs. 22, 27.

2004 *Codonofusiella nana*, Orlov-Labkovsky, p. 400, pl. 2, fig. 3.

描述 壳体微小，粗纺锤形至椭圆形，两极钝圆。成熟壳体有 4~5 圈，壳长 0.67~1.44mm，壳宽 0.41~0.85mm，轴率 1.60~1.70。内部 2~3 圈呈内旋式包卷，其角度和外部壳圈的旋转方向呈大角度相交，相交角度约为 45°。最后半圈壳圈不包卷，向外伸展不长。旋壁由致密层、透明层组成。旋壁很薄。旋脊不发育。隔壁褶皱弱，褶曲较宽圆。通道不清楚。初房圆，外径 0.04~0.07mm。

度量 见表 6.39。

讨论与比较 当前种和苏伯特䗴状喇叭䗴 *Codonofusiella schubertelloides* Sheng 在大小和壳形上较相似，区别在于当前种内圈和外圈的旋转方向呈近 45° 相交，而后者内外圈呈近直角相交，另外，后者的隔壁褶皱也非常强烈，可以和当前种区分。

产地与层位 西藏仲巴县扎布耶六号剖面，下拉组中部。

表 6.39 Codonofusiella nana Erk 度量表

图版	壳圈	壳长 /mm	壳宽 /mm	轴率	初房外径 /mm	壳圈宽度 /mm				
						1	2	3	4	5
6-30	5	1.44	0.85	1.70	0.07	0.12	0.17	0.26	0.51	0.85
6-31	4	0.75	0.47	1.60	—	0.08	0.15	0.27	0.47	—
6-32	4	0.67	0.41	1.63	—	0.05	0.10	0.21	0.41	—
6-33	4.5	—	0.48			0.05	0.13	0.22	0.36	0.48(1/2)
6-34	4	0.85	0.52	1.63	0.04	0.10	0.16	0.27	0.52	—
6-35	3.5	0.84	0.49	1.71	0.04	0.08	0.15	0.25	0.49(1/2)	—

苏伯特蟆状喇叭蟆 *Codonofusiella schubertelloides* Sheng, 1956

（图版 30，图 5~17）

1956 *Codonofusiella schubertelloides* Sheng，盛金章，185 页，图版 4，图 1~14。

1962 *Codonofusiella schubertelloides*，盛金章，315 页，图版 I，图 6~12。

1963 *Codonofusiella schubertelloides*，盛金章，45 页，图版 6，图 16~20。

1965 *Codonofusiella schubertelloides*, Rozovskaya, pl. 1, fig. 10；pl. 3, figs. 6~9。

1974 *Codonofusiella schubertelloides*，中国科学院南京地质古生物研究所，294 页，图版 153，图 1。

1977 *Codonofusiella schubertelloides*，林甲兴等，39 页，图版 8，图 2，3。

1978 *Codonofusiella schubertelloides*，西南地质科学研究所，35 页，图版 6，图 12，29。

1978 *Codonofusiella schubertelloides*，刘朝安等，27 页，图版 3，图 10，11。

1979 *Codonofusiella schubertelloides*，孙秀芳，图版 1，图 10~11。

1979 *Codonofusiella schubertelloides*，芮琳，图版 2，图 9~11。

1982 *Codonofusiella schubertelloides*，张遴信，148 页，图版 35，图 9~16，18。

1982 *Codonofusiella schubertelloides*，地质部南京地质矿产研究所，24 页，图版 3，图 38~39。

1983 *Codonofusiella schubertelloides*, Kotlyar et al., pl. III, fig. 11。

1984 *Codonofusiella schubertelloides*，林甲兴，157 页，图版 9，图 16~18。

1986 *Codonofusiella schubertelloides*，肖伟民等，71 页，图版 1，图 20~22。

1986 *Codonofusiella schubertelloides*，宋志敏，7 页，图版 I，图 11~13。

1989 *Codonofusiella schubertelloides*，李家骧，46 页，图版 3，图 6。

1990 *Codonofusiella schubertelloides*，聂泽同和宋志敏，图版 3，图 7~8。

1990 *Codonofusiella schubertelloides*，朱彤，42 页，图版 1，图 12~14。

1990 *Codonofusiella schubertelloides*，张祖辉和洪祖寅，图版 1，图 19，20。

1995 *Codonofusiella schubertelloides*，张遴信，57 页，图版 13，图 13~15。

1997 *Codonofusiella schubertelloides*, Leven, p. 60, pl. 3, fig. 5。

1997 *Codonofusiella* cf. *schubertelloides*, Leven and Grant-Mackie, p. 477. fig. 6B。

2001 *Codonofusiella schubertelloides*，周铁明，图版 I，图 1，2。

2003b *Codonofusiella schubertelloides*, Kobayashi and Ishii, p. 313, pl. 1, figs. 34~38。

2004 *Codonofusiella schubertelloides*, Jenny et al., pl. 8, fig. 7。

2004 *Codonofusiella schubertelloides*, Orlov-Labkovsky, pl. 3, fig. 17。

2005 *Codonofusiella schubertelloides*, Mohtat-Aghai and Vachard, pl. 2, figs. 5~7。

2011a *Codonofusiella schubertelloides*, Leven and Gorgij, pl. XXVIII, figs. 3, 4。

描述 壳体微小，纺锤形至长纺锤，中部隆起，两极钝圆。成熟壳体有 3~3.5 圈，壳长 0.62~1.40mm，壳宽 0.30~0.76mm，轴率 1.61~2.34。内部壳圈和外部壳圈的旋转方向呈直角相交。最后半圈壳圈不包卷，向外伸展不长。旋壁由致密层、透明层组成。旋壁很薄。旋脊不发育。隔壁褶皱强烈，最外圈呈泡沫状。内部壳圈通道直，通道角约 15°。初房圆，外径 0.04~0.08mm。

度量 见表 6.40。

讨论与比较 当前种和贵州喇叭蟆 *Codonofusiella kueichowensis* Sheng 在壳形方面相似，区别在于后者壳体较大，壳体不包卷部分较长。

产地与层位 西藏申扎县木纠错剖面，下拉组上部。

表 6.40 *Codonofusiella schubertelloides* Sheng 度量表

图版	壳圈	壳长 /mm	壳宽 /mm	轴率	初房外径 /mm	壳圈宽度 /mm			
						1	2	3	4
30-5	3.5	0.62	0.32	1.95	0.04	0.07	0.12	0.22	0.32(1/2)
30-6	3	—	0.30	—	0.04	0.08	0.16	0.30	—
30-7	3	0.78	0.33	2.34	0.06	0.13	0.19	0.33	—
30-8	3	—	0.39		0.06	0.12	0.20	0.39	—
30-9	3.5	1.40	0.76	1.85	0.05	0.12	0.21	0.40	0.76(1/2)
30-10	2.5	—	0.71	—		0.17	0.44	0.71(1/2)	
30-11	3	0.68	0.41	1.67	0.06	0.17	0.26	0.41	—
30-12	3	0.66	0.41	1.61	—	0.12	0.20	0.41	—
30-13	3	0.68	0.34	2.01	0.06	0.12	0.19	0.34	—
30-14	3.5	—	0.57		0.06	0.12	0.19	0.30	0.57(1/2)
30-15	3	0.97	0.46	2.09	0.06	0.12	0.20	0.46	—
30-16	2	—	0.36		0.05	0.15	0.36	—	—
30-17	2.5	0.98	0.39	2.51	0.08	0.14	0.28	0.39(1/2)	—

广西喇叭䗴 *Codonofusiella kwangsiana* Sheng, 1963

（图版 32，图 1~8）

1963 *Codonofusiella kwangsiana* Sheng，盛金章，44 页，图版 6，图 1~9。

1974 *Codonofusiella kwangsiana*，中国科学院南京地质古生物研究所，294 页，图版 153，图 2。

1977 *Codonofusiella kwangsiana*，林甲兴等，39 页，图版 8，图 7，8。

1978 *Codonofusiella kwangsiana*，刘朝安等，27 页，图版 3，图 17。

1978 *Codonofusiella kwangsiana*，西南地质科学研究所，34 页，图版 6，图 8~10。

1979 *Codonofusiella kwangsiana*，芮琳，图版 2，图 25。

1982 *Codonofusiella kwangsiana*，张遴信，149 页，图版 35，图 17，19，20，22，23，25。

1983 *Codonofusiella kwangsiana*, Kotlyar et al., pl. IV, figs. 1~5, 9.

1989 *Codonofusiella kwangsiana*，李家骧，45 页，图版 3，图 4。

1998 *Codonofusiella kwangsiana*, Leven, pl. 3, figs. 14, 15, 17~20.

2000 *Codonofusiella kwangsiana*, Ota et al., pl. 6, figs. 11, 12.

2003 *Codonofusiella* cf. *kwangsiana*, Kobayashi, fig. 4N.

2004 *Codonofusiella kwangsiana*, Orlov-Labkovsky, p. 398, pl. 2, figs. 4~6, 8~10.

2005 *Codonofusiella kwangsiana*, Mohtat-Aghai and Vachard, pl. 2, figs. 2~4；pl. 1, fig. 8.

2006a *Codonofusiella* cf. *kwangsiana*, Kobayashi, pl. 2, figs. 2, 3.

2009 *Codonofusiella kwangsiana*, Leven, p. 102, pl. XXXVI, fig. 16.

2009 *Codonofusiella* cf. *kwangsiana*, Ueno and Tsutsumi, pl. 8, figs. 1~4.

2010 *Codonofusiella kwangsiana*, Ueno et al., pl. 4, figs. 2~4.

2012b *Codonofusiella kwangsiana*, Kobayashi, p. 679, pl. 10, figs. 23~39.

2013 *Codonofusiella kwangsiana*, Kobayashi, p. 164, pl. 9, figs. 7~11.

描述 壳体微小，粗纺锤形至长纺锤形，中部隆起，两极钝圆。成熟壳体有 3~

3.5 圈，壳长 0.75~1.33mm，壳宽 0.39~0.58mm，轴率 1.69~1.73。内部壳圈和外部壳圈的旋转方向呈大角度相交。最后半圈壳圈不包卷，向外伸展较长，不包卷伸展部分高度约是包卷壳宽的 1.5 倍。旋壁由致密层、透明层组成。旋壁很薄。旋脊不发育。隔壁褶皱强烈，最外圈褶曲呈方块状。初房圆，外径 0.05~0.06mm。

度量　见表 6.41。

讨论与比较　当前种和 *Codonofusiella schubertelloides* Sheng 在壳形上略相似，但当前种壳体不包卷部分特别长，可以区分。当前种和湖南喇叭蟆 *Codonofusiella hunanica* Lin 在壳形上也相似，但后者隔壁褶皱非常不明显，可以区分。

产地与层位　西藏申扎县木纠错西短剖面，下拉组上部。

表 6.41　Codonofusiella kwangsiana Sheng 度量表

图版	壳圈	壳长 /mm	壳宽 /mm	轴率	初房外径 /mm	壳圈宽度 /mm			
						1	2	3	4
32-1	2.5	—	0.45	—	—	0.10	0.29	0.45(1/2)	—
32-2	2.5	—	0.34	—	—	0.11	0.24	0.34(1/2)	—
32-3	3	—	0.40	—	0.05	0.12	0.23	0.40	—
32-4	3	—	0.58	—	—	0.13	0.26	0.58	—
32-5	3	1.33	0.47	—	—	0.08	0.20	0.47	—
32-6	3.5	0.95	0.56	1.69	0.06	0.14	0.20	0.36	0.56(1/2)
32-7	3	0.75	0.43	1.73	—	0.10	0.20	0.43	—
32-8	3	—	0.39	—	—	0.08	0.15	0.39	—

希瓦格蟆科 Schwagerinidae Dunbar and Henbest, 1930
朱森蟆亚科 Chusenellinae Kahler and Kahler, 1966

朱森蟆属 *Chusenella* Hsü, 1942

模式种　宜山朱森蟆 *Chusenella ishanensis* Hsü, 1942。

属征　壳中等到大，纺锤形。壳体有 7~9 圈，内部数圈包卷很紧，旋壁薄，隔壁平，旋脊小而显著；外部壳圈包卷很松，旋壁厚，由致密层及蜂巢层组成。隔壁褶皱强烈，褶曲窄而高，旋脊缺失。通道单一。轴积淡，见于内圈。初房小。

讨论与比较　这一属名原为李四光教授在 1942 年建立，但未指定模式种。徐煜坚于同年描述了 *Chusenella ishanensis* Hsü 一种，并指定为 *Chusenella* 的模式种。根据国际命名规则第 25 条，徐煜坚应为这一属名的创立者。李四光认为该属最重要的特征是具有分枝或穿孔状的拟旋脊，故归于费伯克蟆亚科中。Dunbar 及 Thompson 等认为，所谓分枝的拟旋脊，是较窄的隔壁褶皱顶端黏结后的一种现象，因此，此属应归于 Schwagerininae 亚科中。1956 年，陈旭详细研究这一属的模式种后，证实所谓的分枝或穿孔状的拟旋脊确实是十分紧密的隔壁褶皱，与其顶端黏结后的现象，而不是真正的拟旋脊。但其壳形、隔壁褶皱，特别是内部壳圈隔壁不褶皱的特征，与希瓦格蟆属 *Schwagerina* 不同，因而对 *Chusenella* 作了修正和补充（陈旭，1956）。该属与拟希

瓦格蜓属 *Paraschwagerina* 的区别是，在其紧卷的内圈中隔壁不褶皱。

似里菲尔塔朱森蜓 *Chusenella quasireferta* Chen, 1985
（图版 5，图 1；图版 6，图 17~19；图版 25，图 16~27）

1982b *Chusenella referta* Skinner and Wilde，朱秀芳，118 页，图版 2，图 18。
1985 *Chusenella quasireferta* Chen，陈继荣（张正贵等，1985），130 页，图版 2，图 3~4。
1986 *Chusenella quasidouvillei* Wang and Zhou，王玉净和周建平，142 页，图版 I，图 1~5。
2007 *Chusenella quasireferta*，黄浩等，66 页，图版 1，图 18，19。
2010b *Chusenella quasireferta*，Zhang et al., p. 971, pl. 5, figs. 36~38.

描述 壳体纺锤状，中等至大，壳体中部呈柱状，壳缘中部相对内凹。成熟壳体有 7~10 圈，壳长 3.39~6.85mm，壳宽 1.41~3.53mm，轴率 1.91~2.60，平均 2.25。内部 3~4 圈包卷较紧，从第 5 圈开始壳圈逐渐扩张。内部壳圈旋壁由单层组成，外部壳圈由致密层和蜂巢层组成。内圈旋壁厚 0.015~0.020mm；外圈旋壁厚 0.065~0.070mm。内部壳圈旋脊弱小，外部壳圈无旋脊。内部壳圈隔壁平直，外部壳圈隔壁褶皱强烈。轴积较浓厚，见于两极至侧坡。初房圆，外径 0.06~0.14mm。

度量 见表 6.42。

讨论与比较 当前种与里菲尔塔朱森蜓 *Chusenella referta* Skinner and Wilde 在个体大小和轴积方面相似，但当前种壳体中部稍内凹，并且侧坡较陡，两者较易区别。当前种与陶维利氏朱森蜓 *Chusenella douvillei* (Colani) 的区别在于当前种的中部呈柱状，并相对内凹，而后者壳体中部较膨胀；另外，当前种的轴积比 *C. douvillei* 发育得好，较浓密。

表 6.42 *Chusenella quasireferta* Chen 度量表

图版	壳圈	壳长/mm	壳宽/mm	轴率	初房外径/mm	壳圈宽度/mm									
						1	2	3	4	5	6	7	8	9	10
5-1	7	—	2.28	—	—	0.11	0.35	0.6	0.91	1.35	1.83	2.28	—	—	—
6-17	5	7.56	3.34	2.26	—	0.51	1.07	1.61	2.42	3.34			—	—	—
6-18	5	4.18	2.11	1.98	—	0.71	1	1.33	1.86	2.11			—	—	—
6-19	7	5.72	2.68	2.13	0.14	0.21	0.29	0.47	0.74	1.15	1.9	2.68	—	—	—
25-16	9.5	5.85	2.77	2.11	0.12	0.19	0.27	0.37	0.52	0.75	1.13	1.74	2.29	3.00	3.20(1/2)
25-17	7	4.84	1.86	2.60	0.09	0.17	0.26	0.40	0.61	0.93	1.34	1.86	—	—	—
25-18	8	5.00	1.99	2.51	0.06	0.11	0.17	0.25	0.41	0.64	1.02	1.53	1.99	—	—
25-19	7.5	6.38	2.36	2.70	0.10	0.20	0.28	0.39	0.64	0.96	1.14	2.01	2.36(1/2)	—	—
25-20	10	6.85	3.53	1.94	—	0.03	0.12	0.27	0.37	0.56	0.87	1.37	2	2.67	3.53
25-21	9	6.35	3.01	2.11	0.08	0.15	0.23	0.35	0.51	0.73	1.19	1.70	2.37	3.01	—
25-22	7	3.39	1.41	2.40	0.07	0.11	0.19	0.26	0.40	0.63	0.99	1.41	—	—	—
25-23	9	5.61	2.93	1.91	0.11	0.17	0.25	0.33	0.49	0.75	1.21	1.70	2.28	2.93	—
25-24	9	5.56	2.30	2.37	—	0.08	0.16	0.27	0.39	0.63	0.96	1.46	2.06	2.35	—
25-25	9.5	5.02	2.30	2.18	—	0.06	0.14	0.22	0.32	0.49	0.71	1.10	1.6	2.12	2.30(1/2)
25-26	10	4.55	1.87	2.43	—	0.11	0.18	0.25	0.35	0.50	0.75	1.12	1.46	1.81	1.87
25-27	9	5.10	2.52	2.02	0.08	0.12	0.18	0.26	0.39	0.58	0.93	1.39	1.94	2.52	—

产地与层位　西藏仲巴县扎布耶六号剖面，下拉组中部；西藏申扎县木纠错剖面，下拉组中部。

椭圆朱森蜓 *Chusenella ellipsoidalis* Wang, Sheng and Zhang, 1981
（图版 14，图 1~4）

1981 *Chusenella ellipsoidalis* Wang, Sheng and Zhang，王玉净等，52 页，图版 XII，图 1~3。
2007 *Chusenella ellipsoidalis*，黄浩等，66 页，图版 1，图 3，7。

描述　壳体椭圆形至纺锤形，小到中等大小，壳体中部略膨胀或略平。成熟壳体有 7~8.5 圈，壳长 2.81~4.68mm，壳宽 0.90~2.03mm，轴率 2.24~3.12，平均 2.50。内部 3~4 圈包卷较紧，从第 5 圈开始壳圈逐渐扩张。内部壳圈旋壁由单层组成，外部壳圈由致密层和蜂巢层组成。内圈旋壁厚约 0.01mm，外圈旋壁厚 0.08mm。旋脊弱小，见于内部 4 圈。内部壳圈隔壁平直，外部壳圈隔壁褶皱宽圆，褶曲高度约为房室高度的一半。轴积见于两极。初房未见。

度量　见表 6.43。

讨论与比较　当前种与 *Chusenella quasireferta* Chen 的区别在于前者壳体中部略膨胀，而后者壳体中部相对较平。与产于林周洛巴堆组中的模式种相比，当前种略细长。

产地与层位　西藏措勤县夏东剖面，下拉组中部。

表 6.43　*Chusenella ellipsoidalis* Wang, Sheng and Zhang 度量表

图版	壳圈	壳长 / mm	壳宽 / mm	轴率	初房外径 / mm	壳圈宽度 /mm								
						1	2	3	4	5	6	7	8	9
14-1	8	4.68	2.03	2.31	—	0.08	0.15	0.25	0.39	0.69	1.04	1.52	2.03	—
14-2	8.5	3.59	1.55	2.32	—	0.06	0.14	0.23	0.41	0.51	0.75	1.04	1.48	1.55(1/2)
14-3	7	3.40	1.52	2.24	—	0.06	0.16	0.33	0.52	0.74	1.02	1.52	—	—
14-4	7	2.81	0.90	3.12	—	0.03	0.11	0.19	0.31	0.48	0.69	0.91	—	—

措勤朱森蜓 *Chusenella tsochenensis* Zhang, 2019
（图版 14，图 9~15）

2019 *Chusenella tsochenensis* Zhang in Zhang et al., p. 113, figs. 3.20~3.26.

描述　壳体纺锤形，两极钝圆，侧坡直，两极伸出，壳体中部略膨胀。成熟壳体有 6~8 圈，壳长 3.55~4.81mm，壳宽 1.23~1.61mm，轴率 2.40~3.26，平均 2.86。内部 3 圈包卷较紧，从第 4 圈开始壳圈逐渐均匀扩张。内部壳圈旋壁由单层组成，外部壳圈由致密层和蜂巢层组成。内圈旋壁厚约 0.01mm，外圈旋壁厚 0.04mm。内部壳圈隔壁平直，外部壳圈隔壁褶皱规则，褶曲高度约为房室高度的一半或 3/4。旋脊弱小，见于内部壳圈，轴积相对较淡，发育于壳圈的两极。初房球形，外径 0.06~0.14mm。

度量　见表 6.44。

讨论与比较　当前种和中华朱森蜓 *Chusenella sinensis* Sheng 在壳形和轴积方面相

似，但后者的壳体明显较大，除此以外，后者的隔壁褶皱明显较当前种强烈；当前种和 Chusenella schwagerinaeformis Sheng 的区别在于后者壳体轴率小，但壳体较大。当前种也和细朱森䗴 Chusenella tenuis Toriyama and Kanmera 相似，但后者壳体更加细长，轴率大。当前种和明光朱森䗴 Chusenella mingguangensis Shi et al. 的区别在于后者壳体较大，轴率较大，中部较平。

产地与层位　西藏措勤县夏东剖面，下拉组中部。

表 6.44　*Chusenella tsochenensis* Zhang 度量表

图版	壳圈	壳长/mm	壳宽/mm	轴率	初房外径/mm	壳圈宽度/mm							
						1	2	3	4	5	6	7	8
14-9	8	3.55	1.41	2.52	—	0.10	0.20	0.30	0.47	0.65	0.95	1.27	1.41
14-10	7	4.81	1.61	2.99	0.12	0.25	0.34	0.48	0.66	0.94	1.22	1.61	—
14-11	6	4.01	1.23	3.26	0.06	0.24	0.38	0.53	0.68	0.95	1.23	—	—
14-12	7	4.15	1.54	2.70	0.12	0.27	0.39	0.52	0.68	0.91	1.24	1.54	—
14-13	5.5	3.58	1.49	2.40	0.14	0.35	0.44	0.58	0.75	1.01	1.35(1/2)	—	—
14-14	7.5	4.10	1.34	3.06	—	0.09	0.21	0.32	0.5	0.71	0.97	1.20	1.34(1/2)
14-15	6	4.34	1.41	3.08	0.11	0.25	0.4	0.54	0.74	1.04	1.41	—	—

乌鲁龙朱森䗴 *Chusenella urulungensis* Wang, Sheng and Zhang, 1981

（图版 14，图 24~26）

1981 *Chusenella urulungensis* Wang, Sheng and Zhang，王玉净等，51 页，图版 XII，图 10，11。
1997 *Chusenella urulungensis*, Leven and Grant-Mackie, p. 477, pl. 5, fig. J.
2007 *Chusenella* cf. *urulungensis*，黄浩等，67 页，图版 1，图 10。
2009 *Chusenella urulungensis*, Zhang et al., pl. 2, figs. 3~7.

描述　壳体粗纺锤形至椭圆形，两极钝圆，壳体中部膨胀，侧坡略拱，两极伸出。成熟壳体有 6.5~8 圈，壳长 2.92~4.32mm，壳宽 1.30~2.56mm，轴率 1.69~2.25。内部 3 圈包卷较紧，从第 4 圈开始壳圈逐渐均匀扩张，最外 2 圈扩张尤其明显。内部壳圈旋壁由单层组成，外部壳圈由致密层和蜂巢层组成。内圈旋壁厚约 0.01mm；外圈旋壁厚 0.07mm。内部壳圈隔壁平直，外部壳圈隔壁褶皱强烈，褶曲较窄，高度约为房室高度的 3/4。旋脊弱小，见于内部壳圈，轴积相对较浓，发育于内部壳圈的两极及侧坡，而在最外 2 个壳圈，轴积非常弱。初房球形，外径 0.1mm。

度量　见表 6.45。

表 6.45　*Chusenella urulungensis* Wang, Sheng and Zhang 度量表

图版	壳圈	壳长/mm	壳宽/mm	轴率	初房外径/mm	壳圈宽度/mm							
						1	2	3	4	5	6	7	8
14-24	6.5	4.32	2.56	1.69	—	0.20	0.43	0.79	1.24	1.70	2.33	2.56(1/2)	—
14-25	8	3.88	2.15	1.80	—	0.10	0.19	0.30	0.46	0.69	1.06	1.56	2.15
14-26	7	2.92	1.30	2.25	0.1	0.16	0.22	0.31	0.45	0.64	0.94	1.30	—

讨论与比较 当前种和 *Chusenella ellipsoidalis* Wang, Sheng and Zhang 最为接近，区别在于当前种壳体膨胀略呈椭圆形，而且两极伸出显著。当前种和土门朱森蜓 *Chusenella tumefacta* Chedija 在壳形方面相似，但是后者的轴积除了沿轴分布外，还沿侧坡发育，略呈 X 形，两者较易区分。

产地与层位 西藏措勤县夏东剖面，下拉组中部。

弯曲朱森蜓 *Chusenella curvativa* Huang et al., 2007

（图版 24，图 13~24）

2007 *Chusenella curvativa* Huang et al.，黄浩等，65 页，图版 2，图 2，5。
2009 *Chusenella curvativa*, Zhang et al., p. 471, pl. 1, figs. 19, 20.

描述 壳体纺锤形至弯曲纺锤形，两极钝圆，中轴弯曲导致壳体略呈三角形，一边略平，一边弯曲。成熟壳体有 6~9 圈，壳长 2.69~4.35mm，壳宽 1.28~2.23mm，轴率 1.95~2.69，平均 2.24。内部 4 圈包卷较紧，从第 5 圈开始壳圈逐渐均匀扩张。内部壳圈旋壁由单层组成，外部壳圈由致密层和蜂巢层组成。内圈旋壁厚约 0.03mm，外圈旋壁厚 0.08mm。内部壳圈隔壁平直，外部壳圈隔壁褶皱中等发育，褶曲宽缓，高度约为房室高度的 1/2。旋脊呈三角形，见于内部壳圈。轴积相对较浓，发育于中部壳圈的两极。初房球形，外径 0.06~0.15mm。

度量 见表 6.46。

讨论与比较 当前种壳体弯曲，很易和该属内的其他种区别。在 *Chusenella* 属中，伸展朱森蜓 *Chusenella extensa* Skinner 同样具有弯曲的壳体，但该种壳圈多，壳体大并且细长，很易和当前种区别。同样弓形朱森蜓 *Chusenella absidata* Wang, Sheng and Zhang 的轴部也弯曲，但该种壳体很大，轴积非常浓厚，较易区别。

产地与层位 西藏申扎县木纠错剖面，下拉组中部。

表 6.46 *Chusenella curvativa* Huang et al. 度量表

图版	壳圈	壳长 / mm	壳宽 / mm	轴率	初房外径 / mm	壳圈宽度 /mm								
						1	2	3	4	5	6	7	8	9
24-13	9	4.35	2.23	1.95	0.06	0.12	0.18	0.26	0.40	0.55	0.80	1.21	1.66	2.23
24-14	5.5	2.98	1.40	2.13	0.17	0.26	0.37	0.56	0.81	1.19	1.40(1/2)	—	—	—
24-15	6	3.31	1.46	2.27	0.12	0.20	0.34	0.48	0.74	1.08	1.46	—	—	—
24-16	6.5	2.74	1.18	2.32	0.07	0.13	0.20	0.28	0.39	0.62	0.96	1.18(1/2)	—	—
24-17	5	2.02	1.16	1.74	0.17	0.24	0.36	0.56	0.82	1.16	—	—	—	—
24-18	6.5	3.21	1.32	2.43	0.13	0.19	0.26	0.39	0.57	0.82	1.12	1.32(1/2)	—	—
24-19	6	2.69	1.28	2.10	0.15	0.25	0.35	0.48	0.69	0.94	1.28	—	—	—
24-20	6.5	3.01	1.47	2.05	0.11	0.19	0.31	0.47	0.67	0.93	1.31	1.47(1/2)	—	—
24-21	6	3.88	1.44	2.69	0.12	0.21	0.35	0.52	0.80	1.12	1.44	—	—	—
24-22	5.5	2.85	1.12	2.54	0.11	0.20	0.30	0.44	0.65	0.94	1.12(1/2)	—	—	—
24-23	3.5	1.51	0.68	2.22	0.13	0.25	0.37	0.57	0.68(1/2)	—	—	—	—	—
24-24	6	3.35	1.40	2.39	0.11	0.20	0.31	0.49	0.72	0.99	1.40	—	—	—

希瓦格蜓状朱森蜓 *Chusenella schwagerinaeformis* Sheng, 1963
（图版 26，图 1~24；图版 27，图 1，2）

1963 *Chusenella schwagerinaeformis* Sheng，盛金章，81 页，图版 23，图 1~6。

1967 *Chusenella schwagerinaeformis*, Leven, p. 156, pl. XIV, figs. 2, 3.

1974 *Chusenella* cf. *schwagerinaeformis*, Sakagami and Iwai, p. 77, pl. IX, figs. 16, 20.

1975 *Chusenella schwagerinaeformis*, Toriyama, p. 37, pl. 10, figs. 13~15.

1977 *Chusenella schwagerinaeformis*，林甲兴等，73 页，图版 21，图 1。

1978 *Chusenella schwagerinaeformis*，刘朝安等，65 页，图版 14，图 9。

1978 *Chusenella schwagerinaeformis*，西南地质科学研究所，78 页，图版 17，图 6，7。

1979 *Chusenella* (*Chusenella*) *schwagerinaeformis* Sheng, Kahler and Kahler, p. 239, pl. 7, fig. 2.

1981 *Chusenella schwagerinaeformis*，王玉净等，50 页，图版 XII，图 6，7，15。

1982b *Chusenella schwagerinaeformis*，朱秀芳，117 页，图版 2，图 16，17。

1982b *Chusenella xizangensis* Chu，朱秀芳，119 页，图版 2，图 21。

1982 *Chusenella schwagerinaeformis*，张遴信，191 页，图版 23，图 6~9。

1984 *Chusenella schwagerinaeformis*，湖北省区域地质测量队，49 页，图版 9，图 11。

1985 *Chusenella schwagerinaeformis*，张正贵等，图版 2，图 1~2。

1986 *Chusenella schwagerinaeformis*，王玉净和周建平，图版 I，图 13~15。

1986 *Chusenella schwagerinaeformis*，肖伟民等，132 页，图版 15，图 16，22，23。

1988 *Chusenella schwagerinaeformis*，孙巧缡和张遴信，图版 II，图 6。

1989 *Chusenella schwagerinaeformis*，李家骧，142 页，图版 22，图 4。

1992 *Chusenella* cf. *schwagerinaeformis*，孙恒元，114 页，图版 22，图 18，19。

1992 *Chusenella schwagerinaeformis*, Leven et al., p. 89, pl. XXVII, fig. 6.

1993 *Chusenella* cf. *schwagerinaeformis*, Dawson, pl. 3, fig. 8.

1997 *Chusenella schwagerinaeformis*, Leven et al., p. 73, pl. 18, figs. 9, 10.

1998 *Chusenella schwagerinaeformis*, Leven, pl. 6, figs. 2, 16, 17.

2002 *Chusenella* cf. *schwagerinaeformis*, Sakamoto and Ishibashi, p. 52, pl. 4, figs. 10, 12.

2004 *Chusenella schwagerinaeformis*, Leven and Mohaddam, p. 455, pl. 3, fig. 6.

2009 *Chusenella schwagerinaeformis*, Huang et al., p. 883, pl. 4, figs. 12, 13, 15, 19.

2009 *Chusenella schwagerinaeformis*, Leven, p. 140, pl. XXXII, fig. 6.

2011a *Chusenella schwagerinaeformis*, Leven and Gorgij, pl. XXV, fig. 13.

2011 *Chusenella schwagerinaeformis*, Kobayashi, p. 469, pl. XII, figs. 1~19, 21~22, 24.

2012b *Chusenella schwagerinaeformis*, Zhang et al., p. 148, pl. 5, figs. B~E.

2013 *Chusenella schwagerinaeformis*, Davydov and Arefifard, pl. 3, figs. 9, 10.

2014 *Chusenella* aff. *schwagerinaeformis*, Gaetani and Leven, pl. 3, figs. 1, 4.

2014 *Chusenella schwagerinaeformis*, Zhang et al., pl. I, figs. 3, 4.

描述　壳体纺锤形，两极钝尖，中轴直，壳体中部略隆起。成熟壳体有 7~8.5 圈，壳长 2.49~4.80mm，壳宽 1.23~2.38mm，轴率 1.86~2.71，平均 2.32。内部 2~3 圈包卷较紧，其余壳圈逐渐均匀扩张。内部壳圈旋壁由单层组成，外部壳圈由致密层和蜂巢层组成。内圈旋壁厚约 0.01mm，外圈旋壁厚 0.06mm。内部壳圈隔壁平直，外部壳圈隔壁褶皱中等发育，褶曲宽缓，高度为房室高度的 1/3~1/2。旋脊弱小，见于内部壳圈。

轴积中等发育，见于壳圈的两极地带。初房球形，外径 0.07~0.18mm。

度量　见表 6.47。

讨论与比较　当前种和短极朱森蟹 *Chusenella brevipola* (Chen) 在壳圈数目和个体大小方面很相似，但后者壳体更呈椭圆形，并且壳体外部壳圈放松较明显。它和丁氏朱森蟹 *Chusenella tingi* Chen 在壳形和个体大小方面较相似，但后者轴积特别发育，可以区分。

产地与层位　西藏申扎县木纠错剖面，下拉组中部；西藏申扎县木纠错西北采样点，下拉组。

表 6.47　*Chusenella schwagerinaeformis* Sheng 度量表

图版	壳圈	壳长/mm	壳宽/mm	轴率	初房外径/mm	壳圈宽度/mm								
						1	2	3	4	5	6	7	8	9
26-1	7.5	4.47	1.84	2.43	0.08	0.14	0.22	0.40	0.55	0.81	1.22	1.68	1.84(1/2)	—
26-2	7	4.33	1.74	2.49	0.12	0.22	0.28	0.41	0.59	0.97	1.39	1.74		
26-3	6.5	4.55	1.74	2.61	0.12	0.23	0.35	0.51	0.81	1.15	1.59	1.74(1/2)		
26-4	6.5	3.81	1.53	2.49	0.11	0.18	0.31	0.45	0.61	0.88	1.27	1.53(1/2)		
26-5	8.5	4.53	2.02	2.24	—	0.11	0.21	0.31	0.44	0.67	1.00	1.38	1.82	2.02(1/2)
26-6	7.5	3.66	1.97	1.86	0.11	0.16	0.22	0.33	0.49	0.76	1.17	1.71	1.97(1/2)	—
26-7	7.5	3.73	1.65	2.26	0.10	0.16	0.23	0.32	0.45	0.69	1.05	1.45	1.65(1/2)	—
26-8	8	4.00	2.02	1.98	0.15	0.15	0.22	0.34	0.47	0.69	1.03	1.47	2.02	
26-9	7	3.66	1.63	2.25	0.08	0.16	0.22	0.31	0.47	0.69	1.13	1.63	—	
26-10	7.5	3.41	1.26	2.71	—	0.06	0.18	0.28	0.40	0.53	0.80	1.09	1.26(1/2)	
26-11	5.5	2.54	1.04	2.44	0.12	0.20	0.34	0.45	0.69	0.91	1.04(1/2)	—	—	
26-12	8	3.24	1.35	2.40	—	0.07	0.15	0.25	0.39	0.56	0.78	1.05	1.35	
26-13	7.5	4.38	1.99	2.20	0.09	0.16	0.26	0.39	0.58	0.93	1.33	1.77	1.99(1/2)	
26-14	5	2.56	1.08	2.37	0.18	0.25	0.38	0.54	0.81	1.08	—			
26-15	5	2.40	0.87	2.76	0.12	0.18	0.28	0.39	0.59	0.87	—			
26-16	5	2.36	0.85	2.78	0.13	0.20	0.28	0.41	0.63	0.85	—			
26-17	4.5	2.71	0.85	3.19	—	0.15	0.32	0.51	0.71	0.85(1/2)				
26-18	7.5	2.95	1.39	2.12	—	0.11	0.18	0.29	0.44	0.65	0.93	1.31	1.39(1/2)	
26-19	8	3.41	1.71	1.99	0.07	0.11	0.17	0.27	0.39	0.58	0.88	1.27	1.71	
26-20	7	2.49	1.23	2.02	—	0.09	0.20	0.30	0.45	0.70	1.06	1.23		
26-21	6	2.24	1.26	1.78	0.12	0.19	0.29	0.43	0.65	0.97	1.26	—		
26-22	5.5	2.26	1.06	2.13	0.13	0.22	0.33	0.46	0.67	0.93	1.06(1/2)	—		
26-23	7	3.30	1.58	2.09	0.11	0.18	0.27	0.38	0.57	0.84	1.21	1.58		
26-24	7	4.80	2.38	2.02	0.13	0.23	0.34	0.50	0.78	1.19	1.68	2.38		
27-1	—	4.00	1.67	2.40	—	0.13	0.34	0.66	1.48	1.67	—			

武穴朱森蜓 *Chusenella wuhsuehensis* (Chen, 1956)

（图版 28，图 1~4）

1956 *Schwagerina wuhsuehensis* (Chen)，陈旭，25 页，图版 2，图 4~6。
1977 *Chusenella wuhsuehensis*，林甲兴等，73 页，图版 20，图 10。
1978 *Chusenella wuhsuehensis*，西南地质科学研究所，79 页，图版 17，图 15~16。
1984 *Chusenella wuhsuehensis*，湖北省区域地质测量队，50 页，图版 10，图 5~6。
1986 *Chusenella wuhsuehensis*，王玉净和周建平，145 页，图版 II，图 3。
1986 *Chusenella wuhsuehensis*，肖伟民等，134 页，图版 15，图 9~10。

描述　壳体纺锤形，两极钝尖，中轴直，侧坡直。成熟壳体有 6~7 圈，壳长 4.61~5.91mm，壳宽 1.68~2.58mm，轴率 2.29~2.74。内部 3~4 圈包卷较紧，其后的壳圈均匀生长。内部壳圈旋壁由单层组成，外部壳圈由致密层和蜂巢层组成。内圈旋壁厚约 0.03mm，外圈旋壁厚 0.09mm。内部壳圈隔壁平直，外部壳圈隔壁强烈褶皱，两个褶曲之间很接近，局部合并在一起，褶曲宽缓，高度达到壳顶。旋脊弱小，见于内部壳圈。轴积中等发育，见于壳圈的两极地带。初房球形，外径 0.08mm。

度量　见表 6.48。

讨论与比较　当前种和 *Chusenella brevipola* (Chen) 在壳形方面较相似，但当前种的隔壁褶皱非常强烈，基本达到壳顶，可以区别。它和长形朱森蜓 *Chusenella longa* Rosovskaya 在壳圈包卷样式方面较相似，但后者壳圈多，壳体大。

产地与层位　西藏林周县洛巴堆一号剖面，洛巴堆组中部。

表 6.48　*Chusenella wuhsuehensis* (Chen) 度量表

图版	壳圈	壳长 /mm	壳宽 /mm	轴率	初房外径 /mm	壳圈宽度 /mm						
						1	2	3	4	5	6	7
28-1	7	5.31	2.32	2.29	—	0.16	0.32	0.53	0.78	1.21	1.67	2.32
28-2	7	5.91	2.58	2.29	—	0.13	0.24	0.34	0.50	0.75	1.39	2.58
28-3	6	4.61	1.68	2.74	0.08	0.18	0.29	0.46	0.71	1.14	1.68	—
28-4	5	5.48	2.03	2.70	—	0.27	0.58	0.92	1.37	2.03	—	—

皱壁朱森蜓属 *Rugosochusenella* Skinner and Wilde, 1965

模式种　车勒氏皱壁朱森蜓 *Rugosochusenella zelleri* Skinner and Wilde, 1965。

属征　壳中等到大，长纺锤形。内圈紧密，外圈放松。旋壁由致密层及蜂巢层组成，起波状褶皱。隔壁在内圈平，在外圈强烈褶皱，不规则。旋脊仅见于内圈。轴积见于外圈的中轴两侧。

讨论与比较　该属与 *Chusenella* 属的区别是旋壁皱折、外圈的隔壁褶皱较弱，不规则。

皱壁朱森蜓未定种 1 *Rugosochusenella* sp. 1

（图版 23，图 20~27）

描述　壳体长纺锤形，两极钝尖，中轴直，侧坡直。成熟壳体 5~6 圈，壳长

2.07~3.95mm，壳宽 0.55~1.27mm，轴率 2.73~3.76。内部 3~4 圈包卷较紧，其后的壳圈快速均匀。内部壳圈旋壁由单层组成，外部壳圈由致密层和蜂巢层组成。内圈旋壁厚约 0.02mm；外圈旋壁厚 0.04mm。旋壁发生褶皱，尤其在外圈，褶皱强烈。内部壳圈隔壁平直，外部壳圈隔壁褶皱，两个褶曲之间距离很远，褶曲呈窄的柱状，高度约为房室的一半。旋脊弱小，见于内部壳圈。轴积中等发育，见于壳圈的两极地带。初房球形，外径 0.06~0.08mm。

度量　见表 6.49。

讨论与比较　当前种酷似 *Chusenella* 属中的种，区别在于其很多标本的旋壁普遍发生褶皱，因此把它归入 *Rugosochusenella* 中，但在 *Rugosochusenella* 中，细长纺锤形的壳体较少见。达瓦皱壁朱森𥅽 *Rugosochusenella davalensis* Leven 和当前种有相似的壳形，区别在于前者要大得多，二者明显属于不同的种。遗憾的是，当前标本较少，因此暂不定种。

产地与层位　西藏申扎县木纠错剖面，下拉组中部。

表 6.49　*Rugosochusenella* sp. 1 度量表

图版	壳圈	壳长 /mm	壳宽 /mm	轴率	初房外径 /mm	壳圈宽度 /mm					
						1	2	3	4	5	6
23-20	4	1.53	0.46	3.33	0.08	0.14	0.21	0.29	0.46	—	—
23-21	5	2.07	0.55	3.76	0.06	0.13	0.18	0.27	0.38	0.55	—
23-22	5	2.86	0.88	3.27	—	0.17	0.29	0.38	0.59	0.85	—
23-23	—	2.89	0.80	3.61	—	—	—	—	—	—	—
23-24	—	3.95	1.19	3.32	—	—	—	—	—	—	—
23-25	6	2.51	0.73	3.44	—	—	0.15	0.23	0.32	0.46	0.73
23-26	—	3.47	1.27	2.73	—	—	—	—	—	—	—
23-27	5.5	2.98	0.85	3.58	—	0.17	0.24	0.33	0.48	0.69	0.85(1/2)

皱壁朱森𥅽未定种 2 *Rugosochusenella* sp. 2

（图版 23，图 28~30）

描述　壳体纺锤形，两极钝圆，中轴直或微弯，侧坡呈低缓的弧形。成熟壳体有 7~8 圈，壳长 2.22~4.18mm，壳宽 1.05~2.01mm，轴率 2.08~2.27。内部 3 圈包卷较紧，其后的壳圈快速均匀包卷。内部壳圈旋壁由单层组成，外部壳圈由致密层和蜂巢层组成。内圈旋壁厚约 0.03mm，外圈旋壁厚 0.07mm。旋壁发生褶皱，尤其在外圈，褶皱强烈。内部壳圈隔壁平直，外部壳圈隔壁褶皱，褶曲呈宽的三角形，高度约为房室的一半。旋脊弱小，见于内部壳圈。轴积中等发育，见于内部壳圈的两极地带。初房球形，外径 0.03mm。

度量　见表 6.50。

讨论与比较　当前种和沙贡皱壁朱森𥅽 *Rugosochusenella shagoniensis* Davydov 在壳形上相似，但后者的内部壳圈包卷较短，隔壁褶皱不规则，可以区分。它在壳形和

轴积等方面和 *Chusenella ellipsoidalis* Wang, Sheng and Zhang 也较相似，但当前种的壳壁大多发生褶皱，而后者的壳壁平直，可以区分。它同动物群中的 *Rugosochusenella* sp. 1 在壳形、隔壁褶皱方面区别显著，属于不同的种。当前只有一个切面较好的标本，量太少，因此暂不定种。

产地与层位　西藏申扎县木纠错剖面，下拉组中部。

表 6.50　*Rugosochusenella* sp. 2 度量表

图版	壳圈	壳长 /mm	壳宽 /mm	轴率	初房外径 /mm	壳圈宽度 /mm							
						1	2	3	4	5	6	7	8
23-28	8	2.22	1.05	2.11	0.03	0.06	0.11	0.15	0.23	0.36	0.54	0.78	1.05
23-29	7	4.18	1.84	2.27	—	—	0.25	0.36	0.55	0.87	1.35	1.84	—
23-30	8	4.18	2.01	2.08	—	—	0.2	0.33	0.46	0.69	1.06	1.56	2.01

皱希瓦格蜓属 *Rugososchwagerina* Miklukho-Maklay, 1956

小新寨蜓亚属 *Rugososchwagerina* (*Xiaoxinzhaiella*) Shi, Yang and Jin, 2005

模式种　紧密小新寨蜓 *Xiaoxinzhaiella densa* Shi, Yang and Jin, 2005。

属征　壳大，粗纺锤形。内圈包卷紧，外圈放松。隔壁在内圈强烈褶皱，在外圈褶皱较弱。无旋脊。壳中等至大，球形或亚球形；幼壳包卷紧密，4~5 圈，长纺锤形，成壳包卷蓬松，球形或亚球形，幼壳和成壳之间有 1~2 圈过渡圈层，壳形介于成壳和幼壳之间；隔壁在幼壳以及成壳中平直，在过渡壳圈中褶皱；旋脊不发育或在幼壳中微弱发育；初房小，球形。

讨论与比较　*Rugososchwagerina* 由 Miklukho-Maklay 创建于 1956 年，史宇坤等（2005）研究了滇西耿马县小新寨瓜德鲁普统沙子坡组中的 "*Rugososchwagerina*"，认为其与 *Rugososchwagerina* Miklukho-Maklay 的模式标本在幼壳特征方面具有显著区别，如幼壳轴率明显较大、幼壳隔壁平直，从而建立了新属 *Xiaoxinzhaiella*。值得指出的是，*Xiaoxinzhaiella* 原被认为内部壳圈类似 *Chusenella* 的内圈，隔壁完全不褶皱。但Huang 等（2020）认为 *Xiaoxinzhaiella* 的内部壳圈的隔壁并非完全不褶皱，因此将该属当作 *Rugososchwagerina* 的亚属。本书赞同这个划分方案。

申扎小新寨蜓
Rugososchwagerina (*Xiaoxinzhaiella*) *xanzensis* (Wang, Sheng and Zhang, 1981)
（图版 18，图 1~6）

1981 *Rugososchwagerina xanzensis* Wang, Sheng and Zhang，王玉净等，54 页，图版 VI，图 1~3, 9, 10。
2003b *Rugososchwagerina xanzensis*, Kobayashi and Ishii, pl. 8, figs. 2~6.
2005 *Xiaoxinzhaiella xanzensis* (Wang, Sheng and Zhang)，史宇坤等，图版 I，图 2, 4, 5, 6；图版 II，图 4。
2011a *Rugososchwagerina xanzensis*, Leven and Gorgij, pl. XXVIII, fig. 9.

描述　壳体亚球形，两极钝圆，中部拱起。侧坡拱起至两极急速下降。成熟壳体有 9~10 圈，壳长 7.04~8.73mm，壳宽 5.65~7.20mm，轴率 0.90~1.31。内部壳圈包卷较紧，从第 5 圈开始壳体急速膨胀，之后的壳圈包卷比较均匀。内部壳圈旋壁由单层组成，外部壳圈由致密层和蜂巢层组成。内圈旋壁厚约 0.004mm，急速膨胀前的壳圈旋壁厚 0.05~0.07mm，最外圈的旋壁厚 0.10~0.11mm。内部 2 个壳圈隔壁较平直，从第 3 个房室开始在壳体的中部至两极隔壁发生褶皱。外圈的隔壁褶皱不甚发育，可观察到部分标本的隔壁褶皱比较宽圆，褶曲高度是房室高度的 1/3~1/2。旋脊在内圈发育，比较小。轴积发育于内部紧闭壳圈的两极地带。初房球形，外径 0.05~0.12mm。

度量　见表 6.51。

讨论与比较　当前种原被归入 *Rugososchwagerina* 属中，它和典型的 *Rugososchwagerina* 的区别在于当前种壳体近亚球形，且外圈隔壁褶皱微弱，因此史宇坤等（2005）将其归入了 *Xiaoxinzhaiella* 一属中。当前种与西藏小新寨蜓 *Rugososchwagerina (Xiaoxinzhaiella) xizangica* (Wang, Sheng and Zhang) 的区别在于后者两极较尖，壳体更接近粗纺锤形，并且外圈隔壁褶皱较发育。

产地与层位　西藏措勤县扎日南木错二号剖面，下拉组中部。

表 6.51　*Rugososchwagerina (Xiaoxinzhaiella) xanzensis* (Wang, Sheng and Zhang) 度量表

图版	壳圈	壳长/mm	壳宽/mm	轴率	初房外径/mm	壳圈宽度/mm									
						1	2	3	4	5	6	7	8	9	10
18-1	9	7.04	5.65	1.25	0.09	0.18	0.30	0.44	0.64	1.00	1.49	2.69	4.15	5.65	—
18-2	9.5	8.73	6.68	1.28	0.09	0.20	0.29	0.41	0.63	1.02	1.72	3.19	4.83	6.19	6.68(1/2)
18-3	8.5	8.01	6.27	1.29	0.05	0.23	0.35	0.50	0.81	1.38	2.83	4.37	5.71	6.27(1/2)	—
18-4	10	7.86	6.11	1.29	—	0.20	0.36	0.55	0.81	1.33	2.17	3.39	4.44	5.30	6.11
18-5	10	6.49	7.20	0.90	0.12	0.25	0.34	0.44	0.66	1.00	1.61	3.25	4.66	6.06	7.20
18-6	10	7.89	6.04	1.31	—	—	0.27	0.39	0.63	0.99	1.77	3.10	4.23	5.30	6.04

费伯克蜓超科 Verbeekinacea Staff and Wedekind, 1910

费伯克蜓科 Verbeekinidae Staff and Wedekind, 1910

卡勒蜓亚科 Kahlerininae Leven, 1963

卡勒蜓属 *Kahlerina* Kochansky-Devidé and Ramovš, 1955

模式种　厚壁卡勒蜓 *Kahlerina pachytheca* Kochansky-Devidé and Ramovš, 1955。

属征　壳小，亚球形，脐部显著。内部 1~2 圈凸镜形。旋壁在内圈很薄，在外圈厚，由致密层及细蜂巢层组成。隔壁薄而平。旋脊低小，仅见于外圈。通道单一。

厚壁卡勒蜓 *Kahlerina pachytheca* Kochansky-Devidé and Ramovš, 1955

（图版 6，图 52~54；图版 28，图 5~6）

1955 *Kahlerina pachytheca* Kochansky-Devidé and Ramovš, p. 385, pl. II, figs. 7~11；pl. III, figs. 1~6, 9~13；pl. VIII, figs. 2~5.

1963 *Kahlerina pachytheca*, Hanzawa and Murata, p. 20, pl. 7, figs. 5, 6.

1969 *Kahlerina pachytheca*, Skinner, p. 3, pl. 2, figs. 1~6.

1971 *Kahlerina pachytheca*, Lys and de Lapparent, p. 110, pl. XVIII, fig. 1.

1973 *Kahlerina pachytheca*, Choi, p. 19, pl. 16, figs. 4, 5；pl. 20, fig. 6.

1981 *Kahlerina pachytheca*，王玉净等，57 页，图版 X，图 5~9。

1982 *Kahlerina pachytheca*，安徽省地质局区域地质调查队，100 页，图版 XV，图 9。

1982 *Kahlerina pachytheca*，地质部南京地质矿产研究所，98 页，图版 25，图 5。

1996 *Kahlerina pachytheca*, Ueno, pl. 4, figs. 11, 12.

1996 *Kahlerina pachytheca*, Leven and Okay, pl. 7, fig. 9.

1997 *Kahlerina pachytheca*, Leven and Grant-Mackie, p. 481, pl. 7, figs. C~E, H, I.

描述 壳小，盘形，脐部平直或微凹。壳圈扩张相对较均匀，最末圈扩张速度略快。成熟壳体有 3~4 圈，壳长 0.64~1.07mm，壳宽 0.91~1.26mm，轴率 0.66~0.84。旋壁由致密层和较厚的不致密层组成，内部壳圈厚 0.024mm，外部壳圈厚 0.044mm。初房圆，外径 0.06~0.12mm。

度量 见表 6.52。

讨论与比较 当前标本以较小的轴率，相对均匀的壳圈生长速度可以归入 *Kahlerina pachytheca*，与模式标本相比，当前标本的壳圈略少，因此壳体相对较小，其余特征均比较相似。它与 *Kahlerina siciliana* Skinner and Wilde 相比，后者壳体轴率更小，旋壁较薄，易于区别。

产地与层位 西藏扎布耶六号剖面，下拉组中部。西藏林周县洛巴堆一号剖面，洛巴堆组中部。

表 6.52 *Kahlerina pachytheca* Kochansky-Devidé and Ramovš 度量表

图版	壳圈	壳长 /mm	壳宽 /mm	轴率	初房外径 /mm	壳圈宽度 /mm			
						1	2	3	4
6-52	3	0.72	1.04	—	0.06	0.23	0.56	1.04	—
6-53	4	0.76	1.14	0.66	0.09	0.27	0.46	0.74	1.14
6-54	3	0.64	0.91	0.70	0.12	0.29	0.53	0.91	
28-5	3	1.07	1.26	0.84	—	0.27	0.75	1.26	
28-6	2	0.92	1.34	0.68	—	0.74	1.34	—	—

微小卡勒䗴 *Kahlerina minima* Sheng, 1963

（图版 6，图 41~51；图版 15，图 23~25）

1963 *Kahlerina minima* Sheng，盛金章，29 页，图版 2，图 14~16。

1974 *Kahlerina minima*，中国科学院南京地质古生物研究所，293 页，图版 152，图 4。

1977 *Kahlerina minima*，林甲兴等，19 页，图版 3，图 19。

1978 *Kahlerina minima*，丁启秀，277 页，图版 97，图 2。

1978 *Kahlerina minima*，刘朝安等，79 页，图版 18，图 16。

1978 *Kahlerina minima*，西南地质科学研究所，95 页，图版 23，图 16。

1980 *Kahlerina minima*，沈阳地质矿产研究所，84 页，图版 30，图 11~13。

1982 *Kahlerina minima*，张遴信，142 页，图版 12，图 11。

1982 *Kahlerina minima*，湖南省地质局，9 页，图版 4，图 1。

1986 *Kahlerina minima*，肖伟民等，97 页，图版 12，图 12。

1988 *Kahlerina minima*，姚堡芸等，图版 1，图 13，14。

1989 *Kahlerina minima*，李家骥，168 页，图版 26，图 18。

1992 *Kahlerina minima*，孙恒元，108 页，图版 12，图 1，2，13~18。

2009 *Kahlerina minima*, Zhang et al., pl. 1, fig. 21；pl. 2, figs. 1, 2.

2014 *Kahlerina minima*, Gaetani and Leven, pl. 1, fig. 28.

　　描述　　壳小，盘形，脐部平直。壳圈扩张相对较均匀，最末圈扩张略快。成熟壳体有 4~5 圈，壳长 0.70~1.51mm，壳宽 0.83~1.72mm，轴率 0.78~0.92。旋壁由致密层和较厚的不致密层组成，内部壳圈很薄，厚约 0.024mm，外部壳圈最厚处可达 0.096mm。初房圆，外径 0.06~0.16mm。

　　度量　　见表 6.53。

　　讨论与比较　　当前种以较小的个体、相对较小的轴率可以与 *Kahlerina pachytheca* 及 *K. siciliana* 相区别。

　　产地与层位　　西藏扎布耶六号剖面，下拉组中部；西藏措勤县夏东剖面，下拉组中部。

表 6.53　***Kahlerina minima* Sheng 度量表**

图版	壳圈	壳长 /mm	壳宽 /mm	轴率	初房外径 /mm	壳圈宽度 /mm				
						1	2	3	4	5
6-41	4.5	0.70	0.83	0.84	0.06	0.13	0.23	0.38	0.65	0.83
6-42	3.5	0.82	0.90	0.92	0.10	0.21	0.35	0.62	0.90	—
6-43	3	0.89	0.98	0.91	0.09	0.33	0.59	0.98	—	—
6-44	4	0.78	0.86	0.91	0.10	0.21	0.36	0.54	0.86	—
6-45	5	0.74	0.88	0.83	0.06	0.11	0.18	0.30	0.49	0.88
6-46	3	0.78	0.90	0.86	0.10	0.32	0.55	0.90	—	—
6-47	4	0.82	0.91	0.90	0.06	0.18	0.30	0.56	0.91	—
6-48	4	—	1.26	—	—	—	—	—	—	—
6-49	3.5	0.98	1.24	0.79	0.11	0.34	0.56	0.96	1.24(1/2)	—
6-50	3	1.26	1.72	0.73	0.16	0.53	1.06	1.72	—	—
6-51	4	1.07	1.37	0.78	0.09	0.26	0.40	0.81	1.37	—
15-23	3	0.61	0.70	0.87	—	0.21	0.39	0.70	—	—
15-24	5	1.51	1.64	0.92	0.08	0.29	0.49	0.80	1.20	1.64
15-25	2.5	0.89	1.36	0.65	0.14	0.52	1.02	1.36(1/2)	—	—

西西里卡勒蝬 *Kahlerina siciliana* Skinner and Wilde, 1966

（图版 7，图 1~4）

1966 *Kahlerina siciliana* Skinner and Wilde, p. 4, pl. 1, figs. 1~7；pl. 2, fig. 1.

1982 *Kahlerina siciliana*，张遴信，142 页，图版 14，图 14。

1982 *Kahlerina siciliana*，安徽省地质局区域地质调查队，100 页，图版 XV，图 13。

1982 *Kahlerina siciliana*，地质部南京地质矿产研究所，98 页，图版 25，图 4。

1984 *Kahlerina siciliana*，林甲兴，165 页，图版 12，图 8，9。

1989 *Kahlerina siciliana*，李家骧，169 页，图版 27，图 11。

2009 *Kahlerina siciliana*, Zhang et al., pl. 1, fig. 22.

描述　壳小，盘形，内部壳圈脐部平直，外部壳圈脐部内凹。内部壳圈包卷匀速，最外圈迅速扩张。成熟壳体有 4~4.5 圈，壳长 0.57~1.48mm，壳宽 0.82~1.46mm，轴率 0.57~0.70。旋壁由致密层和较厚的不致密层组成，内外壳圈厚度差异性不大，厚0.044~0.056mm。初房圆，外径 0.06~0.12mm。

度量　见表 6.54。

讨论与比较　当前标本最典型的特征是轴率小，最外圈壳圈扩张速度快并脐部内凹，因此可归于 *Kahlerina siciliana*。与 *K. pachytheca* 的区别在于当前标本轴率较小，最外圈扩张速度异常快。

产地与层位　西藏扎布耶六号剖面，下拉组中部。

表 6.54　*Kahlerina siciliana* Skinner and Wilde 度量表

图版	壳圈	壳长 /mm	壳宽 /mm	轴率	初房外径 /mm	壳圈宽度 /mm					
						1	2	3	4	5	6
7-1	4.5	1.48	—	—	0.06	—	—	—	—	—	—
7-2	4	0.83	1.46	0.57	0.06	0.17	0.36	0.70	1.46	—	—
7-3	2.5	0.65	1.05	0.62	0.12	0.39	0.94	1.05(1/2)	—	—	—
7-4	4	0.57	0.82	0.70	0.06	0.18	0.34	0.47	0.82	—	—

左左卡勒蜓（新种）*Kahlerina zuozuoensis* Zhang, sp. nov.

（图版 2，图 1~10）

词源　根据该种的产地——西藏阿里地区噶尔县左左乡。

材料　18 个标本。

正模　179270（图版 2，图 1）。

副模　179289（图版 2，图 3），179292（图版 2，图 4）。

特征　壳圈少，初房大，壳体生长快。

描述　壳小，盘形，外圈脐部略内凹。成熟壳体仅有 2~3 圈，第 1 圈与第 2 圈的壳体旋转方向呈角度相交。壳长 0.31~0.60mm，壳宽 0.42~0.70mm，轴率 0.68~1.06，平均 0.81。正模标本 2 个壳圈，壳长 0.48mm，壳宽 0.65mm，轴率 0.74。旋壁由致密层和较厚的不致密层组成，第 1 圈旋壁厚 0.016mm，第 2 圈旋壁厚 0.032mm。初房圆，外径 0.06~0.11mm，平均 0.07mm。

度量　见表 6.55。

讨论与比较　当前种的最显著特征是个体小，壳圈少，仅有 2~3 个壳圈，这与 *Kahlerina* 属中的绝大多数种有明显的差别。再者，当前种的第 1 圈和第 2 圈的厚度差异不甚明显，这与厚壁卡勒蜓 *Kahlerina pachytheca* 及 *K. siciliana* 差别较明显。*Kahlerina consueta* Sosnina 同样有较少的壳圈和较小的个体，但该种的旋壁较薄，并且外圈壳圈的放大不明显，显然和当前种不同。

产地与层位　西藏阿里地区噶尔县左左乡剖面，下拉组中上部。

表 6.55　*Kahlerina zuozuoensis* Zhang, sp. nov. 度量表

图版	壳圈	壳长 /mm	壳宽 /mm	轴率	初房外径 /mm	壳圈宽度 /mm		
						1	2	3
2-1	2	0.48	0.65	0.74	0.09	0.24	0.65	—
2-2	2	0.44	0.42	1.06	0.06	0.17	0.42	—
2-3	2	0.60	0.70	0.86	0.10	0.30	0.70	—
2-4	2	0.32	0.47	0.68	0.06	0.22	0.47	—
2-5	3	0.41	0.60	0.68	0.08	0.18	0.30	0.60
2-6	2	0.39	0.50	0.78	0.06	0.22	0.50	—
2-7	2	0.43	0.51	0.84	0.04	0.18	0.51	—
2-8	2	0.51	0.56	0.92	0.11	0.26	0.56	—
2-9	2	0.31	0.44	0.71	0.07	0.20	0.44	—
2-10	2	—	—	—	—	—	—	—

卡勒蜓未定种 1 *Kahlerina* sp. 1
（图版 5，图 2）

描述　壳小，近球形，脐部较平。壳圈包卷匀速，最外圈扩张速度略快。成熟壳体有 3 圈，壳长 0.62mm，壳宽 0.54mm，轴率 1.15。旋壁由致密层和较厚的不致密层组成，第 1 圈旋壁极薄，似仅由致密层组成，厚 0.008mm；第 2 圈厚 0.016mm；第 3 圈旋壁增长到 0.048mm。初房圆，外径 0.12mm。

讨论与比较　当前标本与球状卡勒蜓 *Kahlerina spherica* Chang 在壳圈数及个体大小方面较相似，但当前标本壳体较浑圆，脐部不明显较易区分。它与 *Kahlerina zuozuoensis* Zhang 在个体大小方面较相似，但后者第 2 圈扩张速度异常快，可以区分。

产地与层位　西藏扎布耶三号剖面，下拉组中部。

卡勒蜓未定种 2 *Kahlerina* sp. 2
（图版 23，图 2，3）

描述　壳小，亚球形，脐部略内凹。内部壳圈呈小泽蜓状，壳缘尖圆，接下来的壳圈边缘越发变得宽圆，最外圈扩张速度略快。成熟壳体有 5 圈，壳长 0.63mm，壳宽 0.86mm，轴率 0.73。旋壁由致密层和较厚的不致密层组成。第 1 圈旋壁相对较薄，厚 0.012mm；最外圈厚 0.032~0.052mm。初房圆，外径 0.05mm。

度量　见表 6.56。

讨论与比较　当前种在壳形方面和鹦鹉螺状卡勒蜓 *Kahlerina nautiloidea* Sosnina 相似，区别在于后者内部壳缘的旋壁薄，并且壳缘较圆。它和 *Kahlerina tenuitheca* Wang, Sheng and Zhang 在壳形方面相似，但后者壳体较大，并且旋壁很薄，两者易区别。当前种的内圈呈小泽蜓状包卷，这种特征在 *Kahlerina* 中较为少见，但目前仅有一个轴切

面，因此暂不定新种。

产地与层位　西藏申扎县木纠错剖面，下拉组中部。

表 6.56　*Kahlerina* sp. 2 度量表

图版	壳圈	壳长 /mm	壳宽 /mm	轴率	初房外径 /mm	壳圈宽度 /mm				
						1	2	3	4	5
23-2	5	0.63	0.86	0.73	0.05	0.12	0.21	0.35	0.57	0.86
23-3	3.5	—	0.78	—	—	0.14	0.30	0.62	0.78(1/2)	—

米斯蜓亚科 Misellininae Miklukho-Maklay, 1958 emend. Sheng, 1963

假桶蜓属 *Pseudodoliolina* Yabe and Hanzawa, 1932

模式种　小泽假桶蜓 *Pseudodoliolina ozawai* Yabe and Hanzawa, 1932。

属征　壳体大，筒形，壳圈包卷均匀，壳圈数 10 圈以上；拟旋脊窄而高，初房较大，旋壁薄，由致密层及其下一较不致密层组成。

讨论与比较　关于本属的旋壁构造，在之前有很大分歧，不少研究者认为其旋壁为单层式，之后盛金章（1963）、Toriyama 和 Kanmera（1977）报道识别出了一层隐约可见微孔的构造层，称之为较不致密层；芮琳（1983）在鉴定为假精致假桶蜓 *Pseudodoliolina pseudolepida* (Deprat) 标本的旋壁中，识别出细蜂巢层；之后朱自立（1998）研究了该属的旋壁构造，认为其旋壁构造只存在双层式一种型式。这一属与后桶蜓属 *Metadoliolina* 比较接近，二者主要区别是旋壁构造不同。

扎布耶假桶蜓（新种）*Pseudodoliolina zhabuyensis* Zhang, sp. nov.

（图版 8，图 27~30）

词源　根据该种的产地——西藏仲巴县扎布耶茶卡一带。

材料　12 个标本。

正模　178939（图版 8，图 27）。

副模　178973（图版 8，图 28），178931（图版 8，图 29），178932（图版 8，图 30）。

特征　壳圈多，轴率大。

描述　壳体大，长柱形至长纺锤形，壳体中部较平或稍凸，两极钝圆。成熟壳体一般 12~14 圈。正模标本共计 12 圈，壳长 9.24mm，壳宽 3.77mm，轴率 2.45。壳圈包卷均匀，第 1~12 圈的壳圈宽度分别是：0.57mm，0.69mm，0.89mm，1.13mm，1.42mm，1.69mm，1.98mm，2.35mm，2.63mm，2.99mm，3.32mm，3.77mm。最大一个标本壳圈可达 16 圈，壳长 13.64mm，壳宽 4.73mm，轴率 2.88。旋壁薄，仅由一层致密层组成，未见细蜂巢层，旋壁厚 0.02mm 左右。隔壁平。旋脊不发育，但拟旋脊异常发育，呈柱状或高三角状，排列均匀。初房圆形至梨形，外径 0.10~0.50mm。

度量　见表 6.57。

讨论与比较　当前种的特征是壳圈多，轴率较大。它在壳形上和 *Pseudodoliolina pseudolepida* (Deprat) 最接近，但后者壳体包卷紧，壳体较粗短，因此轴率较小，较易和当前种区别。它和 *Pseudodoliolina ozawai* Yabe and Hanzawa 在轴率上相似，但后者壳体只有当前壳体的一半左右大小，因此较易区分。长极假桶蜓 *Pseudodoliolina elongata* Choi 同样具有较大的个体和较细长的壳体，但它与当前种相比，轴率更大，因此壳形更细长，可以区分。当前种与猴场假桶蜓 *Pseudodoliolina houchangensis* Zhang and Dong 在壳形和大小方面相似，但后者壳体轴率小，壳体显得更粗短，因此当前种可以与之区别。总之，在 *Pseudodoliolina* 属中，当前种无法归入已知的种中，因此在此建立一新种。

产地与层位 西藏扎布耶六号剖面，下拉组中部。

表 6.57 *Pseudodoliolina zhabuyensis* Zhang, sp. nov. 度量表

图版	壳圈	壳长 /mm	壳宽 /mm	轴率	初房外径 /mm	壳圈宽度 /mm															
						1	2	3	4	5	6	7	8	9	10	11	12	13	14	15	16
8-27	12	9.24	3.77	2.45	0.43	0.57	0.69	0.89	1.13	1.42	1.69	1.98	2.35	2.63	2.99	3.32	3.77	—	—	—	—
8-28	14	7.69	2.93	2.62	0.10	0.25	0.36	0.45	0.63	0.77	0.97	1.18	1.41	1.65	1.86	2.10	2.31	2.64	2.93	—	—
8-29	16	13.64	4.73	2.88	0.50	0.64	0.77	0.91	1.09	1.26	1.48	1.70	1.97	2.25	2.53	2.82	3.14	3.53	3.96	4.39	4.73
8-30	14	9.02	3.90	2.31	0.22	0.39	0.50	0.64	0.79	0.98	1.22	1.51	1.85	2.16	2.50	2.82	3.16	3.54	3.90	—	—

费伯克蜓亚科 Verbeekininae Staff and Wedekind, 1910

费伯克蜓属 *Verbeekina* Staff, 1909

模式种 费伯克氏纺锤蜓 *Fusulina verbeeki* Geinitz, 1876。

属征 壳中等到巨大，圆球形。壳体有 12~21 圈。旋壁由致密层、细蜂巢层及内疏松层组成。内疏松层呈黑线状，不甚连续。隔壁平直。拟旋脊在内圈及外圈比较发育，在中部壳圈上很少，一般都不连续。有列孔，但不多。初房圆而小。

葛利普氏费伯克蜓相似种 *Verbeekina* cf. *grabaui* Thompson and Foster, 1937
（图版 6，图 27，28）

1937 *Verbeekina grabaui* Thompson and Foster, p. 136, pl. 23, figs. 14~16.
1956 *Verbeekina grabaui*，盛金章，192 页，图版 2，图 4；图版 6，图 5~6a。
1963 *Verbeekina grabaui*，盛金章，215 页，图版 27，图 2。
1977 *Verbeekina grabaui*，林甲兴等，83 页，图版 25，图 6~7。
1978 *Verbeekina grabaui*，丁启秀，287 页，图版 100，图 4。
1978 *Verbeekina grabaui*，刘朝安等，81 页，图版 18，图 10。
1978 *Verbeekina grabaui*，西南地质科学研究所，104 页，图版 26，图 4，5。
1982 *Verbeekina grabaui*，湖南省地质局，66 页，图版 32，图 2。
1984 *Verbeekina grabaui*，林甲兴，170 页，图版 14，图 7。
1985 *Verbeekina grabaui*，杨振东，图版 II，图 33。
1986 *Verbeekina grabaui*，王建华和唐毅，图版 II，图 15。
1986 *Verbeekina grabaui*，肖伟民等，137 页，图版 15，图 1，2，5，7；图版 17，图 5。
1989 *Verbeekina grabaui*，李家骧，157 页，图版 30，图 6。

1990 *Verbeekina grabaui*，聂泽同和宋志敏，图版 1，图 14。

1994 *Verbeekina grabaui*，张祖辉和洪祖寅，图版 I，图 1~4。

2009 *Verbeekina grabaui*, Huang et al., p. 888, pl. 5, figs. 3, 9.

描述 壳体中等大小，近球形，脐部略内凹或平。内部壳圈不清楚，外部壳圈呈均匀包卷。成熟壳体多于 7 圈，壳长 4.80mm，壳宽 4.88mm，轴率 0.98。旋壁由致密层和纤细蜂巢层组成，旋壁较薄，厚约 0.07mm。隔壁平。切片致拟旋脊不甚清楚，少量的拟旋脊呈低矮的三角形。初房未见。

度量 见表 6.58。

讨论与比较 当前两个切面都不是非常好的轴切面，未见到内部壳圈的结构，但从个体大小以及壳体包卷相对较松等方面，当前标本和 *Verbeekina grabaui* Thompson and Foster 最相似，故归入此种。它在壳形上和 *Verbeekina verbeeki* (Geinitz) 也较相似，但当前种个体较小，壳圈较少，壳体包卷相对较松，可以区分。它和美国费伯克蟆 *Verbeekina americana* Thompson, Wheeler and Danner 的区别在于后者个体相对较大，壳圈较多。

产地与层位 西藏扎布耶六号剖面，下拉组中部。

表 6.58 *Verbeekina* cf. *grabaui* Thompson and Foster 度量表

图版	壳圈	壳长 /mm	壳宽 /mm	轴率	初房外径 / mm	壳圈宽度 /mm						
						1	2	3	4	5	6	7
6-27	>7	4.80	4.88	0.98	—	1.27	1.97	2.67	3.30	3.97	4.68	4.88
6-28	>6	—	3.66	—	—							

新希瓦格蟆科 Neoschwagerinidae Dunbar and Condra, 1927
新希瓦格蟆亚科 Neoschwagerininae Dunbar and Condra, 1927

新希瓦格蟆属 *Neoschwagerina* Yabe, 1903

模式种 网格状希瓦格蟆 *Schwagerina craticulifera* Schwager, 1883。

属征 壳大，纺锤形，中部凸，两极尖或窄圆。壳体有 10~20 圈。旋壁由致密层及细蜂巢层组成。隔壁平。副隔壁有轴向及旋向两组。旋向副隔壁又分第一旋向副隔壁及第二旋向副隔壁两类，后者仅见于高级种的外圈。拟旋脊低而宽，常和第一旋向副隔壁相连。列孔多。初房圆。

讨论与比较 该属和 *Yabeina* 比较容易区别。后者的副隔壁很发育，其下半部固结不透明，形状也不甚规则。但是当前属的高级的种也具有较多的副隔壁，和 *Yabeina* 非常接近，致使二者难以区分。在这种情况下，我们在区分这两个属时，常根据副隔壁的形状是否规则，其下半部是否固结不透明等特点而加以决定。

马驹拉新希瓦格蟆 *Neoschwagerina majulensis* Wang, Sheng and Zhang, 1981
（图版 5，图 3，4；图版 7，图 5~20）

1981 *Neoschwagerina majulensis* Wang, Sheng and Zhang，王玉净等，66 页，图版 XVI，图 2，5，6。

描述 壳体纺锤状至粗纺锤状，中部略隆起，两极钝圆。成熟壳体可达 17~18 圈，壳长 4.02~4.82mm，壳宽 3.11~3.65mm，轴率 1.29~1.32，平均 1.31。第一圈壳圈旋转方向与外圈呈大角度相交。旋壁由致密层和细蜂巢层组成，厚 0.015~0.02mm。第一旋向副隔壁发育良好，在内圈主要呈三角形下垂，在外圈接近针状下垂，在最外圈零星出现第二旋向副隔壁。无旋脊，拟旋脊发育良好，在内圈呈宽矮的三角形，在外圈呈细长的柱状，与第一旋向副隔壁相连，并在相连处次生加厚。隔壁平，底端有列孔，呈扁圆形。初房球形，外径 0.05~0.10mm。

度量 见表 6.59。

讨论与比较 当前标本在壳圈数目、壳形以及第一旋向副隔壁发育特征方面和 *Neoschwagerina majulensis* Wang, Sheng and Zhang 最为相似，故归为该种。它与 *Neoschwagerina craticulifera* (Schwager) 在壳形和个体大小方面相似，但当前种壳圈明显比较多，壳体包卷紧，并且第一旋向副隔壁比较细长，较易和后者区别。它和海登氏新希瓦格蜓 *Neoschwagerina haydeni* Dutkevich and Khabakov 在壳形和旋向副隔壁的形态方面相似，区别在于后者比当前种明显更大，壳圈包卷略松。

产地与层位 西藏扎布耶六号剖面，下拉组中部；西藏扎布耶三号剖面，下拉组中部。

表 6.59 *Neoschwagerina majulensis* Wang, Sheng and Zhang 度量表

图版	壳圈	壳长/mm	壳宽/mm	轴率	初房外径/mm	壳圈宽度/mm																		
						1	2	3	4	5	6	7	8	9	10	11	12	13	14	15	16	17	18	19
5-3	8.5	4.24	2.27	1.87	—	0.27	0.43	0.71	0.95	1.17	1.46	1.75	2.05	2.27(1/2)	—	—	—	—	—	—	—	—	—	—
5-4	12.5	3.52	3.13	1.12	—	0.20	0.31	0.45	0.64	0.84	1.07	1.35	1.61	1.94	2.24	2.58	2.99	3.13(1/2)	—	—	—	—	—	—
7-5	17.5	4.82	3.65	1.32	—	0.09	0.15	0.22	0.29	0.38	0.51	0.66	0.85	1.12	1.37	1.61	1.88	2.17	2.48	2.86	3.18	3.42	3.65(1/2)	—
7-6	9	2.05	1.19	1.72	0.05	0.13	0.18	0.26	0.37	0.48	0.65	0.85	1.05	1.19	—	—	—	—	—	—	—	—	—	—
7-7	10	2.32	1.35	1.71	0.05	0.10	0.15	0.20	0.26	0.37	0.48	0.63	0.99	1.19	1.35	—	—	—	—	—	—	—	—	—
7-8	12.5	2.95	2.25	1.31	0.07	0.13	0.18	0.24	0.34	0.42	0.58	0.75	0.96	1.22	1.50	1.78	2.07	2.25(1/2)	—	—	—	—	—	—
7-9	10.5	3.33	2.55	1.30	—	0.25	0.39	0.57	0.77	0.98	1.24	1.49	1.77	2.06	2.40	2.55(1/2)	—	—	—	—	—	—	—	—
7-10	11	3.52	2.97	1.18	—	0.26	0.40	0.54	0.76	0.99	1.25	1.52	1.83	2.15	2.53	2.97	—	—	—	—	—	—	—	—
7-11	14.5	3.58	2.69	1.33	0.05	0.14	0.21	0.29	0.37	0.49	0.65	0.81	0.98	1.21	1.45	1.69	1.97	2.30	2.60	2.69(1/2)	—	—	—	—
7-12	16.5	4.45	2.94	1.51	—	0.11	0.15	0.24	0.30	0.41	0.54	0.70	0.87	1.14	1.39	1.59	1.83	2.09	2.36	2.64	2.82	2.94(1/2)	—	—
7-13	11	3.59	2.31	1.56	0.10	0.15	0.21	0.35	0.50	0.66	0.88	1.12	1.38	1.67	2.01	2.31	—	—	—	—	—	—	—	—
7-14	12	2.95	1.94	1.53	—	0.08	0.15	0.22	0.32	0.43	0.61	0.79	0.97	1.20	1.45	1.71	1.94	—	—	—	—	—	—	—
7-15	18.5	4.02	3.11	1.29	0.05	0.11	0.16	0.25	0.31	0.38	0.46	0.59	0.72	0.88	1.05	1.22	1.39	1.79	2.06	2.29	2.51	2.75	2.98	3.14(1/2)
7-16	15	4.53	2.82	1.61	—	0.13	0.19	0.26	0.35	0.45	0.63	0.81	0.98	1.22	1.50	1.74	2.01	2.31	2.60	2.82	—	—	—	—
7-17	13.5	3.74	2.87	1.30	—	0.14	0.23	0.31	0.43	0.58	0.78	1.02	1.27	1.55	1.83	2.10	2.43	2.72	2.87(1/2)	—	—	—	—	—
7-18	10.5	2.75	1.82	1.51	0.08	0.13	0.25	0.35	0.46	0.63	0.80	1.03	1.29	1.48	1.69	1.82(1/2)	—	—	—	—	—	—	—	—
7-19	13	3.50	2.64	1.33	—	0.16	0.26	0.36	0.49	0.63	0.80	1.00	1.25	1.53	1.78	2.06	2.36	2.64	—	—	—	—	—	—
7-20	11	2.67	1.66	1.61	0.10	0.15	0.21	0.29	0.37	0.49	0.64	0.82	1.01	1.22	1.44	1.66	—	—	—	—	—	—	—	—

简单新希瓦格𥱾 *Neoschwagerina simplex* Ozawa, 1927

（图版 8，图 1~3）

1927 *Neoschwagerina simplex* Ozawa, p. 153, pl. XXXIV, figs. 7~11, 22~23；pl. XXXVII, figs. 3a, 6a；pl. XLIV, figs. 5a.

1956 *Neoschwagerina simplex*，陈旭，55 页，图版 12，图 13~16。

1959 *Neoschwagerina simplex*, Honjo, p. 139, pl. 3, figs. 1, 4；pl. 5, fig. 4.

1962 *Neoschwagerina craticulifera rotunda* Deprat, Ishizaki, p. 171, pl. 11, figs. 12~15；pl. 12, figs. 1~3.

1962 *Neoschwagerina simplex*, Ishizaki, p. 175, pl. 12, figs. 7, 8.

1963 *Neoschwagerina simplex*, Kanmera, p. 112, pl. 13, figs. 1~6；pl. 14, figs. 1~6；pl. 19, figs. 15.

1971 *Neoschwagerina simplex*, Lys, figs. 1e.

1975 *Neoschwagerina simplex*, Toriyama, p. 99, pl. 19, figs. 25~28；pl. 20, figs. 1~21.

1975 *Neoschwagerinu simplex*, Ozawa, pl. 10, fig. 16.

1985 *Neoschwagerina simplex*，杨振东，图版 II，图 5。

1986 *Neoschwagerina simplex*，肖伟民等，178 页，图版 25，图 5、10。

1988 *Neoschwagerina simplex*，孙巧缡和张遴信，图版 IV，图 20。

1988b *Neoschwagerina simplex*, Kobayashi, p. 11, pl. 6, figs. 1~17.

1988a *Neoschwagerina simplex*, Kobayashi, p. 447, pl. 6, figs. 17.

1990 *Neoschwagerina simplex*，聂泽同和宋志敏，图版 1，图 19。

1991 *Neoschwagerina simplex*，张遴信，62 页，图版 6，图 15。

1991 *Neoschwagerina simplex*, Ueno, p. 995, pl. 10, figs. 1~12.

1993 *Neoschwagerina simplex*, Dawson, pl. 4, figs. 1~2.

1996 *Neoschwagerina simplex*，曾学鲁等，188 页，图版 15，图 2~4。

1996 *Neoschwagerina simplex*, Ueno, pl. 2, figs. 27~28.

1996 *Neoschwagerina simplex*, Leven and Okay, pl. 4, fig. 8.

2007b *Neoschwagerina simplex*, Kobayashi, pl. 2, figs. 29-31；pl. 3, figs. 10, 11, 12~14.

2009 *Neoschwagerina simplex*, Leven, p. 148, pl. XXIX, fig. 2.

2011 *Neoschwagerina simplex*, Kobayashi, pl. XXXII, figs. 1~20；pl. XXXVII, figs. 1~3.

2012a *Neoschwagerina simplex*, Kobayashi, pl. 10, figs. 13, 16, 17.

2013c *Neoschwagerina simplex*, Shen et al., pl. 2, figs. 8~14.

描述 壳体粗纺锤状，中部强烈隆起，两极钝圆。成熟壳体可达 9~11 圈，壳长 2.02~2.84mm，壳宽 1.54~2.39mm，轴率 1.19~1.31，平均 1.23。第一圈壳圈旋转方向与外圈呈大角度相交。旋壁由致密层和细蜂巢层组成，旋壁较薄，厚 0.01~0.02mm。第一旋向副隔壁发育良好，呈柱状下垂，在最外圈零星出现第二旋向副隔壁，呈短的细柱状。无旋脊，拟旋脊发育良好，在内圈呈宽矮的三角形，在外圈呈细长的粗柱状，并与第一旋向副隔壁相连。隔壁平，底端有列孔，呈圆形。因切面均为近轴切面，未切到初房，因此形态和外径未知。

度量 见表 6.60。

讨论与比较 当前标本在个体大小和壳圈形态方面都与 *Neoschwagerina simplex* Ozawa 最为接近，故归为该种，它与 *Neoschwagerina colaniae* Ozawa 也较相似，区别在于后者壳体包卷紧，壳体更呈球形。它与 *Neoschwagerina djakonowae* Dyakonova-Savelyeva 在壳形方面也较相似，但后者壳缘相对较尖，而且第一旋向副隔壁较细长，两者可以区别。

产地与层位 西藏扎布耶六号剖面，下拉组中部。

表 6.60 *Neoschwagerina simplex* Ozawa 度量表

图版	壳圈	壳长 /mm	壳宽 /mm	轴率	初房外径 /mm	壳圈宽度 /mm										
						1	2	3	4	5	6	7	8	9	10	11
8-1	11	2.41	2.02	1.19	—	0.16	0.24	0.33	0.46	0.61	0.78	1.00	1.22	1.47	1.74	2.02
8-2	9	2.84	2.39	1.19	—	0.30	0.46	0.66	0.91	1.17	1.44	1.73	2.05	2.39	—	—
8-3	11	2.02	1.54	1.31	—	0.13	0.18	0.25	0.32	0.43	0.57	0.71	0.88	1.09	1.34	1.54

底普拉新希瓦格蟲 *Neoschwagerina deprati* Leven, 1993
（图版 8，图 4~24）

1993b *Neoschwagerina deprati* Leven, p. 128.
2007 *Neoschwagerina deprati*, Leven et al., pl. 1, figs. 18, 19.

描述 壳体纺锤状至粗纺锤状，中部略隆起，两极尖圆。成熟壳体可达 11~12 圈，壳长 2.35~4.12mm，壳宽 1.63~2.88mm，轴率 1.35~1.50。第一圈壳圈呈内卷虫式，与外圈呈大角度相交；第二圈呈球形；第三圈以后壳体逐渐变为粗纺锤形至纺锤形。旋壁由致密层和细蜂巢层组成，厚 0.01~0.02mm。第一旋向副隔壁发育良好，呈细柱状下垂，多数标本不存在第二旋向副隔壁，但在少数标本的最外圈零星出现第二旋向副隔壁，它呈细的短柱状下垂。无旋脊，拟旋脊发育良好，呈宽矮的三角形，并与第一旋向副隔壁相连。隔壁平，底端有列孔，呈扁圆形。初房球形，外径 0.05~0.10mm，平均 0.079mm。

度量 见表 6.61。

讨论与比较 当前标本的发育特征介于 *Neoschwagerina simplex* Ozawa 与 *Neoschwagerina craticulifera* Schwager 之间，与 Leven 所定义的 *N. deprati* 较相似，故归于该种。它与 *N. craticulifera* 的区别在于当前种壳体相对较小，壳圈较少，轴率偏小。在扎布耶六号剖面的动物群中，它与 *N. simplex* Ozawa 虽然在壳体大小上相似，但后者整体壳圈包卷呈球形，而当前种基本呈纺锤形包卷，两极尖圆，容易区分。

产地与层位 西藏扎布耶六号剖面，下拉组中部。

表 6.61 *Neoschwagerina deprati* Leven 度量表

图版	壳圈	壳长 /mm	壳宽 /mm	轴率	初房外径 /mm	壳圈宽度 /mm												
						1	2	3	4	5	6	7	8	9	10	11	12	13
8-4	8	2.99	2.02	1.48	—	0.25	0.47	0.64	0.83	1.08	1.34	1.62	2.02	—	—	—	—	—
8-5	11	2.35	1.63	1.44	—	0.13	0.17	0.25	0.36	0.48	0.62	0.77	0.97	1.18	1.41	1.63	—	—
8-6	12	2.76	1.94	1.42	0.05	0.11	0.17	0.24	0.32	0.45	0.60	0.77	0.95	1.17	1.41	1.67	1.94	
8-7	8	2.04	1.20	1.70	0.10	0.17	0.25	0.35	0.48	0.65	0.84	1.08	1.20	—	—	—	—	—
8-8	9.5	2.64	1.77	1.49	0.10	0.19	0.25	0.33	0.45	0.62	0.81	1.04	1.30	1.62	1.77 (1/2)	—	—	—

图版	壳圈	壳长/mm	壳宽/mm	轴率	初房外径/mm	壳圈宽度/mm												
						1	2	3	4	5	6	7	8	9	10	11	12	13
8-9	10	2.65	1.71	1.55	—	0.15	0.22	0.32	0.45	0.58	0.75	0.97	1.20	1.47	1.71	—	—	—
8-10	10.5	1.99	1.34	1.49	—	0.13	0.17	0.23	0.29	0.39	0.52	0.68	0.87	1.06	1.25	1.34 (1/2)	—	—
8-11	12.5	3.29	2.44	1.35	—	0.17	0.21	0.28	0.40	0.56	0.73	0.94	1.16	1.42	1.71	2.04	2.34	2.44 (1/2)
8-12	11	3.62	2.50	1.45	0.09	0.17	0.24	0.46	0.63	0.82	1.08	1.33	1.59	1.88	2.18	2.50	—	—
8-13	8	2.44	1.38	1.77	0.08	0.15	0.22	0.30	0.40	0.53	0.88	1.11	1.38	—	—	—	—	—
8-14	10.5	2.53	1.75	1.45	—	0.15	0.24	0.37	0.49	0.63	0.79	0.97	1.16	1.37	1.64	1.75 (1/2)	—	—
8-15	12	3.26	2.31	1.41	0.07	0.13	0.19	0.26	0.35	0.49	0.65	0.85	1.08	1.33	1.62	1.97	2.31	—
8-16	8	1.99	1.37	1.45	—	0.15	0.22	0.31	0.40	0.55	0.69	0.89	1.37	—	—	—	—	—
8-17	7	1.64	1.17	1.40	—	0.16	0.25	0.36	0.51	0.71	0.94	1.17	—	—	—	—	—	—
8-18	8.5	2.32	1.44	1.61	0.06	0.18	0.26	0.33	0.46	0.62	0.85	1.09	1.34	1.44 (1/2)	—	—	—	—
8-19	12	—	2.40	—	0.05	0.11	0.20	0.29	0.41	0.54	0.61	0.87	1.09	1.36	1.69	2.03	2.40	—
8-20	11.5	4.12	2.88	1.43	—	0.19	0.31	0.46	0.64	0.82	1.07	1.36	1.66	1.96	2.27	2.66	2.88 (1/2)	—
8-21	9	2.41	1.46	1.65	0.10	0.15	0.20	0.30	0.40	0.55	0.71	0.97	1.19	1.46	—	—	—	—
8-22	11.5	3.31	2.23	1.48	0.09	0.17	0.24	0.35	0.46	0.61	0.83	1.04	1.27	1.54	1.84	2.11	2.23 (1/2)	—
8-23	9	2.58	1.71	1.51	—	0.16	0.26	0.36	0.52	0.71	0.90	1.14	1.40	1.71	—	—	—	—
8-24	11	3.13	2.09	1.50	—	0.16	0.23	0.31	0.39	0.56	0.74	0.97	1.24	1.51	1.76	2.09	—	—

陈氏新希瓦格蟆 *Neoschwagerina cheni* Sheng, 1958

（图版 16，图 1~6）

1958a *Neoschwagerina cheni* Sheng，盛金章，66 页，图版 XVI，图 2，5，6。

1961 *Neoschwagerina cheni*, Nogami, p. 174, pl. 3, figs. 1~6.

1966 *Neoschwagerina cheni*, Ishii, pl. 5, fig. 3.

1966 *Neoschwagerina cheni*, Igo, p. 36, pl. 7, figs. 1~5；pl. 4, fig. 15.

1975 *Neoschwagerina cheni*，盛金章和孙大德，51 页，图版 13，图 15~19。

1978 *Neoschwagerina cheni*，西南地质科学研究所，115 页，图版 31，图 9。

1981 *Neoschwagerina cheni*，王玉净等，63 页，图版 XVII，图 12，13。

1982 *Neoschwagerina cheni*，张遴信，207 页，图版 31，图 3~6；图版 33，图 4，7。

1985 *Neoschwagerina cheni*，杨振东，图版 II，图 10。

1986 *Neoschwagerina cheni*，肖伟民等，177 页，图版 25，图 3，4。

1991 *Neoschwagerina cheni*，张遴信，61 页，图版 6，图 1~3，6，7，10。

1993 *Neoschwagerina cheni*, Dawson, pl. 4, figs. 6, 8.

1996 *Neoschwagerina cheni*，曾学鲁等，188 页，图版 15，图 1。

1999 *Neoschwagerina cheni*，杨湘宁等，图版 II，图 5。

2009 *Neoschwagerina cheni*, Zhang et al., pl. 3, fig. 14.

2012a *Neoschwagerina cheni*, Kobayashi, p. 239, pl. 11, figs. 6~8.

描述 壳体粗纺锤状，中部强烈隆起，两极尖圆。成熟壳体可达 15~16 圈，壳长

3.90~4.42mm，壳宽 3.16~3.43mm，轴率 1.13~1.38，平均 1.24。第一圈壳圈旋转方向与外圈呈大角度相交。旋壁由致密层和细蜂巢层组成，厚约 0.02mm。第一旋向副隔壁发育良好，呈细长柱状下垂，在最外圈零星出现第二旋向副隔壁。无旋脊，拟旋脊发育良好，呈高耸的三角形，与第一旋向副隔壁相连，并在相连处有轻微次生加厚。隔壁平，底端有列孔，呈扁圆形至球形。初房球形，外径 0.06mm。

度量 见表 6.62。

讨论与比较 当前种与 *Neoschwagerina majulensis* Wang, Sheng and Zhang 在壳形和壳体大小上最为相似，但后者的第一旋向副隔壁呈特别细的针状，而当前种的第一旋向副隔壁有一定的宽度，两者可以区分。它与青海新希瓦格蜓 *Neoschwagerina hsinghaiana* Sheng 在壳形上也有一定的相似度，但后者壳圈轴率偏大，而且第一旋向副隔壁呈三角形下垂，可与当前种区分。

产地与层位 西藏措勤县夏东剖面，下拉组中部。

表 6.62 *Neoschwagerina cheni* Sheng 度量表

图版	壳圈	壳长/mm	壳宽/mm	轴率	初房外径/mm	壳圈宽度/mm															
						1	2	3	4	5	6	7	8	9	10	11	12	13	14	15	16
16-1	16	4.42	3.21	1.38	—	0.11	0.20	0.29	0.41	0.54	0.69	0.89	1.10	1.30	1.56	1.83	2.09	2.33	2.58	2.86	3.21
16-2	—	3.71	3.12	1.19																	
16-3	15	—	3.16	—	0.06	0.12	0.21	0.28	0.40	0.53	0.70	0.90	1.13	1.38	1.65	1.92	2.23	2.55	2.86	3.16	—
16-4	13.5	2.81	2.48	1.13	0.06	0.15	0.23	0.33	0.45	0.58	0.77	0.92	1.13	1.36	1.59	1.83	2.06	2.34	2.48 (1/2)		
16-5	14	3.66	2.67	1.37	—	0.19	0.27	0.37	0.51	0.66	0.84	1.03	1.20	1.41	1.66	1.94	2.19	2.45	2.67	—	—
16-6	15.5	3.90	3.43	1.14	—	0.12	0.21	0.30	0.42	0.58	0.78	1.03	1.25	1.48	1.82	2.15	2.44	2.72	3.01	3.30	3.43 (1/2)

矢部蜓属 *Yabeina* Deprat, 1914

模式种 井上氏矢部蜓 *Neoschwagerina (Yabeina) inouyei* Deprat, 1914。

属征 壳大，粗纺锤形至长纺锤形。旋壁由致密层及纤细的蜂巢层组成。隔壁甚多而薄，不规则。副隔壁有轴向及旋向两组。旋向副隔壁又有第一旋向副隔壁及第二旋向副隔壁两类。所有副隔壁均是上半部由蜂巢层聚集而成，下半部固结不透明。第二旋向副隔壁介于第一旋向副隔壁之间，长仅及其一半。拟旋脊很发育。列孔圆而多。

讨论与比较 该属与 *Neoschwagerina* 属的主要区别是：第二旋向副隔壁数目多；轴向副隔壁在两个隔壁间可多达 3~6 个；副隔壁薄板状，下半部固结而不透明；副隔壁的形状不规则。

遵信矢部蜓（新种）*Yabeina linxinensis* Zhang, sp. nov.
（图版 29，图 1~13）

词源 该种献给我国蜓类研究的著名专家——中国科学院南京地质古生物研究所张遵信研究员。

材料 44 个标本。

正模 178345（图版 29，图 6）。

副模 178331（图版 29，图 3），178334（图版 29，图 4），178344（图版 29，图 8）。

特征 壳圈少，轴率大。

描述 壳体呈纺锤状，中部略凸出，两极尖圆，侧坡略内凹。一般含有 11~12 个壳圈，最多可达 14 个。壳长 5.35~8.40mm，壳宽 2.82~4.30mm，轴率 1.75~2.37，平均 2.16。正模标本共 12 圈，壳长 8mm，壳宽 3.75mm，第 1~12 圈的壳圈宽度分别为：0.35mm，0.53mm，0.69mm，0.91mm，1.14mm，1.40mm，1.64mm，1.95mm，2.36mm，2.76mm，3.23mm，3.75mm。旋壁由致密层和极薄的蜂巢层组成，厚 0.02~0.03mm。隔壁平，副隔壁非常发育，分为旋向副隔壁和轴向副隔壁。旋向副隔壁分为两组：第一旋向副隔壁长，呈细柱状，长度超过房室的一半，并与拟旋脊相连；两个第一旋向副隔壁之间有 2~3 个第二旋向副隔壁，第二旋向副隔壁很短。轴切面上可见有第一轴向副隔壁发育，在外圈零星发育第二轴向副隔壁。拟旋脊呈低的三角形。初房球形，外径 0.17~0.43mm，平均 0.25mm。

度量 见表 6.63。

讨论与比较 当前种的特征是壳体较细长，壳圈较少，包卷略松。当前种与伊豆矢部蜓 *Yabeina omurensis* Yamagiwa and Ishii 在壳形方面相似，区别在于当前种壳圈较少，初房较大。当前种与纺锤形矢部蜓 *Yabeina fusiformis* Skinner and Wilde 在壳体大小、轴率等方面相似，但后者壳圈非常多，可达 20 圈以上，壳圈包卷紧，并且初房非常小，因此两者可以区分。

表 6.63 *Yabeina linxinensis* Zhang, sp. nov. 度量表

图版	壳圈	壳长 / mm	壳宽 / mm	轴率	初房外径 / mm	壳圈宽度 /mm													
						1	2	3	4	5	6	7	8	9	10	11	12	13	14
29-1	9	6.20	2.78	2.23	—	0.51	0.74	0.98	1.25	1.48	1.73	2.03	2.41	2.78	—				
29-2	10	7.90	3.34	2.37															
29-3	14	8.40	4.30	1.95	0.20	0.44	0.61	0.85	1.04	1.24	1.51	1.75	2.08	2.44	2.80	3.18	3.56	3.96	4.30
29-4	11	6.18	3.53	1.75	0.25	0.43	0.60	0.81	1.01	1.26	1.54	1.79	1.99	2.33	2.71	3.53			
29-5	11	5.35	2.82	1.90	0.43	0.58	0.76	0.97	1.15	1.37	1.62	1.86	2.10	2.28	2.53	2.82			
29-6	12	8.00	3.75	2.13	0.21	0.35	0.53	0.69	0.91	1.14	1.40	1.64	1.95	2.36	2.76	3.23	3.75		
29-7	10	5.02	2.32	2.16	0.28	0.36	0.48	0.62	0.77	0.96	1.19	1.44	1.69	1.99	2.32	—			
29-8	11	6.38	3.08	2.07	0.24	0.36	0.50	0.66	0.87	1.11	1.41	1.74	2.06	2.46	2.82	3.08	—		
29-9	11	8.30	3.50	2.37	0.19	0.37	0.52	0.67	0.88	1.12	1.38	1.68	1.98	2.34	2.70	3.50	—		
29-10	9	6.71	2.91	2.31	0.23	0.47	0.66	0.92	1.19	1.46	1.80	2.12	2.44	2.91	—				
29-11	10	8.31	3.53	2.35	0.41	0.67	1.03	1.25	1.49	1.77	2.03	2.32	2.68	3.08	3.53	—			
29-12	7	—	1.91	—	0.22	0.44	0.64	0.82	1.07	1.32	1.61	1.91	—						
29-13	9.5	5.98	2.57	2.33	0.17	0.34	0.49	0.65	0.87	1.12	1.41	1.74	2.07	2.41	2.57 (1/2)	—			

产地与层位 西藏林周县洛巴堆一号剖面，洛巴堆组中部。

<h3 style="text-align:center">鳞蜓属 Lepidolina Lee, 1934</h3>

模式种 多隔壁苏门答腊蜓 *Neoschwagerina* (*Sumatrina*) *multiseptata* Deprat, 1914。

属征 壳大，粗纺锤形。壳圈数目较多，旋壁似由一层致密层构成。副隔壁下端固结加厚，两个第一旋向副隔壁之间有 1~2 个第二旋向副隔壁，在外圈中尤其发育。轴向副隔壁发育。无论是轴向副隔壁还是旋向副隔壁，在横向和垂向上都略微弯曲。拟旋脊及列孔都很发育。初房大。

讨论与比较 此属与 *Yabeina* 属的区别为旋壁极薄，副隔壁也较薄，初房较大。另外，此属与 *Sumatrina* 属也很相似，但后者没有真正的轴向隔壁，旋向和轴向副隔壁长度相近，都很短且平直。

<h3 style="text-align:center">多隔壁鳞蜓 Lepidolina multiseptata (Deprat, 1912)</h3>

（图版 28，图 7~15）

1912 *Neoschwagerina* (*Sumatrina*) *multiseptata* Deprat, p. 53, pl. III, figs. 2~8.

1924 *Neoschwagerina multiseptata* Deprat, Colani, p. 123, pl. XV, fig. 1；pl. XXIV, figs. 12, 13；pl. XXV, figs. 1~8, 10, 11, 12, 14, 15；pl. XXVI, figs. 1, 2, 4, 6~18.

1934 *Lepidolina multiseptata* (Deprat), Lee, p. 21, pl. IV, figs. 2, 3.

1970 *Yabeina* (*Lepidolina*) *multiseptata shiraiwensis* (Ozawa), Choi, p. 350, pl. 13, fig. 8；pl. 15, figs. 4~6.

1972 *Lepidolina multiseptata*, Yamagiwa and Saka, p. 266, pl. 31, fig. 2.

1981 *Yabeina multiseptata* (Deprat)，王玉净等，68 页，图版 XV，图 6, 9, 11。

1996 *Lepidolina multiseptata*, Ueno, pl. 4, figs. 9, 10.

2003 *Lepidolina multiseptata*, Kobayashi, fig. 3C.

2006b *Lepidolina multiseptata*, Kobayashi, pl. 2, figs. 1, 5, 6.

2009 *Lepidolina multiseptata*, Kobayashi et al., p. 95, pl. 9, figs. 6, 7.

2010 *Lepidolina multiseptata*, Kobayashi, p. 270, pl. 7, figs. 18~21；pl. 8, figs. 1~13.

描述 壳体呈粗纺锤状，中部凸出，两极钝圆。一般含有 11.5~13.5 个壳圈。壳长 7.05~7.78mm，壳宽 4.00~5.32mm，轴率 1.34~1.82，平均 1.56。旋壁由致密层组成，厚 0.01~0.02m。隔壁平，副隔壁非常发育，分为旋向副隔壁和轴向副隔壁。旋向副隔壁分为两组：第一旋向副隔壁长，呈细长柱状，并与拟旋脊相连；两个第一旋向副隔壁之间有多个第二旋向副隔壁，第二旋向副隔壁很短。轴切面上可见有第一轴向副隔壁发育，在外圈零星发育第二轴向副隔壁。拟旋脊呈低的三角形。初房球形，外径 0.18~0.40mm，平均 0.34mm。

度量 见表 6.64。

讨论与比较 当前标本在壳体大小、壳圈数目、轴率等方面都与 *Lepidolina multiseptata* (Deprat) 最相似，故归于该种。当前种与 *Lepidolina shiraiwensis* (Ozawa) 在壳形方面相似，但后者个体更小，更呈球状，故较易区别。

产地与层位 西藏林周县洛巴堆一号剖面，洛巴堆组中部。

表 6.64　*Lepidolina multiseptata* (Deprat) 度量表

图版	壳圈	壳长 /mm	壳宽 /mm	轴率	初房外径 /mm	壳圈宽度 /mm													
						1	2	3	4	5	6	7	8	9	10	11	12	13	14
28-7	13.5	7.15	5.32	1.34	0.40	0.68	0.92	1.19	1.49	1.80	2.14	2.47	2.79	3.12	3.52	3.91	4.78	5.18	5.32 (1/2)
28-8	13.5	7.78	5.25	1.48	0.37	0.56	0.82	1.11	1.36	1.64	1.96	2.29	2.63	3.04	3.46	3.90	4.37	4.94	5.25 (1/2)
28-9	11	7.05	4.00	1.76	—	0.48	0.78	1.04	1.33	1.71	2.04	2.40	2.79	3.15	3.64	4.00			
28-10	7	3.30	2.41	1.37	0.37	0.65	0.94	1.18	1.43	1.70	2.19	2.41	—	—	—	—			
28-11	6	2.93	1.83	1.60	0.43	0.43	0.84	1.04	1.22	1.55	1.83	—	—	—	—	—			
28-12	10	4.85	2.88	1.68	0.18	0.42	0.63	0.88	1.14	1.40	1.69	2.01	2.30	2.66	2.88				
28-13	8.5	3.64	2.54	1.43	0.23	0.53	0.71	0.91	1.17	1.38	1.67	1.97	2.37	2.54 (1/2)					
28-14	6.5	3.57	1.96	1.82	0.39	0.60	0.82	1.01	1.23	1.50	1.79	1.96 (1/2)							
28-15	11.5		2.96		0.32														

小粟虫纲 Miliolata Lankester, 1885

小粟虫目 Miliolida Delage and Herouard, 1896

盘角虫超科 Cornuspiroidea Schultze, 1854

贝赛虫科 Baisalinidae Loeblich and Tappan, 1986

贝赛虫属 *Baisalina* Reitlinger, 1965

模式种　美丽贝赛虫 *Baisalina pulchra* Reitlinger, 1965。

属征　壳球形或卵圆形，由初房及管状第二房室组成。管状第二房室绕初房扭卷，有时趋向于按一固定的方向对称包卷。壳圈一般内旋，局部亦见外旋。由短而突出或扭弯的旋壁将管状房室进一步分割为小的房室（或称假房室），这些突出或扭弯的旋壁分布不很均匀。壳壁钙质，表面具瓷状，薄片上为一层暗色微粒层，稍重结晶。

美丽贝赛虫 *Baisalina pulchra* Reitlinger, 1965

（图版 15，图 14~17）

1965 *Baisalina pulchra* Reitlinger, p. 65, pl. I, figs. 15~18.

1976 *Baisalina pulchra*, Montenat et al., pl. XVII, fig. 4.

1979 *Baisalina pulchra*, Whittaker et al., pl. 1, figs. 1~5.

1981 *Baisalina pulchra*, Okimura and Ishii, p. 14, pl. 1, fig. 18.

1981 *Baisalina pulchra*, Zaninetti et al., pl. 4, figs. 19~28.

1984 *Baisalina pulchra*, Altiner, pl. II, fig. 8.

1988 *Baisalina* n. sp. aff. *B. pulchra*, Gargouri, p. 62, pl. II, figs. 1~3, 7~9, 11.

1988 *Baisalina pulchra*, Noe, pl. II, fig. 4.

1988a *Baisalina pulchra*, Pronina, pl. I, fig. 29.

1991 *Baisalina pulchra*, Vachard and Ferriere, pl. 4, figs. 1, 2.

1995 *Baisalina pulchra*, Bérczi-Makk et al., pl. XIII, figs. 3, 4, 6, 7；pl. XIV, figs. 4, 5.

1996 *Baisalina pulchra*, Leven and Okay, pl. 8, figs. 9, 17.

1997 *Baisalina pulchra*, Pronina and Nestell, pl. 1, fig. 9.

　　描述　壳体呈球形至椭球形，由初房和管状第二房室组成，房室绕旋。壳长径

0.604~0.724mm，壳短径 0.328~0.576mm。管状房室外圈具有隔壁，隔壁呈尖三角形，在最后一圈等宽分布。壳壁瓷质，风化后呈白色钙质状，壳壁厚 0.012~0.044mm。初房球形，外径 0.028~0.040mm。

度量 见表 6.65。

讨论与比较 当前标本在壳形和壳体大小方面与 *Baisalina pulchra* Reitlinger 最相似，故归入该种。当前种与湖南贝赛虫 *Baisalina hunanica* Lin 在壳形方面相似，但后者个体较大，且最后一圈的隔壁非常密集，两者可以区分。当前种与贵州贝赛虫 *Baisalina guizhouensis* Wang 的区别在于后者最后一圈隔壁不甚发育，且隔壁呈低矮的三角形，与当前种不同，可以区分。

产地与层位 西藏措勤县夏东剖面，下拉组中部。

表 6.65 *Baisalina pulchra* Reitlinger 度量表

图版	壳长径 / mm	壳短径 / mm	壳壁厚 / mm	初房外径 / mm	图版	壳长径 / mm	壳短径 / mm	壳壁厚 / mm	初房外径 / mm
15-14	0.724	0.576	0.044	0.040	15-16	0.696	0.548	0.044	—
15-15	0.388	0.328	0.012	0.028	15~17	0.604	0.480	0.024	0.032

盘角虫科 Cornuspiridae Schultze, 1854

盘角虫亚科 Cornuspirinae Schultze, 1854

盘角虫属 *Cornuspira* Schultze, 1854

模式种 叶状奥比斯虫 *Orbis foliaceus* Philippi, 1844。

属征 壳体圆盘形，由球形初房和未分化的管状第二房室组成，平旋内卷。壳壁钙质，瓷质，无孔。壳表光滑，偶尔有横向生长纹。壳口位于管状开口处。

盘角虫未定种 1 *Cornuspira* sp. 1

（图版 1，图 2）

描述 壳体呈圆盘形，平旋。壳体共有 12 圈，其中早期 7 圈包卷很紧，后面 5 圈包卷放松。壳径 0.47mm。壳壁瓷质，局部风化后呈白色钙质状，壳壁厚 0.006mm。初房球形，外径 0.012mm。

讨论与比较 当前标本呈圆盘形，在外形上和砂盘虫属 *Ammodiscus* 最相似，但显微镜下可见到当前标本的壳壁是瓷质的，而非胶结壳，因此属于平旋型的 *Cornuspira* 属。因为只保留了一个中切面，不清楚纵切面上每个壳圈的宽度，所以不易定种。

产地与层位 西藏阿里地区噶尔县左左乡剖面，下拉组中上部。

盘角虫未定种 2 *Cornuspira* sp. 2

（图版 1，图 3，4；图版 4，图 1~4；图版 27，图 8；图版 32，图 9）

描述 壳体呈圆盘形，平旋。壳体共有 9~10 圈，包卷均匀。壳径 0.274~0.432mm。壳壁瓷质，局部风化后呈白色钙质状，壳壁厚 0.006~0.012mm。初房球形，外径 0.008~0.018mm。

度量　见表 6.66。

讨论与比较　当前标本也呈圆盘形，壳壁瓷质，所以属于 *Cornuspira* 属。它们和 *Cornuspira* sp. 1 相似，都是中切面，因此不易定种。它们和 *Cornuspira* sp. 1 的区别在于当前标本前几个壳圈和后几个壳圈包卷较均匀。

产地与层位　西藏阿里地区噶尔县左左乡剖面，下拉组中上部；西藏扎布耶二号剖面，下拉组中部；西藏申扎县木纠错西北采样点，下拉组；西藏申扎县木纠错西短剖面，下拉组上部。

表 6.66　*Cornuspira* sp. 2 度量表

图版	壳圈	壳径 / mm	壳厚 / mm	壳壁厚 / mm	初房外径 / mm	图版	壳圈	壳径 / mm	壳厚 / mm	壳壁厚 / mm	初房外径 / mm
1-3	9	0.274	—	0.012	—	4-3	>9	0.530	—	0.010	—
1-4	9	0.352	—	0.006	—	4-4	6	0.268	—	0.006	—
4-1	10	0.432	—	0.010	0.018	27-8	8	0.284	—	0.006	0.008
4-2	9	0.306	—	0.008	—	32-9	>6	0.156	—	0.002	—

线球虫亚科 Agathammininae Ciarapica, Cirilli and Zaninetti in Ciarapica et al., 1987

线球虫属 *Agathammina* Neumayr, 1887

模式种　小蛇状虫 *Serpula pusilla* Geinitz in Geinitz and Gutbier, 1848。

属征　壳近卵圆形，初房球形，第二管状房室绕初房大致呈五玦虫式包卷。壳壁钙质无孔。壳面具生长线。末端口孔简单，具加厚的唇。

小线球虫 *Agathammina pusilla* (Geinitz, 1848)

（图版 5，图 12；图版 15，图 7；图版 20，图 23~28；图版 27，图 4~7；
图版 30，图 1~4；图版 32，图 16~23；图版 34，图 1~4；图版 35，图 1~5）

1848 *Serpula pusilla* Geinitz in Geinitz and Gutbier, p. 6, pl. 3, figs. 4~6.

1976 *Agathammina pusilla*, Montenat et al., pl. 17, fig. 3.

1979 *Agathammina pusilla*, Whittaker et al., pl. II, figs. 5, 9.

1981 *Agathammina pusilla*, Zaninetti et al., pl. 10, figs. 16~20.

1984 *Agathammina pusilla*, Altiner, pl. 2, fig. 5.

1986 *Agathammina pusilla*, Vuks and Chediya, pl. 9, fig. 18.

1988 *Agathammina pusilla*, Gargouri, pl. II, fig. 10.

1988 *Agathammina pusilla*, Noe, pl. II, fig. 3.

1988a *Agathammina pusilla*, Pronina, pl. I, figs. 25, 26.

1989 *Agathammina pusilla*, Köylüoglu and Altiner, pl. 11, fig. 10.

1990 *Agathammina pusilla*, 林甲兴等，218 页，图版 26，图 20~23。

1993 *Agathammina pusilla*, Ueno and Sakagami, figs. 2.12, 2.13.

1996 *Agathammina pusilla*, Leven and Okay, pl. 8, fig. 11.

2006 *Agathammina pusilla*, Nestell and Nestell, p. 10, pl. 3, figs. 1~5.

2007 *Agathammina pusilla*, Gaillot and Vachard, p. 87, pl. 2, fig. 18；pl. 53, fig. 11；pl. 66, fig. 14.

2009 *Agathammina pusilla*, Song et al., figs. 8.30~8.32.

2012c *Agathammina pusilla*, Kobayashi, pl. IV, fig. 17.

2013 *Agathammina pusilla*, Vachard and Moix, fig. 12.2.

描述　壳体呈长柱形，由初房和第二管状房室组成。房室包卷呈玦虫式，中切面上可见 5 个壳圈，两两之间交角 72°。壳长径 0.764~1.264mm，壳短径 0.308~0.768mm。壳壁瓷质不透明，平均厚 0.034mm。初房圆形至椭圆形，初房长径 0.036~0.100mm。

度量　见表 6.67。

讨论与比较　当前标本在壳形、个体大小和壳壁厚度方面和 *Agathammina pusilla* (Geinitz) 最为相似，可归为该种。它和卵形线球虫 *Agathammina ovata* Wang 在壳形上较相似，但后者壳缘很宽圆，呈椭圆形，可以区分。

产地与层位　西藏扎布耶三号剖面，下拉组中部；西藏措勤县夏东剖面，下拉组中部；西藏申扎县木纠错剖面，下拉组中部和上部；西藏申扎县木纠错西北采样点，下拉组；西藏申扎县木纠错西木纠错组二号短剖面，下拉组上部；西藏墨竹工卡县德仲村剖面，洛巴堆组。

表 6.67　*Agathammina pusilla* (Geinitz) 度量表

图版	壳长径 / mm	壳短径 / mm	壳壁厚 / mm	初房外径 / mm	图版	壳长径 / mm	壳短径 / mm	壳壁厚 / mm	初房外径 / mm
5-12	0.340	0.168	0.008	—	32-17	—	0.336	0.028	—
15-7	1.024	0.492	0.016	—	32-18	—	0.380	0.032	—
20-23	0.962	0.468	0.036	0.082	32-19	0.608	0.280	0.032	—
20-24	—	0.494	0.038	0.052	32-20	—	0.528	0.028	0.036
20-25	1.140	0.476	0.280	—	32-21	—	0.672	0.052	—
20-26	1.136	0.554	0.034	—	32-22	—	0.768	0.036	—
20-27	1.072	0.468	0.036	0.052	32-23	1.004	0.404	0.048	—
20-28	0.978	0.396	0.038	0.054	34-1	0.788	0.376	0.024	0.084
27-4	1.256	0.628	0.040	—	34-2	0.692	0.324	0.020	—
27-5	1.264	0.608	0.044	—	34-3	0.460	0.220	0.016	—
27-6	1.020	0.576	0.036	—	34-4	0.928	0.396	0.024	—
27-7	—	0.308	0.028	—	35-1	1.124	0.444	0.052	—
30-1	1.032	0.488	0.056	0.092	35-2	1.072	0.532	0.044	—
30-2	1.032	0.504	0.040	—	35-3	1.248	0.576	0.040	—
30-3	—	0.476	0.036	—	35-4	0.764	0.376	0.032	—
30-4	—	0.548	0.020	0.100	35-5	1.004	0.600	0.052	—
32-16	1.264	0.588	0.056	—					

瓦恰德线球虫 *Agathammina vachardi* Zhang in Zhang et al., 2016

（图版 15，图 8，9；图版 22，图 1~11；图版 27，图 9~13）

2013 *Agathammina pusilla* (Geinitz), Fontaine et al., fig. 2E.

2016 *Agathammina vachardi* Zhang in Zhang et al., p. 107, figs. 5.1~5.8.

描述　壳体呈柱形，由初房和第二管状房室组成。房室包卷呈玦虫式，中切面上可见 5 个壳圈，两两之间交角 72°。壳长径 1.248~1.836mm，壳短径 0.496~1.652mm。壳壁瓷质不透明，内部壳壁很薄，外部壳壁明显加厚，外部壳壁厚 0.036~0.144mm。初房圆形至椭圆形，长径 0.036~0.088mm。

度量 见表 6.68。

讨论与比较 当前标本以较大的壳体，外圈较厚的壳壁为特征可归入 *Agathammina vachardi* Zhang 中。当前种与 *Agathammina pusilla* (Geinitz) 的区别在于前者壳壁较厚，个体较大。它与大线球虫 *Agathammina ampla* Lin 在壳形和壳壁厚度方面相似，但后者个体特别大，容易区分。

产地与层位 西藏措勤县夏东剖面，下拉组中部；西藏申扎县木纠错剖面，下拉组中部；西藏申扎县木纠错西北采样点，下拉组。

表 6.68 *Agathammina vachardi* Zhang 度量表

图版	壳长径 / mm	壳短径 / mm	壳壁厚 / mm	初房外径 / mm	图版	壳长径 / mm	壳短径 / mm	壳壁厚 / mm	初房外径 / mm
15-8	—	1.652	0.144	0.076	22-8	1.836	0.940	0.056	—
15-9	1.780	0.892	0.092	0.076	22-9		0.856	0.092	—
22-1	—	0.768	0.040	0.036	22-10		0.496	0.044	—
22-2	1.232	0.584	0.056	—	22-11		0.512	0.036	—
22-3	1.688	0.808	0.068	—	27-9	1.248	0.588	0.064	—
22-4	1.404	0.644	0.052	—	27-10		0.564	0.084	—
22-5	1.644	0.700	0.072	0.088	27-11		0.772	0.120	—
22-6	—	0.964	0.084	—	27-12	1.304	0.592	0.044	—
22-7	—	0.552	0.048	0.048	27-13		0.732	0.064	—

线球虫未定种 *Agathammina* sp.

（图版 11，图 49，50，53）

描述 壳体呈细长柱形，由初房和第二管状房室组成。房室包卷呈玦虫式。成熟壳体壳长径 1.860~2.704mm，壳短径 0.800~0.928mm。壳壁瓷质不透明，壳壁在内外圈厚度差异不大，外部壳壁厚 0.032~0.052mm。初房未见。

度量 见表 6.69。

表 6.69 *Agathammina* sp. 度量表

图版	壳长径 /mm	壳短径 /mm	壳壁厚 /mm	初房外径 /mm
11-49	1.860	0.800	0.032	—
11-50	0.856	0.320	0.016	—
11-53	2.704	0.928	0.052	—

讨论与比较 当前种的特征是壳体呈细长柱状，而且个体特别大。它与巨大线球虫 *Agathammina magna* Xia and Zhang 在个体大小方面相似，区别在于当前种呈细长

柱状，而后者的短径明显较宽。它与仙人掌状线球虫 *Agathammina psebaensis* Pronina-Nestell 在壳形方面也较相似，但区别在于后者壳圈包卷较多，并且包卷较紧。当前标本没有初房，内部壳圈不清楚，因此暂不定新种。

产地与层位　西藏扎布耶六号剖面，下拉组中部。

隔板线球虫属 *Septagathammina* Lin, 1984

模式种　湖北隔板线球虫 *Septagathammina hubeiensis* Lin, 1984。

属征　壳长卵形。具球形的初房，第二管状房室围绕初房绕旋，大致呈五块虫式。壳壁钙质，两层，外层黑色线状，内层为较厚的暗色细粒状。雏形隔壁发生于第二管状房室晚期，为壳壁向内弯曲而形成。口孔简单，位于管状房室末端。

隔板线球虫未定种 *Septagathammina* sp.
（图版 11，图 47，48）

描述　壳体呈柱形，由初房和第二管状房室组成。房室包卷呈块虫式。成熟壳体壳长径 0.888~1.076mm，壳短径 0.524~0.584mm。壳壁瓷质不透明，局部重结晶呈白色。壳壁在内圈稍薄，外圈略厚，外部壳壁厚 0.024~0.036mm。外圈的房室中出现隔壁，隔壁呈三角形，与壳壁垂直。初房未见。

度量　见表 6.70。

讨论与比较　当前种在壳形上和新滩隔板线球虫 *Septagathammina xintanensis* Lin 较相似，但后者壳体非常大，明显和当前种不属于同一种。它在壳体大小上与细长隔板线球虫 *Septagathammina splendens* Gaillot and Vachard 较相似，但后者壳圈绕旋的少，且壳壁较厚，故两者可以区分。当前种与 *Septagathammina* 中的种区别都很大，但当前的标本较少，且没有完好的切面，故暂不定种。

产地与层位　西藏扎布耶六号剖面，下拉组中部。

表 6.70　*Septagathammina* sp. 度量表

图版	壳长径 /mm	壳短径 /mm	壳壁厚 /mm	初房外径 /mm
11-47	0.888	0.524	0.024	—
11-48	1.076	0.584	0.036	—

半金线虫科 Hemigordiidae Reitlinger in Vdovenko et al., 1993
半金线虫亚科 Hemigordiinae Reitlinger in Vdovenko et al., 1993

半金线虫属 *Hemigordius* Schubert, 1908

模式种　施伦布盘角虫 *Cornuspira schlumbergeri* Howchin, 1895。

属征　壳盘形，由初房及未分化的第二管状房室组成，第二管状房室早期绕初房球旋，晚期平旋，基本上包卷。壳口宽，半圆形，位于管状房室的末端。壳壁单层，暗色细粒状；壳体两侧脐部发育有暗色次生壳质物。

二叠半金线虫贝特皮亚种 *Hemigordius permicus beitepicus* Filimonova, 2010

（图版 4，图 21，22，26~29）

2010 *Hemigordius permicus beitepicus* Filimonova, p. 774, pl. IV, figs. 3~5.

描述　壳体呈窄的盘形，壳缘宽圆，脐部显著内凹。成熟壳体的壳径 0.312~0.466mm，壳厚 0.060~0.150mm。壳体旋转 6~9 圈，其中早期 1~2 圈与外圈的旋转中轴略有交角，最外部 5~6 圈平旋，少量标本最后一个壳圈旋转方向略有改变。壳壁较薄，瓷质壳，重结晶后呈白色钙质壳。次生沉积物发育于壳边缘，也呈白色钙质。初房球形，外径 0.014~0.016mm。

度量　见表 6.71。

讨论与比较　当前标本在壳形和个体大小方面与 *Hemigordius permicus beitepicus* Filimonova 最为相似，故归入该亚种。当前亚种和 *Hemigordius schlumbergeri* (Howchin) 在壳形方面很相似，区别在于后者的内部数圈呈球旋形，且个体相对较大。它和长半金线虫 *Hemigordius longus* Grozdilova 也较相似，但后者壳体的宽度较宽，两者可以区分。

产地与层位　西藏扎布耶二号剖面，下拉组中部。

表 6.71　*Hemigordius permicus beitepicus* Filimonova 度量表

图版	壳圈	壳径 /mm	壳厚 /mm	壳壁厚 /mm	隔壁厚 /mm	初房外径 /mm
4-21	6	0.466	0.132	0.016	0.006	—
4-22	6	0.414	0.150	0.010	0.010	0.016
4-26	8	0.340	0.088	0.010	0.004	—
4-27	6	0.398	0.094	0.006	0.006	—
4-28	6	0.312	0.070	0.010	0.006	—
4-29	9	0.342	0.060	0.006	0.006	0.014

施伦伯杰半金线虫 *Hemigordius schlumbergeri* (Howchin, 1895)

（图版 20，图 19~22；图版 30，图 19）

1895 *Cornuspira schlumbergeri* Howchin, p. 195, pl. 10, figs. 1~3.
1982 *Hemigordius schlumbergeri* (Howchin)，王克良，16 页，图版 III，图 20，21。
1990 *Hemigordius schlumbergeri*，林甲兴等，212 页，图版 24，图 22。
2005 *Hemigordius schlumbergeri*, Mohtat-Aghai and Vachard, pl. 2, fig. 12.

描述　壳体呈窄的盘形，壳缘宽圆，脐部内凹，壳体包卷。成熟壳体的壳径 0.236~0.334mm，壳厚 0.074~0.106mm。早期房室不规则绕旋，最外部 5~6 圈平旋，少量标本最后一个壳圈旋转方向略有改变。壳壁较薄，瓷质壳。次生沉积物轻微发育，分布于中轴两侧，呈对称分布。

度量　见表 6.72。

讨论与比较　当前种和旋卷半金线虫 *Hemigordius spirollinoformis* Wang 在壳形上很相似，区别在于后者壳径相对较小，并且次生沉积物相对较发育。

产地与层位　西藏措勤县夏东剖面，下拉组中部；西藏申扎县木纠错剖面，下拉组中部及上部。

表 6.72　Hemigordius schlumbergeri (Howchin) 度量表

图版	壳径 /mm	壳厚 /mm	初房外径 /mm	图版	壳径 /mm	壳厚 /mm	初房外径 /mm
20-19	0.334	0.088	—	20-22	0.286	0.130	—
20-20	0.308	0.106	—	30-19	0.310	0.082	—
20-21	0.236	0.074	—				

旋卷半金线虫 Hemigordius spirollinoformis Wang, 1982

（图版 16，图 33~39）

1982 *Hemigordius spirollinoformis* Wang，王克良，18 页，图版 III，图 18。
1990 *Hemigordius spirollinoformis*，林甲兴等，217 页，图版 24，图 26，图 27。

描述　壳体呈窄的盘形，壳缘宽圆，脐部内凹，壳体包卷。成熟壳体的壳径 0.372~0.572mm，壳厚 0.074~0.140mm。初房呈球形，外径 0.016~0.028mm。早期房室不规则绕旋，最外部 5~6 圈平旋。壳壁较薄，瓷质壳。次生沉积物轻微发育，分布于中轴两侧，呈对称分布。

度量　见表 6.73。

讨论与比较　当前种与 *Hemigordius schlumbergeri* (Howchin) 较相似，区别在于后者壳体较细长，并且次生沉积物不甚发育。它与哈尔托尼半金线虫 *Hemigordius harltoni* Cushman and Water 在壳形上相似，但后者脐部凸出，而当前种脐部内凹，可以区分。

产地与层位　西藏措勤县夏东剖面，下拉组中部。

表 6.73　Hemigordius spirollinoformis Wang 度量表

图版	壳径 /mm	壳厚 /mm	初房外径 /mm	图版	壳径 /mm	壳厚 /mm	初房外径 /mm
16-33	0.454	0.140	—	16-37	0.454	0.116	
16-34	0.372	0.074	0.016	16-38	0.474	0.120	0.028
16-35	0.378	0.104	—	16-39	0.572	0.100	
16-36	0.388	0.086	0.028				

半金线虫未定种 Hemigordius sp.

（图版 2，图 25~40）

描述　壳体呈盘形，壳缘宽圆，脐部平或略内凹，壳体包卷。成熟壳体的壳径 0.35~0.47mm，壳厚 0.138~0.16mm。初房呈球形，外径 0.025~0.066mm。早期少量房室不规则绕旋，最外部 4~5 圈平旋。壳壁较薄，瓷质壳。次生沉积物非常发育，分布于中轴两侧，呈对称分布。

度量　见表 6.74。

讨论与比较　当前种的特征是短的盘形，早期不规则绕旋的部分较少，并且它的次生沉积物较多。它和盘形半金线虫 *Hemigordius discoides* Lin, Li and Sun 的区别在于当前种的壳体较粗短，次生沉积物非常发育。它和似盘形半金线虫 *Hemigordius discoideus* (Brazhnikova and Potievskaya) 的区别在于后者壳体的中部较凸出。当前标本次生沉积物较多，未切到较好的切面，因此暂不定种。

    产地与层位 西藏阿里地区噶尔县左左乡剖面，下拉组中上部。

表 6.74 *Hemigordius* sp. 度量表

图版	壳径 /mm	壳厚 /mm	初房外径 /mm	图版	壳径 /mm	壳厚 /mm	初房外径 /mm
2-25	0.372	0.124	—	2-33	0.422	0.150	—
2-26	0.438	0.152	—	2-34	0.414	0.160	—
2-27	0.316	0.100	—	2-35	0.328	0.092	—
2-28	0.390	0.138	0.025	2-36	0.470	0.158	—
2-29	0.316	—	0.066	2-37	0.466	0.130	—
2-30	0.290	0.094	0.052	2-38	0.320	0.110	—
2-31	0.350	0.158	0.032	2-39	0.250	0.098	0.032
2-32	0.262	0.102	0.036	2-40	0.274	0.070	—

米德虫属 *Midiella* Pronina, 1988

    模式种 布罗尼曼半金线虫 *Hemigordius broennimanni* Altiner, 1978。

    属征 与半金线虫 *Hemigordius* 属相似，但壳体膨胀，最后一壳圈弯曲或呈 S 形。

    讨论与比较 本属与新盘虫属 *Neodiscus* 的区别为前者壳体更小，且两属微观结构不一致。与隔板线虫 *Septigordius* 相比，本属缺失假隔壁。

拉且尔米德虫 *Midiella reicheli* (Lys in Lys and Lapparent, 1971)

（图版 2，图 41，42；图版 17，图 29~39；图版 31，图 1~42；图版 34，图 20~32）

1971 *Hemigordius reicheli* Lys in Lys and Lapparent, p. 102, pl. XXI, figs. 1~4.

1976 *Hemigordius reicheli*, Montenat et al., pl. XVII, fig. 6.

1978 *Hemigordius reicheli*, Lys and Marcoux, fig. 1.9.

1979 *Hemigordius reicheli*, Whittaker et al., pl. 2, figs. 1~3.

1981 *Hemigordius* ex gr. *reicheli*, Zaninetti et al., pl. 5, figs. 27, 31~33, 35~41.

1984 *Hemigordius reicheli*, Altiner, pl. II, fig. 1.

1988b *Hemigordius* ex gr. *reicheli*, Pronina, fig. 2.12.

1989 *Hemigordius reicheli*, Köylüoglu and Altiner, pl. XI, fig. 2.

    描述 壳体呈厚的透镜形，壳缘宽圆，侧部强烈外隆，壳体包卷。成熟壳体约有 5~7 圈，壳径 0.564~0.828mm，壳厚 0.336~0.458mm。初房呈球形，不甚规则，外径 0.034~0.066mm。第二管状房室围绕初房内卷。最初 2~3 圈绕初房平旋，3 圈以后旋转方向发生改变，与前期的旋转轴呈一定角度相交。壳壁较薄，瓷质壳。次生沉积物较发育，对称分布于中轴两侧。

    度量 见表 6.75。

　　讨论与比较　当前标本以突出的侧部为特征，可归入 *Midiella reicheli* (Lys) 中。它与广西米德虫 *Midiella guangxiensis* (Lin) 在壳形方面相似，但后者旋转轴变化不甚明显，且两侧突出不如当前种明显，可以区分。

　　产地与层位　西藏阿里地区噶尔县左左乡剖面，下拉组中上部；西藏措勤县夏东剖面，下拉组中部；西藏申扎县木纠错剖面，下拉组上部；西藏申扎县木纠错西木纠错组二号短剖面，下拉组上部。

表 6.75　*Midiella reicheli* (Lys) 度量表

图版	壳径/mm	壳厚/mm	初房外径/mm	图版	壳径/mm	壳厚/mm	初房外径/mm
2-41	0.788	0.418	—	31-22	0.488	0.358	0.056
2-42	0.742	0.446	—	31-23	0.360	0.214	0.060
17-29	0.462	0.312	—	31-24	0.416	0.284	0.056
17-30	0.388	0.274	0.034	31-25	0.432	0.268	0.050
17-31	0.404	0.226	—	31-26	0.416	0.308	0.054
17-32	0.454	0.326	—	31-27	0.424	0.288	—
17-33	0.420	0.246	—	31-28	0.406	0.260	0.058
17-34	0.564	0.336	0.034	31-29	0.440	0.292	0.052
17-35	0.396	0.244	—	31-30	0.524	0.316	0.046
17-36	0.598	0.412	—	31-31	0.316	0.188	0.050
17-37	0.642	0.362	—	31-32	0.492	0.270	—
17-38	0.516	0.262	0.034	31-33	0.508	0.276	—
17-39	0.576	0.396	0.044	31-34	0.424	0.270	—
31-1	0.372	0.244	—	31-35	0.488	0.262	0.054
31-2	0.256	0.170	—	31-36	0.366	0.216	—
31-3	0.418	0.286	—	31-37	0.424	0.250	—
31-4	0.300	0.174	—	31-38	0.436	0.204	—
31-5	0.346	0.222	0.054	31-39	0.528	0.268	0.064
31-6	0.454	0.284	0.036	31-40	0.390	0.194	0.064
31-7	0.428	0.284	—	31-41	0.274	0.158	0.052
31-8	0.334	0.226	0.062	31-42	0.436	0.248	—
31-9	0.494	0.292	—	34-20	0.552	0.358	—
31-10	0.344	0.220	0.050	34-21	0.774	0.450	—
31-11	0.392	0.268	—	34-22	0.798	0.418	—
31-12	0.374	0.216	0.062	34-23	0.760	0.416	—
31-13	0.444	0.284	0.044	34-24	0.684	0.368	—
31-14	0.346	0.200	—	34-25	0.606	0.438	—
31-15	0.420	0.256	0.058	34-26	0.558	0.334	—
31-16	0.338	0.224	0.038	34-27	—	0.320	—
31-17	0.354	0.238	—	34-28	—	0.436	—
31-18	0.378	0.214	0.034	34-29	0.422	0.264	—
31-19	0.504	—	0.066	34-30	—	0.504	—
31-20	0.418	0.260	0.048	34-31	0.654	0.404	—
31-21	0.434	0.254	0.038	34-32	0.828	0.458	—

曲形米德虫 *Midiella sigmoidalis* (Wang, 1982)

（图版 4，图 23~25；图版 19，图 39~44；图版 27，图 14，15，21，22；

图版 32，图 53，54；图版 33，图 15~23）

1982 *Hemigordius sigmoidalis* Wang，王克良，17 页，图版 III，图 24。

1988b *Hemigordius* (*Midiella*) *sigmoidalis* (Wang), Pronina, fig. 2.12.

1988a *Hemigordius* (*Midiella*) *sigmoidalis*, Pronina, pl. 1, fig. 7.

2016 *Midiella sigmoidalis* (Wang), Zhang et al., figs. 7.41~7.46.

描述 壳体呈弯曲的椭球形，壳缘宽圆，侧部稍微凸出或较平，壳体包卷。成熟壳体约有 6~7 圈，壳径 0.260~0.586mm，壳厚 0.086~0.346mm。初房呈球形，不甚规则，外径 0.024~0.072mm。第二管状房室围绕初房内卷。其旋转方向发生多次改变，总体呈 S 形。壳壁较薄，瓷质壳。次生沉积物中等发育，对称分布于中轴两侧。

度量 见表 6.76。

讨论与比较 当前标本以 S 形弯曲的椭球形和相似的个体大小可归入 *Midiella sigmoidalis* (Wang) 中。它与卡琳娜米德虫 *Midiella karinae* (Pronina-Nestell) 在壳形上有些相似，但后者侧部非常平，且壳壁非常薄，可以区分。

产地与层位 西藏扎布耶二号剖面，下拉组中部；西藏申扎县木纠错剖面，下拉组中部；西藏申扎县木纠错西北采样点，下拉组；西藏申扎县木纠错西短剖面，下拉组上部。

表 6.76 *Midiella sigmoidalis* (Wang) 度量表

图版	壳径 /mm	壳厚 /mm	初房外径 /mm	图版	壳径 /mm	壳厚 /mm	初房外径 /mm
4-23	0.304	0.116	0.038	27-22	0.286	0.244	0.036
4-24	0.308	0.086	—	32-53	0.278	0.116	—
4-25	0.224	0.116	—	32-54	0.260	0.110	—
19-39	0.360	0.150	—	33-15	0.340	0.194	0.072
19-40	0.414	0.170	0.024	33-16	0.382	0.218	—
19-41	0.380	0.150	—	33-17	0.402	0.208	—
19-42	0.446	0.206	—	33-18	0.564	0.280	—
19-43	0.380	0.180	—	33-19	0.382	0.212	—
19-44	0.316	0.142	—	33-20	0.478	0.274	—
27-14	0.436	0.190	—	33-21	0.518	0.256	0.052
27-15	0.470	0.236	—	33-22	0.586	0.290	0.064
27-21	0.400	0.346	—	33-23	0.524	0.298	—

扎氏米德虫 *Midiella zaninettiae* (Altiner, 1978)

（图版 11，图 38~44；图版 21，图 17~34；图版 33，图 1~14）

1978 *Hemigordius zaninettiae* Altiner, p. 28, pl. I, figs. 7~14.

1983 *Hemigordius zaninettiae*，盛金章和何炎，58 页，图版 I，图 23~26。

1988b *Hemigordius* (*Midiella*) *zaninettiae*, Pronina, figs. 2.19, 2.20.

1989 *Hemigordius zaninettiae*, Köylüoglu and Altiner, pl. XI, figs. 3~5.

1991 *Neohemigordius* cf. *zaninettiae* (Altiner), Vachard and Ferriere, p. 219, pl. 4, figs. 4, 5.

1995 *Hemigordius zaninettiae*, Bérczi-Makk et al., p. 209, pl. XIX, figs. 1a, 2a-3；pl. XX, figs. 1a, 2, 4a, 5；pl. XXII, fig. 6a.

1995 *Hemigordius zaninettiae*，罗辉，43 页，图版 9，图 4。

1996 *Hemigordius zaninettiae*, Leven and Okay, pl. 9, figs. 22, 23.

2002a *Hemigordius zaninettiae*，王克良，141 页，图版 2，图 1, 2。

2005 *Neohemigordius* aff. *zaninettiae*, Mohtat-Aghai and Vachard, pl. 2, figs. 10, 11.

2005 *Neohemigordius* aff. *zaninettiae*, Vachard et al., p. 163, pl. 2.12.

2007 *Midiella* ex gr. *zaninettiae* (Altiner), Gaillot and Vachard, p. 91, pl. 14, fig. 12；pl. 22, figs. 19, 20；pl. 27, fig. 17；pl. 34, fig. 21；pl. 67, fig. 2；pl. 69, fig. 5.

2016 *Midiella zaninettiae*, Zhang et al., figs. 7.16~7.34.

　　描述　壳体呈椭球形，壳缘宽圆，侧部稍微凸出或较平，壳体包卷。成熟壳体约有 6~8 圈，壳径 0.344~0.646mm，壳厚 0.172~0.356mm。初房呈球形，不甚规则，外径 0.022~0.080mm。第二管状房室围绕初房内卷。其旋转方向总体比较稳定，但在最后一圈会发生偏转，与之前的旋转方向呈一定角度相交。壳壁较薄，瓷质壳。次生沉积物较发育，对称分布于中轴两侧。

　　度量　见表 6.77。

表 6.77　*Midiella zaninettiae* (Altiner) 度量表

图版	壳径 /mm	壳厚 /mm	初房外径 /mm	图版	壳径 /mm	壳厚 /mm	初房外径 /mm
11-38	0.540	0.246	—	21-30	0.424	0.210	—
11-39	0.252	0.124	—	21-31	0.402	0.228	—
11-40	0.506	0.196	0.022	21-32	0.628	0.340	—
11-41	0.520	0.320	—	21-33	0.646	0.338	—
11-42	0.524	0.172	0.032	21-34	0.418	0.210	—
11-43	0.588	0.282	0.034	33-1	0.502	0.312	—
11-44	0.248	0.144	—	33-2	—	0.386	0.080
21-17	0.344	0.194	—	33-3	0.482	0.272	—
21-18	0.360	0.234	0.034	33-4	0.370	0.234	—
21-19	0.410	0.202	—	33-5	0.478	0.270	—
21-20	0.370	0.246	—	33-6	0.422	0.238	0.054
21-21	0.394	0.228	0.030	33-7	0.552	0.340	—
21-22	0.458	0.320	—	33-8	0.492	0.356	—
21-23	0.522	0.202	—	33-9	0.376	0.274	0.040
21-24	0.296	0.204	0.028	33-10	0.446	0.270	0.060
21-25	0.416	0.248	—	33-11	0.468	0.350	—
21-26	0.440	0.222	—	33-12	0.464	0.332	0.054
21-27	0.414	0.204	0.032	33-13	0.614	0.344	—
21-28	0.420	0.260	—	33-14	0.492	0.296	—
21-29	0.320	0.192	—				

讨论与比较　当前种与 *Midiella reicheli* (Lys) 的区别在于当前种的侧部凸出没有后者明显，以及当前种最后一圈壳圈的旋转方向改变，且扩展明显。它与布罗尼曼米德虫 *Midiella bronnimanni* (Altiner) 的区别在于后者第二管状房室包卷不规则，且侧部较弯曲。

产地与层位　西藏扎布耶六号剖面，下拉组中部；西藏申扎县木纠错剖面，下拉组中部；西藏申扎县木纠错西短剖面，下拉组上部。

米德虫未定种 *Midiella* sp.

（图版 32，图 34~39）

描述　壳体呈宽圆形，壳缘宽圆，侧部稍微凸出，壳体包卷。成熟壳体约有 6 圈，壳径 0.532~0.568mm，壳厚 0.374~0.412mm。初房呈球形，较大，外径 0.050~0.056mm。第二管状房室围绕初房内卷。早期旋转较不规则，晚期旋转方向总体是稳定的。壳壁瓷质。次生沉积物轻微发育，对称分布于中轴两侧。

度量　见表 6.78。

讨论与比较　当前种以宽圆形的壳形为特征，它与卵圆形米德虫 *Midiella ovatus* (Grozdilova) 壳形有些相似，区别在于后者壳体较窄，更呈盘形。在 *Midiella* 属中，还未找到与其相似的种。因当前标本切面不甚完美，故暂不定种。

产地与层位　西藏申扎县木纠错西短剖面，下拉组上部。

表 6.78　*Midiella* sp. 度量表

图版	壳径 /mm	壳厚 /mm	初房外径 /mm	图版	壳径 /mm	壳厚 /mm	初房外径 /mm
32-34	0.274	0.232	—	32-37	0.356	0.260	—
32-35	0.528	0.374	—	32-38	0.568	0.392	—
32-36	—	0.406	0.050	32-39	0.532	0.412	0.056

新盘虫科 Neodiscidae Lin in Feng et al., 1984

新盘虫属 *Neodiscus* Miklukho-Maklay, 1953

模式种　粟状新盘虫 *Neodiscus milliloides* Miklukho-Maklay, 1953。

属征　壳体较大，透镜状或椭圆状，由球形的初房和第二管状房室组成，包卷或后期稍露旋。管状房室早期扭卷，后期一些壳圈平旋，有时平旋壳圈之间稍具小的夹角。壳壁两层式，壳壁较厚，黑色线状外层明显，暗色细粒状内层具微孔构造。壳体两侧脐部常发育较厚的暗色次生壳积物。

讨论与比较　本属与古盘虫属 *Archaediscus* 的区别是后者壳壁具透明纤维状外层及黑色线状内层。与 *Hemigordius* 属的区别为后者壳壁单一，暗色细粒状。

连县新盘虫 *Neodiscus lianxanensis* Hao and Lin, 1982

（图版 22，图 22~25）

1982 *Neodiscus lianxanensis* Hao and Lin，郝诒纯和林甲兴，27 页，图版 3，图 25，26。

2007 *Neodiscus lianxanensis*, Gaillot and Vachard, p. 95, pl. 56, figs. 15, 16.

描述　壳体呈盘形，壳缘圆，脐部稍外凸或平。壳体由初房及第二管状房室组成，早期管状房室围绕初房呈不规则旋卷，晚期 1~2 圈逐渐平旋。管状房室共计绕旋 7~9 个壳圈。壳径 0.980~1.332mm，壳厚 0.616~0.800mm。壳壁由极薄的黑色线状层和较厚的暗色细粒状内层组成，内部壳壁薄，外部壳壁较厚，最外圈壳壁厚 0.018~0.048mm。初房外径 0.034~0.120mm。

度量 见表 6.79。

讨论与比较 当前标本在壳体大小、旋卷方式方面都与 *Neodiscus lianxanensis* Hao and Lin 十分相似，故归入该种。它和 *Neodiscus milliloides* Miklukho-Maklay 在壳形方面很相似，区别在于后者平旋的壳圈明显较多。

产地与层位 西藏申扎县木纠错剖面，下拉组中部。

表 6.79 *Neodiscus lianxanensis* Hao and Lin 度量表

图版	壳径/mm	壳厚/mm	最外圈壳壁厚/mm	初房外径/mm	图版	壳径/mm	壳厚/mm	最外圈壳壁厚/mm	初房外径/mm
22-22	1.080	0.708	0.018	0.034	22-24	1.072	0.788	0.048	—
22-23	1.332	0.800	0.032	—	22-25	0.980	0.616	0.032	0.120

圆新盘虫 *Neodiscus orbicus* Lin, 1984

（图版 27，图 33~39）

1984 *Neodiscus orbicus* Lin in Feng et al.，林甲兴，140 页，图版 6，图 12，13。
1990 *Neodiscus orbicus*，林甲兴等，203 页，图版 22，图 2，3。
2002a *Neodiscus orbicus*，王克良，143 页，图版 2，图 13。

描述 壳体呈盘形至椭球形，壳缘圆，脐部外凸。壳体由初房及第二管状房室组成，早期管状房室围绕初房呈不规则旋卷，晚期 2~3 圈逐渐平旋。管状房室共计绕旋 5~6 个壳圈。成熟壳体的壳径 0.728~1.016mm，壳厚 0.490~0.672mm。壳壁由极薄的黑色线状层和较厚的暗色细粒状内层组成，内部壳壁薄，外部壳壁较厚，最外圈壳壁厚 0.022~0.038mm。初房外径 0.038~0.070mm。

度量 见表 6.80。

讨论与比较 当前种与 *Neodiscus lianxanensis* Hao and Lin 在壳形上相似，区别在于当前种壳圈相对较少，个体相对较小，并且最外圈平旋的壳体稍多。

产地与层位 西藏申扎县木纠错西北采样点，下拉组。

表 6.80 *Neodiscus orbicus* Lin 度量表

图版	壳径/mm	壳厚/mm	最外圈壳壁厚/mm	初房外径/mm	图版	壳径/mm	壳厚/mm	最外圈壳壁厚/mm	初房外径/mm
27-33	0.506	0.476	0.014	0.054	27-37	1.016	0.674	0.038	—
27-34	0.438	0.344	0.020	0.038	27-38	0.826	0.570	0.022	—
27-35	0.700	0.490	0.032	0.070	27-39	0.728	0.540	0.034	—
27-36	0.950	0.672	0.032	—					

秀新盘虫 *Neodiscus scitus* Lin, 1984

(图版 34，图 33~41)

1984 *Neodiscus scitus* Lin in Feng et al.，林甲兴，139 页，图版 6，图 19，20。

描述 壳体近球形。壳体由初房及第二管状房室组成，早期管状房室围绕初房呈不规则旋卷，晚期房室平旋。管状房室共计绕旋 5~7 个壳圈。成熟壳体的壳径 0.684~0.968mm，壳厚 0.574~0.760mm。壳壁由极薄的黑色线状层和下面的较厚的暗色细粒状内层组成，内部壳壁薄，外部壳壁较厚，最外圈壳壁厚 0.016~0.034mm。初房外径 0.038~0.146mm。

度量 见表 6.81。

讨论与比较 当前种同 *Neodiscus orbicus* Lin 的区别在于当前种壳体呈近球形，且壳圈较多，壳壁较厚；它与多玛新盘虫 *Neodiscus doumarensis* Song 在壳形方面相似，但后者壳体相对较小，且壳体略呈透镜形。

产地与层位 西藏申扎县木纠错剖面，下拉组上部。

表 6.81 *Neodiscus scitus* Lin 度量表

图版	壳径 / mm	壳厚 / mm	最外圈 壳壁厚 /mm	初房外径 / mm	图版	壳径 / mm	壳厚 / mm	最外圈 壳壁厚 /mm	初房外径 / mm
34-33	0.594	0.552	0.012	0.038	34-38	0.900	0.760	0.016	0.064
34-34	0.672	0.480	0.018	0.052	34-39	0.716	0.666	0.024	0.056
34-35	0.412	0.344	0.014	0.076	34-40	0.968	0.672	0.046	0.146
34-36	0.782	0.638	0.034	—	34-41	0.530	0.418	0.020	0.072
34-37	0.684	0.574	0.018	0.110					

新盘虫未定种 *Neodiscus* sp.

(图版 12，图 20~29)

描述 壳体近球状。壳体由初房及第二管状房室组成，早期管状房室围绕初房呈不规则旋卷，晚期诸多房室平旋。管状房室共计绕旋 6~9 个壳圈。成熟壳体的壳径 0.338~0.548mm，壳厚 0.300~0.448mm。壳壁由极薄的黑色线状层和及其下面较厚的暗色细粒状内层组成，壳壁总体较薄，最外圈壳壁厚 0.008~0.026mm。初房外径 0.014~0.058mm。

度量 见表 6.82。

表 6.82 *Neodiscus* sp. 1 度量表

图版	壳径 / mm	壳厚 / mm	最外圈 壳壁厚 /mm	初房外径 / mm	图版	壳径 / mm	壳厚 / mm	最外圈 壳壁厚 /mm	初房外径 / mm
12-20	0.338	0.312	0.014	—	12-25	0.448	0.438	0.016	—
12-21	0.376	0.342	0.008	—	12-26	0.378	0.266	0.018	0.014
12-22	0.548	0.448	0.016	0.022	12-27	0.444	0.422	0.012	—
12-23	0.488	0.370	0.018	0.058	12-28	0.416	0.300	0.014	0.040
12-24	0.528	0.446	0.026	—	12-29	0.430	0.346	0.016	—

讨论与比较　当前种的特征是个体相比其他 *Neodiscus* 种都很小，并且不规则旋卷的壳圈少，而外圈平旋的壳圈多，近似类半结虫属 *Hemigordiopsis* 的特征，但当前种的壳壁要小得多，因此归入 *Neodiscus* 较合适。当前切面都不甚规则，因此暂不定种。

产地与层位　西藏扎布耶六号剖面，下拉组中部。

巨厚线虫属 *Megacrassispirella* Zhang in Zhang et al., 2016

模式种　下拉山砂盘虫 *Ammodiscus xarlashanensis* Wang, 1986。

属征　壳体圆盘形，脐部双凹；由一个初房和未分化的管状房室组成，包卷部分平旋外卷。旋卷部分初期绕旋中轴不在同一平面上。壳壁瓷质，无孔，并且在后期壳圈上很厚。

讨论与比较　本属与其他平旋的有孔虫相比，壳体大是其重要的特征。本属与小粗大螺旋虫 *Crassispirellina*（原称 *Crassispirella*）、*Cornuspira*、*Ammodiscus*、假砂盘虫 *Pseudoammodiscus*、*Postcladella* 和 *Forschia* 在旋卷方式方面很像，但可从壳体更大和瓷质壳的特征上与 *Ammodiscus* 区分；与 *Cornuspira* 和 *Postcladella* 相比，本属壳体更大，壳壁更薄；本属与 *Crassispirellina* 在旋卷方式和壳壁结构方面相似，但本属壳体大小是 *Crassispirellina* 的 2~3 倍，壳圈数方面本属可达到 14 个壳圈，而 *Crassispirellina* 只有 5 个壳圈。

下拉山巨厚线虫
Megacrassispirella xarlashanensis (Wang, 1986) emend. Zhang, 2016
（图版 16，图 30~32；图版 21，图 1~16）

1986 *Ammodiscus xarlashanensis* Wang，王克良，125 页，图版 I，图 11。
2016 *Megacrassispirella xarlashanensis* (Wang) Zhang et al., p. 107, figs. 6.1~6.16.

描述　壳体呈盘形，平旋包卷，壳缘宽圆，脐部强烈内凹。成熟壳体有 11~14 圈，壳径 2.230~3.332mm，壳厚 0.278~0.648mm。初房呈球形，外径 0.032~0.070mm。壳体由初房和第二管状房室组成，初期壳体包卷较紧，而后包卷越来越放松。壳壁瓷质，内部壳壁薄，厚为 0.012~0.034mm；外部壳壁比较厚，为 0.046~0.192mm。次生沉积物轻微发育，对称分布于中轴两侧。

度量　见表 6.83。

讨论与比较　当前种最先被认为属于 *Ammodiscus* 属（王克良，1986），但它个体非常大，壳壁很厚且是瓷质壳，因此作者将其归入 *Megacrassispirella* 属（Zhang et al., 2016）。该属在形态上和 *Crasispirellina* 属较相似，但当前种壳圈明显较多，壳壁很厚，具脐部强烈内凹，可以明显区分。

产地与层位　西藏扎布耶六号剖面，下拉组中部；西藏申扎县木纠错剖面，下拉组中部；西藏申扎县木纠错西短剖面，下拉组上部。

表 6.83　*Megacrassispirella xarlashanensis* (Wang) emend. Zhang 度量表

图版	壳圈数	壳径 /mm	壳厚 /mm	初房外径 /mm	内圈壳壁厚 /mm	外圈壳壁厚 /mm
16-30	>6	2.112	0.348	—	0.024	0.132
16-31	>7	1.320	0.240	—	0.024	0.052
16-32	>6	0.972	0.192	—	0.020	0.064
21-1	13	3.332	0.502	0.038	0.028	0.192
21-2	—	2.604	0.450	—	0.028	0.090
21-3	—	2.322	0.492	—	0.028	0.094
21-4	11	2.302	0.382	0.044	0.028	0.088
21-5	—	2.276	0.278	—	0.024	0.070
21-6	—	2.294	0.464	—	0.024	0.084
21-7	11.5	2.230	0.516	—	0.034	0.074
21-8	14	2.176	0.314	—	0.008	0.070
21-9	12.5	1.552	—	—	0.020	0.068
21-10	10	1.590	—	0.086	0.012	—
21-11	—	2.194	0.412	—	—	0.096
21-12	—	2.870	0.648	—	0.030	0.182
21-13	13	1.898	0.346	0.032	0.014	0.072
21-14	12	2.972	0.444	0.070	0.014	0.124
21-15	—	2.478	0.302	—	—	0.092
21-16	13	2.158	—	0.062	0.012	0.046

多盘虫属 *Multidiscus* Miklukho-Maklay, 1953

模式种　巴东洛斯图币虫 *Nummulostegina padangensis* Lange, 1925。

属征　壳体透镜状或卵圆状，包卷，由初房和第二管状房室组成，后者早期 1~2 个壳圈有时稍扭卷，而后期大多数壳圈均在同一平面上旋卷，壳壁双层，由较薄的暗色致密状外层和较厚的暗色疏松状内层组成，次生壳积物在壳体两侧脐部非常发育。

巴东多盘虫 *Multidiscus padangensis* (Lange, 1925)

（图版 13，图 1~4；图版 21，图 35~41）

1925 *Nummulostegina padangensis* Lange, p. 271, pl. 4, fig. 27.
1953 *Multidiscus padangensis* (Lange) Miklukho-Maklay, p. 130, pl. VI, fig. 7.
1988a *Multidiscus padangensis*, Pronina, pl. 1, figs. 18, 19.
1990 *Multidiscus padangensis*，林甲兴等，207 页，图版 23，图 7~11。
1990 *Multidiscus padangensis*，宋志敏，图版 6，图 3。
1996 *Multidiscus padangensis*, Leven and Okay, pl. 9, figs. 24~26.
2002a *Multidiscus padangensis*，王克良，143 页，图版 2，图 10。
2003 *Multidiscus padangensis*, Vachard et al., p. 351, pl. 1, fig. 4；pl. 3, fig. 5；pl. 4, figs. 2, 6；pl. 5, figs. 6~8.

描述　壳体呈厚的透镜形，壳缘尖圆，脐部外隆。一般可见 6~8 个壳圈，壳径

0.420~1.018mm，壳厚 0.244~0.668mm。初房呈球形，不甚规则，外径 0.038~0.118mm，第二管状房室围绕初房平旋内卷。壳壁较薄，瓷质壳，局部可见黑色线状外层和暗色细粒状内层。次生沉积物较发育，对称分布于中轴两侧。

度量　见表 6.84。

讨论与比较　当前种在个体大小和次生沉积物的分布特征上和半凹多盘虫 *Multidiscus semiconcavus* Wang 较相似，但当前种脐部外隆，而后者脐部内凹，可以区分。

产地与层位　西藏扎布耶六号剖面，下拉组中部；西藏申扎县木纠错剖面，下拉组中部。

表 6.84　*Multidiscus padangensis* (Lange) 度量表

图版	壳圈	壳径/mm	壳厚/mm	初房外径/mm	图版	壳圈	壳径/mm	壳厚/mm	初房外径/mm
13-1	6	0.912	0.482	—	21-37	>6	0.678	0.430	—
13-2	5	0.840	0.612	—	21-38	8	0.778	0.448	0.046
13-3	8	1.018	0.668	0.118	21-39	>5	0.580	0.310	—
13-4	7	0.612	0.448	—	21-40	8	0.558	0.284	—
21-35	>6	0.788	0.370	—	21-41	7	0.420	0.244	—
21-36	7	0.776	0.506	0.038					

阿帕多盘虫 *Multidiscus arpaensis* Pronina, 1988
（图版 11，图 51，52）

1988b *Multidiscus arpaensis* Pronina, p. 57, fig. 3.3.
1988a *Multidiscus arpaensis*, Pronina, pl. 1, fig. 20.
1996 *Multidiscus arpaensis*, Pronina, pl. 1, fig. 10.

描述　壳体呈卵圆形，壳缘浑圆，脐部较平。壳圈多于 5 圈，壳径 0.592~0.912mm，壳厚 0.314~0.502mm。初房未见，第二管状房室围绕初房平旋内卷。壳壁可见黑色线状外层和暗色细粒状内层。次生沉积物发育中等，对称分布于中轴两侧。

度量　见表 6.85。

讨论与比较　当前标本以宽圆的壳缘和较平的脐部可以归入 *Multidiscus arpaensis* Pronina。该种与北方多盘虫 *Multidiscus borealis* Xia and Zhang 在壳形上较相似，但后者壳体大，次生沉积物非常发育。它与 *Multidiscus semiconcavus* Wang 的差异表现在后者脐部略内凹，并且壳圈包卷相对较紧。

产地与层位　西藏扎布耶六号剖面，下拉组中部。

表 6.85　*Multidiscus arpaensis* Pronina 度量表

图版	壳圈	壳径/mm	壳厚/mm	初房外径/mm
11-51	>5	0.912	0.502	—
11-52	>5	0.592	0.314	—

多盘虫未定种 1 *Multidiscus* sp. 1

（图版 2，图 59，60）

描述　壳体呈厚的透镜形至近方形，壳缘宽圆，脐部外隆。一般可见 6~7 个壳圈，壳径 0.410~0.704mm，壳厚 0.280~0.484mm。初房呈球形，外径 0.028mm，第二管状房室围绕初房平旋内卷。壳壁较薄，瓷质壳。次生沉积物较发育，对称分布于中轴两侧，通道较宽。

度量　见表 6.86。

讨论与比较　当前种与 *Multidiscus padangensis* (Lange) 相比，壳体呈近方形，侧坡不明显，两者容易区分。它与肥多盘虫 *Multidiscus obesus* Lin, Li and Sun 在壳形上比较相似，但区别在于当前种的通道非常宽，而后者的次生沉积物非常发育导致通道过小，两者较易区分。但当前种仅有 2 个切面，标本太少，不宜准确定种。

产地与层位　西藏阿里地区噶尔县左左乡剖面，下拉组中上部。

表 6.86　*Multidiscus* sp. 1 度量表

图版	壳圈	壳径 /mm	壳厚 /mm	初房外径 /mm
2-59	7	0.410	0.280	0.028
2-60	>6	0.704	0.484	—

多盘虫未定种 2 *Multidiscus* sp. 2

（图版 2，图 61）

描述　壳体呈卵圆形，壳缘宽圆，脐部较平，轻微外隆。仅有一个切面，可见 7 个壳圈，壳径 1.732mm，壳厚 1.106mm。初房呈球形，外径 0.18mm，第二管状房室围绕初房平旋内卷。壳壁较厚，瓷质壳。次生沉积物轻微发育，见于中轴两侧。

讨论与比较　当前种的最大特点是个体非常大，管状房室包卷快。到目前为止，在 *Multidiscus* 属中报道的最大的种是强壮多盘虫 *Multidiscus robustatus* Lin，但 *M. robustatus* 的脐部强烈内凹，次生沉积物非常发育，明显和当前种不同。因当前种标本较少，暂不定种。

产地与层位　西藏阿里地区噶尔县左左乡剖面，下拉组中上部。

类半结虫科 Hemigordiopsidae Nikitina, 1969 emend. Gaillot and Vachard, 2007

类半结虫属 *Hemigordiopsis* Reichel, 1945

模式种　球形类半结虫 *Hemigordiopsis renzi* Reichel, 1945。

属征　壳体圆形，由管状房室形成，最初呈球状，之后呈扁平螺旋状旋卷。壳壁钙质，无孔。

讨论与比较　本属与 *Hemigordius* 属最基本的区别为本属壳体圆形，壳壁厚，房室低。

球形类半结虫 *Hemigordiopsis renzi* Reichel, 1945

（图版 5，图 5~9）

1945 *Hemigordiopsis renzi* Reichel, p. 524, figs. 1, 2a.

1969 *Hemigordiopsis renzi*, Nikitina, p. 66, pl. III, figs. 1~7.

1976 *Hemigordiopsis renzi*, Montenat et al., p. XVII, fig. 9.

1981 *Hemigordiopsis renzi*, Okimura and Ishii, p. 15, pl. I, fig. 13.

1983 *Hemirogdius* (*Hemigordiopsis*) *renzi* (Reichel)，盛金章和何炎，58 页，图版 I，图 14~16。

1985 *Hemirogdius* (*Hemigordiopsis*) *renzi*，聂泽同和宋志敏，图版 II，图 25。

1988 *Hemigordiopsis renzi*, Gargouri, p. 60, pl. 1, figs. 1~11.

1990 *Hemigordiopsis renzi*，宋志敏，图版 6，图 23。

1996 *Hemigordiopsis renzi*, Leven and Okay, pl. 8, figs. 7, 8.

1997 *Hemigordiopsis renzi*, Nestell and Pronina, pl. 1, figs. 8~10.

2004 *Hemigordius renzi* (Reichel), Yang et al., pl. II, figs. 10~12.

2005 *Hemigordiopsis renzi*，黄浩等，550 页，图版 I，图 15~18。

描述　壳体切面呈近圆形，包卷。壳径 1.012~1.836mm。初房不清，第二管状房室绕初房旋转，早期房室可能绕初房不规则旋卷，晚期房室朝一个方向平旋。壳壁极厚，由暗色物质组成，厚 0.040~0.136mm，管状房室较小。

度量　见表 6.87。

讨论与比较　当前标本以近球形的外形和相似的大小可归于 *Hemigordiopsis renzi* Reichel 中，它与碌曲类半结虫 *Hemigordiopsis luquensis* (Wang and Sun) 在壳形上相似，但后者壳壁非常厚，与房室的宽度差异特别明显，两者可以区分。

产地与层位　西藏扎布耶六号剖面，下拉组中部。

表 6.87　*Hemigordiopsis renzi* Reichel 度量表

图版	壳径 / mm	壳厚 / mm	壳壁厚 / mm	初房外径 / mm	图版	壳径 / mm	壳厚 / mm	壳壁厚 / mm	初房外径 / mm
5-5	1.488	1.144	0.044	—	5-8	1.836	1.488	0.136	—
5-6	—	0.876	0.040	—	5-9	—	0.992	0.080	—
5-7	1.012	0.888	0.064	—					

亚圆类半结虫 *Hemigordiopsis subglobosa* Wang, 1982

（图版 17，图 1~9；图版 22，图 12~21；图版 27，图 18~20；图版 29，图 14，15）

1982 *Hemigordiopsis subglobosa* Wang，王克良，16 页，图版 III，图 16，17。

描述　壳体呈亚球形，切面呈亚圆形至椭圆形。壳体包卷。成熟壳体壳径 1.368~2.216mm，壳厚 0.732~1.540mm。初房不清，第二管状房室绕初房旋转，早期房室绕初房不规则旋卷，晚期房室朝一个方向平旋。壳壁极厚，由暗色物质组成，厚 0.036~0.116mm，管状房室较小。

度量　见表 6.88。

讨论与比较 当前标本以亚球形的外形和较大的个体可归于 *Hemigordiopsis subglobosa* Wang。它与 *Hemigordiopsis renzi* Reichel 的区别在于后者更呈球形，而当前种普遍呈椭球形。

产地与层位 西藏措勤县夏东剖面，下拉组中部；西藏申扎县木纠错剖面，下拉组中部；西藏申扎县木纠错西北采样点，下拉组；西藏林周县洛巴堆一号剖面，洛巴堆组中部。

表 6.88 *Hemigordiopsis subglobosa* Wang 度量表

图版	壳径/mm	壳厚/mm	壳壁厚/mm	初房外径/mm	图版	壳径/mm	壳厚/mm	壳壁厚/mm	初房外径/mm
17-1	2.216	1.452	0.116	—	22-15	—	1.168	0.076	0.032
17-2	1.972	1.396	0.052	—	22-16	—	1.348	0.084	—
17-3	1.748	1.344	0.092	—	22-17	—	1.312	0.100	0.036
17-4	—	1.288	0.084	—	22-18	1.332	1.044	0.064	—
17-5	—	1.120	0.088	—	22-19	1.188	0.788	0.036	—
17-6	1.544	1.280	0.088	—	22-20	1.504	1.296	0.060	—
17-7	1.756	1.444	0.080	—	22-21	1.664	1.348	0.092	—
17-8	1.952	1.156	0.100	—	27-18	2.040	1.540	0.064	—
17-9	—	1.080	0.064	—	27-19	1.160	0.980	0.044	—
22-12	1.324	0.852	0.084	0.036	27-20	1.460	1.172	0.060	—
22-13	1.592	0.992	0.044	0.026	29-14	1.368	1.000	0.076	—
22-14	—	1.120	0.060	—	29-15	0.988	0.732	0.036	—

类半结虫未定种 *Hemigordiopsis* sp.

（图版 3，图 13）

描述 壳体呈不规则状，壳长径 0.672mm，壳短径 0.428mm。初房不清，早期房室不清，第二管状房室绕初房平旋。旋壁厚，瓷质壳，旋壁重结晶呈白色，厚度约 0.032mm。

讨论与比较 当前标本仅有一个切面，因其外部壳圈呈平旋状，故归于 *Hemigordiopsis*，它可能属于 *Hemigordiopsis renzi* Reichel 一种，但由于其外形不规则状，且只有一个切面，暂不定种。

产地与层位 西藏扎布耶一号剖面，下拉组中部。

莱赛特虫属 *Lysites* Reitlinger in Vdovenko et al., 1993

模式种 双凹类半结虫 *Hemigordiopsis biconcavus* Wang, 1982。

属征 壳体圆盘形，脐部双凹。壳圈旋卷较为紧密，壳缘宽圆。

讨论与比较 本属模式种一直被归于 *Hemigordiopsis* 属，但 Reitlinger（1993）认为 *Lysites* 属具有明显双凹的脐部，而 *Hemigordiopsis* 属呈球形或亚球形，两者较易区别。

双凹莱赛特虫 *Lysites biconcavus* (Wang, 1982)

（图版 13，图 5~34；图版 17，图 16~21）

1978 *Hemigordiopsis renzi* Reichel, Brönnimann et al., pl. 10, figs. 1~4.

1982 *Hemigordiopsis biconcavus* Wang，王克良，16 页，图版 III，图 9~12。

1979 *Hemigordiopsis* ex gr. *renzi*, Zaninetti et al., pl. I, figs. 6, 7, 9~12.

1983 *Hemigordius (Hemigordiopsis) biconcavus* (Wang)，盛金章和何炎，58 页，图版 I，图 17~22，27。

1985 *Hemigordius (Hemigordiopsis) biconcavus*，聂泽同和宋志敏，图版 II，图 20，22~23。

1990 *Hemigordiopsis biconcavus*，宋志敏，图版 6，图 24，25。

2004 *Hemigordius biconcavus* (Wang), Yang et al., pl. II, figs. 1~7, 14.

2005 *Hemigordiopsis biconcavus*，黄浩等，550 页，图版 II，图 1~5。

　　描述　壳体呈盘形至哑铃形，脐部强烈内凹。成熟壳体壳长径 1.75~3.73mm，壳短径 0.68~1.79mm。初房呈球形，外径 0.08~0.09mm，早期房室不清，第二管状房室绕初房平旋，并且早期的旋转方向与后期的旋转方向呈角度相交。旋壁厚，瓷质壳，呈不透明的黑色。壳厚 0.03~0.25mm。

　　度量　见表 6.89。

　　讨论与比较　当前种以强烈内凹的平旋壳体为主，脐部内凹为特征。该种原本归于 *Hemigordiopsis*，但因为其强烈内凹的盘形壳体，与其他 *Hemigordiopsis* 种不同，因此 Reitlinger（1993）建议使用 *Lysites* 属名代表此特殊的 *Hemigordiopsis* 种，本书同意这种划分。

　　产地与层位　西藏扎布耶六号剖面，下拉组中部；西藏措勤县夏东剖面，下拉组中部。

表 6.89　*Lysites biconcavus* (Wang) 度量表

图版	壳长径 / mm	壳短径 / mm	壳壁厚 / mm	初房外径 / mm	图版	壳长径 / mm	壳短径 / mm	壳壁厚 / mm	初房外径 / mm
13-5	2.17	1.02	0.10	—	13-23	2.74	—	0.17	—
13-6	2.02	—	0.08	—	13-24	—	1.44	0.10	—
13-7	0.84	0.24	0.03	—	13-25	2.70	1.22	0.25	—
13-8	0.89	0.32	0.04	—	13-26	—	0.81	0.08	—
13-9	2.10	0.99	0.11	—	13-27	2.18	—	0.13	—
13-10	—	1.08	0.07	—	13-28	—	1.19	0.11	—
13-11	1.98	0.68	0.11	—	13-29	1.11	0.50	0.09	—
13-12	2.36	—	0.11	—	13-30	2.64	0.74	0.13	—
13-13	1.21	—	0.07	—	13-31	0.99	0.34	0.07	—
13-14	0.98	—	0.06	—	13-32	—	0.93	0.09	—
13-15	1.65	—	0.13	—	13-33	1.68	0.54	0.09	—
13-16	1.38	0.51	0.08	—	13-34	2.96	1.12	0.16	—
13-17	1.87	—	0.15	—	17-16	3.49	—	0.17	—
13-18	2.36	0.84	0.14	—	17-17	3.57	1.52	0.22	0.08
13-19	1.75	0.61	0.11	—	17-18	2.98	1.14	0.17	—
13-20	1.77	—	0.11	—	17-19	2.81	1.48	0.18	—
13-21	1.29	—	0.09	—	17-20	3.25	1.79	0.11	0.09
13-22	—	1.26	0.13	—	17-21	3.73	1.70	0.21	—

掸邦虫属 *Shanita* Brönnimann, Whittaker and Zaninetti, 1978

模式种 阿莫斯掸邦虫 *Shanita amosi* Brönnimann, Whittaker and Zaninetti, 1978。

属征 壳大，亚球形，有双脐。由亚球形初房和未分化的第二管状房室组成，第二管状房室在最初不规则绕旋，之后平旋，包卷。房室低宽，其中发育有交错排列的系列短柱。壳壁钙质无孔型，较厚。口孔位于管状房室末端，缝状，可能被小柱再分为小缝。

讨论与比较 本属与 *Hemigordius* 的区别为发育系列短柱。

阿莫斯掸邦虫 *Shanita amosi* Brönnimann, Whittaker and Zaninetti, 1978
（图版 12，图 15~19）

1978 *Shanita amosi* Brönnimann, Whittaker and Zaninetti, p. 74, pl. 7, figs. 1~7；pl. 8, figs. 1~5；pl. 11, figs. 1~3.

1979 *Shanita amosi*, Zaninetti et al., pl. 1, figs. 1~5, 8；pl. 2, figs. 1~11.

1981 *Shanita amosi*, Zaninetti et al., p. 10, pl. 7, figs. 1~15.

1983 *Shanita amosi*，盛金章和何炎，57 页，图版 I，图 1~9，27。

1984 *Shanita amosi*, Altiner, pl. II, fig. 6.

1985 *Shanita amosi*，聂泽同和宋志敏，图版 II，图 16~19，26~28。

1988 *Shanita amosi*, Gargouri, pl. II, fig. 12.

1990 *Shanita amosi*，宋志敏，图版 6，图 22。

2004 *Shanita amosi*, Yang et al., pl. I, figs. 1~6.

2005 *Shanita amosi*，黄浩等，图版 I，图 3~6。

描述 壳体近球形，个别略呈椭球形。早期壳体不规则绕旋，晚期壳体平旋。壳体包卷。壳壁较厚，管状房室间有系列短柱交错排列，柱的横切面呈长方形。成熟壳体壳长径 1.058~1.212mm，壳短径 0.778~1.117mm。壳壁瓷质，局部可见颗粒状，壳壁厚 0.030~0.034mm。初房未见。

度量 见表 6.90。

讨论与比较 当前标本因为房室被若干短柱所间隔，故确定归入 *Shanita* 属中，以相似的个体大小和近球形的壳体可归入 *Shanita amosi*。

产地与层位 西藏扎布耶六号剖面，下拉组中部。

表 6.90 *Shanita amosi* Brönnimann, Whittaker and Zaninetti 度量表

图版	壳长径 / mm	壳短径 / mm	壳壁厚 / mm	初房外径 / mm	图版	壳长径 / mm	壳短径 / mm	壳壁厚 / mm	初房外径 / mm
12-15	0.680	0.678	0.016	—	12-18	1.110	1.086	0.034	—
12-16	1.058	0.778	0.030	—	12-19	0.760	0.608	0.024	—
12-17	1.212	1.117	0.032	—					

球米德虫属 *Glomomidiellopsis* Gaillot and Vachard, 2007

模式种 田氏球米德虫 *Glomomidiellopsis tieni* Gaillot and Vachard, 2007。

属征 壳大，房室双列。房室大小中等至大，膨胀至亚球形或盘形。壳体在最初旋卷，最后 1~2 圈时趋于平旋。室腔基部发育次生壳积物。壳壁瓷质。

讨论与比较 本属与球旋虫属 *Glomospira* 相比，壳体更大，室腔小。与 *Neodiscus* 的区别为最后一壳圈缺少宽的室腔。与卡穆拉纳属 *Kamurana* 最后一壳圈不同。另外，与 *Hemigordiopsis* 相比，本属平旋阶段发育较弱。

特殊状球米德虫 *Glomomidiellopsis specialisaeformis* (Lin, Li and Sun, 1990)

（图版 2，图 51~53；图版 4，图 16~19；图版 12，图 1~14；图版 35，图 11~12）

1990 *Hemigordius specialis aeformis* Lin, Li and Sun，林甲兴等，216 页，图版 26，图 1~3。

描述 壳体呈不规则的亚球形至椭球形。壳体由初房和第二管状房室组成。第二管状房室围绕初房呈不规则旋卷。内部房室包卷相对较紧，外部放松。成熟壳体壳径 0.380~0.600mm，壳厚 0.274~0.542mm。壳壁微晶质，局部呈颗粒状，少数标本重结晶呈白色透明状，最外圈壳壁厚 0.008~0.032mm。初房球形，外径 0.012~0.064mm。

度量 见表 6.91。

讨论与比较 当前种在绕旋的壳体、壳形及个体大小方面与林甲兴等（1990）描述的特殊状半金线虫 *Hemigordius specialisaeformis* 特别相似，可归入该种。但当前种的第二管状房室都在绕旋，并不符合 *Hemirodius* 属外圈数圈平旋的特征，因此 Gaillot 和 Vachard（2007）认为该种属于 *Glomomidiellopsis* 属，本书赞成这个划分方案。

产地与层位 西藏阿里地区噶尔县左左乡剖面，下拉组中上部；西藏扎布耶二号剖面，下拉组中部；西藏扎布耶六号剖面，下拉组中部；西藏墨竹工卡县德仲村剖面，洛巴堆组。

表 6.91 *Glomomidiellopsis specialisaeformis* (Lin, Li and Sun) 度量表

图版	壳径 /mm	壳厚 /mm	最外圈壳壁厚 /mm	初房外径 /mm	图版	壳径 /mm	壳厚 /mm	最外圈壳壁厚 /mm	初房外径 /mm
2-51	0.385	0.410	0.022	—	12-6	0.284	0.240	0.016	0.028
2-52	0.330	0.292	0.024	—	12-7	0.372	0.242	0.020	0.038
2-53	0.326	0.268	0.014	—	12-8	0.308	0.290	0.012	—
4-16	0.180	0.172	0.010	—	12-9	0.326	0.252	0.014	0.016
4-17	0.472	0.390	0.016	—	12-10	0.226	0.166	0.008	0.014
4-18	0.470	0.390	0.018	—	12-11	0.250	0.208	0.014	—
4-19	0.532	0.410	0.024	0.012	12-12	0.380	0.274	0.012	—
12-1	0.600	0.542	0.032	0.064	12-13	0.256	0.230	0.016	—
12-2	0.310	0.254	0.020	—	12-14	0.412	0.342	0.014	—
12-3	0.366	0.274	0.016	—	35-11	0.456	0.392	0.024	—
12-4	0.446	0.362	0.014	0.052	35-12	0.372	0.336	0.020	—
12-5	0.496	0.306	0.014	—					

申扎球米德虫（新种）*Glomomidiellopsis xanzaensis* Zhang, sp. nov.

（图版 30，图 39~48；图版 33，图 24~42）

词源　根据该种的产地——西藏申扎地区。

材料　206 个标本。

正模　178728（图版 33，图 26）。

副模　178658（图版 33，图 32），178701（图版 33，图 33），178620（图版 30，图 48）。

特征　壳体较小，包卷紧。

描述　壳体呈亚球形。由初房和第二管状房室组成。第二管状房室围绕初房呈不规则旋卷。壳体包卷很紧。成熟壳体壳径 0.378~0.88mm，壳厚 0.306~0.780mm。正模标本壳径 0.396mm，壳厚 0.306mm。壳壁微晶质，呈颗粒状，局部可见均一的灰黑色钙质层，最外圈壳壁厚 0.010~0.032mm。初房球形，外径 0.016~0.070mm。

度量　见表 6.92。

讨论与比较　当前种以较小的近球形的壳体、紧密绕圈的第二管状房室为特征。它与 *Glomomidiellopsis specialisaeformis* (Lin, Li and Sun) 的区别在于后者壳体呈椭球形，而当前种的壳体呈近球形或亚球形。它与 *Glomomidiellopsis tieni* Gaillot and Vachard 的区别在于当前种壳形稳定并且第二房状房室绕旋规则。

产地与层位　西藏申扎县木纠错剖面，下拉组上部；西藏申扎县木纠错西短剖面，下拉组上部。

表 6.92　*Glomomidiellopsis xanzaensis* Zhang, sp. nov. 度量表

图版	壳径 /mm	壳厚 /mm	最外圈壳壁厚 /mm	初房外径 /mm	图版	壳径 /mm	壳厚 /mm	最外圈壳壁厚 /mm	初房外径 /mm
30-39	0.452	0.428	0.012	0.040	33-29	0.378	0.306	0.012	—
30-40	0.436	0.308	0.010	—	33-30	0.478	0.472	0.010	—
30-41	0.376	0.368	0.008	—	33-31	0.414	0.366	0.010	—
30-42	0.528	0.460	0.020	—	33-32	0.478	0.454	0.014	0.036
30-43	0.880	0.780	0.032	—	33-33	0.436	0.370	0.014	0.018
30-44	0.500	0.456	0.016	0.016	33-34	0.462	0.326	0.010	—
30-45	0.336	0.304	0.008	—	33-35	0.386	0.340	0.014	0.028
30-46	0.324	0.264	0.016	0.028	33-36	0.378	0.320	0.014	0.016
30-47	0.364	0.256	0.020	—	33-37	0.386	0.364	0.010	0.036
30-48	0.680	0.560	0.024	0.024	33-38	0.420	0.352	0.048	0.042
33-24	0.512	0.462	0.032	—	33-39	0.382	0.358	0.012	—
33-25	0.318	0.284	0.012	—	33-40	0.446	0.346	0.010	—
33-26	0.396	0.306	0.012	0.022	33-41	0.414	0.408	0.012	—
33-27	0.284	0.228	0.008	0.026	33-42	0.490	0.418	0.012	0.070
33-28	0.380	0.338	0.010	—					

节房虫纲 Nodosariata Mikhalevich, 1993
朗格虫目 Lagenida Delage and Herouard, 1896
仿扁豆虫超科 Robuloidoidea Reiss, 1963
塞兹兰虫科 Syzraniidae Vachard in Vachard and Montenat, 1981

塞兹兰虫属 *Syzrania* Reitlinger, 1950

模式种　美丽塞兹兰虫 *Syzrania bella* Reitlinger, 1950。

属征　壳体由球形初房和第二管状房室组成。壳壁钙质，透明纤维状。壳口位于管状房室开口处。

美丽塞兹兰虫 *Syzrania bella* Reitlinger, 1950

（图版 1，图 1；图版 15，图 18~22）

1950 *Syzrania bella* Reitlinger, p. 92, pl. 21, fig. 1.
1993b *Syzrania bella*, Vachard et al., pl. 3, fig. 9.
1998 *Syzrania bella*, Pinard and Mamet, p. 13, pl. 1, figs. 13~21.
2001 *Syzrania bella*, Vachard and Karl, pl. 4, fig. 34.
2003 *Syzrania bella*, Groves et al., figs. 1.3.

描述　壳体由初房及第二管状房室组成。初房呈球状，外径 0.030~0.046mm。初房至第二管状房室处，壳体收缩不明显。第二管状房室细长，壳长 0.650~1.274mm，壳宽 0.100~0.174mm。壳壁由钙质层组成，呈白色，厚 0.024~0.050mm。

度量　见表 6.93。

讨论与比较　当前标本壳体呈管状，壳壁呈白色钙质层，因此它属于 *Syzrania* 一属。在 *Syzrania* 一属中，它与 *Syzrania bella* Reitlinger 在壳形、个体大小方面最相似，故归入该种。当前种与美观塞兹兰虫 *Syzrania pulchra* Kireeva 在壳形方面也较相似，区别在于后者初房大，从初房至第二管状房室处，壳体收缩较明显，且壳体总体偏小。它与混乱塞兹兰虫 *Syzrania confusa* Reitlinger 在壳形方面也相似，但后者的壳壁黑色粒状层较明显，而当前种壳壁厚，壳壁呈白色钙质层，两者可以区分。

产地与层位　西藏阿里地区噶尔县左左乡剖面，下拉组中上部；措勤县夏东剖面，下拉组中部。

表 6.93　*Syzrania bella* Reitlinger 度量表

图版	壳长 / mm	壳宽 / mm	壳壁厚 / mm	初房外径 / mm	图版	壳长 / mm	壳宽 / mm	壳壁厚 / mm	初房外径 / mm
1-1	0.884	0.100	0.024	0.046	15-20	1.274	0.174	0.050	—
15-18	0.744	0.130	0.034	—	15-21	0.650	0.118	0.032	—
15-19	0.694	0.128	0.038	0.030	15-22	0.938	0.140	0.038	0.044

原始节房虫科 Protonodosariidae Mamet and Pinard, 1992 emend. Gaillot and Vachard, 2007
原始节房虫亚科 Protonodosariinae Gaillot and Vachard, 2007

原始节房虫属 *Protonodosaria* Gerke, 1959 emend. Sellier de Civrieux and Dessauvagie, 1965

模式种　高大形原始节房虫 *Protonodosaria proceraformis* (Gerke, 1952)。

属征 壳体圆柱形，始端微尖。房室单列，半球形，高度逐渐增加。缝合线凹下。壳壁纤维状，单层。壳口简单，圆形，位于末端。

原始节房虫未定种 1 *Protonodosaria* sp. 1
（图版 3，图 28）

描述 仅有一个切面标本，壳体纵切面呈柱状，壳高 1.268mm，壳宽 0.354mm。可见房室 6 个，房室呈梨形，最大房室高 0.148mm，后生房室与前面房室覆盖较轻，缝合线不清。壳壁由暗色内层及透明放射状外层组成，厚 0.078mm。隔壁呈轻微弧状，厚 0.044mm。口孔呈圆孔状。初房未见。

讨论与比较 当前种在壳形上和前走原始节房虫 *Protonodosaria praecursor* (Rauser) 相似，区别在于当前种壳体要比后者大得多，且壳壁很厚。它与 *Protonodosaria proceraformis* (Gerke) 在壳形上也相似，区别在于当前种壳壁较厚，缝合线不清楚，而后者缝合线很清楚。

产地与层位 西藏扎布耶一号剖面，下拉组中部。

原始节房虫未定种 2 *Protonodosaria* sp. 2
（图版 4，图 20）

描述 仅有一个切面标本，壳体纵切面呈柱状，壳高 0.378mm，壳宽 0.154mm。可见房室 3 个，房室呈球形，最大房室高 0.112mm，后生房室与前面房室覆盖较轻，缝合线清晰。壳壁由暗色内层及透明放射状外层组成，厚 0.016mm。隔壁相对较平，呈轻微弧状，厚 0.026mm。口孔呈圆孔状。初房未见。

讨论与比较 当前标本壳壁由粒状层和放射状层组成，且口孔呈圆形，而非放射状，因此属于 *Protonodosaria* 属。但当前标本为斜切面，只看到 3 个房室，因此无法定种。

产地与层位 西藏扎布耶六号剖面，下拉组中部。

拟节房虫属 *Nodosinelloides* Mamet and Pinard, 1992

模式种 *Nodosinelloides potievskayae* Mamet and Pinard, 1996。

属征 壳体近圆柱形，房室近半球形，不叠覆，在高度和宽度上增加很慢。壳壁两层，由暗色细粒状内层和纤维状外层组成。壳壁厚度与隔壁厚度相近。壳口简单，圆形，位于末端，一般截面中不易看到。

讨论与比较 本属与 *Tauridia* 的区别为后者壳壁与隔壁厚度不等；与节房虫属 *Nodosaria* 的区别为后者壳壁单层，壳口放射状。根据壳体形状和地层分布，匹那德拟节房虫 *Nodosinelloides pinardae* Groves and Wahlman 很有可能是郎格虫亚科 Langellinae 的祖先。

奇异拟节房虫 *Nodosinelloides mirabilis* (Lipina, 1949)
（图版 1，图 63，64；图版 2，图 48，49）

1949 *Nodosaria mirabilis* Lipina, p. 218, pl. IV, figs. 10, 11；pl. VI, figs. 5, 11.
1981 *Nodosaria mirabilis*，赵金科等，图版 II，图 15~17。
1985 *Nodosaria mirabilis*，聂泽同和宋志敏，图版 IV，图 13，14。

1990 *Nodosaria mirabilis*，林甲兴等，224 页，图版 27，图 33，34。

1990 *Nodosaria mirabilis*，宋志敏，图版 9，图 16。

1995 *Nodosaria mirabilis*, Bérczi-Makk et al., pl. XXIX, fig. 1.

2001a *Nodosaria mirabilis caucasica* Miklukho-Maklay，张祖辉和洪祖寅，258 页，图版 II，图 24。

2002a *Nodosaria mirabilis caucasica*，王克良，153 页，图版 4，图 22。

2002 *Nodosaria mirabilis caucasica*，张祖辉和洪祖寅，386 页，图版 IV，图 26~28。

2006 *Nodosaria mirabilis caucasica*，宋海军等，95 页，图版 II，图 19。

描述　壳体纵切面细长柱状。壳高 0.264~0.650mm，壳宽 0.068~0.128mm。可见房室 10~17 个，早期房室的高度较低，呈新月形；晚期房室的高度较高，呈半球形，最大房室高 0.028~0.072mm。壳壁由暗色内层及透明放射状外层组成，厚 0.004~0.012mm。隔壁相对较平，呈轻微弧状，厚 0.012~0.014mm。初房球形，外径 0.020~0.030mm。

度量　见表 6.94。

讨论与比较　当前种的特征是壳体较小、较窄，房室较多。它与美丽拟节房虫 *Nodosinelloides bella* (Lipina) 在壳形上相似，但后者壳体较宽，房室高度变化很小，可以区分。它与锡卡汉奇异拟节房虫 *Nodosinelloides shikhanica* (Lipina) 在房室变化及个体大小方面相似，但后者壳体略呈锥状，可以区别。

产地与层位　西藏阿里地区噶尔县左左乡剖面，下拉组中上部。

表 6.94　*Nodosinelloides mirabilis* (Lipina) 度量表

图版	房室数	壳高 /mm	壳宽 /mm	壳壁厚 /mm	隔壁厚 /mm	最大房室高 /mm	初房外径 /mm
1-63	10	0.264	0.068	0.012	0.012	0.028	0.020
1-64	>12	0.428	0.080	0.004	0.012	0.034	—
2-48	17	0.618	0.116	0.006	0.014	0.048	0.022
2-49	12	0.650	0.128	0.012	0.012	0.072	0.030

奇异拟节房虫高加索亚种 *Nodosinelloides mirabilis caucasica* (Miklukho-Maklay, 1954)

（图版 11，图 14~17；图版 33，图 59~61）

1954 *Nodosaria mirabilis caucasica* Miklukho-Maklay, p. 21, pl. 2, figs. 1, 2.

1978 *Nodosaria mirabilis caucasica*，林甲兴，40 页，图版 8，图 18。

1978 *Nodosaria netchajewi subquadrata* Lipina，林甲兴，41 页，图版 8，图 12，13。

1984 *Nodosaria mirabilis caucasica*，林甲兴，148 页，图版 7，图 31。

1984 *Nodosaria mirabilis caucasica*，夏国英和张志存，52 页，图版 11，图 15。

1987 *Nodosaria mirabilis caucasica*，杨遵仪等，图版 1，图 6。

1988a *Nodosaria mirabilis caucasica*, Pronina, pl. 2, figs. 21~23.

1988a *Nodosaria* sp. 3, Pronina, pl. 2, fig. 19.

1989 *Nodosaria mirabilis caucasica*, Pronina, pl. 1, figs. 15~17.

1990 *Nodosaria mirabilis caucasica*，林甲兴等，225 页，图版 28，图 1，2。

1990 *Nodosaria mirabilis caucasica*，宋志敏，图版 9，图 10，31。

2001 *Nodosaria mirabilis caucasica*, Pronina-Nestell and Nestell, pl. 2, fig. 11.

2001a *Nodosaria mirabilis caucasica*，张祖辉和洪祖寅，258 页，图版 II，图 25~28。

2004 *Nodosaria mirabilis caucasica*，张祖辉和洪祖寅，73 页，图版 2，图 27~29。

2007 *Nodosinelloides mirabilis caucasica* (Miklukho-Maklay) Gaillot and Vachard, p. 115, pl. 63, fig. 19；pl. 72, fig. 17；pl. 74, fig. 24；pl. 76, fig. 5；pl. 77, fig. 11；pl. 78, fig. 7；pl. 79, figs. 11, 16；pl. 84, figs. 2, 12, 13, 17；pl. 86, fig. 13；pl. 87, figs. 1, 4, 16；pl. 89, fig. 13；pl. 90, fig. 7；pl. 91, fig. 3；pl. 92, figs. 4, 11；pl. 94, figs. 3, 13, 14.

2007 *Nodosinelloides mirabilis caucasica*, Groves et al., pl. 10, figs. 3, 10.

描述　壳体纵切面呈粗壮的柱状。成熟壳体的壳高 0.938~1.132mm，壳宽 0.166~0.198mm。一般有 10~12 个房室。房室早期呈较扁的柱状，晚期呈较高的柱状。最大房室高 0.096~0.146mm。壳壁由暗色内层及透明放射状外层组成，厚 0.016~0.026mm。隔壁中部较平，厚 0.022~0.036mm。初房球形，外径 0.026~0.044mm。

度量　见表 6.95。

讨论与比较　当前种的特征是壳休呈柱状，房室多且较宽，可归于 *Nodosinelloides mirabilis caucasica* (Miklukho-Maklay)。它与 *Nodosinelloides mirabilis* (Lipina) 在壳形上相似，但当前种房室较多，壳体较高，容易区别。它与拱顶拟节房虫 *Nodosinelloides camerata* (Miklukho-Maklay) 在房室数和壳体大小方面相似，但后者的房室总体较扁，而当前的种房室较高，可以区分。

产地与层位　西藏扎布耶六号剖面，下拉组中部；西藏申扎县木纠错西短剖面，下拉组上部。

表 6.95　*Nodosinelloides mirabilis caucasica* (Miklukho-Maklay) 度量表

图版	房室数	壳高 /mm	壳宽 /mm	壳壁厚 /mm	隔壁厚 /mm	最大房室高 /mm	初房外径 /mm
11-14	>12	1.132	0.198	0.024	0.024	0.146	—
11-15	>6	0.468	0.148	0.014	0.022	0.090	—
11-16	>8	0.730	0.186	0.026	0.028	0.096	—
11-17	10	0.778	0.196	0.026	0.036	0.100	0.026
33-59	>7	0.624	0.168	0.024	0.022	0.092	—
33-60	>7	0.748	0.136	0.016	0.030	0.080	—
33-61	12	0.938	0.166	0.016	0.022	0.096	0.044

锐拟节房虫 *Nodosinelloides acera* (Miklukho-Maklay, 1954)

（图版 1，图 65~69；图版 11，图 4，5；图版 35，图 7~10）

1954 *Nodosaria acera* Miklukho-Maklay, p. 26, pl. II, fig. 2.

1981 *Nodosaria acera*，赵金科等，图版 II，图 23，24。

1984 *Nodosaria acera*，夏国英和张志存，53 页，图版 11，图 26。

1990 *Nodosaria acera*，林甲兴等，221 页，图版 27，图 14。

1995 *Nodosaria acera*，罗辉，38 页，图版 10，图 23。

描述　壳体纵切面呈楔形，从初房至末端房室宽度和高度均匀增大。壳高 0.314~0.552mm，壳宽 0.108~0.238mm。可见房室 7~10 个，房室呈高的新月形，最大房室高 0.038~0.074mm。壳壁由暗色内层及透明放射状外层组成，厚 0.012~0.024mm。隔壁呈宽弧形，厚 0.014~0.028mm。口孔呈放射状。初房球形，外径 0.018~0.070mm。

度量　见表 6.96。

讨论与比较　当前种与 *Nodosinelloides obesa* (Lin) 在壳形上相似，区别在于后者房室都很低矮，因此壳体显得粗短。它与展开拟节房虫 *Nodosinelloides patula* (Miklukho-Maklay) 在壳形上也较相似，但后者房室较多，且房室较低矮，可以区别。

产地与层位　西藏阿里地区噶尔县左左乡剖面，下拉组中上部；西藏扎布耶六号剖面，下拉组中部；西藏墨竹工卡县德仲村剖面，洛巴堆组。

表 6.96　*Nodosinelloides acera* (Miklukho-Maklay) 度量表

图版	房室数	壳高 /mm	壳宽 /mm	壳壁厚 /mm	隔壁厚 /mm	最大房室高 /mm	初房外径 /mm
1-65	>8	0.382	0.138	0.028	0.020	0.044	—
1-66	7	0.552	0.238	0.026	0.018	0.062	0.070
1-67	4	0.252	0.108	0.016	0.012	0.044	0.054
1-68	6	0.344	0.174	0.020	0.014	0.048	—
1-69	>7	0.552	0.174	0.014	0.012	0.066	—
11-4	7	0.456	0.154	0.022	0.018	0.074	0.030
11-5	6	0.502	0.202	0.024	0.020	0.074	0.062
35-7	>10	0.542	0.126	0.016	0.024	0.040	—
35-8	>9	0.492	0.120	0.024	0.016	0.054	0.018
35-9	>7	0.314	0.110	0.022	0.016	0.038	—
35-10	>4	0.212	0.112	0.022	0.012	0.030	—

美丽拟节房虫 *Nodosinelloides bella* (Lipina, 1949)

（图版 1，图 70~76；图版 33，图 57，58）

1949 *Nodosaria bella* Lipina, p. 217, pl. IV, fig. 9；pl. VI, fig. 4.

1965 *Nodosaria bella*, Malahova，pl. I, fig. 14.

1984 *Nodosaria bella*，夏国英和张志存，54 页，图版 11，图 28，29。

1990 *Nodosaria bella*，林甲兴等，222 页，图版 27，图 17。

2002a *Nodosaria bella*，王克良，153 页，图版 4，图 23，24。

2004 *Nodosaria bella*，张祖辉和洪祖寅，72 页，图版 II，图 15，16。

2005 *Nodosaria bella*，顾松竹等，图版 I，图 16，17。

2008 *Nodosinelloides bella* (Lipina), Filimonova, pl. I, fig. 35.

2013 *Nodosinelloides bella*, Filimonova, pl. I, fig. 18.

描述　壳体纵切面呈细长柱形，从初房至末端房室高度均匀增长。壳高 0.246~0.484mm，壳宽 0.066~0.136mm。可见房室 7~10 个，房室呈半球状，最大房室高 0.030~0.042mm。壳壁由暗色内层及透明放射状外层组成，厚 0.008~0.018mm。隔壁呈宽弧形，厚 0.008~0.018mm。初房球形，外径 0.032~0.050mm。

度量　见表 6.97。

讨论与比较　当前种以细长的柱形壳形和 *Nodosinelloides netchajewi* (Cherdyntsev)

较为相似，区别在于当前种的壳壁相对较厚，且房室稍低矮。它和 *Nodosinelloides mirabilis* (Lipina) 在壳形上也较相似，但当前种的壳体宽度相对较大。

产地与层位　西藏阿里地区噶尔县左左乡剖面，下拉组中上部；西藏申扎县木纠错西短剖面，下拉组上部。

表 6.97　*Nodosinelloides bella* (Lipina) 度量表

图版	房室数	壳高 /mm	壳宽 /mm	壳壁厚 /mm	隔壁厚 /mm	最大房室高 /mm	初房外径 /mm
1-70	>7	0.296	0.092	0.010	0.012	0.038	—
1-71	5	0.164	0.066	0.008	0.010	0.036	0.032
1-72	7	0.246	0.066	0.010	0.010	0.034	0.032
1-73	>7	0.292	0.094	0.018	0.012	0.030	—
1-74	>6	0.256	0.070	0.008	0.012	0.018	—
1-75	>5	0.336	0.116	0.014	0.014	0.050	—
1-76	9	0.436	0.136	0.010	0.018	0.040	0.036
33-57	7	0.292	0.070	0.012	0.008	0.038	0.034
33-58	10	0.484	0.126	0.018	0.008	0.042	0.050

内恰杰夫拟节房虫 *Nodosinelloides netchajewi* (Cherdyntsev, 1914)

（图版 2，图 44~47；图版 11，图 2，3，6~11；图版 30，图 20）

1914 *Nodosaria netchajewi* Cherdyntsev, p. 38, pl. II, figs. 3, 4.

1949 *Nodosaria netchajewi*, Lipina, p. 215, pl. IV, fig. 1.

1949 *Nodosaria netchajewi*, Suleimanov, p. 237, figs. 3, 4.

1964 *Nodosaria netchajewi*, Miklukho-Maklay, p. 7, pl. 1, figs. 9, 10.

1978 *Nodosaria netchajewi*，林甲兴，41 页，图版 8，图 17。

1981 *Nodosaria netchajewi*，赵金科等，图版 II，图 10。

1984 *Nodosaria netchajewi*，夏国英和张志存，54 页，图版 11，图 32，33。

1984 *Nodosaria netchajewi*，林甲兴，145 页，图版 7，图 18，19。

1985 *Nodosaria netchajewi*，林甲兴，图 54~59。

1987 *Nodosaria netchajewi*，杨遵仪等，图版 1，图 3。

1990 *Nodosaria netchajewi*，林甲兴等，225 页，图版 27，图 35，36。

1997 *Nodosaria netchajewi*, Groves, pl. 1, figs. 18, 19.

1997 *Nodosaria netchajewi*, Groves and Wahlman, p. 775, figs. 9.1~9.9.

2000 *Nodosaria netchajewi*, Groves, p. 298, pl. 4, figs. 31~40.

2002 *Nodosaria netchajewi*, Wood et al., pl. 8, figs. 11, 12.

2002 *Nodosaria netchajewi*，张祖辉和洪祖寅，385 页，图版 IV，图 19，20。

2003 *Nodosaria netchajewi*, Groves et al., pl. 1, figs. 17~19.

2005 *Nodosaria netchajewi*，顾松竹等，166 页，图版 I，图 20。

2007 *Nodosaria netchajewi*, Song et al., fig. 3I.

描述　壳体纵切面呈细长的柱形。壳高 0.306~0.890mm，壳宽 0.094~0.176mm。可见房室大于 9~10 个，个别标本房室可多于 14 个。房室呈半球状，最大房室高 0.034~

0.090mm。壳壁由极薄的暗色内层及较厚的放射状外层组成，厚 0.008~0.038mm。隔壁中部较平，两侧向下弯曲呈弧状，厚 0.008~0.026mm。初房未见。

度量　见表 6.98。

讨论与比较　当前标本虽未切到初房，但从整体壳形、房室数和形态以及壳体大小方面和 *Nodosinelloides netchajewi* (Cherdyntsev) 最为相似，故归为该种。它和 *Nodosinelloides mirabilis caucasica* (Miklukho-Maklay) 在壳形上较相似，区别在于后者壳体很大，房室宽度和高度明显比 *Nodosinelloides netchajewi* (Cherdyntsev) 要大得多，两者是不同的种。它和 *Nodosinelloides bella* (Lipina) 在壳形上相似，但当前种房室较多，房室稍低，壳体更加显得细长，可以区别。

产地与层位　西藏阿里地区噶尔县左左乡剖面，下拉组中上部；西藏扎布耶六号剖面，下拉组中部；西藏申扎县木纠错剖面，下拉组顶部。

表 6.98　*Nodosinelloides netchajewi* (Cherdyntsev) 度量表

图版	房室数	壳高 /mm	壳宽 /mm	壳壁厚 /mm	隔壁厚 /mm	最大房室高 /mm	初房外径 /mm
2-44	14	0.890	0.146	0.012	0.012	0.084	0.034
2-45	>10	0.746	0.166	0.012	0.018	0.088	—
2-46	>10	0.560	0.102	0.012	0.010	0.090	—
2-47	9	0.426	0.110	0.012	0.014	0.062	0.026
11-2	9	0.640	0.176	0.038	0.026	0.054	—
11-3	10	0.604	0.134	0.020	0.016	0.046	—
11-6	7	0.306	0.122	0.018	0.010	0.034	—
11-7	>14	0.458	0.094	0.016	0.008	0.034	—
11-8	>8	0.470	0.126	0.014	0.016	0.052	—
11-9	>8	0.350	0.118	0.016	0.018	0.034	—
11-10	>8	0.518	0.128	0.014	0.016	0.056	—
11-11	>10	0.486	0.122	0.008	0.016	0.078	—
30-20	>10	0.530	0.118	0.026	0.014	0.090	—

肥胖拟节房虫 *Nodosinelloides obesa* (Lin, 1978)

（图版 4，图 31，32；图版 30，图 21~32；图版 33，图 51~56）

1978 *Nodosaria obesa* Lin，林甲兴，40 页，图版 8，图 22。
1984 *Nodosaria obesa*，林甲兴，148 页，图版 7，图 41。

描述　壳体纵切面呈短锥形，房室随壳体的生长宽度越来越宽。壳高 0.260~0.538mm，壳宽 0.134~0.210mm。可见房室 7~9 个。房室呈半球状，最大房室高 0.034~0.090mm。壳壁由极薄的暗色内层及较厚的放射状外层组成，厚 0.010~0.036mm。隔壁中部呈轻微弧状，厚 0.010~0.032mm。初房球形，外径 0.016~0.066mm。

度量　见表 6.99。

讨论与比较　当前标本的特点是壳体呈短锥状，房室较少，壳体较小，可归于 *Nodosinelloides obesa* (Lin)。它在壳形上和畸拟节房虫 *Nodosinelloides lucifaga* (Lin) 较相似，但后者壳体较小，且壳壁较厚，可以区分两者。

产地与层位　西藏扎布耶二号剖面，下拉组中部；西藏申扎县木纠错剖面，下拉组顶部；西藏申扎县木纠错西短剖面，下拉组上部。

表 6.99　*Nodosinelloides obesa* (Lin) 度量表

图版	房室数	壳高 /mm	壳宽 /mm	壳壁厚 /mm	隔壁厚 /mm	最大房室高 /mm	初房外径 /mm
4-31	5	0.436	0.188	0.010	0.016	0.078	0.064
4-32	5	0.548	0.194	0.018	0.020	0.090	0.066
30-21	6	0.538	0.210	0.034	0.030	0.068	0.032
30-22	6	0.350	0.168	0.020	0.022	0.040	0.044
30-23	4	0.260	0.130	0.024	0.020	0.040	0.026
30-24	>7	0.392	0.128	0.022	0.022	0.050	—
30-25	>9	0.572	0.208	0.036	0.032	0.044	—
30-26	>7	0.432	0.170	0.026	0.030	0.050	—
30-27	7	0.340	0.152	0.032	0.030	0.034	0.016
30-28	5	0.286	0.170	0.032	0.026	0.040	0.030
30-29	6	0.398	0.178	0.032	0.020	0.046	0.020
30-30	8	0.528	0.166	0.024	0.022	0.066	0.038
30-31	>5	0.242	0.090	0.016	0.012	0.034	—
30-32	6	0.304	0.116	0.020	0.016	0.046	0.034
33-51	6	0.404	0.128	0.014	0.012	0.084	0.028
33-52	>8	0.418	0.146	0.022	0.016	0.070	—
33-53	7	0.394	0.134	0.018	0.022	0.048	0.024
33-54	>5	0.252	0.110	0.012	0.010	0.058	—
33-55	>7	0.454	0.150	0.012	0.010	0.084	—
33-56	>7	0.386	0.138	0.014	0.018	0.076	—

阿坎撒拟节房虫相似种 *Nodosinelloides* cf. *acantha* (Lange, 1925)

（图版 4，图 34；图版 27，图 30）

1925 *Langella acantha* Lange, p. 221, pl. I, fig. 10.

1973 *Langella acantha*, Bozorgnia, p. 151, pl. XXXVI, fig. 3.

描述　壳体纵切面呈粗壮的柱形。壳高 1.038~1.392mm，壳宽 0.266~0.412mm。房室可达 9 个，房室呈半球状，最大房室高 0.160~0.168mm。壳壁由极薄的暗色内层及较厚的放射状外层组成，厚 0.034~0.038mm。隔壁较平，厚 0.036~0.044mm。初房未知。

度量　见表 6.100。

讨论与比较　当前种最典型的特征是壳壁和隔壁都较粗，且壳体呈柱形，较大。该特征和 *Nodosinelloides acantha* (Lange) 较相似，但相比 *Nodosinelloides acantha* (Lange) 的模式标本，当前种的隔壁较厚。

产地与层位　西藏扎布耶二号剖面，下拉组中部；西藏申扎县木纠错西北采样点，下拉组。

表 6.100　*Nodosinelloides* cf. *acantha* (Lange) 度量表

图版	房室数	壳高 /mm	壳宽 /mm	壳壁厚 /mm	隔壁厚 /mm	最大房室高 /mm	初房外径 /mm
4-34	>5	1.038	0.266	0.034	0.036	0.160	—
27-30	>9	1.392	0.412	0.038	0.044	0.168	—

拟节房虫未定种 1 *Nodosinelloides* sp. 1

（图版 2，图 50）

描述　仅有一个纵切面，壳体纵切面呈柱状，下部与上部保持同宽度。可见壳高 0.82mm，壳宽 0.204mm。可见房室大于 10 个，房室呈新月形，最大房室高 0.068mm。壳壁较薄，由极薄的暗色内层及较厚的放射状外层组成，厚 0.03mm。隔壁呈轻微弧状，厚 0.012mm。初房未见。

讨论与比较　当前种壳体呈柱状，房室低矮，可归入 *Nodosinelloides* 属，它与 *Nodosinelloides patula* (Miklukho-Maklay) 在个体大小、房室形状方面相似，但后者壳体略呈椎状，而当前种的壳体呈柱状。塔里木拟节房虫 *Nodosinelloides talimuensis* (Han) 的壳体也呈柱状，与当前种的区别是前者房室较高，容易区分。

产地与层位　西藏阿里地区噶尔县左左乡剖面，下拉组中上部。

拟节房虫未定种 2 *Nodosinelloides* sp. 2

（图版 4，图 33）

描述　仅有一个斜切面，壳体纵切面呈锥状，始部尖，上部宽。可见壳高 0.748mm，壳宽 0.196mm。可见房室大于 8 个房室，房室呈半球状，最大房室高 0.094mm。壳壁较薄，由极薄的暗色内层及较厚的放射状外层组成，厚 0.012mm。隔壁呈轻微弧状，厚 0.014mm。初房未见。

讨论与比较　当前种以较薄的壳壁和隔壁为特征，壳体细长。它与中甲拟节房虫 *Nodosinelloides zhongjiaensis* (Lin) 在壳形上相似，但当前种房室少，壳较大，可以区分。因当前种只有一个斜切面，故不定种。

产地与层位　西藏扎布耶二号剖面，下拉组中部。

拟节房虫未定种 3 *Nodosinelloides* sp. 3

（图版 4，图 35）

描述　仅有一个纵切面，壳体呈粗壮的柱状。壳高 1.49mm，壳宽 0.402mm。可见房室 5 个，房室呈高的新月形，最大房室高 0.256mm。壳壁由极薄的暗色内层及较厚的放射状外层组成，厚 0.034mm。隔壁呈弧状，厚 0.034mm。初房球形，外径 0.218mm。

讨论与比较　当前种和 *Nodosinelloides krotovi* (Cherdyntsev) 在壳形和隔壁上较相

似，但当前种的壳体很高，容易区分。当前种与 *Nodosinelloides acantha* (Lange) 在壳形和个体大小上相似，区别在于当前种的房室较高，差异性明显。因当前种只有一个纵切面，故不定种。

产地与层位 西藏扎布耶二号剖面，下拉组中部。

拟节房虫未定种 4 *Nodosinelloides* sp. 4
（图版 16，图 28）

描述 壳体纵切面呈柱状。壳高 0.936mm，壳宽 0.188mm。可见房室 10 个。房室呈球状，最大房室高 0.07mm。壳壁由极薄的暗色内层及较厚的放射状外层组成，厚 0.052mm。隔壁中部呈轻微弧状，厚 0.04mm。初房球形，外径 0.076mm。

讨论与比较 当前种在壳形上和 *Nodosinelloides bella* (Lipina) 较相似，但当前种房室多，壳体较高，可以区分。

产地与层位 措勤县夏东剖面，下拉组中部。

拟节房虫未定种 5 *Nodosinelloides* sp. 5
（图版 17，图 10）

描述 壳体纵切面呈较长的柱形。壳高 1.73mm，壳宽 0.226mm。可见房室多于 21 个。房室呈新月形，最大房室高 0.076mm。壳壁由极薄的暗色内层及较厚的放射状外层组成，厚 0.03mm。隔壁中部较平或呈轻微弧状，厚 0.036mm。初房未见。

讨论与比较 当前种最主要的特点是房室特别多，壳体很高，在目前的 *Nodosinelloides* 中还未见过如此多的房室，但只有一个切面的标本。因此，暂不定种。

产地与层位 措勤县夏东剖面，下拉组中部。

拟节房虫未定种 6 *Nodosinelloides* sp. 6
（图版 17，图 11~15）

描述 壳体纵切面呈细长的柱形。成熟壳体壳高 0.518~0.916mm，壳宽 0.110~0.138mm。可见房室多于 15 个。早期的房室呈新月形，晚期呈半球形，最大房室高 0.028~0.062mm。壳壁由极薄的暗色内层及较厚的放射状外层组成，厚 0.010~0.026mm。隔壁中部较平，两侧呈轻微弧状，厚 0.012~0.024mm。口孔处加厚明显。初房球形，外径 0.034~0.068mm。

度量 见表 6.101。

表 6.101 *Nodosinelloides* sp. 6 度量表

图版	房室数	壳高 /mm	壳宽 /mm	壳壁厚 /mm	隔壁厚 /mm	最大房室高 /mm	初房外径 /mm
17-11	15	0.734	0.138	0.016	0.016	0.044	0.034
17-12	>19	0.916	0.120	0.016	0.018	0.036	—
17-13	8	0.524	0.118	0.022	0.024	0.062	0.068
17-14	11	0.602	0.160	0.026	0.020	0.044	0.044
17-15	>15	0.518	0.110	0.010	0.012	0.028	—

讨论与比较　当前种以细长的柱形壳体为特征，在形态上，它和 *Nodosinelloides netchajewi* (Cherdyntsev) 较相似，区别在于当前种房室较多，壳体更加细长。它在形态上也和 *Nodosinelloides mirabilis caucasica* (Miklukho-Maklay) 较相似，但后者在口孔处基本不加厚，可以区分。因当前标本不多，故暂不定种。

产地与层位　措勤县夏东剖面，下拉组中部。

拟节房虫未定种 7 *Nodosinelloides* sp. 7

（图版 28，图 16）

描述　仅有一个标本，壳体纵切面呈短的锥形。壳高 0.61mm，壳宽 0.202mm。可见 5 个房室，随着壳体生长房室越来越大。最高房室高 0.106mm。壳壁重结晶，呈白色钙质，壳壁厚 0.026mm，隔壁呈宽弧状，厚 0.034mm。初房球形，外径 0.09mm。

讨论与比较　当前种和红拟节房虫 *Nodosinelloides rossica* (Miklukho-Maklay) 在壳形上相似，区别在于后者房室明显比当前种高。当前种与 *Nodosinelloides acera* (Miklukho-Maklay) 在壳形上相似，区别在于当前种房室较少。因为只有一个标本，所以不定种。

产地与层位　西藏林周县洛巴堆一号剖面，洛巴堆组中部。

拟节房虫未定种 8 *Nodosinelloides* sp. 8

（图版 33，图 63）

描述　仅有一个标本，壳体纵切面呈长的柱形。壳高 0.648mm，壳宽 0.136m。房室多于 5 个，房室呈椭球形，最高房室高 0.156mm。壳壁由黑色极薄粒状层和钙质放射状外层组成，壳壁厚 0.012mm，隔壁呈尖弧状，厚 0.018m。

讨论与比较　当前种在壳体大小和房室形态上和正方拟节房虫 *Nodosinelloides hexagona* (Tcherdynzev) 较相似，但后者壳形是锥形，和当前种不同。当前种和 *Nodosinelloides rossica* (Miklukho-Maklay) 在壳形上相似，但当前种的房室呈梨形，可以区分。

产地与层位　西藏申扎县木纠错西短剖面，下拉组上部。

两极虫属 *Polarisella* Mamet and Pinard, 1992

模式种　布兰德两极虫 *Polarisella blindensis* Mamet and Pinard, 1992。

属征　壳小，横截面呈圆形。房室单列，最多 11 个。初房球形，之后房室高度逐渐增加。缝合线微凹。壳壁由暗色细粒状层组成，隔壁厚度等于或略大于壳壁厚。

两极虫未定种 *Polarisella* sp.

（图版 29，图 17）

描述　仅有一个弦切面标本，壳体呈柱状。壳高 0.346mm，壳宽 0.096mm。房室多于 4 个，中部突出，最高房室高 0.076mm。壳壁重结晶，呈白色钙质，壳壁厚 0.012mm，隔壁平，厚 0.018mm。初房未见。

讨论与比较　当前标本是一个不完整的切面，但可以看到突起的房室，因此归入 *Polarisella* 属。

产地与层位　西藏林周县洛巴堆一号剖面，洛巴堆组中部。

陶伊虫属

Tauridia Sellier de Civrieux and Dessauvagie, 1965 emend. Gaillot and Vachard, 2007

模式种　庞菲利恩斯陶伊虫 *Tauridia pamphyliensis* Sellier de Civrieux and Dessauvagie, 1965。

属征　壳体中等大小，房室单列。缝合线光滑，有时轻微凹陷。壳壁双层，由暗色细粒状内层和纤维状外层组成，但纤维层在房室顶部缺失。壳口简单，位于末端。

讨论与比较　本属与 *Nodosinelloides* 和 *Protonodosaria* 的区别为内部隔壁上纤维层缺失。

庞菲利恩斯陶伊虫相似种

Tauridia cf. *pamphyliensis* Sellier de Civrieux and Dessauvagie, 1965

（图版 11，图 1）

1965 *Tauridia pamphyliensis* Sellier de Civrieux and Dessauvagie, p. 68, pl. V, fig. 36；pl. XV, fig. 3.

描述　仅有一个弦切面标本，壳体总体呈细柱状，早期房室呈锥状，但由于是弦切面，并非全部房室可见。壳高 0.622mm，壳宽 0.148mm。房室多于 11 个，中部突出，最高房室高 0.054mm。壳壁由黑色粒状层组成，放射状层消失。壳壁厚 0.018mm，隔壁平，厚 0.02mm。初房未见。

讨论与比较　当前种在壳形和个体大小上与 *Tauridia pamphyliensis* Sellier de Civrieux and Dessauvagie 最为相似。但由于当前种是弦切面，早期锥形壳部分没切正，所以当前标本的房室数偏少。它与 *Tauridia nudiseptata* Gaillot and Vachard 的差异在于后者的隔壁强烈上拱，两者较易区分。

产地与层位　西藏扎布耶二号剖面，下拉组中部。

朗格虫亚科 Langellinae Gaillot and Vachard, 2007

朗格虫属 *Langella* Sellier de Civrieux and Dessauvagie, 1965

模式种　穿孔巴东虫 *Padangia perforata* Lange, 1925。

属征　壳体圆锥形、陀螺形或卵圆形，房室单列，由圆球形的初房和后期半圆形或扁圆形的房室组成；后一房室稍包裹和叠覆在相邻的前一房室之上，隔壁呈平弧或弯弧状，壳口圆孔状或漏斗状，位于壳体顶端，壳壁钙质透明多孔状，具多层暗色细纹状夹层构造。

穿孔朗格虫 *Langella perforata* (Lange, 1925)

（图版 3，图 18）

1925 *Padangia perforata* Lange, p. 228, pl. 1, figs. 21a, 21b.
1973 *Langella perforata* (Lange), Bozorgnia, p. 149, pl. XXXIV, figs. 2, 5, 6.
1976 *Langella perforata*, Montenat et al., pl. XVII, fig. 11.
1978 *Langella perforata*, Lys et al., pl. 7, fig. 3.

1984 *Padangia perforata*，林甲兴等，117 页，图版 1，图 44，45a，45b。

1988 *Langella perforata*，王克良，277 页，图版 I，图 1~5。

2003 *Langella perforata*, Ünal et al., pl. 1, fig. 42.

2007 *Langella* ex gr. *perforata*, Gaillot and Vachard, p. 122, pl. 89, fig. 23；pl. 94, fig. 5.

描述 壳体纵切面呈短锥状，始端尖圆，末端较宽，壳顶浑圆。壳高 0.618mm，壳宽 0.388mm。可见房室 4 个，最大房室高 0.128mm。壳壁钙质，呈多层状，厚 0.032mm。隔壁呈弧形，钙质多层状，厚 0.038mm。初房未见。

讨论与比较 当前标本以短锥状的壳形、较厚的壳壁与 *Langella perforata* (Lange) 特别相似，可归入该种。它与库卡克朗格虫 *Langella cukurkoyi* Sellier de Civrieux and Dessauvagie 在壳形上很相似，但后者壳壁和隔壁都较薄，可以区别。

产地与层位 西藏仲巴县扎布耶一号剖面，下拉组中部。

穿孔朗格虫朗格亚种 *Langella perforata langei* (Sellier de Civrieux and Dessauvagie, 1965)
（图版 4，图 14，15）

1965 *Padangia perforata langei* Sellier de Civrieux and Dessauvagie, p. 46, pl. X, figs. 3, 5；pl. XIV, fig. 10；pl. XV, fig. 4.

1976 *Padangia perforata langei*, Montenat, pl. XVII, fig. 11.

1997 *Padangia perforata langei*, Pronina and Nestell, pl. 1, fig. 24.

描述 壳体纵切面呈锥状，始端圆，末端较宽，壳顶浑圆。一个完整的壳体壳高 0.6mm，壳宽 0.380mm。可见房室 3 个，最大房室高 0.148mm。壳壁钙质，呈多层状，厚 0.052mm。隔壁呈弧形，钙质多层状，厚 0.038mm。初房球形，外径 0.138mm。

度量 见表 6.102。

讨论与比较 当前亚种和 *Langella perforata* (Lange) 的区别是当前种的隔壁较薄，房室稍高。

产地与层位 西藏仲巴县扎布耶二号剖面，下拉组中部。

表 6.102 *Langella perforata langei* (Sellier de Civrieux and Dessauvagie) 度量表

图版	房室数	壳高 /mm	壳宽 /mm	壳壁厚 /mm	隔壁厚 /mm	最大房室高 /mm	初房外径 /mm
4-14	3	0.60	0.380	0.052	0.038	0.148	0.138
4-15	>4	0.42	0.232	0.022	0.010	0.102	—

锥状朗格虫 *Langella conica* Sellier de Civrieux and Dessauvagie, 1965
（图版 10，图 28~33）

1965 *Langella conica* Sellier de Civrieux and Dessauvagie, p. 49, pl. XII, fig. 3.

1973 *Langella conica*, Bozorgnia, p. 153, pl. XXXIV, fig. 1；pl. XXXV, fig. 1；pl. XXXVI, fig. 6.

描述 壳体纵切面呈锥状，壳顶平圆。一个完整的壳体壳高 0.516~0.792mm，壳宽 0.220~0.398mm。可见房室 7~10 个，最大房室高 0.060~0.128mm。壳壁钙质，呈多层状，厚 0.022~0.058mm。隔壁呈轻微弧形，钙质多层状，厚 0.022~0.046mm。初房球形，外径 0.026~0.064mm。

度量 见表 6.103。

讨论与比较 当前种与 *Langella perforata* (Lange) 的区别在于当前种房室多，隔壁薄。当前种与奥卡里纳朗格虫 *Langella ocarina* Sellier de Civrieux and Dessauvagie 的区别是后者壳体早期呈锥状，晚期是柱状，且房室较高。

产地与层位 西藏仲巴县扎布耶六号剖面，下拉组中部。

表 6.103 *Langella conica* Sellier de Civrieux and Dessauvagie 度量表

图版	房室数	壳高 /mm	壳宽 /mm	壳壁厚 /mm	隔壁厚 /mm	最大房室高 /mm	初房外径 /mm
10-28	7	0.578	0.300	0.026	0.032	0.060	0.050
10-29	7	0.564	0.220	0.022	0.022	0.078	0.064
10-30	10	0.760	0.336	0.058	0.030	0.116	0.026
10-31	10	0.516	0.226	0.048	0.026	0.066	—
10-32	9	0.792	0.398	0.042	0.046	0.128	—
10-33	8	0.784	0.248	0.030	0.030	0.098	0.026

仲巴朗格虫（新种）*Langella zhongbaensis* Zhang, sp. nov.

（图版 10，图 22~27）

词源 根据该种的产地——西藏仲巴北部扎布耶地区。

材料 14 个标本。

正模 179088（图版 10，图 22）。

副模 178994（图版 10，图 25），179060（图版 10，图 24）。

特征 切面呈三角形，隔壁较厚。

描述 壳体纵切面三角形，锥状，壳顶相对较平，弧度较小。成熟壳体壳高 0.590~1.128mm，壳宽 0.378~0.712mm。正模标本壳高 1.056mm，壳宽 0.712mm。房室 6 个。最大房室高 0.062~0.128mm。壳壁钙质，呈多层状，厚 0.042~0.078mm。隔壁中部较平，两侧呈轻微弧形，钙质多层状，厚 0.040~0.066mm。初房球形，外径 0.088~0.118mm。

度量 见表 6.104。

表 6.104 *Langella zhongbaensis* Zhang, sp. nov. 度量表

图版	房室数	壳高 /mm	壳宽 /mm	壳壁厚 /mm	隔壁厚 /mm	最大房室高 /mm	初房外径 /mm
10-22	6	1.056	0.712	0.078	0.066	0.128	0.118
10-23	>9	1.128	0.394	0.046	0.064	0.100	—
10-24	4	0.564	0.404	0.034	0.052	0.090	0.088
10-25	5	0.690	0.436	0.052	0.030	0.096	0.116
10-26	6	0.590	0.378	0.042	0.040	0.062	0.100
10-27	4	0.332	0.324	0.038	0.020	0.070	—

讨论与比较　当前种与 *Langella perforata* (Lange) 的区别在于当前种房室多，壳体较大。它与 *Langella cukurkoyi* Sellier de Civrieux and Dessauvagie 在壳形上相似，但当前种明显大的多，而且隔壁非常厚，容易区分。它与美丽朗格虫 *Langella lepida* Wang 在个体大小和隔壁厚度方面相似，区别在于后者壳体的切面更近椭圆形，而当前种更近三角形。

产地与层位　西藏仲巴县扎布耶六号剖面，下拉组中部。

脉状朗格虫 *Langella venosa* (Lange, 1925)
（图版 20，图 7；图版 32，图 45，46）

1925 *Padangia venosa* Lange, p. 230, pl. I, fig. 23.
1973 *Langella venosa* (Lange), Bozorgnia, p. 151, pl. XXXVI, fig. 23.

描述　壳体呈长筒形，始端尖圆，壳顶呈尖弧形。壳高 0.542~0.802mm，壳宽 0.236~0.392mm；最大壳体壳高 0.802mm，壳宽 0.392mm。可见房室多于 4 个，最大房室高 0.072~0.116mm。壳壁钙质，呈白色，厚 0.034~0.070mm。早期房室隔壁相对较平，晚期房室呈高拱形，厚 0.030~0.042mm。初房球形，外径 0.028~0.034mm。

度量　见表 6.105。

讨论与比较　当前种在壳形上和 *Langella conica* Sellier de Civrieux and Dessauvagie 最相似，区别在于当前种壳体较大，房室较高。它与 *Langella ocarina* Sellier de Civrieux and Dessauvagie 的区别是当前种壳体较大，且房室高度增长均匀，而后者晚期房室比早期房室要高得多。

产地与层位　西藏申扎县木纠错西短剖面，下拉组上部；西藏申扎县木纠错剖面，下拉组上部。

表 6.105　*Langella venosa* (Lange) 度量表

图版	房室数	壳高 /mm	壳宽 /mm	壳壁厚 /mm	隔壁厚 /mm	最大房室高 /mm	初房外径 /mm
20-7	9	0.802	0.392	0.070	0.038	0.116	0.028
32-45	8	0.542	0.236	0.038	0.030	0.074	0.034
32-46	>4	0.592	0.288	0.034	0.042	0.072	—

朗格虫未定种 1 *Langella* sp. 1
（图版 20，图 8，9）

描述　壳体切面呈长三角形，始端尖圆，壳顶较平。壳高 0.756~1.040mm，壳宽 0.324~0.562mm；可见房室 8~10 个，最大房室高 0.078~0.146mm。壳壁钙质多层状，厚 0.046~0.054mm。隔壁呈低弧形，最外圈最厚可达 0.146mm。初房球形，外径 0.03mm。

度量　见表 6.106。

讨论与比较　当前种的特征是壳体细长，呈长三角形且具有较厚的隔壁。它同 *Langella perforata* (Lange) 的区别在于当前种房室较多，且壳体切面呈三角形；它同 *Langella venosa* (Lange) 在壳形以及大小方面相似，但当前种的房室稍呈扁平状，并且隔壁非常厚，容易区分。因没有足够的切面良好的标本，暂且不定种。

产地与层位 西藏申扎县木纠错剖面，下拉组中部。

表 6.106 *Langella* sp. 1 度量表

图版	房室数	壳高 /mm	壳宽 /mm	壳壁厚 /mm	隔壁厚 /mm	最大房室高 /mm	初房外径 /mm
20-8	8	1.040	0.562	0.054	0.142	0.146	0.03
20-9	10	0.756	0.324	0.046	0.042	0.078	—

朗格虫未定种 2 *Langella* sp. 2

（图版 34，图 5）

描述 壳体纵切面呈火炬状，壳体前 3 个房室宽度较稳定，3 个房室以后房室明显变宽。壳高 0.326mm，壳宽 0.144mm；可见房室多于 6 个，最大房室高 0.06mm。壳壁钙质，呈白色，厚 0.026mm。隔壁呈弧形，厚 0.024mm。初房球形，外径 0.026mm。

讨论与比较 当前种的特征是壳体呈火炬状。它与 *Langella perforata* (Lange) 的区别在于当前种壳体相对较薄，且壳形不一样。因只有一个标本，不易定种。

产地与层位 西藏申扎县木纠错西木纠错组二号短剖面，下拉组上部。

假朗格虫属 *Pseudolangella* Sellier de Civrieux and Dessauvagie, 1965

模式种 脆弱假朗格虫 *Pseudolangella fragilis* Sellier de Civrieux and Dessauvagie, 1965。

属征 壳体与 *Langella* 相似，但拥有更多的房室和隔壁；壳壁较薄，大小不变。

脆弱假朗格虫 *Pseudolangella fragilis* Sellier de Civrieux and Dessauvagie, 1965

（图版 2，图 11~17；图版 19，图 37，38）

1965 *Pseudolangella fragilis* Sellier de Civrieux and Dessauvagie, p. 56, pl. 10, fig. 2；pl. 12, figs. 2a, 2b, 2c；pl. 15, fig. 6；pl. 16, figs. 6, 9~11.

1973 *Pseudolangella fragilis*, Bozorgnia, p. 154, pl. 35, fig. 2

1984 *Pseudolangella fragilis*, Altiner, pl. 41, figs. 8~10.

1989 *Pseudolangella fragilis*, Köylüoglu and Altiner, pl. 9, fig. 14.

1991 *Pseudolangella fragilis*, Vachard and Ferriere, pl. 4, fig. 8.

2005 *Pseudolangella fragilis*, Kobayashi, pl. 3, fig. 6.

2007 *Pseudolangella fragilis*, Groves et al., figs. 6.3, 6.4.

2007 *Pseudolangella fragilis*, Gaillot and Vachard, p. 125, pl. 73, fig. 10；pl. 86, fig. 12；pl. 87, figs. 13, 23；pl. 94, fig. 15.

描述 壳体纵切面呈宽三角形或锥形，壳体房室增长均匀。壳高 0.320~0.546mm，壳宽 0.256~0.428mm。可见房室 5~8 个，后生房室较大程度超覆前面的房室，最大房室高 0.056~0.122mm。壳壁钙质，呈白色，厚 0.012~0.042mm。隔壁呈宽弧形，厚 0.014~0.030mm。初房球形，外径 0.028~0.110mm。

度量 见表 6.107。

讨论与比较 当前种和膨胀假朗格虫 *Pseudolangella inflata* (Lin) 较相似，但后者房室很少，且房室较高，可以区分。

产地与层位 西藏阿里地区噶尔县左左乡剖面，下拉组中上部；西藏申扎县木纠错剖面，下拉组中部。

表 6.107 *Pseudolangella fragilis* Sellier de Civrieux and Dessauvagie 度量表

图版	房室数	壳高 /mm	壳宽 /mm	壳壁厚 /mm	隔壁厚 /mm	最大房室高 /mm	初房外径 /mm
2-11	8	0.546	0.378	0.014	0.030	0.074	0.028
2-12	3	0.326	0.284	0.012	0.018	0.060	0.096
2-13	4	0.320	0.312	0.032	0.016	0.056	0.042
2-14	5	0.336	0.278	0.016	0.014	0.044	0.088
2-15	6	0.456	0.256	0.018	0.018	0.052	0.076
2-16	5	0.526	0.300	0.030	0.020	0.122	—
2-17	6	0.476	0.428	0.042	0.026	0.070	—
19-37	4	0.376	0.306	0.040	0.026	0.054	0.078
19-38	5	0.414	0.362	0.030	0.020	0.052	0.110

精细假朗格虫 *Pseudolangella delicata* (Lin, 1984)

（图版 2，图 21；图版 4，图 13）

1984 *Padangia delicata* Lin，林甲兴，117 页，图版 1，图 48。

描述 壳体纵切面呈细长柱状。一个成熟的壳体壳高 0.958mm，壳宽 0.382mm。壳体共有 10 个房室，早期房室高度增长缓慢，晚期房室高度增长较快。后生房室部分覆盖前面的房室。最大房室高 0.120~0.158mm。壳壁钙质，呈白色，厚 0.024~0.032mm。早期的隔壁较平，晚期的隔壁呈尖弧形，隔壁厚 0.028mm。初房球形，外径 0.030~0.066mm。

度量 见表 6.108。

讨论与比较 当前种在壳形上和五峰假朗格虫 *Pseudolangella wufengensis* (Lin, Li and Sun) 相似，但当前种的隔壁侧坡较陡，顶端比较尖，因此可以区分。当前种隔壁的生长方式和伊特鲁利亚虫属 *Ichtyolaria* 较相似，但两者的壳壁组成不同。

产地与层位 西藏阿里地区噶尔县左左乡剖面，下拉组中上部；西藏仲巴县扎布耶二号剖面，下拉组中部。

表 6.108 *Pseudolangella delicata* (Lin) 度量表

图版	房室数	壳高 /mm	壳宽 /mm	壳壁厚 /mm	隔壁厚 /mm	最大房室高 /mm	初房外径 /mm
2-21	10	0.958	0.382	0.024	0.028	0.158	0.030
4-13	5	0.694	0.256	0.032	0.028	0.120	0.066

弱假朗格虫 *Pseudolangella imbecilla* (Lin, Li and Sun, 1990)

（图版 18，图 8；图版 27，图 27，28；图版 32，图 52）

1990 *Langella imbecilla* Lin, Li and Sun，林甲兴等，237 页，图版 30，图 19~21。
2004 *Langella imbecilla*，张祖辉和洪祖寅，75 页，图版 3，图 9~10。
2007 *Pseudolangella imbecilla* (Lin, Li and Sun), Gaillot and Vachard, p. 125, pl. 73, figs. 1, 2.

描述 壳体纵切面呈短粗柱状。壳高 0.400~0.646mm，壳宽 0.222~0.306mm。壳体有房室 5~6 个，房室高度随生长逐渐变高，后生房室较大覆盖前一房室，缝合线不见。最大房室高 0.068~0.106mm。壳壁钙质，呈白色，厚 0.022~0.036mm。隔壁呈弧形，厚 0.018~0.032mm。初房球形，外径 0.054~0.134mm。

度量 见表 6.109。

讨论与比较 当前种和 *Pseudolangella wufengensis* (Lin, Li and Sun) 在壳形上相似，区别在于后者隔壁中部稍平，而当前种的隔壁呈弧形拱起，另外后者壳体稍大，可以把两者分开。

产地与层位 西藏措勤县扎日南木错二号剖面，下拉组中部；西藏申扎县木纠错西北采样点，下拉组；西藏申扎县木纠错西短剖面，下拉组上部。

表 6.109 *Pseudolangella imbecilla* (Lin, Li and Sun) 度量表

图版	房室数	壳高 /mm	壳宽 /mm	壳壁厚 /mm	隔壁厚 /mm	最大房室高 /mm	初房外径 /mm
18-8	3	0.370	0.182	0.016	0.028	0.076	—
27-27	5	0.646	0.302	0.026	0.024	0.090	0.134
27-28	>5	0.528	0.306	0.036	0.032	0.106	—
32-52	6	0.400	0.222	0.022	0.018	0.068	0.054

纯洁假朗格虫 *Pseudolangella costa* (Lin, Li and Sun, 1990)

（图版 32，图 47~51）

1990 *Langella costa* Lin, Li and Sun，林甲兴等，236 页，图版 30，图 14，15。

描述 壳体纵切面呈短粗锥状，壳高 0.264~0.342mm，壳宽 0.138~0.202mm。壳体有房室 5~7 个，房室高度和宽度随壳体生长逐渐增大，后生房室部分覆盖前一房室，缝合线不见。最大房室高 0.040~0.048mm。壳壁钙质，呈白色，钙质层之下有一薄弱的粒度层，壳壁厚 0.018~0.034mm。隔壁呈弧形，厚 0.012~0.034mm。初房球形，外径 0.026~0.068mm。

度量 见表 6.110。

表 6.110 *Pseudolangella costa* (Lin, Li and Sun) 度量表

图版	房室数	壳高 /mm	壳宽 /mm	壳壁厚 /mm	隔壁厚 /mm	最大房室高 /mm	初房外径 /mm
32-47	7	0.264	0.166	0.018	0.012	0.048	0.038
32-48	5	0.302	0.194	0.032	0.034	0.044	0.044
32-49	>3	0.296	0.202	0.034	0.018	0.042	—
32-50	7	0.342	0.152	0.026	0.016	0.048	0.026
32-51	4	0.286	0.138	0.022	0.022	0.040	0.068

讨论与比较　当前标本以较小的个体及壳形和 *Pseudolangella costa* (Lin, Li and Sun) 最为相似，稍许的区别是当前标本的隔壁稍厚。*Pseudolangella inflata* (Lin) 同样是个体较小的种，但与当前种相比，其房室生长较快，壳体呈宽的锥状。

产地与层位　西藏申扎县木纠错西短剖面，下拉组上部。

假朗格虫未定种 1 *Pseudolangella* sp. 1
（图版 2，图 18~20）

描述　壳体纵切面呈宽柱状，壳高 0.648~1.192mm，壳宽 0.294~0.460mm。壳体有 6~7 个房室，房室早期呈新月形，晚期呈柱形。后生房室部分覆盖前一房室，最大房室高 0.066~0.196mm。壳壁钙质，呈白色，厚 0.024~0.038mm。隔壁呈宽弧形，厚 0.024~0.032mm。初房球形，外径 0.058~0.098mm。

度量　见表 6.111。

讨论与比较　当前种的特征是壳体呈宽柱状，壳体较大。它与 *Pseudolangella fragilis* Sellier de Civrieux and Dessauvagie 的壳形很相似，区别在于当前种的房室增长速度很快，壳体高度是后者的 2 倍左右。它与 *Pseudolangella delicata* (Lin) 在壳形和个体大小方面相似，但后者房室与房室之间覆盖很明显，且隔壁的中部拱起，两者较易区分。因当前种没有足够切面良好的标本，故暂不定种。

产地与层位　西藏阿里地区噶尔县左左乡剖面，下拉组中上部。

表 6.111　*Pseudolangella* sp. 1 度量表

图版	房室数	壳高 /mm	壳宽 /mm	壳壁厚 /mm	隔壁厚 /mm	最大房室高 /mm	初房外径 /mm
2-18	>6	1.192	0.454	0.024	0.024	0.196	—
2-19	7	1.074	0.460	0.038	0.032	0.170	0.098
2-20	7	0.648	0.294	0.028	0.024	0.066	0.058

假朗格虫未定种 2 *Pseudolangella* sp. 2
（图版 2，图 22~24）

描述　壳体纵切面呈漏斗状，早期 3~4 个房室宽度较窄，晚期房室增长较快。壳高 0.464~0.474mm，壳宽 0.220~0.256mm。壳体有 8~10 个房室，房室呈柱形。后生房室覆盖前一房室程度不高，后期 2 个房室几乎不覆盖前一房室。最大房室高 0.054~0.078mm。壳壁钙质，呈白色，厚 0.012~0.016mm。隔壁呈宽弧形，中部稍平，厚 0.010~0.020mm。初房球形，外径 0.02mm。

度量　见表 6.112。

表 6.112　*Pseudolangella* sp. 2 度量表

图版	房室数	壳高 /mm	壳宽 /mm	壳壁厚 /mm	隔壁厚 /mm	最大房室高 /mm	初房外径 /mm
2-22	10	0.474	0.220	0.016	0.020	0.054	0.02
2-23	9	0.464	0.244	0.014	0.010	0.078	—
2-24	>8	0.464	0.256	0.012	0.016	0.058	—

讨论与比较 当前种的特征是壳体早期房室较窄，晚期房室很宽，这个特征在 *Pseudolangella* 中很特殊，没有与之相似的种，但当前种的标本很少，暂不定种。

产地与层位 西藏阿里地区噶尔县左左乡剖面，下拉组中上部。

假朗格虫未定种 3 *Pseudolangella* sp. 3

（图版 3，图 15~17）

描述 壳体纵切面呈长柱状，壳高 0.710~0.944mm，壳宽 0.250~0.326mm。壳体有 7~8 个房室，房室呈柱形。后生房室轻微覆盖前一房室。最大房室高 0.092~0.118mm。壳壁钙质纤维状，底层似有一粒状层，厚 0.028~0.030mm。隔壁呈宽弧形，中部较平，厚 0.014~0.028mm。初房球形，外径 0.064~0.098mm。

度量 见表 6.113。

讨论与比较 当前种在壳形上与阿坎撒假朗格虫 *Pseudolangella acantha* (Lange) 较相似，但后者壳体很大，房室较高，因此两者是不同的种。它与 *Pseudolangella imbecilla* (Lin, Li and Sun) 的壳形很相似，区别在于当前种的隔壁较厚，房室相对较小。因未有足够多的切面，暂不定种。

产地与层位 西藏仲巴县扎布耶二号剖面，下拉组中部。

表 6.113 *Pseudolangella* sp. 3 度量表

图版	房室数	壳高 /mm	壳宽 /mm	壳壁厚 /mm	隔壁厚 /mm	最大房室高 /mm	初房外径 /mm
3-15	7	0.710	0.326	0.028	0.024	0.104	0.098
3-16	8	0.722	0.250	0.030	0.014	0.092	0.064
3-17	>7	0.944	0.316	0.030	0.028	0.118	—

假朗格虫未定种 4 *Pseudolangella* sp. 4

（图版 4，图 6）

描述 壳体纵切面呈细锥状，壳高 0.372mm，最大宽度 0.166mm。壳体有 7 个房室，房室呈新月形。后生房室轻微覆盖前一房室。最大房室高 0.052mm。壳壁钙质纤维状，底层似有一粒状层，不甚清楚，厚 0.008mm。隔壁呈宽弧形，中部较平，厚 0.012mm。初房未见。

讨论与比较 当前种在壳形上和波状假朗格虫 *Pseudolangella acus* Pronina 较相似，区别在于后者远大于当前种，且后者壳体的后期扩张特别快，而当前种房室生长较均匀。当前种与 *Pseudolangella costa* (Lin, Li and Sun) 非常相似，区别在于后者的隔壁稍平，且壳体相对稍短，房室排列较紧。

产地与层位 西藏仲巴县扎布耶二号剖面，下拉组中部。

假橡果虫属 *Pseudoglandulina* Cushman, 1929

模式种 毛虫状鹦鹉螺 *Nautilus comatus* Batsch, 1791。

属征 壳近椭圆形至近纺锤形，单列式，后生房室部分叠覆于先生房室，终室迅速增大。壳壁薄，一般由透明放射状外层及暗色细粒状内层组成，有时为内、外暗色细粒层夹透明层，或仅由细粒层组成。末端口孔放射状，常见突出壳面的加厚区。

长假橡果虫相似种 *Pseudoglandulina* cf. *longa* Miklukho-Maklay, 1954
（图版 10，图 42）

1954 *Pseudoglandulina longa* Miklukho-Maklay, p. 40, pl. IV, fig. 7.
1990 *Pseudoglandulina longa*，林甲兴等，229 页，图版 28，图 27。
2001b *Pseudoglandulina longa*，张祖辉和洪祖寅，342 页，图版 II，图 13，14。
2002a *Pseudoglandulina longa*，王克良，156 页，图版 5，图 7。
2002b *Pseudoglandulina* aff. *longa*，王克良，114 页，图版 I，图 4。
2008 *Pseudoglandulina* cf. *longa*, Filimonova, pl. I, fig. 16.

描述　仅有一个标本，壳体纵切面呈长椭球形。壳高 1.06mm，壳宽 0.474mm。壳体多于 4 个房室，下部房室呈新月形，中部房室呈半球状，最上部房室呈柱状。后生房室强烈覆盖前一房室，但最后的一个房室仅部分覆盖。随着壳体生长，房室高度增高较快，最大房室高 0.318mm。壳壁钙质纤维状，厚 0.044mm。隔壁呈弧形，厚 0.04mm。初房未见。

讨论与比较　当前种在壳形和个体大小方面与 *Pseudoglandulina longa* Miklukho-Maklay 最为相似，尤其是最后一个房室半覆盖在前一房室之上，但当前种最后一个房室很高，稍有不同。

产地与层位　西藏仲巴县扎布耶六号剖面，下拉组中部。

假橡果虫未定种 *Pseudoglandulina* sp.
（图版 10，图 41）

描述　仅有一个标本，壳体纵切面呈椭球形。壳高 0.464mm，壳宽 0.276mm。壳体有 7 个房室，房室新月形。后生房室强烈覆盖前一房室，缝合线不可见。随壳体生长，房室高度依次增高，最大房室高 0.108mm。壳壁钙质层状，厚 0.03mm。隔壁呈弧形，中部拱起，厚 0.022mm。初房球形，外径 0.03mm。

讨论与比较　当前种的特征是壳体呈椭球形，后生房室强烈覆盖之前的房室。它和锥形假橡果虫 *Pseudoglandulina conica* Miklukho-Maklay 十分相似，但当前种壳体相对较窄，并且最后一个房室很高，与后者明显不同。因当前只有一个标本，暂且不定种。

产地与层位　西藏仲巴县扎布耶六号剖面，下拉组中部。

盖尼茨虫科 Geinitzinidae Bozorgnia, 1973

盖尼茨虫属 *Geinitzina* Spandel, 1901

模式种　后石炭盖尼茨虫 *Geinitzina postcarbonica* Spandel, 1901。

属征　壳长，扁平，单列式。壳口中部常具纵沟。房室低而宽，弧形，略微膨胀。壳壁钙质，两层，微粒状内层及放射纤维状外层。口孔圆形至卵圆形，位于末端。

巨盖尼茨虫 *Geinitzina gigantea* Miklukho-Maklay, 1954

（图版 3，图 4~12；图版 10，图 8，9，21）

1954 *Geinitzina gigantea* Miklukho-Maklay, p. 29, pl. III, fig. 1.

1960 *Geinitzina gigantea*, Loriga, p. 61, pl. 5, fig. 4.

1984 *Geinitzina gigantea*，夏国英和张志存，15 页，图版 1，图 28。

1990 *Geinitzina gigantea*，林甲兴等，233 页，图版 29，图 25。

2001 *Geinitzina gigantea*, Pronina-Nestell and Nestell, pl. 2, fig. 20.

　　描述　壳体在纵切面上呈楔形或宽的三角形，由 8~10 个逐渐增大的房室组成。房室宽而低，后生房室部分覆盖前面的房室。壳高 0.522~0.968mm，壳宽 0.328~0.650mm，最大房室高 0.034~0.130mm。壳壁由纤维状透明外层和极薄的暗色内层组成，厚 0.016~0.060mm。隔壁中部下凹明显。初房近球形，外径 0.046~0.130mm。

　　度量　见表 6.114。

　　讨论与比较　当前标本在较多且较宽的房室、较大的个体方面和 *Geinitzina gigantea* Miklukho-Maklay 最相似，它和 *Geinitzina postcarbonica* Spandel 的区别在于当前种隔壁中部强烈下凹，且壳体相对较宽。

　　产地与层位　西藏仲巴县扎布耶一号剖面，下拉组中部；西藏扎布耶六号剖面，下拉组中部。

表 6.114　*Geinitzina gigantea* Miklukho-Maklay 度量表

图版	房室数	壳高 /mm	壳宽 /mm	壳壁厚 /mm	隔壁厚 /mm	最大房室高 /mm	初房外径 /mm
3-4	>8	0.522	0.398	0.022	0.022	0.068	—
3-5	8	0.526	0.354	0.020	0.016	0.034	0.106
3-6	7	0.416	0.214	0.026	0.020	0.042	—
3-7	>5	0.608	0.580	0.018	0.036	0.116	—
3-8	>10	0.876	0.650	0.034	0.034	0.130	—
3-9	>5	0.472	0.470	0.030	0.020	0.076	—
3-10	>4	0.294	0.240	0.026	0.014	0.042	—
3-11	9	0.718	0.328	0.026	0.020	0.060	0.078
3-12	8	0.526	0.452	0.016	0.020	0.058	0.046
10-8	>8	0.968	0.570	0.060	0.054	0.088	0.072
10-9	9	0.882	0.552	0.020	0.024	0.112	—
10-21	4	0.556	0.514	0.026	0.024	0.108	0.130

后石炭盖尼茨虫 *Geinitzina postcarbonica* Spandel, 1901

（图版 4，图 9~11；图版 20，图 4~6；图版 30，图 33）

1901 *Geinitzina postcarbonica* Spandel, p. 189, figs. 8a~8d.

1925 *Geinitzina postcarbonica*, Lange, p. 226, pl. 1, fig. 18.

1960 *Geinitzina postcarbonica*, Loriga, p. 64, pl. 5, fig. 5.

1964 *Geinitzina postcarbonica*, Miklukho-Maklay, p. 12, pl. II, figs. 8~12.

1965 *Geinitzina postcarbonica*, Sellier de Civrieux and Dessauvagie, p. 34, pl. 1, figs. 1~13, 16, 17, 20~25, 27~30；pl. 2, figs. 1~4, 7~10；pl. 3, figs. 1~4；pl. 8, fig. 2.

1973 *Geinitzina postcarbonica*, Bozorgnia, p. 158, pl. 34, fig. 9.

1978 *Geinitzina* cf. *postcarbonica*，林甲兴等，13 页，图版 1，图 19。

1982 *Geinitzina postcarbonica*，王克良，22 页，图版 IV，图 10。

1984 *Geinitzina postcarbonica*，夏国英和张志存，15 页，图版 1，图 31。

1989 *Lunucammina postcarbonica* (Spandel) Köylüoglu and Altiner, pl. 8, figs. 17, 18~22.

1990 *Geinitzina postcarbonica*，林甲兴，233 页，图版 29，图 27~28。

1996 *Geinitzina postcarbonica*, Leven and Okay, pl. 8, fig. 21.

1997 *Geinitzina postcarbonica*, Groves and Wahlman, p. 776, figs. 9.14~9.17, 9.21~9.23.

1998 *Geinitzina postcarbonica*, Pinard and Mamet, p. 24, pl. 7, figs. 1, 3~7, 9, 11.

1999 *Geinitzina postcarbonica*, Groves and Boardman, p. 257, pl. 4, figs. 10, 11, 15, 16, 18~23.

2000 *Geinitzina postcarbonica*, Groves, p. 300, pl. 5, figs. 7~9.

2000 *Geinitzina postcarbonica*，张祖辉和洪祖寅，50 页，图版 III，图 7~9。

2001b *Geinitzina postcarbonica*，张祖辉和洪祖寅，342 页，图版 II，图 19~20。

2002 *Geinitzina postcarbonica*, Groves, pl. 1, figs. 18, 20~28.

2006d *Geinitzina postcarbonica*, Kobayashi, fig. 9.19.

2006c *Geinitzina postcarbonica*, Kobayashi, fig. 2.34.

2006e *Geinitzina postcarbonica*, Kobayashi, figs. 3.39~3.41.

2007 *Geinitzina postcarbonica*, Gaillot and Vachard, p. 126, pl. 63, fig. 20；pl. 72, fig. 28；pl. 78, figs. 8, 10；pl. 81, fig. 28；pl. 83, fig. 29；pl. 84, fig. 25；pl. 86, fig. 6；pl. 87, figs. 10, 18；pl. 89, fig. 9；pl. 91, fig. 14.

2013 *Geinitzina postcarbonica*, Filimonova, pl. 1, fig. 20.

　　描述　　壳体在纵切面上呈柱状，早期 2~3 个房室宽度逐渐变大，其后的房室宽度几乎不变。成熟壳体的房室有 8~9 个。房室宽且低，后生房室几乎不覆盖前一个房室。壳高 0.784~0.998mm，壳宽 0.396~0.420mm，最大房室高 0.100~0.104mm。壳壁由纤维状透明外层和极薄的暗色内层组成，厚 0.028~0.038mm。隔壁较平，中部略下凹。初房近球形，外径 0.048~0.108mm。

　　度量　　见表 6.115。

表 6.115　*Geinitzina postcarbonica* Spandel 度量表

图版	房室数	壳高 /mm	壳宽 /mm	壳壁厚 /mm	隔壁厚 /mm	最大房室高 /mm	初房外径 /mm
4-9	>5	0.302	0.172	0.018	0.014	0.050	—
4-10	4	0.216	0.196	0.020	0.014	0.060	0.048
4-11	5	0.492	0.282	0.026	0.022	0.060	0.052
20-4	5	0.612	0.404	0.046	0.026	0.094	0.102
20-5	9	0.998	0.420	0.034	0.038	0.104	0.108
20-6	8	0.784	0.396	0.036	0.028	0.100	—
30-33	>5	0.730	0.268	0.034	0.030	0.122	—

讨论与比较　当前标本的特征是后期的壳体呈柱状，在壳体大小和房室不超覆方面可归于 *Geinitzina postcarbonica* Spandel。当前种与欠凹盖尼茨虫 *Geinitzina indepressa* Cherdyntsev 在壳形方面相似，区别在于当前种房室较多，壳体较大。

产地与层位　西藏扎布耶二号剖面，下拉组中部；西藏申扎县木纠错剖面，下拉组中部和上部。

锐盖尼茨虫相似种 *Geinitzina* cf. *acuta* Spandel, 1898
(图版 4，图 12；图版 10，图 1~6)

1960 *Geinitzina* cf. *acuta* Spandel, Loriga, p. 64, pl. 5, fig. 5.

描述　壳体在纵切面上呈长柱状，早期 4~5 个房室呈锥状，后期房室呈柱状。成熟壳体的房室有 12~15 个。隔壁排列密集，房室较低矮。后生房室部分覆盖前一个房室。壳高 0.458~0.654mm，壳宽 0.162~0.304mm，最大房室高 0.034~0.056mm。壳壁由纤维状透明外层和极薄的暗色内层组成，厚 0.018~0.026mm。隔壁较平，中部略下凹，厚 0.010~0.020mm。初房球形，外径 0.030~0.050mm。

度量　见表 6.116。

讨论与比较　当前种以较多的房室，长柱形的壳体以及相近的壳体大小方面与 *Geinitzina acuta* Spandel 最相似，稍有的区别是当前种的壳宽稍大。它与 *Geinitzina postcarbonica* Spandel 在壳形方面相似，但当前种的隔壁排列特别紧密，房室相对很低矮，容易区分。

产地与层位　西藏扎布耶二号剖面，下拉组中部；西藏扎布耶六号剖面，下拉组中部。

表 6.116　*Geinitzina* cf. *acuta* Spandel 度量表

图版	房室数	壳高 /mm	壳宽 /mm	壳壁厚 /mm	隔壁厚 /mm	最大房室高 /mm	初房外径 /mm
4-12	13	0.540	0.162	0.018	0.016	0.044	0.030
10-1	15	0.654	0.222	0.018	0.010	0.056	0.030
10-2	15	0.526	0.266	0.022	0.012	0.034	0.036
10-3	6	0.254	0.142	0.016	0.014	0.038	0.050
10-4	>12	0.458	0.178	0.022	0.018	0.034	—
10-5	10	0.446	0.316	0.016	0.014	0.056	—
10-6	12	0.476	0.304	0.026	0.020	0.048	—

斯潘德尔盖尼茨虫 *Geinitzina spandeli* Cherdyntsev, 1914
(图版 20，图 10，11)

1914 *Geinitzina spandeli* Cherdyntsev, p. 27, pl. 1, fig. 10a, 10b.

1964 *Geinitzina spandeli*, Miklukho-Maklay, p. 13, pl. II, figs. 13, 14.

1981 *Geinitzina spandeli*，赵金科等，图版 II，图 31~33。

1985 *Geinitzina spandeli*，林甲兴，图 3~4。

1990 *Geinitzina spandeli*，林甲兴等，234 页，图 29，图 31~35。

1998 *Geinitzina* sp. aff. *Geinitzina spandeli*, Pinard and Mamet, p. 25, figs. 2, 8, 10.

2002b *Geinitzina spandeli*，王克良，116 页，图版 I，图 19。

2004 *Geinitzina spandeli*，张祖辉和洪祖寅，74 页，图版 III，图 1。

2006 *Geinitzina spandeli*，宋海军等，91 页，图版 III，图 14，15。

2007 *Geinitzina spandeli*, Gaillot and Vachard, p. 126, pl. 81, fig. 4；pl. 82, figs. 2, 7；pl. 83, figs. 27, 28.

2007 *Geinitzina* cf. *Geinitzina spandeli*, Groves et al., figs. 8.10, 8.15~8.17.

描述　壳体在纵切面上呈三角形，房室从早期到晚期逐渐增长，且房室宽度增长均匀使壳体呈三角形。成熟壳体的房室有 6~7 个。房室较高。后生房室部分覆盖前一个房室。一个较大的壳体壳高 0.412mm，壳宽 0.292mm，最大的房室高 0.082mm。壳壁由纤维状透明外层和极薄的暗色内层组成，厚 0.01~0.02mm。隔壁较平，中部略下凹，厚 0.008~0.018mm。初房球形，外径 0.034~0.058mm。

度量　见表 6.117。

讨论与比较　当前标本在壳形、大小、房室数以及隔壁形态方面与 *Geinitzina spandeli* Cherdyntsev 最相似，因此归入该种。它与三角形盖尼茨虫 *Geinitzina triangularis* Chapman and Howchin 在壳形方面相似，区别在于当前种的隔壁中部下凹明显。

产地与层位　西藏申扎县木纠错剖面，下拉组中部。

表 6.117　***Geinitzina spandeli*** **Cherdyntsev 度量表**

图版	房室数	壳高 /mm	壳宽 /mm	壳壁厚 /mm	隔壁厚 /mm	最大房室高 /mm	初房外径 /mm
20-10	6	0.412	0.292	0.02	0.018	0.082	0.058
20-11	7	0.282	0.194	0.01	0.008	0.040	0.034

斯潘德尔盖尼茨虫平亚种 *Geinitzina spandeli plana* Lipina, 1949

（图版 1，图 92~96；图版 10，图 10~20）

1949 *Geinitzina spandeli* var. *plana* Lipina, p. 224, pl. V, figs. 2, 3.

1960 *Geinitzina spandeli plana*, Loriga, p. 65, pl. 5, fig. 6.

1981 *Geinitzina spandeli plana*，赵金科等，图版 II，图 34，35。

1982 *Geinitzina spandeli* var. *plana*，王克良，23 页，图版 IV，图 17。

1984 *Geinitzina spandeli* var. *plana*，夏国英和张志存，16 页，图版 2，图 3。

1985 *Geinitzina spandeli plana*, Pasini, pl. 61, fig. 14.

1985 *Geinitzina spandeli plana*，聂泽同和宋志敏，图版 IV，图 38。

1986 *Geinitzina spandeli plana*，王克良，图版 II，图 10。

1988a *Geinitzina spandeli plana*, Pronina, pl. II, figs. 42, 43.

1990 *Geinitzina spandeli plana*，林甲兴等，234 页，图版 29，图 36~38。

2006 *Geinitzina spandeli plana*，宋海军等，91 页，图版 III，图 16，17。

描述　壳体在纵切面上呈高的三角形，房室从早期到晚期逐渐增长，且房室宽度增长均匀使壳体呈三角形。成熟壳体的房室有 7~8 个。房室较高。后生房室部分覆盖前一个房室。壳高 0.214~0.520mm，壳宽 0.148~0.314mm，最大房室高 0.024~0.066mm。壳壁由纤维状透明外层和极薄的暗色内层组成，厚 0.010~0.034mm。隔壁较平，中部略显下凹，不明显，厚 0.006~0.024mm。初房球形，外径 0.022~0.072mm。

度量 见表 6.118。

讨论与比较 当前亚种与 *Geinitzina spandeli* Cherdyntsev 最相似，区别在于当前亚种宽度方面略窄，且隔壁较平，中部下凹不明显。

产地与层位 西藏阿里地区噶尔县左左乡剖面，下拉组中上部；西藏扎布耶六号剖面，下拉组中部。

表 6.118 *Geinitzina spandeli plana* Lipina 度量表

图版	房室数	壳高 /mm	壳宽 /mm	壳壁厚 /mm	隔壁厚 /mm	最大房室高 /mm	初房外径 /mm
1-92	7	0.268	0.156	0.018	0.006	0.030	0.022
1-93	5	0.152	0.096	0.010	0.008	0.026	0.022
1-94	>8	0.254	0.152	0.012	0.008	0.034	—
1-95	>8	0.360	0.236	0.016	0.010	0.054	—
1-96	8	0.308	0.148	0.014	0.008	0.040	0.030
10-10	5	0.238	0.176	0.016	0.014	0.024	0.038
10-11	6	0.350	0.286	0.022	0.020	0.032	0.072
10-12	6	0.450	0.360	0.016	0.016	0.074	—
10-13	8	0.280	0.232	0.010	0.012	0.024	0.026
10-14	7	0.214	0.178	0.012	0.010	0.030	0.034
10-15	6	0.218	0.158	0.020	0.014	0.032	0.032
10-16	4	0.168	0.176	0.012	0.014	0.024	0.028
10-17	7	0.306	0.220	0.012	0.012	0.032	0.052
10-18	6	0.396	0.264	0.018	0.018	0.060	0.040
10-19	6	0.390	0.224	0.028	0.018	0.064	0.050
10-20	7	0.520	0.314	0.034	0.024	0.066	0.042

查普曼盖尼茨虫长亚种相似种 *Geinitzina* cf. *chapmani longa* Suleimanov, 1949

（图版 32，图 41）

1949 *Geinitzina chapmani longa*, Suleimanov, p. 240, pl. I, fig. 8.

1973 *Geinitzina chapmani* var. *longa* Suleimanov, Bozorgnia, p. 160, pl. XXXV, fig. 11.

1978 *Geinitzina chapmani longa*，林甲兴，13 页，图版 1，图 20。

描述 仅有一个标本，壳体在纵切面上呈高的柱状，早期房室的宽度依次增长，中后期房室的宽度基本不变使壳体呈柱状。成熟壳体的房室多于 10 个。房室呈宽弧形。后生房室部分覆盖前一个房室。可见壳高 0.802mm，壳宽 0.274mm，最大房室高 0.064mm。壳壁由纤维状透明外层和极薄的暗色内层组成，厚 0.03mm。隔壁较平，厚 0.03mm。初房未切到。

讨论与比较 当前种在壳体大小和壳形方面与 *Geinitzina chapmani longa* Suleimanov 最为相似，但遗憾的是仅有一个斜切面，初期房室不清楚。它与 *Geinitzina postcarbonica* Spandel 在壳形方面相似，但当前种壳壁和隔壁都较厚，隔壁较平，容易区分。

产地与层位　西藏申扎县木纠错西短剖面，下拉组上部。

遗迹状盖尼茨虫 *Geinitzina ichnousa* Sellier de Civrieux and Dessauvagie, 1965
（图版 32，图 42~44）

1965 *Geinitzina ichnousa* Sellier de Civrieux and Dessauvagie, p. 35, pl. II, figs. 5, 6；pl. III, fig. 5.

1986 *Geinitzina ichnousa*, Fontaine, pl. 2, figs. 2~3.

1988a *Geinitzina ichnousa*, Pronina, pl. II, figs. 32~34.

2007 *Geinitzina ichnousa*, Gaillot and Vachard, p. 127, pl. 81, fig. 29；pl. 84, fig. 22；pl. 86, fig. 19；pl. 89, figs. 3, 14, 19；pl. 95, fig. 1.

2007 *Geinitzina ichnousa*, Gu et al., pl. 4, figs. 9, 10.

2011 *Geinitzina ichnousa*, Nestell et al., pl. 2, fig. 22.

　　描述　壳体呈粗短的卵形，房室的宽度依次增长，中后期房室越来越高，最后一个房室高度最大。成熟壳体的房室有 6~7 个。房室呈宽弧形。后生房室较大地覆盖前一个房室。可见壳高 0.358~0.478mm，壳宽 0.214~0.314mm，最大房室高 0.044~0.082mm。壳壁由纤维状透明外层和极薄的暗色内层组成，厚 0.014~0.022mm。隔壁中部较平，两侧呈弧形，厚 0.012~0.018mm。初房未切到。

　　度量　见表 6.119。

　　讨论与比较　当前标本的特征是房室比较少，房室较宽并且相对较高，因此可归入 *Geinitzina ichnousa* Sellier de Civrieux and Dessauvagie。它与乌拉尔盖尼茨虫 *Geinitzina uralica* Suleimanov 在壳形方面相似，但后者房室之间基本不覆盖，较易区别。它与 *Geinitzina spandeli plana* Lipina 的区别在于当前种房室较高，房室宽度较大。

　　产地与层位　西藏申扎县木纠错西短剖面，下拉组上部。

表 6.119　*Geinitzina ichnousa* Sellier de Civrieux and Dessauvagie 度量表

图版	房室数	壳高 /mm	壳宽 /mm	壳壁厚 /mm	隔壁厚 /mm	最大房室高 /mm	初房外径 /mm
32-42	6	0.478	0.312	0.022	0.018	0.082	—
32-43	7	0.358	0.214	0.014	0.012	0.044	—
32-44	>4	0.342	0.314	0.020	0.016	0.066	—

盖尼茨虫未定种 1 *Geinitzina* sp. 1
（图版 1，图 89~91）

　　描述　壳体切面呈长柱状，早期 2~3 个房室呈锥状，后期房室接近柱状。成熟壳体的房室多于 11 个。房室呈宽弧形至柱形。后生房室部分覆盖前一个房室。最大壳高 0.634mm，最大壳宽 0.200mm，最大房室高 0.078mm。壳壁由纤维状透明外层和极薄的暗色内层组成，厚 0.020mm。隔壁中部较平，两侧呈弧形，隔壁薄，厚 0.008mm。初房未切到。

　　度量　见表 6.120。

　　讨论与比较　当前种在壳形上和长盖尼茨虫 *Geinitzina longa* Suleimanov 较相似，

但当前种的壳体相比之下要小得多，而且隔壁两端近弯曲可以与后者区别。它与多房室盖尼茨虫 *Geinitzina multicamerata* Lipina 在壳形和个体大小方面相似，但当前种的壳壁和隔壁都很薄，两者可以区别。因当前种未切到初房，早期房室发育情况不清楚，故不定种名。

产地与层位　西藏阿里地区噶尔县左左乡剖面，下拉组中上部。

表 6.120　*Geinitzina* sp. 1 度量表

图版	房室数	壳高 /mm	壳宽 /mm	壳壁厚 /mm	隔壁厚 /mm	最大房室高 /mm	初房外径 /mm
1-89	>11	0.634	0.200	0.020	0.008	0.078	—
1-90	>7	0.484	0.190	0.016	0.008	0.078	—
1-91	>8	0.366	0.174	0.012	0.008	0.038	—

盖尼茨虫未定种 2 *Geinitzina* sp. 2
（图版 4，图 8）

描述　仅有一个斜切面，呈锥状，房室随生长逐渐变大。可见房室大于 8 个。房室呈宽弧形。后生房室部分覆盖前一个房室。可见壳高 0.72mm，壳宽 0.312mm，最大房室高 0.1mm。壳壁由纤维状透明外层和极薄的暗色内层组成，厚 0.02mm。隔壁呈弧形，厚 0.02mm。初房未切到。

讨论与比较　当前种在壳形上和 *Geinitzina chapmani longa* Suleimanov 相似，区别在于当前种的房室很高。它与精致盖尼茨虫 *Geinitzina lepida* Lin 在壳形上相似，但当前种仅有一个斜切面，无法判断它们是否属于同一种，因此暂且不定种。

产地与层位　西藏扎布耶二号剖面，下拉组中部。

盖尼茨虫未定种 3 *Geinitzina* sp. 3
（图版 10，图 7）

描述　壳体切面呈楔状。可见 4 个房室，房室呈低矮的弧形。后生房室部分覆盖前一个房室。壳高 0.458mm，壳宽 0.28mm，最大房室高 0.076mm。壳壁由纤维状透明外层和极薄的暗色内层组成。壳壁厚 0.024mm。隔壁呈弧形，厚 0.016mm。初房较大，外径 0.15mm。

讨论与比较　当前种以较大的初房为特征，与小盖尼茨虫 *Geinitzina pusilla* Miklukho-Maklay 较相似，但后者壳体较宽，与当前种区别明显。因当前切面只有一个，故不定种。

产地与层位　西藏扎布耶六号剖面，下拉组中部。

盖尼茨虫未定种 4 *Geinitzina* sp. 4
（图版 11，图 46）

描述　壳体切面呈楔状。可见 5 个房室，房室呈较高的新月形。壳高 0.324mm，壳宽 0.156mm，最大房室高 0.032mm。壳壁由纤维状透明外层和极薄的暗色内层组成，厚 0.012mm。隔壁中部平，侧边急速下降，厚 0.026mm。初房未见。

讨论与比较　当前种的特点是隔壁中部较平，侧边下降很快，这个特征和 *Colaniella* 较相似，但在壳体切面中未见撑壁，故排除了 *Colaniella* 的可能。当前种在壳体大小和壳形上和 *Geinitzina ichnousa* Sellier de Civrieux and Dessauvagie 较为相似，但后者隔壁总体较平，没有急速下降的部分，因此它们是不同的种。因只有一个标本，故不定种。

产地与层位　西藏扎布耶六号剖面，下拉组中部。

盖尼茨虫未定种 5 *Geinitzina* sp. 5
（图版 34，图 6）

描述　壳体为一斜切面，切面呈长锥状。标本多于 7 个房室，壳高 0.396mm，壳宽 0.13mm，最大房室高 0.062mm。壳壁由纤维状透明外层和极薄的暗色内层组成。壳壁厚 0.008mm。隔壁较平，中部有轻微内凹，厚 0.01mm。初房未见。

讨论与比较　当前种与 *Geinitzina acuta* Spandel 在壳形上相似，但当前种的隔壁较少，房室较高。它与 *Geinitzina spandeli plana* Lipina 在壳形上相似，但后者壳体较宽，可以区分。由于当前种是一个斜切面且只有一个标本，故不定种。

产地与层位　西藏申扎县木纠错西木纠错组二号短剖面，下拉组上部。

假三刺孔虫属 *Pseudotristix* Miklukho-Maklay, 1960

模式种　切尔丁彻夫假三刺孔虫 *Tristix* (*Pseudotristix*) *tcherdynzevi* Miklukho-Maklay, 1960。

属征　与 *Geinitzina* 相似，但具有由单列房室发展形成的 3 个分散的房室。

结实假三刺孔虫相似种 *Pseudotristix* cf. *solida* Reitlinger, 1965
（图版 3，图 19~22）

1965 *Pseudotristix solida* Reitlinger, p. 66, pl. 2, figs. 1~5.
1978 *Pseudotristix solida*, Lys et al., pl. 8, fig. 14.
1984 *Pseudotristix solida*, Altiner, pl. 2, fig. 15.
1985 *Pseudotristix* sp. cf. *P. solida*, Okimura et al., pl. 1, fig. 14.
2007 *Pseudotristix solida*, Gaillot and Vachard, p. 128, pl. 10, fig. 10；pl. 30, fig. 3；pl. 88, fig. 17.

描述　4 个标本均为纵切面，从有 3 个标本上可以看到纵切面切到了另外一边的房室，因此可以判定当前种是三列式房室。切面上可见房室最多可达 13 个，早期房室排列较密，晚期较疏松，最大房室高 0.074~0.124mm。壳高 0.802~0.986mm，壳宽 0.374~0.504mm。壳壁由极薄的暗色内层和纤维状透明外层组成，厚 0.022~0.024mm。隔壁呈弯弧状，厚 0.022mm 左右。初房球形，外径 0.026mm。

度量　见表 6.121。

讨论与比较　当前种的特征是房室较多，壳体较宽且个体较大，因此归入 *Pseudotristix solida* Reitlinger 中，与该种的模式标本相比，当前种个体稍大。当前种与切尔丁泽维假三叶虫 *Pseudotristix tcherdynzevi* (Miklukho-Maklay) 的区别是当前种壳体较宽，而后者壳体较窄，且当前种壳壁和隔壁相对较厚，两者可以区分。

产地与层位 西藏扎布耶一号剖面，下拉组中部。

表 6.121 *Pseudotristix* cf. *solida* Reitlinger 度量表

图版	房室数	壳高 /mm	壳宽 /mm	最大房室高 /mm	初房外径 /mm
3-19	12	0.802	0.374	0.096	—
3-20	>6	—	—	0.074	
3-21	13	0.986	0.504	0.114	0.026
3-22	>7	0.848	0.406	0.124	—

切尔丁彻夫假三刺孔虫相似种 *Pseudotristix* cf. *tcherdynzevi* (Miklukho-Maklay, 1960)
（图版 10，图 34~40）

1960 *Tristix* (*Pseudotristix*) *tcherdynzevi* Miklukho-Maklay, p. 157, pl. 27, figs. 5, 6a, 6b；pl. 28, fig. 5.
1965 *Tristix tcherdynzevi*? Miklukho-Maklay, Sellier de Civrieux and Dessauvagie, p. 42, pl. 23, fig. 2.
1975 *Pseudotristix tcherdynzevi* (Miklukho-Maklay), Suveizdis, p. 74, pl. X, fig. 13；pl. XIV, fig. 4.
1987 *Pseudotristix tcherdynzevi*, Woszczynska, 183 页，图版 3，图 18。
2005 *Pseudotristix tcherdynzevi*, Groves, p. 29, figs. 23.19~23.22.

描述 纵切面呈锥状，在个别标本上靠近两边可见到棱状突起，切面上可见房室最多可达 14 个，早期房室排列较密，晚期较疏松，最大房室高 0.044~0.074mm。壳高 0.580~0.828mm，壳宽 0.228~0.426mm。壳壁由极薄的暗色内层和纤维状透明外层组成，厚 0.020~0.036mm。隔壁呈弯弧状，弯曲程度较弱，中部稍平，厚 0.020~0.028mm。初房球形，外径 0.04~0.054mm。

度量 见表 6.122。

讨论与比较 个别标本靠近两边可见到棱状突起，可以判定它属于 *Pseudotristix* 一属。它以窄的锥形可归入 *Pseudotristix tcherdynzevi* (Miklukho-Maklay) 一种，但与该种的模式标本相比，当前标本房室稍多，个体稍大。它与 *Pseudotristix solida* Reitlinger 的区别在于当前种壳体宽度较窄。

产地与层位 西藏扎布耶六号剖面，下拉组中部。

表 6.122 *Pseudotristix* cf. *tcherdynzevi* (Miklukho-Maklay) 度量表

图版	房室数	壳高 /mm	壳宽 /mm	壳壁厚 /mm	隔壁厚 /mm	最大房室高 /mm	初房外径 /mm
10-34	10	0.580	0.284	0.020	0.026	0.068	—
10-35	7	0.536	0.029	0.022	0.026	0.064	0.054
10-36	10	0.592	0.228	0.034	0.028	0.066	—
10-37	12	0.686	0.298	0.032	0.024	0.064	—
10-38	13	0.710	0.350	0.036	0.022	0.044	0.040
10-39	11	0.828	0.426	0.028	0.020	0.074	—
10-40	>14	0.778	0.280	0.032	0.024	0.060	—

叶状虫科 Frondinidae Gaillot and Vachard, 2007

叶状虫属

Frondina de Civrieux and Dessauvagie, 1965 emend. Gaillot and Vachard, 2007

模式种 二叠叶状虫 *Frondina permica* Sellier de Civrieux and Dessauvagie, 1965。

属征 壳体单列，呈直线式排列。房室马蹄形至半椭圆形，轻微外卷至外卷。壳壁玻璃质。壳口简单，位于末端中部。

二叠叶状虫 *Frondina permica* Sellier de Civrieux and Dessauvagie, 1965

（图版 3，图 14；图版 4，图 5；图版 11，图 45；图版 20，图 16~18）

1965 *Frondina permica* Sellier de Civrieux and Dessauvagie, p. 59, pl. V, figs. 17, 18, 21~23, 26, 28, 32, 33；pl. XIV, figs. 5, 8, 12；pl. XVII, figs. 1, 3, 5, 6.

1973 *Frondina permica*, Bozorgnia, p. 165, pl. XL, figs. 2, 4.

1976 *Frondina permica*, Montenat et al., pl. XVIII, fig. 2.

1978 *Frondina permica*, Lys and Marcoux., fig. 1.18.

1978 *Frondina permica*, Lys et al., pl. 7, fig. 16.

1989 *Frondina permica*, Köylüoglu and Altiner, pl. IX, figs. 4~8.

1996 *Frondina* cf. *permica*, Leven and Okay, pl. 8, fig. 27.

2005 *Frondina permica*, Groves, p. 27, figs. 21.12~21.20, 22.6~22.14.

描述 壳体纵切面呈手掌状，下窄上宽。壳体最大宽度处位于中部。后期房室包裹前期生长的房室。纵切面最多可见 6 个房室，房室生长过程中高度逐渐增高，壳高 0.434~0.468mm，壳宽 0.210~0.256mm。壳壁由暗色粒状层和外层透明钙质层组成，内层薄，外层较厚，可达 0.012~0.018mm。隔壁呈弯弧状，厚 0.010~0.022mm。初房球形，外径 0.032~0.060mm。

度量 见表 6.123。

讨论与比较 当前标本在壳形上和个体大小上和 *Frondina permica* Sellier de Civrieux and Dessauvagie 极为相似，故归入该种。它与华美叶状虫 *Frondina lauta* (Lin, Li and Sun) 在个体大小方面相似，但后者的壳体较宽，呈低矮状，可以区分。

产地与层位 西藏申扎县木纠错剖面，下拉组中部；西藏扎布耶二号剖面，下拉组中部。西藏扎布耶六号剖面，下拉组中部。

表 6.123 *Frondina permica* Sellier de Civrieux and Dessauvagie 度量表

图版	房室数	壳高 /mm	壳宽 /mm	壳壁厚 /mm	隔壁厚 /mm	最大房室高 /mm	初房外径 /mm
3-14	>4	0.468	0.210	0.018	0.022	0.068	—
4-5	3	0.380	0.216	0.012	0.012	0.092	0.060
11-45	>3	0.456	0.232	0.012	0.016	0.088	—
20-16	6	0.434	0.226	0.016	0.010	0.072	0.032
20-17	6	0.436	0.256	0.018	0.016	0.072	0.052
20-18	3	0.172	0.106	0.006	0.006	0.048	0.034

鱼形叶状虫属 *Ichthyofrondina* Vachard in Vachard and Ferriere, 1991

模式种 拉蒂林姆宽叶虫 *Ichthyolaria latilimbata* Sellier de Civrieux and Dessauvagie, 1965。

属征 壳体单列，房室掌状，强包络，很少外卷。壳壁玻璃质。壳口简单，位于末端中部。

掌状鱼形叶状虫 *Ichthyofrondina palmata* (Wang, 1974)

（图版 17，图 22~27；图版 20，图 12~15；图版 27，图 31，32；图版 30，图 18）

1974 *Frondicularia palmata* Wang in Nanjing Institute of Geology and Palaeontology, Chinese Academy of China，中国科学院南京地质古生物研究所，287 页，图版 149，图 11。

1978 *Frondicularia palmata*，林甲兴，43 页，图版 8，图 30。

1981 *Frondicularia palmata*，赵金科等，图版 3，图 17，18。

1987 *Frondicularia palmata*，杨遵仪等，图版 2，图 9。

1988a *Frondina palmata* (Wang), Pronina, pl. 2, figs. 49~50.

1990 *Frondicularia palmata*，林甲兴等，232 页，图版 29，图 12~14。

2001 *Frondina palmata*, Pronina-Nestell and Nestell, pl. 2, fig. 19.

2002b *Frondicularia palmata*，王克良，117 页，图版 1，图 24。

2002a *Frondicularia palmata*，王克良，162 页，图版 6，图 1，2。

2005 *Ichthyofrondina palmata* (Wang), Groves et al., p. 25, figs. 22.1~22.5.

2007 *Ichthyofrondina palmata*, Gaillot and Vachard, p. 139, pl. 10, fig. 11；pl. 73, fig. 6.

2009 *Ichthyofrondina palmata*, Ueno and Tsutsumi, fig. 9.17.

描述 壳体纵切面呈手掌状，下窄上宽。后期房室完全或者绝大部分包裹前期生长的房室。纵切面通常可见 4 个房室左右，最多的可达 6~7 个。早期房室包卷较紧，最后 1~2 个房室高度迅速扩张。壳高 0.288~0.798mm，壳宽 0.192~0.714mm。壳壁由暗色粒状层和外层透明钙质层组成，内层薄，外层较厚，壳壁厚可达 0.010~0.052mm。隔壁呈弯弧状，厚 0.010~0.038mm。初房球形，外径 0.044~0.056mm。

度量 见表 6.124。

表 6.124 *Ichthyofrondina palmata* (Wang) 度量表

图版	房室数	壳高 /mm	壳宽 /mm	壳壁厚 /mm	隔壁厚 /mm	最大房室高 /mm	初房外径 /mm
17-22	>3	0.386	0.356	0.024	0.016	0.112	—
17-23	3	0.276	0.192	0.016	0.016	0.076	—
17-24	4	0.288	0.262	0.010	0.010	0.082	0.046
17-25	>3	0.318	0.306	0.018	0.008	0.092	—
17-26	>3	0.270	0.260	0.016	0.012	0.082	—
17-27	>3	0.402	0.342	0.022	0.014	0.108	—
20-12	7	0.798	0.714	0.052	0.026	0.198	—
20-13	4	0.324	0.276	0.022	0.016	0.086	0.044
20-14	>3	0.358	0.318	0.022	0.016	0.090	—
20-15	>3	0.546	0.532	0.042	0.038	0.106	—
27-31	4	0.428	0.376	0.026	0.016	0.098	0.056
27-32	4	0.620	0.470	0.030	0.028	0.160	—
30-18	4	0.288	0.260	0.014	0.012	0.064	—

讨论与比较　当前标本在壳形、房室包卷方式等方面和 *Ichthyofrondina palmata* (Wang) 最接近，故归入该种。它与宽鱼形叶状虫 *Ichthyofrondina latilimbata* (Sellier de Civrieux and Dessauvagie) 的区别在于后者的隔壁较上扬，并且在中部呈尖角状，而当前种的隔壁呈弧状，中部不突出。

产地与层位　西藏措勤县夏东剖面，下拉组中部；西藏申扎县木纠错剖面，下拉组中部及上部；西藏申扎县木纠错西北采样点，下拉组。

宽鱼形叶状虫相似种

***Ichthyofrondina* cf. *latilimbata* (Sellier de Civrieux and Dessauvagie, 1965)**

（图版 17，图 28）

1965 *Ichthyolaria latilimbata* Sellier de Civrieux and Dessauvagie, p. 75, pl. V, fig. 41；pl. XIV, fig. 11.

1973 "*Ichthyolaria*" *latilimbata*, Bozorgnia, p. 163, pl. XL, figs. 3~4, 8~9.

1978 *Ichthyolaria latilimbata*, Lys and Marcoux, fig. 1.17.

2000 *Ichthyolaria latilimbata*, Mertmann and Sarfraz, fig. 6.4.

2003 *Ichthyofrondina latilimbata* (Sellier de Civrieux and Dessauvagie), Ünal et al., pl. 1, fig. 37.

2007 *Ichthyofrondina latilimbata*, Groves et al., figs. 8.31~8.34.

描述　壳体纵切面呈窄的掌状，最大宽度处在中部。后期房室完全包裹前期生长的房室。纵切面通常可见 7 个房室，早期房室包卷较紧，最后 2 个房室高度迅速扩张。壳高 0.722mm，壳宽 0.502mm。壳壁由暗色粒状层和外层透明钙质层组成，壳壁内层薄，外层较厚，壳壁厚可达 0.024mm。隔壁呈弯弧状，顶端交尖，厚 0.014mm。初房未见。

讨论与比较　当前种在壳形上和 *Ichthyofrondina latilimbata* (Sellier de Civrieux and Dessauvagie) 最为相似，与模式种的区别是当前种房室稍多，因此个体稍大。它与 *Ichthyofrondina palmata* (Wang) 的区别在于当前种的隔壁呈尖弧状，而后者隔壁呈圆的弯弧状。

产地与层位　西藏措勤县夏东剖面，下拉组中部。

鱼形叶状虫未定种 *Ichthyofrondina* sp.

（图版 2，图 43）

描述　壳体纵切面呈掌状，最大宽度处在壳体的中上部。后期房室完全包裹前期生长的房室。纵切面通常可见 6 个房室，房室包卷都较紧。壳高 0.22mm，壳宽 0.174mm。壳壁由暗色粒状层和外层透明钙质层组成，厚 0.004mm。隔壁呈弯弧状，中部稍平，厚 0.004mm。初房球形，外径 0.026mm。

讨论与比较　当前种在壳形上和 *Ichthyofrondina palmata* (Wang) 较相似，但当前种个体较小，旋壁相对较薄，并且 6 个房室高度相似，没有见到后期快速变大的房室，因此它们是不同的种。它与小鱼形叶状虫 *Ichthyofrondina parvula* (Pronina) 在个体大小方面相似，区别在于后者的隔壁上扬，并且顶端较尖。

产地与层位　西藏阿里地区噶尔县左左乡剖面，下拉组中上部。

科兰尼虫科 Colaniellidae Fursenko in Rauser-Chernousova and Fursenko, 1959

科兰尼虫属 *Colaniella* Likharev, 1939

模式种 半金字塔虫 *Pyramis parva* Colani, 1924。

属征 壳体呈多边的双圆锥形，始端较尖，末端钝圆，由初房及一系列紧密重叠的覆碗状房室组成。壳壁薄。隔壁在壳体的中部平，其侧部与两侧壳壁相交呈尖角。具放射排列而垂直于隔壁的撑壁，撑壁平直，发育程度不等，多为 2 级。末端壳口圆形或漏斗状。

假精致科兰尼虫相似种 *Colaniella* cf. *pseudolepida* Okimura, 1988

（图版 35，图 19~22）

1988 *Colaniella pseudolepida* Okimura, p. 721, figs. 6.28~6.32.

描述 壳体呈短粗双锥状，壳顶尖圆，最大宽度处位于中部。一个相对较正的纵切面标本可见房室至少有 12 个，壳高 1.16mm，壳宽 0.588mm。房室隔壁呈角度较大的弓形，房室增长均匀。壳壁钙质。隔壁在壳体中部较厚，厚度为 0.024~0.036mm。一级撑壁较发育并且很厚，外圈出现二级撑壁。初房未知。

度量 见表 6.125。

讨论与比较 当前种的特征是房室较少，一级撑壁较发育，二级撑壁较弱。它与弱小科兰尼虫 *Colaniella minuta* Okimura 在壳形方面相似，区别在于后者壳体非常小，隔壁较粗。它和矮小科兰尼虫 *Colaniella nana* Miklukho-Maklay 在壳形上也较相似，区别在于后者壳体较大，隔壁较粗。

产地与层位 西藏墨竹工卡县德仲村剖面，洛巴堆组。

表 6.125 *Colaniella* cf. *pseudolepida* Okimura 度量表

图版	房室数	壳高/mm	壳宽/mm	隔壁厚/mm	初房外径/mm	图版	房室数	壳高/mm	壳宽/mm	隔壁厚/mm	初房外径/mm
35-19	—	—	0.744	0.024	—	35-21	>6	—	0.616	0.032	—
35-20	>12	1.16	0.588	0.032	—	35-22	>6	—	0.628	0.036	—

节房虫超科 Nodosarioidea Ehrenberg, 1838

节房虫科 Nodosariidae Mamet and Pinard, 1992 emend. Gaillot and Vachard, 2007

节房虫属 *Nodosaria* Lamarck, 1812

模式种 根状鹦鹉螺 *Nautilus radicula* Linnè, 1758。

属征 壳体列式排列，一般呈细窄锥形，横切面圆形。房室间很少叠覆。缝合线清晰，与壳轴垂直。壳壁钙质。壳面光滑，或具粗线、细纹、茸刺、节结。末端口孔位于短颈上，圆形或放射状。

帕帝斯节房虫相似种 *Nodosaria* cf. *partisana* Sosnina, 1978

（图版 3，图 27；图版 11，图 13；图版 16，图 25~27）

1978 *Nodosaria partisana* Sosnina, p. 32, pl. II, figs. 1~3.

描述　壳体纵切面呈串珠状。所有切面均不是完整的纵切面。可见壳高 0.680~1.226mm，壳宽 0.222~0.306mm。可见房室 4~5 个。房室呈球形，最大房室高 0.128~0.194mm。壳壁由较厚的放射状层组成，厚 0.032~0.084mm。隔壁中部较平，两侧呈轻微弧状，厚 0.038~0.062mm。口孔放射状。初房未见。

度量　见表 6.126。

讨论与比较　当前种在壳形上和个体大小上与 *Nodosaria partisana* Sosnina 最为相似，区别在于模式标本房室多，房室稍小。它在壳形和大小上和朱尔法节房虫 *Nodosaria dzhulfensis* Reitlinger 也较相似，但当前种房室明显要大得多，可以区别。

产地与层位　西藏扎布耶一号剖面，下拉组中部；西藏扎布耶六号剖面，下拉组中部；措勤县夏东剖面，下拉组中部。

表 6.126　*Nodosaria* cf. *partisana* Sosnina 度量表

图版	房室数	壳高 /mm	壳宽 /mm	壳壁厚 /mm	隔壁厚 /mm	最大房室高 /mm	初房外径 /mm
3-27	5	1.226	0.306	0.084	0.038	0.194	—
11-13	>4	0.758	0.222	0.032	0.038	0.146	—
16-25	>5	0.872	0.256	0.042	0.062	0.122	—
16-26	>4	0.704	0.302	0.056	0.060	0.128	—
16-27	>4	0.680	0.238	0.038	0.054	0.128	—

节房虫未定种 *Nodosaria* sp.

（图版 11，图 12；图版 16，图 29）

描述　壳体纵切面呈串珠状。可见壳高 1.418~1.504mm，壳宽 0.398~0.406mm。可见房室 4 个以上，房室呈半球形，后生房室部分超覆前面的房室。最大房室高 0.204~0.280mm。壳壁较厚，由放射状层组成，厚 0.048~0.052mm。隔壁呈轻微弧状，厚 0.048~0.078mm。口孔放射状。初房未见。

度量　见表 6.127。

讨论与比较　当前种和多扎克节房虫 *Nodosaria dozenkoae* Sosnina 在壳形上相似，区别在于当前种壳壁明显较厚，且房室稍小。它和动物群中的 *Nodosaria partisana* Sosnina 相比，虽然壳形较相似，但很明显，当前种个体非常大，房室也较大。

产地与层位　西藏扎布耶六号剖面，下拉组中部；措勤县夏东剖面，下拉组中部。

表 6.127　*Nodosaria* sp. 度量表

图版	房室数	壳高 /mm	壳宽 /mm	壳壁厚 /mm	隔壁厚 /mm	最大房室高 /mm	初房外径 /mm
11-12	>6	1.418	0.406	0.048	0.048	0.204	—
16-29	>4	1.504	0.398	0.052	0.078	0.280	—

厚壁虫科 Pachyphloiidae Loeblich and Tappan, 1984

厚壁虫属 *Pachyphloia* Lange, 1925

模式种 卵形厚壁虫 *Pachyphloia ovata* Lange, 1925。

属征 壳体长而扁, 近卵圆形, 横断面为规则的纺锤形。单列式, 直线形。房室低而宽。壳壁钙质, 呈放射纤维状, 壳体侧部壳壁显著加厚, 呈层状。末端口孔圆形, 具放射状沟。

卵形厚壁虫 *Pachyphloia ovata* Lange, 1925

（图版 1, 图 97~100 ; 图版 19, 图 31~33 ; 图版 34, 图 7, 8）

1925 *Pachyphloia ovata* Lange, p. 231, pl. 1, figs. 24a, 24b.

1954 *Pachyphloia ovata*, Miklukho-Maklay, p. 44, pl. V, fig. 1.

1978 *Pachyphloia ovata*, 林甲兴, 15 页, 图版 1, 图 24, 25 ; 图版 2, 图 1。

1984 *Pachyphloia ovata*, Altiner, pl. II, fig. 9.

1984 *Pachyphloia ovata*, 林甲兴, 120 页, 图版 2, 图 13, 14。

1985 *Pachyphloia ovata*, 聂泽同和宋志敏, 图版 IV, 图 21, 22。

1989 *Pachyphloia ovata*, Köylüoglu and Altiner, pl. VIII, figs. 1~7.

1990 *Pachyphloia ovata*, 林甲兴等, 242 页, 图版 31, 图 27~31。

1991 *Pachyphloia ovata*, Vachard and Ferriere, pl. 4, fig. 13.

1993a *Pachyphloia ovata*, Vachard et al., pl. VII, fig. 13.

1995 *Pachyphloia ovata*, Bérczi-Makk et al., pl. IV, figs. 7~9.

1998 *Pachyphloia ovata*, Altiner and Özkan, pl. IV, fig. 15.

2000 *Pachyphloia ovata*, 张祖辉和洪祖寅, 52 页, 图版 III, 图 24, 25。

2001 *Pachyphloia ovata*, Kobayashi, figs. 3.4-3.6.

2004 *Pachyphloia ovata*, 张祖辉和洪祖寅, 75 页, 图版 III, 图 11~16。

2005 *Pachyphloia ovata*, Groves et al., p. 22, figs. 20.15~20.27.

2006d *Pachyphloia ovata*, Kobayashi, figs. 9.25~9.31.

2006 *Pachyphloia ovata*, 宋海军等, 92 页, 图版 III, 图 22~24。

2007 *Pachyphloia ovata*, Gaillot and Vachard, p. 143, pl. 72, figs. 5, 23 ; pl. 73, figs. 4, 8.

2011 *Pachyphloia ovata*, 张舟等, 图版 I, 图 32~34。

描述 壳体呈卵圆形, 中部加厚, 房室相对较高, 呈半球状。一般具有 5~7 个房室, 最多可有 9 个房室, 最大房室高 0.022~0.046mm。壳高 0.254~0.450mm, 壳体最大加厚处的厚度为 0.136~0.216mm。壳壁由黑色粒状内层和白色纤维状外层组成。初房球形, 外径 0.038~0.050mm。

度量 见表 6.128。

讨论与比较 当前标本以较小的个体, 较小的房室, 中部加厚的壳体可归于 *Pachyphloia ovata* Lange。当前种与圆锥形厚壁虫 *Pachyphloia conica* (Lange) 在壳形方面相似, 区别在于当前种个体要小得多。

产地与层位 西藏阿里地区噶尔县左左乡剖面, 下拉组中上部; 西藏申扎县木纠错剖面，下拉组中部；西藏申扎县木纠错西木纠错组二号短剖面，下拉组上部。

表 6.128　*Pachyphloia ovata* Lange, 1925 度量表

图版	房室数	壳高/mm	壳厚/mm	最大房室高/mm	初房外径/mm	图版	房室数	壳高/mm	壳厚/mm	最大房室高/mm	初房外径/mm
1-97	—	—	—	0.028	—	19-32	9	0.440	0.216	0.036	0.050
1-98	>5	0.318	0.156	0.032	—	19-33	>8	0.324	0.160	0.022	—
1-99				0.046		34-7	7	0.310	0.150	0.032	0.050
1-100	>5	0.254	0.136	0.026	—	34-8	7	0.326	0.180	0.028	0.038
19-31	>8	0.450	0.182	0.046							

矛形厚壁虫 *Pachyphloia lanceolata* Miklukho-Maklay, 1954

（图版 2，图 54~58；图版 19，图 24，25；图版 34，图 17~19）

1954 *Pachyphloia lanceolata* Miklukho-Maklay, p. 48, pl. V, fig. 6.
1978 *Pachyphloia lanceolata*，林甲兴，14 页，图版 2，图 5，6。
1984 *Pachyphloia lanceolata*，林甲兴，118 页，图版 1，图 55；图版 2，图 1，2。
1984 *Pachyphloia lanceolata*，夏国英和张志存，19 页，图版 2，图 24~26。
1985 *Pachyphloia lanceolata*，聂泽同和宋志敏，图版 IV，图 24。
1990 *Pachyphloia lanceolata*，林甲兴等，240 页，图版 31，图 9~11。
1995 *Pachyphloia lanceolata*，罗辉，35 页，图版 10，图 27。
2000 *Pachyphloia lanceolata*，张祖辉和洪祖寅，51 页，图版 III，图 18~22。
2002a *Pachyphloia lanceolata*，王克良，160 页，图版 5，图 24。
2006 *Pachyphloia lanceolata*，宋海军等，92 页，图版 III，图 21。
2008 *Pachyphloia lanceolata*, Filimonova, pl. I, fig. 25.
2010 *Pachyphloia lanceolata*, Filimonova, p. 796, pl. XI, figs. 12~14.

描述　壳体呈细长柱状，略加厚，最大厚度处位于中上部，房室相对较高，内部壳圈呈新月状，最外部壳圈呈半球状。一般具有 7~9 个房室，最大房室高 0.030~0.100mm。多数标本壳高 0.304~0.464mm，最大的一个标本高约 0.708mm，壳体最大加厚处的厚度为 0.120~0.264mm。壳壁由黑色粒状内层和白色纤维状外层组成。初房球形，外径 0.028~0.064mm。

度量　见表 6.129。

表 6.129　*Pachyphloia lanceolata* Miklukho-Maklay 度量表

图版	房室数	壳高/mm	壳厚/mm	最大房室高/mm	初房外径/mm	图版	房室数	壳高/mm	壳厚/mm	最大房室高/mm	初房外径/mm
2-54	7	0.304	0.136	0.042	0.028	19-24	8	0.308	0.120	0.030	0.042
2-55	8	0.358	0.128	0.038	—	19-25	6	0.590	0.190	0.062	—
2-56	8	0.434	0.196	0.046	—	34-17	7	0.464	0.196	0.048	0.064
2-57	8	0.356	0.154	0.034	—	34-18	>9	0.708	0.264	0.100	—
2-58	9	0.340	0.172	0.034	—	34-19	7	0.444	0.170	0.052	0.044

讨论与比较　当前种以长柱状壳体，加厚不明显为特征。它和希瓦格厚壁虫 *Pachyphloia schwageri* Sellier de Civrieux and Dessauvagie 的壳形也有些相似，但后者房室较多，壳体加厚在壳体的中下部，两者可以区别。

产地与层位　西藏阿里地区噶尔县左左乡剖面，下拉组中上部；西藏申扎县木纠错剖面，下拉组中部；西藏申扎县木纠错西木纠错组二号短剖面，下拉组上部。

促库劳厚壁虫 *Pachyphloia cukurlöyi* Sellier de Civrieux and Dessauvagie, 1965

（图版 11，图 18~29；图版 33，图 47~50）

1965 *Pachyphloia cukurlöyi* Sellier de Civrieux and Dessauvagie, p. 37, pl. IV, figs. 1~3；pl. V, figs. 2, 8, 9；pl. VI, figs. 3, 4, 6~8, 12；pl. VII, figs. 1, 4；pl. IX, fig. 4；pl. XIII, fig. 4.

1973 *Pachyphloia cukurlöyi*, Bozorgnia, p. 157, pl. XXXV, figs. 7, 12；pl. XXXVII, figs. 7, 8.

1978 *Pachyphloia cukurlöyi*, Lys et al., pl. 7, figs. 5, 6.

2001 *Pachyphloia cukurlöyi*, Pronina-Nestell and Nestell, pl. 3, fig. 4.

描述　壳体呈锥状，从第 1 圈开始依次加厚，在壳体的 3/4 处达到了最大宽度，至最后 2 圈时加厚减弱。房室呈半球形，顶部略平，至两房室接触处收缩变窄。一般具有 9~10 个房室，最大房室高 0.030~0.080mm。壳高 0.370~0.694mm，壳体最大加厚处的厚度为 0.170~0.342mm。壳壁由黑色粒状内层和白色纤维状外层组成。初房球形，外径 0.048~0.068mm。

度量　见表 6.130。

讨论与比较　当前种房室较多，壳体较厚，切面呈锥状的特征可以归为 *Pachyphloia cukurlöyi* Sellier de Civrieux and Dessauvagie。Groves 等（2005）认为该种是 *Pachyphloia ovata* Lange 的晚出同义名，但对比这两个种可以发现，*Pachyphloia cukurlöyi* Sellier de Civrieux and Dessauvagie 壳圈明显较多，壳体较大，房室排列紧密，两者容易区分。

产地与层位　西藏扎布耶六号剖面，下拉组中部；西藏申扎县木纠错西短剖面，下拉组上部。

表 6.130　*Pachyphloia cukurlöyi* Sellier de Civrieux and Dessauvagie 度量表

图版	房室数	壳高/mm	壳厚/mm	最大房室高/mm	初房外径/mm	图版	房室数	壳高/mm	壳厚/mm	最大房室高/mm	初房外径/mm
11-18	10	0.370	0.170	0.030	—	11-26	>6	0.630	0.314	0.080	—
11-19	6	0.540	—	0.076	—	11-27	>6	0.468	0.286	0.044	—
11-20	9	0.572	0.332	0.056	—	11-28	6	0.386	0.194	0.044	0.068
11-21	10	0.488	0.216	0.050	—	11-29	6	0.402	0.202	0.038	0.058
11-22	9	0.514	—	0.042	—	33-47	9	0.614	—	0.062	0.048
11-23	7	0.396	0.230	0.036	—	33-48	>8	0.694	0.342	0.062	—
11-24	7	0.430	0.194	0.040	—	33-49	>7	0.588	0.324	0.070	—
11-25	9	0.524	—	0.038	0.064	33-50	>7	0.398	0.218	—	—

大厚壁虫相似种 *Pachyphloia* cf. *magna* (Miklukho-Maklay, 1954)

（图版 11，图 30，31）

1954 *Pseudogeinitzina magna* Miklukho-Maklay, p. 36, pl. III, fig. 10.

1990 *Pachyphloia magna* (Miklukho-Maklay)，林甲兴等，241 页，图版 31，图 18。

1990 *Pachyphloia magna*，宋志敏，图版 6，图 31。

1995 *Pachyphloia magna*, Bérczi-Makk et al., pl. III, figs. 1~3.

描述　壳体切面呈近三角形，随房室增长加厚均匀，在中部略厚。壳体呈近长方形，房室顶部较平。壳体多于 12 个房室，最大房室高 0.069~0.092mm。壳高 0.762~1.064mm，壳体最大加厚处的厚度为 0.382mm。壳壁由黑色粒状内层和白色纤维状外层组成。初房未知。

度量　见表 6.131。

讨论与比较　当前种房室多，壳体加厚不明显，且呈长三角形，和 *Pachyphloia magna* (Miklukho-Maklay) 相似，但稍有不同的是当前标本的房室相对较高。它和伸长厚壁虫 *Pachyphloia extensa* Sosnina 在壳形和个体大小上相似，但后者房室很多且很低，可以很明显区分。它同下拉山厚壁虫 *Pachyphloia xarlashanensis* Wang 在壳形上也较相似，区别在于后者壳体非常小，只有当前种的一半。

产地与层位　西藏扎布耶六号剖面，下拉组中部。

表 6.131　*Pachyphloia* cf. *magna* (Miklukho-Maklay) 度量表

图版	房室数	壳高 /mm	壳厚 /mm	最大房室高 /mm	初房外径 /mm
11-30	>11	0.762	—	0.068	—
11-31	>12	1.064	0.382	0.092	—

多隔壁厚壁虫 *Pachyphloia multiseptata* Lange, 1925

（图版 11，图 32~37；图版 16，图 22；图版 18，图 9~11；图版 34，图 9~13）

1925 *Pachyphloia multiseptata* Lange, p. 232, pl. 1, figs. 26a, 26b.

1954 *Pachyphloia multiseptata*, Miklukho-Maklay, p. 45, pl. V, fig. 5.

1978 *Pachyphloia multiseptata*，林甲兴，15 页，图版 2，图 8。

1981 *Pachyphloia multiseptata*，赵金科等，图版 III，图 25。

1984 *Pachyphloia multiseptata*，林甲兴，119 页，图版 2，图 10，11。

1985 *Pachyphloia multiseptata*，聂泽同和宋志敏，图版 IV，图 19，20。

1987 *Pachyphloia* cf. *multiseptata*，杨遵仪等，图版 1，图 13。

1990 *Pachyphloia multiseptata*，林甲兴等，241 页，图版 31，图 19~22。

1996 *Pachyphloia multiseptata*，曾学鲁等，193 页，图版 16，图 29。

2001 *Pachyphloia multiseptata*, Pronina-Nestell and Nestell, pl. 1, figs. 32~33.

2001b *Pachyphloia* cf. *multiseptata*，张祖辉和洪祖寅，344 页，图版 II，图 33。

2004 *Pachyphloia multiseptata*，张祖辉和洪祖寅，75 页，图版 III，图 22~24, 26, 30.

描述　壳体切面呈卵圆形，加厚非常明显，最大厚度处在壳体中部。房室呈新月形至半球形，底部较平。一般有 12~13 个房室，最多可达 16 个，最大房室高 0.020~0.074mm。壳高 0.290~0.810mm，壳体最大加厚处的厚度为 0.190~0.320mm。壳壁由黑色粒状内层和白色纤维状外层组成。初房球形，外径 0.022~0.050mm。

度量 见表 6.132。

讨论与比较 当前标本以卵圆形的壳形和较多的房室可归于 *Pachyphloia multiseptata* Lange，与模式标本相比，当前标本个体稍大。当前种与 *Pachyphloia ovata* Lange 在壳形上相似，区别在于当前种房室很多，壳体明显大得多。它与 *Pachyphloia extensa* Sosnina 在壳形方面也较相似，但后者房室可达 20 个以上，并且壳体非常大，容易与当前种区分。

产地与层位 西藏扎布耶六号剖面，下拉组中部；西藏措勤县夏东剖面，下拉组中部；西藏措勤县扎日南木错二号剖面，下拉组中部；西藏申扎县木纠错西木纠错组二号短剖面，下拉组上部。

表 6.132 *Pachyphloia multiseptata* Lange 度量表

图版	房室数	壳高/mm	壳厚/mm	最大房室高/mm	初房外径/mm	图版	房室数	壳高/mm	壳厚/mm	最大房室高/mm	初房外径/mm
11-32	10	0.788	0.320	0.074	—	18-10	10	0.490	0.224	0.060	—
11-33	12	0.576	0.250	0.050	0.034	18-11	10	0.444	0.190	0.036	—
11-34	12	0.448	0.192	0.020	—	34-9	>7	0.628	0.196	0.050	—
11-35	12	0.558	0.250	0.038	0.028	34-10	9	0.536	0.264	0.038	—
11-36	11	0.686	—	0.054	0.050	34-11	>8	0.534	0.238	0.042	—
11-37	13	0.810	0.290	0.046	—	34-12	9	0.486	0.206	0.044	0.044
16-22	12	0.632	0.270	0.050	0.046	34-13	16	0.686	0.248	0.038	—
18-9	7	0.290	—	0.020	0.022						

拟卵形厚壁虫 *Pachyphloia paraovata* Miklukho-Maklay, 1954

（图版 16，图 13~19；图版 30，图 35~38）

1954 *Pachyphloia paraovata* Miklukho-Maklay, p. 45, pl. V, fig. 5.
1978 *Pachyphloia paraovata*，林甲兴，15 页，图版 2，图 3~4。
1982 *Pachyphloia* cf. *paraovata*，王克良，25 页，图版 IV，图 13。
1990 *Pachyphloia paraovata*，林甲兴等，242 页，图版 31，图 32~34。
2002a *Pachyphloia paraovata*，王克良，161 页，图版 5，图 29，30。
2004 *Pachyphloia paraovata*，张祖辉和洪祖寅，75 页，图版 III，图 17，18。

描述 壳体切面呈粗壮卵圆形，加厚非常明显，最大厚度处在壳体中上部。房室呈扁平状至半球形，房室底部较平。一般有 6~7 个房室，最大房室高 0.034~0.066mm。壳高一般为 0.336~0.610mm，最大的一个标本壳高可达 0.958mm。壳体最大加厚处的厚度为 0.152~0.572mm。壳壁由黑色粒状内层和白色纤维状外层组成。初房球形，外径 0.056~0.078mm。

度量 见表 6.133。

讨论与比较　当前种在壳形上和 *Pachyphloia ovata* Lange 较相似，但当前种的房室普遍较低矮，并且壳体比后者大，因此归入 *Pachyphloia paraovata* Miklukho-Maklay 中。

产地与层位　措勤县夏东剖面，下拉组中部；西藏申扎县木纠错剖面，下拉组中部。

表 6.133　*Pachyphloia paraovata* Miklukho-Maklay 度量表

图版	房室数	壳高/mm	壳厚/mm	最大房室高/mm	初房外径/mm	图版	房室数	壳高/mm	壳厚/mm	最大房室高/mm	初房外径/mm
16-13	7	0.602	0.336	0.058	0.064	16-19	6	0.958	0.572	0.064	0.078
16-14	7	0.610	0.314	0.066	—	30-35	>6	0.472	0.282	0.046	—
16-15	4	0.498	0.330	0.066	—	30-36	7	0.350	0.152	0.036	—
16-16	6	0.404	0.264	0.038	—	30-37	7	0.400	0.256	0.040	0.058
16-17	5	0.336	0.208	0.044	—	30-38	7	0.418	0.198	0.034	0.056
16-18	7	0.438	0.250	0.066	—						

单体厚壁虫 *Pachyphloia solita* Sosnina, 1978

（图版 16，图 20，21，23；图版 35，图 23~33）

1978 *Pachyphloia solita* Sosnina, 36 页，图版 II，图 15~18。
1997 *Pachyphloia solita*, Nestell and Pronina, pl. 1, fig. 22.

描述　壳体切面呈粗锥状，初房生长过程中逐渐加厚，最大厚度处在壳体的中上部。房室呈半球形，顶部隆起较高。一般有 10~13 个房室，最大房室高 0.068~0.132mm。壳高 0.750~1.618mm。壳体最大加厚处的厚度为 0.334~0.718mm。壳壁由黑色粒状内层和白色纤维状外层组成。初房未知。

度量　见表 6.134。

讨论与比较　当前种和 *Pachyphloia magna* (Miklukho-Maklay) 个体大小相似，区别在于当前种壳体加厚明显，且最厚处位于壳中上部的位置。它与 *Pachyphloia multiseptata* Lange 的壳形也比较相似，但后者房室较多，房室排列较密。

产地与层位　西藏措勤县夏东剖面，下拉组中部；西藏墨竹工卡县德仲村剖面，洛巴堆组。

表 6.134　*Pachyphloia solita* Sosnina 度量表

图版	房室数	壳高/mm	壳厚/mm	最大房室高/mm	初房外径/mm	图版	房室数	壳高/mm	壳厚/mm	最大房室高/mm	初房外径/mm
16-20	>10	1.198	—	—	—	35-27	>6	0.750	0.334	0.080	—
16-21	12	1.188	0.508	0.080	—	35-28	7	0.916	0.484	0.084	0.128
16-23	7	0.776	—	0.092	—	35-29	8	1.450	0.592	0.132	—
35-23	>7	0.868	0.380	0.102	—	35-30	7	0.944	0.514	0.090	0.086
35-24	—	—	0.426	—	—	35-31	7	1.142	0.444	0.116	0.064
35-25	>7	1.160	0.514	0.072	—	35-32	13	1.618	0.718	0.124	—
35-26	>6	0.776	—	0.068	—	35-33	>6	0.956	0.498	0.074	—

盖福厚壁虫相似种 *Pachyphloia* cf. *gefoensis* Miklukho-Maklay, 1954

（图版 18，图 7，12，13）

1954 *Pachyphloia gefoensis* Miklukho-Maklay, p. 50, pl. V, fig. 9.

1984 *Pachyphloia gefoensis*，林甲兴，119 页，图版 2，图 7。

1990 *Pachyphloia gefoensis*，林甲兴等，239 页，图版 31，图 5，6。

1995 *Pachyphloia gefoensis*, Bérczi-Makk et al., pl. III, fig. 4.

1996 *Pachyphloia gefoensis*，曾学鲁等，193 页，图版 16，图 27。

2000 *Pachyphloia gefoensis*，张祖辉和洪祖寅，51 页，图版 III，图 17。

2005 *Pachyphloia gefoensis*，顾松竹等，166 页，图版 1，图 27。

描述 壳体呈长柱形至椰形，最大宽度处在壳体的中部。一般房室多于 6 个，房室呈新月形至半球形，最大房室高 0.046~0.058mm，壳高 0.310~0.548mm，壳体最大加厚处的厚度为 0.202~0.296mm。壳壁由黑色粒状内层和白色纤维状外层组成。初房球形，外径 0.068mm。

度量 见表 6.135。

讨论与比较 当前种在壳体形态及房室形态上和 *Pachyphloia gefoensis* Miklukho-Maklay 最为相似，与模式标本相比，当前种个体相对较小。当前种与 *Pachyphloia ovata* Lange 在壳形上也比较相似，区别在于当前种房室相对较高，且个体较大。

产地与层位 西藏措勤县扎日南木错二号剖面，下拉组中部。

表 6.135 *Pachyphloia* cf. *gefoensis* Miklukho-Maklay 度量表

图版	房室数	壳高 /mm	壳厚 /mm	最大房室高 /mm	初房外径 /mm
18-7	4	0.310	0.202	0.046	0.068
18-12	>6	0.548	0.238	0.058	—
18-13	>6	0.542	0.296	0.056	—

湖南厚壁虫 *Pachyphloia hunanica* Lin, 1978

（图版 19，图 26~30）

1978 *Pachyphloia hunanica* Lin，林甲兴，14 页，图版 2，图 7。

1984 *Pachyphloia hunanica*，林甲兴，119 页，图版 2，图 3，4。

1990 *Pachyphloia hunanica*，林甲兴等，240 页，图版 31，图 12，13，15，16。

描述 壳体切面呈长卵圆形，最大宽度处在壳体的中部。房室呈新月形，顶部呈弧形隆起。一般有 10~14 个房室，最大房室高 0.050~0.060mm。壳高 0.628~0.714mm。壳体最大加厚处的厚度为 0.240~0.314mm。壳壁由黑色粒状内层和白色纤维状外层组成。初房球形，外径 0.044~0.068mm。

度量 见表 6.136。

讨论与比较 当前标本在房室数和个体大小方面与 *Pachyphloia hunanica* Lin 最为相似，故归入该种。它在壳形和大小方面与 *Pachyphloia multiseptata* Lange 最相似，区别在于后者房室较多，排列较紧密，且壳壁加厚显著。

产地与层位　西藏申扎县木纠错剖面，下拉组中部。

表 6.136　*Pachyphloia hunanica* Lin 度量表

图版	房室数	壳高 /mm	壳厚 /mm	最大房室高 /mm	初房外径 /mm	图版	房室数	壳高 /mm	壳厚 /mm	最大房室高 /mm	初房外径 /mm
19-26	10	0.714	0.314	0.060	0.068	19-29	13	0.654	0.240	0.056	0.044
19-27	14	0.656	—	0.052	—	19-30	10	0.674	0.282	0.052	0.044
19-28	12	0.628	—	0.050	—						

似强壮厚壁虫 *Pachyphloia robustaformis* Wang, 1986

（图版 19，图 34~36）

1986 *Pachyphloia robustaformis* Wang，王克良，130 页，图版 II，图 14~16。

2001 *Pachyphloia robustaformis*, Ueno, pl. 2, figs. 11, 13, 14.

2002a *Pachyphloia robustaformis*，王克良，160 页，图版 5，图 27。

描述　壳体切面呈椭圆形，顶部稍平。壳体加厚明显，加厚的两侧近平行状，最大宽度处在壳体的中部。房室呈半球状，底部平，房室上部拱起成弧形。含有 7 个房室，最大房室高 0.036~0.072mm。壳高 0.402~0.596mm，壳体最大加厚处的厚度为 0.226~0.268mm。壳壁由黑色粒状内层和白色纤维状外层组成。初房球形，外径 0.052~0.062mm。

度量　见表 6.137。

讨论与比较　当前标本在壳形和房室方面和 *Pachyphloia robustaformis* Wang 最为相似，可归入该该种。与模式标本相比，当前标本个体稍大。当前种与强壮厚壁虫 *Pachyphloia robusta* Miklukho-Maklay 在壳形和房室方面较相似，但后者个体和房室很大，可以区分。与 *Pachyphloia ovata* Lange 相比，当前种的房室较大，壳壁加厚稍弱。

产地与层位　西藏申扎县木纠错剖面，下拉组中部。

表 6.137　*Pachyphloia robustaformis* Wang 度量表

图版	房室数	壳高 /mm	壳厚 /mm	最大房室高 /mm	初房外径 /mm
19-34	7	0.596	0.268	0.072	—
19-35	7	0.402	0.226	0.036	0.052
19-36	7	0.444	0.242	0.042	0.062

虱厚壁虫相似种 *Pachyphloia* cf. *pedicula* Lange, 1925

（图版 27，图 23~24）

1925 *Pachyphloia pedicula* Lange, p. 232, pl. 1, fig. 25.

1973 *Pachyphloia pedicula*, Bozorgnia, p. 154, pl. XXXVI, figs. 1, 2, 4.

1978 *Pachyphloia pedicula*, Lys et al., pl. 8, fig. 3.

1990 *Pachyphloia pedicula*，林甲兴等，243 页，图版 32，图 7，8。

1995 *Pachyphloia pedicula*, Bérczi-Makk et al., pl. II, figs. 6~8.

2004 *Pachyphloia pedicula*，张祖辉和洪祖寅，76 页，图版 III，图 25。

2007 *Pachyphloia pedicula*, Gaillot and Vachard, p. 144，pl. 10，fig. 9；pl. 72，fig. 2；pl. 73，fig. 9；
    pl. 81，fig. 8；pl. 82，fig. 3；pl. 85，fig. 7，pl. 90，fig. 3。

2009 *Pachyphloia pedicula*, Gaillot et al., p. 159, fig. 5.9。

2010 *Pachyphloia pedicula pedicula*, Filimonova, p. 793, pl. XI, figs. 19, 20。

2010 *Pachyphloia* aff. *pedicula pedicula*, Filimonova, p. 794, pl. XI, fig. 10。

描述　壳体切面呈倒锥形，加厚明显，最大宽度处在壳体的中下部，中上部加厚快速变弱。房室呈新月形至半球状，房室上部拱起成弧形。房室多于 7 个，最大房室高 0.050~0.052mm。壳高 0.604~0.650mm。壳体最大加厚处的厚度为 0.248~0.250mm。壳壁由黑色粒状内层和白色纤维状外层组成。初房未见。

度量　见表 6.138。

讨论与比较　当前标本的切面不好，但可以观察到壳体的加厚位于下方，且在个体大小及房室形状方面与 *Pachyphloia pedicula* Lange 最为相似，故归为该种。

产地与层位　西藏申扎县木纠错西北采样点，下拉组。

表 6.138　*Pachyphloia* cf. *pedicula* Lange 度量表

图版	房室数	壳高 /mm	壳厚 /mm	最大房室高 /mm	初房外径 /mm
27-23	>7	0.650	0.248	0.050	—
27-24	>7	0.604	0.250	0.052	—

希瓦格厚壁虫相似种
Pachyphloia cf. *schwageri* Sellier de Civrieux and Dessauvagie, 1965
（图版 32，图 55~59）

1965 *Pachyphloia schwageri* Sellier de Civrieux and Dessauvagie, p. 38, pl. IV, figs. 4~16；pl. V, figs. 1,
    3~7, 10~16, 19；pl. VII, figs. 2, 3；pl. VIII, figs. 1, 3, 4；pl. IX, fig. 3；pl. XIV, fig. 2；pl. XVI, fig. 2。

1978 *Pachyphloia* aff. *schwageri*, Lys et al., pl. 8, fig. 4。

1979 *Pachyphloia schwageri*, Whittaker et al., pl. III, figs. 7, 17。

1989 *Pachyphloia schwageri*, Köylüoglu and Altiner, pl. VIII, figs. 8~12。

1993a *Pachyphloia schwageri*, Vachard et al., pl. 7, fig. 4。

1996 *Pachyphloia* cf. *schwageri*, Leven and Okay, pl. 8, fig. 25。

2005 *Pachyphloia schwageri*, Groves et al., p. 23, figs. 21.1~21.11。

2006d *Pachyphloia schwageri*, Kobayashi, figs. 9.9, 9.20, 9.21。

2006e *Pachyphloia schwageri*, Kobayashi, figs. 5.16~5.24。

2007 *Pachyphloia schwageri*, Gaillot and Vachard, p. 144, pl. 63, figs. 22, 23；pl. 72, fig. 14；pl. 73, fig. 7；
    pl. 81, figs. 2, 11, 12, 16；pl. 83, figs. 26, 32；pl. 87, fig. 19；pl. 92, fig. 5；pl. 96, fig. 3。

2007 *Pachyphloia schwageri*, Groves et al., figs. 8.7~8.9, 8.11~8.14, 8.20, 8.21。

2007a *Pachyphloia schwageri*, Kobayashi, pl. 3, figs. 11~15。

2009 *Pachyphloia schwageri*, Song et al., figs. 10.26, 10.27。

2012c *Pachyphloia schwageri*, Kobayashi, p. 326, pl. IV, figs. 28, 29, 38~49。

2012a *Pachyphloia schwageri*, Kobayashi, figs. 6.5, 6.12, 6.13。

描述　壳体切面呈细长柱状，加厚中等，最大宽度处位于壳体的中部至中下部，从中部向两端加厚轻微变窄，变化幅度较小。房室呈半球形。房室上部稍平或微拱。有 9~12 个房室，最多可达 16 个。最大房室高 0.040~0.052mm。壳高 0.526~0.654mm。壳体最大加厚处的厚度为 0.154~0.220mm。壳壁由黑色粒状内层和白色纤维状外层组成。初房呈球形，外径 0.040~0.048mm。

度量　见表 6.139。

讨论与比较　当前种的特征是壳体较多，加厚相对较弱，与 *Pachyphloia schwageri* Sellier de Civrieux and Dessauvagie 最为相似，稍有不同的是当前种房室稍多，个体稍大。它与 *Pachyphloia lanceolata* Miklukho-Maklay 的区别在于后者壳体加厚比当前种显著。

产地与层位　西藏申扎县木纠错西短剖面，下拉组上部。

表 6.139　*Pachyphloia* cf. *schwageri* Sellier de Civrieux and Dessauvagie **度量表**

图版	房室数	壳高 / mm	壳厚 / mm	最大房室 高 /mm	初房外径 / mm	图版	房室数	壳高 / mm	壳厚 / mm	最大房室 高 /mm	初房外径 / mm
32-55	9	0.654	0.220	0.052	0.040	32-58	>10	0.526	0.184	0.048	—
32-56	>8	0.532	0.170	0.042	—	32-59	12	0.616	0.182	0.048	0.048
32-57	16	0.630	0.154	0.040	—						

厚壁虫未定种 1 *Pachyphloia* sp. 1

（图版 1，图 101，102）

描述　仅有两个中切面，可见两边加厚明显，加厚处的厚度是 0.23~0.278mm，壳壁由黑色粒状内层和白色纤维状外层组成。

讨论与比较　以加厚的钙质壳体可以判定，当前种属于 *Pachyphloia* 属。在该剖面有 *Pachyphloia* 的另外一种——*P. ovata* Lange。通过比较可以看出，当前种的中切面宽度非常宽，明显不属于 *P. ovata*。因为其是中切面，无法定种。

产地与层位　西藏阿里地区噶尔县左左乡剖面，下拉组中上部。

厚壁虫未定种 2 *Pachyphloia* sp. 2

（图版 5，图 10，11）

描述　壳体切面呈细长柱状，加厚中等，最大宽度处位于壳体的中上部，自初房至末端壳体逐渐加厚。房室呈半球形，上部呈弧形拱起。有 6~7 个房室，最大房室高 0.062~0.100mm。壳高 0.964~1.164mm。壳体最大加厚处的厚度为 0.356mm。壳壁由黑色粒状内层和白色纤维状外层组成。初房未切到。

度量　见表 6.140。

讨论与比较　当前种在壳形上和房室形状上和 *Pachyphloia lanceolata* Miklukho-Maklay 较相似，区别在于当前种的上部壳体加厚略厚，且个体较大。当前标本较少，切面一般，因此暂不定种。

产地与层位　西藏扎布耶三号剖面，下拉组中部。

表 6.140　*Pachyphloia* sp. 2 度量表

图版	房室数	壳高 /mm	壳厚 /mm	最大房室高 /mm	初房外径 /mm
5-10	6	1.164	—	0.100	—
5-11	7	0.964	0.356	0.062	—

厚壁虫未定种 3 *Pachyphloia* sp. 3

（图版 20，图 1，2）

描述　壳体切面呈长椭圆形，加厚非常明显，最大宽度处位于壳体的中上部。房室呈低矮的半球形，上部呈弧形拱起。一个好的切面有 17 个房室，最大房室高 0.102mm。壳高 1.974mm，最大壳厚 0.768mm。壳壁由黑色粒状内层和白色纤维状外层组成。初房未切到。

度量　见表 6.141。

讨论与比较　当前种的特征是壳体壳圈多，并且特别大。富态厚壁虫 *Pachyphloia corpulenta* Sosnina 也是个体非常大的种，但当前种与之相比，壳体加厚更加显著，从而导致房室小得多，可以区分。当前种标本太少，未切到完整的经过初房的纵切面，因此暂不定种。

产地与层位　西藏申扎县木纠错剖面，下拉组中部。

表 6.141　*Pachyphloia* sp. 3 度量表

图版	房室数	壳高 /mm	壳厚 /mm	最大房室高 /mm	初房外径 /mm
20-1	10	1.878	0.818	0.146	—
20-2	17	1.974	0.768	0.102	—

厚壁虫未定种 4 *Pachyphloia* sp. 4

（图版 28，图 17）

描述　只有一个侧纵切面，可见到多于 9 个房室，最大房室高 0.09mm。壳高 1.224mm，壳宽 0.878mm。壳壁由黑色粒状内层和白色纤维状外层组成。初房未切到。

讨论与比较　当前标本是一个侧纵切面，未观察到壳体的加厚部分，因此无法定种。

产地与层位　西藏林周县洛巴堆一号剖面，洛巴堆组中部。

厚壁虫未定种 5 *Pachyphloia* sp. 5

（图版 29，图 18）

描述　只有一个斜切面，可见到两侧有明显加厚。加厚处的厚度是 0.878mm。壳壁由黑色粒状内层和白色纤维状外层组成。

讨论与比较　当前标本可见到侧部加厚明显，因此可归于 *Pachyphloia* 属，但它是一个斜切面，无法定种。

产地与层位　西藏林周县洛巴堆三号剖面，洛巴堆组中部。

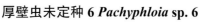

厚壁虫未定种 6 *Pachyphloia* sp. 6

（图版 35，图 15~18）

描述　壳体切面呈细长柱状，加厚中等，最大宽度处位于壳体的中部。壳体从中部到顶部加厚逐渐减弱。房室呈半球形。成熟壳体有 6~7 个房室，最大房室高 0.052~0.078mm。壳高 0.524~0.724mm，最大厚度 0.182~0.320mm。壳壁由黑色粒状内层和白色纤维状外层组成。初房呈球形，外径 0.058~0.084mm。

度量　见表 6.142。

讨论与比较　当前种与动物群中的 *Pachyphloia solita* Sosnina 相比，房室排列较密，壳体较小，因此它们属于不同的种。它与 *Pachyphloia ovata* Lange 相比，个体稍大，壳体加厚不明显。

产地与层位　西藏墨竹工卡县德仲村剖面，洛巴堆组。

表 6.142　*Pachyphloia* sp. 6 度量表

图版	房室数	壳高 /mm	壳厚 /mm	最大房室高 /mm	初房外径 /mm	图版	房室数	壳高 /mm	壳厚 /mm	最大房室高 /mm	初房外径 /mm
35-15	7	0.724	0.320	0.078	—	35-17	6	0.556	0.252	0.066	0.084
35-16	7	0.566	0.182	0.052	0.058	35-18	5	0.524	0.264	0.064	0.064

强壮厚壁虫属 *Robustopachyphloia* Lin, 1980

模式种　联合强壮厚壁虫 *Robustopachyphloia annectena* Lin, 1980。

属征　壳长卵圆形，始端尖，末端平。房室呈单列式排列，壳体生长分两期：早期部分后生房室强烈超覆先生房室，壳壁在中部明显加厚，似同 *Pachyphloia* 属；晚期阶段房室排列似同 *Nodosaria* 属。壳壁钙质，放射纤维状，具极薄的暗色细粒状内层。口孔圆孔状，位于隔壁中部。

讨论与比较　本属与 *Pachyphloia* 最为接近，其区别为后者缺乏本属晚期阶段呈 *Nodosaria* 式排列的房室。

强壮厚壁虫未定种 1 *Robustopachyphloia* sp. 1

（图版 20，图 3）

描述　壳体侧纵切面呈三角锥形。壳体加厚部分在下部见不到，但在上部可明显见到。下部的壳高 0.51mm，上部的壳高 0.432mm。下部的壳宽 0.054mm。下部 *Pachyphloia* 式的壳体的房室扁，房室最高为 0.046mm，而上部 *Nodosaria* 式的壳体房室较高，高约 0.052mm。壳壁由黑色粒状内层和白色纤维状外层组成。初房呈球形，外径 0.022mm。

讨论与比较　当前标本早期房室为壳体加厚型，晚期是单列式房室，这属于 *Robustopachyphloia* 的特征，但当前剖面是侧纵剖面，不清楚下部壳体的加厚情况，因此无法定种。

产地与层位　西藏申扎县木纠错剖面，下拉组中部。

强壮厚壁虫未定种 2 *Robustopachyphloia* sp. 2

（图版 32，图 40）

描述　标本为一斜切面，可见到下部壳体加厚，上部壳体不加厚。壳体总高度为0.94mm，壳厚 0.328mm。总共可见房室多于 7 个，最大房室高 0.068mm。早期房室呈新月形，晚期房室渐变为半球形。壳壁由黑色粒状内层和白色纤维状外层组成。初房未见。

讨论与比较　当前标本是一斜切面，因此可见晚期的房室越来越小，但鉴于其具早期加厚房室及晚期不加厚房室的特征，因此归入 *Robustopachyphloia* 中较适宜。因其切面不好，故无法定种。

产地与层位　西藏申扎县木纠错西短剖面，下拉组上部。

强壮厚壁虫未定种 3 *Robustopachyphloia* sp. 3

（图版 33，图 43~46）

描述　壳体呈长柱状，下端壳体为 *Pachyphloia* 式，切面呈三角形；晚期壳体为*Nodosaria* 式，呈柱状。壳高 0.284~0.488mm，壳厚 0.114~0.182mm。总共可见房室多于 8 个，早期房室呈低矮的半球状，晚期房室呈高的半球状或柱状，晚期最大房室高0.038~0.058mm。壳壁由黑色粒状内层和白色纤维状外层组成。初房未见。

度量　见表 6.143。

讨论与比较　当前种下部的壳体加厚，而晚期壳体不加厚，且房室呈半球式生长，因此归入 *Robustopachyphloia*。但在已知的 *Robustopachyphloia* 中，它无法归入某个种，因为它晚期不加厚的房室相对较少，而且总的壳高不足 0.5mm，是非常小的一个未知种。但本次未切到特别好的轴积面，早期房室的生长情况未知，因此不适宜定新种。

产地与层位　西藏申扎县木纠错西短剖面，下拉组上部。

表 6.143　*Robustopachyphloia* sp. 3 度量表

图版	房室数	壳高 /mm	壳厚 /mm	最大房室高 /mm	初房外径 /mm	图版	房室数	壳高 /mm	壳厚 /mm	最大房室高 /mm	初房外径 /mm
33-43	>10	0.488	0.182	0.058	—	33-45	>11	0.394	0.118	0.042	—
33-44	>7	0.284	0.114	0.038	—	33-46	>8	0.376	0.122	0.054	—

宽叶虫科 Ichthyolariidae Loeblich and Tappan, 1986

宽叶虫属

Ichthyolaria Wedekind, 1937 emend. Sellier de Civrieux and Dessauvagie, 1965

模式种　双纯结叶形虫 *Frondicularia bicostata* d'Orbigny, 1850

属征　壳小，一般壳高 0.40~0.75mm。壳体伸长，横截面呈椭圆形或透镜状。初房球形，有时呈卵圆形。房室一般 8~10 个。房室较高，并缓慢增加。壳壁钙质无孔。壳口椭圆形。

卡尔宽叶虫相似种 *Ichthyolaria* cf. *calvezi* Sellier de Civrieux and Dessauvagie, 1965
（图版 35，图 13，14）

1965 *Ichthyolaria calvezi* Sellier de Civrieux and Dessauvagie, p. 72, pl. XXII, fig. 3.

描述　壳体纵切面呈锥形，始部较尖，末端尖圆。保存最好的一个标本超过 10 个房室，壳高 1.346mm，壳宽 0.474mm。房室呈尖的新月形，最大房室高 0.096~0.140mm。壳壁钙质，重结晶呈白色。壳壁厚 0.022~0.030mm。隔壁高度倾斜且较平直。口孔管状，且口孔下端有下垂的管壁。初房未见。

度量　见表 6.144。

讨论与比较　当前种在壳形和个体大小方面与 *Ichthyolaria calvezi* Sellier de Civrieux and Dessauvagie 最相似。与模式标本相比，当前种的房室偏多。它与二叠鞑靼宽叶虫 *Ichthyolaria permotaurica* Sellier de Civrieux and Dessauvagie 在壳形方面也较相似，但当前种的壳体明显较大，且口孔有下垂的管壁，两者可以区分。

产地与层位　西藏墨竹工卡县德仲村剖面，洛巴堆组。

表 6.144　*Ichthyolaria* cf. *calvezi* Sellier de Civrieux and dessauvagie 度量表

图版	房室数	壳高 /mm	壳宽 /mm	壳壁厚 /mm	隔壁厚 /mm	最大房室高 /mm	初房外径 /mm
35-13	>6	1.064	0.392	0.030	0.022	0.140	—
35-14	>10	1.346	0.474	0.022	0.016	0.096	—

宽叶虫未定种 *Ichthyolaria* sp.
（图版 4，图 7）

描述　壳体纵切面呈尖锥形，始部较尖，末端宽圆。可见 5 个房室，壳高 0.658mm，壳宽 0.228mm。房室中部呈半圆形，侧部向周缘越来越小。最大房室高 0.068mm。壳壁钙质，放射纤维状。壳壁厚 0.022mm。隔壁高度倾斜且较平直，隔壁厚 0.028mm。口孔管状。初房未见。

讨论与比较　当前种在壳形和隔壁形态上和 *Ichthyolaria* 较相似，但当前种的特征是隔壁特别厚，这在该属中不常见。当前只有一个标本，故暂不定种。

产地与层位　西藏扎布耶二号剖面，下拉组中部。

叶形节房虫属 *Frondinodosaria* Sellier de Civrieux and Dessauvagie, 1965

模式种　梨花叶形节房虫 *Frondinodosaria pyrula* Sellier de Civrieux and Dessauvagie, 1965。

属征　壳体小至大（高度 0.300~1.200mm）。房室高而宽，尖拱形至马蹄形。壳壁钙质无孔，壳缘光滑。壳口简单，位于末端。

叶形节房虫未定种 1 *Frondinodosaria* sp. 1
（图版 3，图 26；图版 16，图 10~12；图版 33，图 62）

描述　壳体纵切面呈锥形，始部尖圆，末端宽圆。壳高 0.838~1.500mm，壳宽

0.220~0.392mm。不完整的壳体可见 4~6 个房室，房室呈卵圆形，最大房室高 0.178~0.252mm。壳壁由黑色极薄的粒状层和钙质放射状外层组成，壳壁较厚，厚度为 0.022~0.056mm。隔壁呈尖弧状，厚 0.024~0.044mm。

度量 见表 6.145。

讨论与比较 当前种和直角叶形节房虫 *Frondinodosaria orthocerina* (Sellier de Civrieux and Dessauvagie) 在壳形上相似，但当前种壳壁较厚，个体较大，容易区别。当前标本都不是完整的纵切面，因此不宜定种。

产地与层位 西藏扎布耶一号剖面，下拉组中部；西藏措勤县夏东剖面，下拉组中部；西藏申扎县木纠错西短剖面，下拉组上部。

表 6.145 *Frondinodosaria* sp. 1 度量表

图版	房室数	壳高 /mm	壳宽 /mm	壳壁厚 /mm	隔壁厚 /mm	最大房室高 /mm	初房外径 /mm
3-26	>4	0.838	0.238	0.038	0.040	0.178	—
16-10	>4	1.300	0.320	0.040	0.036	0.252	—
16-11	>4	1.500	0.392	0.056	0.044	0.232	—
16-12	>5	1.228	0.300	0.028	0.024	0.188	—
33-62	>6	0.880	0.220	0.022	0.024	0.194	—

叶形节房虫未定种 2 *Frondinodosaria* sp. 2

（图版 4，图 30）

描述 仅有一个标本，壳体斜切面呈长的柱形，稍有弯曲。壳高 2.298mm，壳宽 0.382mm。房室多于 4 个，房室呈长锥形，最大房室高 0.53mm。壳壁由黑色极薄的粒状层和钙质放射状外层组成，壳壁较厚，厚度为 0.06mm。隔壁呈尖三角状，厚 0.058mm。

讨论与比较 当前种的隔壁呈三角状尖出，可归入 *Frondinodosaria*。在 *Frondinodosaria* 属中，异叶形节房虫 *Frondinodosaria eximia* (Lin, Li and Sun) 同样具有较大的壳体，但其房室较小，隔壁较多，可以区分。当前种是一个斜切面，因此不定种。

产地与层位 西藏扎布耶二号剖面，下拉组中部。

6.2 牙形类

牙形动物纲 Conodonta Eichenberg, 1930

奥泽克刺目 Ozarkodinida Dzik, 1976

舟刺科 Gondolellidae Lindstrom, 1970

克拉克刺属 *Clarkina* Kozur, 1989

模式种 莱文舟刺 *Gondolella leveni* Kozur, Mostler and Pjatakova, 1976。

属征　P_1 分子齿台轮廓多变，但整体较宽，齿台最宽处一般位于中部到后部，在前部急剧收缩；前部齿片明显；齿沟光滑，无纹饰；齿脊一般前部高后部低；齿脊上的细齿横截面呈圆形；主齿大小多变，位于末端或近末端；反口面龙脊较平，基坑位于近末端。

讨论与比较　*Clarkina* 最早由 Kozur 于 1989 年建立，他认为乐平统的新舟刺属 *Neogondolella*（广义）应该归为 *Clarkina*，而真正的 *Neogondolella*（狭义）从中三叠世才开始出现（Kozur, 1989）。*Clarkina* 的反口面特征与二叠纪的 Gondolellidae 多个属相似，而与三叠纪的不同。Orchard（2005）认为 *Clarkina* 应为 *Neogondolella* 的同义名，而 *Clarkina* 仅仅代表 *Neogondolella* 演化序列中的一个阶段。Henderson 等（2006）通过分析多分子器官中 P 型分子和 S 型分子的演化特征，认为 *Clarkina* 由金舟刺属 *Jinogondolella* 演化而来，而 *Neogondolella*（狭义）由新铲刺 *Neospathodus* 演化而来，*Clarkina* 主要代表乐平统的 *Neogondolella*（广义），*Neogondolella*（狭义）最早出现于下三叠统（稀疏新舟刺 *Neogondolella discreta* 的出现），*Clarkina* 与 *Neogondolella*（狭义）的主要区别在于后者 S_0 分子的侧齿突前部向外延伸及其 P_1 分子幼年个体的齿台大小减小，而前者的前侧齿突由主齿直接分出。Henderson 和 Mei（2007）又根据 S_0 分子的不同将下三叠统 *Neogondolella* 的一些种（如 *Neogondolella discreta* Orchard and Krystyn）归为新克拉克刺属 *Neoclarkina*，并认为新舟刺类（neogondolelloid）在乐平统和三叠系的演化趋势应该为 *Clarkina*—*Neoclarkina*—*Neospathodus*—*Neogondolella*。而 Orchard（2008）主张所有三叠系新舟刺类（neogondolelloid）的种都应归为 *Neogondolella*（狭义），同时也认为 S_0 分子的不同可能对区别 *Clarkina* 与 *Neogondolella*（狭义）有重要的意义。到目前为止，众多学者对于 *Clarkina* 与 *Neogondolella*（狭义）之间的关系仍没有达成共识，尤其是在乐平统中，*Clarkina* 与 *Neogondolella*（广义）仍旧同时使用。本书对于乐平统的 *Neogondolella*（广义）采用 *Clarkina*。

梁山克拉克刺 *Clarkina liangshanensis* (Wang, 1978)

（图版 37，图 1，2，4~6）

1978 *Neogondolella liangshanensis* Wang，王志浩，221 页，图版 2，图 1~5，9~13，16~19，27~33。

1980 *Gondolella liangshanensis* (Wang), Bando et al., pl. 1, figs. 10, 11.

1981 *Neogondolella liangshanensis*, Wang and Wang, pl. 1, figs. 1~3, 11, 12, 14, 15.

1989 *Neogondolella liangshanensis*，李子舜等，图版 42，图 1，2。

1993 *Neogondolella liangshanensis*，田树刚，图版 1，图 1，2。

1994 *Clarkina liangshanensis* (Wang), Mei et al., p. 135, pl. 2, figs. 10~12.

1995 *Clarkina liangshanensis*, Kozur, pl. 5, fig. 2.

1995 *Neogondolella bitteri* (Kozur), Carey et al., pl. 1, figs. 7, 8.

1996 *Clarkina liangshanensis*, Mei and Wardlaw, pl. 1, figs. 1~9.

1998 *Clarkina liangshanensis*, Mei et al., pl. 7, fig. 7.

?1998 *Clarkina* aff. *liangshanensis*, Mei et al., pl. 10, fig. 5.

1998 *Clarkina liangshanensis*, Mei et al., pl. 10, figs. 8, 9.

2007 *Clarkina liangshanensis*, Shen, figs. 5.1~5.10.

2010 *Clarkina liangshanensis*, Shen and Mei, p. 155, figs. 5.8~5.17.

2011 *Clarkina liangshanensis*, Nishikane et al., pl. 2, figs. 7, 8.

2014a *Clarkina liangshanensis*, Yuan et al., figs. 3A~3T.

2015 *Clarkina liangshanensis*, Yuan et al., pl. 1, figs. 1~5.

2017 *Clarkina liangshanensis*, Yuan et al., figs. 6.1~6.14.

2019 *Clarkina liangshanensis*, Yuan et al., figs. 4.1~4.7.

描述　P_1 分子齿台较长，轻微扭曲；多数标本的齿台最宽处位于中部；后部末端通常为圆形；主齿较小，与邻近的细齿大小相当，甚至发育很不明显；细齿向前部增高增大，甚至愈合成齿脊状；齿脊通常延伸到齿台末端；较大的标本主齿后部往往发育一个窄的后边缘。

讨论与比较　王志浩（1978）在陕西汉中梁山地区建立该种，Mei 等（1994）认为它可能由达县克拉克刺 *Clarkina daxianensis* Mei et al. 演化而来。该种是吴家坪阶中上部最容易识别的种之一。部分 *C. liangshanensis* (Wang) 与外高加索克拉克刺 *C. transcaucasica* (Gullo and Kozur) 很相似，它们总体上的区别在于后者齿台末端多呈方形，后部齿脊更为发育。*C. liangshanensis* (Wang) 与 *C. orientalis* (Barskov and Koroleva) 的区别在于前者齿台较长，而后者往往发育一个很宽的后边缘。田树刚（1992）建立的新种单叉脊舟刺 *Dicerogondolella mononica* Tian 为该种的同义名，所图示的标本应该为该种的老年个体。

产地与层位　西藏申扎县木纠错剖面，下拉组上部；西藏申扎县木纠错西二号短剖面，木纠错组。

中舟刺属 *Mesogondolella* Kozur, 1988

模式种　比斯尔舟刺 *Gondolella bisselli* Clark and Behnken, 1971。

属征　P_1 分子齿台较长较窄，前部收缩；前部齿片不发育或者发育不明显；细齿较分离，齿脊比较低；主齿一般发育明显；反口面龙脊较浅，横断面呈浅 V 字形；基腔位于近末端，窄长。

讨论与比较　主要基于反口面的特征，Kozur（1988）建立了该属。Mei 和 Wardlaw（1994）基于 P_1 分子齿台前部发育横脊等特征建立了 *Jinogondolella* 一属，将 *Mesogondolella* 内的一些种归入了 *Jinogondolella*。实际上，被归入 *Jinogondolella* 的少量种，P_1 分子齿台前部横脊发育不稳定，部分标本横脊特征明显，部分标本横脊特征不明显，甚至不发育横脊。这就造成了 *Jinogondolella* 一属是否有效，以及横脊能否做为稳定的特征来识别 *Jinogondolella* 的争议。虽然 Henderson 和 Mei（2007）发现 *Jinogondolella* 和 *Mesogondolella* 的 S_3 分子存在差异，但仍有学者倾向于继续使用 *Mesogondolella*，而不接受 *Jinogondolella* 一属。王成源和王志浩（2016）举例祁玉平（1997）一文中图示了一枚长兴阶带横脊的标本，用以说明 *Jinogondolella* 一属不成立。祁玉平（1997）图示的这枚来自大隆组的标本确实发育明显的横脊，但是基于大隆组所有已经发表过的大量牙形类化石标本数据，这是目前唯一报道发育横脊的标本。本书的所有标本均与这一争议无关，属于典型的 *Mesogondolella*。

西西里中舟刺 *Mesogondolella siciliensis* (Kozur, 1975)

（图版 36，图 1，2，4~7）

1965 *Gondolella rosenkrantzi*, Bender and Stoppel, figs. 14.4~14.6.

1975 *Gondolella siciliensis* Kozur, p. 20.

2002 *Mesogondolella siciliensis* (Kozur), Mei and Henderson, pl. 5, figs. 1~11；pl. 6, figs. 4, 11.

2003 *Mesogondolella siciliensis*, Henderson and Mei, pl. 3, figs. 1~8, 10~12.

?2003 *Mesogondolella siciliensis*, Henderson and Mei, pl. 1, figs. 1~14.

2007b *Mesogondolella* cf. *siciliensis*，纪占胜等，图版 1，图 13，14。

2007b *Mesogondolella* sp.，纪占胜等，图版 3，图 1~3，9，11，15。

2010 *Mesogondolella siciliensis*, Kozur and Wardlaw, pl. 2, figs. 1, 3~9, 15, 18~20; pl. 3, figs. 12, 14, 16.

?2010a *Mesogondolella siciliensis*, Zhang et al., figs. 3I~3P, 3T~3U.

2016 *Mesogondolella siciliensis*, Yuan et al., figs. 3A~3X.

描述　P$_1$ 分子齿台最宽处多位于中部；主齿较小，与末端细齿大小相当；小个体标本细齿分离，大个体标本细齿往往紧密排列，部分标本中部细齿等高，前部细齿较高且融合。

讨论与比较　该种是 Kozur（1975）基于 Bender 和 Stoppel（1965）图示标本的反口面特征建立的。Mei 和 Henderson（2002）考虑苏珊娜中舟刺 *Mesogondolella zsuzsannae* Kozur 和萨拉齐尼中舟刺 *M. saraciniensis* Gullo and Kozur 为该种的同义名。该种与兰伯特中舟刺 *M. lamberti* Mei and Henderson 很类似。

产地与层位　西藏狮泉河羊尾山剖面，昂杰组顶部和下拉组下部。

爱达荷中舟刺可疑种
Mesogondolella idahoensis? (Youngquist, Hawley and Miller, 1951)

（图版 36，图 3，8）

1951 *Gondolella idahoensis* Youngquist, Hawley and Miller, p. 361, pl. 54, figs. 1~3, 14, 15.

?1951 *Gondolella* spp., Youngquist et al., pl. 54, fig. 4~6, 18~21.

?1984 *Neogondolella idahoensis* (Youngquist, Hawley and Miller), Wardlaw and Collinson, pl. 1, figs. 10, 11.

1986 *Neogondolella idahoensis*, Behnken et al., pl. 4, figs. 12~16.

2007 *Mesogondolella idahoensis* (Youngquist, Hawley and Miller), Lambert et al., fig. 4d.

2016 *Mesogondolella idahoensis*, Yuan et al., figs. 3A'~3Z'.

2020 *Mesogondolella idahoensis*, Yuan et al., figs. 4.3~4.4, 5.2~5.5, 5.8.

描述　P$_1$ 分子齿台较长，多数标本齿台侧边缘中后部近似平行；主齿较大，明显大于中后部细齿；细齿通常比较分离，老年个体细齿排列紧密。

讨论与比较　Youngquist 等（1951）建立了该种。Mei 和 Henderson（2002）将该种分为爱达荷中舟刺爱达荷亚种 *Mesogondolella idahoensis idahoensis* Youngquist et al. 和爱达荷中舟刺兰伯特亚种 *M. idahoensis lamberti* Mei and Henderson 两个亚种，并认为这两个亚种在凉水区和暖水区分别演化为了南京金舟刺 *Jinogondolella nankingensis* (Jin) 的两个亚种。之后，Lambert 等（2007）又将这两个亚种提升为种，但是认为 *Mesogondolella lamberti* Mei and Henderson 是由 *M. idahoensis* Youngquist et al. 演化而来，并演化为了

Jinogondolella nankingensis (Jin)。*Mesogondolella idahoensis* Youngquist et al. 与 *M. siciliensis* (Kozur) 不同在于前者主齿很粗壮，细齿分离，前部齿片较低，齿台侧边缘近似平行。

产地与层位 西藏狮泉河羊尾山剖面昂杰组顶部；西藏申扎县木纠错剖面下拉组底部。

斯威特刺科 Sweetognathidae Ritter, 1986

伊朗颚刺属 *Irangnathus* Kozur, Mostler and Rahimi-Yazd, 1975

模式种 单横脊伊朗颚刺 *Iranognathus unicostatus* Kozur, Mostler and Rahimi-Yazd, 1975。

描述 P_1 分子齿脊融合且很窄，并发育有很微小的"疱"；自由齿片发育；基腔无填充。

讨论与比较 Mei 等（1998, 2002）重新修订了该属，并认为它与斯威特刺属 *Sweetognathus* 最大的区别在于齿脊的形态不同，前者见于乌拉尔统到瓜德鲁普统顶部，后者见于瓜德鲁普统顶部到乐平统。

伊朗颚刺未定种 *Iranognathus* sp.
（图版 37，图 3）

描述 P_1 分子反口面外缘轮廓大致呈卵圆形；口面光滑无纹饰，两侧壁均不膨胀；自由齿片发育，有五个高低不一的细齿，前部第二个细齿最高，末端细齿最矮；齿脊融合，极窄，中部较平，后部降低处波状起伏；齿脊上发育微小的"疱"，呈一条线状排列。

讨论与比较 与莫夫肖维奇伊朗颚刺 *Iranognathus movschovitschei* 相似，与塔拉兹伊朗颚刺 *I. tarazi* 的区别在于当前标本齿脊上有一列"疱"状突起。

产地与层位 西藏申扎县木纠错剖面，下拉组上部。

弗亚洛夫刺科 Vjalovognathidae Shen, Yuan and Henderson, 2016

弗亚洛夫刺属 *Vjalovognathus* Kozur, 1977

模式种 辛迪弗亚洛夫刺 *Vjalovites shindyensis* Kozur in Kozur and Mostler, 1976。

讨论与比较 Kozur 在 Kozur 和 Mostler（1976）中将该属命名为 *Vjalovites*，因为与已有的其他属名重复，所以在 Kozur（1977）中将该属重新定义为 *Vjalovognathus*。该属已经报道的标本很少，且大部分标本不完整，所以难以识别稳定的演化特征。Yuan 等（2016）认为齿脊和细齿的特征可以稳定区分该属的不同种群。

尼科尔弗亚洛夫刺 *Vjalovognathus nicolli* Yuan, Shen and Henderson, 2016
（图版 36，图 9~10）

1998 *Vjalovognathus* sp. A, Nicoll and Metcalfe, p. 456, figs. 9G~9H, 29, 30.

?2007 *Vjalovognathus* sp. X，郑有业等，图 4.9~4.12.

2016 *Vjalovognathus nicolli*, Yuan et al., figs. 6A~6A', 7A~7B', 8A~8C'.

描述 P_1 分子呈单齿片舟形；主齿位于末端，向后倾斜，比邻近细齿略高；基腔膨大，无填充；细齿一般在 7 个以上，中后部细齿排列较紧密，前部细齿较分离；中部细齿磨蚀较深，横截面呈卵圆形到菱形；前部细齿横截面形态多变，磨蚀较轻的呈圆形，磨蚀较重的呈菱形；齿脊较窄；纵脊明显发育；基腔很薄，很深，表面光滑，基腔内壁生长层明显。

　　讨论与比较　*Vjalovognathus* 目前包含 5 个种，分别为 *V. shindyensis* Kozur、澳大利亚弗亚洛夫刺 *V. australis* Nicoll and Metcalfe、*V. nicolli* Yuan, Shen and Henderson、*V.* sp. B Wardlaw and Mei 和 *V.* sp. X（郑有业等，2007），这些种的主要区别在于它们 P_1 分子细齿的横截面形态不同（Nicoll and Metcalfe, 1998；郑有业等，2007；Yuan et al., 2016）。

　　产地与层位　西藏申扎县木纠错剖面，下拉组底部。

6.3　腕足类

腕足动物门 **Brachiopoda Duméril, 1806**

小嘴贝亚门 **Rhynchoneliformea Williams et al., 1996**

扭月贝纲 **Strophomenata Williams et al., 1996**

长身贝目 **Productida Sarytcheva and Sokolskaya, 1959**

戟贝亚目 **Chonetoidea Muir-Wood, 1955**

戟贝超科 **Chonetidina Bronn, 1862**

皱戟贝科 **Rugosochonetidae Muir-Wood, 1962**

皱戟贝亚科 **Rugosochonetinae Muir-Wood, 1962**

微戟贝属 *Chonetinella* **Ramsbottom, 1952**

　　模式种　弗莱明戟贝 *Chonetes flemingi* Norwood and Pratten, 1855。

　　讨论与比较　本属特征为贝体小，腹壳顶部显著凸隆，中槽深窄，两壳表面均饰有细密的壳纹。本属形态与小戟贝 *Chonetina* 和似小戟贝 *Chonetinetes* 十分相似，区别在于后两者壳面无放射状纹饰；本属与 *Waagenites* 相比，后者放射状纹饰更强、更加简单。

微戟贝未定种 *Chonetinella* **sp.**

（图版 38，图 1）

　　材料　1 枚腹壳标本。

　　描述　贝体较小，腹壳长 8mm、宽 13mm、高 3mm；轮廓横宽，最大壳宽位于铰合线处，主端尖突，锐角状；耳翼大；腹壳凸隆高强；中槽深且宽，使得两侧壳面呈肺叶状；壳面饰有细密的壳纹，壳体前部每 2mm 有 6~7 条。

　　讨论与比较　当前标本的形态、细密的壳纹以及显著的中槽，指示 *Chonetinella*。形态类似张守信和金玉玕（1976）所描述的均槽微戟贝 *Chonetinella unisulcata* Zhang in Zhang and Jin，但由于只有一枚标本，无法确定而暂定为未定种。

　　产地与层位　西藏申扎县木纠错剖面，下拉组底部。

反曲微戟贝 *Chonetinella cymatilis* Grant, 1976

（图版 38，图 2~7）

1976 *Chonetinella cymatilis* Grant, p. 77, pl. 16, figs. 1~58.

材料 52 枚腹壳标本。

描述 贝体较小，腹壳长 9mm、宽 11mm、高 3mm；轮廓横宽，最大壳宽位于铰合线处，主端近方形或略微延展，耳翼明显；壳喙钝圆，中槽由喙部向前延伸，形态多变，由窄深至宽浅；腹壳凸隆高强，壳面饰有细密的壳纹，壳体前部每 2mm 有 10~12 条。腹壳内可见一较短的中隔板。

讨论 当前标本的特征与 Grant（1976）描述的泰国 Ratburi 灰岩体的 *Chonetinella cymatilis* 最为相似；与弗莱明微戟贝 *Chonetinella flemingi* (Norwood and Pratten) 相比，后者体型更大，壳纹更微弱。Archbold（1983）认为本种应当归入新戟贝属 *Neochonetes*，但一般认为后者的体型更大，凸隆较 *Chonetinella* 为弱。

产地与层位 西藏申扎县木纠错剖面，下拉组上部。

长身贝亚目 Productidina Waagen, 1883
长身贝超科 Productoidea Gray, 1840
小长身贝科 Productellidae Schuchert, 1929
欧尔通贝亚科 Overtoniinae Muir-Wood and Cooper 1960
线刺贝族 Costispiniferini Muir-Wood and Cooper 1960

棘耳贝属 *Echinauris* Muir-Wood and Cooper, 1960

模式种 侧边棘耳贝 *Echinauris lateralis* Muir-Wood and Cooper, 1960。

讨论与比较 本属的主要特征在于壳表面除壳刺与刺基膨大外，没有壳线、壳皱等其他壳饰；腹壳壳刺长，向前方弯曲；背壳壳刺常集中于周缘，向中心弯曲。本属与围脊贝属 *Marginifera* 和 *Spinomarginifera* 的区别在于本属标本大多体型小，缺少中槽、壳皱与壳线，且壳刺分布更密。

长刺棘耳贝 *Echinauris opuntia* (Waagen, 1884)

（图版 38，图 8~11）

1884 *Productus opuntia* Waagen, p. 707, pl. 79, figs. 1, 2.

1937 *Productus* (*Pustula*) *opuntia* (Waagen), Licharew, p. 114, pl. 7, fig. 14.

1944 *Productus* (*Avonia*) *opuntia*, Reed, p. 74.

1966 *Krotovia opuntia* (Waagen), Waterhouse, p. 15, pl. 2, figs. 1, 5.

1968 *Echinauris opuntia* (Waagen), Grant, p. 27, pl. 8, figs. 1~8；pl. 9, figs. 1~8.

1976 *Echinauris opuntia*，张守信和金玉玕，173 页，图版 7，图 9。

1997 ?*Echinauris* sp., Shi and Shen, p. 44, fig. 3D.

2000a *Echinauris opuntia*, Shen et al., p. 742, figs. 10.24~10.32.

材料 2 枚腹壳标本。

描述 贝体中等大小，腹壳长 22mm、宽 24mm、高 8mm；轮廓近圆形，铰合线短于最大壳宽；腹壳高凸，贝体沿纵向及横向弯曲程度相似，膝曲部浑圆；壳喙尖锐，略伸过铰合缘，耳翼小；壳表密布偃伏状壳刺，呈五点梅花状排列，刺基膨大呈短棒状，但并不连接成壳线，耳翼与体腔区间有一列侧向伸展的壳刺；无中槽，拖曳部前端发育有凸边，表明了围脊的存在。

讨论与比较 当前标本的特征指示 *Echinauris opuntia* (Waagen)。本种与 *E. lateralis* Muir-Wood and Cooper 相比，前者体型较小且壳较薄。

产地与层位 西藏申扎县木纠错剖面，下拉组中部。

新轮皱贝属 *Neoplicatifera* Jin et al., 1974

模式种 黄氏轮皱贝 *Plicatifera huangi* Ustritsky, 1960。

讨论与比较 本属与 *Spinomarginifera* 在壳体形态与壳表装饰方面极为相似，两者显著的不同在于后者在背壳体腔区周缘发育有围脊，体腔区的壳褶更不规则；本属与 *Marginifera* 亦相似，如在拖曳部均有宽浅的壳线，但前者壳线不延至壳体后部，而后者壳线在两壳全部壳面均有分布，使壳顶附近呈网格状装饰。

新轮皱贝未定种 *Neoplicatifera* sp.

(图版 38，图 12~15；图版 39，图 1~2)

材料 3 枚腹壳标本，2 枚背壳标本。

描述 贝体小，腹壳长 9mm、宽 11mm、高 6mm；腹视轮廓近五边形，最大壳宽位于铰合线处；腹壳体腔区凸隆程度一般，膝曲强烈，近 180°；壳喙小，不伸出铰合线；耳翼小，主端近方；腹壳体腔区壳刺发育，膝曲之前刺基膨大成为壳线，在前端约 3mm 内有 3 条，背壳体腔区内刺发育；两壳体腔区壳皱发育，比较规则；腹壳拖曳部发育有宽而明显的中槽。

讨论与比较 当前标本体腔区具有壳皱与拖曳部刺基膨大而成的壳线，且没有观察到围脊，指示 *Neoplicatifera*。与本属其他种不同，本种具有强烈的膝曲和明显的中槽，但材料较少，故定为一未定种。

产地与层位 西藏申扎县木纠错剖面，下拉组中部。

围脊贝亚科 Marginiferinae Stehli, 1954
围脊贝族 Marginiferini Stehli, 1954

刺围脊贝属 *Spinomarginifera* Huang, 1932

模式种 贵州刺围脊贝 *Spinomarginifera kueichowensis* Huang, 1932。

讨论与比较 本属与 *Neoplicatifera* 在壳体形态与壳表装饰方面极为相似，同样在壳顶发育有不整齐的壳皱。两者显著的不同在于前者在背壳体腔区周缘发育有围脊，后者体腔区壳皱更加规则，刺基不突出；本属与 *Marginifera* 亦相似，如在拖曳部均有宽浅的壳线，但前者壳线不延至壳体后部，而后者壳线在两壳全部壳面均有分布，使

壳顶附近呈网格状装饰。

贵州刺围脊贝 *Spinomarginifera kueichowensis* Huang, 1932

（图版 39，图 3~4）

1932 *Spinomarginifera kueichowensis* Huang, p. 56, pl. 5, figs. 1~11.
1960 *Spinomarginifera kueichowensis*, Muir-Wood and Cooper, p. 216, pl. 65, figs. 15~22, 24.
1964a *Spinomarginifera kueichowensis*，王钰等，316 页，图版 51，图 9~11。
1974 *Spinomarginifera kueichowensis*，金玉玕，312 页，图版 164，图 13。
1977 *Spinomarginifera kueichowensis*，杨德骊等，349 页，图版 139，图 11。
1978 *Spinomarginifera kueichowensis*，佟正祥，222 页，图版 79，图 5。
1979 *Spinomarginifera kueichowensis*，詹立培，80 页，图版 11，图 14~17，20。
1983a *Spinomarginifera kueichowensis*, Waterhouse, p. 124.
2009 *Spinomarginifera kueichowensis*, Shen and Shi, p. 158, figs. 3DD, 3EE, 4I.

材料 4 枚腹壳标本。

描述 贝体小，腹壳长 9mm、宽 10mm、高 4mm；轮廓近方形，铰合线略短于最大壳宽；腹壳凸隆程度强，侧区近于垂直；喙部尖而小，伸出铰合线；耳翼小，主端近方；体腔区刺瘤呈五点梅花状排列，向前刺基膨大成为壳线，在前端 5mm 内约有 6 条。

讨论与比较 当前标本指示 *Spinomarginifera*，其特征类似于 *Spinomarginifera kueichowensis* Huang，但后者壳体为中等大小，因此仍然存在一定疑问。

产地与层位 西藏申扎县木纠错剖面，下拉组中部。

乐平刺围脊贝 *Spinomarginifera lopingensis* (Kayser, 1883)

（图版 39，图 5~13）

1883 *Productus nystianus* var. *lopingensis* Kayser, p. 187, pl. 28, figs. 1~5.
1911 *Productus* (*Marginifera*) *helicus* Abich, Frech, p. 130, pl. 19, figs. 1~3.
1927 *Marginifera lopingensis* (Kayser), Chao, p. 153, pl. 16, figs. 8~12.
1964a *Spinomarginifera lopingensis* (Kayser)，王钰等，312 页，图版 49，图 21~23。
1977 *Spinomarginifera lopingensis*，杨德骊等，349 页，图版 139，图 5a~5c。
1978 *Spinomarginifera lopingensis*，佟正祥，222 页，图版 79，图 6。
1980 *Spinomarginifera lopingensis*，廖卓庭，275 页，图版 5，图 35~39。
1982 *Spinomarginifera lopingensis*，王国平等，219 页，图版 92，图 1，2。
1984 *Spinomarginifera lopingensis*，杨德骊，217 页，图版 33，图 4。
2008 *Spinomarginifera lopingensis*, Li and Shen, p. 315, figs. 4.17~4.19, 6.1~6.7.
2008 *Spinomarginifera lopingensis*, Shen and Zhang, figs. 4.13~4.19.
2009 *Spinomarginifera lopingensis*, Shen and Shi, p. 157, figs. 3P~3X.

材料 130 枚背壳标本，22 枚腹壳标本，2 枚铰合标本。

描述 贝体中等大小，长 25mm、宽 16mm、高 9mm；轮廓长卵形，铰合线近似于最大壳宽；腹壳强凸，在体腔区凸隆程度最强，侧区近于垂直，背壳体腔区凹陷；喙部钝且低，伸出铰合线；耳翼小，由一浅槽与体腔区分隔；中槽宽浅，由壳顶延伸至拖曳部，中隆不明显；壳刺主要发育于体腔区与侧区，拖曳部刺基膨大成为壳线，在前端约 5mm 内有 5 条；两壳体腔区均有弱且不规则的壳皱发育；背壳体腔区前端发育强壮的围脊，常使拖曳部由围脊处断裂。

讨论与比较　当前标本明显指示 *Spinomarginifera lopingensis* (Kayser)，与前人所描述的几乎完全一致。

产地与层位　西藏申扎县木纠错剖面，下拉组上部。

少刺贝族 Paucispiniferini Muir-Wood and Cooper, 1960

粗肋贝属 *Costiferina* Muir-Wood and Cooper, 1960

模式种　印度粗肋贝 *Costiferina indica* (Waagen, 1884)。

讨论与比较　本属的主要特点为壳面饰以较粗的壳线，且体腔区密布壳皱，形成典型的网格状纹饰，此外显著而凸起的耳翼、拖曳部大而直立的壳刺亦是重要特征。本属类似坚洞贝属 *Stereochia*，但后者网格区更大，壳线相对较细，且背壳缺失围脊；本属与小卡丽莎贝属 *Callytharrella* 的区别在于后者壳线细且背壳缺失围脊；本属与帚耳贝 *Peniculauris* 属的区别在于后者壳刺多而细，耳翼非常发育。

印度粗肋贝 *Costiferina indica* (Waagen, 1884)
（图版 39，图 14~18）

1884 *Productus indicus* Waagen, p. 687, pl. 70, figs. 1~6；pl. 71, fig. 1.
1944 *Productus (Dictyoclostus) indicus*, Reed, p. 41, pl. 10, fig. 2.
1965 *Costiferina indica* (Waagen), Fantini, p. 52.
1976 *Costiferina indica*，张守信和金玉玕，178 页，图版 5，图 11-12；图版 6，图 11~13。
1981 *Costiferina indica*, Shimizu, p. 75, pl. 7, figs. 17~19.
2003b *Costiferina indica*, Shen et al., p. 75, pl. 7, figs. 13, 15, 16；pl. 8, figs. 1~8.
2003 *Costiferina indica*, Shi et al., p. 1059, figs. 3.9~3.14.

材料　13 枚腹壳标本，2 枚背壳标本，1 枚铰合标本。

描述　贝体中等大小，壳长 35mm、宽 48mm、高 20m；轮廓近方形，铰合线近于最大壳宽；耳翼大，突起；壳喙大而钝，弯曲；腹壳凸隆强烈，顶区陡立，体腔区凸隆程度较一致；腹壳全壳饰以壳线，体腔区较细密，不分支，中部向前部分合并，成为粗强的壳线，每 5mm 约有 3 条；体腔区密布壳皱，与壳线交叉呈网格状；背壳微凹，壳皱较腹壳明显；主突起粗强，侧脊略离开铰合线；中隆微弱。

讨论与比较　当前标本的特征指示 *Costiferina indica* (Waagen)，但由于保存一般，没有观察到腹壳拖曳部与粗大直立的壳刺，以及背壳的中隔板与围脊。

产地与层位　西藏申扎县木纠错剖面，下拉组上部。

网围脊贝属 *Retimarginifera* Waterhouse, 1970

模式种　穿孔网围脊贝 *Retimarginifera perforate* Waterhouse, 1970。
讨论与比较　本属特征为贝体较小，横向伸展，最宽处位于铰合线；轮廓为强烈的凹凸形，中槽深；体腔区呈网格状；主突起为无柄三裂型；侧脊向前延伸为围脊。本属与层围脊贝属 *Lamnimargus* 非常类似，可能为同物异名。Waterhouse（1975）命名时指定 *Lamnimargus* 的特征为具有 2~3 层拖曳部，但在使用中没有得到遵守，Shen 等（2003a）认为可用肌痕对两属进行区分。

隐藏网围脊贝 *Retimarginifera celeteria* Grant, 1976
（图版 39，图 19，20）

1976 *Retimarginifera celeteria* Grant, p. 127, pl. 29, figs. 1~37；pl. 30, figs. 1~18.
1991 *Retimarginifera celeteria*，孙东立，229 页，图版 4，图 1~3。

材料　2 枚铰合标本。

描述　贝体中等大小，壳长 19mm、宽 23mm、厚 7mm，强烈的凹凸形；轮廓横向伸展，最大壳宽处位于铰合线；耳翼中等，主端稍钝至尖；壳喙低矮；中槽始自体腔区前部，于体腔区变宽变深，于拖曳部呈 U 形；壳线由喙部出发，在膝曲处每 5mm 约有 6 条；体腔区同时发育壳褶，使之呈网格状，壳褶在耳翼处较为明显；主刺位于腹壳铰合缘；侧脊向前延伸为围脊。

讨论与比较　当前标本特征与 Grant（1976）于泰国 Ratburi 灰岩体中命名的 *Retimarginifera celeteria* 非常接近，耳翼伸展，主端稍钝至尖，中槽始自体腔区前部。当前标本与泰国标本相比仅中槽较深，故仍定为该种。但当前标本横展更强、主端较尖且中槽较深，有一定区别；与喜马拉雅地区乐平统色龙群的西藏网围脊贝 *Retimarginifera xizangensis* Shen et al. 的区别在于当前标本贝体较小，壳褶较不明显，且中槽更深。

产地与层位　西藏申扎县木纠错剖面，下拉组底部。

长身贝科 Productidae Gray, 1840
光秃长身贝亚科 Leioproductinae Muir-Wood and Cooper, 1960
瘤褶贝族 Tyloplectini Termier and Termier, 1970
假古长身贝属 *Pseudoantiquatonia* Zhan and Wu, 1982

模式种　多变假古长身贝 *Pseudoantiquatonia mutabilis* Zhan and Wu, 1982。

讨论与比较　本属主要特点为铰合线短，耳翼窄小，轮廓近三角形；腹壳顶区后部为五点梅花状排列的刺瘤，向前变为壳线，体腔区同心线发育，组成网格状纹饰；膝曲和缓，壳刺直立，零星分布。本属类似于古长身贝属 *Antiquatonia*，区别在于后者铰合线宽，耳翼明显。

多变假古长身贝 *Pseudoantiquatonia mutabilis* Zhan and Wu, 1982
（图版 40，图 1~4）

1982 *Pseudoantiquatonia mutabilis* Zhan and Wu, 詹立培和吴让荣，98 页，图版 3，图 1~4，8~19。
2001 *Pseudoantiquatonia mutabilis*, Shi and Shen, pl. 1, figs. 7~17；pl. 2, figs. 1~9.

材料　5 枚腹壳，1 枚背壳。

描述　贝体中等大小，腹壳长 25mm、宽 35mm、体腔厚 11mm；轮廓三角形，最大壳宽位于壳体前部；腹壳凸隆强烈，膝曲显著，侧坡陡峭；壳喙尖小，略伸出铰合线；耳翼不发育，铰合线短；中槽于顶区较显著，在拖曳部变浅，亦有标本与此相反，在顶区不明显，拖曳部显著。腹壳密布壳线，体腔区发育细密的同心线，组成网格状纹饰，同心线与壳线汇合处形成刺瘤，壳线均从壳顶发散，不分支，向前变粗，前缘每 5mm 内有 4~5 条；背壳体腔区同样饰有网格状纹饰，壳线较腹壳更为细密。

讨论与比较　1 枚腹壳标本与 *Pseudoantiquatonia mutabilis* Zhan and Wu 非常相似，但前者壳线发育于顶区；有些标本略为不同，如贝体较大，中槽在拖曳部宽且深，可能为一新种。

产地与层位　西藏申扎县木纠错剖面，下拉组底部和中部。

轮刺贝超科 **Echinoconchoidea Stehli, 1954**

轮刺贝科 **Echinoconchidae Stehli, 1954**

轮刺贝亚科 **Echinoconchinae Stehli, 1954**

卡拉万贝族 **Karavankinini Ramovs, 1969**

卡拉万贝属 *Karavankina* **Ramovs, 1969**

模式种　经典卡拉万贝 *Karavankina typica* Ramovs, 1969。

讨论与比较　本属的主要特征为壳刺呈同心环带状分布，环带之间为宽阔的无刺区域。本属与轮刺贝属 *Echinoconchus* 较为相似，区别在于前者同心层较弱，无刺区域较宽阔，主脊微弱。

卡拉万贝未定种 *Karavankina* **sp.**

（图版 40，图 5~7）

材料　1 枚铰合标本。

描述　贝体中等大小，壳长 19mm、宽 23mm、厚 7mm；腹视轮廓近扇形，背视为横圆形，铰合线短于最大壳宽；腹壳凸隆程度中等，膝曲和缓；壳喙强大，伸过铰合缘，侧区很陡，耳翼不明显；壳刺呈同心环带状分布，环带之间为平坦的无刺区，有刺区与无刺区比例约为 1：1；背壳中等凹陷，同心层较腹壳更密。

讨论与比较　当前标本有刺区与光滑无刺区交替的特征指示 *Karavankina*，与经典卡拉万贝 *Karavankina typica* Ramovs 的不同在于后者凸隆程度更强，光滑无刺区域更宽，与簇状卡拉万贝 *Karavankina fasciata* (Kutorga) 的不同在于后者凸隆程度更强，且形态接近长卵形。故当前标本有可能是一新种，但由于只有 1 枚标本，故暂定为未定种。

产地与层位　西藏申扎县木纠错剖面，下拉组底部。

线纹长身贝超科 **Linoproductoidea Stehli, 1954**

线纹长身贝科 **Linoproductidae Stehli, 1954**

线纹长身贝亚科 **Linoproductinae Stehli, 1954**

线纹长身贝属 *Linoproductus* **Chao, 1927**

模式种　圆凸长身贝 *Productus cora* d'Orbigny, 1842。

讨论与比较 本属主要特征是腹壳高凸；背壳体腔区平坦或微凹；体腔深厚；铰合缘有一至二行壳刺，腹壳壳刺少且分布散乱，背壳上无壳刺；全壳具细壳线；壳皱仅在耳翼、壳侧和背壳发育；主突起三叶型，由侧脊支持。本属特征较显著，与 *Bandoproductus* 的区别在于后者腹壳缓隆，不膝曲，壳皱布于全壳；与蟹形贝 *Cancrinella* 的区别在于后者壳体较小，且腹壳壳刺多并发育较大的刺瘤，两壳均发育较弱的壳褶。

细丝线纹长身贝 *Linoproductus lineatus* (Waagen, 1884)

（图版 41，图 1~4）

1884 *Productus lineatus* Waagen, p. 673, pl. 66, figs. 1~2；pl. 67, fig. 3.

1897 *Productus lineatus*, Diener, p. 16, pl. 4, figs. 2~5.

1922 *Productus cora* d'Orbigny, Hayasaka, p. 86, pl. 5, figs. 3~4.

1927 *Linoproductus lineatus* (Waagen), Chao, p. 129, pl. 15, figs. 25~27.

1931 *Productus (Linoproductus) lineatus*, Grabau, p. 293, pl. 29, figs. 25~27.

1943 *Linoproductus lineatus*, Minato, p. 54, pl. 2, figs. 2~5.

1964a *Linoproductus lineatus*，王钰等，323 页，图版 52，图 18~19。

1978 *Linoproductus lineatus*，佟正祥，231 页，图版 81，图 7a~7b。

1978 *Linoproductus lineatus*，冯儒林和江宗龙，260 页，图版 92，图 4a~4c。

1984 *Linoproductus lineatus*，杨德骊，222 页，图版 34，图 14。

1995 *Linoproductus lineatus*，曾勇等，图版 6，图 12a~12c。

2001 *Linoproductus lineatus*, Shi and Shen, p. 248, pl. 1, figs. 5~6.

2001 *Linoproductus lineatus*, Tazawa, p. 293, figs. 6.18a~6.19.

2005 *Linoproductus lineatus*, Campi et al., p. 119, pl. 3, fig. P.

2012 *Linoproductus lineatus*, Crippa and Angiolini, p. 148, figs. 12i, 12j.

材料 60 枚腹壳标本。

描述 贝体中等大小，腹壳长 55mm、宽 44mm、高 22mm；轮廓次长方形，铰合线短于最大壳宽；腹壳高凸，贝体沿纵向及横向弯曲程度相似；壳喙卷曲，耳翼显著；中槽不发育至微弱；壳表具壳线，壳体前端约 5mm 内有 6~7 条；壳刺分布不规则；壳皱仅于耳翼发育。

讨论与比较 当前标本的形态、壳面纹饰明显指示 *Linoproductus lineatus* (Waagen)。本种与圆凸线纹长身贝 *Linoproductus cora* (d'Orbigny) 类似，区别在于后者轮廓一般为三角形至卵形，中槽较为显著。

产地与层位 西藏申扎县木纠错剖面，下拉组上部。

线纹长身贝未定种 1 *Linoproductus* sp. 1

（图版 40，图 8~9）

材料 17 枚腹壳标本。

描述 贝体中等大小，腹壳长 25mm、宽 24mm、高 8mm；轮廓近圆形，铰合线短于最大壳宽；腹壳凸隆程度中等，贝体沿纵向及横向弯曲程度相似，近球形；壳喙尖锐，耳翼小；中槽不发育；壳表具壳线，壳体前端约 5mm 内有 7 条；壳刺稀疏而不规则。

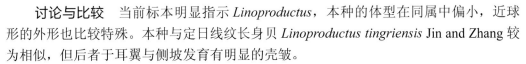

讨论与比较　当前标本明显指示 *Linoproductus*，本种的体型在同属中偏小，近球形的外形也比较特殊。本种与定日线纹长身贝 *Linoproductus tingriensis* Jin and Zhang 较为相似，但后者于耳翼与侧坡发育有明显的壳皱。

产地与层位　西藏申扎县木纠错剖面，下拉组上部。

线纹长身贝未定种 2 *Linoproductus* sp. 2
（图版 40，图 10~12）

材料　3 枚腹壳标本。

描述　贝体中等大小，腹壳长 21mm、宽 38mm、高 4mm；轮廓近方形，最大壳宽位于铰合线处；腹壳凸隆程度微弱；壳喙不明显，耳翼发育，向两端延展，主端呈锐角；中槽不发育；壳表具细密的壳线，壳体前端 5mm 内约有 10 条；壳皱发育，特别是侧区与耳翼处。

讨论与比较　当前标本的壳线指示 *Linoproductus*，但本种的形态非常特殊，腹壳扁平，非常发育的耳翼均未见于本属其他物种，该特征与 Shen 等（2002）中表述的 *Linoproductus* sp.（figs. 5.23-5.24）极为相似，应为一新种。但由于仅有 3 枚标本，故暂定为未定种。

产地与层位　西藏申扎县木纠错剖面，下拉组上部。

旁多贝属 *Bandoproductus* Jin and Sun, 1981

模式种　半球旁多贝 *Bandoproductus hemiglobicus* Jin and Sun, 1981。

讨论与比较　本属主要特征为腹壳缓隆，不膝曲，无中槽；壳线密布全壳，略扭曲，粗强壳刺在铰合缘呈窄带状分布，其余壳刺较细，刺基呈泪滴状，遍布全壳；背壳壳皱明显但无壳刺。背内主脊和腕痕不发育；腹内闭肌痕光滑，开肌痕不发育。本属极易与线纹长身贝科内的其他近似属混淆，如里昂贝属 *Lyonia* 和 *Costatumulus*。前者以背壳具壳刺区别于本属；而后者腹壳壳刺具粗强刺脊并明显向前伸长，背壳常具凹痕，腹内具发达的树枝状闭肌痕。

中等旁多贝 *Bandoproductus intermedia* Zhan in Zhan et al. 2007
（图版 40，图 13~15）

材料　2 枚腹壳标本，1 枚背壳外模标本。

描述　贝体较大，壳宽可达 63.6mm，壳长 36.5mm 以上，背壳宽 34.7mm，长 28.8mm；横圆形，铰合线略短于最大壳宽，主端方圆形，耳翼与壳顶区平缓过渡。腹壳缓凸，壳顶区前方最为凸隆；壳喙低钝，略超出铰合缘；前方略弯，无明显膝曲；壳线浑圆，前方每 5mm 内有 5~6 条；壳皱和铰合缘壳刺因保存原因不甚明显；前部壳线上可见滴状刺基。背壳近平，壳皱发育但不规则，侧缘每 5mm 内有 2~3 条；未见壳刺，具极少量凹痕。詹立培等（2007）在申扎地区永珠群上部建立了 *Bandoproductus intermedia* Zhan，但仅提供了图版而没有相应的文字描述。当前标本从总体外部特征上看与之极为相似，而且产自同一地区的同一层位，因此可以定为该种。结合模式标本的图片以及当前标本，总结出该种的鉴定特征为：壳形不甚横展，壳线较粗，腹壳表面壳刺稀疏以及背壳表面凹点少见。

讨论与比较　当前标本因其较大的贝体、缓凸且未膝曲的腹壳、不具壳刺的背壳而很有可能归属于 *Bandoproductus*。

产地与层位　西藏申扎县木纠错剖面，永珠群上部。

小山贝科 Monticuliferidae Muir-Wood and Cooper, 1960

耳刺贝亚科 Auriculispininae Waterhouse in Waterhouse and Briggs, 1986

瘤线贝属 *Costatumulus* Waterhouse, 1983b

模式种　膨胀耳刺贝 *Auriculispina tumida* Waterhouse in Waterhouse et al., 1983。

讨论与比较　本属与 *Cancrinella* 和巨皱贝 *Magniplicatina* 极易混淆，因为这三个属壳线、同心皱以及腹壳壳刺特征等都极为相似。本属与 *Magniplicatina* 属的区别在于腹壳更为强凸、侧翼更陡、腹喙强烈弯曲；与 *Cancrinella* 属的区别在于背壳无刺但常具凹痕。

瘤线贝未定种 1 *Costatumulus* sp. 1

（图版 41，图 5~17）

材料　3 枚腹壳标本，8 枚背壳标本。

描述　贝体中等大小，腹壳长 18.1~22.5mm、宽 22.2~28.8mm；轮廓呈横半圆形；铰合线处壳宽最大；主端方圆形。腹壳中等凸隆，以中央凸隆最高；顶区前方壳面强烈膝曲；壳喙强烈弯曲，相当宽；顶坡陡立；耳翼与体腔区分界明显，微凸；壳线细密，壳体前部每 5mm 内有 9~10 条；壳皱在壳顶区明显，向前逐渐减弱；壳刺在壳顶区呈五点梅花状分布，在前方分布较稀疏但更为粗强，明显伸长形成管状刺，部分标本在铰合缘及耳翼与壳顶分界处上也有一排壳刺。背壳微凹；前方壳面稍膝曲；壳体前部每 5mm 内有 7~9 条；壳皱分布较为均匀；全壳密布五点梅花状凹痕，向前凹痕逐渐扩大，呈泪滴状。

讨论与比较　本种的特征是横半圆形轮廓，腹壳壳皱在壳体前方不显，腹壳壳刺稀疏分布以及背壳密布泪滴状凹痕等。本种从整体轮廓、腹壳凸隆程度及膝曲型式等方面与 *Costatumulus amosi* Taboada 较为相似，但后者壳线明显更为细密，壳刺更小更密。

产地与层位　西藏申扎县木纠错剖面，永珠群上部。

瘤线贝未定种 2 *Costatumulus* sp. 2

（图版 42，图 1~11）

材料　4 枚腹壳标本，3 枚背壳标本。

描述　贝体小，壳长 9.2~17.6mm，壳宽 8.9~16.2mm；轮廓稍呈长卵形；铰合线短于最大壳宽；主端钝圆形。腹壳中等至强烈凸隆；顶区前方壳面膝曲较弱；壳喙卷曲；顶坡较陡；耳翼较小，与体腔区界线模糊；壳线细密，壳体前部每 5mm 内有 11~12 条；壳皱分布较为均匀，全壳有 7~9 条；壳刺均匀散布全壳，总体呈五点梅花状，较为稀疏。背壳微凹至近平；未见膝曲；壳体前部每 5mm 内约有 11 条；壳皱分布较为均匀；全壳散布五点梅花状凹痕，总体呈泪滴状。

讨论与比较　本种的特征是贝体很小，轮廓稍呈伸长型，壳皱在全壳均匀分布以及腹壳壳刺和背壳凹痕均呈五点梅花状稀疏散布等。本种与 *Costatumulus* sp. 1 显著区别于大小以及轮廓；与细弱瘤线贝 *Costatumulus fragosa* (Cooper and Grant) 的大小、耳翼及壳刺型式都较为相似，区别于后者轮廓更为伸长，壳皱更为粗强，呈扭曲起伏状。

产地与层位　西藏申扎县木纠错剖面，永珠群上部。

<h2 style="text-align:center">蕉叶贝亚目 Lyttoniidina Williams in Kaesler et al., 2000</h2>
<h2 style="text-align:center">蕉叶贝超科 Lyttonioidea Waagen, 1883</h2>
<h2 style="text-align:center">蕉叶贝科 Lyttoniidae Waagen, 1883</h2>
<h2 style="text-align:center">蕉叶贝亚科 Lyttoniinae Waagen, 1883</h2>

<h2 style="text-align:center">蕉叶贝属 Leptodus Kayser, 1883</h2>

模式种　李希霍芬蕉叶贝 *Leptodus richthofeni* Kayser, 1883。

<h2 style="text-align:center">蕉叶贝未定种 Leptodus sp.</h2>
（图版 42，图 12）

材料　1 枚腹壳标本。

描述　仅见 1 枚腹壳内部，贝体中等大小，长 41mm，宽 32mm；可见中隔板和与之垂直的 8 对侧隔板。

讨论与比较　虽然仅余腹壳内部，但其特征明确指示 *Leptodus*。由于标本保存较差，难以做进一步鉴定。

产地与层位　西藏申扎县木纠错剖面，下拉组中部。

<h2 style="text-align:center">线纹欧姆贝亚科 Linoldhamininae Xu et al., 2005</h2>

<h2 style="text-align:center">线纹欧姆贝属 Linoldhamina Xu et al., 2005</h2>

模式种　申扎线纹欧姆贝 *Linoldhamina xainzaensis* Xu et al., 2005。

讨论与比较　该属表面具线纹长身贝类的精细壳线，但两壳内部同时又具欧姆贝类的叶状隔板，另外腹壳铰合面的存在代表着该属可能为扭面贝亚目与蕉叶贝亚目之间的过渡类型（Xu et al., 2005）。

<h2 style="text-align:center">申扎线纹欧姆贝 Linoldhamina xainzaensis Xu et al., 2005</h2>
（图版 42，图 13）

2005 *Linoldhamina xainzaensis* Xu et al., p. 1017, figs. 2~5.

材料　2 枚腹壳标本。

描述　贝体中等大小，缺失后部壳体，腹壳长 27mm、宽 28mm、高 18mm；轮廓长卵形，最大壳宽位于壳体前部；腹壳强凸；壳表饰以细密壳线，前端每 5mm 约有 8 条；无同心结构与壳刺；中隔板两侧成对排列的侧板呈 45° 向前倾斜。

讨论与比较 当前标本同时具有线纹长身贝类的壳线以及欧姆贝类的隔板，明确指示 *Linoldhamina xainzaensis*，本种模式标本由 Xu 等（2005）发现于木纠错剖面，迄今只在该剖面发现。

产地与层位 西藏申扎县木纠错剖面，下拉组中部。

直形贝目 Orthotetida Waagen, 1884

直形贝亚目 Orthotetidina Waagen, 1884

直形贝超科 Orthotetoidea Waagen, 1884

米克贝科 Meekellidae Stehli, 1954

米克贝亚科 Meekellinae Stehli, 1954

米克贝属 *Meekella* White and John, 1867

模式种 沟线小皱贝 *Plicatula striatocostata* Cox, 1857。

讨论与比较 该属的主要特征是壳面覆有细密的壳纹和粗强的壳褶，腹内具近平行的齿板，背内具耸立的叉状主突起和高大铰窝板。本属分布时限和范围很广，在全球石炭纪—二叠纪地层中极为常见。

贵州米克贝 *Meekella kueichowensis* Huang, 1932

（图版 43，图 1~5）

1932 *Meekella kueichowensis* Huang, p. 27, pl. 3, figs. 19~21；pl. 4, figs. 1~4.

1974 *Meekella kueichowensis*，金玉玕等，312 页，图版 164，图 15~16。

1977 *Meekella kueichowensis*，杨德骊等，320 页，图版 132，图 3。

1978 *Meekella kueichowensis*，冯儒林和江宗龙，237 页，图版 86，图 5。

1978 *Meekella kueichowensis*，佟正祥，213 页，图版 78，图 1。

1979 *Meekella kueichowensis*，詹立培，64 页，图版 10，图 5~6。

1983a *Meekella kueichowensis*, Waterhouse, p. 116, pl. 1, fig. 11.

1987 *Meekella kueichowensis*，廖卓庭，图版 3，图 19，20。

1990 *Meekella kueichowensis*，梁文平，124 页，图版 12，图 13。

2005 *Meekella kueichowensis*, Chen et al., p. 352, fig. 10A.

材料 4 枚标本，包括 1 枚铰合标本。

描述 贝体较大，壳长 43mm、宽 51mm、厚 28mm；轮廓次圆形，最大壳宽位于壳体中部；铰合线长 25mm，铰合面高 11mm，三角孔高三角形，覆有拱突的假窗板；主端钝圆，耳翼不发育；两壳为近等的双凸型；腹壳壳喙高耸，不作弯曲；背壳自喙部发育一宽阔的中槽，在前缘处占壳宽的 2/3，前接合缘为单槽型；两壳自喙部发育粗强的壳褶，排列规则，大部分自顶区起，少有增加，两壳分别有 20 条；壳表密布放射纹，在前缘附近，每 5mm 约有 11 条；齿板薄而高大，较长，近平行向前延伸至壳体约 1/3 处。

讨论与比较 标本特征强烈指示 *Meekella*，与当前标本最相似的标本为浙江米克贝 *M. zhejiangensis* Liang，包括梁文平（1990）确立的属征，如背中槽、腹壳凸隆、壳褶不扭曲。但与 *M. zhejiangensis* 的不同在于，当前标本腹壳不发育壳皱，背壳亦无同心沟，齿板相距较窄。故本书认为，*M. zhejiangensis* 应为 *M. kueichowensis* 的种内变异。虽然本标本与 *M. kueichowensis* 也有些区别，如从背壳喙部发育的宽阔的中槽，但 *M. kueichowensis* 的种内变异较多，故将其归入该种是可以接受的。

产地与层位　西藏申扎县木纠错剖面，下拉组中部。

小嘴贝目 Rhynchonellida Kuhn, 1949

狭体贝超科 Stenoscismatoidea Oehlert, 1887

狭体贝科 Stenoscismatidae Oehlert, 1887

狭体贝亚科 Stenoscismatinae Oehlert, 1887

狭体贝属 *Stenoscisma* Conrad, 1839

模式种　施洛特海姆穿孔贝 *Terebratula schlotheimi* Buch, 1835。

讨论与比较　本属主要特征为壳面具粗壳线，形态较为多变，中隆中槽发育，腹壳齿板联合成匙形台，背壳内铰板整一，具有隔板槽，由一个粗强的中隔板支持，向前变强，空悬于体腔中部。本属与小腕房贝属 *Camarophorinella* 的区别在于后者背壳缺失匙形台中隔板。本属与韦勒贝属 *Wellerella* 的区别在于后者腹壳内齿板部形成匙形台，背壳内隔板槽亦退化。

大狭体贝 *Stenoscisma gigantea* (Diener, 1897)

（图版 43，图 8~11）

1897 *Camarophoria gigantea* Diener, p. 72, pl. 12, figs. 5, 7, 10.

1903 *Camarophoria gigantea*, Diener, p. 34, pl. 2, fig. 18.

1916 *Camarophoria gigantea*, Broili, p. 57, pl. 11, fig. 24, pl. 12, figs. 7~11.

1928 *Camarophoria purdoni* var. *gigantea* Diener, Hamlet, p. 58, pl. 9, fig. 9.

1974 *Stenoscisma giganteum* (Diener), Termier et al., p. 133, pl. 32, fig. 7.

1976 *Stenoscisma gigantea*，张守信和金玉玕，192 页，图版 11，图 28。

1980 *Stenoscisma gigantea*，李莉等，395 页，图版 173，图 6, 8。

1982 *Stenoscisma gigantea*，詹立培和吴让荣，图版 4，图 19。

2000a *Stenoscisma gigantea*, Shen et al., p. 745, figs. 13.1~13.5.

材料　4 枚标本，其中 2 枚铰合标本。

描述　标本保存较差，贝体中等大小，壳长 26mm、宽 34mm、厚 14mm；轮廓三角形，最大壳宽位于壳体前部；壳喙尖锐；中槽开始于壳体中部，向前扩张，在前缘约占壳宽的 1/3；中槽中隆壳线粗强，有 4~6 条，两侧壳面后部光滑，中前部发育较粗的壳线；腹壳匙形台发育，背壳见粗强的中隔板。

讨论与比较　当前标本特征与 *Stenoscisma gigantea* (Diener) 一致，本种与帕登狭体贝 *S. purdoni* (Davidson) 的区别在于后者壳体较小，壳线较稀，中槽较宽。

产地与层位　西藏申扎县木纠错剖面，下拉组底部。

韦勒贝超科 Wellerelloidea Licharew, 1956
异嘴贝科 Allorhynchidae Cooper and Grant, 1976
拟穿孔贝属 *Terebratuloidea* Waagen, 1883

模式种　戴维森拟穿孔贝 *Terebratuloidea davidsoni* Waagen, 1883。

讨论：本属的主要特征为轮廓呈三角形或亚五边形，壳线棱形，喙顶具一茎孔，腹内无齿板，背内无主突起和中隔板。异嘴贝 *Allorhynchus* 与本属较为相似，但其腹内具短却显著的齿板，而且喙顶不具茎孔，仅在喙顶下方有明显的腹三角孔。

拟穿孔贝未定种 *Terebratuloidea* sp.
（图版 43，图 6~7）

材料　1 枚腹壳标本。

描述　腹壳长 7.3mm、宽 9.8mm；轮廓亚五边形；最大壳宽位于壳体中前部；壳喙微弯，圆形茎孔清晰可见；中槽宽浅，于壳体前部开始凸显，并向背方强烈舌突；壳线粗糙而低平，由壳顶区向前逐渐加粗，中槽内有 5 条，侧区有 3~5 条。

讨论与比较　当前标本虽未能观察到内部构造，但根据其亚五边形轮廓、喙顶具茎孔以及中槽向背方舌突等特征可较稳妥地归入 *Terebratuloidea*。本种与属内其他种显著区别于其壳线低平而紧密，壳线间几无间隙。

产地与层位　西藏申扎县木纠错剖面，永珠群上部。

无窗贝目 Athyridida Boucot, Johnson and Staton, 1964
无窗贝亚目 Athyrididina Boucot, Johnson and Staton, 1964
无窗贝超科 Athyridoidea Davidson, 1881
无窗贝科 Athyrididae Davidson, 1881
携螺贝亚科 Spirigerellinae Grunt in Ruzhencev and Sarycheva, 1965

似无窗贝属 *Juxathyris* Liang, 1990

模式种　梨核形似无窗贝 *Juxathyris apionucula* Liang, 1990。

讨论：本属的主要特征为贝体中等大小，形态类似无窗贝 *Athyris*；两壳常同时具中槽，仅见于壳体前部；腹壳内齿板发育，无中隔板；背壳内铰板发育。Williams 等（见 Kaesler, 2002）认为该属为携螺贝属 *Spirigerella* 的同义名，但后者具有非常粗壮的主突起，与 *Juxathyris* 明显不同。

贵州似无窗贝 *Juxathyris guizhouensis* (Liao, 1980)
（图版 44，图 1~2）

1933 *Athyris timorensis* (Rothpetz), Huang, p. 69, pl. 10, fig. 14.

1980 *Araxathyris guizhouensis* Liao, 廖卓庭，268 页，图版 9，图 1~4。

1987 *Araxathyris guizhouensis*，廖卓庭，图版 6，图 20, 21。

1987 *Spirigerella simplex* Liao, 廖卓庭，113 页，图版 6，图 15~19；图版 8，图 26~30。

2004 *Juxathyris guizhouensis* (Liao), Shen et al., p. 896, figs. 8.11~8.23, 13.
2008 *Juxathyris guizhouensis*, Shen and Zhang, figs. 6.9~6.14.
2009 *Juxathyris guizhouensis*, Shen and Clapham, p. 725, pl. 4, figs. 1~7.

材料　5 枚腹壳标本。

描述　贝体小，腹壳长 11mm、宽 10mm、厚 6mm；轮廓尖卵形，最大壳宽位于壳体前部；腹壳凸隆强烈；壳喙尖，铰合线短而弯曲；壳表光滑，前缘发育同心层；前接合缘为旁槽型。

讨论与比较　当前标本外部特征，如壳体形态，前缘的同心层与旁槽型的前接合缘与 Shen 和 Zhang（2008）、Shen 和 Clapham（2009）描述的 *Juxathyris guizhouensis* 非常相似。

产地与层位　西藏申扎县木纠错剖面，下拉组上部。

莱采贝超科 Retzioidea Waagen, 1883
新莱采贝科 Neoretziidae Dagys, 1972
胡斯台贝亚科 Hustediinae Grunt, 1986

胡斯台贝属 *Hustedia* Hall and Clarke, 1893

模式种　毛门穿孔贝 *Terebratula mormoni* Marcou, 1858。

讨论与比较　本属主要特征为较粗、简单而不分支的壳线；腹壳内无齿板，发育短的肉茎领，铰齿弱；背壳内铰板粗强，其下由中隔板支撑；腕棒自铰板侧缘伸出，伸向腹部，腕锁位于壳体后部，较为简单。本属不太容易和二叠纪其他属相混淆。

申扎胡斯台贝 *Hustedia xainzaensis* Zhan and Wu, 1982
（图版 44，图 3~6）

1982 *Hustedia xainzaensis* Zhan and Wu，詹立培和吴让荣，101 页，图版 6，图 47~49。
2003c *Hustedia xainzaensis*, Shen et al., p. 1132, figs. 6.22~6.29.

材料　6 枚标本，其中 2 枚铰合标本。

描述　贝体小，壳长 9mm、宽 7~10mm、厚 6mm；轮廓菱形至圆三角形，最大壳宽位于壳体中部至前部；腹壳均匀凸隆，侧坡陡；腹喙尖锐，耸突，略弯曲；铰合面高；壳体中前部中槽浅至无；背壳凸隆和缓，背喙小而尖锐，弯曲；前接合缘为直型或单褶型；两壳均饰以粗圆的壳线，自顶区发育，不分支，有 12~14 条，在前部每 2mm 内约有 2 条。

讨论与比较　当前标本外部特征与詹立培和吴让荣（1982）于申扎县建立的 *Hustedia xainzaensis* 较为一致，但体型略小。与属内其他物种以较高的铰合面、尖锐的壳喙以及壳线的数目进行区分。

产地与层位　西藏申扎县木纠错剖面，下拉组中部。

石燕贝目 Spiriferida Waagen, 1883

石燕贝亚目 Spiriferidina Waagen, 1883

马丁贝超科 Martinioidea Waagen, 1883

英格拉尔贝科 Ingelarellidae Campbell, 1959

英格拉尔贝亚科 Ingelarellinae Campbell, 1959

似马丁贝属 *Martiniopsis* Waagen, 1883

模式种　隆凸似马丁贝 *Martiniopsis inflata* Waagen, 1883。

讨论与比较　本属主要特征为贝体呈球形或厚透镜状，铰合线短，铰合面不发育，中隆中槽不发育，表面光滑或仅饰以生长纹。腹壳齿板强大，向前伸展。背壳发育长而薄的腕基支板。本属与马丁贝属 *Martinia* 的区别在于后者缺失齿板。

隆凸似马丁贝 *Martiniopsis inflata* Waagen, 1883

（图版 44，图 7）

1883 *Martiniopsis inflata* Waagen, p. 525, pl. 41, figs. 7, 8.

1964 *Martiniopsis inflata*，王钰等，580 页，图版 112，图 6, 7。

1978 *Martiniopsis inflata*，佟正祥，263 页，图版 92，图 1。

1978 *Martiniopsis inflata*, Waterhouse, p. 127, pl. 25, fig. 1.

材料　1 枚腹壳。

描述　贝体中等大小，壳宽 23mm、长 17mm、厚 6mm；轮廓两凸，在壳顶处凸隆程度加大，近圆形；壳喙尖锐，铰合缘短于最大壳宽；表面光滑，无纹饰；中隆中槽不发育；腹壳齿板强，长约 6mm。

讨论与比较　该种光滑的壳表以及强大的齿板均指示 *Martiniopsis*，贝体轮廓、中隆中槽的缺失与 *Martiniopsis inflata* Waagen 非常相似。

产地与层位　西藏申扎县木纠错剖面，下拉组中部。

石燕贝超科 Spiriferoidea King, 1846

分喙石燕科 Choristitidae Waterhouse, 1968

血管石燕亚科 Angiospiriferinae Legrand-Blain, 1985

准腕孔贝属 *Brachythyrina* Frederiks, 1929

模式种　斯氏石燕 *Spirifer strangwaysi* de Verneuil in Murchison et al., 1845。

讨论与比较　本属主要特征为贝体大小不一，轮廓横展，主端尖翼状，两壳铰合面沿铰合线全长发育，槽隆明显，侧区壳线一般简单，偶尔在前缘分支，腹壳无齿板，仅沿三角孔侧缘发育低矮隆脊。本属在内部构造和壳面纹饰等方面与 *Brachythyris* 十分相似，但区别在于本属贝体横展，铰合面沿铰合线全长发育，而后者的贝体呈长卵形，铰合面短，呈三角形。

直角准腕孔贝 *Brachythyrina rectangula* (Kutorga, 1844)

（图版 44，图 11~15）

1844 *Spirifer rectangulus* Kutorga, p. 90, pl. 9, fig. 5.

1902 *Spirifer rectangulus*, Tschernyschew, p. 545, pl. 8, fig. 1；pl. 41, figs. 1-5.

1905 *Spirifer rectangulus*, Stuckenberg, p. 41, pl. 3, figs. 3-7.

1929 *Brachythyrina rectangula* (Kutorga), Chao, p. 60, pl. 8, fig. 3.

1981 *Brachythyrina rectangulus*, Waterhouse, p. 96, pl. 21, figs. 1-14；pl. 22, figs. 1-8；pl. 23, fig. 1.

1990 *Brachythyrina rectangula*，刘发和王卫东，图版 2，图 10。

1998 *Brachythyrina rectangula*，王成文和杨式浦，116 页，图版 18，图 7，9，17。

材料 2 枚腹壳标本，3 枚背壳标本

描述 贝体大，壳长普遍超过 20mm，标本若完整则壳宽普遍超过 55mm；强烈横向伸展；铰合线等于最大壳宽；主端尖翼状。腹壳凸隆缓和；壳喙尖，略弯曲，略超悬于铰合面之上；铰合面中部呈宽阔三角形，侧边与铰合线近平行，一直延伸至主端；中槽较窄，从壳顶向前逐渐变深变宽，两侧具粗强的边缘壳褶；侧区壳线简单、粗糙，脊顶圆至次棱角状，壳线间隙较宽；开肌痕区大而圆，深凹。背壳凸度与腹壳一致；壳喙略低；铰合面低矮，沿铰合线全长发育；中隆高凸，脊顶钝圆；侧区壳线粗强，简单不分枝，脊顶圆至次棱角形，每侧有 9~10 条；一个标本壳面上见同心线发育。

讨论与比较 当前标本贝体大，轮廓强烈横展，宽长比超过 2.5，壳线简单不分支，这些特征都与 *Brachythyrina rectangula* (Kutorga) 极为一致，唯一的区别在于当前标本壳线间隙略宽。本种与奇异准腕孔贝 *Brachythyrina peregrina* (Reed) 在壳线分支和排布型式方面非常相似，但后者轮廓明显不如本种横展，主端呈次方形至钝圆形。

产地与层位 西藏申扎县木纠错剖面，永珠群上部。

矩形准腕孔贝 *Brachythyrina rectanguliformis* Zhan in Zhan et al., 2007

（图版 44，图 8~9）

2007 *Brachythyrina rectanguliformis* Zhan in Zhan et al.，詹立培等，图版 2，图 12，13；图版 3，图 20；图版 4，图 23，24。

材料 1 枚腹壳标本。

描述 贝体中等大小，壳长 16.9mm，壳宽可达 25mm；轮廓横展；铰合线等于最大壳宽；主端未保存。腹壳凸隆缓和；壳喙尖，强烈弯曲，超悬于铰合面之上；铰合面高，沿铰合线全长发育；腹三角孔呈高等腰三角形；中槽窄浅，中央壳线发育，但较侧区壳线细，边缘壳线不显著，所有壳线极为粗圆，不分支，间隙较窄；闭肌痕区大而圆，深凹，开肌痕呈点状或稍呈线状。

讨论与比较 本种由詹立培根据拉萨地块申扎地区永珠群中上部的标本建立，但并未给出系统描述（詹立培等，2007）。当前标本与正、副模标本极为相似，仅中槽特征有所差异。在此根据正、副模标本图片及当前标本给出本种的主要鉴定特征：贝体中等大小，轮廓较横展，中槽极窄而深，中央壳线细，其余壳线极为粗圆，简单不分支。

产地与层位 西藏申扎县木纠错剖面，永珠群上部。

唐山贝亚科 Tangshanellinae Carter in Carter et al., 1994

阿尔法新石燕属 *Alphaneospirifer* Gatinaud, 1949

模式种 麻哈石燕 *Spirifer mahaensis* Huang, 1933。

讨论与比较 本属的鉴定特征为壳线发育强，粗细不等，排列不规则，常明显或不明显聚成簇状，形成壳褶，类似 *Neospirifer*；而贝体中等、中槽中隆均中等发育等特征类似于唐山贝属 *Tangshanella*；腹壳内仅有短脊，无完整齿板的特征与准腕孔贝属 *Brachythyrina* 相似；与短喙贝属 *Cartorhium* 的区别在于后者壳线粗且具齿板；与浙江石燕属 *Zhejiangospirifer* 的区别在于后者壳线粗且不呈簇状；半准腕孔贝属 *Semibrachythyrina* 的属征与本属一致，Williams（见 Kaesler, 2006）认为它是 *Alphaneospirifer* 的同义名。

尖翼阿尔法新石燕 *Alphaneospirifer mucronata* (Liang, 1990)

（图版 45，图 1~2）

1990 *Semibrachythyrina mucronata* Liang，梁文平，328 页，图版 59，图 6，10；图版 60，图 19，23。

材料 5 枚标本，其中 2 枚腹壳较完整。

描述 贝体中等大小，腹壳长 19mm、宽 44mm、厚 13mm；轮廓为强烈的横向伸展，壳宽约为壳长的 2 倍；腹壳在纵向上凸隆程度强；壳喙短而强，弯曲，越出铰合线外；两侧向主端做燕翼状伸展；壳面饰以次棱形壳线，分布尚规则，壳体中部向前，壳线作分枝式增加，多聚成簇状，形成明显或不明显的壳褶，前缘附近，每 5mm 有 5~7 条。

讨论与比较 当前标本的特点指示 *Alphaneospirifer*，其壳体横向伸展强烈，本属中仅有梁文平（1990）所描述的尖翼半准腕孔贝 *Semibrachythyrina mucronata* Liang 具此特色。

产地与层位 西藏申扎县木纠错剖面，下拉组上部。

三角贝科 Trigonotretidae Schuchert, 1893

新石燕亚科 Neospiriferinae Waterhouse, 1968

新石燕属 *Neospirifer* Fredericks, 1924

模式种 簇状石燕 *Spirifer fasciger* Keyserling, 1846。

讨论与比较 本属主要特征为壳线细密，组合成簇状，可形成壳褶；翼展不明显。Williams（见 Kaesler, 2007）将 *Neospirifer* 的两个亚属 *Neospirifer*、*Quadrospira* 提升成属，两者的区别在于后者的微细壳饰为鳞片状，具细刺。本属与鳞石燕属 *Lepidospirifer* 的区别在于后者壳线较细，成簇不明显。本属与短喙贝属 *Cartohium* 的区别在于后者壳线粗而少。

漠沙海新石燕 *Neospirifer moosakhailensis* (Davidson, 1862)

(图版 45，图 3~5)

1862 *Spirifera moosakhailensis* Davidson, p. 28, pl. 2, fig. 2.

1883 *Spirifer musakheylensis* (Davidson), Waagen, p. 512, pl. 45, figs. 1~6.

1897 *Spirifer musakhelensis* (Davidson), Diener, p. 35, pl. 3, figs. 3~4；pl. 4, figs. 1, 2；pl. 5, fig. 1.

1916 *Neospirifer fasciger* Keyserling, Broili, p. 37, pl. 120, figs. 10, 11；pl. 121, figs. 1~3.

1931 *Spirifer moosakhailensis* (Davidson), Grabau, p. 168, pl. 23, figs. 5~8.

1931 *Neospirifer warchensis* Reed, p. 21, pl. 4, fig, 9.

1944 *Spirifer* (*Neospirifer*) *musakheylensis* (Davidson), Reed, p. 196, pl. 25, fig. 3.

1944 *Spirifer* (*Neospirifer*) *warchensis* Reed, p. 198, pl. 27, figs. 7, 8.

1944 *Spirifer* (*Neospirifer*) *marcoui* Waagen, Reed, p. 200, pl. 25, figs. 1, 2.

1966 *Neospirifer moosakhailensis* (Davidson), Waterhouse, p. 34, pl. 8, figs. 1-2；pl. 9, figs. 1, 4；pl. 10, figs. 1, 2.

1978 *Neospirifer moosakhailensis*, Waterhouse, p. 57, pl. 6, figs. 19, 20.

1980 *Neospirifer moosakhailensis*，李莉等，412 页，图版 177，图 7，10。

1981 *Neospirifer musakheylensis* (Davidson), Shimizu, p. 80, pl. 8, fig. 24.

2003c *Neospirifer* (*Neospirifer*) *moosakhailensis* (Davidson), Shen et al., figs. 6.1~6.5.

材料　4 枚腹壳。

描述　贝体中等大小，腹壳长 27mm、宽 44mm、厚 6mm；轮廓近五边形，铰合线近于最大壳宽；主端钝圆；腹壳中等均匀隆起，最大凸隆位于壳体后方；壳喙中等，尖锐且弯曲；中槽起自壳顶，在后部较窄，向前迅速加宽；中槽总体较浅；腹壳饰有均匀、中等粗细的壳线，向前作分歧式增加，壳体前缘每 5mm 约有 6 条；壳线汇聚成簇，形成壳褶，壳褶均源自壳顶，向前不做增加，故每条壳褶上的壳线数由后部的 3 条增加到前缘的 6 条；壳面同心纹发育，但未能进一步观察到叠瓦状的生长纹；齿板明显，由腹侧可观察到由壳顶向前延伸约 6mm。

讨论与比较　当前标本的形态特征明显指示 *Neospirifer*，其贝体大小、壳线形成簇状壳褶、具生长纹等特征指示 *N. moosakhailensis* (Davidson) 或者 *N. kubeiensis* Ting。当前标本中槽宽浅、无叠槽、贝体偏小、壳褶较不明显等特征，更类似于 *N. moosakhailensis*。

产地与层位　西藏申扎县木纠错剖面，下拉组底部。

三角贝亚科 Trigonotretinae Schuchert, 1893

槽褶贝属 *Sulciplica* Waterhouse, 1968

模式种　横宽槽褶贝 *Sulciplica transversa* Waterhouse, 1968。

泰国槽褶贝 *Sulciplica thailandica* (Hamada, 1960)

(图版 44，图 10)

1960 *Brachythyrina thailandica* Hamada, p. 356, pl. 2, fig. 1.

1982 *Sulciplica thailandica* (Hamada), Waterhouse, p. 347, pl. 2, figs. 12~14；pl. 3, figs. 1~4.

2002 *Sulciplica thailandica*, Shi et al., pl. 1, figs. 6~8.

材料　1 枚腹壳标本。

描述 腹壳保存不够完整，壳长 23.5mm，若完整壳宽可达 58mm；形态极为横展，铰合线等于最大壳宽；主端尖翼状；腹壳凸隆较缓，最大凸度位于壳体中部；壳喙中等，尖锐微弯，超悬于铰合面之上；中槽自壳顶向前逐渐加深加宽，但总体仍然较窄，两侧具粗强的边缘壳褶；中槽内具 3~5 条壳线，较侧区壳线狭窄；中央壳线最细，不很发育，边缘壳褶向中槽内两次分支；侧区壳线简单、粗糙，脊顶次棱角状，有 13 条以上，近中槽的 3~4 条侧区壳线分支，壳线间隙较宽。

讨论与比较 本种最初由 Hamada（1960）根据泰国南部 Kaeng Krachan 群中产出的标本定为泰国准腕孔贝 *Brachythyrina thailandica* Hamada，之后 Waterhouse（1982）研究同产地同层位新的标本发现，本种腹内具齿板，因而将其修订为 *Sulciplica thailandica* (Hamada)，并总结了本种的鉴定特征，即壳体横展，侧区具 16 条壳线，槽隆内也发育 3~5 条细壳线。仔细观察泰国南部的标本可以发现，除以上特征外，本种不同于一般的 *Sulciplica* 属内分子，其近中槽的几条侧区壳线都有一定的分支，并不都是简单不分支的，这也与当前标本极为一致。

产地与层位 西藏申扎县木纠错剖面，永珠群上部。

小石燕科 Spiriferellidae Waterhouse, 1968

小石燕属 *Spiriferella* Tschernyschew, 1902

模式种 萨兰石燕 *Spirifer saranae* de Verneuil, 1845。

讨论与比较 本属特征为贝体中至大，主端圆或具短尖，最大壳宽通常位于铰合线前方，腹壳顶区凸隆，中槽中隆发育，两侧壳表发育粗强的壳线，腹壳内发育强壮的齿板。本属与罕萨贝 *Hunzina* 的不同之处在于后者铰合线短而弯曲，壳线较弱，中槽窄浅；本属与菱石燕 *Rhombospirifer* 的不同之处在于后者铰合线延伸较长，且中槽内没有壳线；本属与准爱利夫贝属 *Elivina* 的不同之处在于后者铰合线较短，体型较小。

尼泊尔小石燕 *Spiriferella nepalensis* Legrand-Blain, 1976

（图版 45，图 6~14）

1962 *Spiriferella salteri* Tschernyschew，丁培榛，455 页，图版 3，图 2a~2c。
1976 *Spiriferella nepalensis* Legrand-Blain, p. 242, pl. 1, figs. 7, 11.
1976 *Spiriferella qubuensis* Zhang and Jin，张守信和金玉玕，212 页，图版 18，图 1~5。
1978 *Spiriferella oblata* Waterhouse, p. 89, pl. 14, figs. 14~18.
1983c *Spiriferella oblata*, Waterhouse, p. 135, pl. 6, figs. 7~10.
1999 *Spiriferella nepalensis*, Shen and Jin, p. 557, fig. 4.4.
2001b *Spiriferella qubuensis*, Shen et al., p. 169, figs. 7.17~7.29.
2003b *Spiriferella nepalensis*, Shen et al., p. 81, pl. 11, figs. 7~17；text-fig. 12.
2003 *Spiriferella qubuensis*, Shi et al., p. 1062, figs. 5.10, 5.11, 5.15~5.17.

材料 7 枚腹壳标本，1 枚背壳标本，1 枚铰合标本。

描述 贝体中等大小，最大腹壳长 31mm、宽 25mm、厚 8mm；轮廓长卵形至横圆形，最大壳宽处约与铰合线重合；耳翼不发育；腹壳强凸，最大凸隆位于壳顶，顶坡强烈弯曲；壳喙长而尖，强烈弯曲；铰合面高，强凹；三角孔洞开；腹壳中槽自壳顶发育，较深，前接合缘为单褶型；两侧有两条粗强的壳线，槽内无壳线至多条壳线；壳线向侧区变低矮，多不分支，少数分支式增多一次；腹壳有时可见细密的生长纹；背壳缓凸，中隆由一根非常粗且凸隆的壳线构成，侧区壳线简单；腹壳内铰齿粗强。

讨论与比较　当前标本特征明显指示 *Spiriferella*，形态、壳喙、纹饰等特征类似 *S. nepalensis* Legrand-Blain，但个别标本与 *S. nepalensis* 差别较大，如壳体横圆，壳喙稍钝，铰合线稍长，铰合面较低，又类似拉贾小石燕 *S. rajah* (Salter) 中一些较为横宽的标本，但这两个类型间存在中间过渡类型，正如 Nelson 和 Johnson（1968）指出的，本属种内和种间变化范围都较大。Waterhouse（见 Gupta and Waterhouse, 1979）便持有这样的意见，拉贾小石燕 *S. rajah* 种内变异多样，*S. nepalensis* Legrand-Blain 可能为 *S. rajah* 的变异。不过由于当前标本多为长卵形，故暂时仍归于 *S. nepalensis* Legrand-Blain。

产地与层位　西藏申扎县木纠错剖面，下拉组底部。

中国小石燕相似种 *Spiriferella* cf. *sinica* Zhang in Zhang and Jin, 1976
（图版 46，图 1~2）

1976 *Spiriferella sinica* Zhang in Zhang and Jin，张守信和金玉玕，图版 15，图 11~17。
1978 *Spiriferella rajah* (Salter), Waterhouse, p. 38, pl. 4, figs. 1, 2.
2001b *Spiriferella sinica*, Shen et al., p. 171, figs. 10.1~10.8.
2018 *Spiriferella sinica*, Xu et al., p. 157, pl. 2, figs. 18~22.

材料　1 枚腹壳标本。

描述　贝体中等大小；不完整的腹壳长 22mm、宽 33mm、厚 9mm；腹壳均匀凸隆，壳顶凸隆程度稍大；腹喙钝圆，稍弯曲；铰合面发育，高 8mm；三角孔上部覆以三角双板，下部洞开；中槽窄浅，起自壳喙；两侧各有 6 条圆且粗强的壳线，沟宽窄，仅有线宽的 1/3，壳线均自壳顶发育，不分支；腹壳内齿板粗强。

讨论与比较　当前标本保存一般，壳面纹饰指示 *Spiriferella*，壳线模式与壳体后部的结构类似 *S. sinica* Zhang，但难以进一步确定。

产地与层位　西藏申扎县木纠错剖面，下拉组上部。

翼小石燕属 *Alispiriferella* Waterhouse and Waddington, 1982

模式种　克赫夫石燕（小石燕）普通变种 *Spirifer* (*Spiriferella*) *keilhavii* var. *ordinaria* Einor, 1939。

讨论与比较　本属的主要特征为具菱形壳，壳线简单，分支规则，铰合线长，主端方，背中隆具有一宽深的中沟槽，背中隆两侧具有宽深的界沟。本属与小石燕属 *Spiriferella* 的区别在于后者侧部壳线较不明显，铰合线较窄，背中隆无中沟槽。

普通翼小石燕相似种 *Alispiriferella* cf. *ordinaria* (Einor, 1939)
（图版 46，图 4~7）

材料　1 枚腹壳标本，2 枚铰合标本。

描述 贝体中等大小，腹壳长 26mm、宽 37mm、厚 6mm；轮廓近五边形，最大壳宽位于铰合线处；耳翼显著，主端方至具短尖；腹壳凸隆强烈，最大凸隆位于壳顶处；壳喙粗而尖，强烈弯曲并越过铰合线；中槽发育，起自喙部，前接合缘为单槽型；中槽内发育 1~2 对中等粗细的圆型壳线，中槽两侧发育粗强的壳线至壳褶，两侧各 4~5 条，圆型至棱型；腹壳饰以叠瓦状同心纹，在前缘处进一步发育为同心层；背壳凸隆程度中等；中隆高，由 4 条壳线汇聚而成，中有一极不明显的中沟；中隆两侧发育粗强的壳线，每侧 4 条，同心纹不明显。

讨论与比较 当前标本粗圆的壳线、长铰合线、主端方至具短尖、耳翼明显、侧部壳褶显著等特点指示 *Alispiriferella*，与 *Alispiriferella* 属内 *A. ordinaria* (Einor) 最为相似，但当前标本沟槽不明显；与 *A. sinensis* Wang and Zhang 和 *A. neimongolensis* Wang and Zhang 相比，当前标本的近五边形的轮廓、不明显的中沟槽可与其显著区分。

产地与层位 西藏申扎县木纠错剖面，下拉组底部。

窗孔贝亚目 Delthyridina Ivanova, 1972

网格贝超科 Reticularioidea Waagen, 1883

爱莉贝科 Elythidae Fredericks, 1924

纹窗贝亚科 Phricodothyridinae Caster, 1939

二叠纹窗贝属 *Permophricodothyris* Pavlova, 1965

模式种 卵圆二叠纹窗贝 *Permophricodothyris ovata* Pavlova, 1965。

讨论与比较 本属主要特征为贝体轮廓椭圆形或次圆形，主端圆，中隆中槽缺失或微弱，背壳内有非常长而近平行的腕棒与向后伸展的多螺纹的腕螺。以此区别于 *Phricodothyris* 与鱼鳞贝 *Squamularia* 等属。

优美二叠纹窗贝 *Permophricodothyris elegantula* (Waagen, 1883)

（图版 46，图 8~13）

1883 *Reticularia elegantula* Waagen, p. 545, pl. 44, fig. 1.

1902 *Reticularia elegantula*, Tschernyschew, p. 195, pl. 50, fig. 7.

1961 *Squamularia elegantula* (Waagen), Shimizu, p. 335, pl. 17, figs. 8, 14.

1980 *Squamularia elegantula*，廖卓庭，图版 8，图 31，32。

1982 *Squamularia elegantula*，詹立培和吴让荣，图版 4，图 20~23。

1990 *Astegosia codonoformis* (Waagen)，梁文平，298 页，图版 67，图 17~19。

2002 *Squamularia elegantula*, Shen et al., p. 680, figs. 6.11~6.13.

2002 *Permophricodothyris elegantula* (Waagen), Shi et al. p. 376.

材料 5 枚标本，其中 1 枚铰合标本。

描述 贝体中等大小，壳长 33mm、宽 44mm；轮廓横圆至近圆，铰合线短于最大壳宽，主端钝圆；腹壳强烈凸隆，最大凸起位于壳面中后部；壳喙钝，稍弯曲，不越过铰合缘；铰合面低矮；背壳凸隆程度近于腹壳，最大凸隆位于背壳喙部；无中隆中槽，前接合缘为直缘型；两壳饰以细密而规则的同心纹，前缘处每5mm有7~10条。

讨论与比较　虽然未能观察到内部构造，但当前标本外形仍然指示 *Permophricodothyris elegantula* (Waagen)。

产地与层位　西藏申扎县木纠错剖面，下拉组中部和上部。

野石燕亚科 Toryniferinae Carter in Carter et al., 1994

螺松贝属 *Spirelytha* Fredericks, 1924

模式种　巴普洛娃螺松贝 *Spirelytha pavlovae* Archbold and Thomas, 1984。

讨论与比较　Archbold 和 Thomas（1984）详细总结了本属的鉴定特征，即腹壳内具明显的中隔板及齿板，背壳内仅具精细的中肌膈而缺乏腕棒支板。本属与野石燕属 *Torynifer* 的区别在于后者背壳具向前联合的完整铰板，并由强壮的中隔板支撑；与北上贝属 *Kitakamithyris* 的区别在于后者背壳具假窗板和放射状的脉管痕而中肌膈微弱（Angiolini, 1995）。

瓣状螺松贝 *Spirelytha petaliformis* (Pavlova in Grunt and Dmitriev, 1973)
（图版 47，图 1~5）

1973 *Kitakamithyris petaliformis* Pavlova in Grunt and Dmitriev, p. 136, pl. 10, figs. 2~5.
1991 *Spirelytha petaliformis* Pavlova in Grunt and Dmitriev, Shi and Waterhouse, p. 36, fig. 5.9~5.12, 5.14, 5.15.
1995 *Spirelytha petaliformis*, Angiolini, p. 200, pl. 5, figs. 11~16；pl. 10, figs. 5, 6.
1997 *Spirelytha petaliformis*, Shi et al., fig. 3G, 3K.
2000b *Spirelytha petaliformis*, Shen et al., p. 274, pl. 4, figs. 4~8.
2002 *Spirelytha petaliformis*, Shi et al., pl. 1, fig. 3.
2005a *Spirelytha petaliformis*, Angiolini et al., p. 82.

材料　3枚腹壳标本，2枚背壳标本。

描述　腹壳长25.1~30.6mm、宽29.0~37.3mm；背壳长24.6~28mm、宽34~34.5mm；轮廓多呈五边形，少数呈横椭圆形，铰合线短于最大壳宽；腹喙和背喙稍稍越过铰合线；腹壳具浅弱中槽，由壳喙向前逐渐拓宽；全壳遍布同心层，每5mm有6~8条；同心层上具精细壳刺，壳刺型式难以观察；背壳除具有稍凸的中隆外，其余壳饰与腹壳类似；背壳内部见极细的中肌膈，仅延伸至筋痕面前方，脉管痕极弱。

讨论与比较　当前标本在本属中属中等偏大，槽隆明显但较为低弱，具精细的背中肌膈，因其较为典型的五边形轮廓，很可能属于 *Spirelytha petaliformis* (Pavlova)。本种与米罗拉多维奇螺松贝 *S. miloradovichi* Archbold and Thomas 的区别在于后者具更高的腹壳铰合面和更为显著的槽隆（Archbold and Thomas, 1984）。*S. fredericksi* Archbold and Thomas 与本种极为相似，主要区别在于前者轮廓更为横展，顶坡向侧面缓缓降低而非陡峭下降，腹壳内齿板明显较长，同心层上壳刺更为稀疏以及槽隆更为明显。

产地与层位　西藏申扎县木纠错剖面，永珠群上部。

准石燕目 Spiriferinida Ivanova, 1972

准石燕亚目 Spiriferinidina Ivanova, 1972

疹石燕超科 Pennospiriferinoidea Dagys, 1972

准小石燕科 Spiriferellinidae Ivanova, 1972

准小石燕属 *Spiriferellina* Fredericks, 1924

模式种 鸟冠似穿孔贝 *Terebratulites cristatus* Schlotheim, 1816。

讨论与比较 本属的主要特征为贝体小，体态横圆，最大壳宽位于铰合线处，侧区壳褶宽而稀少，棱脊形，疹质壳，背内常具有窄的主突起和阔的腕基支板且支板常组成一个小而浅的平台。与本属最相似的是 *Paraspiriferina*，但后者铰合线短，壳褶多而细圆，同心层细密而规则。

准小石燕未定种 *Spiriferellina* sp.
（图版 46，图 3）

材料 1 枚腹壳标本。

描述 贝体中等大小，腹壳长 17mm、宽 21mm、厚 6mm；轮廓近菱形，最大壳宽位于壳体中部，主端钝圆；壳喙钝，铰合面高约 3mm，腹壳凸隆程度中等；中槽深阔，两侧各发育 4 条壳褶，自壳喙向前呈放射状发散，壳褶自中间向两侧变低窄；腹壳共发育 4 层同心层，呈叠瓦状；壳表密布疹孔。

讨论与比较 当前标本疹质壳和宽而少的壳褶指示了 *Spiriferellina*。由于只有一块标本，故难以进一步鉴定。

产地与层位 西藏申扎县木纠错剖面，下拉组底部。

穿孔贝目 Terebratulida Waagen, 1883

穿孔贝亚目 Terebratulidina Waagen, 1883

两板贝超科 Dielasmatoidea Schuchert, 1913

两板贝科 Dielasmatidae Schuchert, 1913

两板贝亚科 Dielasmatinae Schuchert, 1913

两板贝属 *Dielasma* King, 1859

模式种 长形似穿孔贝 *Terebratulites elongatus* von Schlotheim, 1816。

两板贝未定种 *Dielasma* sp.
（图版 47，图 6~7）

材料 1 枚腹壳标本。

描述 腹壳长 10.0mm、宽 8.3mm；轮廓竖椭圆形；中等凸隆，最大凸度位于壳体中部；最大壳宽位于壳体中部；前接合缘直缘型；腹喙中等弯曲；不具中槽；壳表光滑，仅在壳体侧区可见少量同心纹饰。

讨论与比较 鉴于竖椭圆形轮廓及光滑的壳表，本标本很可能归入 *Dielasma*。

产地与层位 西藏申扎县木纠错剖面，永珠群上部。

参考文献

安徽省地质局区域地质调查队. 1982. 安徽螳类化石. 合肥: 安徽科学技术出版社.

陈俊兵, 徐兴永, 李文庆, 等. 2002. 藏南康马地区石炭系–二叠系研究新进展. 现代地质, 16(3): 237–242.

陈清华, 王建平, 王绍兰, 等. 1998. 西藏措勤盆地上二叠统的发现及其地质意义. 科学通报, 43(19): 2111–2114.

陈旭. 1956. 中国南部的螳科2, 中国二叠纪茅口灰岩的螳科动物群. 中国古生物志, 新乙种, 6: 1–71.

程立人, 王天武, 李才, 等. 2002. 藏北申扎地区上二叠统木纠错组的建立及皱纹珊瑚组合. 地质通报, 21(3): 140–143.

程立人, 李才, 张以春, 等. 2005a. 西藏羌塘中部地区*Polydiexodina*螳类动物群. 微体古生物学报, 22(2): 152–162.

程立人, 张予杰, 张以春, 等. 2005b. 幕府山螳（*Mufushanella*）在西藏申扎地区中二叠统的发现. 古生物学报, 44(1): 74–78.

地质部南京地质矿产研究所. 1982. 华东地区古生物图册（二）晚古生代分册. 北京: 地质出版社.

丁培榛. 1962. 西藏晚二叠世几种腕足类化石. 古生物学报, 10(4): 451–464.

丁启秀. 1978. 二叠纪螳类. 见: 湖北省地质局三峡地层研究组. 峡东地区震旦纪至二叠纪地层古生物. 北京: 地质出版社.

丁蕴杰, 夏国英, 段承华, 等. 1985. 内蒙古哲斯地区早二叠世地层及动物群. 中国地质科学院天津地质矿产研究所所刊, 10: 1–245.

方润森. 1995. 腾冲大硐厂早二叠世早期腕足类动物化石新成果. 云南地质, 14: 134–152.

方润森, 范健才. 1994. 云南西部中晚石炭世—早二叠世冈瓦纳相地层及古生物. 昆明: 云南科技出版社.

冯儒林, 江宗龙. 1978. 腕足动物门. 贵州地层古生物工作队. 西南地区古生物图册, 贵州分册（二）石炭纪—第四纪. 北京: 地质出版社.

冯少南, 许寿永, 林甲兴, 等. 1984. 长江三峡地区生物地层学（3）, 晚古生代分册. 北京: 地质出版社.

顾松竹, 彭凡, 何卫红, 等. 2005. 桂西南柳桥地区二叠纪末期浅水相小有孔虫动物群. 微体古生物学报, 22(2): 163–172.

贵州地层古生物工作队. 1978. 西南地区古生物图册, 贵州分册（二）石炭纪—第四纪. 北京: 地质出版社.

郭铁鹰, 梁定益, 张宜智, 等. 1991. 西藏阿里地质. 北京: 中国地质大学出版社.

郝诒纯, 林甲兴. 1982. 论粤、桂、湘、鄂二叠纪有孔虫的组合特征. 地球科学, 1: 19–33.

何锡麟, 张玉谨, 朱梅丽, 等. 1990. 内蒙准格尔旗晚古生代含煤地层与生物群. 徐州: 中国矿业大学出版社.

何心一, 翁发. 1983. 西藏阿里地区早二叠世珊瑚化石新资料. 地球科学——武汉地质学院学报, 19: 69–78.

侯鸿飞, 詹立培, 陈炳蔚. 1979. 广东晚二叠世含煤地层和生物群. 北京: 地质出版社.

胡世忠. 1983. 赣南小江边灰岩的腕足类及其时代的讨论. 古生物学报, 22: 338–345.

湖北省区域地质测量队. 1984. 湖北省古生物图册. 武汉: 湖北科学技术出版社.

湖南省地质局. 1982. 湖南古生物图册. 北京: 地质出版社.

黄浩, 杨湘宁, 金小赤. 2005. 云南保山地区二叠纪*Shanita*有孔虫动物群. 古生物学报, 44(4): 545–555.

黄浩, 金小赤, 史宇坤, 等. 2007. 西藏申扎地区中二叠世螳类动物群. 古生物学报, 46(1): 62–74.

纪占胜, 姚建新, 武桂春, 等. 2005. 拉萨林周地区下二叠统旁多群地层层序、岩石学特征及其成因的研究. 地质学报, 79(4): 433–443.

纪占胜, 姚建新, 武桂春, 等. 2006. 西藏措勤县敌布错地区"下拉组"中发现晚三叠世诺利期高舟牙形石. 地质通报, 25(1–2): 138–141.

纪占胜, 姚建新, 武桂春. 2007a. 西藏西部狮泉河地区二叠纪和三叠纪牙形石的发现及其意义. 地质通报, 26(4): 383–397.

纪占胜, 姚建新, 武桂春, 等. 2007b. 西藏申扎地区晚石炭世牙形石*Neognathodus*动物群的特征及其意义. 地质通报, 26(1): 42–53.

金玉玕. 1974. 腕足动物门（二叠纪）. 见: 中国科学院南京地质古生物研究所. 西南地区地层古生物图册. 北京: 科学出版社.

金玉玕. 1979. 珠穆朗玛峰北坡二叠纪基龙组的动物化石. 见: 中国科学院青藏高原综合科学考察队, 中国登山队, 珠穆朗玛峰科学考察分队. 珠穆朗玛峰科学考察报告（1975）. 北京: 科学出版社.

金玉玕, 方润森. 1985. 云南陆良下二叠统矿山组的腕足动物化石兼论梁山期古地理特征. 古生物学报, 24(2): 216–228.

金玉玕, 胡世忠. 1978. 安徽南部及宁镇山脉孤峰组的腕足化石. 古生物学报, 17(2): 101–127.

金玉玕, 孙东立. 1981. 西藏古生代腕足动物群. 见: 中国科学院南京地质古生物研究所. 西藏古生物（第三分册）. 北京: 科学出版社.

琚琦, 张以春, 乔枫, 等. 2019. 西藏拉萨地块中部扎布耶茶卡一带中二叠世䗴类动物群及其古生物地理意义. 古生物学报, 58(3): 324–341.

李家骧. 1989. 广西䗴类. 南宁: 广西师范大学出版社.

李莉, 谷峰. 1976. 石炭纪—二叠纪的腕足动物. 见: 内蒙古自治区地质局, 东北地质科学研究所. 华北地区古生物图册, 内蒙古分册（一）古生代部分. 北京: 地质出版社.

李莉, 谷峰, 苏养正. 1980. 石炭纪—二叠纪的腕足动物. 见: 沈阳地质矿产研究所. 东北地区古生物图册（一）古生代分册. 北京: 地质出版社.

李璞. 1955. 西藏东部地质的初步认识. 科学通报, 7: 62–71.

李文忠, 沈树忠. 2005. 西藏雅鲁藏布江缝合带二叠纪灰岩体的动物群及其古地理意义. 地质论评, 51(3): 225–233.

李祥辉, 王成善, 李亚林, 等. 2014. 西藏仲巴地区曲嘎组的拆解. 地质通报, 33: 614–628.

李子舜, 詹立培, 戴进业, 等. 1989. 川东陕南二叠-三叠纪生物地层及事件地层学研究. 北京: 地质出版社.

梁定益, 王为平. 1983. 西藏康马和拉孜曲虾两地的石炭、二叠系及其生物群的初步讨论. 见:地质矿产部青藏高原地质文集编委会. 青藏高原地质文集（2）. 北京: 地质出版社.

梁定益, 聂泽同, 郭铁鹰, 等. 1983. 西藏阿里喀喇昆仑南部的冈瓦纳-特提斯相石炭二叠系. 地球科学——武汉地质学院学报, 19: 9–27.

梁定益, 张宜智, 聂泽同, 等. 1991. 阿里地区地层. 见: 郭铁鹰, 梁定益, 张宜智, 等. 阿里地质. 武汉: 中国地质大学出版社.

梁文平. 1990. 浙江二叠系冷坞组及其腕足动物群. 北京: 地质出版社.

廖卓庭. 1980. 贵州西部上二叠统腕足化石. 见: 中国科学院南京地质古生物研究所. 黔西滇东晚二叠世含煤地层和古生物群. 北京: 科学出版社.

廖卓庭. 1987. 广西来宾合山晚二叠世硅化腕足类及其古生态特征. 见: 中国科学院南京地质古生物研究所. 中国各系界线地层及古生物, 二叠系与三叠系界线（一）. 南京: 南京大学出版社.

廖卓庭, 孟逢源. 1986. 湖南郴县华塘长兴期腕足动物. 中国科学院南京地质古生物研究所集刊, 22: 71–94.

林宝玉. 1981. 西藏申扎地区古生代地层的新认识. 地质论评, 27: 353–354.

林宝玉. 1983. 西藏申扎地区古生代地层. 见: 地质矿产部青藏高原地质文集编委会. 青藏高原地质文集（8）. 北京: 地质出版社.

林甲兴. 1978. 有孔虫目. 见: 湖北省地质科学研究所, 河南省地质局, 湖北省地质局, 等. 中南地区古生物图册（四）, 微体化石部分. 北京: 地质出版社.

林甲兴. 1980. 论加罗威蜓（*Gallowayinella*）的时代及其地层意义. 中国地质科学院院报宜昌地质矿产研究所分刊, 1(2): 37–45.

林甲兴. 1984. 有孔虫目. 见: 冯少南, 许寿永, 林甲兴, 等. 长江三峡地区生物地层学（3）, 晚古生代分册. 北京: 地质出版社. 110–150.

林甲兴. 1985. 广东加禾下二叠统栖霞组的有孔虫. 地质论评, 31(4): 291–294.

林甲兴, 李家骧, 陈公信, 等. 1977. 原生动物门. 见: 湖北省地质科学研究所, 河南省地质局, 湖北省地质局, 等. 中南地区古生物图册（二）晚古生代部分. 北京: 地质出版社.

林甲兴, 潘昭世, 孟逢源. 1979. 湖南嘉禾晚石炭世及早二叠世早期的蜓类. 古生物学报, 18(6): 561–571.

林甲兴, 李家骧, 孙全英. 1990. 华南地区晚古生代有孔虫. 北京: 科学出版社.

林雪山. 1990. 闽西晚石炭世晚期—早二叠世有孔虫动物群. 古生物学报, 29(6): 716–733.

刘朝安, 肖兴铭, 董文兰. 1978. 原生动物门. 见: 贵州地层古生物工作队. 西南地区古生物图册, 贵州分册（二）石炭纪—第四纪. 北京: 地质出版社.

刘发, 王卫东. 1990. 西藏改则县玛米雪山北坡晚石炭世的腕足动物化石. 长春地质学院学报, 20(4): 385–392.

罗辉. 1995. 二叠纪有孔虫. 见: 沙金庚. 青海可可西里地区古生物. 北京: 科学出版社.

聂泽同, 宋志敏. 1983a. 西藏阿里地区日土县下二叠统茅口阶龙格组的蜓类新资料. 地球科学——武汉地质学院学报, 19: 57–67.

聂泽同, 宋志敏. 1983b. 西藏阿里地区日土县下二叠统曲地组的蜓类. 地球科学——中国地质大学学报, 19: 29–42.

聂泽同, 宋志敏. 1983c. 西藏阿里地区日土县下二叠统吞龙共巴组的蜓类. 地球科学——中国地质大学学报, 19: 43–55.

聂泽同, 宋志敏. 1985. 西藏阿里地区日土县早二叠世茅口期的有孔虫动物群. 见: 地质矿产部青藏高原地质文集编委会. 青藏高原地质文集(17). 北京: 地质出版社.

聂泽同, 宋志敏. 1990. 阿里地区二叠纪蜓类. 见: 杨遵仪, 聂泽同. 西藏阿里古生物. 北京: 中国地质大学出版社.

祁玉平. 1997. 江苏丹徒大力山二叠-三叠系界线层的牙形刺. 微体古生物学报, 14(3): 350–356.

饶靖国, 张正贵, 杨曾荣, 1988. 西藏志留系、泥盆系及二叠系. 成都: 四川科学技术出版社.

芮琳. 1979. 贵州西部晚二叠世的蜓类. 古生物学报, 18(3): 271–297.

芮琳. 1983. 论Lepidolina kumaensis蜓类动物群. 中国科学院南京地质古生物研究所丛刊, 6: 249–270.

芮琳, 赵嘉明, 穆西南, 等. 1984. 陕西汉中梁山吴家坪灰岩的再研究. 地层学杂志, 8(3): 179–193.

沙金庚. 1995. 青海可可西里地区古生物. 北京: 科学出版社.

沈树忠, 何锡麟. 1994. 贵州贵定长兴阶的腕足动物群. 古生物学报, 33(4): 440–454.

沈树忠, 何锡鳞, 朱梅丽. 1992. 重庆中梁山长兴期腕足动物群. 见: 中国油气区地层古生物论文集（3）. 北京: 石油工业出版社.

沈阳地质矿产研究所. 1980. 东北地区古生物图册（一）古生代分册. 北京: 地质出版社.

盛怀斌. 1984. 西藏拉孜县早二叠世晚期修康组菊石. 见: 喜马拉雅地质文集编辑委员会. 喜马拉雅地质 2. 北京: 地质出版社.

盛怀斌. 1988. 西藏昂仁早二叠世浪错组菊石. 见: 中国地质科学院. 西藏古生物论文集. 北京: 地质出版社.

盛金章. 1955. 长兴石灰岩中的蜓科化石. 古生物学报, 3(4): 287–308.

盛金章. 1956. 陕西梁山二叠纪的蜓科化石. 古生物学报, 4(2): 175–227.

盛金章. 1958a. 青海省茅口灰岩中的蜓科. 古生物学报, 6(1): 268–291.

盛金章. 1958b. 太子河流域本溪统的蜓科. 中国古生物志, 143(7): 1–53.

盛金章. 1962. 浙江桐庐Polydiexodina蜓类动物群. 古生物学报, 10(3): 312–321.

盛金章. 1963. 广西、贵州及四川二叠纪的蜓类. 中国古生物志新乙种, 10(4): 1–247.

盛金章, 何炎. 1983. 滇西二叠纪Shanita-Hemigordius (Hemigordiopsis)有孔虫动物群. 古生物学报, 22(1): 55–59.

盛金章, 芮琳. 1984. 江西其平鸣山矿区上二叠统长兴阶的蜓类. 微体古生物学报, 1(1): 30–46.

盛金章, 孙大德. 1975. 青海蜓类. 北京: 地质出版社.

盛金章, 王云慧. 1962. 江苏南部茅口期的蜓类. 古生物学报, 10(2): 176–190.

施贵军, 杨湘宁. 1997. 安徽广德独山地区的晚石炭世有孔虫动物群. 微体古生物学报, 14(2): 129–148.

史宇坤, 杨湘宁, 金小赤. 2005. 滇西耿马县小新寨中二叠世沙子坡组 "Rugososchwagerina" 的再研究. 古生物学报, 44(4): 535–544.

宋海军, 童金南, 何卫红. 2006. 浙江煤山剖面二叠纪末的小有孔虫动物群. 微体古生物学报, 23(2): 87–104.

宋志敏. 1986. 青海省玛沁县石峡灰岩上部晚二叠世晚期古纺锤蜓动物群. 西藏地质, 1: 1–10.

宋志敏. 1990. 阿里二叠纪非蜓有孔虫. 见: 杨遵仪, 聂泽同. 阿里古生物. 武汉: 中国地质大学出版社.

孙东立. 1991. 西藏革吉县二叠纪萨克玛尔（Sakmarina）—阿丁斯克（Artinskian）期腕足动物群及其生物地理区系意义. 见: 孙东立, 徐均涛. 西藏日土地区二叠纪、侏罗纪、白垩纪地层及古生物. 南京: 南京大学出版社.

孙东立, 徐均涛. 1991. 西藏日土地区二叠纪、侏罗纪和白垩纪地层概述. 见: 孙东立, 徐均涛. 西藏日土地区二叠纪、侏罗纪、白垩纪地层及古生物. 南京: 南京大学出版社.

孙东立, 胡兆珣, 陈挺恩. 1981. 拉萨地区晚二叠世地层的发现. 地层学杂志, 5: 139–142.

孙恒元. 1992. 原生动物门. 见: 吉林省地质矿产局. 吉林省古生物图册. 长春: 吉林科学技术出版社.

孙巧缡, 张遴信. 1988. 空喀山口一带早二叠世的蜓. 微体古生物学报, 5: 367–378.

孙宪祯, 许惠龙, 李润兰, 等. 1996. 山西晚古生代含煤地层和古生物群. 太原: 山西科学技术出版社.

孙秀芳. 1979. 陕西镇安及甘肃迭部晚二叠世的蟆类. 古生物学报, 18(2): 163–168.

田树刚. 1992. 一个牙形石新属*Dicerogondolella* (gen. nov.). 中国地质科学院地质研究所所刊, 23: 203–215.

田树刚. 1993. 湘西北地区二叠-三叠系界线地层与牙形石分带. 中国地质科学院院报, 1: 133–150.

佟正祥. 1978. 腕足动物门（石炭纪、二叠纪部分）. 见: 西南地质科学研究所. 西南地区古生物图册四川分册（二）. 北京: 地质出版社.

王成文, 杨式溥. 1998. 新疆中部晚石炭世—早二叠世腕足动物及其生物地层学研究. 北京: 地质出版社.

王成文, 张松梅. 2003. 哲斯腕足动物群. 北京: 地质出版社.

王成源, 王志浩. 2016. 中国牙形刺生物地层. 杭州: 浙江大学出版社.

王国莲, 孙秀芳. 1973. 秦岭石炭二叠纪有孔虫及其地质意义. 地质学报, 2: 137–178.

王国平, 刘清昭, 金玉玕, 等. 1982. 腕足动物门. 见: 地质部南京地质矿产研究所. 华东地区古生物图册（二）晚古生代分册. 北京: 地质出版社.

王建华, 唐毅. 1986. 浙江桐庐冷坞栖霞组蟆类. 微体古生物学报, 3(1): 3–11.

王克良. 1982. 西藏石炭纪及二叠纪有孔虫. 见: 中国科学院青藏高原综合科学考察队. 西藏古生物（第四分册）. 北京: 科学出版社.

王克良. 1986. 申扎早二叠世有孔虫. 中国科学院南京地质古生物研究所丛刊, 10: 133–139.

王克良. 1988. 华南小有孔虫*Langella*动物群及其地层意义. 微体古生物学报, 5(3): 275–282.

王克良. 2002a. 广西来宾、合山地区二叠纪有孔虫. 中国科学院南京地质古生物研究所丛刊, 15: 130–179.

王克良. 2002b. 横断山地区石炭纪和二叠纪有孔虫. 微体古生物学报, 19(2): 112–133.

王全海, 徐仲勋, 吴瑞忠. 1988. 西藏札达县姜叶玛的二叠系. 成都地质学院学报, 15: 42–47.

王向东, Sugiyama T, Ueno K, 等. 2000. 滇西保山地区石炭纪、二叠纪古动物地理演化. 古生物学报, 39(4): 493–506.

王玉净, 周建平. 1986. 申扎早二叠世蟆类. 中国科学院南京地质古生物研究所丛刊, 10: 141–156.

王玉净, 盛金章, 张遴信. 1981. 西藏蟆类. 见: 中国科学院南京地质古生物研究所. 西藏古生物（第三分册）. 北京: 科学出版社.

王钰, 金玉玕, 方大卫. 1964. 中国的腕足动物化石（上册）. 北京: 科学出版社.

王云慧, 王莉莉, 王建华, 等. 1982. 原生动物门. 见: 地质部南京地质矿产研究所. 华东地区古生物图册（二）晚古生代分册. 北京: 地质出版社.

王志浩. 1978. 陕西汉中梁山地区二叠纪—早三叠世牙形刺. 古生物学报, 17(2): 213–227.

吴瑞忠, 蓝伯龙. 1990. 西藏西北部晚二叠世地层新资料. 地层学杂志, 14(3): 216–221.

武桂春, 纪占胜, 姚建新, 等. 2017. 纳木错西岸白云岩的时代修订及油浸现象发现的意义. 地质学报, 12: 2867–2880.

西藏地质局综合普查大队. 1980. 西藏申扎地区古生代地层的新发现. 地质论评, 26: 162.

西藏自治区地质矿产局. 1997. 西藏自治区岩石地层. 武汉: 中国地质大学出版社.

西南地质科学研究所. 1978. 西南地区古生物图册, 四川分册（二）. 北京: 地质出版社.

夏代祥. 1983. 藏北湖区申扎一带的古生代地层. 见: 地质矿产部青藏高原地质文集编委会. 青藏高原地质文集（2）. 北京: 地质出版社.

夏凤生, 章炳高, 孙东立, 等. 1986. 二叠系. 中国科学院南京地质古生物研究所丛刊, 10: 38–45.

夏国英, 张志存. 1984. 有孔虫. 见: 天津地质矿产研究所. 华北地区古生物图册（三）, 微体古生物分册. 北京: 地质出版社.

肖伟民, 王洪弟, 张遴信, 等. 1986. 贵州南部早二叠世地层及其生物群. 贵阳: 贵州人民出版社.

徐仁. 1975. 藏南舌羊齿植物群的发现及在地质和古地理的意义. 地质科学, 10: 323–332.

杨德骊. 1984. 腕足动物门. 见: 地质矿产部宜昌地质矿产研究所. 长江三峡地区生物地层学（3）晚古生代分册. 北京: 地质出版社.

杨德骊, 倪世钊, 常美丽, 等. 1977. 腕足动物门. 见: 湖北省地质科学研究所等. 中南地区古生物图册（二）晚古生代部分. 北京: 地质出版社.

杨式溥, 范影年. 1982. 西藏申扎地区石炭系及生物群特征. 见: 地质矿产部青藏高原地质文集编委会. 青藏高原地质文集（10）. 北京: 地质出版社.

杨湘宁, 施贵军, 刘家润, 等. 1999. 贵州盘县火铺镇茅口组剖面及其蟆类动物群. 地层学杂志, 23(3): 170–181.

杨振东. 1985. 贵州郎岱打铁关"茅口石灰岩"中蟆类化石的再研究. 微体古生物学报, 2(4): 307–335.

杨遵仪, 丁培榛, 殷洪福, 等. 1962. 祁连山区石炭纪、二叠纪和三叠纪腕足类动物群. 见: 中国科学院地质古生物研究所, 中国科学院地质研究所, 北京地质学院. 祁连山地质志. 北京: 科学出版社.

杨遵仪, 殷鸿福, 吴顺宝, 等. 1987. 华南二叠-三叠系界线地层及动物群. 北京: 地质出版社.

姚葆芸, 汪贤灼, 顾影渠. 1988. *Polydiexodina*（复通道蟆）动物群在云南的发现及其意义. 云南地质, 7(1): 77–80.

姚建新, 纪占胜, 武桂春, 等. 2007. 西藏申扎地区德日昂玛-下拉剖面: 冈瓦纳和特提斯晚石炭世—早二叠世地层和古生物对比的桥梁. 地质通报, 26(4): 31–41.

殷洪福. 1988. 中国古生物地理学. 武汉: 中国地质大学出版社.

尹集祥, 郭师曾. 1976. 珠穆朗玛峰北坡冈瓦纳相地层的发现. 地质科学, 4: 291–322.

曾学鲁, 朱伟元, 何心一, 等. 1996. 西秦岭石炭纪、二叠纪生物地层及沉积环境. 北京: 地质出版社.

曾勇, 何锡麟, 朱美丽. 1995. 华蓥山二叠纪腕足动物群与群落演替. 徐州: 中国矿业大学出版社.

詹立培. 1979. 腕足类. 见: 侯鸿飞, 詹立培, 陈炳蔚. 广东晚二叠世含煤地层和生物群. 北京: 地质出版社. 61–100.

詹立培, 吴让荣. 1982. 西藏申扎地区早二叠世腕足动物群. 见: 地质矿产部青藏高原地质文集编委会. 青藏高原地质文集（7）. 北京: 地质出版社.

詹立培, 姚建新, 纪占胜, 等. 2007. 西藏申扎地区晚石炭世—早二叠世冈瓦纳相腕足类动物群再研究. 地质通报, 26(1): 54–72.

张遴信. 1982. 青藏高原东部的蟆. 见: 四川省地质局区域地质调查队, 中国科学院南京地质古生物研究所. 川西藏东地区地层与古生物（二）. 成都: 四川人民出版社.

张遴信. 1991. 西藏阿里地区早、中二叠世蟆类. 见: 孙东立, 徐均涛. 西藏日土地区二叠纪、侏罗纪、白垩纪地层及古生物. 南京: 南京大学出版社.

张遴信. 1995. 蟆. 见: 沙金庚. 青海可可西里地区古生物. 北京: 科学出版社. 54–58.

张遴信. 1996. 蟆. 见: 孙宪祯, 许惠龙, 李润兰, 等. 山西晚古生代含煤地层和古生物群. 太原: 山西科学技术出版社. 197–239.

张遴信. 1998. 喀喇昆仑-昆仑地区的蟆类. 见: 中国科学院青藏高原综合科学考察队. 喀喇昆仑山-昆仑山地区古生物. 北京: 科学出版社.

张遴信, 李万英. 1987. 江苏大丰石炭纪及早二叠世栖霞期蟆类. 古生物学报, 26(4): 392–410.

张遴信, 王玉净. 1974. 见: 中国科学院南京地质古生物研究所, 西南地区地层古生物手册. 北京: 科学出版社.

张遴信, 芮琳, 赵嘉明, 等. 1988. 黔南二叠纪古生物. 贵阳: 贵州人民出版社.

张守信, 金玉玕. 1976. 珠穆朗玛峰地区上古生界腕足动物化石. 见: 中国科学院西藏科学考察队. 珠穆朗玛峰地区科学考察报告, 1966–1968, 古生物（第二分册）. 北京: 科学出版社.

张以春. 2010. 西藏普兰县姜叶玛地区瓜德鲁普世晚期蟆类动物群及其古生物地理意义. 古生物学报, 49(2): 231–250.

张以春, 王玥. 2019. 西藏普兰县姜叶玛地区中二叠统西兰塔组中的有孔虫及其地质意义. 古生物学报, 58(3): 311–323.

张以春, 张予杰, 袁东勋, 等. 2019. 班公湖-怒江洋打开时间的地层古生物约束. 岩石学报, 35(10): 3083–3096.

张予杰, 朱同兴, 袁东勋, 等. 2014a. 西藏申扎地区二叠系下拉组中吴家坪期化石的发现及其意义. 地层学杂志, 38(1): 411–418.

张予杰, 朱同兴, 张以春, 等. 2014b. 西藏申扎地区二叠系下拉组地层划分及其沉积（微）相. 地质学报, 88(2): 273–284.

张正贵, 陈继荣, 喻洪津. 1985. 西藏申扎早二叠世地层及生物群特征. 见: 地质矿产部青藏高原地质文集编委会. 青藏高原地质文集（16）. 北京: 地质出版社.

张正华, 王治华, 李昌全. 1988. 黔南二叠纪地层. 贵阳: 贵州人民出版社.

张舟, 张廷山, 蓝光志. 2011. 川西北二叠系栖霞组小有孔虫动物群. 现代地质, 25(5): 987–994.

张祖辉, 洪祖寅. 1990. 福建武平宁洋 *Polydiexodina-Neomisellina-Codonofusiella* 类动物群及其地层意义. 福建地质, 4: 281–288.

张祖辉, 洪祖寅. 1994. 福建龙岩苏邦栖霞组上部蟆类. 微体古生物学报, 11(1): 101–108.

张祖辉, 洪祖寅. 1998. 福建宁化早二叠世早期的史塔夫蟆（*Staffella*）动物群. 微体古生物学报, 15(2): 199–212.

张祖辉, 洪祖寅. 2000. 福建武平中二叠统童子岩组的小有孔虫. 微体古生物学报, 17(1): 39–56.

张祖辉, 洪祖寅. 2001a. 福建宁化早二叠世早期的小有孔虫动物群. 微体古生物学报, 18(3): 254–262.

张祖辉, 洪祖寅. 2001b. 福建漳平下二叠统的小有孔虫. 微体古生物学报, 18(4): 335–348.

张祖辉, 洪祖寅. 2002. 湘东南栖霞组底部石炭-二叠纪有孔虫混生动物群的发现. 古生物学报, 41(3): 372–395.

张祖辉, 洪祖寅. 2004. 福建大田长兴组的小有孔虫动物群. 微体古生物学报, 21(1): 64–84.

章炳高. 1974. 石炭系、二叠系. 见: 中国科学院西藏科学考察队. 珠穆朗玛峰地区科学考察报告, 1966–

1968, 地质. 北京: 科学出版社.

章炳高. 1986. 西藏申扎、班戈古生代及白垩纪地层. 中国科学院南京地质古生物研究所丛刊, 10: 1–45.

赵嘉明. 1991. 西藏革吉早、中二叠世四射珊瑚. 见: 孙东立, 徐均涛. 西藏日土地区二叠纪、侏罗纪、白垩纪地层及古生物. 南京: 南京大学出版社.

赵嘉明, 吴望始. 1986. 申扎晚古生代珊瑚. 中国科学院南京地质古生物研究所丛刊, 10: 169–194.

赵金科, 盛金章, 姚兆奇, 等. 1981. 中国南部的长兴阶和二叠系与三叠系之间的界线. 中国科学院南京地质古生物研究所丛刊, 2: 1–131.

郑春子, 王永胜, 张树岐. 2005. 西藏北部申扎地区德日昂玛-下拉山石炭二叠系生物地层划分. 地层学杂志, 29: 520–528.

郑洪. 1986. 湖北大峡口栖霞阶小有孔虫动物群. 地球科学——武汉地质学院学报, 11(5): 489–498.

郑洪. 1987. 河南禹县晚古生代小有孔虫动物群. 微体古生物学报, 4(2): 217–223.

郑有业, 许荣科, 王成源, 等. 2007. 中国二叠纪冈瓦纳冷水相牙形刺动物群的发现. 科学通报, 52: 578–583.

郑元泰, 林甲兴. 1991. 有孔虫、蜓. 见: 新疆石油管理局南疆石油勘探公司, 江汉石油管理局勘探开发研究院. 塔里木盆地震旦纪至二叠纪地层古生物（柯坪-巴楚地层分册）. 北京: 石油工业出版社.

中国科学院青藏高原综合科学考察队. 1984. 西藏地层. 北京: 地质出版社.

周铁明. 1998. 宁蒗油果木地区中二叠世含蜓地层及化石带. 云南地质, 17(2): 175–190.

周铁明. 2001. 普洱地区中二叠统茅口阶地层及蜓类分带. 云南地质, 20: 297–307.

周幼云, 江元生, 王明光. 2002. 西藏措勤-申扎地层分区二叠系敌布错组的建立及其特征. 地质通报, 21(2): 79–82.

周祖仁, 王玉净, 盛金章, 等. 2000. 二叠纪新小纺锤蜓模式种 *Neofusulinella lantenoisi* Deprat, 1913 在云南保山的发现（英文）. 古生物学报, 39(4): 457–465.

周祖仁. 1984. 湘东南早二叠世栖霞期中、晚期的 *Staffella vulgaris* (sp. nov.), *Misellina claudiae* 及 *Parafusulina multiseptata* 蜓类群. 古生物学报, 23(1): 107–123.

朱利东, 刘登忠, 陶晓风, 等. 2004. 西藏措勤地区石炭纪—早二叠世古地理演化. 地球科学进展, 19(S1): 46–49.

朱彤. 1990. 福建二叠纪含煤地层及古生物群. 北京: 地质出版社.

朱秀芳. 1982a. 西藏林周早二叠世的蜓. 见: 地质矿产部青藏高原地质文集编委会. 青藏高原地质文集（7）. 北京: 地质出版社.

朱秀芳. 1982b. 西藏申扎地区早二叠世的蜓. 见: 地质矿产部青藏高原地质文集编委会. 青藏高原地质文集（7）. 北京: 地质出版社.

朱自力. 1998. 论蜓类 Pseudodoliolina 的旋壁结构. 古生物学报, 37(2): 245–252.

Abramov B S, Grigorieva A D. 1988. Biostratigrafiya i brahiopody Permi Verhoyaniya. Akademiya nauk SSSR, 204: 1–208.

Altiner D. 1978. Trois nouvelles espèces du genre *Hemigordius* (Foraminifère) du Permian supérieur de Turquie (Taurus oriental). Notes du Laboratoire de Paleongologie de L' Universite de Geneve, 2: 27–31.

Altiner D. 1984. Upper Permian foraminiferal biostratigraphy in some localities of the Taurus Belt. In: Tekeli

O, Goncuoglu M C. Geology of the Taurus Belt (Proceedings of an International Tauride Symposium). Ankara: Mineral Research and Exploration Institute of Turkey.

Altiner D, Özkan A S. 1998. *Baudiella stampflii*, n. gen., n. sp., and its position in the evolution of Late Permian ozawainllid fusulines. Revue de Paleobiologie, 17(1): 163–175.

Angiolini L. 1995. Permian brachiopods from Karakorum (Pakistan). Pt. 1. Rivista Italiana di Paleontologia e Stratigrafia, 101(2): 165–214.

Angiolini L, Carabelli L. 2010. Upper Permian brachiopods from the Nesen Formation, North Iran. Special Papers in Palaeontology, 84: 41–90.

Angiolini L, Brunton H, Gaetani M. 2005a. Early Permian (Asselian) brachiopods from Karakorum (Pakistan) and their palaeobiogeographical significance. Palaeontology, 48: 69–86.

Angiolini L, Carabelli L, Gaetani M. 2005b. Middle Permian brachiopods from Greece and their palaeobiogeographical significance: new evidence for a Gondwanan affinity of the Chios Island Upper Unit. Journal of Systematic Palaeontology, 3(2): 168–185.

Angiolini L, Checconi A, Gaetani M, et al. 2010. The latest Permian mass extinction in the Alborz Mountains (North Iran). Geological Journal, 45(2–3): 216–229.

Angiolini L, Zanchi A, Zanchetta S, et al. 2015. From rift to drift in South Pamir (Tajikistan): Permian evolution of a Cimmerian terrane. Journal of Asian Earth Sciences, 102(0): 146–169.

Archbold N W. 1983. Permian marine invertebrate provinces of the Gondwanan Realm. Alcheringa: An Australasian Journal of Palaeontology, 7: 59–73.

Archbold N W. 1984. Western Australian occurrences of the Permian brachiopod genus *Retimarginifera*. Alcheringa: An Australasian Journal of Palaeontology, 8(2): 113–121.

Archbold N W, Thomas G A. 1984. Permian Elythidae (Brachiopoda) from Western Australia. Alcheringa: An Australasian Journal of Palaeontology, 8(4): 311–326.

Archbold N W, Thomas G A, Skwarko S K. 1993. Brachiopods. Palaeontology of the Permian of Western Australia. Bulletin Geological Survey of Western Australia, 136: 45–51.

Baghbani D. 1993. The Permian sequence in the Abadeh region, Central Iran. Bibliography of South American Geology: Volume II, Bolivia, Brazil, Chile, Colombia. Occasional Publications ESRI: 7–22.

Bai Y, Yuan X, He Y, et al. 2020. Mantle Transition Zone structure beneath Myanmar and its geodynamic implications. Geochemistry, Geophysics, Geosystems, 21(12): e2020GC009262.

Bando Y, Bhatt D K, Gupta V J, et al. 1980. Some remarks on the conodont zonation and stratigraphy of the Permian. Recent Researches in Geology, 5: 1–53.

Baxter A T, Aitchison J C, Zyabrev S V. 2009. Radiolarian age constraints on Mesotethyan ocean evolution, and their implications for development of the Bangong-Nujiang suture, Tibet. Journal of the Geological Society, 166(4): 689–694.

Behnken F H, Wardlaw B R, Stout L N. 1986. Conodont biostratigraphy of the Permian Meade Peak phosphatic shale member, Phosphoria Formation, southeastern Idaho. Western phosphate deposits. Contributions to Geology, 24(2): 169–190.

Bender H, Stoppel D. 1965. Perm-Conodonten. Geologisches Jahrbuch, 82: 331–357.

Bérczi-Makk A, Csontos L, Pelikán P. 1995. Data on the (Upper Permian) foraminifer fauna of the Nagyvisnyó Limestone Formation from borehole Mályinka-8 (Northern Hungary). Acta Geologica Hungarica, 38(3): 185–250.

Bion H S, Middlemiss C S. 1928. The fauna of the agglomeratic slate series of Kashmir. Memoirs of the Geological Survey of India, Palaeontologia Indica, new series, 12: 1–55.

Boucot A J, Johnson J G, Staton R D. 1964. On some Atrypoid, Retzioid, and Athyridoid Brachiopoda. Journal of Paleontology, 38(5): 805–822.

Bozorgnia F. 1973. Paleozoic foraminiferal biostratigraphy of central and east Alborz mountains, Iran. National Iranian oil company, Geological Laboratories, Publication, 4: 1–185.

Brady H B. 1873. On *Archaediscus karreri*, a new type of Carboniferous foraminifera. Annals and Magazine of Natural History (Series 4), 12: 286–290.

Brady H B. 1876. A monograph of Carboniferous and Permian foraminifera (the genus *Fusulina* excepted), London: The Palaeontographical Society, 1–66.

Brady H B. 1884. Report on the Foraminifera dredged by H.M.S. Challenger during the Years 1873–1876. Report on the Scientific Results of the Voyage of H.M.S. Challenger during the years 1873–76. Zoology, 9: 1–814.

Briggs D J C. 1998. Permian productidina and strophalosiidina from the Sydney-Bowen basin and New England Orogen: systematics and biostratigraphic significance. Memoir of the Association of Australasian Palaeontologists, 19: 1–258.

Broili F. 1916. Die Permischen Brachiopoden von Timor. In: Wanner J. Paläontologie von Timor, vol. 7. 1–104.

Bronn H G. 1862. Die Klassen und Ordnungen der Weichthiere. Malacozoa: Leipzig and Heidelberg.

Brönnimann P, Whittaker J E, Zaninetti L. 1978. *Shanita*, a new Pillared Miliolacean foraminifera from the Late Permian of Burma and Thailand. Rivista Italiana di Paleontologia e Stratigrafia, 84(1): 63–92.

Buch H V. 1835. Über Terebrateln, mit einem Versuch sie zu classificiren und zu beschreiben. Abhandlungen der Koniglichen Akademie der Wisenschaften zu Berlin, 1833: 21–144.

Cai F, Ding L, Leary R J, et al. 2012. Tectonostratigraphy and provenance of an accretionary complex within the Yarlung-Zangpo suture zone, southern Tibet: insights into subduction-accretion processes in the Neo-Tethys. Tectonophysics, 574–575: 181–192.

Cai F, Ding L, Laskowski A K, et al. 2016. Late Triassic paleogeographic reconstruction along the Neo-Tethyan Ocean margins, southern Tibet. Earth and Planetary Science Letters, 435: 105–114.

Campbell K S W. 1959. The Martiniopsis-like spiriferids of the Queensland Permian. Palaeontology, 1(4): 333–350.

Campi M J, Shi G R, Leman A S. 2005. Guadalupian (Middle Permian) brachiopods from Sungal Toh, a *Leptodus* Shale locality in the Central Belt of Peninsular Malaysia, Part I: Lower Horizons. Palaeontographica Abteilung a-Palaozoologie-Stratigraphie, 273(3–6): 97–160.

Carey S P, Burrett C F, Chaodumrong P, et al. 1995. Triassic and Permian conodonts from the Lampang and Ngao groups, northern Thailand. Contributions to the First Australian conodont symposium (AUSCOS 1). CFS, 182: 497–513.

Carter J L, Johnson J G, Gourvennec R, et al. 1994. A revised classification of the spiriferid brachiopods. Annals of the Carnegie Museum, 63(4): 327–374.

Caster K E. 1939. A Devonian fauna from Colombia. Bulletins of American Paleontology, 24(83): 1–218.

Chao Y T. 1927. Productidae of China, Part 1: Producti. Palaeontologia Sinica, Series B, 5(2): 1–206.

Chao Y T. 1928. Produtidae of China, Pt. 2, Vhonetinae, Productinae and Richthofeninae. Palaeontologia Sinica, Series B, 5(3): 1–81.

Chao Y T. 1929. Carboniferous and Permian spiriferids of China. Palaeontologia Sinica, Series B, 11(1): 1–101.

Chapman J B, Robinson A C, Carrapa B, et al. 2018. Cretaceous shortening and exhumation history of the South Pamir terrane. Lithosphere, 10(4): 494–511.

Chediya I O, Bogoslovskaya M F, Davydov V I, et al. 1986. Fuzulinidy i ammonoidei v stratotipe kubergandinskogo yarusa (Yugo-vostochny Pamira). Ezhegodnik vsesouznogo paleontologicheskogo obschestva, 29: 28–53.

Chen D, Luo H, Wang X, et al. 2019. Late Anisian radiolarian assemblages from the Yarlung-Tsangpo Suture Zone in the Jinlu area, Zedong, southern Tibet: implications for the evolution of Neotethys. Island Arc, 28(4): e12302.

Chen Z Q, Shi G R. 2000. A new tribe of dictyoclostid brachiopods from the Lower Permian of the Tarim Basin, north-west China. Palaeontology, 43: 325–342.

Chen Z Q, Shi G R. 2006. Artinskian-Kungurian (Early Permian) brachiopod faunas from the Tarim Basin, Northwest China Part 1: Biostratigraphy and systematics of Productida. Palaeontographica Abteilung a-Palaeozoologie-Stratigraphie, 274(3–6): 113–177.

Chen Z Q, Campi M J, Shi G R, et al. 2005. Post-extinction brachiopod faunas from the Late Permian Wuchiapingian coal series of South China. Acta Palaeontologica Polonica, 50(2): 343–363.

Cherdyntsev W. 1914. K faune foraminifer permskikh otlozhenii vostochnoi polosy Evropeiskoi Rossii. Trudy Obshchestva Estestvoispytateley pri Imperatorskomy Kazanskomy Universitety, 46(5): 3–88.

Chernykh V V, Kotlyar G V, Chuvashov B I, et al. 2020. Multidisciplinary study of the Mechetlino Quarry section (Southern Urals, Russia) — The GSSP candidate for the base of the Kungurian Stage (Lower Permian). Palaeoworld, 29(2): 325–352.

Choi D R. 1970. Permian fusulinids from Imo, southern Kitakami Mountains, N. E. Japan. Journal of the Faculty of Science, Hokkaido University, Series IV. Geology and Mineralogy, 14(3): 327–354.

Choi D R. 1973. Permian Fusulinids from the Setamai-Yahagi district, southern Kitakami Mountains, N.E. Japan. Journal of the Faculty of Science, Hokkaido University, Series 4, Geology and Mineralogy, 16(1): 1–90.

Ciarapica G, Cirilli S, Passeri L, et al. 1987. "Anidriti búrano" et "Formation du Monte Cetona" (Nouvelle

Formation), biostratigraphie de deux séries-types du Trias supérieur dans L'Apennin septentrional. Revue de Paleobiologie, 6(2): 341–409.

Colani M M. 1924. Nouvelle contribution a L'Etude des Fusulinides de L'Extreme-Orient. Mémoires du Service Géologique de L'Indochine, 11(1): 1–191.

Conil R, Pirlet H. 1970. Le Calcaire Carbonifere du Synclinorium de Dinant et le sommet du Famennien. Congres et Colloques de l'Universite de Liege, 55: 47–63.

Conrad T A. 1839. Second annual report on the Palaeontological Department of the Survey. New York Geological Survey, Annual Report, 3: 57–66.

Cooper G A, Grant R E. 1969. New Permian brachiopods from West Texas. Smithsonian Contributions to Paleobiology, 1: 1–20.

Cooper G A, Grant R E. 1975. Permian brachiopods of West Texas, III. Smithsonian Contributions to Paleobiology, 19(1/2): 795–1921.

Cooper G A, Grant R E. 1976. Permian brachiopods of West Texas, IV. Smithsonian Contributions to Paleobiology, 21: 1923–2607.

Cox E T. 1857. A description of some of the most characteristic shells of the principal coal seams in the western basin of Kentucky. Geological Survey of Kentucky Report, 3: 557–576.

Crippa G, Angiolini L. 2012. Guadalupian (Permian) brachiopods from the Ruteh Limestone, North Iran. Geoarabia, 17(1): 125–176.

Cummings R H. 1955. New genera of foraminifera from the British Lower Carboniferous. Journal of the Washington Academy of Sciences, 45(1): 1–32.

Cushman J A, Thoma N L. 1929. Abundant Foraminifera of the East Texas Greensands. Journal of Paleontology, 3(2): 176–184.

Cushman J A, Waters J A. 1928. The development of *Climacammina* and its allies in the Pennsylvanian of Texas. Journal of Paleontology, 2(2): 119–130.

Dagys A S. 1972. Morfologiia i Systematika Mezozoiskikh Retsiodnykh Brakhiopod (Morphology and systematics of Mesozoic retzioid brachiopods). Morfolo-gicheskie i Filogeneticheskie Voprosy Paleontologii (Morphological and phylogenetic questions of Palaeontology). Akademiia Nauk SSSR, Sibirskoe Otdelenie, Institut Geologii i Geofiziki, Trudy, 112: 94–105.

Davidson T. 1862. On some Carboniferous brachiopoda collected in India by A. Fleming, M.D. and W. Purdon, Esq., F.G.S. Quarterly Journal of the Geological Society of London, 18: 25–35.

Davidson T. 1881. On genera and species of spral-bearing brachiopoda from specimens developed by Rev. Norman Glass: with notes on the results obtained by Mr. George Maw from extensive washing of the Wenlock and Ludlow shales of Shropshire. Geological Magazine (new series, Decade II), 8(1): 1–13.

Davydov V I, Arefifard S. 2013. Middle Permian (Guadalupian) fusulinid taxonomy and biostratigraphy of the mid-latitude Dalan Basin, Zagros, Iran and their applications in paleoclimate dynamics and paleogeography. Geoarabia, 18(2): 17–62.

Davydov V I, Belasky P, Karavayeva N I. 1996. Permian Fusulinids from the Koryak terrane, northeastern

Russia, and their paleobiogeographic affinity. Journal of Foraminiferal Research, 26(3): 213–243.

Davydov V, Krainer K, Chernykh V. 2013. Fusulinid biostratigraphy of the Lower Permian Zweikofel Formation (Rattendorf Group; Carnic Alps, Austria) and Lower Permian Tethyan chronostratigraphy. Geological Journal, 48(1): 57–100.

Dawson O. 1993. Fusuline foraminiferal biostratigraphy and carbonate facies of the Permian Ratburi Limestone, Saraburi, central Thailand. Journal of Micropalaeontology, 12(1): 9–33.

de Bono A, Martini R, Zaninetti L, et al. 2001. Permo-Triassic stratigraphy of the pelagonian zone in central Evia island (Greece). Eclogae Geologicae Helvetiae, 94(3): 289–311.

Delage Y, Hérouard E. 1896. Trailé de Zoologie Concrète. In: La Cellule el les Prolo-zoaires. Paris: Schleicher Frères. 1–584.

Deprat J. 1912. Etude des Fusulinides de Chine et D'Indochine et classification des calcaires a Fusulines. Mémoires du Service Géologique de L'Indochine, 1(3): 1–76.

Deprat J. 1914. Etude comparative des Fusulinides d'Akasaka (Japon) et des Fusulinides de Chine et d'Indochine. Mémoires du Service Géologique de L'Indochine, 3(1): 1–45.

Deprat J. 1915. Etude des Fusulinides de Chine et d'Indochine et classification des calcaires carboniferiens et permiens du Tonkin, du Laos et du Nord-Annam. Mémoires du Service Géologique de L'Indochine, 4(1): 1–30.

Diener C. 1897. Himalayan fossils, the Permocarboniferous fauna of Chitichun No.1. Memoirs of the Geological Survey of India, Palaeontologia Indica, Series 15, 1(3): 1–105.

Diener C. 1903. Permian fossils of the central Himalayas. Memoirs of the Geological Survey of India, Palaeontologica Indica, 15: 1–204.

Diener C. 1915. The Anthracolithic faunae of Kashmir, Kanaur and Spiti. Memoirs of the Geological Survey of India, Palaeontologia Indica, 5(2): 1–135.

Duméril A M C. 1806. Zoologie Analytique ou Méthode Naturelle de Classification des Animaux. Paris: Allais. 1–344.

Dunbar C O, Condra G E. 1927. The Fusulinidae of the Pennsylvanian System in Nebraska. Bulletin of the Nebraska Geological Survey, Series 2, 2: 1–135.

Dunbar C O, Condra G E. 1932. Brachiopoda of the Pennsylvanian System in Nebraska. Nebraska Geological Survey Bulletin, Series 2, 5: 1–377.

Dunbar C O, Henbest L G. 1930. The Fusulinid genera *Fusulina*, *Fusulinella* and *Wedekindella*. American Journal of Science, 119: 357–364.

Dunbar C O, Skinner J W. 1937. Permian Fusulinidae of Texas. The University of Texas Bulletin, 3701: 517–825.

Dzik J. 1976. Remarks on the evolution of Ordovician conodonts. Acta Palaeontologica Polonica, 21(4): 395–453.

Ehrenberg C G. 1838. Über dem blossen Auge unsichtbare Kalkthierchen und Kieselthierchen als Hauptbestandtheile der Kreidgebirge. Bericht über die zu Bekanntmachung geeigneten Verhandlungen der königlischen preussischen Akademie der Wissenschaften zu Berlin, 3: 192–200.

Ehrenberg C G. 1854. Zur Mikrogeologie. Leipzig: Verlag von Leopold Voss.

Eichenberg W. 1930. Conodonten aus dem Culm des Harzes. Palaontologische Zeitschrift, 12: 177–182.

Einor O L. 1939. Brakhiopody nizhney Permi Taymyra. Transactions of the Arctic Institute, 135: 1–150.

Erk A S. 1941. Sur la présence du genre *Codonofusiella* Dunb. et Skin. dans le Permien de Bursa (Turquie). Eclogae Geologicae Helvetiae, 34(2): 243–253.

Fan J J, Li C, Liu Y M, et al. 2015a. Age and nature of the late Early Cretaceous Zhaga Formation, northern Tibet: constraints on when the Bangong-Nujiang Neo-Tethys Ocean closed. International Geology Review, 57(3): 342–353.

Fan J J, Li C, Xie C M, et al. 2015b. The evolution of the Bangong–Nujiang Neo-Tethys ocean: Evidence from zircon U-Pb and Lu-Hf isotopic analyses of Early Cretaceous oceanic islands and ophiolites. Tectonophysics, 655: 27–40.

Fan S, Ding L, Murphy M A, et al. 2017. Late Paleozoic and Mesozoic evolution of the Lhasa Terrane in the Xainza area of southern Tibet. Tectonophysics, 721: 415–434.

Fan Y N, Yu X G, He Y X. 2003. The Late Palaeozoic rugose corals of Xizang (Tibet) and adjacent regions and their palaeobiogeography. Changsha: Hunan Science and technology Press.

Fantini S N. 1965. The geology of the Upper Djadjerud and Lar Valleys (North Iran), II, Palaeontology. Bryozoans, brachiopods and molluscs from Ruteh limestone (Permian). Rivista Italiana di Paleontologia e Stratigrafia, 71(1): 13–108.

Filimonova T V. 2008. Smaller foraminifers from type sections of the Bolorian stage, the Lower Permian of Darvaz. Stratigraphy and Geological Correlation, 16(6): 599–617.

Filimonova T V. 2013. Smaller foraminifers from the Permian of Central Iran. Stratigraphy and Geological Correlation, 21: 18–35.

Filimonova T. 2010. Smaller foraminifers of the Lower Permian from Western Tethys. Stratigraphy and Geological Correlation, 18(7): 687–811.

Fluegel E, Di S P, Senowbari D B, et al. 1991. Microfacies and depositional structure of allochthonous carbonate base-of-slope deposits: the Late Permian Pietra di Salomone megablock, Sosio Valley (western Sicily). Regional and global controls of carbonate deposition, case studies, platforms, reefs, slopes. Facies, 25: 147–186.

Fontaine H. 1986. The Permian of southeast Asia. CCOP Technical Bulletin, 18: 1–166.

Fontaine H, Suteethorn V. 1988. Late Palaeozoic and Mesozoic fossils of West Thailand and their environments. CCOP Technical Bulletin, 20: 1–121.

Fontaine H, Hoang T T, Kavinate S, et al. 2013. Upper Permian (Late Changhsingian) marine strata in Nan Province, northern Thailand. Journal of Asian Earth Sciences, 76(0): 115–119.

Frech F. 1911. Das Obercarbon Chinas. Die Dyas. Richthofen, v. China. Berlin: Dietrich Reimer. 97–202.

Fredericks G. 1924. Paleontologicheskie etudy. 2. O verhne-kamennougolinyh spiriferidah Urala. Tom Tridtsaty voslmoi, 38(3): 295–324.

Fredericks G N. 1928. Materialy dlya klassifikatsii roda Productus Sowerby (Contribution to the classification of the genus *Productus* Sowerby). Izvestiia Geologicheskogo Komiteta, 46(7): 773–792.

Fredericks G N. 1929a. Fauna Kynovskogo izvestniaka na Urale (the fauna of the Kyn Limestone of the Urals). Izvestiia Geologicheskogo Komiteta, 48(3): 87–136.

Frederiks G N. 1929b. Fauna Kynovskogo izvestnyaka na Urala. Izvestiia Geologicheskogo Komiteta, 48: 369–413.

Fursenko A V. 1958. O predstavitelyah Palmula Lea v melovyh otlozheniyah Prikaspiiskoi vpadiny i sistematicheskom polozhenii etogo roda. Trudy vsesouznogo neftyanogo nauchno-issledovatel'skogo geologo-razvedochnogo instituta (vnigri), 115: 107–113.

Gaetani M, Leven E J. 2014. The Permian succession of the Shaksgam valley, Sinkiang (China). Italian Journal of Geosciences, 133(1): 45–62.

Gaetani M, Garzanti E, Jadoul F, et al. 1990. The north Karakorum side of the Central Asia geopuzzle. Geological Society of America Bulletin, 102: 54–62.

Gaetani M, Angiolini L, Garzanti E, et al. 1995. Permian stratigraphy in the Northern Karakorum, Pakistan. Rivista Italiana di Paleontologia e Stratigrafia, 101(2): 107–152.

Gaillot J, Vachard D. 2007. The Khuff Formation (Middle East) and time equivalents in Turkey and South China: biostratigraphy from Capitanian to Changhsingian times (Permian), new foraminiferal taxa, and palaeogeographical implications. Coloquios de Paleontologia, 57: 37–223.

Gaillot J, Vachard D, Galfetti T, et al. 2009. New latest Permian foraminifers from Laren (Guangxi Province, South China): palaeobiogeographic implications. Geobios, 42(2): 141–168.

Galloway J J. 1933. A manual of foraminifera. Classics in Paleontology, 1: 1–483.

Galloway J J, Harlton B H. 1928. Some Pennsylvanian foraminifera of Oklahoma, with special reference to the genus *Orobias*. Journal of Paleontology, 2(4): 338–357.

Galloway J J, Ryniker C. 1930. Foraminifera from the Atoka Formation of Oklahoma. Norman: Gould, C.N. Oklahoma Geological Survey.

Gargouri S. 1988. On *Hemigordiopsis* and other porcellaneous foraminifera from Jebel Tebaga (Upper Permian, Tunisia). Revue de Paleobiologie, S2: 57–68.

Gatinaud G. 1949. Contributions a l'etude des brachiopodes Spiriferidae I, Expose d'une nouvelle methode d'etude de la morphologie externe des Spiriferidae a sinus plisse. Bulletin du Museum National d'Histoire Naturelle, 21(1–4): 153–159.

Geinitz H B, Gutbier A. 1848. Die Versteinerungen des Zechsteingebirges und Rothliegenden. Leipzig: Arnoldische Buchhandlung.

Gemmellaro G G. 1899. La fauna dei Calcari con *Fusulina della* Valle del Fiume Sosio nella Provincia di Palermo. Giornale di Scienze Naturali ed Economiche di Palerma, 22: 95–214.

Gerke A A. 1959. O novom rode permskikh nodosarividnykh foraminifer i utochnenii kharakteristiki roda Nodosaria. Sbornik Statey po Paleontologii i Biostratigrafii, Nauchno-issledovatelskiy Institut Geologii Artiki (NIIGA), 17: 41–59.

Grabau A W. 1931. The Permian of Mongolia. American Museum of Natural History, 4: 1–665.

Grant R E. 1968. Structural adaptation in two Permian brachiopod genera, Salt Range, West Pakistan. Journal of Paleontology, 42(1): 1–32.

Grant R E. 1976. Permian Brachiopods from Southern Thailand. Journal of Palaeontology, Memoir 9, 50(3): 1–269.

Gray J E. 1840. Synopsis of the Contents of the British Museum, 42nd ed. London: Woodfall, 1–370.

Groves J R. 1997. Repetitive patterns of evolution in Late Paleozoic foraminifers. Cushman Foundation for Foraminifera Research Special Publication, 36: 51–54.

Groves J R. 2000. Suborder Lagenina and other smaller foraminifers from uppermost Pennsylvanian-lower Permian rocks of Kansas and Oklahoma. Micropaleontology, 46(4): 285–326.

Groves J R. 2002. Evolutionary origin of the genus *Geinitzina* (Foraminiferida) and its significance for international correlation near the Carboniferous-Permian boundary. Memoir Canadian Society of Petroleum Geologists, 19: 437–447.

Groves J R, Boardman D R. 1999. Calcareous smaller foraminifers from the Lower Permian Council Grove Group near Hooser, Kansas. Journal of Foraminiferal Research, 29(3): 243–262.

Groves J R, Wahlman G P. 1997. Biostratigraphy and evolution of Late Carboniferous and Early Permian smaller foraminifers from the Barents Sea (offshore Arctic Norway). Journal of Paleontology, 71(5): 758–779.

Groves J R, Altiner D, Rettori R. 2003. Origin and early evolutionary radiation of the order Lagenida (foraminifera). Journal of Paleontology, 77(5): 831–843.

Groves J R, Altiner D, Rettori R. 2005. Extinction, Survival, and Recovery of Lagenide Foraminifers in the Permian-Triassic Boundary Interval, Central Taurides, Turkey. Journal of Palaeontology, Memoir, 62: 1–38.

Groves J R, Rettori R, Payne J L, et al. 2007. End-Permian mass extinction of lagenide foraminifers in the Southern Alps (Northern Italy). Journal of Paleontology, 81(3): 415–434.

Grunt T A. 1986. Sistema brakhiopod otriada atiridida. Akademiia Nauk SSSR, Paleontologicheskii Institut, Trudy, 215: 1–200.

Grunt T A, Dmitriev V Y. 1973. Permskie brakhiopody Pamira. Akademiia Nauk SSSR, Paleontologicheskii Institut, Trudy, 136: 1–212.

Gu S Z, Feng Q L, He W H. 2007. The last permian deep-water fauna: Latest Changhsingian small foraminifers from southwestern Guangxi, South China. Micropaleontology, 53(4): 311–330.

Gupta V J, Waterhouse J B. 1979. Permian invertebrate faunas from the *Lamnimargus himalayensis* Zone of Spiti and Ladakh regions, North west India. Contributions to Himalayan Geology, 1: 5–19.

Haig D W, Mory A J, McCartain E, et al. 2017. Late Artinskian–Early Kungurian (Early Permian) warming and maximum marine flooding in the East Gondwana interior rift, Timor and Western Australia, and comparisons across East Gondwana. Palaeogeography, Palaeoclimatology, Palaeoecology, 468: 88–121.

Hall J, Clarke J M. 1893. An introduction to the study of the genera of Palaeozoic Brachiopoda. New York

Geological Survey, 8(2): 1–317.

Hall J, Clarke J M. 1894. An introduction to the study of the brachiopoda. Albany: James B. Lyon, State Printer.

Hamada T. 1960. Some Permo-Carboniferous fossils from Thailand. Scientific Papers of the College of General Education, University of Tokyo, 10: 337–361.

Hamlet B. 1928. Permische Brachiopoden, Lamellibranchiaten und Gastropoden von Timor. Jaarboek van het Mijnwezen in Nederlandsch Oost-Indie. Gravenhage, 56(2): 1–115.

Hanzawa S, Murata M. 1963. The paleontologic and stratigraphic considerations on the Neoschwagerininae and Verbeekininae, with the descriptions of some fusulinid foraminifera from the Kitakami massif, Japan. The Science Reports of the Tohoku University, Sendai, Japan, Second Series (Geology), 35: 1–31.

Hayasaka I. 1922. Paleozoic Brachiopoda from Japan, Korea and China. Part 1. Middle and Southern China. Part 2. Upper Carboniferous Brachiopoda from the Hon-Kei-Ko Coal Mines, Manchuria. Tohoku Imperial University, Science Reports, 2(1): 1–137.

He W H, Shi G R, Bu J J, et al. 2008. A new Brachiopod Fauna from the Early to Middle Permian of Southern Qinghai Province, Northwest China. Journal of Paleontology, 82(4): 811–822.

Henderson C M, Mei S L. 2003. Stratigraphic versus environmental significance of Permian serrated conodonts around the Cisuralian-Guadalupian boundary: new evidence from Oman. Palaeogeography, Palaeoclimatology, Palaeoecology, 191(3–4): 301–328.

Henderson C M, Mei S. 2007. Geographical clines in Permian and lower Triassic gondolellids and its role in taxonomy. Palaeoworld, 16(1–3): 190–201.

Henderson C M, Wardlaw B R, Lambert L L. 2006. Multielement definition of Clarkina Kozur. Permophiles, 48: 23–24.

Honjo S. 1959. Neoschwagerinids from the Akasaka Limestone (a Paleontological study of the Akasaka Limestone, 1st Report.). Journal of the Faculty of Science, Hokkaido University, Series 4, Geology and Mineralogy, 10(1): 111–162.

Howchin W. 1895. Carboniferous foraminifera of Western Australia, with descriptions of new species. Transactions and Proceedings of the Royal Societies of South Australia, 19: 198–200.

Hsu Y C. 1942. On the type species of Chusenella. Bulletin of the Geological Society of China, 22(3–4): 175–176.

Huang H, Jin X C, Shi Y K, et al. 2009. Middle Permian western Tethyan fusulinids from southern Baoshan block, western Yunnan, China. Journal of Paleontology, 83(6): 880–896.

Huang H, Shi Y K, Jin X C. 2015. Permian fusulinid biostratigraphy of the Baoshan Block in western Yunnan, China with constraints on paleogeography and paleoclimate. Journal of Asian Earth Sciences, 104(0): 127–144.

Huang H, Shi Y K, Jin X C. 2017. Permian (Guadalupian) fusulinids of Bawei Section in Baoshan Block, western Yunnan, China: biostratigraphy, facies distribution and paleogeographic discussion. Palaeoworld, 26: 95–114.

Huang H, Jin X C, Shi Y K. 2020. Permian fusulinid *Rugososchwagerina* (*Xiaoxinzhaiella*) from the Shan Plateau, Myanmar: systematics and paleogeography. Journal of Foraminiferal Research, 50(1): 11–24.

Huang T K. 1932. Late Permian brachiopods of southwest China. Palaeontologia Sinica, Series B, 9(1): 1–138.

Huang T K. 1933. Late Permian Brachiopoda of southwestern China, Part II. Palaeontologia Sinica, Series B, 9: 1–172.

Igo H. 1966. Some Permian Fusulinids from Pahang, Malaya. In: Kobayashi T, Toriyama R. Geology and Palaeontology of Southeast Asia. Tokyo: The University of Tokyo Press.

Igo H. 1996. Permian fusulinaceans from the Akuda and Horikoshitoge Formations, Hachiman town, Gifu prefecture, Central Japan. Transactions and Proceedings of the Palaeontological Society of Japan, New series, 184: 623–650.

Igo H, Sashida K, Adachi S. 1989. Permian foraminifers from Menashidomari, Esashi Mountains, northern Hokkaido. Annual Report of the Institute of Geoscience, University of Tsukuba, 15: 43–48.

Ishii K I. 1966. On some Fusulinids and other foraminifera from the Permian of Pahang, Malaya. Journal of Geosciences, Osaka City University, 9: 131–138.

Ishii K, Kato M, Nakamura K. 1969. Permian limestones of west Cambodia—lithofacies and biofacies. Palaeontological Society of Japan, Special Papers, 14: 41–55.

Ishizaki K. 1962. Stratigraphical and paleontological studies of the Onogahara and its neighbouring area, Kochi and Ehime Prefectures, Southwest Japan. The Science Reports of the Tohoku University, Sendai, Japan, Second Series (Geology), 34(2): 97–185.

Ivanova E A. 1972. Osnovnyye zakonomernosti evolyutsii spiriferid (Brachiopoda). Paleontologicheskii Zhurnal, 3: 28–42.

Jenny C, Izart A, Baud A, et al. 2004. Le Permien de l'île d'Hydra (Grèce), micropaléontologie, sédimentologie et paléoenvironnements. Revue de Paléobiologie, Genève, 23: 275–312.

Ji W Q, Wu F Y, Chung S L, et al. 2009. Zircon U-Pb geochronology and Hf isotopic constraints on petrogenesis of the Gangdese batholith, southern Tibet. Chemical Geology, 262(3–4): 229–245.

Jin X C. 1994. Sedimentary and paleogeographic significance of Permo-Carboniferous sequences in western Yunnan, China. Geologisches Institut der universitat zu Koeln Sonderveroffentlichunger, 99: 1–136.

Jin X C. 2002. Permo-Carboniferous sequences of Gondwana affinity in southwest China and their paleogeographic implications. Journal of Asian Earth Sciences, 20(2): 633–646.

Jin X C, Yang X N. 2004. Paleogeographic implications of the *Shanita-Hemigordius* fauna (Permian foraminifer) in the reconstruction of Permian Tethys. Episodes, 27(4): 273–278.

Jin X C, Huang H, Shi Y K, et al. 2015. Origin of Permian exotic limestone blocks in the Yarlung Zangbo Suture Zone, Southern Tibet, China: with biostratigraphic, sedimentary and regional geological constraints. Journal of Asian Earth Sciences, 104: 22–38.

Jin Y G, Wardlaw B R, Glenister B F, et al. 1997. Permian Chronostratigraphic Subdivisions. Episodes, 20(1): 6–10.

Kaesler R L. 2000. Treatise on invertebrate paleontology, Part H. Brachiopoda, revised Volume 3: Linguliformea, Craniiformea, Rhynchonelliformea. Kansas: Geological Society of America University of Kansas Press.

Kaesler R L. 2002. Treatise on invertebrate paleontology, Part H. Brachiopoda, revised Volume 4: Rhynchonelliformea (part). Kansas: Geological Society of America University of Kansas Press.

Kaesler R L. 2006. Treatise on invertebrate paleontology, Part H. Brachiopoda, revised Volume 5: Rhynchonelliformea (part). Kansas: Geological Society of America University of Kansas Press.

Kaesler R L. 2007. Treatise on invertebrate paleontology, Part H. Brachiopoda, revised Volume 6: supplement. Kansas: Geological Society of America University of Kansas Press.

Kahler F, Kahler G. 1966. Über die doppelschalen der Fusuliniden. Eclogae Geologicae Helvetiae, 59: 33–38.

Kahler F, Kahler G. 1979. Fusuliniden (Foraminifera) aus dem Karbon und Perm von Westanatolien und dem Iran. Mitteilungen der österreichischen Geologischen Gesellschaft, 70: 187–269.

Kalmykova M A. 1967. Permskie fuzulinidy Darvaza. Biostratigraficheskii Sbornik, 2: 116–287.

Kanmera K. 1963. Fusulines of the Middle Permian Kozaki Formation of Southern Kysuhu. Memoires of Faculty of Science, Kyushu University, Series D, Geology, 14(2): 79–141.

Kayser E. 1883. Obercarbonische fauna von Loping. Richthofen, v. China. Berlin: D. Reimer.

Ke Y, Shen S Z, Shi G R, et al. 2016. Global brachiopod palaeobiogeographical evolution from Changhsingian (Late Permian) to Rhaetian (Late Triassic). Palaeogeography, Palaeoclimatology, Palaeoecology, 448: 4–25.

Keyserling A F M L A. 1846. Wissenschaftliche Beobachtungen auf einer Reise in das Petschoraland im Jahre 1848. Petersburg: Carl Kray, St.

Kiessling W, Flugel E. 2000. Late Paleozoic and Late Triassic limestones from North Palawan block (Philippines): microfacies and paleogeographical implications. Facies, 43: 39–77.

King W. 1846. Remarks on certain genera belonging to the class Palliobranchiata. Annals and Magazine of Natural History (Series 1), 18(117): 26–42, 83–94.

King W. 1859. On *Gwynia*, *Dielasma*, and *Macandrevia*, three new genera of Palliobranchiata Mollusca, one of which has been dredged in the Strangford Lough. Dublin University Zoological and Botanical Association, Proceedings, 1(3): 256–262.

Kobayashi F. 1988a. Late Paleozoic foraminifers of the Ogawadani Formation, southern Kwanto mountains, Japan. Transactions and Proceedings of the Palaeontological Society of Japan, New series, 150: 435–452.

Kobayashi F. 1988b. Middle Permian foraminifers of the Omi limestone, central Japan. Bulletin of the National Science Museum, Series C, 14(1): 1–35.

Kobayashi F. 1999. Tethyan uppermost Permian (Dzhulfian and Dorashamian) foraminiferal faunas and their paleogeographic and tectonic implications. Palaeogeography, Palaeoclimatology, Palaeoecology, 150(3–4): 279–307.

Kobayashi F. 2001. Early Late Permian (Wuchiapingian) foraminiferal fauna newly found from the limestone block of the Sambosan Belt in the southern Kanto mountains, Japan. Journal of the Geological Society

of Japan, 107(11): 701–705.

Kobayashi F. 2003. Palaeogeographic constraints on the tectonic evolution of the Maizuru Terrane of Southwest Japan to the eastern continental margin of South China during the Permian and Triassic. Palaeogeography, Palaeoclimatology, Palaeoecology, 195(3–4): 299–317.

Kobayashi F. 2004. Late Permian foraminifers from the limestone block in the southern Chichibu terrane of west Shikoku, SW Japan. Journal of Paleontology, 78(1): 62–70.

Kobayashi F. 2005. Permian foraminifers from the Itsukaichi-Ome area, west Tokyo, Japan. Journal of Paleontology, 79(3): 413–432.

Kobayashi F. 2006a. Early Late Permian (Wuchiapingian) foraminifers in the Tatsuno area, Hyogo—Late Paleozoic and early Mesozoic foraminifers of Hyogo, Japan, Part 4. Nature and Human Activities, 10: 25–33.

Kobayashi F. 2006b. Late Middle Permian (Capitanian) foraminifers in the Miharaiyama area, hyogo—Late Paleozoic and Early Mesozoic foraminifers of Hyogo, Japan, Part 2. Nature and Human Activities, 10: 1–13.

Kobayashi F. 2006c. Latest Permian (Changhsingian) foraminifers in the Mikata area, Hyogo—Late paleozoic and early Mesozoic foraminifers of Hyogo, Japan, Part 3. Nature and Human Activities, 10: 15–24.

Kobayashi F. 2006d. Middle Permian foraminifers of Kaize, southern part of the Saku Basin, Nagano prefecture, central Japan. Paleontological Research, 10(3): 179–194.

Kobayashi F. 2006e. Middle Permian foraminifers of the Izuru and Nabeyama Formations in the Kuzu area, central Japan Part 2. Schubertellid and ozawainellid fusulinoideans, and non-fusulinoidean foraminifers. Paleontological Research, 10(1): 61–77.

Kobayashi F. 2007a. Late Middle Permian (Capitanian) foraminifers in the Mikata area, Hyogo, with special reference to plasticity deformation of their test and their paleobiogeograhic affinity with South China—Late Paleozoic and Early Mesozoic foraminifers of Hyogo, Japan, Part 5. Nature and Human Activities, 11: 17–28.

Kobayashi F. 2007b. Moscovian to Capitanian foraminifers contained in limestone breccias of debris avalanche deposits of the Upper Cretaceous Ise Formation in Irino, NE of Tatsuno, Hyogo—Late Paleozoic and Early Mesozoic foraminifers of Hyogo, Japan, Part 8. Nature and Human Activities, 12: 1–15.

Kobayashi F. 2010. Late Middle Permian (Capitanian) Foraminifers from the Uppermost Part of the Taishaku Limestone, Akiyoshi Terrane, Japan. Paleontological Research, 14(4): 260–276.

Kobayashi F. 2011. Permian fusuline faunas and biostratigraphy of the Akasaka limestone (Japan). Revue de Paleobiologie, 30: 431–574.

Kobayashi F. 2012a. Late Paleozoic foraminifers from limestone blocks and fragments of the Permian Tsunemori Formation and their connection to the Akiyoshi Limestone Group, Southwest Japan. Paleontological Research, 16(3): 219–243.

Kobayashi F. 2012b. Middle and Late Permian Foraminifers from the Chichibu Belt, Takachiho Area, Kyushu,

Japan: implications for faunal events. Journal of Paleontology, 86(4): 669–687.

Kobayashi F. 2012c. Permian non-fusuline foraminifers of the Akasaka limestone (Japan). Revue de Paleobiologie, 31(2): 313–335.

Kobayashi F. 2013. Late Permian (Lopingian) foraminifers from the Tsukumi limestone, Southern Chichibu Terrane of Eastern Kyushu, Japan. The Journal of Foraminiferal Research, 43(2): 154–169.

Kobayashi F, Furutani H. 2009. Early Permian fusulines from the western part of Mt. Ryozen, Shiga prefecture, Japan. Humans and Nature, 20: 29–54.

Kobayashi F, Ishii K I. 2003a. Paleobiogeographic analysis of Yakhtashian to Midian fusulinacean faunas of the Surmaq formation in the Abadeh region, central Iran. Journal of Foraminiferal Research, 33(2): 155–165.

Kobayashi F, Ishii K I. 2003b. Permian fusulinaceans of the Surmaq Formation in the Abadeh region, Central Iran. Rivista Italiana di Paleontologia e Stratigrafia, 109(2): 307–337.

Kobayashi F, Shiino Y, Suzuki Y. 2009. Middle Permian (Midian) foraminifers of the Kamiyasse Formation in the Southern Kitakami Terrane, NE Japan. Paleontological Research, 13(1): 79–99.

Kobayashi M. 1957. Paleontological study of the Ibukiyama limestone, Shiga prefecture, central Japan. Science reports of the Tokyo Kyoiku Daigaku, Section C, Geology, Mineralogy and Geography, 5(47–48): 247–311.

Kochansky-Devidé V, Ramovš A. 1955. *Neoschwagerinski* skladi in Njih Fuzulinidna favna pri Bohinjski Bella in Bledu. Slovenska Akademija Znanosti in Umetnosti, 3: 359–402.

Kotlyar G V, Zakharov Y D, Kochirkevich B V, et al. 1983. Pozdnepermskiy Etap Evolyutsii Organicheskogo Mira: Dzhul'finskiy i Dorashamskiy Yarus SSSR. Leingrad: Nauk, Leningradskoe Otdelenie.

Kotlyar G V, Zaharov U D, Kropacheva G S, et al. 1989. Pozdnepermskii etap evolucii organicheskogo mira: Midiiskii yarus SSSR. Leningrad: "Nauka" Leningradskoe Otdelenie: 1–184.

Kotlyar G V, Zakharov Y D, Polubotko I V. 2004. Late Changhsingian fauna of the northwestern Caucasus Mountains, Russia. Journal of Paleontology, 78(3): 513–527.

Köylüoglu M, Altiner D. 1989. Micropaleontologie (Foraminiferes) et biostratigraphie du Permien superieur de la region d'hakkari (se Turquie). Revue de Paleobiologie, 8: 467–503.

Kozur H W. 1975. Beitrage zur conodontenfauna des Perm. Geologisch Palaeontologische Mitteilungen Innsbruck, 5(4): 1–44.

Kozur H W. 1977. *Vjalovognathus* nom. nov. replaces *Vjalovites* Kozur, 1976. Journal of Paleontology, 51(4): 870.

Kozur H. 1988. Division of the gondolelloid platform conodonts. 1st international Senckenberg conference and 5th European conodont symposium (ECOS 5) Contributions 1. CFS, 102: 244–245.

Kozur H W. 1989. The taxonomy of the gondolellid conodonts in the Permian and Triassic. Courier Forschungsinstitut Senckenberg, 117: 409–469.

Kozur H. 1995. The importance of the Permian pelagic sequences of the Sosio valley (Sicily, Italy) for the elaboration of an international Permian scale. Permophiles, 27: 26–27.

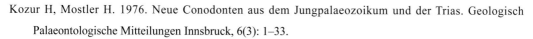

Kozur H, Mostler H. 1976. Neue Conodonten aus dem Jungpalaeozoikum und der Trias. Geologisch Palaeontologische Mitteilungen Innsbruck, 6(3): 1–33.

Kozur H W, Wardlaw B R. 2010. The Guadalupian conodont fauna of Rustaq and Wadi Wasit, Oman and a West Texas connection. Micropaleontology, 56(1–2): 213–231.

Kozur H W, Mostler H, Rahimi-Yazd A. 1975. Beiträge zur Mikropaläontologie permotriadischer Schichfolgen. Teil II: Neue conodonten aus dem Oberperm und der basalen Trias con Nord- und Zentraliran. Geologisch Palaeontologische Mitteilungen Innsbruck, 5(3): 1–23.

Kozur H, Brandner R, Resch W, et al. 1995. Permian conodont zonation and its importance for the Permian stratigraphic standard scale. Geologisch Palaeontologische Mitteilungen Innsbruck, 20: 165–205.

Krotow P. 1888. Geologische forschungen am westlichen Ural-Abhange in den Gebieten von Tscherdyn und Ssolikamsk. Kommissionery geologicheskago komiteta, 6: 297–563.

Kuhn O. 1949. Lehrbuch der Paläozoologie. Stuttgart: E. Schweizerbart'sche Verlagsbuchhandlung.

Kutorga S S. 1844. Zweiter Beitrag zur Paleontologie Russlands. Petersbourg, Verhandlungen: Russisch-Kaiserliche Mineralogische Gesellschaft zu St.

Lamarck J B. 1812. Extrait du cours de zoologie du Museum d'Histoire Naturella sur les animaux invertebres. Paris: D'Hautel Publisher.

Lambert L L, Wardlaw B R, Henderson C M. 2007. *Mesogondolella* and *Jinogondolella* (Conodonta): Multielement definition of the taxa that bracket the basal Guadalupian (Middle Permian Series) GSSP. Palaeoworld, 16(1–3): 208–221.

Lange E. 1925. Eine Mittelpermische Fauna von Guguk Bulat (Padanger Oberland, Sumatra). Verhandelingen Geologisch-Mijnbouwkundig Genootschap voor Nederland en Kolonien, Geology Series, 7(3): 213–295.

Lankester E R. 1885. Protozoa, Encyclopedia Britannica, 19, 9th edition. Edinburgh: Adam and Charles Black.

Lee S G. 1934. Taxonomic criteria of Fusulinidae with notes on seven new Permian genera. Memoires of the National Research Institute of Geology, 14: 1–32.

Lee S G, Chen, X. 1930. The Huanglung limestone and its fauna. Memoirs of the National Research Institute of Geology, 9: 85–172.

Legrand-Blain M. 1976. Repartition du groupe de *Spiriferella rajah* (Salter, 1865), et description de *Spiriferella nepalensis*, nov. sp., appartenant a ce groupe. Colloques Internationaux du Centre National de la Recherche Scientifique, 268(2): 237–248.

Legrand-Blain M. 1985. A new genus of Carboniferous spiriferid brachiopod from Scotland. Palaeontology, 28(3): 567–575.

Leman M S. 1994. The significance of Upper Permian brachiopods from Merapoh area, northwest Pahang. Geological Society of Malaysia Bulletin, 35: 113–121.

Leven E J. 1963. O filogenii vysshih fuzulinid i raschlenenii verhnepermskih otlozhenii tetisa. Otdelenie Geologo-Geograficheskih Nauk Geologicheskii Institut, Akademiya Nauk SSSR, Voprocy Mikropaleontologii, 7: 57–70.

Leven E J. 1967. Stratigrafiya i fuzulinidy perrmskikh otlozheniy Pamira. Ademiya Nauk SSSR, Geologicheskiy Institut, 167: 1–224.

Leven E J. 1993a. Early Permian fusulinids from the Central Pamir. Rivista Italiana di Paleontologia e Stratigrafia, 99(2): 151–198.

Leven E J. 1993b. Ob ob'eme i diagnosticheskih priznakah vida *Neoschwagerina craticulifera* (Schwager, 1883) (Fuzulinidy). Paleontologicheskii Zhurnal, 2: 127–132.

Leven E J. 1997. Permian stratigraphy and Fusulinida of Afghanistan with their paleogeographic and paleotectonic implications. Geological Society of America Special Papers, 316: 1–134.

Leven E J. 1998. Permian fusulinid assemblages and stratigraphy of the Transcaucasia. Rivista Italiana di Paleontologia e Stratigrafia, 104(3): 299–323.

Leven E J. 2004. Fusulinids and Permian scale of the Tethys. Stratigraphy and Geological Correlation, 12: 139–151.

Leven E J. 2009. Verxnii karbon i Permi zapadnogo Tetisa: fuzulinidy, stratigrafiya, paleogeografiya. Trudy Geologicheskogo Instituta, 590: 1–237.

Leven E J. 2010. Permian fusulinids of the East Hindu Kush and West Karakorum (Pakistan). Stratigraphy and Geological Correlation, 18(2): 105–117.

Leven E J, Gorgij M N. 2008. Bolorian and Kubergandian stages of the Permian in the Sanandaj-Sirjan zone of Iran. Stratigraphy and Geological Correlation, 16(5): 455–466.

Leven E J, Gorgij M N. 2011a. Fusulinids and stratigraphy of the Carboniferous and Permian in Iran. Stratigraphy and Geological Correlation, 19(7): 687–776.

Leven E J, Gorgij M N. 2011b. The Kalaktash and Halvan assemblages of Permian fusulinids from the Padeh and Sang-Variz sections (Halvan Mountains, Yazd Province, Central Iran). Stratigraphy and Geological Correlation, 19(2): 141–159.

Leven E J, Grant-Mackie J A. 1997. Permian fusulinid foraminifera from Wherowhero Point, Orua Bay, Northland, New Zealand. New Zealand Journal of Geology and Geophysics, 40(4): 473–486.

Leven E J, Mohaddam H V. 2004. Carboniferous-Permian stratigraphy and fusulinids of eastern Iran, the Permian in the Bag-E-Vang section (Shirgesht area). Rivista Italiana di Paleontologia e Stratigrafia, 110(2): 441–465.

Leven E J, Okay A I. 1996. Foraminifera from the exotic Permo-Carboniferous limestone blocks in the Karakaya complex, northwestern Turkey. Rivista Italiana di Paleontologia e Stratigrafia, 102(2): 1–10.

Leven E J, Leonova T B, Dmitriev V Y. 1992. Permi Darvaz-Zaalayskoy zony Pamira: Fuzulinidy, ammonoidei, stratigrafiya. Rossiyskaya Akademiya Nauk, Trudy Paleontologicheskogo Instituta, 253: 1–203.

Leven E J, Gaetani M, Schroeder S. 2007. New findings of Permian fusulinids and corals from Western Karakorum and E Hindu Kush (Pakistan). Rivista Italiana di Paleontologia e Stratigrafia, 113(2): 151–165.

Li S, Yin C, Ding L, et al. 2020. Provenance of Lower Cretaceous sedimentary rocks in the northern margin of the Lhasa terrane, Tibet: Implications for the timing of the Lhasa-Qiangtang collision. Journal of

Asian Earth Sciences, 190: 104162.

Li W Z, Shen S Z. 2008. Lopingian (Late Permian) brachiopods around the Wuchiapingian-Changhsingian boundary at the Meishan Sections C and D, Changxing, South China. Geobios, 41(2): 307–320.

Liao Z T. 1980. Brachiopod assemblages from the Upper Permian and Permian-Triassic boundary beds, South China. Canadian Journal of Earth Sciences, 17(2): 289–295.

Licharew B K. 1936. The interior structure of *Camarophoria* King. American Journal of Science, 32(187): 55–69.

Licharew B K. 1937. Brachiopoda of the Permian System of U.S.S.R. Fasc. I. Permian Brachiopoda of North Caucasus: Families: Chonetidae Hall & Clarke and Productidae Gray. Monografii po Paleontologii SSSR, 39(1): 1–152.

Licharew B K. 1956. Nadsemeistvo Rhynchonellacea Gray, 1848 (Superfamily Rhynchonellacea Gray, 1848). In: Kiparisova L D, Markowskii B P, Radchenko G P. Materialy po Paleontologii, Novye Semeistva i Rody (Materials for Paleontology, new Families and Genera). Moscow: Vsesoiuznyi Nauchno-Issledovatel'skii Geologicheskii Institut (VSEGEI), Materialy (Paleontologiia).

Licharew B K, Kotljar G V. 1978. Permskie brakhiopody iuzhnogo Primor'ia. In: Popeko L I. Verkhnii Paleozoi Severo-Vostochnoi Azii. Vladivostok: AN SSSR DNTS Institut Tektoniki i Geofizik.

Likharev B K. 1939. Atlas of the leading forms of the fossil fauna of the USSR, Volume 6, Permskaya Sistema. Moscow: State Amalgamation of the Scientific-Technical Publishing Houses, Ministry of Heavy Indistry.

Lindstrom M. 1970. A suprageneric taxonomy of the conodonts. Lethaia, 3(4): 427–445.

Lipina O A. 1949. Melkie foraminifery pogrebennyh massivov Bashkirii. Trudy institut Geologicheskih nauk, Akademiya Nauk SSSR, 105: 198–235.

Liu J, Wang Q, Deng J, et al. 2020. 280–310 Ma rift-related basaltic magmatism in northern Baoshan, SW China: implications for Gondwana reconstruction and mineral exploration. Gondwana Research, 77: 1–18.

Loeblich A R, Tappan H. 1984. Suprageneric classification of the Foraminiferida (Protozoa). Micropaleontology, 30(1): 1–70.

Loeblich A R, Tappan H. 1986. Some new and redefined genera and families of *Textulariina*, *Fusulinina*, *Involutinina*, and *Miliolina* (Foraminiferida). Journal of Foraminiferal Research, 16: 334–346.

Loriga C. 1960. Foraminiferi del Permiano superiore della Dolomiti (Val Gardena, Val Badia, Val Marebbe). Bollettino Della Societa Geologica Italiana, 1(1): 33–73.

Lys M. 1971. Les calcaires a Fusulines des environs de Bergama (Turquie): Zeytindag et Kinik. Notes et Memoires sur le Moyen-Orient, 12: 167–171.

Lys M, de Lapparent A F. 1971. Foraminifères et microfaciès du Permien de L'Afghanistan central. Notes et Memoires sur le Moyen-Orient, 12: 49–166.

Lys M, Marcoux J. 1978. Les niveaux du Permien superieur des Nappes d'Antalya (Taurides occidentales, Turquie). Comptes Rendus Hebdomadaires des Seances de l Academie des Sciences, 286(20): 1417–

1420.

Lys M, Stampfli G, Jenny J. 1978. Biostratigraphie du Carbonifère et du Permien de L'elbourz oriental (Iran du NE). Notes du Laboratoire de Paleongologie de L' Universite de Geneve, 2: 63–100.

Ma A, Hu X M, Garzanti E, et al. 2017. Sedimentary and tectonic evolution of the southern Qiangtang basin: Implications for the Lhasa-Qiangtang collision timing. Journal of Geophysical Research: Solid Earth, 122(7): 4790–4813.

Malahova N P. 1965. Foraminifery permskih otlozhenii vostochnogo sklona Urala. Trudy Instituta geologii, Akademiya Nauk SSSR Uraliskii Filial, 74: 155–173.

Mamet B, Pinard S. 1992. Note sur la taxonomie des petits foraminifères du Paléozoïque supérieur. Bulletin de la Societe belge de Geologie, 99(3–4): 373–398.

Manankov I N. 1999. Reference section and Upper Permian zonation in southeastern Mongolia. Stratigraphy and Geological Correlation, 7(1): 49–58.

Marcou J. 1858. Geology of North America, with Two Reports on the Prairies of Arkansas and Texas, the Rocky Mountains of New Mexico and the Sierra Nevada of California. Zurich: Zürcher and Furrer.

Martini R, Zaninetti L. 1988. Structure et Paleobiologie du foraminifere Lasiodiscus Reichel, 1946: etude d'apres le materiel-type du Permien superieur de Grece. Revue de Paleobiologie, 7(2): 289–300.

McCoy F. 1844. A synopsis of the characters of the Carboniferous Limestone fossils of Ireland. London: Williams and Norgate.

Mei S, Henderson C M. 2002. Comments on some Permian conodont faunas reported from Southeast Asia and adjacent areas and their global correlation. Journal of Asian Earth Sciences, 20(6): 599–608.

Mei S L, Wardlaw B R. 1994. *Jinogondolella*: a new genus of Permian Gondolellids. Guiyang: International Symposium on Permian Stratigraphy, Environments and Resoureces.

Mei S L, Wardlaw B R. 1996. On the Permian "*liangshanensis-bitteri*" zone and the related problems. In: Wang H Z, Wang X L. Centennial Memorial Volume of Professor Sun Yunzhu: Stratigraphy and Palaeontology. Wuhan: China University of Geosciences Press.

Mei S L, Jin Y G, Wardlaw B R. 1994. Succession of Wuchiapingian conodonts from northeastern Sichuan and its worldwide correlation. Acta Micropalaeontologica Sinica, 11(2): 121–139.

Mei S L, Jin Y G, Wardlaw B R. 1998. Conodont succession of the Guadalupian-Lopingian boundary strata in Laibin of Guangxi, China and West Texas, USA. Palaeoworld, 9: 53–76.

Mei S, Henderson C M, Wardlaw B R. 2002. Evolution and distribution of the conodonts *Sweetognathus* and *Iranognathus* and related genera during the Permian, and their implications for climate change. Palaeogeography, Palaeoclimatology, Palaeoecology, 180: 57–91.

Meng Z, Wang J, Ji W, et al. 2019. The Langjiexue Group is an in situ sedimentary sequence rather than an exotic block: constraints from coeval Upper Triassic strata of the Tethys Himalaya (Qulonggongba Formation). Science China Earth Sciences, 62: 783–797.

Mertmann D, Sarfraz A. 2000. Foraminiferal assemblages in Permian carbonates of the Zaluch Group (Salt Range and Trans Indus Ranges, Pakistan). Neues Jahrbuch Fur Geologie Und Palaontologie-

Monatshefte, 3: 129–146.

Metcalfe I. 2013. Gondwana dispersion and Asian accretion: tectonic and palaeogeographic evolution of eastern Tethys. Journal of Asian Earth Sciences, 66(8): 1–33.

Mikhalevich V I. 1993. New higher taxa of the subclass Nodosariata (Foraminifera). Zoosystematica Rossica, 2(1): 5–8.

Miklukho-Maklay K V. 1960. New Kazanian lagenids of the Russian Platform. In: Markovsky B P. New Species of Ancient Plants and Invertebrates of the USSR, Pt. 1. Moscow: Vsesoyuznii Nauchno-issledovatel'skii Geologicheskii Institut (VSEGEI), Gosgeoltekhizdat. 153–161.

Miklukho-Maklay K V. 1964. Kazanskie lagenidy russkoi platformy. Trudy vsesouznogo Nauchno-Issledovateliskogo Geologicheskogo Instituta (Vsegei), 93: 3–19.

Miklukho-Maklay A D. 1949. Verkhnepaleozoyskie fuzulinidy sredney Azii, Fergana, Darvaz i Pamir. Leningrad: Leningradskiy Gosudarstvennyy Universitet.

Miklukho-Maklay A D. 1953. K sistematike semeistva Fusulinidae Moeller. Leningradskogo Gosudarstvennogo Universiteta, Seriya Geologicheskaya, 3: 12–24.

Miklukho-Maklay A D. 1954. Foraminifery verkhnepermskikh otlozhenii severnogo Kavkaza. Trudy Vsesoyuznogo Nauchno-Issledovatelskogo Geologicheskogo Instituta (Vsegei), 163: 1–163.

Miklukho-Maklay A D. 1957. Nekotorye fuzulinidy Permi Kryma. Uchenye zapiski Lgu, 225: 93–159.

Miklukho-Maklay A D. 1958. Novoe semeistvo foraminifer—Tuberitinidae M.-Maclay fam. nov. Voprosy Mikropaleontologii, 2: 130–135.

Miklukho-Maklay A D. 1959. Novye fuzulinidy verhnego paleozoya SSSR. Materialy k Osnovam Paleontologii, 3: 3–6.

Minato M. 1943. Notes on some Permian fossils from the Toman Formation in Southeastern Manchoukuo. Journal of the Faculty of Science, Hokkaido Imperial University, Series 4 Geology and Mineralogy, 7: 49–58.

Minato M. 1951. On the Lower Carboniferous fossils of the Kitakami Massif, Northeast Honsyu, Japan. Journal of the Faculty of Science, Hokkaido University. Series 4 Geology and Mineralogy, 7: 355–382.

Möeller V V. 1878. Die spiral-gewunden foraminiferen des russischen kohlenkalkes. Mémoires de l'Académie Impériale des Sciences de St. Pétersbourg, Sér. 7, 25(9): 1–147.

Mohtat-Aghai P, Vachard D. 2005. Late Permian foraminiferal assemblages from the Hambast Region (Central Iran) and their extinctions. Rivista Espanola de Micropaleontologia, 37(2): 205–227.

Montenat C, de Lapparent A F, Lys M, et al. 1976. La transgression Permienne et son substrtum dans le Akhdar (Montagnes d'Oman, Péninsule Arabique). Annales de la Societe Geologique du Nord, 96(3): 239–258.

Morozova V G. 1949. Predstaviteli semeytsv Lituolidae i Textulariidae iz verkhnekamennougolnykh i Artinski otlozhenii Bashkirskogo Priuralya. Akademiyia Nauk SSSR, Trudy Instituta Geologicheskikh Nauk, 105: 244–274.

Muir-Wood H M. 1955. A history of the classification of the Phylum Brachiopoda. London: British Museum Natural History.

Muir-Wood H M. 1962. On the Morphology and Classification of the Brachiopod Suborder Chonetoidea. Monograph: British Museum (Natural History).

Muir-Wood H M, Cooper G A. 1960. Morphology, classification and life habits of the Productoidea (Brachiopoda). Geological Society of America, Memoir: 1–447.

Murchison R I, Verneuil E D, Keyserling C A V. 1845. The geology of Russia in Europe and the Ural mountains. London: John Murray.

Nakazawa K, Kapoor H M, Ishii K, et al. 1975. The upper Permian and the lower Triassic in Kashmir, India. Memoirs of the Faculty of Science, 40: 1–106.

Nelson S J, Johnson C E. 1968. Permo-Pennsylvanian Brachythyrid and Horridonid brachiopods from Yukon Territory, Canada. Journal of Paleontology, 42(3): 715–746.

Nestell G P, Nestell M K. 2006. Middle Permian (Late Guadalupian) foraminifers from Dark Canyon, Guadalupe Mountains, New Mexico. Micropaleontology, 52(1): 1–50.

Nestell G P, Kolar-Jurkovsek T, Jurkovsek B, et al. 2011. Foraminifera from the Permian-Triassic transition in western Slovenia. Micropaleontology, 57(3): 197–222.

Nestell M K, Pronina G P. 1997. The distribution and age of the genus *Hemigordiopsis*. Cushman Foundation for Foraminifera Research Special Publication, 36: 105–110.

Neumayr M. 1887. Die natürlichen Verwandtschaftverhältnisse der schalentragenden Foraminiferen. Die natürlichen Verwandtschaftverhältnisse der schalentragenden Foraminiferen, 95: 156–186.

Nicoll R S, Metcalfe I. 1998. Early and Middle Permian conodonts from the Canning and Southern Carnarvon Basins, Western Australia: their implications for regional biogeography and palaeoclimatology. Proceedings of the Royal Society of Victoria, 110(1–2): 419–461.

Nikitina A P. 1969. Rod *Hemigordiopsis* (Foraminifera) v verhnei Permi Primoriya. Paleontologicheskii Zhurnal, 3: 63–69.

Nishikane Y, Kaiho K, Takahashi S, et al. 2011. The Guadalupian-Lopingian boundary (Permian) in a pelagic sequence from Panthalassa recognized by integrated conodont and radiolarian biostratigraphy. Marine Micropaleontology, 78(3–4): 84–95.

Noe S. 1988. Foraminiferal ecology and biostratigraphy of the marine Upper Permian and of the Permian-Triassic boundary in the southern Alps (Bellerophon Formation, Tesero Horizon). Revue de Paleobiologie, Vol. Spéc. 2: 75–88.

Nogami Y. 1961. Permische Fusuliniden aus dem Atetsu-Plateau Sudwestjapans. teil 2.Verbeekininae, Neoschwagerininae u. a. Memoirs of the college of science, University of Kyoto, Series B, 28(2): 159–228.

Norwood J G, Pratten H. 1855. Notice of fossils from the Carboniferous series of the western states, belonging to the genera *Spirifer*, *Bellerophon*, *Pleurotomaria*, *Macrocheilus*, *Natica*, and *Loxonema*, with descriptions of eight new characteristic species. Journal of the academy of natural sciences of Philadelphia, 3: 71–77.

Oehlert D P. 1887. Appendice sur les brachiopodes. Fischer, P. Manuel de conchyliologie et de paléontologie

conchyliologue, ou histoire naturelle des mollusques vivants et fossiles. Paris: F. Savy.

Okimura Y. 1988. Primitive Colaniellid foraminiferal assemblage from the Upper Permian Wargal Formation of the Salt Range, Pakistan. Journal of Paleontology, 62(5): 715–723.

Okimura Y, Ishii K. 1981. Smaller foraminifera from the Abadeh Formation, Abadehian stratotype, central Iran. Contribution to the paleontological researches in north and central Iran, Report of the Geological Survey of Iran, 49: 7–22.

Okimura Y, Ishii K I, Ross C A. 1985. Biostratigraphical significance and faunal provinces of Tethyan Late Permian smaller Foraminifera. In: Nakamura K, Dickins J M. The Tethys, Her Paleogeography and Paleobiogeography form Paleozoic to Mesozoic. Tokai: Tokai University Press.

Orbigny A D. 1826. Tableau méthodique de la classe des Céphalopodes. Annales des Sciences Naturelles, 7: 245–314.

Orbigny A D. 1842. Voyages dans l'Amériques Méridionale. Géologie, Paléontologie, Foraminifères, 3: 41–59.

Orchard M J. 2005. Multielement conodont apparatuses of Triassic Gondolelloidea. Special Papers in Palaeontology, 73: 73–101.

Orchard M J. 2008. Lower Triassic conodonts from the Canadian Arctic, their intercalibration with ammonoid-based stages and a comparison with other North American Olenekian faunas. Polar Research, 27: 393–412.

Orlov-Labkovsky O. 2004. Permian fusulinids (foraminifera) of the subsurface of Israel: Taxonomy and biostratigraphy. Revista Espanola de Micropaleontologia, 36(3): 389–406.

Ota A, Isozaki Y. 2006. Fusuline biotic turnover across the Guadalupian-Lopingian (Middle-Upper Permian) boundary in mid-oceanic carbonate buildups: biostratigraphy of accreted limestone in Japan. Journal of Asian Earth Sciences, 26(3–4): 353–368.

Ota A, Kanmera K, Isozaki Y. 2000. Stratigraphy of the Permian Iwato and Mitai Formations in the Kamura area, Southwest Japan: Maokouan, Wuchiapingian, and Changhsingian carbonates formed on paleo-seamount. Journal of the Geological Society of Japan, 106(12): 853–864.

Ozawa T. 1975. Stratigraphy of the Paleozoic and Mesozoic strata in the Tamagawa area, southeastern part of the Kwanto Mountains. Scientif Report of the Department of the Kyushu University, 12(2): 57–76.

Ozawa Y. 1925. Paleontological and stratigraphical studies on the Permo-Carboniferous limestone of Nagato, Part 2. Paleontology. Journal of the Faculty of Science, Imperial University of Tokyo, 45: 1–68.

Ozawa Y. 1927. Stratigraphical studies of the Fusulina Limestone of Akasaka, Province of Mino. Journal of the Faculty of Science, Imperial University of Tokyo, Section 2, Geology, Mineralogy, Geography, Seismology, 2(3): 121–162.

Ozawa Y, Tobler A. 1929. Permian Fusulinidae found in Greece. Eclogae Geologicae Helvetiae, 22: 45–49.

Paeckelmann W. 1930. Die fauna des deutschen Unterkarbons, 1. Teil. Die Brachiopoden, 1. Teil: Die Orthiden, Strophomeniden und Choneten des mittleren und oberen Unterkarbons. Königliche-Preussiche Geologische Landesanstalt, Abhandlungen, 122: 143–326.

Pan G T, Wang L Q, Li R Q, et al. 2012. Tectonic evolution of the Qinghai-Tibet Plateau. Journal of Asian Earth Sciences, 53: 3–14.

Panzanelli-Fratoni R, Limongi P, Ciarapica G, et al. 1987. Les foraminiferes du Permien Superieur Pemanies dans le "complexe terrigene" de la Formation triasique du Monte Facito, Apennin Meridional. Revue de Paleobiologie, 6(2): 293–319.

Pasini M. 1985. Biostratigrafia con i foraminiferi del limite formazione di werfen fra recoaro e la val badia (Alpi Meridionali). Rivista Italiana di Paleontologia e Stratigrafia, 90(4): 481–510.

Pavlova E E. 1965. Reviziya roda Neophricodothyris (otryd Spiriferida). Paleontologicheskii Zhurnal, 2: 133–137.

Pavlova E E, Manankov I N, Morozova I P, et al. 1991. Permskie bespozvonochnye iuzhnoi Mongolii. Sovmestnaya Sovetsko-Mongol'skaya Paleontologicheskaya Ekspeditsiya (SSMPE), Trudy (Moscow), 40: 1–174.

Pinard S, Mamet B. 1998. Taxonomie des petits foraminiferes du Carbonifere superieur-Permien inferieur du bassin de Sverdrup, Arctique canadien. Palaeontographica Canadiana, 15: 1–253.

Pronina G P. 1988a. The Late Permian smaller foraminifers of Transcaucasus. Revue de Paleobiologie, 86(52): 89–96.

Pronina G P. 1988b. Pozdnepermskie Miliolyaty Zakavkazya. Trudy Zoologicheskogo Instituta, Akademiya Nauk SSSR, 184: 49–63.

Pronina G P. 1989. Foraminifery zony Paratirolites kittli Dorashamskogo yarusa pozdnei Permi Zakavkaziya. Ezhegodnik Vsesouznoe Paleontologicheskoe Obschestvo, 32: 30–37.

Pronina G P. 1996. Genus *Sphairionia* and its stratigraphic significance. Reports of Shallow Tethys 4, International symposium Albrehtsberg (Austria) 8-11 September 1994, Supplemento agli Annali dei Musei Civici di Rovereto, Sezione Archeologia, Storia e Scienze Naturali, 11: 105–118.

Pronina G P, Nestell M K. 1997. Middle and Late Permian foraminifera from exotic limestone blocks of the Alma River Basin, Crimea. Cushman Foundation for Foraminiferal Research Special Publication, 36: 111–114.

Pronina-Nestell G P, Nestell M K. 2001. Late Changhsingian foraminifers of the northwestern Caucasus. Micropaleontology, 47(3): 205–234.

Qiao F, Xu H P, Zhang Y C. 2019. Changhsingian (Late Permian) foraminifers from the topmost part of the Xiala Formation in the Tsochen area, central Lhasa Block, Tibet and their geological implications. Palaeoworld, 28(3): 303–319.

Ramovs A. 1969. *Karavankininae*, nova Poddruzina produktid (Brachiopoda) iz alpskih zgornjekarbonskih in Permijskih skladov. Jeseniski Zbornik Jeklo in Ljudje, 2: 251–268.

Ramsbottom W H C. 1952. The fauna of the Cefn Coed marine band in the Coal Measures at Aberbaiden, near Tondu, Glamorgan. Bulletin of the Great Britain Geological Survey, Palaeontology, 4: 8–32.

Rauser-Chernoussova D M, Fursenko A V. 1959. Osnovy paleontologii, Obschaia chast, Prosteyshie. Moskva: Izdatel. Akad. Nauk SSSR.

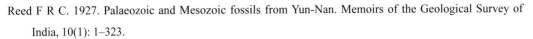

Reed F R C. 1927. Palaeozoic and Mesozoic fossils from Yun-Nan. Memoirs of the Geological Survey of India, 10(1): 1–323.

Reed F R C. 1931. New fossils from the productus limestones of the Salt Range, with notes on other species. Memoirs of the Geological Survey of India, Palaeontologia Indica, 17: 1–56.

Reed F R C. 1944. Brachiopoda and Mollusca of the Productus Limestone of the Salt Range. Palaeontologia Indica, new series, 23(2): 1–678.

Reichel M. 1945. Sur un Miliolide nouveau du Permien de l'lle de chypre. Verhandlungen der Naturforschenden Gesellschaft in Basel, 56: 521–530.

Reichel M. 1946. Sur quelques foraminiferes nouveaux du Permien mediterraneen. Eclogae Geologicae Helvetiae, 38(2): 524–560.

Reiss Z. 1963. Reclassification of perforate foraminifera. Bulletin of the Geological Survey of Israel, 35: 1–111.

Reitlinger E A. 1950. Foraminifery Srednekammenougol'nykh otlozheniy tsentralnoy chasti Russkoy platformy (isklyuchaya semeystvo Fusulinidae). Trudy Geologicheskogo Instituta, Akademiya Nauk SSSR, 126: 1–127.

Reitlinger E A. 1956. Novoe semeistvo Lasiodiscidae. Voprosy Mikropaleontologii, 1: 69–78.

Reitlinger E A. 1965. Razvitie foraminifer v pozdnepermskogo i rannetriasovyuf epokhi na territorii Zakavkazya. Voprosy Mikropaleontologii, 9: 45–70.

Rich M. 1970. The genus *Tuberitina* (Foraminiferida) in Lower and Middle Pennsylvanian rocks from the eastern great basin. Journal of Paleontology, 44(6): 1060–1066.

Ritter S M. 1986. Permian and Triassic conodont evolution; rapid evolution of the Early Permian *Sweetognathus* lineage in the central and western United States and stasis in Middle Triassic *Neogondolella* at Fossil Hill, Humboldt Range, Nevada Madison: University of Wisconsin, 1–548.

Roemer F. 1880. Uber eine Kohlenkalk-fauna der westkuste von Sumatra. Palaeontographica, 27: 1–11.

Rosen R N. 1979. Permo-Triassic boundary of Fars-Persian Gulf Area of Iran. Journal of Paleontology, 53: 92–97.

Rozovskaya S E. 1965. Fuzulinidy. In: Ruzhentsev V E, Sarycheva T G. Razvitie i Smena Morskikh Organizmov na Rubezhe Paleozoya i Mezozoya, 108: 137–146.

Ruzhentsev V E, Sarycheva T G. 1965. Razvitie i smena morskih organizmov na Rubezhe Paleozoya i Mezozoya. Trudy Paleontologicheskogo Instituta, 108: 1–431.

Sakagami S, Iwai J I. 1974. Fusulinacean fossils from Thailand, Part VIII. Permian Fusulinaceans from the Pha Duk Chik limestone and in the limestone conglomerate in its environs, north Thailand. Geology and Palaeontology of Southeast Asia, 14: 49–81.

Sakamoto T, Ishibashi T. 2002. Paleontological study of fusulinoidean fossils from the Terbat Formation, Sarawak, East Malaysia. Memoirs of the Faculty of Science, Kyushu University, Series D, Earth and Planetary Sciences, 31(2): 29–57.

Salter J W, Blanford H F. 1865. Palaeontology of Niti in the northern Himalaya: Being a description of the

Palaeozoic and secondary fossils collected by Col. Richard Strachey. Calcutta, 1–112.

Sarytcheva T G, Sokolskaja A N. 1959. On the classification of the pseudopunctate brachiopods. Doklady Akademia Nauk SSSR, 125: 181–184.

Schlotheim E F. 1816. Beiträge zur Naturgeschichte der Versteinerungen in geognostischer Hinsicht. Denkschriften der Königlichen Akademie der Wissenschaften zu München, 6: 13–36.

Schubert R J. 1908. Beiträge zu einer natürlichen Systematik der Foraminiferen. Neues Jahrbuch für Mineralogie, Geologie und Paläontologie, 25: 232–260.

Schubert R J. 1921. Palaeontologische Daten Zur Stammesgeschichte der protozoen. Palaeontologische Zeitschrift, 3: 129–188.

Schuchert C. 1893. A Classification of the Brachiopoda. American Geologist, 11: 141–167.

Schuchert C. 1913. Brachiopoda. In: Zittel D A V. Textbook of Paleontology I, 2nd ed. London: MacMillan and Co.

Schuchert C. 1929. Classification of brachiopod genera, fossil and recent. In: Pompeckj J F. Fossilium Catalogus. Berlin: W. Junk.

Schultze M S. 1854. Über den Organismus der *Polythalamien* (Foraminiferen) nebst Bemerkungen über die Rhizopoden im allgemeinen. Leipzig: Wielhem Engelmann.

Sellier de Civrieux J M, Dessauvagie T F J. 1965. Reclassification de quelques Nodosariidae, particulierement du Permien au Lias. Maden Tetkik ve Arama Enstitusu Yayinlarindan, 124: 1–178.

Shen S Z. 2007. The conodont species *Clarkina orientalis* (Barskov and Koroleva, 1970) and its spatial and temporal distribution. Permophiles, 50: 25–37.

Shen S Z. 2018. Global Permian brachiopod biostratigraphy: an overview. Geological Society, London, Special Publications, 450(1): 289–320.

Shen S Z, Clapham M E. 2009. Wuchiapingian (Lopingian, Late Permian) brachiopods from the Episkopi Formation of Hydra island, Greece. Palaeontology, 52(4): 713–743.

Shen S Z, Jin Y G. 1999. Brachiopods from the Permian-Triassic boundary beds at the Selong Xishan section, Xizang (Tibet), China. Journal of Asian Earth Sciences, 17(4): 547–559.

Shen S Z, Mei S L. 2010. Lopingian (Late Permian) high-resolution conodont biostratigraphy in Iran with comparison to South China zonation. Geological Journal, 45(2–3): 135–161.

Shen S Z, Shi G R. 2004. Capitanian (Late Guadalupian, Permian) global brachiopod palaeobiogeography and latitudinal diversity pattern. Palaeogeography, Palaeoclimatology, Palaeoecology, 208(3–4): 235–262.

Shen S Z, Shi G R. 2007. Lopingian (Late Permian) brachiopods from South China, Part 1: Orthotetida, Orthida and Rhynchonellida. Bulletin of the Tohoku University Museum, 6: 1–102.

Shen S Z, Shi G R. 2009. Latest Guadalupian brachiopods from the Guadalupian/Lopingian boundary GSSP section at Penglaitan in Laibin, Guangxi, South China and implications for the timing of the pre-Lopingian crisis. Palaeoworld, 18(2–3): 152–161.

Shen S Z, Zhang Y C. 2008. Earliest Wuchiapingian (Lopingian, Late Permian) Brachiopods in Southern Hunan, South China: implications for the Pre-Lopingian crisis and onset of Lopingian Recovery/

参考文献

Radiation. Journal of Paleontology, 82(5): 924–937.

Shen S Z, Archbold N W, Shi G R, et al. 2000a. Permian brachiopods from the Selong Xishan section, Xizang (Tibet), China Part 1: Stratigraphy, Strophomenida, Productida and Rhynchonellida. Geobios, 33(6): 725–752.

Shen S Z, Shi G R, Zhu K Y. 2000b. Early Permian brachiopods of Gondwana affinity from the Dingjiazhai Formation of the Baoshan Block, western Yunnan, China. Rivista Italiana di Paleontologia e Stratigrafia, 106(3): 263–282.

Shen S Z, Archbold N W, Shi G R. 2001a. A Lopingian (Late Permian) brachiopod fauna from the Qubuerga formation at Shengmi in the mount Qomolangma region of Southern Xizang (Tibet), China. Journal of Paleontology, 75(2): 274–283.

Shen S Z, Archbold N W, Shi G R, et al. 2001b. Permian Brachiopods from the Selong Xishan section, Xizang (Tibet), China. Part 2: Palaeobiogeographical and palaeoecological implications, Spiriferida, Athyridida and Terebratulida. Geobios, 34(2): 157–182.

Shen S Z, Shi G R, Fang Z J. 2002. Permian brachiopods from the Baoshan and Simao Blocks in Western Yunnan, China. Journal of Asian Earth Sciences, 20(6): 665–682.

Shen S Z, Cao C Q, Shi G R, et al. 2003a. Loping (Late Permian) stratigraphy, sedimentation and palaeobiogeography in southern Tibet. Newsletters on Stratigraphy, 39(2–3): 157–179.

Shen S Z, Shi G R, Archbold N W. 2003b. Lopingian (Late Permian) brachiopods from the Qubuerga Formation at the Qubu section in the Mt. Qomolangma region, southern Tibet (Xizang), China. Palaeontographica Abteilung a-Palaozoologie-Stratigraphie, 268(1–3): 49–101.

Shen S Z, Sun D L, Shi G R. 2003c. A biogeographic mixed late Guadalupian (late Middle Permian) brachiopod fauna from an exotic limestone block at Xiukang in Lhaze county, Tibet. Journal of Asian Earth Sciences, 21(10): 1125–1137.

Shen S Z, Grunt T A, Jin Y G. 2004. A comparative study of Comelicaniidae Merla, 1930 (brachiopoda: athyridida) from the Lopingian (Late Permian) of South China and Transcaucasia in Azerbaijan and Iran. Journal of Paleontology, 78(5): 884–899.

Shen S Z, Xie J F, Zhang H, et al. 2009. Roadian-Wordian (Guadalupian, Middle Permian) global palaeobiogeography of brachiopods. Global and Planetary Change, 65(3–4): 166–181.

Shen S Z, Cao C Q, Zhang Y C, et al. 2010. End-Permian mass extinction and palaeoenvironmental changes in Neotethys: evidence from an oceanic carbonate section in southwestern Tibet. Global and Planetary Change, 73(1–2): 3–14.

Shen S Z, Zhang H, Shi G R, et al. 2013a. Early Permian (Cisuralian) global brachiopod palaeobiogeography. Gondwana Research, 24(1): 104–124.

Shen S Z, Schneider J W, Angiolini L, et al. 2013b. The international Permian timescale: march 2013 update. New Mexico Museum of Natural History and Science, Bulletin, 60: 411–416.

Shen S Z, Yuan D X, Henderson C M, et al. 2013c. Implications of Kungurian (Early Permian) conodonts from Hatahoko, Japan, for correlation between the Tethyan and international timescales. Micropaleontology,

287

58(6): 505–522.

Shen S Z, Sun T R, Zhang Y C, et al. 2016. An upper Kungurian/lower Guadalupian (Permian) brachiopod fauna from the South Qiangtang Block in Tibet and its palaeobiogeographical implications. Palaeoworld, 25(4): 519–538.

Shi G R, Shen S Z. 1997. A Late Permian brachiopod fauna from Selong, Southern Xizang (Tibet), China. Proceedings of the Royal Society of Victoria, 109(1): 37–56.

Shi G R, Shen S Z. 2001. A biogeographically mixed, Middle Permian brachiopod fauna from the Baoshan Block, western Yunnan, China. Palaeontology, 44: 237–258.

Shi G R, Waterhouse J B. 1991. Early Permian brachiopods from Perak, west Malaysia. Journal of Southeast Asian Earth Sciences, 6(1): 25–39.

Shi G R, Waterhouse J B. 1996. Lower Permian brachiopods and molluscs from the Upper Jungle Creek Formation, northern Yukon Territory, Canada. Ottawa: Geological Survey of Canada Bulletin.

Shi G R, Archbold N W, Zhan L P. 1995. Distribution and characteristics of mid-Permian (Late Artinskian-Ufimian) mixed/transitional marine faunas in the Asian region and their palaeogeographical implications. Palaeogeography, Palaeoclimatology, Palaeoecology, 114(2–4): 241–271.

Shi G R, Shen S Z, Archbold N W. 1996. A compendium of Permian brachiopod faunas of the western Pacific Regions 5, Changhsingian. Melbourne: School of Aquatic Science and Natural Resources Management, Deakin University.

Shi G R, Leman Mohd S, Tan B K. 1997. Early Permian brachiopods from the Singa Formation of Langkawi Island, northwestern peninsular Malaysia: biostratigraphical and biogeographical implications. Proceedings of the International Conference on Stratigraphy and Tectonic Evolution of Southeast Asia and the South Pacific, 62–72.

Shi G R, Raksakulwong L, Campbell H J. 2002. Early Permian brachiopods from central and northern Peninsular Thailand. Memoir Canadian Society of Petroleum Geologists, 19: 596–608.

Shi G R, Shen S Z, Zhan L P. 2003. A Guadalupian-Lopingian (Middle to Late Permian) brachiopod fauna from the Juripu Formation in the Yarlung-Zangbo suture zone, southern Tibet, China. Journal of Paleontology, 77(6): 1053–1068.

Shi Y K, Jin X C, Huang H, et al. 2008. Permian Fusulinids from the Tengchong Block, Western Yunnan, China. Journal of Paleontology, 82(1): 118–127.

Shi Y K, Huang H, Jin X C, et al. 2011. Early Permian fusulinids from the Baoshan Block, Western Yunnan, China and their paleobiogeographic significance. Journal of Paleontology, 85(3): 489–501.

Shi Y K, Huang H, Jin X C. 2017. Depauperate fusulinid faunas of the Tengchong block in western Yunnan, China and their paleogeographic and paleoenvironmental indications. Journal of Paleontology, 91(1): 12–24.

Shimizu D. 1961. Brachiopod fossils from the Permian Maizuru group. Memoirs of the College of Science, University of Kyoto, Series B, 27(3): 309–351.

Shimizu D. 1981. Upper Permian brachiopod fossils from Guryul Ravine and the Spur three kilometers north of Barus. Palaeontologica Indica, New Series, 46: 65–86.

Skinner J W. 1931. Primitive Fusulinids of the Mid-Continent Region. Journal of Paleontology, 5(3): 253–259.

Skinner J W. 1969. Permian Foraminifera from Turkey. The University of Kansas Paleontological Contributions, 36: 1–14.

Skinner J W, Wilde G L. 1954. The fusulinid subfamily Boultoniinae. Journal of Paleontology, 28(4): 434–444.

Skinner J W, Wilde G L. 1965. Lower Permian (Wolfcampian) fusulinids from the Big Hatchet Mountains, southwestern New Mexico. Contributions from the Cushman Foundation for Foraminiferal Research, 16(3): 95–115.

Skinner J W, Wilde G L. 1966. Permian Fusulinids from Sicily. The University of Kansas Paleontological Contributions, 22: 1–16.

Sone M. 2006. Permian brachiopods from Peninsular Malaysia, Thailand, and Cambodia: implications for biogeography, palaeogeography, and the tectonic evolution of SE Asia. University of New England PHD Thesis.

Song H J, Tong J N, Zhang K X, et al. 2007. Foraminiferal survivors from the Permian-Triassic mass extinction in the Meishan section, South China. Palaeoworld, 16(1–3): 105–119.

Song H, Tong J, Chen Z Q, et al. 2009. End-Permian mass extinction of foraminifers in the Nanpanjiang basin, South China. Journal of Paleontology, 83(5): 718–738.

Song P P, Ding L, Li Z, et al. 2015. Late Triassic paleolatitude of the Qiangtang block: Implications for the closure of the Paleo-Tethys Ocean. Earth and Planetary Science Letters, 424(15): 69–83.

Sosnina M I. 1978. O foraminiferah chandalazskogo gorizonta pozdnei permi uzhnogo Primoriya. Popeko, L.I. Verkhnii Paleozoi Severo-Vostochnoi Azii. Vladivostok: AN SSSR DNTS Institut Tektoniki i Geofizik. 24–43.

Spandel E. 1901. Die foraminiferen des Permo-Carbon von Hooser, Kansas, Nord Amerika. Festschrift der naturhistorische Gesellschaft in Nürnberg, Nürberg: U. E. Sebald: 177–194.

Staff H V. 1909. Beiträge zur Kenntnis der Fusuliniden. Neues Jahrbuch für Mineralogie, Geologie und Palaeontologie, 27: 461–508.

Staff H V, Wedekind R. 1910. Der oberkarbonische Foraminiferen sapropelit Spitzbergens. Bulletin of the Geological Institutions of the University of Uppsala, 10: 81–123.

Stehli F G. 1954. Lower Leonardian Brachiopoda of the Sierra Diablo. Bulletin of the American Museum of Natural History, 105: 263–385.

Stuckenberg V A. 1905. Die fauna der obercarbonischen suite des Wolgadurchbruches bei Samara. Memoires du Comite Geologique, 23: 1–135.

Suleimanov I S. 1948. O nekotoryh nizhnekamennougolinyh foraminiferah sterlitamakskogo raiona. Trudy Instituta Geologicheskih Nauk, Akademiya Nauk SSSR, 19: 244–245.

Suleimanov I S. 1949. Nekotorye melkie foraminifery iz verhnepaleozoiskih otlozhenii bashkirii. Trudy institut Geologicheskih Nauk, Akademiya Nauk SSSR, 105: 236–243.

Suveizdis R P. 1975. Pabaltijo Permo Sistema. Vilnius: Geologijos Valdyba Prie Lietuvos Tsr Ministru Tarybos Lietuvos Geologijos Mokslinio Tyrimo Institutas.

Taboada A C. 1998. Two new species of Linoproductidae (Brachiopoda) and some regards about the Neopaleozoic of Uspallata, Western Argentina. Acta Geologica Lilloana, 18: 69–80.

Tazawa J I. 1979. Middle Permian Brachiopods from Matsukawa, Kesennuma Region, Southern Kitakami Mountains. Saito Ho-on Kai Museum of Natural History, Research Bulletin, 47: 23–32.

Tazawa J I. 2001. Middle Permian brachiopods from the Moribu area, Hida Gaien Belt, central Japan. Paleontological Research, 5(4): 283–310.

Tazawa J I, Kaneko N, Suzuki C, et al. 2015. Late Permian (Wuchiapingian) Brachiopod Fauna from the Lower Takakurayama Formation, Abukuma Mountains, Northeastern Japan. Paleontological Research, 19(1): 33–51.

Termier G, Termier H, de Lapparent A F, et al. 1974. Monographie du Permo-Caronifere de Wardak (Afghanistan central). Documents des Laboratoires de Geologie, Lyon, Hors Serie, 2: 1–167.

Termier H, Termier G. 1970. Les productoïdes du Djoulfien (Permien supérieur) dans la Téthys orientale; essai sur l'agonie d'un phylum. Annales Societe Geologique du Nord, 90(4): 443–460.

Thompson M L. 1935. The fusulinid genus *Yangchienia* Lee. Eclogae Geologicae Helvetiae, 28(2): 511–518.

Thompson M L. 1937. Fusulinids of the subfamily Schubertellinae. Journal of Paleontology, 11(2): 118–125.

Thompson M L, Foster C L. 1937. Middle Permian Fusulinids from Szechuan, China. Journal of Paleontology, 11(2): 126–144.

Toriyama R. 1975. Fusuline fossils from Thailand, Part 9, Permian Fusulines from the Rat Buri limestone in the Khao Phlong Phrab area, Sara Buri, Central Thailand. Memoirs of the Faculty of Science, Kyushu University, Series D, Geology, 23(1): 1–116.

Toriyama R, Kanmera K. 1977. Fusuline fossils from Thailand, Part 10. The Permian Fusulines from the limestone conglomerate Formation in the Khao Phlong Phrab area, Sara Buri, Central Thailand. In: Kobayasi T, Toriyama R, Hashimoto W. Geology and Palaeontology of Southeast Asia. Tokyo: University of Tokyo Press.

Toriyama R, Kanmera K. 1979. Fusuline fossils from Thailand, Part 12. Permian Fusulines from the Ratburi Limestone in the Khao Khao Area, Sara Buri, Central Thailand. Geology and Palaeontology of Southeast Asia, 20: 23–94.

Tschernyschew T N. 1902. Die Obercarbonischen brachiopoden des Ural und des Timan. Trudy Geologicheskogo Komiteta, 16: 1–749.

Ueno K. 1991. Early evolution of the Families Verbeekinidae and Neoschwagerinidae (Permian Fusulinacea) in the Akiyoshi limestone group, southwest Japan. Transactions and Proceedings of Palaeontological Society of Japan, New Series, 164: 973–1002.

Ueno K. 1996. Late Early to Middle Permian fusulinacean biostratigraphy of the Akiyoshi limestone group, southwest Japan, with special reference to the verbeekind and neoschwagerinid fusulinicean

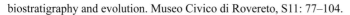
biostratigraphy and evolution. Museo Civico di Rovereto, S11: 77–104.

Ueno K. 2001. *Jinzhangia*, a new Staffellid Fusulinoidea from the Middle Permian Daaozi Formation of the Baoshan Block, west Yunnan, China. Journal of Foraminiferal Research, 31(3): 233–243.

Ueno K. 2003. The Permian fusulinoidean faunas of the Sibumasu and Baoshan blocks: their implications for the paleogeographic and paleoclimatologic reconstruction of the Cimmerian Continent. Palaeogeography, Palaeoclimatology, Palaeoecology, 193: 1–24.

Ueno K, Igo H. 1997. Late Paleozoic foraminifers from the Chiang Dao area, northern Thailand. Prace Pan'stwowego Instytutu Geologicznego, 157: 339–358.

Ueno K, Sakagami S. 1993. Middle Permian foraminifers from Ban Nam Suai Tha Sa-At, Changwat Loei, Northeast Thailand. Transactions and Proceedings of Palaeontological Society of Japan, New Series, 172: 277–291.

Ueno K, Tsutsumi S. 2009. Lopingian (Late Permian) foraminiferal faunal succession of a Paleo-Tethyan mid-oceanic carbonate buildup: Shifodong Formation in the Changning-Menglian Belt, West Yunnan, Southwest China. Island Arc, 18: 69–93.

Ueno K, Mizuno Y, Wang X D, et al. 2002. Artinskian conodonts from the Dingjiazhai Formation of the Baoshan Block, West Yunnan, Southwest China. Journal of Paleontology, 76(4): 741–750.

Ueno K, Tazawa J I, Miyake Y. 2006. Middle Permian fusulinoideans from Hatahoko in the Nyukawa area, Gifu Prefecture, Mono Belt, central Japan. Science reports of Niigata University (Geology), 21: 47–72.

Ueno K, Miyahigashi A, Charoentitirat T. 2010. The Lopingian (Late Permian) of mid-oceanic carbonates in the Eastern Palaeotethys: stratigraphical outline and foraminiferal faunal succession. Geological Journal, 45(2–3): 285–307.

Ünal E, Altiner D, Yilmaz I O, et al. 2003. Cyclic sedimentation across the Permian-Triassic boundary (Central Taurides, Turkey). Rivista Italiana di Paleontologia e Stratigrafia, 109: 359–376.

Ustritsky V I, Chu B, Chan A Z. 1960. Stratigraphy and fauna of the Carboniferous and Permian deposits of the western part of the Kun-Lun Mountains. Monograph of the Institute of Geology, PRC Minister of Geology, Series Stratigraphy and Paleontology, 5(1): 1–132.

Ustritsky V I, Tschernjak G E. 1963. Biostratigrafiia i brakhiopody verkhnego paleozoia Taimyra. Nauchno-Issledovatel'skii Institut Geologii Arktiki (NIIGA), Trudy, 134: 1–139.

Vachard D, Ferriere J. 1991. An assemblage with *Yabeina* (Fusulinid foraminifera) from the Midian (Upper Permian) of Whangaroa area (Orua Bay, New Zealand). Revue de Micropaleontologie, 34(3): 201–230.

Vachard D, Karl K. 2001. Smaller foraminifers of the Upper Carboniferous Auernig Group, Carnic Alps (Austria/Italy). Rivista Italiana di Paleontologia e Stratigrafia, 107(2): 147–168.

Vachard D, Moix P. 2011. Late Pennsylvanian to Middle Permian revised algal and foraminiferan biostratigraphy and palaeobiogeography of the Lycian Nappes (SW Turkey): palaeogeographic implications. Revue de Micropaleontologie, 54(3): 141–174.

Vachard D, Moix P. 2013. Kubergandian (Roadian, Middle Permian) of the Lycian and Aladağ Nappes (Southern Turkey). Geobios, 46: 335–356.

Vachard D, Montenat C. 1981. Biostratigraphie, micropaleontologie et paleogeographie du Permien de la region de Tezak (Montagnes centrales d'Afghanistan). Palaeontographica Abt. B, 178: 1–88.

Vachard D, Razgallah S. 1988. Importance phylogénétique d'un nouveau foraminifère endothyroide: Endoteba controversa N.Gen. N.SP. (Permien du jebel tebaga, tunisie). Geobios, 21: 805–811.

Vachard D, Clift P, Decrouez D. 1993a. Une association a *Pseudodunbarula* (Fusulinoide) du Permien Superieur (Djoulfien) remaniee dans le Jurassique d'argolide (Peloponnese, Grece). Revue de Paleobiologie, 12(1): 217–242.

Vachard D, Martini R, Zaninetti L, et al. 1993b. Remarks on Early and Late Permian carbonate microfossils (Foraminifera, Algae) from the Beletsi Range (Attica, Greece). Bollettino Della Societa Paleontologica Italiana, 32(1): 89–112.

Vachard D, Zambetakis-Lekkas A, Skourtsos E, et al. 2003. Foraminifera, Algae and Carbonate microproblematica from the Late Wuchiapingian/Dzhulfian (Late Permian) of Peloponnesus (Greece). Rivista Italiana di Paleontologia e Stratigrafia, 109(2): 339–358.

Vachard D, Gaillot J, Vaslet D, et al. 2005. Foraminifers and algae from the Khuff formation (Late Middle Permian-Early Triassic) of central Saudi Arabia. Geoarabia, 10(4): 137–186.

Vdovenko M V, Rauzer-chernousova D M, Reitlinger E A, et al. 1993. Spravochnik po sistematike melkih foraminifer paleozoya (za isklucheniem endotiroidei i Permskih mnogokamernyh lagenoidei). Moskva: "Nauka".

Vuks G P, Chediya I O. 1986. Foraminifery Ludyanzinskoi Svity Buhty Neizvestiaya (Uzhnoe Primorye). Vladivostok: Korrelyatsiya Permo-Triasovyh Otlozhenii Vostoka SSSR.

Waagen W. 1883. Salt Range fossils, vol. I, Productus Limestone fossils, Brachiopoda. Memoirs of the Geological Survey of India, Palaeontologia Indica, Series 13, 4(2): 391–546.

Waagen W. 1884. Salt Range fossils, vol. I, Productus Limestone fossils, Brachiopoda. Memoirs of the Geological Survey of India, Palaeontologia Indica, Series 13, 4(3–4): 547–728.

Wang C Y, Wang Z H. 1981. Permian conodont biostratigraphy of China. Geological Society of America, Special Paper, 187: 227–236.

Wang J G, Wu F Y, Garzanti E, et al. 2016. Upper Triassic turbidites of the northern Tethyan Himalaya (Langjiexue Group): the terminal of a sediment-routing system sourced in the Gondwanide Orogen. Gondwana Research, 34: 84–98.

Wang L N, Wignall P B, Sun Y D, et al. 2017. New Permian-Triassic conodont data from Selong (Tibet) and the youngest occurrence of *Vjalovognathus*. Journal of Asian Earth Sciences, 146: 152–167.

Wang X D, Shen S Z, Sugiyama T, et al. 2003. Late Palaeozoic corals of Tibet (Xizang) and West Yunnan, Southwest China: successions and palaeobiogeography. Palaeogeography, Palaeoclimatology, Palaeoecology, 191(3–4): 385–397.

Wang X J, Wang X D, Zhang Y C, et al. 2019. Late Permian rugose corals from Gyanyima of Drhada, Tibet (Xizang), Southwest China. Journal of Paleontology, 93(5): 856–875.

Wang X P, Hao W C, Yang S R, et al. 1999. Stratigraphy and fusulinid fossils of the Upper Permian in

Pingguo area, Guangxi. In: Yao A, Ezaki Y, Hao W C, et al. Biotic and Geological development of the Paleo-Tethys in China. Beijing: Peking University Press.

Wang Y, Ueno K. 2009. A new fusulinoidean genus *Dilatofusulina* from the Lopingian (Upper Permian) of southern Tibet, China. Journal of Foraminiferal Research, 39(1): 56–65.

Wang Y, Ueno K, Zhang Y C, et al. 2010. The Changhsingian foraminiferal fauna of a Neotethyan seamount: the Gyanyima limestone along the Yarlung-Zangbo Suture in southern Tibet, China. Geological Journal, 45: 308–318.

Wardlaw B R, Collinson J W. 1984. Conodont paleoecology of the Permian Phosphoria Formation and related rocks of Wyoming and adjacent areas. Special Paper Geological Society of America, 196: 263–281.

Waterhouse J B. 1966. Lower Carboniferous and upper Permian brachiopods from Nepal. Jahrbuch der geologischen bundesanstalt, 12: 5–99.

Waterhouse J B. 1968. The classification and descriptions of Permian Spiriferida (Brachiopoda) from New Zealand. Palaeontographica Abteilung A, 129: 1–94.

Waterhouse J B. 1970. Permian brachiopod *Retimarginifera* n. gen. n. sp. from the Byro group of Carnarvon Basin, Western Australia. Journal of the Royal Society of Western Australia, 53: 120–128.

Waterhouse J B. 1975. New Permian and Triassic brachiopod taxa. Papers of the Department of Geology, University of Queensland, 7: 1–23.

Waterhouse J B. 1978. Permian Brachiopoda and Mollusca from northwest Nepal. Palaeontographica Abteilung A, 160: 1–175.

Waterhouse J B. 1981. Early Permian brachiopods from Ko Yao Noi and near Krabi, southern Thailand. Geological Survey Memoir, 4(2): 45–213.

Waterhouse J B. 1982. An early Permian cool-water fauna from pebbly mudstones in south Thailand. Geological Magazine, 119(4): 337–354.

Waterhouse J B. 1983a. A Late Permian lyttoniid fauna from Northwest Thailand. Papers Department of Geology, University of Queensland, 10(3): 111–153.

Waterhouse J B. 1983b. New Permian invertebrate genera from the east Australian segment of Gondwana. Bulletin of the Indian Geologists' Association, 16(2): 153–158.

Waterhouse J B. 1983c. Permian brachiopods from Pija Member, Senja Formation, in Manang District of Nepal, with new brachiopod genera and species from other regions. Bulletin Indian Geologists' Association, 16(2): 111–151.

Waterhouse J B, Briggs D J C. 1986. Late Palaeozoic Scyphozoa and Brachiopoda (Inarticulata, Strophomenida, Productida and Rhynchonellida) from the Southeast Bowen Basin, Australia. Palaeontographica Abteilung A, 193(1–4): 1–76.

Waterhouse J B, Waddington J. 1982. Systematic descriptions, paleoecology and correlations of the Late Paleozoic Subfamily Spiriferellinae (Brachiopoda) from the Yukon Territory and the Canadian Arctic Archipelago. Bulletin Geological Survey of Canada, 289: 1–56.

Waterhouse J B, Briggs D J C, Parfrey S M. 1983. Major faunal assemblages in the Early Permian Tiverton

Formation near Homevale Homestead, Northern Bowen Basin, Queensland. Permian Geology of Queensland. Brisbane: Geological Society of Australia.

Wedekind P R. 1937. Einführung in die Grundlagen der Historischen Geologie. Band II. Mikrobiostratigraphie die Korallen und Foraminiferenzeit. Stuttgart: Ferdinand Enke.

Weller S. 1910. Internal characters of some Mississippian rhynchonelliform shells. Geological Society of America Bulletin, 21: 497–516.

White C A, St J O. 1867. Descriptions of new Subcarboniferous and coalmeasure fossils, collected upon the Geological Survey of Iowa; together with a notice of new generic characters involved in two species of brachiopods. Chicago Academy of Sciences, Transactions, 1: 115–127.

Whittaker J E, Zaninetti L, Altiner D. 1979. Further remarks on the micropalaeontology of the Late Permian of eastern Burma. Notes du Laboratoire de Paleongologie de L' Universite de Geneve, 5: 11–24.

Williams A, Carlson S J, Brunton C H C, et al. 1996. A supra-ordinal classification of the Brachiopoda. Philosophical Transactions of the Royal Society of London (series B) 351, 1171–1193.

Wood G D, Groves J R, Wahlman G P, et al. 2002. The paleogeographic and biostratigraphic significance of fusulinacean and smaller foraminifers, and palynomorphs from the Copacabana Formation (Pennsylvanian-Permian), madre de dios basin, Peru. Memoir Canadian Society of Petroleum Geologists, 19: 630–664.

Woszczynska S. 1987. Foraminifera and ostracods from the carbonate sediments of the polish zechstein. Acta Palaeontologica Polonica, 32(3–4): 155–205.

Wu G C, Ji Z S, Trotter J A, et al. 2014. Conodont biostratigraphy of a new Permo-Triassic boundary section at Wenbudangsang, north Tibet. Palaeogeography, Palaeoclimatology, Palaeoecology, 411: 188–207.

Wu G C, Ji Z S, Kolar-Jurkovšek T, et al. 2020. Early Triassic *Pachycladina* fauna newly found in the southern Lhasa Terrane of Tibet and its palaeogeographic implications. Palaeogeography, Palaeoclimatology, Palaeoecology, 562(15): 110030.

Xu G, Grant R E. 1994. Brachiopods near the Permian-Triassic boundary in South China. Smithsonian Contributions to Paleobiology, 76: 1–68.

Xu H K, Shen S Z, Cheng L R. 2005. *Linoldhamininae*, a new subfamily of Lyttoniidae Waagen, 1883 (Brachiopoda) from the Guadalupian (Middle Permian) Xiala formation in the Xainza area, northern Tibet. Journal of Paleontology, 79(5): 1012–1018.

Xu H P, Cao C Q, Yuan D X, et al. 2018. Lopingian (Late Permian) brachiopod faunas from the Qubuerga Formation at Tulong and Kujianla in the Mt. Everest area of southern Tibet, China. Rivista Italiana di Paleontologia e Stratigrafia, 124(1): 139–162.

Xu H P, Zhang Y C, Qiao F, et al. 2019. A new Changhsingian brachiopod fauna from the Xiala Formation at Tsochen in the central Lhasa Block and its paleogeographical implications. Journal of Paleontology, 93(5): 876–898.

Yabe H. 1903. On a Fusulina-limestone with *Helicoprion* in Japan. The Journal of the Geologicl Society of Tokyo, 10(113): 1–13.

Yabe H, Hanzawa S. 1932. Tentative classification of the Foraminifera of the Fusulinidae Proceedings of the

Imperial Academy of Japan, 8: 43.

Yamagiwa N, Saka Y. 1972. On the *Lepidolina* zone discovered from the Shima Peninsula, southwest Japan. Transactions and Proceedings of the Palaeontological Society of Japan, New Series, 85: 260–274.

Yanagida J. 1963. Brachiopods from the Upper Permian Mizukoshi Formation, central Kyushu. Memoirs of the Faculty of Science, Kyushu University, Series D, 14(2): 69–78.

Yang X N, Jin X C, Ji Z S, et al. 2004. New materials of the *Shanita-Hemigordius* assemblage (Permian Foraminifers) from the Baoshan Block, Western Yunnan. Acta Geologica Sinica, 78(1): 15–21.

Yang Z D, Yancey T E. 2000. Fusulinid biostratigraphy and paleontology of the Middle Permian (Guadalupian) strata of the Glass mountains and Del Norte mountains, West Texas. Smithsonian Contributions to the Earth Sciences, 32: 185–259.

Yin A, Harrison T M. 2000. Geologic evolution of the Himalayan-Tibetan Orogen. Annual Review of Earth and Planetary Sciences, 28(1): 211–280.

Youngquist W, Hawley R W, Miller A K. 1951. Phosphoria Conodonts from Southeastern Idaho. Journal of Paleontology, 25(3): 356–364.

Yuan D X, Zhang Y C, Zhang Y J, et al. 2014. First records of Wuchiapingian (Late Permian) conodonts in the Xainza area, Lhasa Block, Tibet, and their palaeobiogeographic implications. Alcheringa: an Australasian Journal of Palaeontology, 38(4): 546–556.

Yuan D X, Chen J, Zhang Y C, et al. 2015. Changhsingian conodont succession and the end-Permian mass extinction event at the Daijiagou section in Chongqing, Southwest China. Journal of Asian Earth Sciences, 105: 234–251.

Yuan D X, Zhang Y C, Shen S Z, et al. 2016. Early Permian conodonts from the Xainza area, central Lhasa Block, Tibet, and their palaeobiogeographical and palaeoclimatic implications. Journal of Systematic Palaeontology, 14: 365–383.

Yuan D X, Shen S Z, Henderson C M. 2017. Revised Wuchiapingian conodont taxonomy and succession of South China. Journal of Paleontology, 91(6): 1199–1219.

Yuan D X, Zhang Y C, Shen S Z. 2018. Conodont succession and reassessment of major events around the Permian-Triassic boundary at the Selong Xishan section, southern Tibet, China. Global and Planetary Change, 161: 194–210.

Yuan D X, Shen S Z, Henderson C M, et al. 2019. Integrative timescale for the Lopingian (Late Permian): A review and update from Shangsi, South China. Earth-Science Reviews, 188: 190–209.

Yuan D X, Aung K P, Henderson C M, et al. 2020. First records of Early Permian conodonts from eastern Myanmar and implications of paleobiogeographic links to the Lhasa Block and northwestern Australia. Palaeogeography, Palaeoclimatology, Palaeoecology, 549: 109363.

Zaninetti L, Jenny-Deshusses C. 1985. Les *Paraglobivalvulines* (foraminiferes) dans le Permien superieur Tethysien; repartition stratigraphique, distribution geographique et description de *Paraglobivalvulinoides*, n. gen. Revue de Paleobiologie, 4(2): 343–346.

Zaninetti L, Whittaker J E, Altiner D. 1979. The occurrence of *Shanita amosi* Brönnimann, Whittaker and Zaninetti (Foraminiferida) in the Late Permian of the Tethyan region. Notes du Laboratoire de Paleongologie de L' Universite de Geneve, 5: 1–7.

Zaninetti L, Altiner D, Catal E. 1981. Foraminifères et biostratigraphie dans le Permian supérieur du Taurus oriental, Turquie. Notes du Laboratoire de Paleongologie de L' Universite de Geneve, 7: 1–38.

Zaw W. 1999. Fusuline biostratigraphy and paleontology of the Akasaka Limestone, Gifu prefecture, Japan. Bulletin of the Kitakyushu Museum of Natural History, 18: 1–76.

Zhai Q G, Zhang R Y, Jahn B M, et al. 2011. Triassic eclogites from central Qiangtang, northern Tibet, China: petrology, geochronology and metamorphic P-T path. Lithos, 125: 173–189.

Zhang L X, Wang Y J. 1974. Fusulinids. In: Nanjing Institute of Geology and Palaeontology. Stratigraphy and Palaeontology of Southwest China. Beijing: Science Press.

Zhang N, Henderson C M, Xia W. 2010a. Conodonts and radiolarians through the Cisuralian-Guadalupian boundary from the Pingxiang and Dachongling sections, Guangxi region, South China. Alcheringa: an Australasian Journal of Palaeontology, 34(2): 135–160.

Zhang Y C, Wang Y. 2018. Permian fusuline biostratigraphy. Geological Society, London, Special Publications, 450: 253–288.

Zhang Y C, Wang Y, Shen S Z. 2009. Middle Permian (Guadalupian) Fusulines from the Xilanta Formation in the Gyanyima area of Burang County, southwestern Tibet, China. Micropaleontology, 55(5): 463–486.

Zhang Y C, Cheng L R, Shen S Z. 2010b. Late Guadalupian (Middle Permian) fusuline fauna from the Xiala Formation in Xainza County, central Tibet: implication of the rifting time of the Lhasa Block. Journal of Paleontology, 84(5): 955–973.

Zhang Y C, Shen S Z, Shi G R, et al. 2012a. Tectonic evolution of the Qiangtang Block, northern Tibet during the Late Cisuralian (Late Early Permian): evidence from fusuline fossil records. Palaeogeography, Palaeoclimatology, Palaeoecology, 350–352(0): 139–148.

Zhang Y C, Wang Y, Zhang Y J, et al. 2012b. Kungurian (Late Cisuralian) fusuline fauna from the Cuozheqiangma area, northern Tibet and its palaeobiogeographical implications. Palaeoworld, 21(3–4): 139–152.

Zhang Y C, Shi G R, Shen S Z. 2013a. A review of Permian stratigraphy, palaeobiogeography and palaeogeography of the Qinghai-Tibet Plateau. Gondwana Research, 24(1): 55–76.

Zhang Y C, Wang Y, Zhang Y J, et al. 2013b. Artinskian (Early Permian) fusuline fauna from the Rongma area in northern Tibet: palaeoclimatic and palaeobiogeographic implications. Alcheringa: an Australasian Journal of Palaeontology, 37(4): 529–546.

Zhang Y C, Shi G R, Shen S Z, et al. 2014. Permian Fusuline Fauna from the Lower Part of the Lugu Formation in the Central Qiangtang Block and its Geological Implications. Acta Geologica Sinica, English Edition, 88(2): 365–379.

Zhang Y C, Shen S Z, Zhang Y J, et al. 2016. Middle Permian non-fusuline foraminifers from the middle part of the Xiala Formation in Xainza County, Lhasa Block, Tibet. The Journal of Foraminiferal Research, 46(2): 99–114.

Zhang Y C, Shen S Z, Zhang Y J, et al. 2019. Middle Permian foraminifers from the Zhabuye and Xiadong areas in the central Lhasa Block and their paleobiogeographic implications. Journal of Asian Earth Sciences, 175: 109–120.

Zhang Y C, Aung K P, Shen S Z, et al. 2020. Middle Permian fusulines from the Thitsipin Formation of Shan State, Myanmar and their palaeobiogeographical and palaeogeographical implications. Papers in Palaeontology, 6(2): 293–327.

Zhao J, Huang B C, Yan Y G, et al. 2015a. Late Triassic paleomagnetic result from the Baoshan Terrane, West Yunnan of China: implication for orientation of the East Paleotethys suture zone and timing of the Sibumasu-Indochina collision. Journal of Asian Earth Sciences, 111: 350–364.

Zhao Z B, Bons P D, Wang G H, et al. 2015b. Tectonic evolution and high-pressure rock exhumation in the Qiangtang terrane, central Tibet. Solid Earth, 6: 457–473.

Zhao Z, Wu Z, Lu L, et al. 2018. The Late Triassic I-Type Granites from the Longmu Co-Shuanghu Suture Zone in the interior of Tibetan Plateau, China: petrogenesis and implication for Slab Break-Off. Acta Geologica Sinica, English Edition, 92: 935–951.

Zhou Y N, Cheng X, Yu L, et al. 2016. Paleomagnetic study on the Triassic rocks from the Lhasa Terrane, Tibet, and its paleogeographic implications. Journal of Asian Earth Sciences, 121: 108–119.

Zhu D C, Mo X X, Niu Y L, et al. 2009. Zircon U-Pb dating and in-situ Hf isotopic analysis of Permian peraluminous granite in the Lhasa terrane, southern Tibet: implications for Permian collisional orogeny and paleogeography. Tectonophysics, 469(1–4): 48–60.

Zhu D C, Zhao Z D, Niu Y L, et al. 2011. Lhasa terrane in southern Tibet came from Australia. Geology, 39(8): 727–730.

Zhu D C, Zhao Z D, Niu Y L, et al. 2013. The origin and pre-Cenozoic evolution of the Tibetan Plateau. Gondwana Research, 23(4): 1429–1454.

图版和图版说明

图版 1　西藏噶尔县左左乡瓜德鲁普统下拉组有孔虫化石（1）

比例尺为 400μm

1. *Syzrania bella* Reitlinger, 1950

　1. 采集号：ZZX-F8-A(3)，登记号：179392，纵切面。

2. *Cornuspira* sp. 1

　2. 采集号：ZZX-F5-A(1)，登记号：179353，中切面。

3, 4. *Cornuspira* sp. 2

　3. 采集号：ZZX-F4-R(1)，登记号：179352，中切面。

　4. 采集号：ZZX-F7-I(1)，登记号：179388，中切面。

5~15. *Tuberitina maljavkini* Suleimanov, 1948

　5. 采集号：ZZX-F2-S(1)，登记号：179305，纵切面。

　6. 采集号：ZZX-F5-F(1)，登记号：179360，斜切面。

　7. 采集号：ZZX-F8-S(1)，登记号：179403，纵切面。

　8. 采集号：ZZX-F4-M(3)，登记号：179344，斜切面。

　9. 采集号：ZZX-F4-P(1)，登记号：179347，斜切面。

　10. 采集号：ZZX-F3-K(2)，登记号：179315，纵切面。

　11. 采集号：ZZX-F2-P(2)，登记号：179302，纵切面。

　12. 采集号：ZZX-F4-J(2)，登记号：179340，纵切面。

　13. 采集号：ZZX-F4-G(1)，登记号：179333，纵切面。

　14. 采集号：ZZX-F4-D(1)，登记号：179330，纵切面。

　15. 采集号：ZZX-F9-M(1)，登记号：179415，纵切面。

16~38. *Lasiodiscus tenuis* Reichel, 1946

　16. 采集号：ZZX-F1-C(4)，登记号：179262，斜切面。

　17. 采集号：ZZX-F4-G(3)，登记号：179335，斜切面。

　18. 采集号：ZZX-F1-P(3)，登记号：179277，斜切面。

　19. 采集号：ZZX-F1-E(1)，登记号：179263，轴切面。

　20. 采集号：ZZX-F3-G(1)，登记号：179310，轴切面。

　21. 采集号：ZZX-F3-I(2)，登记号：179313，轴切面。

　22. 采集号：ZZX-F5-C(2)，登记号：179355，轴切面。

　23. 采集号：ZZX-F5-H(1)，登记号：179364，轴切面。

　24. 采集号：ZZX-F5-C(1)，登记号：179354，斜切面。

　25. 采集号：ZZX-F2-S(2)，登记号：179306，轴切面。

　26. 采集号：ZZX-F3-O(2)，登记号：179321，轴切面。

　27. 采集号：ZZX-F2-L(1)，登记号：179298，轴切面。

　28. 采集号：ZZX-F3-P(1)，登记号：179322，轴切面。

　29. 采集号：ZZX-F1-P(2)，登记号：179276，斜切面。

　30. 采集号：ZZX-F1-K(4)，登记号：179271，轴切面。

　31. 采集号：ZZX-F4-M(2)，登记号：179343，轴切面。

　32. 采集号：ZZX-F3-B(1)，登记号：179309，轴切面。

　33. 采集号：ZZX-F6-O(1)，登记号：179377，近轴切面。

　34. 采集号：ZZX-F5-D(2)，登记号：179358，轴切面。

　35. 采集号：ZZX-F4-P(3)，登记号：179349，轴切面。

　36. 采集号：ZZX-F1-T(2)，登记号：179280，斜切面。

　37. 采集号：ZZX-F3-A(2)，登记号：179308，轴切面。

　38. 采集号：ZZX-F5-T(1)，登记号：179368，轴切面。

39. *Lasiotrochus tatoiensis* Reichel, 1946

　39. 采集号：ZZX-F1-J(1)，登记号：179267，轴切面。

40~43. *Globivalvulina bulloides* (Brady, 1876)

　40. 采集号：ZZX-F2-A(1)，登记号：179282，纵切面。

　41. 采集号：ZZX-F8-T(2)，登记号：179406，纵切面。

　42. 采集号：ZZX-F8-R(2)，登记号：179402，中切面。

　43. 采集号：ZZX-F4-I(1)，登记号：179339，中切面。

44. *Deckerella* cf. *tenuissima* Reitlinger, 1950

　44. 采集号：ZZX-F2-F(2)，登记号：179291，纵切面。

45. *Dagmarita chanakchiensis* Reitlinger, 1965

　45. 采集号：ZZX-F1-P(1)，登记号：179275，纵切面。

46, 47. *Climacammina* sp.1

　46. 采集号：ZZX-F4-F(2)，登记号：179331，纵切面。

　47. 采集号：ZZX-F5-F(4)，登记号：179362，纵切面。

48~51, 53~56. *Endothyranopsis guangxiensis* Lin, 1978

　48. 采集号：ZZX-F4-G(2)，登记号：179334，轴切面。

　49. 采集号：ZZX-F6-B(2)，登记号：179370，轴切面。

　50. 采集号：ZZX-F5-G(1)，登记号：179363，弦切面。

　51. 采集号：ZZX-F1-B(1)，登记号：179258，近轴切面。

　53. 采集号：ZZX-F1-B(5)，登记号：179261，近轴切面。

　54. 采集号：ZZX-F4-F(3)，登记号：179332，轴切面。

　55. 采集号：ZZX-F1-S(1)，登记号：179278，近轴切面。

　56. 采集号：ZZX-F2-P(1)，登记号：179301，近轴切面。

52, 57~62. *Neoendothyra* cf. *parva* (Lange, 1925)

　52. 采集号：ZZX-F2-C(1)，登记号：179285，中切面。

　57. 采集号：ZZX-F4-B(2)，登记号：179325，轴切面。

　58. 采集号：ZZX-F4-N(3)，登记号：179346，近轴切面。

　59. 采集号：ZZX-F6-B(1)，登记号：179369，轴切面。

　60. 采集号：ZZX-F7-D(1)，登记号：179384，近轴切面。

　61. 采集号：ZZX-F7-C(1)，登记号：179380，轴切面。

　62. 采集号：ZZX-F6-K(1)，登记号：179374，近轴切面。

63, 64. *Nodosinelloides mirabilis* (Lipina, 1949)

　63. 采集号：ZZX-F2-O(2)，登记号：179300，纵切面。

　64. 采集号：ZZX-F2-A(2)，登记号：179283，纵切面。

65~69. *Nodosinelloides acera* (Miklukho-Maklay, 1954)

　65. 采集号：ZZX-F2-G(1)，登记号：179293，近纵切面。

　66. 采集号：ZZX-F8-T(4)，登记号：179407，纵切面。

　67. 采集号：ZZX-F9-A(2)，登记号：179409，纵切面。

　68. 采集号：ZZX-F3-H(1)，登记号：179312，近纵切面。

　69. 采集号：ZZX-F4-C(5)，登记号：179327，斜切面。

70~76. *Nodosinelloides bella* (Lipina, 1949)

　70. 采集号：ZZX-F2-R(2)，登记号：179304，纵切面。

　71. 采集号：ZZX-F9-A(1)，登记号：179408，近纵切面。

72. 采集号：ZZX-F8-E(1)，登记号：179394，纵切面。

73. 采集号：ZZX-F7-C(3)，登记号：179382，纵切面。

74. 采集号：ZZX-F7-F(1)，登记号：179386，斜切面。

75. 采集号：ZZX-F9-P(1)，登记号：179417，斜切面。

76. 采集号：ZZX-F9-S(1)，登记号：179418，近纵切面。

77, 79. *Chenella changanchiaoensis* (Sheng and Wang, 1962)

77. 采集号：ZZX-F1-K(1)，登记号：179268，轴切面。

79. 采集号：ZZX-F7-C(5)，登记号：179383，轴切面。

78. *Chenella tonglingica* Zhang, 1982

78. 采集号：ZZX-F6-F(3)，登记号：179372，弦切面。

80~88. *Reichelina media* Miklukho-Maklay, 1954

80. 采集号：ZZX-F1-B(3)，登记号：179259，中切面。

81. 采集号：ZZX-F1-A(2)，登记号：179256，近轴切面。

82. 采集号：ZZX-F1-M(2)，登记号：179273，轴切面。

83. 采集号：ZZX-F1-I(2)，登记号：179266，近轴切面。

84. 采集号：ZZX-F6-N(1)，登记号：179376，轴切面。

85. 采集号：ZZX-F5-K(2)，登记号：179365，轴切面。

86. 采集号：ZZX-F5-F(2)，登记号：179361，中切面。

87. 采集号：ZZX-F3-K(1)，登记号：179314，近轴切面。

88. 采集号：ZZX-F3-P(2)，登记号：179323，轴切面。

89~91. *Geinitzina* sp.1

89. 采集号：ZZX-F1-N(1)，登记号：179274，纵切面。

90. 采集号：ZZX-F1-M(1)，登记号：179272，斜纵切面。

91. 采集号：ZZX-F1-K(2)，登记号：179269，纵切面。

92~96. *Geinitzina spandeli plana* Lipina, 1949

92. 采集号：ZZX-F3-G(2)，登记号：179311，纵切面。

93. 采集号：ZZX-F9-F(1)，登记号：179413，纵切面。

94. 采集号：ZZX-F9-C(1)，登记号：179410，斜切面。

95. 采集号：ZZX-F3-A(1)，登记号：179307，纵切面。

96. 采集号：ZZX-F9-C(3)，登记号：179412，纵切面。

97~100. *Pachyphloia ovata* Lange, 1925

97. 采集号：ZZX-F9-C(2)，登记号：179411，斜纵切面。

98. 采集号：ZZX-F1-H(1)，登记号：179265，纵切面。

99. 采集号：ZZX-F2-A(4)，登记号：179284，斜纵切面。

100. 采集号：ZZX-F1-T(1)，登记号：179279，纵切面。

101, 102. *Pachyphloia* sp. 1

101. 采集号：ZZX-F2-G(5)，登记号：179295，中切面。

102. 采集号：ZZX-F9-L(1)，登记号：179414，中切面。

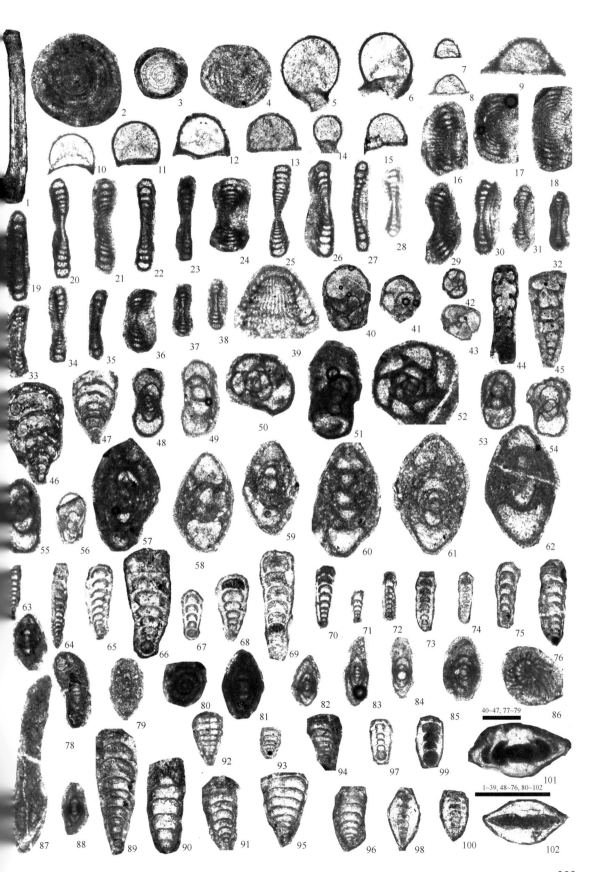

图版 2　西藏噶尔县左左乡瓜德鲁普统下拉组有孔虫化石（2）

比例尺为 400μm

1~10. *Kahlerina zuozuoensis* Zhang, sp. nov.

　1. 采集号：ZZX-F1-K(3)，登记号：179270，正模，轴切面。

　2. 采集号：ZZX-F2-D(3)，登记号：179286，轴切面。

　3. 采集号：ZZX-F2-D(6)，登记号：179289，副模，轴切面。

　4. 采集号：ZZX-F2-F(3)，登记号：179292，副模，轴切面。

　5. 采集号：ZZX-F3-N(1)，登记号：179320，轴切面。

　6. 采集号：ZZX-F4-C(4)，登记号：179326，轴切面。

　7. 采集号：ZZX-F4-C(6)，登记号：179328，近轴切面。

　8. 采集号：ZZX-F4-C(7)，登记号：179329，近轴切面。

　9. 采集号：ZZX-F4-H(1)，登记号：179337，轴切面。

　10. 采集号：ZZX-F5-Q(1)，登记号：179367，弦切面。

11~17. *Pseudolangella fragilis* Sellier de Civrieux and Dessauvagie, 1965

　11. 采集号：ZZX-F1-F(1)，登记号：179264，纵切面。

　12. 采集号：ZZX-F2-E(4)，登记号：179290，纵切面；

　13. 采集号：ZZX-F3-L(1)，登记号：179318，纵切面。

　14. 采集号：ZZX-F6-P(1)，登记号：179378，纵切面。

　15. 采集号：ZZX-F3-K(3)，登记号：179316，纵切面。

　16. 采集号：ZZX-F6-P(2)，登记号：179379，纵切面。

　17. 采集号：ZZX-F6-J(2)，登记号：179373，纵切面。

18~20. *Pseudolangella* sp. 1

　18. 采集号：ZZX-F1-A(3)，登记号：179257，斜切面。

　19. 采集号：ZZX-F2-D(5)，登记号：179288，纵切面。

　20. 采集号：ZZX-F2-M(1)，登记号：179299，纵切面。

21. *Pseudolangella delicata* (Lin, 1984)

　21. 采集号：ZZX-F2-H(1)，登记号：179297，纵切面。

22~24. *Pseudolangella* sp. 2

　22. 采集号：ZZX-F7-C(2)，登记号：179381，纵切面。

　23. 采集号：ZZX-F2-G(2)，登记号：179294，纵切面。

　24. 采集号：ZZX-F5-E(1)，登记号：179359，斜切面。

25~40. *Hemigordius* sp.

　25. 采集号：ZZX-F4-K(2)，登记号：179342，近轴切面。

　26. 采集号：ZZX-F8-K(1)，登记号：179397，近轴切面。

　27. 采集号：ZZX-F8-R(1)，登记号：179401，近轴切面。

　28. 采集号：ZZX-F4-Q(4)，登记号：179351，近轴切面。

　29. 采集号：ZZX-F7-J(2)，登记号：179390，中切面。

　30. 采集号：ZZX-F4-P(2)，登记号：179348，轴切面。

　31. 采集号：ZZX-F8-B(1)，登记号：179393，轴切面。

　32. 采集号：ZZX-F7-H(1)，登记号：179387，轴切面。

　33. 采集号：ZZX-F8-T(1)，登记号：179405，近轴切面。

　34. 采集号：ZZX-F8-P(1)，登记号：179399，近轴切面。

　35. 采集号：ZZX-F8-K(2)，登记号：179398，近轴切面。

　36. 采集号：ZZX-F4-A(1)，登记号：179324，近轴切面。

　37. 采集号：ZZX-F8-H(1)，登记号：179395，近轴切面。

　38. 采集号：ZZX-F7-J(1)，登记号：179389，近轴切面。

　39. 采集号：ZZX-F8-S(2)，登记号：179404，轴切面。

　40. 采集号：ZZX-F7-E(1)，登记号：179385，近轴切面。

41, 42. *Midiella reicheli* (Lys in Lys and Lapparent, 1971)

　41. 采集号：ZZX-F4-Q(2)，登记号：179350，近轴切面。

　42. 采集号：ZZX-F3-K(4)，登记号：179317，轴切面。

43. *Ichthyofrondina* sp.

　43. 采集号：ZZX-F8-Q(?)，登记号：179400，纵切面。

44~47. *Nodosinelloides netchajewi* (Cherdyntsev, 1914)

　44. 采集号：ZZX-F2-G(6)，登记号：179296，纵切面。

　45. 采集号：ZZX-F7-R(2)，登记号：179391，斜切面。

　46. 采集号：ZZX-F8-J(1)，登记号：179396，斜切面。

　47. 采集号：ZZX-F2-R(1)，登记号：179303，纵切面。

48, 49. *Nodosinelloides mirabilis* (Lipina, 1949)

　48. 采集号：ZZX-F9-O(1)，登记号：179416，纵切面。

　49. 采集号：ZZX-F5-D(1)，登记号：179357，纵切面。

50. *Nodosinelloides* sp.1

　50. 采集号：ZZX-F2-D(4)，登记号：179287，纵切面。

51~53. *Glomomidiellopsis specialisaeformis* (Lin, Li and Sun, 1990)

　51. 采集号：ZZX-F4-N(2)，登记号：179345，中切面。

　52. 采集号：ZZX-F4-H(2)，登记号：179338，中切面。

　53. 采集号：ZZX-F6-M(1)，登记号：179375，弦切面。

54~58. *Pachyphloia lanceolata* Miklukho-Maklay, 1954

　54. 采集号：ZZX-F5-C(4)，登记号：179356，纵切面。

　55. 采集号：ZZX-F6-F(1)，登记号：179371，纵切面。

　56. 采集号：ZZX-F1-B(4)，登记号：179260，纵切面。

　57. 采集号：ZZX-F1-U(1)，登记号：179281，纵切面。

　58. 采集号：ZZX-F3-L(2)，登记号：179319，侧纵切面。

59, 60. *Multidiscus* sp. 1

　59. 采集号：ZZX-F4-K(1)，登记号：179341，轴切面。

　60. 采集号：ZZX-F4-G(4)，登记号：179336，轴切面。

61. *Multidiscus* sp.2

　61. 采集号：ZZX-F5-M(1)，登记号：179366，近轴切面。

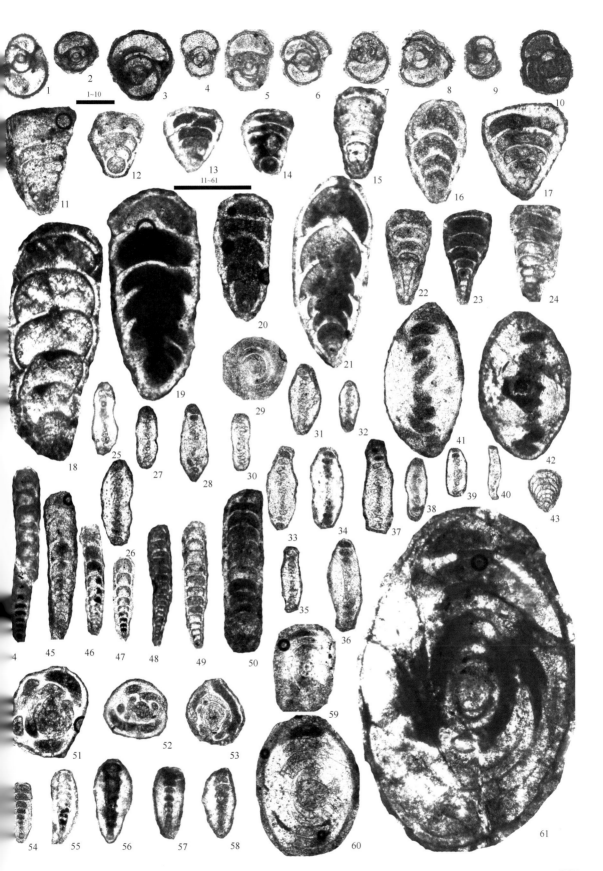

1~10

11~61

图版 3 西藏仲巴县扎布耶一号剖面下拉组有孔虫化石

比例尺为 400μm

1~3. *Lasiodiscus tenuis* Reichel, 1946

 1. 采集号：ZBY1-3-B(1)，登记号：178846，轴切面。

 2. 采集号：ZBY1-3-J(2)，登记号：178850，轴切面。

 3. 采集号：ZBY1-3-P(1)，登记号：178852，轴切面。

4~12. *Geinitzina gigantea* Miklukho-Maklay, 1954

 4. 采集号：ZBY1-1-A(1)，登记号：178829，纵切面。

 5. 采集号：ZBY1-1-A(2)，登记号：178830，纵切面。

 6. 采集号：ZBY1-1-I(1)，登记号：178831，侧纵切面。

 7. 采集号：ZBY1-1-M(3)，登记号：178832，纵切面。

 8. 采集号：ZBY1-2-A(1)，登记号：178833，纵切面。

 9. 采集号：ZBY1-2-B(1)，登记号：178834，纵切面。

 10. 采集号：ZBY1-2-J(1)，登记号：178840，纵切面。

 11. 采集号：ZBY1-2-M(1)，登记号：178842，侧纵切面。

 12. 采集号：ZBY1-3-Q(1)，登记号：178853，纵切面。

13. *Hemigordiopsis* sp.

 13. 采集号：ZBY1-3-F(1)，登记号：178849，中切面。

14. *Frondina permica* Sellier de Civrieux and Dessauvagie, 1965

 14. 采集号：ZBY1-3-S(2)，登记号：178854，斜切面。

15~17. *Pseudolangella* sp. 3

 15. 采集号：ZBY1-2-C(1)，登记号：178835，纵切面。

 16. 采集号：ZBY1-2-O(1)，登记号：178843，纵切面。

 17. 采集号：ZBY1-4-G(1)，登记号：178855，斜切面。

18. *Langella perforata* (Lange, 1925)

 18. 采集号：ZBY1-2-J(2)，登记号：178841，纵切面。

19~22. *Pseudotristix* cf. *solida* Reitlinger, 1965

 19. 采集号：ZBY1-2-P(2)，登记号：178844，纵切面。

 20. 采集号：ZBY1-2-C(3)，登记号：178837，纵切面。

 21. 采集号：ZBY1-2-T(1)，登记号：178845，纵切面。

 22. 采集号：ZBY1-2-I(1)，登记号：178839，纵切面。

23, 24. *Palaeotextularia* sp.

 23. 采集号：ZBY1-3-E(1)，登记号：178848，斜切面。

 24. 采集号：ZBY1-2-C(2)，登记号：178836，斜切面。

25. *Tetrataxis* sp. 1

 25. 采集号：ZBY1-4-G(2)，登记号：178856，纵切面。

26. *Frondinodosaria* sp. 1

 26. 采集号：ZBY1-2-D(1)，登记号：178838，斜切面。

27. *Nodosaria* cf. *partisana* Sosnina, 1978

 27. 采集号：ZBY1-3-C(1)，登记号：178847，纵切面。

28. *Protonodosaria* sp.1

 28. 采集号：ZBY1-3-L(1)，登记号：178851，纵切面。

1~12, 14~22, 26~28

13, 23~25

图版 4　西藏仲巴县扎布耶二号剖面下拉组有孔虫化石

比例尺为 400μm

1~4. *Cornuspira* sp. 2

　1. 采集号：ZBY2-1-C(1)，登记号：178859，弦切面。

　2. 采集号：ZBY2-1-K(1)，登记号：178863，斜切面。

　3. 采集号：ZBY2-1-M(5)，登记号：178868，中切面。

　4. 采集号：ZBY2-2-J(3)，登记号：178882，中切面。

5. *Frondina permica* Sellier de Civrieux and Dessauvagie, 1965

　5. 采集号：ZBY2-1-M(2)，登记号：178865，纵切面。

6. *Pseudolangella* sp. 4

　6. 采集号：ZBY2-2-J(1)，登记号：178880，纵切面．

7. *Ichthyolaria* sp.

　7. 采集号：ZBY2-1-M(3)，登记号：178866，纵切面。

8. *Geinitzina* sp. 2

　8. 采集号：ZBY2-1-Q(2)，登记号：178872，纵切面。

9~11. *Geinitzina postcarbonica* Spandel, 1901

　9. 采集号：ZBY2-1-P(1)，登记号：178870，纵切面。

　10. 采集号：ZBY2-2-J(2)，登记号：178881，纵切面。

　11. 采集号：ZBY2-2-S(2)，登记号：178890，纵切面。

12. *Geinitzina* cf. *acuta* Spandel, 1898

　12. 采集号：ZBY2-1-C(2)，登记号：178860，纵切面。

13. *Pseudolangella delicata* (Lin, 1984)

　13. 采集号：ZBY2-1-M(4)，登记号：178867，纵切面。

14, 15. *Langella perforata langei* (Sellier de Civrieux and Dessauvagie, 1965)

　14. 采集号：ZBY2-1-J(1)，登记号：178862，纵切面。

　15. 采集号：ZBY2-2-L(1)，登记号：178885，纵切面。

16~19. *Glomomidiellopsis specialisaeformis* (Lin, Li and Sun, 1990)

　16. 采集号：ZBY2-2-R(1)，登记号：178888，弦切面。

17. 采集号：ZBY2-2-B(1)，登记号：178874，弦切面。

18. 采集号：ZBY2-2-K(1)，登记号：178884，中切面。

19. 采集号：ZBY2-2-S(1)，登记号：178889，中切面。

20. *Protonodosaria* sp. 2

　20. 采集号：ZBY2-1-A(1)，登记号：178857，斜切面。

21, 22, 26~29. *Hemigordius permicus beitepicus* Filimonova, 2010

　21. 采集号：ZBY2-2-E(1)，登记号：178878，轴切面。

　22. 采集号：ZBY2-2-B(2)，登记号：178875，轴切面。

　26. 采集号：ZBY2-2-G(1)，登记号：178879，轴切面。

　27. 采集号：ZBY2-2-C(1)，登记号：178876，轴切面。

　28. 采集号：ZBY2-2-D(1)，登记号：178877，轴切面。

　29. 采集号：ZBY2-2-S(3)，登记号：178891，轴切面。

23~25. *Midiella sigmoidalis* (Wang, 1982)

　23. 采集号：ZBY2-2-N(1)，登记号：178886，轴切面。

　24. 采集号：ZBY2-2-N(2)，登记号：178887，近轴切面。

　25. 采集号：ZBY2-2-A(2)，登记号：178873，近轴切面。

30. *Frondinodosaria* sp. 2

　30. 采集号：ZBY2-1-I(1)，登记号：178861，斜切面。

31, 32. *Nodosinelloides obesa* (Lin, 1978)

　31. 采集号：ZBY2-1-B(1)，登记号：178858，纵切面。

　32. 采集号：ZBY2-1-M(1)，登记号：178864，纵切面。

33. *Nodosinelloides* sp. 2

　33. 采集号：ZBY2-2-J(4)，登记号：178883，斜切面。

34. *Nodosinelloides* cf. *acantha* (Lange, 1925)

　34. 采集号：ZBY2-1-Q(1)，登记号：178871，斜切面。

35. *Nodosinelloides* sp. 3

　35. 采集号：ZBY2-1-M(6)，登记号：178869，纵切面。

1. *Chusenella quasireferta* Chen, 1985

  1. 采集号：ZBY3-F 转 -U(1)，登记号：178903，弦切面。

2. *Kahlerina* sp. 1

  2. 采集号：ZBY3-F 转 -G(2)，登记号：178894，轴切面。

3, 4. *Neoschwagerina majulensis* Wang, Sheng and Zhang, 1981

  3. 采集号：ZBY3-F 转 -B(2)，登记号：178892，弦切面。

  4. 采集号：ZBY3-F 转 -P(1)，登记号：178900，近轴切面。

5~9. *Hemigordiopsis renzi* Reichel, 1945

  5. 采集号：ZBY3-F 转 -G(1)，登记号：178893，近中切面。

  6. 采集号：ZBY3-F 转 -G(3)，登记号：178895，近中切面。

7. 采集号：ZBY3-F 转 -G(5)，登记号：178897，近中切面。

8. 采集号：ZBY3-F 转 -L(1)，登记号：178898，近中切面。

9. 采集号：ZBY3-F 转 -Q(1)，登记号：178901，近中切面。

10, 11. *Pachyphloia* sp. 2

  10. 采集号：ZBY3-F 转 -Q(2)，登记号：178902，侧纵切面。

  11. 采集号：ZBY3-F 转 -U(2)，登记号：178904，纵切面。

12. *Agathammina pusilla* (Geinitz, 1848)

  12. 采集号：ZBY3-F 转 -M(1)，登记号：178899，纵切面。

13. *Deckerella* sp. 1

  13. 采集号：ZBY3-F 转 -G(4)，登记号：178896，斜切面。

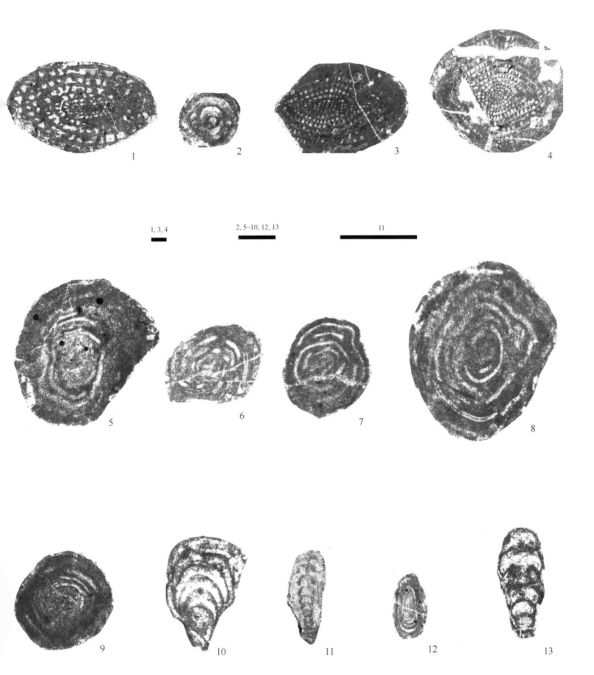

2, 5~10, 12, 13

11

311

图版6 西藏仲巴县扎布耶六号剖面下拉组有孔虫化石（1）

比例尺为 400μm

1~13. *Chenella changanchiaoensis* (Sheng and Wang, 1962)

1. 采集号：ZBY6-F3-H(1)，登记号：179183，轴切面。

2. 采集号：ZBY6-F2-M(5)，登记号：179166，轴切面。

3. 采集号：ZBY6-F24-I(1)，登记号：179109，轴切面。

4. 采集号：ZBY6-F5-L(1)，登记号：179196，近轴切面。

5. 采集号：ZBY6-F5-W(1)，登记号：179198，轴切面。

6. 采集号：ZBY6-F6-Q(4)，登记号：179210，轴切面。

7. 采集号：ZBY6-F7-L(3)，登记号：179216，近轴切面。

8. 采集号：ZBY6-F20-M(4)，登记号：179082，近轴切面。

9. 采集号：ZBY6-F10-C(1)，登记号：178907，轴切面。

10. 采集号：ZBY6-F11-ZI(4)，登记号：178967，近轴切面。

11. 采集号：ZBY6-F21-F(1)，登记号：179091，轴切面。

12. 采集号：ZBY6-F10-N(3)，登记号：178920，轴切面。

13. 采集号：ZBY6-F11-X(1)，登记号：178958，轴切面。

14~16. *Chenella* sp.

14. 采集号：ZBY6-F10-J(4)，登记号：178914，轴切面。

15. 采集号：ZBY6-F2-T(3)，登记号：179174，近轴切面。

16. 采集号：ZBY6-F16-I(2)，登记号：179052，轴切面。

17~19. *Chusenella quasireferta* Chen, 1985

17. 采集号：ZBY6-F16-H(4)，登记号：179051，近轴切面。

18. 采集号：ZBY6-F24-M(1)，登记号：179111，弦切面。

19. 采集号：ZBY6-F30-A(1)，登记号：179178，弦切面。

20~26. *Codonofusiella lui* Sheng, 1956

20. 采集号：ZBY6-F8-L(5)，登记号：179228，轴切面。

21. 采集号：ZBY6-F8-X(3)，登记号：179232，轴切面。

22. 采集号：ZBY6-F23-W(1)，登记号：179106，轴切面。

23. 采集号：ZBY6-F24-Q(1)，登记号：179113，轴切面。

24. 采集号：ZBY6-F14-G(2)，登记号：179025，轴切面。

25. 采集号：ZBY6-F6-T(2)，登记号：179211，近轴切面。

26. 采集号：ZBY6-F17-R(3)，登记号：179061，中切面。

27, 28. *Verbeekina* cf. *grabaui* Thompson and Foster, 1937

27. 采集号：ZBY6-F20-H(1)，登记号：179078，近轴切面。

28. 采集号：ZBY6-F18-I(1)，登记号：179067，弦切面。

29. *Schubertella postelongata* Zhang, 1996

29. 采集号：ZBY6-F8-C(2)，登记号：179222，轴切面。

30~35. *Codonofusiella nana* Erk, 1941

30. 采集号：ZBY6-F12-ZC(2)，登记号：178995，轴切面。

31. 采集号：ZBY6-F24-F(1)，登记号：179108，轴切面。

32. 采集号：ZBY6-F21-T(1)，登记号：179094，弦切面。

33. 采集号：ZBY6-F13-H(1)，登记号：179015，中切面。

34. 采集号：ZBY6-F16-R(2)，登记号：179054，轴切面。

35. 采集号：ZBY6-F24-Q(4)，登记号：179115，轴切面。

36~40. *Nankinella rarivoluta* Wang, Sheng and Zhang, 1981

36. 采集号：ZBY6-F16-S(2)，登记号：179055，轴切面。

37. 采集号：ZBY6-F10-H(4)，登记号：178913，近轴切面。

38. 采集号：ZBY6-F15-L(3)，登记号：179039，轴切面。

39. 采集号：ZBY6-F15-G(1)，登记号：179035，轴切面。

40. 采集号：ZBY6-F28-Q(1)，登记号：179141，近轴切面。

41~51. *Kahlerina minima* Sheng, 1963

41. 采集号：ZBY6-F10-T(2)，登记号：178927，中切面。

42. 采集号：ZBY6-F2-A(2)，登记号：179149，轴切面。

43. 采集号：ZBY6-F13-E(2)，登记号：179014，轴切面。

44. 采集号：ZBY6-F24-Q(2)，登记号：179114，轴切面。

45. 采集号：ZBY6-F16-F(1)，登记号：179049，近轴切面。

46. 采集号：ZBY6-F11-W(2)，登记号：178956，弦切面。

47. 采集号：ZBY6-F16-E(1)，登记号：179048，轴切面。

48. 采集号：ZBY6-F5-A(2)，登记号：179190，中切面。

49. 采集号：ZBY6-F16-U(4)，登记号：179056，轴切面。

50. 采集号：ZBY6-F11-ZM(1)，登记号：178971，近轴切面。

51. 采集号：ZBY6-F11-Z(1)，登记号：178960，近轴切面。

52~54. *Kahlerina pachytheca* Kochansky-Devide and Ramovs, 1955

52. 采集号：ZBY6-F6-V(1)，登记号：179213，近轴切面。

53. 采集号：ZBY6-F10-T(1)，登记号：178926，轴切面。

54. 采集号：ZBY6-F10-D(2)，登记号：178909，轴切面。

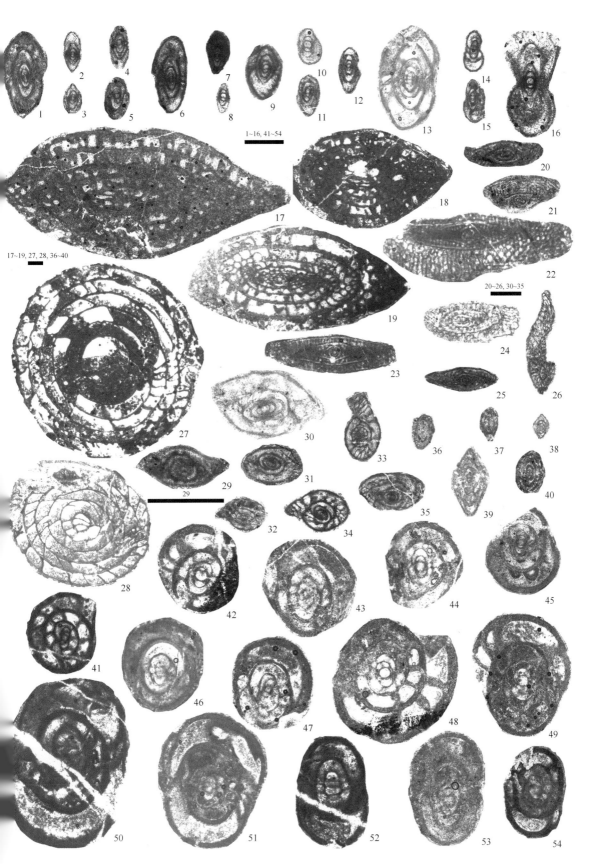

图版 7 西藏仲巴县扎布耶六号剖面下拉组有孔虫化石（2）

比例尺为 400μm

1~4. *Kahlerina siciliana* Skinner and Wilde, 1966

1. 采集号：ZBY6-F12-ZM(1)，登记号：179005，弦切面。

2. 采集号：ZBY6-F8-V(4)，登记号：179230，轴切面。

3. 采集号：ZBY6-F2-K(1)，登记号：179164，弦切面。

4. 采集号：ZBY6-F20-E(2)，登记号：179077，轴切面。

5~20. *Neoschwagerina majulensis* Wang, Sheng and Zhang, 1981

5. 采集号：ZBY6-F29-A(1)，登记号：179145，近轴切面。

6. 采集号：ZBY6-F11-S(1)，登记号：178952，轴切面。

7. 采集号：ZBY6-F14-G(4)，登记号：179026，轴切面。

8. 采集号：ZBY6-F12-M(1)，登记号：178983，轴切面。

9. 采集号：ZBY6-F1-B(1)，登记号：179074，弦切面。

10. 采集号：ZBY6-F3-A(1)，登记号：179182，弦切面。

11. 采集号：ZBY6-F11-C(1)，登记号：178941，轴切面。

12. 采集号：ZBY6-F10-ZJ(1)，登记号：178937，轴切面。

13. 采集号：ZBY6-F10-ZK(1)，登记号：178938，轴切面。

14. 采集号：ZBY6-F26-A(1)，登记号：179124，近轴切面。

15. 采集号：ZBY6-F28-A(1)，登记号：179134，轴切面。

16. 采集号：ZBY6-F11-J(1)，登记号：178945，近轴切面。

17. 采集号：ZBY6-F11-K(1)，登记号：178947，近轴切面。

18. 采集号：ZBY6-F12-B(1)，登记号：178975，轴切面。

19. 采集号：ZBY6-F12-I(1)，登记号：178979，近轴切面。

20. 采集号：ZBY6-F12-J(1)，登记号：178981，轴切面。

21~27. *Yangchienia thompsoni* Skinner and Wilde, 1966

21. 采集号：ZBY6-F10-ZI(1)，登记号：178936，轴切面。

22. 采集号：ZBY6-F12-F(1)，登记号：178977，轴切面。

23. 采集号：ZBY6-F13-V(2)，登记号：179021，近轴切面。

24. 采集号：ZBY6-F12-R(1)，登记号：178986，近轴切面。

25. 采集号：ZBY6-F10-ZF(1)，登记号：178934，轴切面。

26. 采集号：ZBY6-F11-P(1)，登记号：179237，近轴切面。

27. 采集号：ZBY6-F11-T(1)，登记号：178953，轴切面。

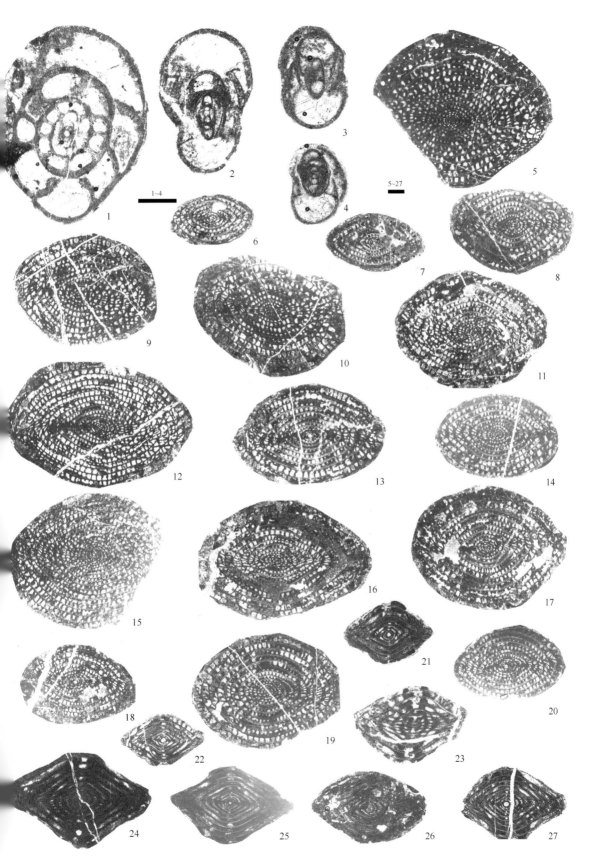

315

图版 8　西藏仲巴县扎布耶六号剖面下拉组有孔虫化石（3）

比例尺为 400μm

1~3. *Neoschwagerina simplex* Ozawa, 1927

1. 采集号：ZBY6-F11-D(1)，登记号：178942，近轴切面。

2. 采集号：ZBY6-F10-K(2)，登记号：178915，近轴切面。

3. 采集号：ZBY6-F10-W(1)，登记号：178928，近轴切面。

4~24. *Neoschwagerina deprati* Leven, 1993

4. 采集号：ZBY6-F12-G(1)，登记号：178978，近轴切面。

5. 采集号：ZBY6-F11-A(1)，登记号：178940，近轴切面。

6. 采集号：ZBY6-F11-E(1)，登记号：178943，轴切面。

7. 采集号：ZBY6-F10-ZA(1)，登记号：178930，轴切面。

8. 采集号：ZBY6-F10-ZD(1)，登记号：178933，轴切面。

9. 采集号：ZBY6-F5-A(1)，登记号：179189，近轴切面。

10. 采集号：ZBY6-F10-Y(1)，登记号：178929，近轴切面。

11. 采集号：ZBY6-F12-N(1)，登记号：178984，近轴切面。

12. 采集号：ZBY6-F10-ZH(1)，登记号：178935，轴切面。

13. 采集号：ZBY6-F12-D(1)，登记号：178976，轴切面。

14. 采集号：ZBY6-F11-Q(1)，登记号：178951，近轴切面。

15. 采集号：ZBY6-F12-S(1)，登记号：179238，轴切面。

16. 采集号：ZBY6-F11-L(1)，登记号：178948，近轴切面。

17. 采集号：ZBY6-F11-H(1)，登记号：178944，近轴切面。

18. 采集号：ZBY6-F11-N(1)，登记号：178949，轴切面。

19. 采集号：ZBY6-F24-I(2)，登记号：179110，中切面。

20. 采集号：ZBY6-F15-A(1)，登记号：179032，近轴切面。

21. 采集号：ZBY6-F21-A(1)，登记号：179090，近轴切面。

22. 采集号：ZBY6-F12-Q(1)，登记号：178985，轴切面。

23. 采集号：ZBY6-F24-B(1)，登记号：179107，近轴切面。

24. 采集号：ZBY6-F14-A(1)，登记号：179022，近轴切面。

25, 26. *Yangchienia* cf. *tobleri* Thompson, 1935

25. 采集号：ZBY6-F24-W(1)，登记号：179120，近轴切面。

26. 采集号：ZBY6-F10-B(3)，登记号：178906，近轴切面。

27~30. *Pseudodoliolina zhabuyensis* Zhang, sp. nov.

27. 采集号：ZBY6-F10-ZM(1)，登记号：178939，轴切面。

28. 采集号：ZBY6-F12-A(1)，登记号：178973，近轴切面。

29. 采集号：ZBY6-F10-ZB(1)，登记号：178931，轴切面。

30. 采集号：ZBY6-F10-ZC(1)，登记号：178932，轴切面。

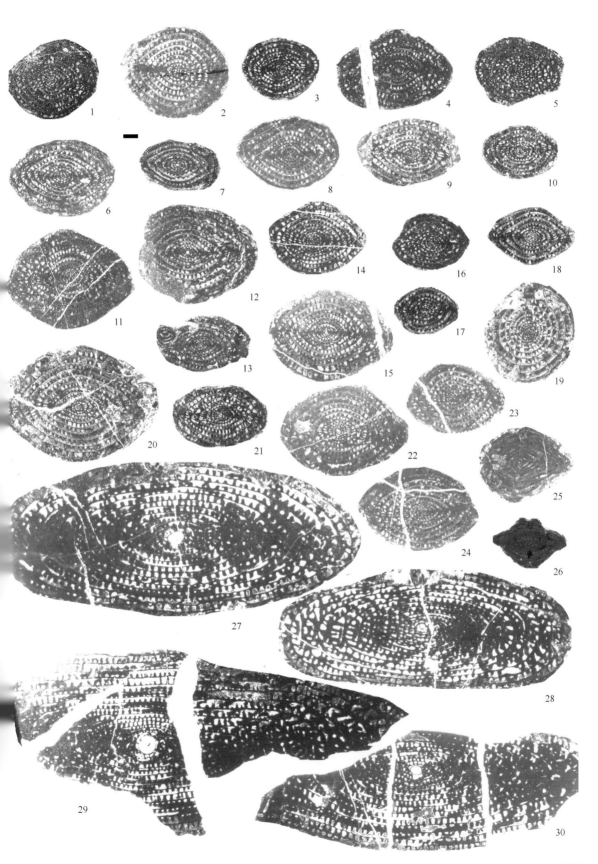

317

图版 9 西藏仲巴县扎布耶六号剖面下拉组有孔虫化石（4）

比例尺为 400μm

1, 2, 58. *Deckerella* cf. *clavata* Cushman and Waters, 1928

1. 采集号：ZBY6-F25-K(1)，登记号：179123，纵切面。

2. 采集号：ZBY6-F20-M(3)，登记号：179081，纵切面。

58. 采集号：ZBY6-F30-H(1)，登记号：179180，纵切面。

3~5. *Dagmarita chanakchiensis* Reitlinger, 1965

3. 采集号：ZBY6-F11-J(2)，登记号：178946，侧纵切面。

4. 采集号：ZBY6-F26-G(1)，登记号：179127，侧纵切面。

5. 采集号：ZBY6-F27-H(1)，登记号：179133，侧纵切面。

6~9. *Globivalvulina bulloides* (Brady, 1876)

6. 采集号：ZBY6-F2-G(1)，登记号：179159，近中切面。

7. 采集号：ZBY6-F14-B(1)，登记号：179023，纵切面。

8. 采集号：ZBY6-F24-R(1)，登记号：179117，纵切面。

9. 采集号：ZBY6-F17-R(4)，登记号：179062，纵切面。

10~12. *Globivalvulina vonderschmitti* Reichel, 1946

10. 采集号：ZBY6-F16-D(2)，登记号：179241，中切面。

11. 采集号：ZBY6-F5-J(2)，登记号：179242，弦切面。

12. 采集号：ZBY6-F2-I(1)，登记号：179161，纵切面。

13~29. *Lasiodiscus tenuis* Reichel, 1946

13. 采集号：ZBY6-F9-K(1)，登记号：179234，近轴切面。

14. 采集号：ZBY6-F29-H(1)，登记号：179146，近轴切面。

15. 采集号：ZBY6-F7-R(2)，登记号：179218，轴切面。

16. 采集号：ZBY6-F16-F(2)，登记号：179050，轴切面。

17. 采集号：ZBY6-F2-M(4)，登记号：179165，轴切面。

18. 采集号：ZBY6-F30-F(1)，登记号：179179，轴切面。

19. 采集号：ZBY6-F2-U(1)，登记号：179175，轴切面。

20. 采集号：ZHY6-F14-H(1)，登记号：179239，轴切面。

21. 采集号：ZBY6-F11-ZH(2)，登记号：179240，轴切面。

22. 采集号：ZBY6-F15-J(1)，登记号：179036，轴切面。

23. 采集号：ZBY6-F23-B(1)，登记号：179098，轴切面。

24. 采集号：ZBY6-F7-R(1)，登记号：179217，轴切面。

25. 采集号：ZBY6-F2-U(2)，登记号：179176，轴切面。

26. 采集号：ZBY6-F5-B(1)，登记号：179191，轴切面。

27. 采集号：ZBY6-F28-I(1)，登记号：179138，轴切面。

28. 采集号：ZBY6-F2-M(7)，登记号：179168，斜切面。

29. 采集号：ZBY6-F2-J(5)，登记号：179163，近轴切面。

30, 32, 33. *Tetrataxis concinna* Nie and Song, 1985

30. 采集号：ZBY6-F19-F(1)，登记号：179072，纵切面。

32. 采集号：ZBY6-F5-C(1)，登记号：179192，纵切面。

33. 采集号：ZBY6-F6-D(6)，登记号：179202，纵切面。

31. *Tetrataxis* sp. 2

31. 采集号：ZBY6-F12-I(2)，登记号：178980，纵切面。

34, 35. *Tetrataxis* sp. 3

34. 采集号：ZBY6-F20-M(2)，登记号：179080，纵切面。

35. 采集号：ZBY6-F23-V(2)，登记号：179105，纵切面。

36~41. *Tuberitina maljavkini* Suleimanov, 1948

36. 采集号：ZBY6-F2-B(2)，登记号：179150，斜切面。

37. 采集号：ZBY6-F14-R(1)，登记号：179029，纵切面。

38. 采集号：ZBY6-F5-N(1)，登记号：179197，斜切面。

39. 采集号：ZBY6-F14-U(1)，登记号：179030，斜切面。

40. 采集号：ZBY6-F4-F(1)，登记号：179186，纵切面。

41. 采集号：ZBY6-F4-K(1)，登记号：179188，纵切面。

42~51. *Lasiotrochus tatoiensis* Reichel, 1946

42. 采集号：ZBY6-F26-Q(1)，登记号：179130，轴切面。

43. 采集号：ZBY6-F2-O(5)，登记号：179172，横切面。

44. 采集号：ZBY6-F12-ZM(2)，登记号：179006，轴切面。

45. 采集号：ZBY6-F18-S(1)，登记号：179070，弦切面。

46. 采集号：ZBY6-F26-R(1)，登记号：179131，轴切面。

47. 采集号：ZBY6-F26-G(2)，登记号：179128，轴切面。

48. 采集号：ZBY6-F5-J(1)，登记号：179194，轴切面。

49. 采集号：ZBY6-F2-D(5)，登记号：179156，弦切面。

50. 采集号：ZBY6-F26-B(1)，登记号：179125，弦切面。

51. 采集号：ZBY6-F17-U(1)，登记号：179065，轴切面。

52~57. *Palaeotextularia sumatrensis* (Lange, 1925)

52. 采集号：ZBY6-F3-U(1)，登记号：179185，纵切面。

53. 采集号：ZBY6-F8-Q(3)，登记号：179229，斜切面。

54. 采集号：ZBY6-F21-S(1)，登记号：179093，纵切面。

55. 采集号：ZBY6-F15-Q(1)，登记号：179041，纵切面。

56. 采集号：ZBY6-F11-ZH(5)，登记号：178966，纵切面。

57. 采集号：ZBY6-F15-O(2)，登记号：179040，纵切面。

59~68. *Neoendothyra reicheli* Reitlinger, 1965

59. 采集号：ZBY6-F28-O(1)，登记号：179139，轴切面。

60. 采集号：ZBY6-F14-U(2)，登记号：179031，轴切面。

61. 采集号：ZBY6-F12-Z(6)，登记号：178992，轴切面。

62. 采集号：ZBY6-F12-ZM(3)，登记号：179007，轴切面。

63. 采集号：ZBY6-F28-U(1)，登记号：179142，轴切面。

64. 采集号：ZBY6-F29-P(1)，登记号：179147，轴切面。

65. 采集号：ZBY6-F28-D(2)，登记号：179136，轴切面。

66. 采集号：ZBY6-F28-E(1)，登记号：179137，轴切面。

67. 采集号：ZBY6-F29-Q(1)，登记号：179148，轴切面。

68. 采集号：ZBY6-F12-ZK(2)，登记号：179003，轴切面。

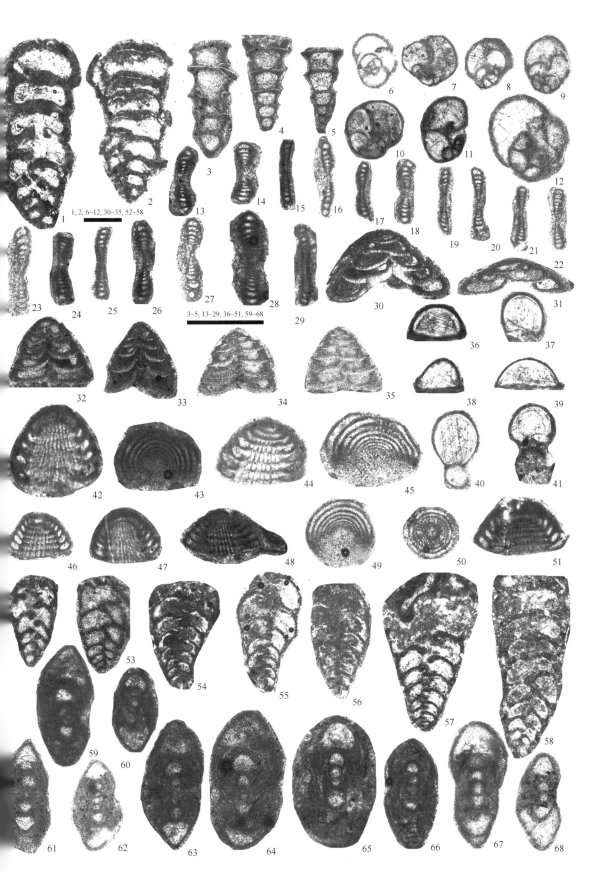

1, 2, 6~12, 30~35, 52~58

3~5, 13~29, 36~51, 59~68

图版 10 西藏仲巴县扎布耶六号剖面下拉组有孔虫化石（5）

比例尺为 400μm

1~6. *Geinitzina* cf. *acuta* Spandel, 1898

1. 采集号：ZBY6-F2-M(9)，登记号：179170，纵切面。

2. 采集号：ZBY6-F2-F(4)，登记号：179158，纵切面。

3. 采集号：ZBY6-F2-C(2)，登记号：179152，纵切面。

4. 采集号：ZBY6-F2-O(1)，登记号：179171，纵切面。

5. 采集号：ZBY6-F11-ZH(4)，登记号：178965，纵切面。

6. 采集号：ZBY6-F8-L(4)，登记号：179227，纵切面。

7. *Geinitzina* sp. 3

7. 采集号：ZBY6-F8-F(1)，登记号：179224，纵切面。

8, 9, 21. *Geinitzina gigantea* Miklukho-Maklay, 1954

8. 采集号：ZBY6-F18-O(1)，登记号：179069，纵切面。

9. 采集号：ZBY6-F8-J(1)，登记号：179225，纵切面。

21. 采集号：ZBY6 F6 Q(2)，登记号：179209，纵切面。

10~20. *Geinitzina spandeli plana* Lipina, 1949

10. 采集号：ZBY6-F2-J(1)，登记号：179162，纵切面。

11. 采集号：ZBY6-F2-M(8)，登记号：179169，纵切面。

12. 采集号：ZBY6-F5-J(3)，登记号：179195，纵切面。

13. 采集号：ZBY6-F17-C(1)，登记号：179058，纵切面。

14. 采集号：ZBY6-F7-U(2)，登记号：179220，纵切面。

15. 采集号：ZBY6-F2-M(6)，登记号：179167，纵切面。

16. 采集号：ZBY6-F2-P(2)，登记号：179173，纵切面。

17. 采集号：ZBY6-F2-V(1)，登记号：179177，纵切面。

18. 采集号：ZBY6-F4-J(1)，登记号：179187，纵切面。

19. 采集号：ZBY6-F8-K(5)，登记号：179226，纵切面。

20. 采集号：ZBY6-F8-C(3)，登记号：179223，纵切面。

22~27. *Langella zhongbaensis* Zhang, sp. nov.

22. 采集号：ZBY6-F20-U(1)，登记号：179088，纵切面。

23. 采集号：ZBY6-F23-D(2)，登记号：179099，斜切面。

24. 采集号：ZBY6-F17-K(1)，登记号：179060，纵切面。

25. 采集号：ZBY6-F12-ZB(1)，登记号：178994，纵切面。

26. 采集号：ZBY6-F8-B(1)，登记号：179221，纵切面。

27. 采集号：ZBY6-F7-T(1)，登记号：179219，斜切面。

28~33. *Langella conica* Sellier de Civrieux and Dessauvagie, 1965

28. 采集号：ZBY6-F10-L(4)，登记号：178917，纵切面。

29. 采集号：ZBY6-F9-E(1)，登记号：179233，纵切面。

30. 采集号：ZBY6-F17-T(1)，登记号：179064，纵切面。

31. 采集号：ZBY6-F12-ZN(1)，登记号：179008，纵切面。

32. 采集号：ZBY6-F6-D(4)，登记号：179200，纵切面。

33. 采集号：ZBY6-F20-C(3)，登记号：179075，纵切面。

34~40. *Pseudotristix* cf. *tcherdynzevi* (Miklukho-Maklay, 1960)

34. 采集号：ZBY6-F18-I(2)，登记号：179068，纵切面。

35. 采集号：ZBY6-F15-C(2)，登记号：179034，纵切面。

36. 采集号：ZBY6-F26-E(1)，登记号：179126，纵切面。

37. 采集号：ZBY6-F10-S(4)，登记号：178925，纵切面。

38. 采集号：ZBY6-F7-C(1)，登记号：179214，纵切面。

39. 采集号：ZBY6-F11-ZJ(2)，登记号：178969，纵切面。

40. 采集号：ZBY6-F6-F(2)，登记号：179203，纵切面。

41. *Pseudoglandulina* sp.

41. 采集号：ZBY6-F19-K(1)，登记号：179073，纵切面。

42. *Pseudoglandulina* cf. *longa* Miklukho-Maklay, 1954

42. 采集号：ZBY6-F20-S(1)，登记号：179086，纵切面。

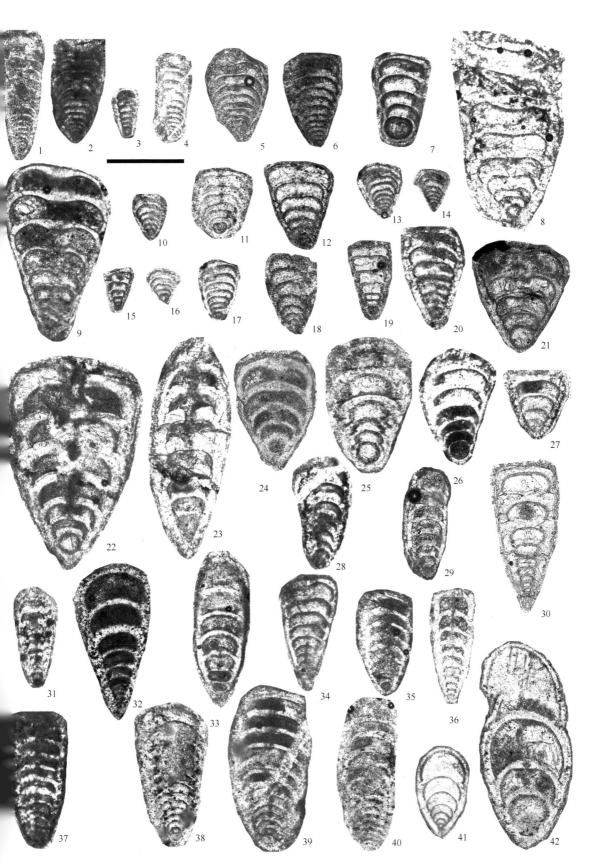

图版 11　西藏仲巴县扎布耶六号剖面下拉组有孔虫化石（6）

比例尺为 400μm

1. *Tauridia* cf. *pamphyliensis* Sellier de Civrieux and Dessauvagie, 1965

　1. 采集号：ZBY6-F17-R(5)，登记号：179063，纵切面。

2, 3, 6~11. *Nodosinelloides netchajewi* (Cherdyntsev, 1914)

　2. 采集号：ZBY6-F20-N(1)，登记号：179083，纵切面。

　3. 采集号：ZBY6-F20-U(2)，登记号：179089，纵切面。

　6. 采集号：ZBY6-F23-L(1)，登记号：179103，纵切面。

　7. 采集号：ZBY6-F30-K(1)，登记号：179181，纵切面。

　8. 采集号：ZBY6-F24-Q(5)，登记号：179116，纵切面。

　9. 采集号：ZBY6-F26-R(2)，登记号：179132，纵切面。

　10. 采集号：ZBY6-F8-W(1)，登记号：179231，斜切面。

　11. 采集号：ZBY6-F9-S(1)，登记号：179235，纵切面。

4, 5. *Nodosinelloides acera* (Miklukho-Maklay, 1954)

　4. 采集号：ZBY6-F10-N(5)，登记号：178921，纵切面。

　5. 采集号：ZBY6-F13-U(1)，登记号：179019，纵切面。

12. *Nodosaria* sp.

　12. 采集号：ZBY6-F6-C(4)，登记号：179199，纵切面。

13. *Nodosaria* cf. *partisana* Sosnina, 1978

　13. 采集号：ZBY6-F14-E(1)，登记号：179024，纵切面。

14~17. *Nodosinelloides mirabilis caucasica* (Miklukho-Maklay, 1954)

　14. 采集号：ZBY6-F28-B(1)，登记号：179135，纵切面。

　15. 采集号：ZBY6-F28-V(2)，登记号：179143，斜切面。

　16. 采集号：ZBY6-F28-P(1)，登记号：179140，斜切面。

　17. 采集号：ZBY6-F28-V(3)，登记号：179144，纵切面。

18~29. *Pachyphloia cukurlöyi* Sellier de Civrieux and Dessauvagie, 1965

　18. 采集号：ZBY6-F11-O(3)，登记号：178950，纵切面。

　19. 采集号：ZBY6-F11-ZN(1)，登记号：178972，侧纵切面。

　20. 采集号：ZBY6-F11-Y(2)，登记号：178959，纵切面。

　21. 采集号：ZBY6-F12-ZI(3)，登记号：178999，纵切面。

　22. 采集号：ZBY6-F23-E(1)，登记号：179100，纵切面。

　23. 采集号：ZBY6-F12-ZR(2)，登记号：179009，纵切面。

　24. 采集号：ZBY6-F24-W(2)，登记号：179121，斜切面。

　25. 采集号：ZBY6-F5-F(1)，登记号：179193，纵切面。

　26. 采集号：ZBY6-F23-H(1)，登记号：179101，斜切面。

　27. 采集号：ZBY6-F11-Z(3)，登记号：178961，纵切面。

　28. 采集号：ZBY6-F26-M(1)，登记号：179129，纵切面。

　29. 采集号：ZBY6-F23-R(1)，登记号：179104，纵切面。

30, 31. *Pachyphloia* cf. *magna* (Miklukho-Maklay, 1954)

　30. 采集号：ZBY6-F3-O(1)，登记号：179184，斜切面。

　31. 采集号：ZBY6-F24-M(2)，登记号：179112，纵切面。

32~37. *Pachyphloia multiseptata* Lange, 1925

　32. 采集号：ZBY6-F10-N(1)，登记号：178919，纵切面。

　33. 采集号：ZBY6-F17-J(1)，登记号：179059，纵切面。

　34. 采集号：ZBY6-F10-Q(2)，登记号：178923，纵切面。

　35. 采集号：ZBY6-F23-H(2)，登记号：179102，纵切面。

　36. 采集号：ZBY6-F11-U(2)，登记号：178954，斜纵切面。

　37. 采集号：ZBY6-F11-ZI(1)，登记号：178968，纵切面。

38~44. *Midiella zaninettiae* (Altiner, 1978)

　38. 采集号：ZBY6-F20-N(2)，登记号：179084，近轴切面。

　39. 采集号：ZBY6-F21-P(1)，登记号：179092，弦切面。

　40. 采集号：ZBY6-F24-X(1)，登记号：179122，轴切面。

　41. 采集号：ZBY6-F20-E(1)，登记号：179076，近轴切面。

　42. 采集号：ZBY6-F2-E(1)，登记号：179157，轴切面。

　43. 采集号：ZBY6-F24-V(2)，登记号：179119，轴切面。

　44. 采集号：ZBY6-F14-L(1)，登记号：179027，弦切面。

45. *Frondina permica* Sellier de Civrieux and Dessauvagie, 1965

　45. 采集号：ZBY6-F7-L(2)，登记号：179215，纵切面。

46. *Geinitzina* sp.4

　46. 采集号：ZBY6-F14-M(1)，登记号：179028，纵切面。

47, 48. *Septagathammina* sp.

　47. 采集号：ZBY6-F13-R(2)，登记号：179017，纵切面。

　48. 采集号：ZBY6-F16-Q(6)，登记号：179053，纵切面。

49, 50, 53. *Agathammina* sp.

　49. 采集号：ZBY6-F6-T(3)，登记号：179212，纵切面。

　50. 采集号：ZBY6-F2-C(3)，登记号：179153，纵切面。

　53. 采集号：ZBY6-F13-R(6)，登记号：179018，纵切面。

51, 52. *Multidiscus arpaensis* Pronina, 1988

　51. 采集号：ZBY6-F20-S(3)，登记号：179087，近轴切面。

　52. 采集号：ZBY6-F15-B(2)，登记号：179033，近轴切面。

1~46, 51, 52

47~50, 53

图版 12 西藏仲巴县扎布耶六号剖面下拉组有孔虫化石（7）

比例尺为 400μm

1~14. *Glomomidiellopsis specialisaeformis* (Lin, Li and Sun, 1990)

1. 采集号：ZBY6-F11-W(3)，登记号：178957，中切面。

2. 采集号：ZBY6-F13-O(1)，登记号：179016，弦切面。

3. 采集号：ZBY6-F20-M(1)，登记号：179079，中切面。

4. 采集号：ZBY6-F6-O(1)，登记号：179208，轴切面。

5. 采集号：ZBY6-F6-J(1)，登记号：179204，轴切面。

6. 采集号：ZBY6-F15-Q(2)，登记号：179042，中切面。

7. 采集号：ZBY6-F12-A(2)，登记号：178974，轴切面。

8. 采集号：ZBY6-F13-C(1)，登记号：179012，中切面。

9. 采集号：ZBY6-F20-N(3)，登记号：179085，中切面。

10. 采集号：ZBY6-F24-S(1)，登记号：179118，中切面。

11. 采集号：ZBY6-F10-L(2)，登记号：178916，弦切面。

12. 采集号：ZBY6-F2-B(3)，登记号：179151，轴切面。

13. 采集号：ZBY6-F15-L(1)，登记号：179038，中切面。

14. 采集号：ZBY6-F6-L(3)，登记号：179207，中切面。

15~19. *Shanita amosi* Brönnimann, Whittaker and Zaninetti, 1978

15. 采集号：ZBY6-F12-ZJ(4)，登记号：179001，切面。

16. 采集号：ZBY6-F15-V(1)，登记号：179046，切面。

17. 采集号：ZBY6-F15-J(2)，登记号：179037，切面。

18. 采集号：ZBY6-F15-Q(4)，登记号：179043，切面。

19. 采集号：ZBY6-F22-G(1)，登记号：179096，切面。

20~29. *Neodiscus* sp.

20. 采集号：ZBY6-F2-H(3)，登记号：179160，中切面。

21. 采集号：ZBY6-F6-D(5)，登记号：179201，中切面。

22. 采集号：ZBY6-F11-ZK(2)，登记号：178970，中切面。

23. 采集号：ZBY6-F10-D(1)，登记号：178908，轴切面。

24. 采集号：ZBY6-F11-ZE(2)，登记号：178964，轴切面。

25. 采集号：ZBY6-F6-J(3)，登记号：179205，弦切面。

26. 采集号：ZBY6-F12-ZF(1)，登记号：178996，轴切面。

27. 采集号：ZBY6-F6-L(1)，登记号：179206，弦切面。

28. 采集号：ZBY6-F16-C(1)，登记号：179047，轴切面。

29. 采集号：ZBY6-F10-M(2)，登记号：178918，弦切面。

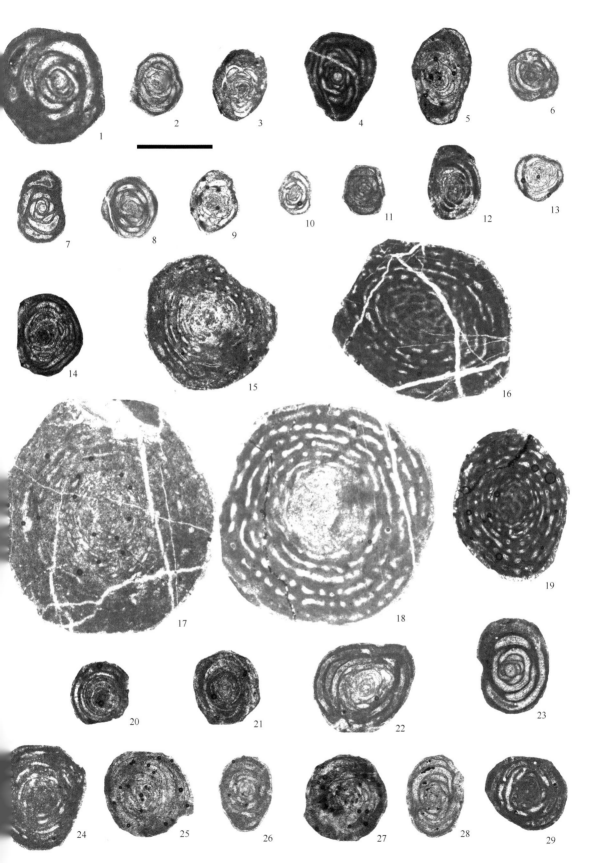

比例尺为 400μm

1~4. *Multidiscus padangensis* (Lange, 1925)

　1. 采集号：ZBY6-F2-D(1)，登记号：179154，近轴切面。

　2. 采集号：ZBY6-F17-B(1)，登记号：179057，近轴切面。

　3. 采集号：ZBY6-F19-A(1)，登记号：179071，轴切面。

　4. 采集号：ZBY6-F2-D(2)，登记号：179155，近轴切面。

5~34. *Lysites biconcavus* (Wang, 1982)

　5. 采集号：ZBY6-F11-V(2)，登记号：178955，轴切面。

　6. 采集号：ZBY6-F11-Z(4)，登记号：178962，弦切面。

　7. 采集号：ZBY6-F10-B(1)，登记号：178905，轴切面。

　8. 采集号：ZBY6-F10-E(5)，登记号：178910，轴切面。

　9. 采集号：ZBY6-F11-ZA(3)，登记号：178963，轴切面。

　10. 采集号：ZBY6-F12-ZS(3)，登记号：179011，中切面。

　11. 采集号：ZBY6 F12 Z(2)，登记号：178988，轴切面。

　12. 采集号：ZBY6-F12-Y(1)，登记号：178987，侧轴切面。

　13. 采集号：ZBY6-F15-U(1)，登记号：179045，中切面。

　14. 采集号：ZBY6-F10-G(2)，登记号：178911，近轴切面。

　15. 采集号：ZBY6-F10-H(2)，登记号：178912，弦切面。

　16. 采集号：ZBY6-F12-ZI(1)，登记号：178997，近轴切面。

　17. 采集号：ZBY6-F10-P(2)，登记号：178922，弦切面。

　18. 采集号：ZBY6-F12-ZI(2)，登记号：178998，轴切面。

　19. 采集号：ZBY6-F18-E(2)，登记号：179066，轴切面。

　20. 采集号：ZBY6-F12-Z(3)，登记号：178989，弦切面。

　21. 采集号：ZBY6-F12-Z(4)，登记号：178990，侧轴切面。

　22. 采集号：ZBY6-F12-Z(5)，登记号：178991，侧轴切面。

　23. 采集号：ZBY6-F12-ZA(2)，登记号：178993，轴切面。

　24. 采集号：ZBY6-F12-ZJ(3)，登记号：179000，中切面。

　25. 采集号：ZBY6-F15-T(3)，登记号：179044，轴切面。

　26. 采集号：ZBY6-F13-D(2)，登记号：179013，中切面。

　27. 采集号：ZBY6-F10-S(2)，登记号：178924，中切面。

　28. 采集号：ZBY6-F12-ZK(1)，登记号：179002，弦切面。

　29. 采集号：ZBY6-F12-ZL(1)，登记号：179004，轴切面。

　30. 采集号：ZBY6-F22-E(1)，登记号：179095，轴切面。

　31. 采集号：ZBY6-F22-M(1)，登记号：179097，近轴切面。

　32. 采集号：ZBY6-F13-V(1)，登记号：179020，弦切面。

　33. 采集号：ZBY6-F12-ZR(3)，登记号：179010，轴切面。

　34. 采集号：ZBY6-F12-K(1)，登记号：178982，轴切面。

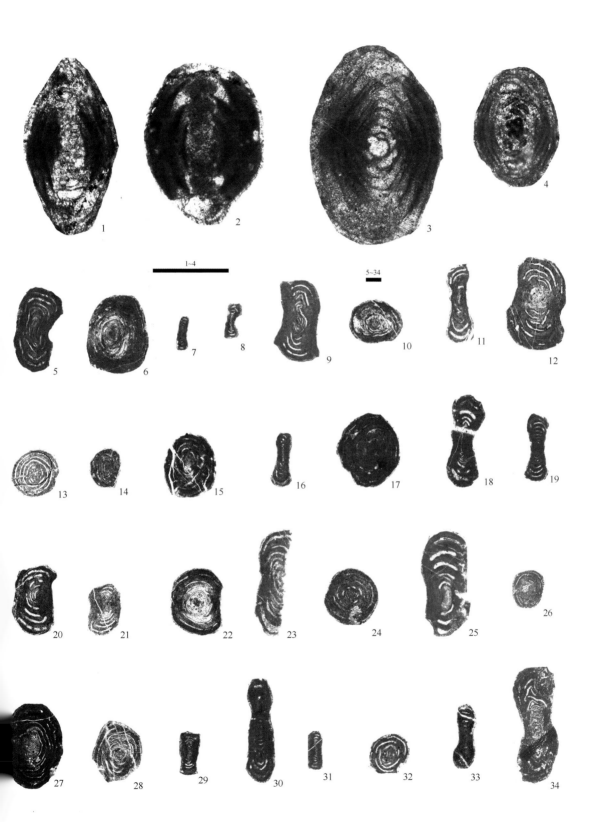

图版 14　西藏措勤县夏东剖面下拉组有孔虫化石（1）

比例尺为 400μm

1~4. *Chusenella ellipsoidalis* Wang, Sheng and Zhang, 1981

　1. 采集号：XD F4-1-2-X(1)，登记号：167089，近轴切面。

　2. 采集号：XD F3-1-1-ZA(1)，登记号：167066，近轴切面。

　3. 采集号：XD F4-1-2-W(1)，登记号：167088，近轴切面。

　4. 采集号：XD F4-4-2-C(3)，登记号：167097，近轴切面。

5~8. *Chenella changanchiaoensis* (Sheng and Wang, 1962)

　5. 采集号：XD-F4-6-1-E(2)，登记号：178828，轴切面。

　6. 采集号：XD F4-0-2-Q(1)，登记号：178787，轴切面。

　7. 采集号：XD F4-2-2-F(6)，登记号：167094，近轴切面。

　8. 采集号：XD F4-9-1-L(1)，登记号：167100，轴切面。

9~15. *Chusenella tsochenensis* Zhang, 2019

　9. 采集号：XD F6-4-2-N(1)，登记号：167141，近轴切面。

　10. 采集号：XD F6-17-1-J(2)，登记号：167121，轴切面。

　11. 采集号：XD F6-16-1-D(3)，登记号：167118，轴切面。

　12. 采集号：XD F6-20-2-T(4)，登记号：167139，轴切面。

　13. 采集号：XD F6-20-2-P(1)，登记号：167138，轴切面。

　14. 采集号：XD F6-17-1-I(1)，登记号：178821，近轴切面。

　15. 采集号：XD F6-17-2-H(1)，登记号：167127，轴切面。

16~23. *Nankinella complanata* Wang, Sheng and Zhang, 1981

　16. 采集号：XD F6-17-1-L(9)，登记号：167122，近轴切面。

　17. 采集号：XD F6-20-1-T(3)，登记号：167136，近轴切面。

　18. 采集号：XD F6-17-2-ZD(1)，登记号：167130，近轴切面。

　19. 采集号：XD F6-16-1-X(1)，登记号：167120，近轴切面。

　20. 采集号：XD F6-17-1-B(1)，登记号：178820，近轴切面。

　21. 采集号：XD F6-20-1-T(7)，登记号：178822，近轴切面。

　22. 采集号：XD F6-16-2-ZB(1)，登记号：178819，近轴切面。

　23. 采集号：XD F6-20-1-M(1)，登记号：167134，近轴切面。

24~26. *Chusenella urulungensis* Wang, Sheng and Zhang, 1981

　24. 采集号：XD F4-10-1-O(1)，登记号：167080，弦切面。

　25. 采集号：XD F4-10-2-L(3)，登记号：167082，近轴切面。

　26. 采集号：XD F6-8-2-J(1)，登记号：167146，轴切面。

27~33. *Nankinella rarivoluta* Wang, Sheng and Zhang, 1981

　27. 采集号：XD F6-17-1-V(1)，登记号：167123，近轴切面。

　28. 采集号：XD F6-17-1-ZE(2)，登记号：167125，近轴切面。

　29. 采集号：XD F6-17-1-V(3)，登记号：167124，近轴切面。

　30. 采集号：XD F6-17-1-ZE(6)，登记号：167126，轴切面。

　31. 采集号：XD F6-17-2-O(2)，登记号：167128，近轴切面。

　32. 采集号：XD F6-20-2-T(5)，登记号：167140，近轴切面。

　33. 采集号：XD F6-20-1-S(8)，登记号：167135，轴切面。

5~8, 27~33

1~4, 9~26

图版 15　西藏措勤县夏东剖面下拉组有孔虫化石（2）

比例尺为 400μm

1~5. *Nankinella xainzaensis* Chu, 1982

  1. 采集号：XD F4-1-1-Q(2)，登记号：167085，近轴切面。

  2. 采集号：XD F3-0-2-N(1)，登记号：167061，近轴切面。

  3. 采集号：XD F3-0-2-S(1)，登记号：167062，轴切面。

  4. 采集号：XD F3-0-2-L(1)，登记号：167060，轴切面。

  5. 采集号：XD F3-0-1-B(1)，登记号：178776，轴切面。

6. *Neofusulinella* cf. *giraudi* Deprat, 1915

  6. 采集号：XD F6-20-1-D(2)，登记号：167133，轴切面。

7. *Agathammina pusilla* (Geinitz, 1848)

  7. 采集号：XD F3-1-2-Q(2)，登记号：167069，纵切面。

8, 9. *Agathammina vachardi* Zhang in Zhang et al., 2016

  8. 采集号：XD F4-0-2-ZH(1)，登记号：167079，横切面。

  9. 采集号：XD F4-1-1-ZN(1)，登记号：167087，纵切面。

10~13. *Staffella yaziensis* Wang and Sun, 1973

  10. 采集号：XD F3-1-1-O(3)，登记号：167064，近轴切面。

  11. 采集号：XD F5-10-2-ZA(1)，登记号：178803，近轴切面。

  12. 采集号：XD F5-10-2-O(3)，登记号：178802，近轴切面。

  13. 采集号：XD F5-7-1-R(2)，登记号：167111，轴切面。

14~17. *Baisalina pulchra* Reitlinger, 1965

  14. 采集号：XD F4-2-1-X(5)，登记号：178793，切面。

  15. 采集号：XD F4-2-1-H(6)，登记号：167092，切面。

  16. 采集号：XD F4-6-1-Z(1)，登记号：178800，切面。

  17. 采集号：XD F5-10-2-M(2)，登记号：167104，切面。

18~22. *Syzrania bella* Reitlinger, 1950

  18. 采集号：XD F5-12-1-H(2)，登记号：178806，纵切面。

  19. 采集号：XD F5-12-1-I(2)，登记号：167108，纵切面。

  20. 采集号：XD F5-14-1-F(1)，登记号：178812，纵切面。

  21. 采集号：XD F5-12-2-V(2)，登记号：178809，纵切面。

  22. 采集号：XD F5-12-2-P(1)，登记号：178808，纵切面。

23~25. *Kahlerina minima* Sheng, 1963

  23. 采集号：XD F4-0-2-G(1)，登记号：178786，弦切面。

  24. 采集号：XD F6-20-1-C(3)，登记号：167132，轴切面。

  25. 采集号：XD F5-7-1-Q(1)，登记号：178814，轴切面。

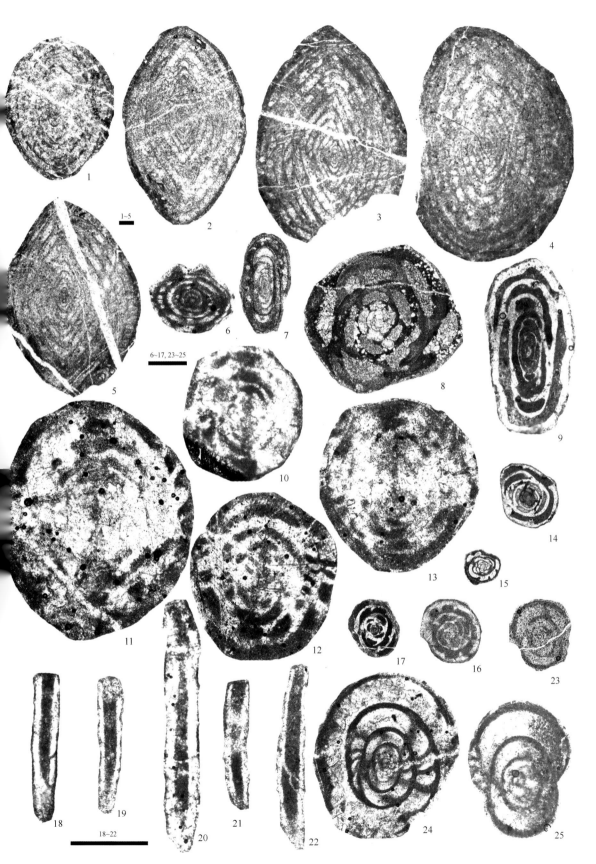

图版 16 西藏措勤县夏东剖面下拉组有孔虫化石（3）

比例尺为 400μm

1~6. *Neoschwagerina cheni* Sheng, 1958

1. 采集号：XD F4-9-1-U(1)，登记号：167102，近轴切面。

2. 采集号：XD F5-1-1-H(2)，登记号：167107，近轴切面。

3. 采集号：XD F4-9-2-V(3)，登记号：167103，中切面。

4. 采集号：XD F4-9-1-L(2)，登记号：167101，轴切面。

5. 采集号：XD F4-9-2-F(1)，登记号：178801，轴切面。

6. 采集号：XD F5-1-2-ZG(2)，登记号：178811，中切面。

7~9. *Dagmarita chanakchiensis* Reitlinger, 1965

7. 采集号：XD F3-7-1-ZA(2)，登记号：167071，纵切面。

8. 采集号：XD F4-2-2-U(14)，登记号：178794，纵切面。

9. 采集号：XD F4-0-2-A(1)，登记号：167076，侧纵切面。

10~12. *Frondinodosaria* sp. 1

10. 采集号：XD F4-2-1-F(1)，登记号：167091，纵切面。

11. 采集号：XD F4-3-2-F(1)，登记号：167095，斜切面。

12. 采集号：XD F5-11-2-O(1)，登记号：178805，纵切面。

13~19. *Pachyphloia paraovata* Miklukho-Maklay, 1954

13. 采集号：XD F5-9-2-Q(2)，登记号：167113，纵切面。

14. 采集号：XD F5-9-2-Q(3)，登记号：178817，斜切面。

15. 采集号：XD F5-5-1-I(1)，登记号：178813，斜切面。

16. 采集号：XD F4-0-1-H(2)，登记号：178785，斜切面。

17. 采集号：XD F3-1-1-C(1)，登记号：178778，斜切面。

18. 采集号：XD F4-1-1-J(2)，登记号：178789，纵切面。

19. 采集号：XD F6-17-2-W(3)，登记号：167129，纵切面。

20, 21, 23. *Pachyphloia solita* Sosnina, 1978

20. 采集号：XD F6-15-1-Z(1)，登记号：167116，斜纵切面。

21. 采集号：XD F6-1-2-C(1)，登记号：167114，纵切面。

23. 采集号：XD F6-6-1-M(3)，登记号：178823，斜纵切面。

22. *Pachyphloia multiseptata* Lange, 1925

22. 采集号：XD F5-7-2-P(1)，登记号：178815，纵切面。

24, 29. *Nodosaria* sp.

24. 采集号：XD F6-5-2-D(1)，纵切面。

29. 采集号：XD F6-13-2-B(1)，登记号：167115，纵切面。

25~27. *Nodosaria* cf. *partisana* Sosnina, 1978

25. 采集号：XD F4-5-1-K(2)，登记号：167098，纵切面。

26. 采集号：XD F4-2-2-ZF(2)，登记号：178795，纵切面。

27. 采集号：XD F4-4-1-G(3)，登记号：178796，纵切面。

28. *Nodosinelloides* sp. 4

28. 采集号：XD F2-2-2-F(2)，登记号：178797，纵切面。

30 32. *Megacrassispirella xarlashanensis* (Wang, 1986) emend Zhang, 2016

30. 采集号：XD F3-1-1-Y(1)，登记号：167065，轴切面。

31. 采集号：XD F3-1-1-ZE(6)，登记号：167068，轴切面。

32. 采集号：XD F3-1-1-ZC(3)，登记号：167067，轴切面。

33~39. *Hemigordius spirollinoformis* Wang, 1982

33. 采集号：XD F3-7-2-I(3)，登记号：167072，近轴切面。

34. 采集号：XD F5-12-2-ZF(4)，登记号：178810，轴切面。

35. 采集号：XD F5-12-1-ZF(1)，登记号：167109，近轴切面。

36. 采集号：XD F2-9-2-O(4)，登记号：178774，轴切面。

37. 采集号：XD F2-9-2-T(5)，登记号：178775，近轴切面。

38. 采集号：XD F2-9-1-Q(1)，登记号：178773，轴切面。

39. 采集号：XD F2-9-1-M(3)，登记号：178772，近轴切面。

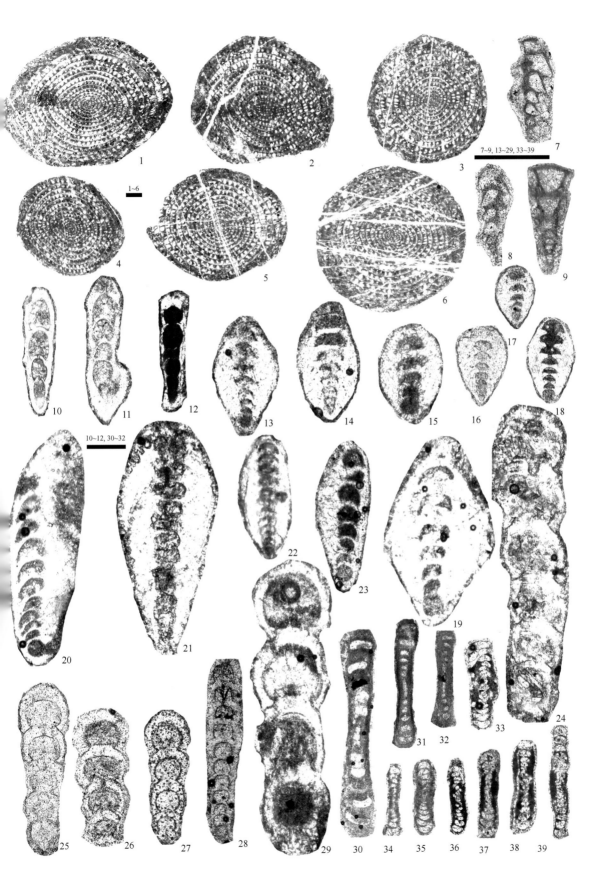

7~9, 13~29, 33~39

1~6

10~12, 30~32

1~9. *Hemigordiopsis subglobosa* Wang, 1982

1. 采集号：XD F6-6-2-ZG(3)，登记号：167144，近轴切面。

2. 采集号：XD F6-6-2-R(1)，登记号：167143，近轴切面。

3. 采集号：XD F6-8-1-A(1)，登记号：178825，近轴切面。

4. 采集号：XD F6-6-2-T(1)，登记号：178824，中切面。

5. 采集号：XD F6-7-2-S(8)，登记号：167145，中切面。

6. 采集号：XD F6-8-2-C(2)，登记号：178826，中切面。

7. 采集号：XD F6-8-2-E(1)，登记号：178827，近轴切面。

8. 采集号：ZD F6-9-1-J(1)，登记号：179236，近轴切面。

9. 采集号：XD F6-6-2-C(2)，登记号：167142，中切面。

10. *Nodosinelloides* sp. 5

10. 采集号：XD F5-11-2-H(1)，登记号：178804，纵切面。

11~15. *Nodosinelloides* sp. 6

11. 采集号：XD F5-11-1-A(1)，登记号：167105，纵切面。

12. 采集号：XD F6-15-2-I(1)，登记号：167117，斜切面。

13. 采集号：XD F5-12-1-O(1)，登记号：178807，纵切面。

14. 采集号：XD F5-12-2-G(1)，登记号：167110，纵切面。

15. 采集号：XD F6-14-1-I(2)，登记号：178818，纵切面。

16~21. *Lysites biconcavus* (Wang, 1982)

16. 采集号：XD F4-1-1-D(1)，登记号：167084，侧轴切面。

17. 采集号：XD F4-1-1-P(1)，登记号：178790，轴切面。

18. 采集号：XD F4-1-1-A(2)，登记号：167083，轴切面。

19. 采集号：XD F4-1-2-ZI(1)，登记号：178791，侧轴切面。

20. 采集号：XD F4-1-2-ZJ(1)，登记号：167090，侧轴切面。

21. 采集号：XD F4-1-1-ZE(1)，登记号：167086，侧轴切面。

22~27. *Ichthyofrondina palmata* (Wang, 1974)

22. 采集号：XD F4-2-1-S(1)，登记号：167093，斜切面。

23. 采集号：XD F4-2-1-T(5)，登记号：178792，纵切面。

24. 采集号：XD F3-7-1-X(2)，登记号：178781，纵切面。

25. 采集号：XD F4-4-2-ZF(2)，登记号：178798，纵切面。

26. 采集号：XD F3-8-1-E(2)，登记号：167073，斜切面。

27. 采集号：XD F4-5-1-D(1)，登记号：178799，斜切面。

28. *Ichthyofrondina* cf. *latilimbata* (Sellier de Civrieux and Dessauvagie, 1965)

28. 采集号：XD F5-9-2-I(1)，登记号：178816，纵切面。

29~39. *Midiella reicheli* (Lys in Lys and Lapparent, 1971)

29. 采集号：XD F3-8-2-M(1)，登记号：167074，近轴切面。

30. 采集号：XD F3-7-1-O(2)，登记号：167070，轴切面。

31. 采集号：XD F3-1-2-U(2)，登记号：178779，近轴切面。

32. 采集号：XD F3-8-1-O(6)，登记号：178783，弦切面。

33. 采集号：XD F4-3-2-Z(3)，登记号：167096，近轴切面。

34. 采集号：XD F3-9-1-S(2)，登记号：178784，轴切面。

35. 采集号：XD F4-10-1-Q(2)，登记号：167081，轴切面。

36. 采集号：XD F3-7-1-W(1)，登记号：178780，近轴切面。

37. 采集号：XD F3-0-1-H(1)，登记号：178777，近轴切面。

38. 采集号：XD F4-10-2-H(3)，登记号：178788，轴切面。

39. 采集号：XD F3-7-1-ZE(1)，登记号：178782，轴切面。

图版 18　西藏措勤县扎日南木错二号剖面下拉组有孔虫化石

比例尺为 400μm

1~6. *Rugososchwagerina* (*Xiaoxinzhaiella*) *xanzensis* (Wang, Sheng and Zhang, 1981)

1. 采集号：ZRNMC2-F6-1-1，登记号：179252，轴切面。

2. 采集号：ZRNMC2-F8-1-1，登记号：179255，轴切面。

3. 采集号：ZRNMC2-F10-2-1，登记号：179243，轴切面。

4. 采集号：ZRNMC2-F7-2-1，登记号：179253，轴切面。

5. 采集号：ZRNMC2-F4-3-1，登记号：179251，轴切面。

6. 采集号：ZRNMC2-F7-3-1，登记号：179254，轴切面。

7, 12, 13. *Pachyphloia* cf. *gefoensis* Miklukho-Maklay, 1954

7. 采集号：ZRNMC2-F2-3-2，登记号：179249，斜切面。

12. 采集号：ZRNMC2-F2-1-1，登记号：179247，斜切面。

13. 采集号：ZRNMC2-F1-2-1，登记号：179245，纵切面。

8. *Pseudolangella imbecilla* (Lin, Li and Sun, 1990)

8. 采集号：ZRNMC2-F1-2-2，登记号：179246，纵切面。

9~11. *Pachyphloia multiseptata* Lange, 1925

9. 采集号：ZRNMC2-F1-1-2，登记号：179244，侧纵切面。

10. 采集号：ZRNMC2-F2-2-1，登记号：179248，纵切面。

11. 采集号：ZRNMC2-F2-3-3，登记号：179250，纵切面。

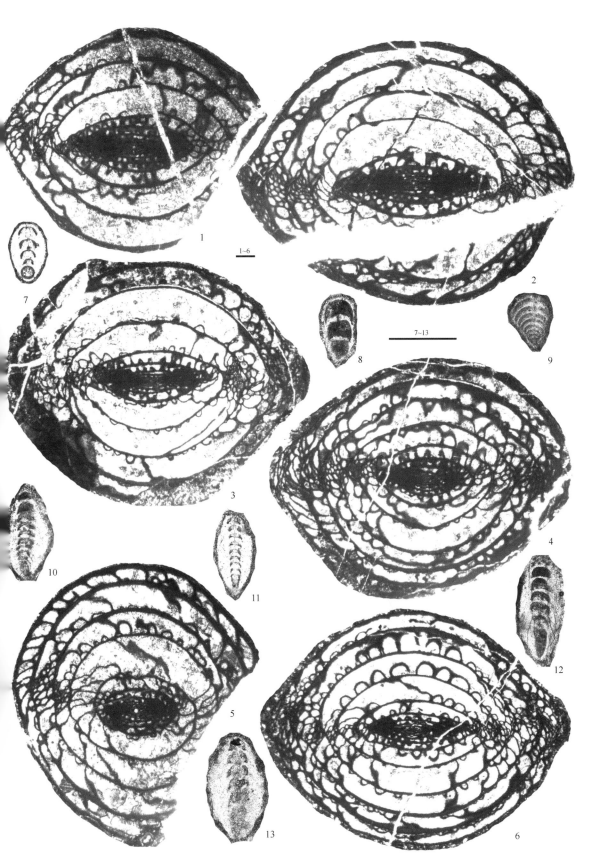

图版 19　西藏申扎县木纠错剖面下拉组有孔虫化石（1）

比例尺为 400μm

1~3. *Climacammina* cf. *tenuis* Lin, 1978

　1. 采集号：SZ-F86-4-33(1)，登记号：162317，纵切面。

　2. 采集号：SZ-F86-4-41(1)，登记号：162319，纵切面。

　3. 采集号：SZ-F86-2-16(1)，登记号：162299，斜切面。

4~6. *Deckerella media* Morozova, 1949

　4. 采集号：SZ-F86-2-32(2)，登记号：162305，纵切面。

　5. 采集号：SZ-F86-2-39(1)，登记号：162307，纵切面。

　6. 采集号：SZ-F86-2-11(1)，登记号：162297，纵切面。

7~11. *Palaeotextularia angusta elongata* Reitlinger, 1950

　7. 采集号：SZ-F86-4-19(1)，登记号：162313，纵切面。

　8. 采集号：SZ-F87-2-77，登记号：162376，纵切面。

　9. 采集号：SZ-F86-2-37(1)，登记号：162306，斜切面。

　10. 采集号：SZ-F87-2-87(3)，登记号：162379，纵切面。

　11. 采集号：SZ-F86-1-35(3)，登记号：162292，斜切面。

12~14. *Cribrogenerina permica*? Lange, 1925

　12. 采集号：SZ-F86-2-10(1)，登记号：162296，纵切面。

　13. 采集号：SZ-F86-2-4(2)，登记号：162308，纵切面。

　14. 采集号：SZ-F86-2-15(1)，登记号：162298，纵切面。

15~17. *Dagmarita chanakchiensis* Reitlinger, 1965

　15. 采集号：SZ-F86-4-13(2)，登记号：162312，纵切面。

　16. 采集号：SZ-F86-4-19(3)，登记号：162314，纵切面。

　17. 采集号：SZ-F86-4-19(4)，登记号：162315，纵切面。

18. *Neoendothyra reicheli* Reitlinger, 1965

　18. 采集号：SZ-F86-0-35(4)，登记号：162259，轴切面。

19~23. *Paraglobivalvulina* sp.

　19. 采集号：SZ-F86-0-2(2)，登记号：162245，纵切面。

　20. 采集号：SZ-F87-1-2(4)，登记号：162342，中切面。

　21. 采集号：SZ-F87-2-81(2)，登记号：162378，弦切面。

　22. 采集号：SZ-F86-2-23(2)，登记号：162302，弦切面。

　23. 采集号：SZ-F86-4-24(1)，登记号：162316，弦切面。

24, 25. *Pachyphloia lanceolata* Miklukho-Maklay, 1954

　24. 采集号：SZ-F80-1-33(2)，登记号：162239，纵切面。

　25. 采集号：SZ-F87-1-36，登记号：162349，纵切面。

26~30. *Pachyphloia hunanica* Lin, 1978

　26. 采集号：SZ-F87-1-23(3)，登记号：162345，纵切面。

　27. 采集号：SZ-F86-0-15(1)，登记号：162242，斜纵切面。

　28. 采集号：SZ-F83-3-21(1)，登记号：178406，斜纵切面。

　29. 采集号：SZ-F87-1-19(5)，登记号：162338，斜纵切面。

　30. 采集号：SZ-F87-2-59，登记号：162374，纵切面。

31~33. *Pachyphloia ovata* Lange, 1925

　31. 采集号：SZ-F87-2-79，登记号：162377，斜纵切面。

　32. 采集号：SZ F87-1-52(3)，登记号：162355，纵切面。

　33. 采集号：SZ-F87-3-8(4)，登记号：178556，斜纵切面。

34~36. *Pachyphloia robustaformis* Wang, 1986

　34. 采集号：SZ-F86-3-42(1)，登记号：162311，斜纵切面。

　35. 采集号：SZ-F86-2-19(1)，登记号：162300，纵切面。

　36. 采集号：SZ-F86-5-41(2)，登记号：162328，纵切面。

37, 38. *Pseudolangella fragilis* Sellier de Civrieux and Dessauvagie, 1965

　37. 采集号：SZ-F86-1-1(1)，登记号：162269，纵切面。

　38. 采集号：SZ-F86-4-35(1)，登记号：162318，纵切面。

39~44. *Midiella sigmoidalis* (Wang, 1982)

　39. 采集号：SZ-F86-1-43(1)，登记号：162293，近轴切面。

　40. 采集号：SZ-F86-1-16(7)，登记号：162282，轴切面。

　41. 采集号：SZ-F86-0-31(6)，登记号：162255，近轴切面。

　42. 采集号：SZ-F86-1-11(10)，登记号：162271，近轴切面。

　43. 采集号：SZ-F86-1-12(2)，登记号：162273，近轴切面。

　44. 采集号：SZ-F86-1-14(1)，登记号：162277，近轴切面。

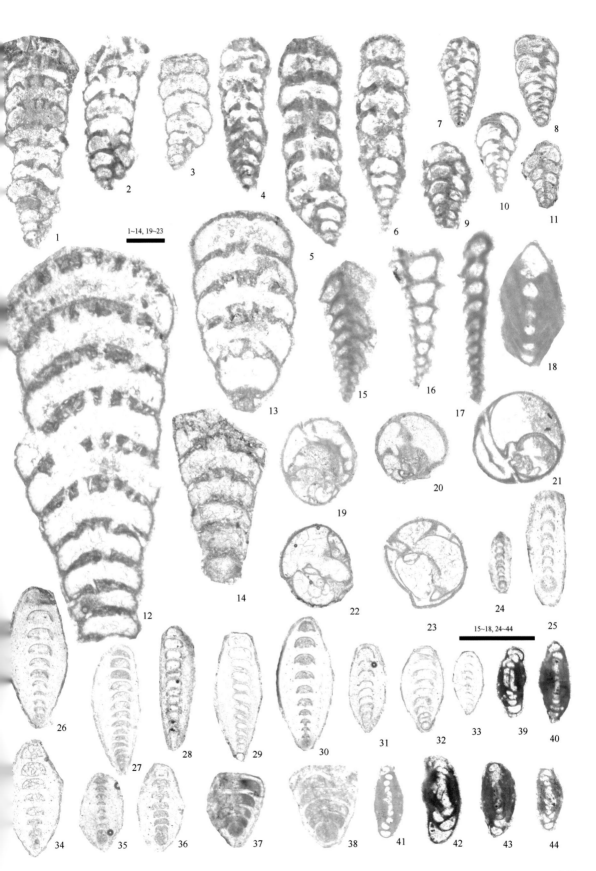

1, 2. *Pachyphloia* sp. 3

  1. 采集号：SZ-F87-1-19(3)，登记号：162336，斜切面。

  2. 采集号：SZ-F87-1-52(4)，登记号：162356，纵切面。

3. *Robustopachyphloia* sp. 1

  3. 采集号：SZ-F86-0-39(2)，登记号：162261，侧纵切面。

4~6. *Geinitzina postcarbonica* Spandel, 1901

  4. 采集号：SZ-F87-1-56(3)，登记号：162358，纵切面。

  5. 采集号：SZ-F87-1-19(4)，登记号：162337，纵切面。

  6. 采集号：SZ-F86-5-17(1)，登记号：162332，纵切面。

7. *Langella venosa* (Lange, 1925)

  7. 采集号：SZ-F87-1-2(3)，登记号：162341，纵切面。

8, 9. *Langella* sp. 1

  8. 采集号：SZ-F87-1-45，登记号：162352，纵切面。

  9. 采集号：SZ-F87-1-11，登记号：162333，斜切面。

10, 11. *Geinitzina spandeli* Cherdyntsev, 1914

  10. 采集号：SZ-F87-2-22(2)，登记号：162367，纵切面。

  11. 采集号：SZ-F86-0-9(2)，登记号：162268，纵切面。

12~15. *Ichthyofrondina palmata* (Wang, 1974)

  12. 采集号：SZ-F87-2-4(4)，登记号：162370，纵切面。

13. 采集号：SZ-F87-1-45(2)，登记号：162353，纵切面。

14. 采集号：SZ-F87-2-59(2)，登记号：162375，斜切面。

15. 采集号：SZ-F87-2-54(2)，登记号：162372，斜切面。

16~18. *Frondina permica* Sellier de Civrieux and Dessauvagie, 1965

  16. 采集号：SZ-F86-2-27(2)，登记号：162303，纵切面。

  17. 采集号：SZ-F87-1-2(2)，登记号：162340，纵切面。

  18. 采集号：SZ-F87-5-14，登记号：162386，纵切面。

19~22. *Hemigordius schlumbergeri* (Howchin, 1895)

  19. 采集号：SZ-F86-0-5(2)，登记号：162265，近轴切面。

  20. 采集号：SZ-F86-0-30(3)，登记号：162250，近轴切面。

  21. 采集号：SZ-F86-0-30(4)，登记号：162251，近轴切面。

  22. 采集号：SZ-F86-1-44(2)，登记号：162294，近轴切面。

23~28. *Agathammina pusilla* (Geinitz, 1848)

  23. 采集号：SZ-F87-4-27(2)，登记号：162384，纵切面。

  24. 采集号：SZ-F87-2-49(2)，登记号：162371，横切面。

  25. 采集号：SZ-F87-2-32，登记号：162369，纵切面。

  26. 采集号：SZ-F87-4-45，登记号：162385，纵切面。

  27. 采集号：SZ-F87-4-13，登记号：162381，纵切面。

  28. 采集号：SZ-F87-1-35(2)，登记号：162348，纵切面。

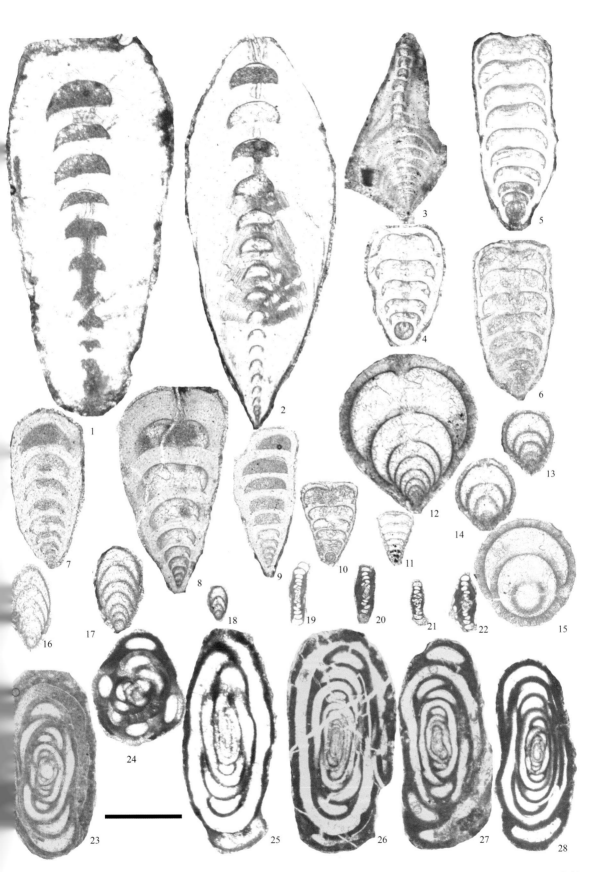

图版 21　西藏申扎县木纠错剖面下拉组有孔虫化石（3）

比例尺为 400μm

1~16. *Megacrassispirella xarlashanensis* (Wang, 1986) emend. Zhang, 2016

1. 采集号：SZ-F86-0-36(1)，登记号：162260，轴切面。
2. 采集号：SZ-F86-0-8(2)，登记号：162267，轴切面。
3. 采集号：SZ-F86-0-16(1)，登记号：162243，轴切面。
4. 采集号：SZ-F86-0-24(1)，登记号：162246，轴切面。
5. 采集号：SZ-F86-0-4(1)，登记号：162262，轴切面。
6. 采集号：SZ-F86-0-25(4)，登记号：162247，轴切面。
7. 采集号：SZ-F86-0-11(1)，登记号：178460，轴切面。
8. 采集号：SZ-F86-0-43(4)，登记号：162264，轴切面。
9. 采集号：SZ-F86-0-27(3)，登记号：162248，近中切面。
10. 采集号：SZ-F86-0-34(2)，登记号：162258，轴切面。
11. 采集号：SZ-Г86-0-32(2)，登记号：162256，轴切面。
12. 采集号：SZ-F86-0-31(3)，登记号：162254，轴切面。
13. 采集号：SZ-F86-0-33(1)，登记号：162257，轴切面。
14. 采集号：SZ-F86-0-29(1)，登记号：162249，轴切面。
15. 采集号：SZ-F86-0-31(2)，登记号：162253，轴切面。
16. 采集号：SZ-F86-0-41(3)，登记号：162263，中切面。

17~34. *Midiella zaninettiae* (Altiner, 1978)

17. 采集号：SZ-F86-1-14(2)，登记号：162278，近轴切面。
18. 采集号：SZ-F86-0-17(1)，登记号：162244，轴切面。
19. 采集号：SZ-F86-1-3(4)，登记号：162290，近轴切面。
20. 采集号：SZ-F8-0-8(1)，登记号：178404，近轴切面。

21. 采集号：SZ-F86-1-13(6)，登记号：162276，轴切面。
22. 采集号：SZ-F86-1-12(3)，登记号：162274，近轴切面。
23. 采集号：SZ-F86-1-14(7)，登记号：162280，近轴切面。
24. 采集号：SZ-F86-1-29(3)，登记号：162288，轴切面。
25. 采集号：SZ-F86-1-28(2)，登记号：162287，近轴切面。
26. 采集号：SZ-F86-0-31(1)，登记号：162252，近轴切面。
27. 采集号：SZ-F86-1-11(8)，登记号：162272，轴切面。
28. 采集号：SZ-F86-1-36(6)，登记号：178475，近轴切面。
29. 采集号：SZ-F86-1-27(2)，登记号：162286，近轴切面。
30. 采集号：SZ-F86-1-17(1)，登记号：162284，近轴切面。
31. 采集号：SZ-F86-1-3(2)，登记号：162289，近轴切面。
32. 采集号：SZ-F86-2-20(2)，登记号：162301，近轴切面。
33. 采集号：SZ-Г86-5-31(1)，登记号：162324，近轴切面。
34. 采集号：SZ-F86-1-14(3)，登记号：162279，近轴切面。

35~41. *Multidiscus padangensis* (Lange, 1925)

35. 采集号：SZ-F86-5-35(2)，登记号：162326，近轴切面。
36. 采集号：SZ-F86-5-10(1)，登记号：162320，近轴切面。
37. 采集号：SZ-F86-1-6(1)，登记号：162295，轴切面。
38. 采集号：SZ-F86-5-12(1)，登记号：178516，近轴切面。
39. 采集号：SZ-F86-5-23(2)，登记号：162322，轴切面。
40. 采集号：SZ-F86-5-48(2)，登记号：162330，近轴切面。
41. 采集号：SZ-F86-1-25(1)，登记号：162285，近轴切面。

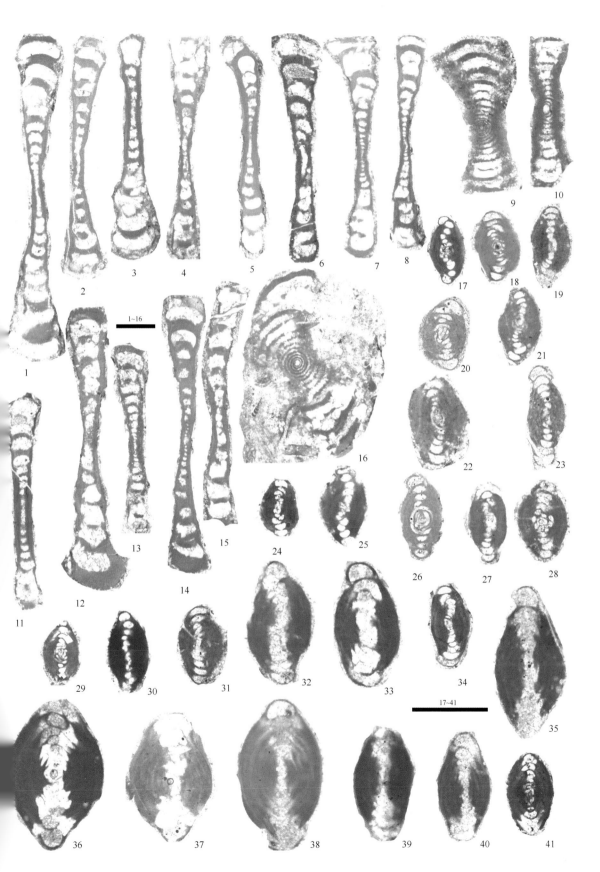

比例尺为 400μm

1~11. *Agathammina vachardi* Zhang in Zhang et al., 2016

1. 采集号：SZ-F87-1-2，登记号：162339，纵切面。

2. 采集号：SZ-F87-1-15，登记号：162334，纵切面。

3. 采集号：SZ-F87-1-40(4)，登记号：162351，纵切面。

4. 采集号：SZ-F87-1-51，登记号：162354，纵切面。

5. 采集号：SZ-F87-4-10，登记号：162380，纵切面。

6. 采集号：SZ-F87-1-30(2)，登记号：162347，横切面。

7. 采集号：SZ-F87-1-46(2)，登记号：178523，横切面。

8. 采集号：SZ-F87-4-13(2)，登记号：162382，纵切面。

9. 采集号：SZ-F87-4-11，登记号：178557，横切面。

10. 采集号：SZ-F87-3-4，登记号：178554，横切面。

11. 采集号：SZ-F87-1-43，登记号：178522，弦切面。

12~21. *Hemigordiopsts subglobosa* Wang, 1982

12. 采集号：SZ-F87-1-56，登记号：162357，轴切面。

13. 采集号：SZ-F87-1-20，登记号：162343，轴切面。

14. 采集号：SZ-F87-1-63，登记号：162362，中切面。

15. 采集号：SZ-F87-1-58(2)，登记号：162335，中切面。

16. 采集号：SZ-F87-1-59(2)，登记号：162361，中切面。

17. 采集号：SZ-F87-1-21(5)，登记号：162344，中切面。

18. 采集号：SZ-F87-1-25，登记号：162346，近轴切面。

19. 采集号：SZ-F87-1-17(2)，登记号：162360，近轴切面。

20. 采集号：SZ-F87-2-10(2)，登记号：162364，近轴切面。

21. 采集号：SZ-F87-2-19，登记号：162365，近轴切面。

22~25. *Neodiscus lianxanensis* Hao and Lin, 1982

22. 采集号：SZ-F86-5-4(1)，登记号：162327，弦切面。

23. 采集号：SZ-F87-2-58(3)，登记号：162373，近轴切面。

24. 采集号：SZ-F87-2-28，登记号：162368，弦切面。

25. 采集号：SZ-F87-2-21，登记号：162366，轴切面。

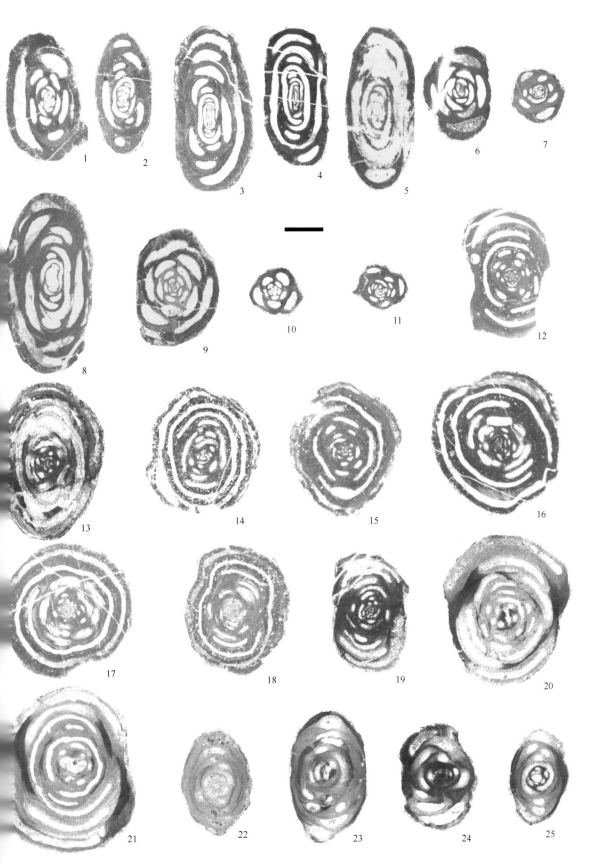

图版 23 西藏申扎县木纠错剖面下拉组𤑳类化石（1）

比例尺为 400μm

1. *Chenella tonglingica* Zhang, 1982

1. 采集号：SZ-F86-5-6(1)，登记号：178520，近轴切面。

2, 3. *Kahlerina* sp. 2

2. 采集号：SZ-F86-2-10(2)，登记号：178483，轴切面。

3. 采集号：SZ-F86-2-35(1)，登记号：178489，中切面。

4~10. *Nankinella quasihunanensis* Sheng, 1963

4. 采集号：SZ-F86-0-43(6)，登记号：178466，近轴切面。

5. 采集号：SZ-F86-0-44(1)，登记号：178467，近轴切面。

6. 采集号：SZ-F86-1-26(3)，登记号：178473，近轴切面。

7. 采集号：SZ-F86-1-7(2)，登记号：178479，近轴切面。

8. 采集号：SZ-F87-4-38(2)，登记号：178558，近轴切面。

9. 采集号：SZ-F86-1-7(3)，登记号：178480，近轴切面。

10. 采集号：SZ-F87-4-43(2)，登记号：178559，近轴切面。

11~13. *Nankinella hunanensis* (Chen, 1956)

11. 采集号：SZ-F83-3-18，登记号：178405，近轴切面。

12. 采集号：SZ-F83-3-33，登记号：178411，近轴切面。

13. 采集号：SZ-F83-3-48，登记号：178416，近轴切面。

14~19. *Nankinella xainzaensis* Chu, 1982

14. 采集号：SZ-F86-0-13(1)，登记号：178461，近轴切面。

15. 采集号：SZ-F86-3-19(1)，登记号：178493，近轴切面。

16. 采集号：SZ-F86-0-26(4)，登记号：178465，近轴切面。

17. 采集号：SZ-F86-1-42(3)，登记号：178477，近轴切面。

18. 采集号：SZ-F86-1-24(6)，登记号：178472，近轴切面。

19. 采集号：SZ-F86-3-28(1)，登记号：178500，近轴切面。

20~27. *Rugosochusenella* sp. 1

20. 采集号：SZ-F86-3-8(1)，登记号：178505，轴切面。

21. 采集号：SZ-F86-4-1(1)，登记号：178506，轴切面。

22. 采集号：SZ-F86-3-5(1)，登记号：178503，轴切面。

23. 采集号：SZ-F86-3-25(1)，登记号：178498，近轴切面。

24. 采集号：SZ-F86-4-5(1)，登记号：178512，近轴切面。

25. 采集号：SZ-F86-3-26(1)，登记号：178499，近轴切面。

26. 采集号：SZ-F86-3-16(1)，登记号：178492，近轴切面。

27. 采集号：SZ-F86-3-13(2)，登记号：178491，近轴切面。

28~30. *Rugosochusenella* sp. 2

28. 采集号：SZ-F86-4-42(1)，登记号：178511，轴切面。

29. 采集号：SZ-F86-4-21(1)，登记号：178508，近轴切面。

30. 采集号：SZ-F86-4-20(1)，登记号：178507，近轴切面。

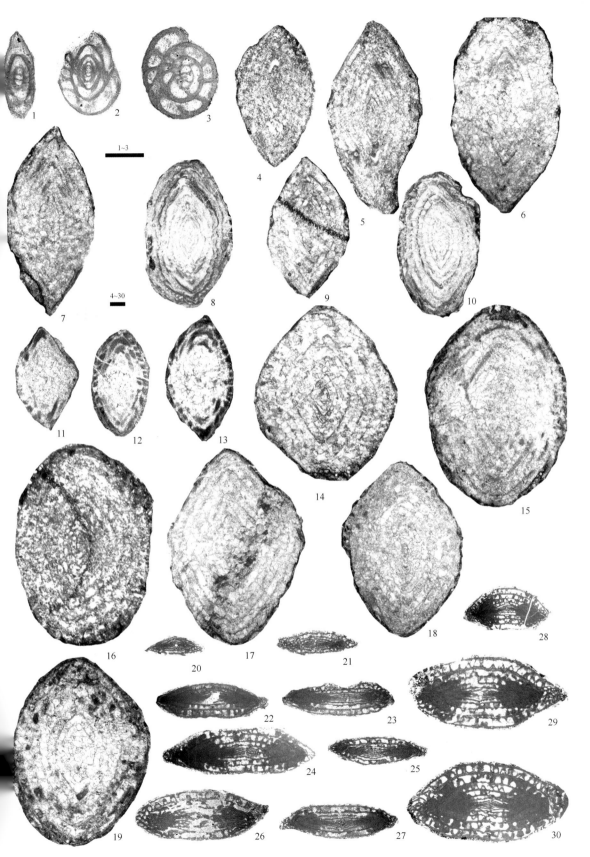

比例尺为 400μm

1~12. *Nankinella nanjiangensis* Chang and Wang, 1974

1. 采集号：SZ-F86-0-5(1)，登记号：178468，近轴切面。

2. 采集号：SZ-F86-0-23(1)，登记号：178462，近轴切面。

3. 采集号：SZ-F86-0-23(2)，登记号：178463，轴切面。

4. 采集号：SZ-F86-0-26(3)，登记号：178464，近轴切面。

5. 采集号：SZ-F86-1-5(1)，登记号：178478，近轴切面。

6. 采集号：SZ-F86-1-9(3)，登记号：178481，轴切面。

7. 采集号：SZ-F86-1-9(4)，登记号：178482，近轴切面。

8. 采集号：SZ-F86-1-17(3)，登记号：178469，近轴切面。

9. 采集号：SZ-F86-1-18(2)，登记号：178470，轴切面。

10. 采集号：SZ-F86-1-21(2)，登记号：178471，近轴切面。

11. 采集号：SZ-F86-1-30(2)，登记号：178474，近轴切面。

12. 采集号：SZ-F86-1-37(1)，登记号：178476，近轴切面。

13~24. *Chusenella curvativa* Huang et al., 2007

13. 采集号：SZ-F86-3-22(1)，登记号：178496，轴切面。

14. 采集号：SZ-F87-2-41，登记号：178536，轴切面。

15. 采集号：SZ-F87-1-37，登记号：178521，轴切面。

16. 采集号：SZ-F86-5-41(1)，登记号：178519，轴切面。

17. 采集号：SZ-F87-2-54，登记号：178539，轴切面。

18. 采集号：SZ-F87-2-45(2)，登记号：178537，轴切面。

19. 采集号：SZ-F87-2-22，登记号：178528，轴切面。

20. 采集号：SZ-F87-2-66(3)，登记号：178542，轴切面。

21. 采集号：SZ-F87-2-69，登记号：178544，轴切面。

22. 采集号：SZ-F87-2-73(2)，登记号：178546，轴切面。

23. 采集号：SZ-F87-2-39(2)，登记号：178535，轴切面。

24. 采集号：SZ-F87-2-63，登记号：178541，轴切面。

图版 25　西藏申扎县木纠错剖面下拉组鏈类化石（3）

比例尺为 400μm

1~15. *Nankinella minor* Sheng, 1955

1. 采集号：SZ-F86-2-28(2)，登记号：178486，近轴切面。
2. 采集号：SZ-F86-2-28(3)，登记号：178487，近轴切面。
3. 采集号：SZ-F86-2-30(1)，登记号：178488，近轴切面。
4. 采集号：SZ-F86-4-8(1)，登记号：178514，近轴切面。
5. 采集号：SZ-F86-5-3(2)，登记号：178518，近轴切面。
6. 采集号：SZ-F86-5-14(1)，登记号：178517，近轴切面。
7. 采集号：SZ-F87-2-11(2)，登记号：178524，近轴切面。
8. 采集号：SZ-F87-2-14(2)，登记号：178526，近轴切面。
9. 采集号：SZ-F87-2-14，登记号：178525，近轴切面。
10. 采集号：SZ-F87-2-66(4)，登记号：178543，近轴切面。
11. 采集号：SZ-F87-2-89，登记号：178551，近轴切面。
12. 采集号：SZ-Г87-2-60(3)，登记号：178540，近轴切面。
13. 采集号：SZ-F87-2-75(2)，登记号：178548，轴切面。
14. 采集号：SZ-F87-2-33(2)，登记号：178533，近轴切面。
15. 采集号：SZ-F87-3-6，登记号：178555，近轴切面。

16~27. *Chusenella quasireferta* Chen, 1985

16. 采集号：SZ-F86-2-5(1)，登记号：178490，轴切面。
17. 采集号：SZ-F86-3-20(1)，登记号：178495，轴切面。
18. 采集号：SZ-F86-4-32(1)，登记号：178510，轴切面。
19. 采集号：SZ-F86-4-9(1)，登记号：178515，近轴切面。
20. 采集号：SZ-F86-2-26(1)，登记号：178485，近轴切面。
21. 采集号：SZ-F86-2-12(1)，登记号：178484，轴切面。
22. 采集号：SZ-F86-4-31(1)，登记号：178509，轴切面。
23. 采集号：SZ-F86-3-4(1)，登记号：178502，轴切面。
24. 采集号：SZ-F86-3-2(1)，登记号：178494，近轴切面。
25. 采集号：SZ-F86-3-37(1)，登记号：178501，近轴切面。
26. 采集号：SZ F86 4 6(1)，登记号：178513，近轴切面。
27. 采集号：SZ-F86-3-24(1)，登记号：178497，轴切面。

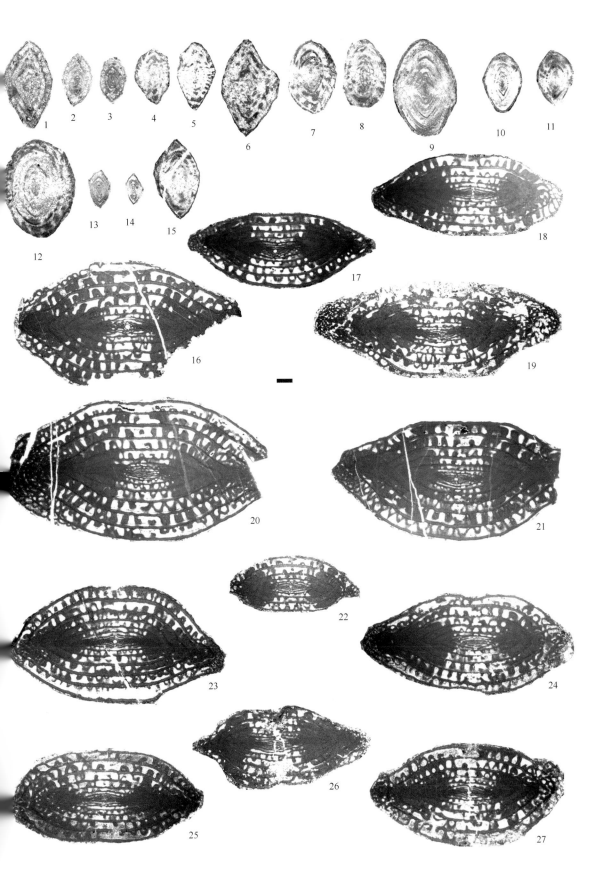

图版 26 西藏申扎县木纠错剖面下拉组蜓类化石（4）

比例尺为 400μm

1~24. *Chusenella schwagerinaeformis* Sheng, 1963

1. 采集号：SZ-F83-3-3，登记号：178409，近轴切面。

2. 采集号：SZ-F83-3-5，登记号：178418，轴切面。

3. 采集号：SZ-F83-3-23，登记号：178407，轴切面。

4. 采集号：SZ-F83-3-26，登记号：178408，轴切面。

5. 采集号：SZ-F83-3-36，登记号：178412，近轴切面。

6. 采集号：SZ-F83-3-44，登记号：178414，轴切面。

7. 采集号：SZ-F83-3-45，登记号：178415，轴切面。

8. 采集号：SZ-F83-3-49，登记号：178417，轴切面。

9. 采集号：SZ-F86-3-6(1)，登记号：178504，轴切面。

10. 采集号：SZ-F87-2-37，登记号：178534，近轴切面。

11. 采集号：SZ-F87-2-51(2)，登记号：178538，轴切面。

12. 采集号：SZ-F87-2-71，登记号：178545，近轴切面。

13. 采集号：SZ-F83-3-38，登记号：178413，轴切面。

14. 采集号：SZ-F87-2-79(2)，登记号：178549，轴切面。

15. 采集号：SZ-F83-3-30，登记号：178410，轴切面。

16. 采集号：SZ-F87-2-80(3)，登记号：178550，轴切面。

17. 采集号：SZ-F87-2-90，登记号：178552，近轴切面。

18. 采集号：SZ-F87-2-74，登记号：178547，近轴切面。

19. 采集号：SZ-F87-2-27，登记号：178530，轴切面。

20. 采集号：SZ-F87-2-31，登记号：178532，近轴切面。

21. 采集号：SZ-F87-2-30，登记号：178531，轴切面。

22. 采集号：SZ-F87-2-23，登记号：178529，轴切面。

23. 采集号：SZ-F87-2-18，登记号：178527，轴切面。

24. 采集号：SZ-F87-3-1，登记号：178553，轴切面。

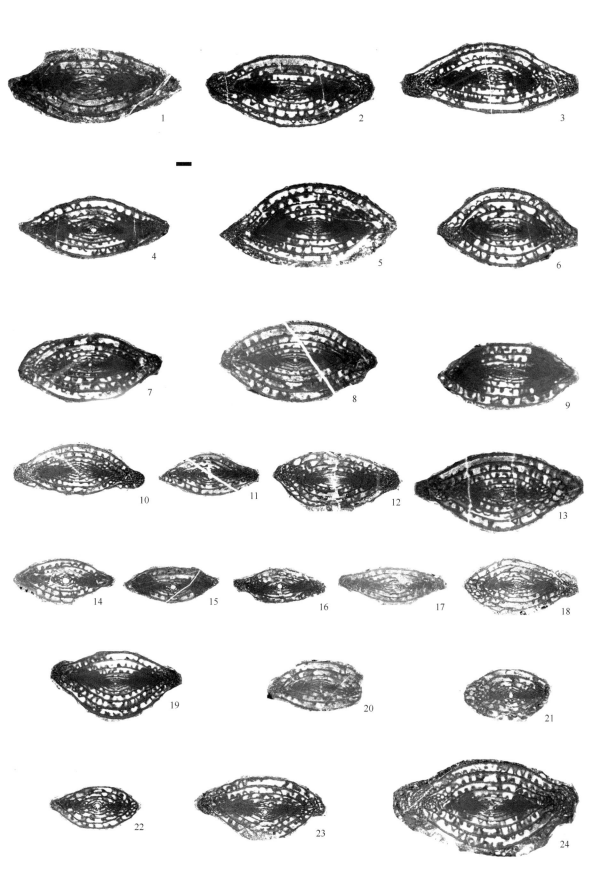

比例尺为 400μm

1, 2. *Chusenella schwagerinaeformis* Sheng, 1963

  1. 采集号：MJC-F1 转 -2-A(5)，登记号：178385，弦切面。

  2. 采集号：MJC-F1 转 -1-D(1)，登记号：178365，中切面。

3. *Nankinella xainzaensis* Chu, 1982

  3. 采集号：MJC-F1 转 -2-N(1)，登记号：178396，近轴切面（幼体）。

4~7. *Agathammina pusilla* (Geinitz, 1848)

  4. 采集号：MJC-F1 转 -1-P(3)，登记号：178381，纵切面。

  5. 采集号：MJC-F1 转 -2-C(1)，登记号：178386，纵切面。

  6. 采集号：MJC-F1 转 -2-Q(1)，登记号：178398，纵切面。

  7. 采集号：MJC-F1 转 -1-N(3)，登记号：178377，横切面。

8. *Cornuspira* sp. 2

  8. 采集号：MJC-F1 转 -1-U(2)，登记号：178383，中切面。

9~13. *Agathammina vachardi* Zhang in Zhang et al., 2016

  9. 采集号：MJC-F1 转 -1-H(1)，登记号：178370，纵切面。

  10. 采集号：MJC-F1 转 -1-O(1)，登记号：178378，弦切面。

  11. 采集号：MJC-F1 转 -2-U(3)，登记号：178403，横切面。

  12. 采集号：MJC-F1 转 -2-U(2)，登记号：178402，纵切面。

  13. 采集号：MJC-F1 转 -2-O(1)，登记号：178397，横切面。

14, 15, 21, 22. *Midiella sigmoidalis* (Wang, 1982)

  14. 采集号：MJC-F1 转 -1-T(2)，登记号：178382，近轴切面。

  15. 采集号：MJC-F1 转 -2-M(3)，登记号：178395，近轴切面。

  21. 采集号：MJC-F1 转 -2-M(2)，登记号：178394，弦切面。

  22. 采集号：MJC-F1 转 -2-S(1)，登记号：178399，弦切面。

16, 17. *Globivalvulina* sp.

  16. 采集号：MJC-F1 转 -2-G(1)，登记号：178389，纵切面。

  17. 采集号：MJC-F1 转 -1-L(3)，登记号：178375，中切面。

18~20. *Hemigordiopsis subglobosa* Wang, 1982

  18. 采集号：MJC-F1 转 -1-P(2)，登记号：178380，近轴切面。

19. 采集号：MJC-F1 转 -2-A(4)，登记号：178384，近轴切面。

20. 采集号：MJC-F1 转 -2-T(6)，登记号：178401，近轴切面。

23, 24. *Pachyphloia* cf. *pedicula* Lange, 1925

  23. 采集号：MJC-F1 转 -1-F(4)，登记号：178369，弦切面。

  24. 采集号：MJC-F1 转 -2-L(1)，登记号：178393，弦切面。

25, 26. *Climacammina* cf. *ngariensis* Song, 1990

  25. 采集号：MJC-F1 转 -1-L(4)，登记号：178376，纵切面。

  26. 采集号：MJC-F1 转 -1-P(1)，登记号：178379，纵切面。

27, 28. *Pseudolangella imbecilla* (Lin, Li and Sun, 1990)

  27. 采集号：MJC-F1 转 -2-J(4)，登记号：178390，纵切面。

  28. 采集号：MJC-F1 转 -1-L(1)，登记号：178374，纵切面。

29. *Neoendothyra* sp.

  29. 采集号：MJC F1 转 -2-C(4)，登记号：178387，轴切面。

30. *Nodosinelloides* cf. *acantha* (Lange, 1925)

  30. 采集号：MJC-F1 转 -1-K(2)，登记号：178372，纵切面。

31, 32. *Ichthyofrondina palmata* (Wang, 1974)

  31. 采集号：MJC-F1 转 -2-D(1)，登记号：178388，纵切面。

  32. 采集号：MJC-F1 转 -1-K(5)，登记号：178373，纵切面。

33~39. *Neodiscus orbicus* Lin, 1984

  33. 采集号：MJC-F1 转 -2-K(2)，登记号：178392，弦切面。

  34. 采集号：MJC-F1 转 -1-D(2)，登记号：178366，轴切面。

  35. 采集号：MJC-F1 转 -1-J(4)，登记号：178371，轴切面。

  36. 采集号：MJC-F1 转 -2-K(1)，登记号：178391，轴切面。

  37. 采集号：MJC-F1 转 -1-D(3)，登记号：178367，轴切面。

  38. 采集号：MJC-F1 转 -2-T(3)，登记号：178400，弦切面。

  39. 采集号：MJC-F1 转 -1-F(1)，登记号：178368，弦切面。

1~3

4~7, 9~13, 16~20, 25, 26

8, 14, 15, 21~24, 27~39

图版 28 西藏林周县洛巴堆村洛巴堆 1 号剖面蜒类和小有孔虫化石（1）

比例尺为 400μm

1~4. *Chusenella wuhsuehensis* (Chen, 1956)

　1. 采集号：LBD1-F0-H(1)，登记号：178335，近轴切面。

　2. 采集号：LBD1-F0-Q(1)，登记号：178339，近轴切面。

　3. 采集号：LBD1-F0-ZD(1)，登记号：178346，轴切面。

　4. 采集号：LBD1-F0-ZZ(1)，登记号：178354，近轴切面。

5, 6. *Kahlerina pachytheca* Kochansky-Devidé and Ramovš, 1955

　5. 采集号：LBD1-F0-ZZG(1)，登记号：178358，弦切面。

　6. 采集号：LBD1-F0-C(3)，登记号：178332，近轴切面。

7~15. *Lepidolina multiseptata* (Deprat, 1912)

　7. 采集号：LBD1-F0-S(1)，登记号：178340，轴切面。

　8. 采集号：LBD1-F0-U(1)，登记号：178341，轴切面。

　9. 采集号：LBD1-F0-ZU(1)，登记号：178351，轴切面。

　10. 采集号：LBD1-F0-N(1)，登记号：178338，轴切面。

　11. 采集号：LBD1-F0-ZI(1)，登记号：178349，轴切面。

　12. 采集号：LBD1-F0-Y(1)，登记号：178343，轴切面。

　13. 采集号：LBD1-F0-M(1)，登记号：178337，轴切面。

　14. 采集号：LBD1-F0-ZX(1)，登记号：178353，轴切面。

　15. 采集号：LBD1-F0-ZM(1)，登记号：178350，轴切面。

16. *Nodosinelloides* sp.7

　16. 采集号：LBD1-F3-O(1)，登记号：178360，纵切面。

17. *Pachyphloia* sp.4

　17. 采集号：LBD1-F5-H(1)，登记号：178361，侧纵切面。

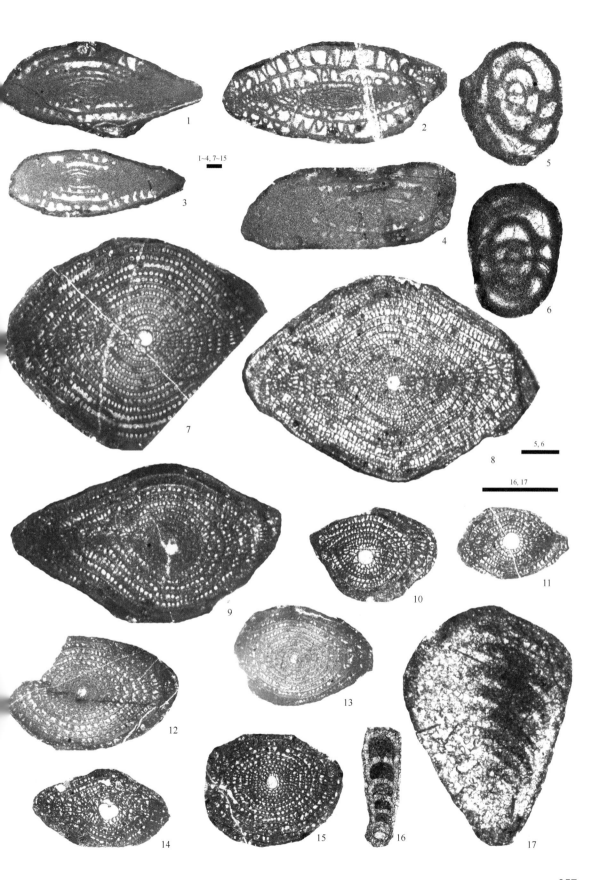

1~4, 7~15

5, 6

16, 17

357

1~14 采自 1 号剖面；15~17 采自 3 号剖面

比例尺为 400μm

1~13. *Yabeina linxinensis* Zhang, sp. nov.

　1. 采集号：LBD1-F0-A(1)，登记号：178330，轴切面。

　2. 采集号：LBD1-F0-D(1)，登记号：178333，弦切面。

　3. 采集号：LBD1-F0-B(1)，登记号：178331，副模，轴切面。

　4. 采集号：LBD1-F0-F(1)，登记号：178334，副模，轴切面。

　5. 采集号：LBD1-F0-W(1)，登记号：178342，轴切面。

　6. 采集号：LBD1-F0-ZC(1)，登记号：178345，正模，轴切面。

　7. 采集号：LBD1-F0-ZE(1)，登记号：178347，轴切面。

　8. 采集号：LBD1-F0-ZA(1)，登记号：178344，副模，轴切面。

　9. 采集号：LBD1-F0-I(1)，登记号：178336，轴切面。

　10. 采集号：LBD1-F0-ZW(1)，登记号：178352，轴切面。

　11. 采集号：LBD1-F0-ZF(1)，登记号：178348，轴切面。

　12. 采集号：LBD1-F0-ZZL(1)，登记号：178359，中切面。

　13. 采集号：LBD1-F0-ZZC(1)，登记号：178355，轴切面。

14, 15. *Hemigordiopsis subglobosa* Wang, 1982

　14. 采集号：LBD1-F0-ZZC(2)，登记号：178356，近轴切面。

　15. 采集号：LBD1-F0-ZZC(3)，登记号：178357，近轴切面。

16. *Globivalvulina bulloides* (Brady, 1876)

　16. 采集号：LBD3-F5-O(1)，登记号：178364，纵切面。

17. *Polarisella* sp.

　17. 采集号：LBD3-F5-H(1)，登记号：178362，纵切面。

18. *Pachyphloia* sp.5

　18. 采集号：LBD3-F5-J(1)，登记号：178363，斜切面。

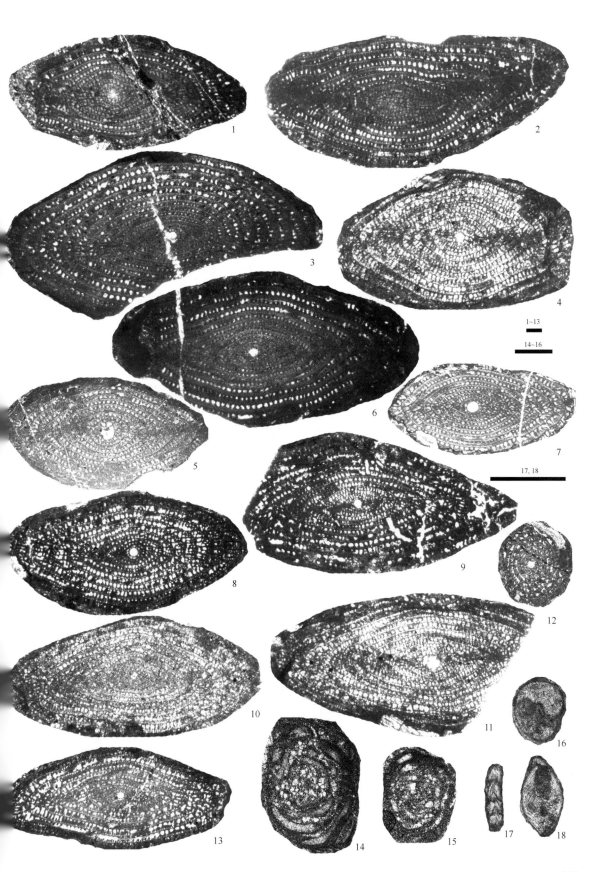

1~13

14~16

17, 18

图版 30　西藏申扎县木纠错剖面下拉组顶部乐平世蜓类和非蜓有孔虫化石（1）

比例尺为 400μm

1~4. *Agathammina pusilla* (Geinitz, 1848)

1. 采集号：SZ-F89-1-6(2)，登记号：178636，纵切面。

2. 采集号：SZ-F89-1-8(4)，登记号：178640，纵切面。

3. 采集号：SZ-F89-1-35(2)，登记号：178621，横切面。

4. 采集号：SZ-F89-1-13(1)，登记号：178575，横切面。

5~17. *Codonofusiella schubertelloides* Sheng, 1956

5. 采集号：SZ-F89-1-8(3)，登记号：178639，轴切面。

6. 采集号：SZ-F89-1-6(1)，登记号：178635，中切面。

7. 采集号：SZ-F89-1-8(5)，登记号：178641，轴切面。

8. 采集号：SZ-F89-1-12(8)，登记号：178574，中切面。

9. 采集号：SZ-F89-1-24(2)，登记号：178601，轴切面。

10. 采集号：SZ-F89-1-22(2)，登记号：178598，中切面。

11. 采集号：SZ-F89-1-20(1)，登记号：178594，轴切面。

12. 采集号：SZ-F89-1-38(2)，登记号：178631，弦切面。

13. 采集号：SZ-F89-1-4(1)，登记号：178633，轴切面。

14. 采集号：SZ-F89-1-1(4)，登记号：178562，中切面。

15. 采集号：SZ-F89-1-22(1)，登记号：178597，近轴切面。

16. 采集号：SZ-F89-1-39(1)，登记号：178632，中切面。

17. 采集号：SZ-F89-1-7(2)，登记号：178638，轴切面。

18. *Ichthyofrondina palmata* (Wang, 1974)

18. 采集号：SZ-F89-1-19(1)，登记号：178587，斜切面。

19. *Hemigordius schlumbergeri* (Howchin, 1895)

19. 采集号：SZ-F89-2-39(3)，登记号：178648，近轴切面。

20. *Nodosinelloides netchajewi* Cherdyntsev, 1914

20. 采集号：SZ-F89-1-37(1)，登记号：178626，纵切面。

21~32. *Nodosinelloides obesa* (Lin, 1978)

21. 采集号：SZ-F89-1-5(3)，登记号：178634，斜切面。

22. 采集号：SZ-F89-1-25(1)，登记号：178602，纵切面。

23. 采集号：SZ-F89-1-8(6)，登记号：178642，纵切面。

24. 采集号：SZ-F89-2-22(2)，登记号：178644，斜切面。

25. 采集号：SZ-F89-1-20(3)，登记号：178595，纵切面。

26. 采集号：SZ-F89-1-19(5)，登记号：178589，纵切面。

27. 采集号：SZ-F89-1-24(1)，登记号：178600，纵切面。

28. 采集号：SZ-F89-1-19(4)，登记号：178588，纵切面。

29. 采集号：SZ-F89-1-16(2)，登记号：178580，纵切面。

30. 采集号：SZ-F89-1-17(4)，登记号：178584，纵切面。

31. 采集号：SZ-F89-1-17(1)，登记号：178582，斜切面。

32. 采集号：SZ-F89-1-28(1)，登记号：178607，纵切面。

33. *Geinitzina postcarbonica* Spandel, 1901

33. 采集号：SZ-F89-1-1(2)，登记号：178560，纵切面。

34. *Endothyranopsis* sp.

34. 采集号：SZ-F89-2-27(3)，登记号：178645，轴切面。

35~38. *Pachyphloia paraovata* Miklukho-Maklay, 1954

35. 采集号：SZ-F89-1-1(3)，登记号：178561，斜切面。

36. 采集号：SZ-F89-1-36(2)，登记号：178624，纵切面。

37. 采集号：SZ-F89-1-30(1)，登记号：178613，纵切面。

38. 采集号：SZ-F89-1-37(4)，登记号：178629，斜纵切面。

39~48. *Glomomidiellopsis xanzaensis* Zhang, sp. nov.

39. 采集号：SZ-F89-1-1(6)，登记号：178564，中切面。

40. 采集号：SZ-F89-1-3(3)，登记号：178610，弦切面。

41. 采集号：SZ-F89-1-15(3)，登记号：178579，弦切面。

42. 采集号：SZ-F89-1-7(1)，登记号：178637，中切面。

43. 采集号：SZ-F89-1-10(1)，登记号：178565，弦切面。

44. 采集号：SZ-F89-1-36(1)，登记号：178623，中切面。

45. 采集号：SZ-F89-2-39(1)，登记号：178647，弦切面。

46. 采集号：SZ-F89-1-12(3)，登记号：178569，中切面。

47. 采集号：SZ-F89-1-12(2)，登记号：178568，弦切面。

48. 采集号：SZ-F89-1-35(1)，登记号：178620，副模，中切面。

1~17, 39~48

18~38

比例尺为 400μm

1~42. *Midiella reicheli* (Lys in Lys and Lapparent, 1971)

1. 采集号：SZ-F89-1-2(2)，登记号：178591，近轴切面。

2. 采集号：SZ-F89-1-1(5)，登记号：178563，近轴切面。

3. 采集号：SZ-F89-1-2(5)，登记号：178593，近轴切面。

4. 采集号：SZ-F89-1-3(1)，登记号：178609，近轴切面。

5. 采集号：SZ-F89-1-3(6)，登记号：178611，轴切面。

6. 采集号：SZ-F89-1-3(7)，登记号：178612，轴切面。

7. 采集号：SZ-F89-1-9(2)，登记号：178643，弦切面。

8. 采集号：SZ-F89-1-10(4)，登记号：178566，轴切面。

9. 采集号：SZ-F89-1-12(1)，登记号：178567，近轴切面。

10. 采集号：SZ-F89-1-12(4)，登记号：178570，中切面。

11. 采集号：SZ-F89-1-12(5)，登记号：178571，中切面。

12. 采集号：SZ-F89-1-13(2)，登记号：178576，轴切面。

13. 采集号：SZ-F89-1-38(1)，登记号：178630，轴切面。

14. 采集号：SZ-F89-1-15(2)，登记号：178578，近轴切面。

15. 采集号：SZ-F89-1-16(4)，登记号：178581，轴切面。

16. 采集号：SZ-F89-2-6(1)，登记号：178649，轴切面。

17. 采集号：SZ-F89-1-18(2)，登记号：178586，近轴切面。

18. 采集号：SZ-F89-1-19(6)，登记号：178590，轴切面。

19. 采集号：SZ-F89-1-21(1)，登记号：178596，中切面。

20. 采集号：SZ-F89-1-22(5)，登记号：178599，轴切面。

21. 采集号：SZ-F89-1-27(2)，登记号：178604，轴切面。

22. 采集号：SZ-F89-1-27(3)，登记号：178605，轴切面。

23. 采集号：SZ-F89-1-27(4)，登记号：178606，轴切面。

24. 采集号：SZ-F89-1-29(1)，登记号：178608，轴切面。

25. 采集号：SZ-F89-1-31(2)，登记号：178614，轴切面。

26. 采集号：SZ-F89-1-31(3)，登记号：178615，轴切面。

27. 采集号：SZ-F89-1-32(2)，登记号：178616，近轴切面。

28. 采集号：SZ-F89-1-33(1)，登记号：178617，轴切面。

29. 采集号：SZ-F89-1-33(2)，登记号：178618，轴切面。

30. 采集号：SZ-F89-1-34(1)，登记号：178619，轴切面。

31. 采集号：SZ-F89-1-35(3)，登记号：178622，轴切面。

32. 采集号：SZ-F89-1-36(3)，登记号：178625，近轴切面。

33. 采集号：SZ-F89-1-37(2)，登记号：178627，近轴切面。

34. 采集号：SZ-F89-1-37(3)，登记号：178628，近轴切面。

35. 采集号：SZ-F89-2-38(1)，登记号：178646，轴切面。

36. 采集号：SZ-F89-1-18(1)，登记号：178585，轴切面。

37. 采集号：SZ-F89-1-14(2)，登记号：178577，轴切面。

38. 采集号：SZ-F89-1-2(4)，登记号：178592，近轴切面。

39. 采集号：SZ-F89-1-12(6)，登记号：178572，轴切面。

40. 采集号：SZ-F89-1-12(7)，登记号：178573，轴切面。

41. 采集号：SZ-F89-1-17(2)，登记号：178583，轴切面。

42. 采集号：SZ-F89-1-26(3)，登记号：178603，近轴切面。

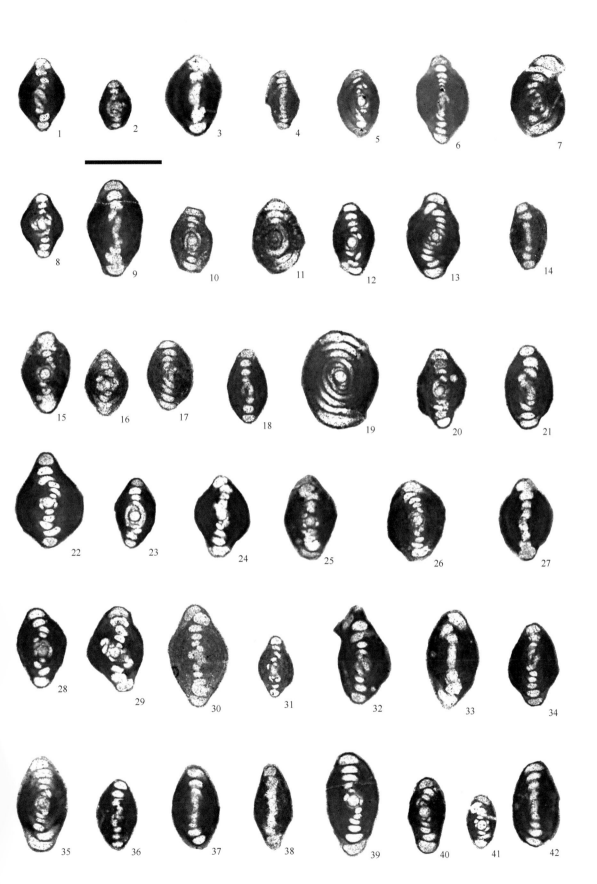

图版 32　西藏申扎县木纠错西短剖面乐平世䗴类和小有孔虫化石（1）

比例尺为 400μm

1~8. *Codonofusiella kwangsiana* Sheng, 1963

　1. 采集号：SZ-F91-1-1-H(1)，登记号：178659，中切面。

　2. 采集号：SZ-F91-1-1-Q(3)，登记号：178672，中切面。

　3. 采集号：SZ-F91-1-1-T(8)，登记号：178685，中切面。

　4. 采集号：SZ-F91-2-2-E(1)，登记号：178715，中切面。

　5. 采集号：SZ-F91-3-1-N(3)，登记号：178740，弦切面。

　6. 采集号：SZ-F91-3-1-T(5)，登记号：178747，轴切面。

　7. 采集号：SZ-F91-3-2-F(2)，登记号：178758，近轴切面。

　8. 采集号：SZ-F91-3-2-C(7)，登记号：178751，中切面。

9. *Cornuspira* sp. 2

　9. 采集号：SZ-F91-1-1-T(6)，登记号：178683，中切面。

10~12. *Globivalvulina* sp.

　10. 采集号：SZ-F91-1-1-R(5)，登记号：178676，纵切面。

　11. 采集号：SZ-F91-2-1-D(1)，登记号：178700，弦切面。

　12. 采集号：SZ-F91-2-1-K(10)，登记号：178706，纵切面。

13~15. *Globivalvulina vonderschmitti* Reichel, 1946

　13. 采集号：SZ-F91-2-2-U(2)，登记号：178734，纵切面。

　14. 采集号：SZ-F91-3-2-E(2)，登记号：178754，中切面。

　15. 采集号：SZ-F91-1-2-B(1)，登记号：178688，中切面。

16~23. *Agathammina pusilla* (Geinitz, 1848)

　16. 采集号：SZ-F91-2-2-D(1)，登记号：178713，纵切面。

　17. 采集号：SZ-F91-1-1-J(6)，登记号：178663，横切面。

　18. 采集号：SZ-F91-1-2-T(3)，登记号：178698，横切面。

　19. 采集号：SZ-F91-1-1-P(2)，登记号：178669，弦切面。

　20. 采集号：SZ-F91-2-2-F(2)，登记号：178718，横切面。

　21. 采集号：SZ-F91-3-1-G(2)，登记号：178738，弦切面。

　22. 采集号：SZ-F91-1-2-M(4)，登记号：178696，横切面。

　23. 采集号：SZ-F91-3-2-A(6)，登记号：178748，纵切面。

24~26. *Deckerella* sp. 2

　24. 采集号：SZ-F91-3-2-L(2)，登记号：178765，纵切面。

　25. 采集号：SZ-F91-2-2-S(1)，登记号：178732，纵切面。

　26. 采集号：SZ-F91-2-1-T(1)，登记号：178711，纵切面。

27~33. *Palaeotextularia quasioblonga* Xia and Zhang, 1984

　27. 采集号：SZ-F91-2-1-G(2)，登记号：178702，纵切面。

　28. 采集号：SZ-F91-2-2-O(1)，登记号：178722，纵切面。

　29. 采集号：SZ-F91-2-2-G(1)，登记号：178719，斜切面。

　30. 采集号：SZ-F91-2-2-R(5)，登记号：178730，纵切面。

　31. 采集号：SZ-F91-3-1-J(5)，登记号：178739，纵切面。

　32. 采集号：SZ-F91-3-2-E(4)，登记号：178756，纵切面。

　33. 采集号：SZ-F91-3-2-K(2)，登记号：178764，纵切面。

34~39. *Midiella* sp.

　34. 采集号：SZ-F91-1-2-F(3)，登记号：178691，弦切面。

　35. 采集号：SZ-F91-3-1-T(4)，登记号：178746，轴切面。

　36. 采集号：SZ-F91-2-2-D(2)，登记号：178714，中切面。

　37. 采集号：SZ-F91-1-2-G(3)，登记号：178693，弦切面。

　38. 采集号：SZ-F91-2-1-T(4)，登记号：178712，轴切面。

　39. 采集号：SZ-F91-3-2-G(6)，登记号：178763，轴切面。

40. *Robustopachyphloia* sp.2

　40. 采集号：SZ-F91-1-2-A(1)，登记号：178687，斜切面。

41. *Geinitzina* cf. *chapmani longa* Suleimanov, 1949

　41. 采集号：SZ-F91-3-2-G(5)，登记号：178762，斜切面。

42~44. *Geinitzina ichnousa* Sellier de Civrieux and Dessauvagie, 1965

　42. 采集号：SZ-F91-3-2-M(6)，登记号：178766，纵切面。

　43. 采集号：SZ-F91-2-2-O(2)，登记号：178723，纵切面。

　44. 采集号：SZ-F91-3-1-O(9)，登记号：178742，斜切面。

45, 46. *Langella venosa* (Lange, 1925)

　45. 采集号：SZ-F91-1-2-M(3)，登记号：178695，纵切面。

　46. 采集号：SZ-F91-1-1-R(1)，登记号：178674，纵切面。

47~51. *Pseudolangella costa* (Lin, Li and Sun, 1990)

　47. 采集号：SZ-F91-1-1-Q(5)，登记号：178673，纵切面。

　48. 采集号：SZ-F91-1-1-A(3)，登记号：178651，纵切面。

　49. 采集号：SZ-F91-1-1-O(1)，登记号：178667，斜切面。

　50. 采集号：SZ-F91-3-2-G(3)，登记号：178761，纵切面。

　51. 采集号：SZ-F91-3-2-R(1)，登记号：178767，纵切面。

52. *Pseudolangella imbecilla* (Lin, Li and Sun, 1990)

　52. 采集号：SZ-F91-1-1-T(5)，登记号：178682，纵切面。

53, 54. *Midiella sigmoidalis* (Wang, 1982)

　53. 采集号：SZ-F91-3-1-C(2)，登记号：178735，近轴切面。

　54. 采集号：SZ-F91-1-1-J(9)，登记号：178664，弦切面。

55~59. *Pachyphloia* cf. *schwageri* Sellier de Civrieux and Dessauvagie, 1965

　55. 采集号：SZ-F91-1-1-B(2)，登记号：178654，纵切面。

　56. 采集号：SZ-F91-1-1-R(4)，登记号：178675，斜切面。

　57. 采集号：SZ-F91-1-1-S(7)，登记号：178678，纵切面。

　58. 采集号：SZ-F91-3-2-E(3)，登记号：178755，斜切面。

　59. 采集号：SZ-F91-3-2-T(8)，登记号：178770，纵切面。

图版 33　西藏申扎县木纠错西下拉组短剖面乐平世小有孔虫化石（2）

比例尺为 400μm

1~14. *Midiella zaninettiae* (Altiner, 1978)

1. 采集号：SZ-F91-1-1-B(3)，登记号：178655，近轴切面。

2. 采集号：SZ-F91-1-1-H(2)，登记号：178660，弦切面。

3. 采集号：SZ-F91-3-1-Q(7)，登记号：178744，近轴切面。

4. 采集号：SZ-F91-1-1-S(8)，登记号：178679，近轴切面。

5. 采集号：SZ-F91-2-2-O(3)，登记号：178724，轴切面。

6. 采集号：SZ-F91-1-1-T(9)，登记号：178686，近轴切面。

7. 采集号：SZ-F91-2-2-R(6)，登记号：178731，近轴切面。

8. 采集号：SZ-F91-1-1-T(10)，登记号：178681，弦切面。

9. 采集号：SZ-F91-1-2-E(1)，登记号：178689，中切面。

10. 采集号：SZ-F91-2-2-O(4)，登记号：178725，轴切面。

11. 采集号：SZ-F91-3-2-T(5)，登记号：178768，近轴切面。

12. 采集号：SZ-F91-2-1-K(17)，登记号：178707，轴切面。

13. 采集号：SZ-F91-3-2-U(1)，登记号：178771，轴切面。

14. 采集号：SZ-F91-2-2-H(1)，登记号：178720，轴切面。

15~23. *Midiella sigmoidalis* (Wang, 1982)

15. 采集号：SZ-F91-2-1-K(18)，登记号：178708，弦切面。

16. 采集号：SZ-F91-2-2-E(2)，登记号：178716，近轴切面。

17. 采集号：SZ-F91-2-2-R(1)，登记号：178727，轴切面。

18. 采集号：SZ-F91-2-1-J(1)，登记号：178704，近轴切面。

19. 采集号：SZ-F91-11-1-S(10)，登记号：178650，弦切面。

20. 采集号：SZ-F91-2-1-G(3)，登记号：178703，弦切面。

21. 采集号：SZ-F91-3-2-C(8)，登记号：178752，近轴切面。

22. 采集号：SZ-F91-3-2-E(1)，登记号：178753，近轴切面。

23. 采集号：SZ-F91-1-1-S(3)，登记号：178677，弦切面。

24~42. *Glomomidiellopsis xanzaensis* Zhang, sp. nov

24. 采集号：SZ-F91-3-1-G(1)，登记号：178737，弦切面。

25. 采集号：SZ-F91-1-1-A(7)，登记号：178653，弦切面。

26. 采集号：SZ-F91-2-2-R(3)，登记号：178728，正模，中切面。

27. 采集号：SZ-F91-2-2-R(4)，登记号：178729，中切面。

28. 采集号：SZ-F91-2-1-K(1)，登记号：178705，弦切面。

29. 采集号：SZ-F91-2-1-C(4)，登记号：178699，弦切面。

30. 采集号：SZ-F91-3-1-D(4)，登记号：178736，弦切面。

31. 采集号：SZ-F91-1-1-B(5)，登记号：178656，弦切面。

32. 采集号：SZ-F91-1-1-F(1)，登记号：178658，副模，中切面。

33. 采集号：SZ-F91-2-1-D(4)，登记号：178701，副模，中切面。

34. 采集号：SZ-F91-1-1-P(1)，登记号：178668，弦切面。

35. 采集号：SZ-F91-1-1-N(4)，登记号：178666，中切面。

36. 采集号：SZ-F91-1-1-T(7)，登记号：178684，中切面。

37. 采集号：SZ-F91-2-2-F(1)，登记号：178717，中切面。

38. 采集号：SZ-F91-3-2-F(4)，登记号：178759，中切面。

39. 采集号：SZ-F91-3-2-G(2)，登记号：178760，弦切面。

40. 采集号：SZ-F91-2-1-K(6)，登记号：178709，弦切面。

41. 采集号：SZ-F91-1-2-E(2)，登记号：178690，弦切面。

42. 采集号：SZ-F91-3-2-C(3)，登记号：178749，中切面。

43~46. *Robustopachphloia* sp. 3

43. 采集号：SZ-F91-1-2-K(1)，登记号：178694，纵切面。

44. 采集号：SZ-F91-1-2-G(2)，登记号：178692，纵切面。

45. 采集号：SZ-F91 1 1 E(1)，登记号：178657，纵切面。

46. 采集号：SZ-F91-1-1-P(5)，登记号：178671，纵切面。

47~50. *Pachyphloia cukurlöyi* Sellier de Civrieux and Dessauvagie, 1965

47. 采集号：SZ-F91-3-2-E(5)，登记号：178757，侧纵切面。

48. 采集号：SZ-F91-3-1-T(2)，登记号：178745，斜切面。

49. 采集号：SZ-F91-3-1-O(11)，登记号：178741，斜切面。

50. 采集号：SZ-F91-2-2-Q(1)，登记号：178726，斜切面。

51~56. *Nodosinelloides obesa* (Lin, 1978)

51. 采集号：SZ-F91-1-1-J(10)，登记号：178662，纵切面。

52. 采集号：SZ-F91-2-1-L(3)，登记号：178710，纵切面。

53. 采集号：SZ-F91-3-2-C(4)，登记号：178750，纵切面。

54. 采集号：SZ-F91-1-1-P(3)，登记号：178670，纵切面。

55. 采集号：SZ-F91-2-2-K(3)，登记号：178721，纵切面。

56. 采集号：SZ-F91-2-2-U(1)，登记号：178733，斜切面。

57, 58. *Nodosinelloides bella* (Lipina, 1949)

57. 采集号：SZ-F91-1-1-I(1)，登记号：178661，纵切面。

58. 采集号：SZ-F91-1-2-R(3)，登记号：178697，纵切面。

59~61. *Nodosinelloides mirabilis caucasica* (Miklukho-Maklay, 1954)

59. 采集号：SZ-F91-3-1-Q(3)，登记号：178743，斜切面。

60. 采集号：SZ-F91-1-1-A(6)，登记号：178652，斜切面。

61. 采集号：SZ-F91-1-1-L(1)，登记号：178665，纵切面。

62. *Frondinodosaria* sp. 1

62. 采集号：SZ-F91-1-1-T(1)，登记号：178680，纵切面。

63. *Nodosinelloides* sp. 8

63. 采集号：SZ-F91-3-2-T(6)，登记号：178769，纵切面。

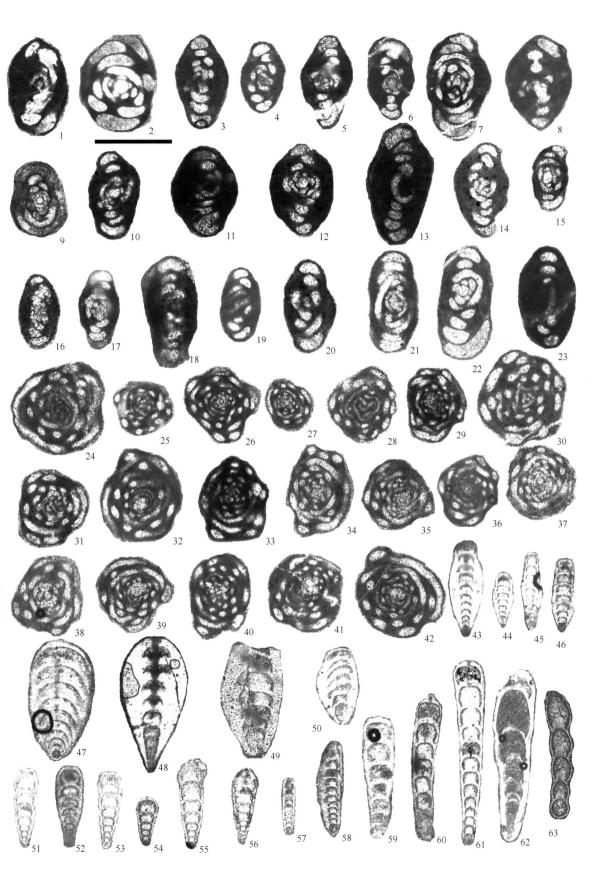

367

图版 34　西藏申扎县木纠错西木纠错组二号短剖面乐平世蟆类和小有孔虫化石

比例尺为 400μm

1~4. *Agathammina pusilla* (Geinitz, 1848)

　1. 采集号：SZ-F85-1-21(2)，登记号：178429，纵切面。

　2. 采集号：SZ-F85-1-32(1)，登记号：178438，纵切面。

　3. 采集号：SZ-F85-2-4(1)，登记号：178457，纵切面。

　4. 采集号：SZ-F85-2-37(2)，登记号：178455，纵切面。

5. *Langella* sp. 2

　5. 采集号：SZ-F85-1-23(1)，登记号：178430，纵切面。

6. *Geinitzina* sp. 5

　6. 采集号：SZ-F85-2-18(1)，登记号：178450，斜切面。

7, 8. *Pachyphloia ovata* Lange, 1925

　7. 采集号：SZ-F85-1-10(2)，登记号：178420，纵切面。

　8. 采集号：SZ-F85-1-25(1)，登记号：178434，纵切面。

9~13. *Pachyphloia multiseptata* Lange, 1925

　9. 采集号：SZ-F85-1-41(1)，登记号：178443，斜切面。

　10. 采集号：SZ-F85-2-28(1)，登记号：178452，斜纵切面。

　11. 采集号：SZ-F85-1-24(3)，登记号：178433，纵切面。

　12. 采集号：SZ-F85-1-12(1)，登记号：178421，纵切面。

　13. 采集号：SZ-F85-1-15(2)，登记号：178427，纵切面。

14~16. *Nankinella rarivoluta* Wang, Sheng and Zhang, 1981

　14. 采集号：SZ-F85-2-4(2)，登记号：178458，近轴切面。

　15. 采集号：SZ-F85-1-42(1)，登记号：178444，近轴切面。

　16. 采集号：SZ-F85-2-29(1)，登记号：178453，轴切面。

17~19. *Pachyphloia lanceolata* Miklukho-Maklay, 1954

　17. 采集号：SZ-F85-1-28(1)，登记号：178435，纵切面。

　18. 采集号：SZ-F85-1-24(1)，登记号：178431，纵切面。

　19. 采集号：SZ-F85-1-33(1)，登记号：178439，侧纵切面。

20~32. *Midiella reicheli* (Lys in Lys and Lapparent, 1971)

　20. 采集号：SZ-F85-1-7(1)，登记号：178446，轴切面。

　21. 采集号：SZ-F85-1-33(2)，登记号：178440，近轴切面。

　22. 采集号：SZ-F85-2-38(2)，登记号：178456，近轴切面。

　23. 采集号：SZ-F85-1-29(2)，登记号：178437，近轴切面。

　24. 采集号：SZ-F85-1-14(2)，登记号：178425，轴切面。

　25. 采集号：SZ-F85-1-24(2)，登记号：178432，弦切面。

　26. 采集号：SZ-F85-2-33(1)，登记号：178454，弦切面。

　27. 采集号：SZ-F85-1-39(1)，登记号：178442，弦切面。

　28. 采集号：SZ-F85-1-1(1)，登记号：178419，弦切面。

　29. 采集号：SZ-F85-1-14(1)，登记号：178424，轴切面。

　30. 采集号：SZ-F85-2-26(1)，登记号：178451，中切面。

　31. 采集号：SZ-F85-2-44(1)，登记号：178459，弦切面。

　32. 采集号：SZ-F85-1-15(1)，登记号：178426，弦切面。

33~41. *Neodiscus scitus* Lin, 1984

　33. 采集号：SZ-F85-1-9(1)，登记号：178447，中切面。

　34. 采集号：SZ-F85-1-12(4)，登记号：178422，弦切面。

　35. 采集号：SZ-F85-1-13(1)，登记号：178423，中切面。

　36. 采集号：SZ-F85-1-19(1)，登记号：178428，弦切面。

　37. 采集号：SZ-F85-2-17(3)，登记号：178449，中切面。

　38. 采集号：SZ-F85-1-29(1)，登记号：178436，中切面。

　39. 采集号：SZ-F85-1-35(3)，登记号：178441，弦切面。

　40. 采集号：SZ-F85-1-43(1)，登记号：178445，中切面。

　41. 采集号：SZ-F85-2-17(1)，登记号：178448，弦切面。

1~4, 14~16

5~13, 17~41

1~5. *Agathammina pusilla* (Geinitz, 1848)

　1. 采集号：DRC-F 转 3-L(2)，登记号：178312，纵切面。

　2. 采集号：DRC-F 转 3-ZC(1)，登记号：178319，纵切面。

　3. 采集号：DRC-F 转 3-ZG(1)，登记号：178320，纵切面。

　4. 采集号：DRC-F 转 3-ZI(1)，登记号：178321，纵切面。

　5. 采集号：DRC-F 转 3-ZU(1)，登记号：178326，纵切面。

6. *Globivalvulina bulloides* (Brady, 1876)

　6. 采集号：DRC-F 转 3-Z(3)，登记号：178316，纵切面。

7~10. *Nodosinelloides acera* (Miklukho-Maklay, 1954)

　7. 采集号：DRC-F 转 1-K(1)，登记号：178328，纵切面。

　8. 采集号：DRC-F 转 1-N(1)，登记号：178298，纵切面。

　9. 采集号：DRC-F 转 1-A(1)，登记号：178297，近纵切面。

　10. 采集号：DRC-Г 转 1-X(1)，登记号：178299，斜切面。

11, 12. *Glomomidiellopsis specialisaeformis* (Lin, Li and Sun, 1990)

　11. 采集号：DRC-F 转 3-ZS(4)，登记号：178325，弦切面。

　12. 采集号：DRC-F 转 3-ZS(3)，登记号：178324，弦切面。

13, 14. *Ichthyolaria* cf. *calvezi* Sellier de Civrieux and Dessauvagie, 1965

　13. 采集号：DRC-F 转 3-ZV(1)，登记号：178329，纵切面。

　14. 采集号：DRC-F 转 3-ZS(2)，登记号：178323，纵切面。

15~18. *Pachyphloia* sp. 6

　15. 采集号：DRC-F 转 3-ZS(1)，登记号：178322，侧纵切面。

16. 采集号：DRC-F 转 3-Z(4)，登记号：178317，纵切面。

17. 采集号：DRC-F 转 3-Z(1)，登记号：178315，侧纵切面。

18. 采集号：DRC-F 转 3-L(1)，登记号：178311，纵切面。

19~22. *Colaniella* cf. *pseudolepida* Okimura, 1988

　19. 采集号：DRC-F 转 2-P(3)，登记号：178303，横切面。

　20. 采集号：DRC-F 转 2-G(1)，登记号：178300，纵切面。

　21. 采集号：DRC-F 转 2-G(2)，登记号：178301，斜切面。

　22. 采集号：DRC-F 转 2-P(1)，登记号：178302，斜切面。

23~33. *Pachyphloia solita* Sosnina, 1978

　23. 采集号：DRC-F 转 3-E(1)，登记号：178309，弦切面。

　24. 采集号：DRC-F 转 3-V(1)，登记号：178313，中切面。

　25. 采集号：DRC-F 转 3-A(4)，登记号：178305，侧纵切面。

　26. 采集号：DRC-F 转 3-A(2)，登记号：178304，侧纵切面。

　27. 采集号：DRC-F 转 3-ZU(3)，登记号：178327，侧纵切面。

　28. 采集号：DRC-F 转 3-D(1)，登记号：178308，侧纵切面。

　29. 采集号：DRC-F 转 3-Y(2)，登记号：178314，纵切面。

　30. 采集号：DRC-F 转 3-I(4)，登记号：178310，侧纵切面。

　31. 采集号：DRC-F 转 3-ZB(3)，登记号：178318，纵切面。

　32. 采集号：DRC-F 转 3-B(1)，登记号：178307，侧纵切面。

　33. 采集号：DRC-F 转 3-A(6)，登记号：178306，斜切面。

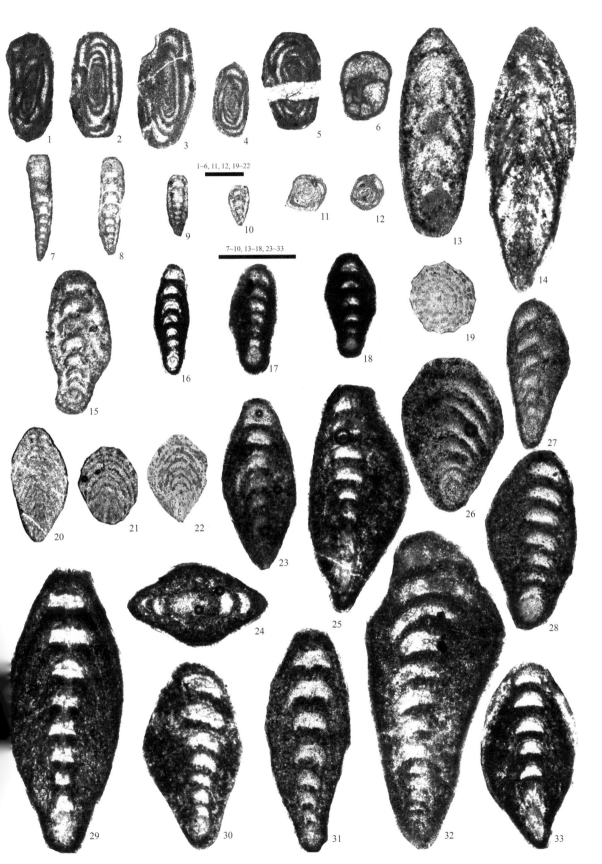

1~6, 11, 12, 19~22

7~10, 13~18, 23~33

图版 36 西藏拉萨地块乌拉尔世晚期牙形类化石

1, 2, 4~7. *Mesogondolella siciliensis* (Kozur, 1975)

  1. 采集号：SQH-C1-3-1，登记号：178281。

  2. 采集号：SQH-C1-3-2，登记号：178282。

  4. 采集号：SQH-C1-6-1，登记号：178283。

狮泉河羊尾山剖面昂杰组顶部（第 1 层）。

  5. 采集号：SQH-C3-15-1，登记号：178285。

狮泉河羊尾山剖面下拉组（第 3 层）。

  6. 采集号：SQH-C5-1-1，登记号：178286。

  7. 采集号：SQH-C5-1-2，登记号：178287。

狮泉河羊尾山剖面下拉组（第 5 层）

3, 8. *Mesogondolella idahoensis*? (Youngquist, Hawley and Miller, 1951)

  3. 采集号：SQH-C1-3-3，登记号：178283。

狮泉河羊尾山剖面昂杰组顶部（第 1 层）。

  8. 采集号：SZ-C78-2-1，登记号：178288。

申扎木纠错剖面下拉组底部（第 78 层）。

9, 10. *Vjalovognathus nicolli* Yuan, Shen and Henderson, 2016

  9. 采集号：SZ-C78-1-1，登记号：178289。

  10. 采集号：SZ-C78-1-2，登记号：178290。

申扎木纠错剖面下拉组底部（第 78 层）。

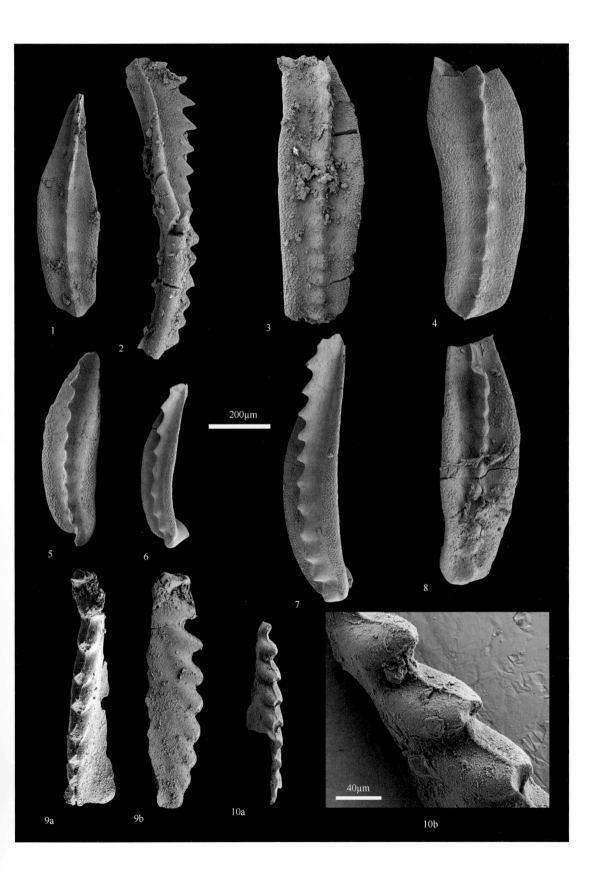

200μm

40μm

1

2

3

4

5

6

7

8

9a

9b

10a

10b

1, 2, 4~6. *Clarkina liangshanensis* (Wang, 1978)

　1. 采集号：SZ-C89-40-1，登记号：1782912。

　2. 采集号：SZ-C89-40-2，登记号：178292。

　申扎木纠错剖面下拉组上部（第 89 层）。

　4. 采集号：SZ-C85- 顶 1-1，登记号：178294。

　5. 采集号：SZ-C85- 顶 1-2，登记号：178295。

　6. 采集号：SZ-C85- 顶 1-3，登记号：178296。

　申扎县木纠错西二号短剖面木纠错组（第 85 层）。

3. *Iranognathus* sp.

　3. 采集号：SZ-C89-28-1，登记号：178293。

　申扎木纠错剖面下拉组上部（第 89 层）。

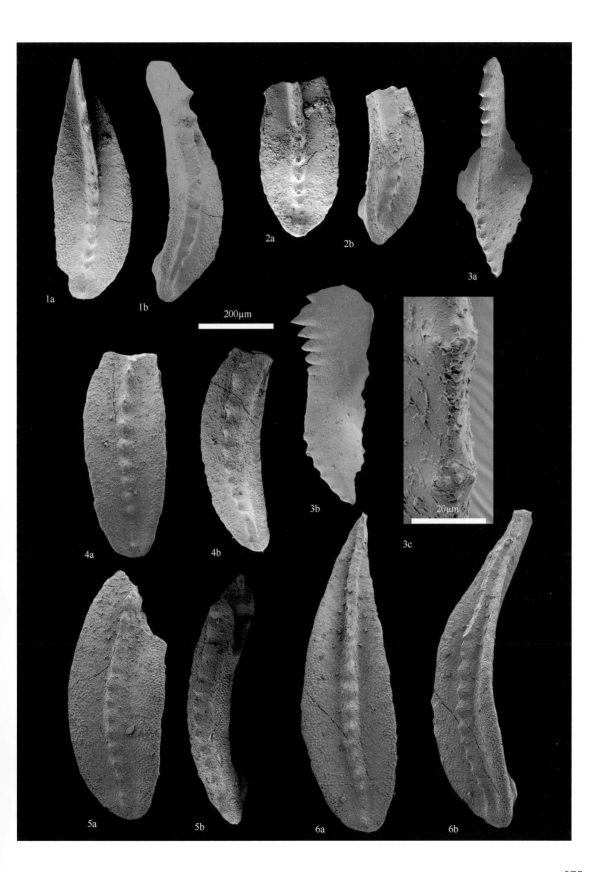

200μm

20μm

1a

1b

2a

2b

3a

3b

3c

4a

4b

5a

5b

6a

6b

图版 38 西藏申扎县木纠错剖面腕足类化石

1. *Chonetinella* sp.
   1. 采集号：MJC-Bra-78-b，登记号：178226，腹视。层位：下拉组 Bra-78-b。

2~7. *Chonetinella cymatilis* Grant, 1976
   2. 采集号：MJC-Bra-89-8，登记号：178276，腹视。
   3. 采集号：MJC-Bra-89-8，登记号：178277，腹视。
   4. 采集号：MJC-Bra-89-8，登记号：178278，腹视。
   5. 采集号：MJC-Bra-89-8，登记号：178279，腹视。
   6. 采集号：MJC-Bra-89-8，登记号：178280，腹视。层位：下拉组 Bra-89-8。
   7. 采集号：MJC-Bra-88-3，登记号：178261，腹视。层位：下拉组 Bra-88-3。

8~11. *Echinauris opuntia* (Waagen, 1884)
   8~9. 采集号：MJC-Bra-86-2，登记号：178237，腹视、后视。
   10~11. 采集号：MJC-Bra-86-2，登记号：178238，腹视、后视。层位：下拉组 Bra-86-2。

12~15. *Neoplicatifera* sp.
   12. 采集号：MJC-Bra-86-b，登记号：178241，背视。
   13. 采集号：MJC-Bra-86-b，登记号：178242，背外模。
   14, 15. 采集号：MJC-Bra-86-b，登记号：178243，腹视、后视。层位：下拉组 Bra-86-b。

5mm

图版 39 西藏申扎县木纠错剖面腕足类化石

1~4 对应 5mm 比例尺，5~20 对应 10mm 比例尺

1, 2. *Neoplicatifera* sp.

  1, 2. 采集号：MJC-Bra-86-b，登记号：178244，腹视、后视。层位：下拉组 Bra-86-b。

3, 4. *Spinomarginifera kueichowensis* Huang, 1932

  3, 4. 采集号：MJC-Bra-86-b，登记号：178245，腹视、后视。层位：下拉组 Bra-86-b。

5~13. *Spinomarginifera lopingensis* (Kayser, 1883)

  5, 6. 采集号：MJC-Bra-88-5，登记号：178264，腹视、后视。层位：下拉组 Bra-88-5。

  7, 8. 采集号：MJC-Bra-89-5，登记号：178272，腹视、后视。

  9, 10. 采集号：MJC-Bra-89-5，登记号：178273，腹视、后视。层位：下拉组 Bra-89-5。

  11. 采集号：MJC-Bra-87-1，登记号：178251，背外模。层位：下拉组 Bra-87-1。

  12. 采集号：MJC-Bra-89-5，登记号：178274，背外模。层位：下拉组 Bra-89-5。

  13. 采集号：MJC-Bra-87-1，登记号：178252，背外模。层位：下拉组 Bra-87-1。

14~18. *Costiferina indica* (Waagen, 1884)

  14. 采集号：MJC-Bra-89-2，登记号：178266，腹视。层位：下拉组 Bra-89-2。

  15. 采集号：MJC-Bra-88-3，登记号：178262，背外模。层位：下拉组 Bra-88-3。

  16. 采集号：MJC-Bra-89-2，登记号：178267，背视。层位：下拉组 Bra-89-2。

  17, 18. 采集号：MJC-Bra-87-1，登记号：178253，背视、腹视。层位：下拉组 Bra-87-1。

19, 20. *Retimarginifera celeteria* Grant, 1976

  19. 采集号：MJC-Bra-78-b，登记号：178227，腹视。

  20. 采集号：MJC-Bra-78-b，登记号：178228，腹视。层位：下拉组 Bra-78-b。

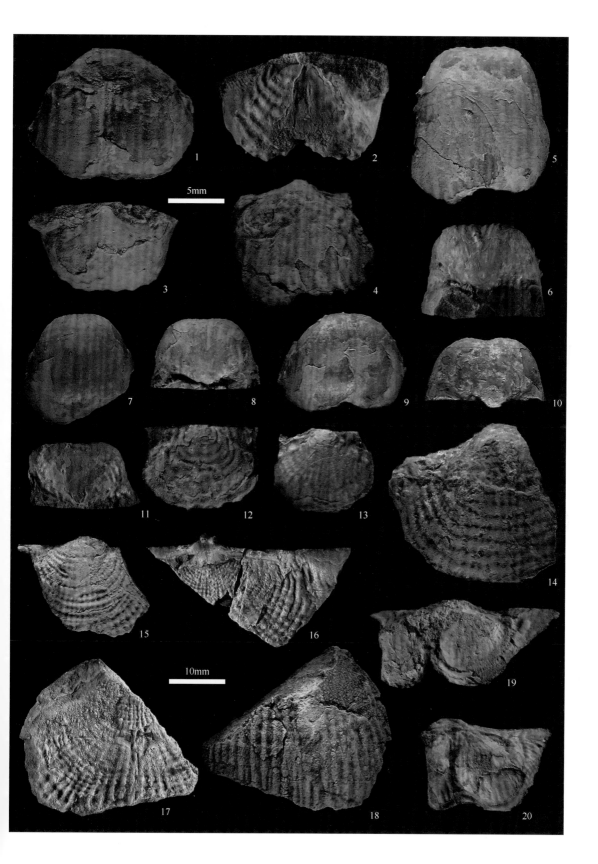

图版 40　西藏申扎县木纠错剖面腕足类化石

1~4. *Pseudoantiquatonia mutabilis* Zhan and Wu, 1982

1. 采集号：MJC-Bra-78-2，登记号：178225，腹视。层位：下拉组 Bra-78-2。

2~4. 采集号：MJC-Bra-86-b，登记号：178246，后腹视、后视、腹视。层位：下拉组 Bra-86-b。

5~7. *Karavankina* sp.

5~7. 采集号：MJC-Bra-78-b，登记号：178229，腹视、背视、背外模。层位：下拉组 Bra-78-b。

8, 9. *Linoproductus* sp. 1

8. 采集号：MJC-Bra-88-2，登记号：178256，腹视。层位：下拉组 Bra-88-2。

9. 采集号：MJC-Bra-89-4，登记号：178271，腹视。层位：下拉组 Bra-89-4。

10~12. *Linoproductus* sp. 2

10. 采集号：MJC-Bra-89-3，登记号：178268，腹视。

11. 采集号：MJC-Bra-89-3，登记号：178269，腹视。

12. 采集号：MJC-Bra-89-3，登记号：178270，腹视。层位：下拉组 Bra-89-3。

13~15. *Bandoproductus intermedia* Zhan in Zhan et al. 2007

13. 采集号：MJC-Bra-60-1，登记号：178181，腹视。

14. 采集号：MJC-Bra-60-1，登记号：178182，腹视。

15. 采集号：MJC-Bra-60-1，登记号：178183，背外模。层位：永珠群 Bra-60-1。

10mm

图版 41　西藏申扎县木纠错剖面腕足类化石

1~4 对应 15mm 比例尺，5~17 对应 10mm 比例尺

1~4. *Linoproductus lineatus* (Waagen, 1884)

1. 采集号：MJC-Bra-88-2，登记号：178257，腹视。

2. 采集号：MJC-Bra-88-2，登记号：178258，腹视。

3. 采集号：MJC-Bra-88-2，登记号：178259，腹视。

4. 采集号：MJC-Bra-88-2，登记号：178260，腹视。层位：下拉组 Bra-88-2。

5~17. *Costatumulus* sp. 1

5, 6. 采集号：MJC-Bra-60-1，登记号：178184，腹视、后腹视。

7~9. 采集号：MJC-Bra-60-1，登记号：178185，腹视、侧视、后视。

10. 采集号：MJC-Bra-60-1，登记号：178186，腹视。

11. 采集号：MJC-Bra-60-1，登记号：178187，背外模。

12. 采集号：MJC-Bra-60-1，登记号：178188，背外模。

13. 采集号：MJC-Bra-60-1，登记号：178189，背外模。

14. 采集号：MJC-Bra-60-1，登记号：178190，背外模。

15. 采集号：MJC-Bra-60-1，登记号：178191，背外模。

16. 采集号：MJC-Bra-60-1，登记号：178192，背外模。

17. 采集号：MJC-Bra-60-1，登记号：178193，背外模。层位：永珠群 Bra-60-1。

383

图版 42　西藏申扎县木纠错剖面腕足类化石

1~11 对应 5mm 比例尺，12, 13 对应 10mm 比例尺

1~11. *Costatumulus* sp. 2

1, 2. 采集号：MJC-Bra-60-1，登记号：178194，腹视、后腹视。

3, 4. 采集号：MJC-Bra-60-1，登记号：178195，腹视、后视。

5. 采集号：MJC-Bra-60-1，登记号：178196，背外模。

6. 采集号：MJC-Bra-60-1，登记号：178197，背外模。

7. 采集号：MJC-Bra-60-1，登记号：178198，背外模。

8. 采集号：MJC-Bra-60-1，登记号：178199，背外模。

9. 采集号：MJC-Bra-60-1，登记号：178200，背外模。

10, 11. 采集号：MJC-Bra-60-1，登记号：178201，后视、腹视。层位：永珠群 Bra-60-1。

12. *Leptodus* sp.

12. 采集号：MJC-Bra-86-b，登记号：178247，腹内视。层位：下拉组 Bra-86-b。

13. *Linoldhamina xainzaensis* Xu et al., 2005

13. 采集号：MJC-Bra-86-1，登记号：178235，腹视。层位：下拉组 Bra-86-1。

5mm

10mm

图版 43 西藏申扎县木纠错剖面腕足类化石

1~5. *Meekella kueichowensis* Huang, 1932

  1~5. 采集号：MJC-Bra-86-b，登记号：178248，腹视、后视、前视、背视、侧视。层位：下拉组 Bra-86-b。

6, 7. *Terebratuloidea* sp.

  6, 7. 采集号：MJC-Bra-60-1，登记号：178202，腹视、前腹视。层位：永珠群 Bra-60-1。

8~11. *Stenoscisma gigantea* (Diener, 1897)

  8, 9. 采集号：MJC-Bra-78-1，登记号：178216，后腹视、腹视。

  10, 11. 采集号：MJC-Bra-78-1，登记号：178217，腹视、背视。层位：下拉组 Bra-78-1。

10mm

图版 44 西藏申扎县木纠错剖面腕足类化石

1~6 对应 5mm 比例尺，7~15 对应 10mm 比例尺

1, 2. *Juxathyris guizhouensis* (Liao, 1980)

　1. 采集号：MJC-Bra-89-1，登记号：178265，腹视。层位：下拉组 Bra-89-1。

　2. 采集号：MJC-Bra-88-4，登记号：178263，腹视。层位：下拉组 Bra-88-4。

3~6. *Hustedia xainzaensis* Zhan, 1982

　3~5. 采集号：MJC-Bra-86-2，登记号：178239，腹视、背视、前视。

　6. 采集号：MJC-Bra-86-2，登记号：178240，腹视。层位：下拉组 Bra-86-2。

7. *Martiniopsis inflata* Waagen, 1883

　7. 采集号：MJC-Bra-86-b，登记号：178249，腹视。层位：下拉组 Bra-86-b。

8, 9. *Brachythyrina rectanguliformis* Zhan in Zhan et al., 2007

　8, 9. 采集号：MJC-Bra-60-1，登记号：178203，腹视、腹内。层位：永珠群 Bra-60-1。

10. *Sulciplica thailandica* (Hamada, 1960)

　10. 采集号：MJC-Bra-60-1，登记号：178204，腹视。层位：永珠群 Bra-60-1。

11~15. *Brachythyrina rectangula* (Kutorga, 1844)

　11. 采集号：MJC-Bra-60-1，登记号：178205，腹视。

　12. 采集号：MJC-Bra-60-1，登记号：178206，腹视。

　13. 采集号：MJC-Bra-60-1，登记号：178207，背视。

　14. 采集号：MJC-Bra-60-1，登记号：178208，背视。

　15. 采集号：MJC-Bra-60-1，登记号：178209，背视。层位：永珠群 Bra-60-1。

5mm

10mm

图版 45　西藏申扎县木纠错剖面腕足类化石

1, 2. *Alphaneospirifer mucronata* (Liang, 1990)

1. 采集号：MJC-Bra-89-7，登记号：178275，腹视。层位：下拉组 Bra-89-7。

2. 采集号：MJC-Bra-89-9，登记号：179821，腹视。层位：下拉组 Bra-89-9。

3~5. *Neospirifer moosakhailensis* (Davidson, 1862)

3. 采集号：MJC-Bra-78-1，登记号：178218，腹视。层位：下拉组 Bra-78-1。

4. 采集号：MJC-Bra-78-b，登记号：178230，腹视。层位：下拉组 Bra-78-b。

5. 采集号：MJC-Bra-78-b，登记号：178231，腹视。层位：下拉组 Bra-78-b。

6~14. *Spiriferella nepalensis* Legrand-Blain, 1976

6~8. 采集号：MJC-Bra-78-1，登记号：178219，腹视、后视、背视。

9. 采集号：MJC-Bra-78-1，登记号：178220，腹视。

10. 采集号：MJC-Bra-78-1，登记号：178221，腹视。

11. 采集号：MJC-Bra-78-1，登记号：178222，腹视。层位：下拉组 Bra-78-1。

12, 13. 采集号：MJC-Bra-78-b，登记号：178232，后视、腹视。层位：下拉组 Bra-78-b。

14. 采集号：MJC-Bra-78-1，登记号：178223，腹视。层位：下拉组 Bra-78-1。

10mm

391

图版 46　西藏申扎县木纠错剖面腕足类化石

1, 2. *Spiriferella* cf. *sinica* Zhang in Zhang and Jin, 1976

　1, 2. 采集号：MJC-Bra-88-1，登记号：178255，腹视、腹壳铰合面。层位：下拉组 Bra-88-1。

3. *Spiriferellina* sp.

　3. 采集号：MJC-Bra-78-1，登记号：178224，腹视。层位：下拉组 Bra-78-1。

4~7. *Alispiriferella* cf. *ordinaria* (Einor, 1939)

　4~6. 采集号：MJC-Bra-78-b，登记号：178233，后视、背视、腹视。

　7. 采集号：MJC-Bra-78-b，登记号：178234，腹视。层位：下拉组 Bra-78-b.

8~13. *Permophricodothyris elegantula* (Waagen, 1883)

　8. 采集号：MJC-Bra-86-b，登记号：178250，腹视。层位：下拉组 Bra-86-b。

　9. 采集号：MJC-Bra-86-1，登记号：178236，腹视。层位：下拉组 Bra-86-1。

　10~13. 采集号：MJC-Bra-87-1，登记号：178254，背视、腹视、后视、侧视。层位：下拉组 Bra-87-1。

图版 47　西藏申扎县木纠错剖面腕足类化石

1~5 对应 10mm 比例尺，6，7 对应 5mm 比例尺

1~5. *Spirelytha petaliformis* (Pavlova in Grunt and Dmitriev, 1973)

　1. 采集号：MJC-Bra-60-1，登记号：178210，背视。

　2. 采集号：MJC-Bra-60-1，登记号：178211，背视。

　3. 采集号：MJC-Bra-60-1，登记号：178212，腹视。

　4. 采集号：MJC-Bra-60-1，登记号：178213，腹视。

　5. 采集号：MJC-Bra-60-1，登记号：178214，腹视。层位：永珠群 Bra-60-1。

6, 7. *Dielasma* sp。

　6, 7. 采集号：MJC-Bra-60-1，登记号：178215，腹视、侧视。层位：永珠群 Bra-60-1。